Manganknollen
Tiefseebergbau und Ressourcenwerdung
zwischen Rohstoffmärkten, Politik und Ökologie
(1873–2022)

Studien zur Geschichte von Technik, Arbeit und Umwelt

herausgegeben von
Marcus Popplow und Torsten Meyer

begründet von Günter Bayerl

Band 45

1996 erschien der erste Band der „Cottbuser Studien zur Geschichte von Technik, Arbeit und Umwelt", herausgegeben von Günter Bayerl, Inhaber des Lehrstuhls für Technikgeschichte an der BTU Cottbus. Nach 41 Bänden markierte die Emeritierung Bayerls 2014 das vorläufige Ende dieser wichtigen Plattform der technik- und umwelthistorischen Forschung. Seit 2022 führen Marcus Popplow und Torsten Meyer als Herausgeber die Reihe mit „Grünem Licht" von Günter Bayerl fort – allerdings nicht mehr von Cottbus aus. Der neue Titel „Studien zur Geschichte von Technik, Arbeit und Umwelt" stellt sich jedoch ganz bewusst in die dort begründete Tradition.

Seit den Anfängen der Reihe haben sich Technik- und Umweltgeschichte zu Teildisziplinen mit jeweils eigenen Communities entwickelt. Mit Spezial- und Querschnittsthemen wollen die „Studien zur Geschichte von Technik, Arbeit und Umwelt" zur Debatte in den namensgebenden Forschungsfeldern beitragen.

Ole Sparenberg

Manganknollen

Tiefseebergbau und Ressourcenwerdung
zwischen Rohstoffmärkten, Politik und Ökologie
(1873–2022)

Waxmann 2024
Münster • New York

Gedruckt mit Unterstützung der Gerda Henkel Stiftung, Düsseldorf

Für Léa

Bibliografische Informationen der Deutschen Nationalbibliothek
Die Deutsche Nationalbibliothek verzeichnet diese Publikation in der Deutschen Nationalbibliografie; detaillierte bibliografische Daten sind im Internet über http://dnb.dnb.de abrufbar.

Studien zur Geschichte von Technik, Arbeit und Umwelt, Bd. 45

ISSN 2749-9901
E-ISSN 2749-991X

Print-ISBN 978-3-8309-4236-8
E-Book-ISBN 978-3-8309-9236-3
https://doi.org/10.31244/9783830992363

Steinfurter Straße 555, 48159 Münster

www.waxmann.com
info@waxmann.com

Umschlaggestaltung: Pleßmann Design. Ascheberg
Umschlagabbildung: kentoh / Adobe Stock
Druck: CPI Books GmbH, Leck

Gedruckt auf alterungsbeständigem Papier, säurefrei gemäß ISO 9706

MIX
Papier aus verantwortungsvollen Quellen
FSC® C083411

Printed in Germany

Inhalt

Vorwort

Es dürfte etwa 2005 gewesen sein, als ich zum ersten Mal auf Manganknollen aufmerksam wurde. Dies geschah im größeren Kontext von verschiedenen meeresbezogenen umweltgeschichtlichen Themen, und die Manganknollen wurden zunächst von anderen Themen wieder verdrängt, bevor ich deutlich später auf der Suche nach einem Post-Doc-Projekt auf sie zurückkam. Daraus entstand schließlich dieses Buch, das in einer früheren Version 2022 von der Fakultät für Geistes- und Sozialwissenschaften des Karlsruher Instituts für Technologie (KIT) als Habilitationsschrift angenommen wurde.

Was mir zunächst als ein Beispiel gescheiterter hochmoderner Machbarkeitsvorstellungen der 1960/70er Jahre erschien, wurde in diesem Zeitraum zunehmend aktueller, d.h. das wissenschaftliche, kommerzielle und politische Interesse am Tiefseebergbau nach Manganknollen und anderen Tiefseemineralien lebte wieder auf. Die Geschichte wiederholte sich in einigen Aspekten und der Beginn des Tiefseebergbaus schien wieder unmittelbar bevorzustehen. Damit wurde die Geschichte des Tiefseebergbaus wieder offen. Dieses Buch stellt entweder die Geschichte eines Projektes dar, das – wie schon um 1980 – erneut aus wirtschaftlichen, technischen, rechtlichen und politischen Gründen nicht die Schwelle zum kommerziellen Betrieb überschreitet, oder die Vorgeschichte einer ökonomisch bedeutenden Industrie, wobei ihre langfristige ökologische Bewertung noch einmal eine weitere Frage wäre. Zwischen den beiden Extremen sind selbstverständlich auch Abstufungen denkbar.

Aktuelle Ereignisse wie vor allem der Abbautest des Unternehmens The Metals Company (TMC) im Herbst 2022 und generell Entwicklungen bis etwa Mitte 2023 wurden für die vorliegende Druckfassung noch berücksichtigt. Die Situation ist seitdem grundlegend unverändert, was den möglichen Abbau von Manganknollen im Pazifik betrifft: Weder hat die Internationale Meeresbodenbehörde bisher die Regularien für einen kommerziellen Abbau („mining code“) beschlossen, noch hat ein Unternehmen eine Abbau-Lizenz beantragt. Beides könnte dennoch bald geschehen. Im Januar 2024 rückte dagegen mit Massivsulfiden eine andere Art erzhaltiger Tiefseemineralien wieder in den Fokus, deren Abbau schon in den 2010er Jahren unmittelbar bevorzustehen schien. Der Anlass war, dass das norwegische Parlament die Möglichkeit geschaffen hatte, Explorationslizenzen (noch nicht Abbaulizenzen) für Massivsulfide und Kobaltreiche Krusten auf dem norwegischen Kontinentalschelf im Nordatlantik zu vergeben. Die Entscheidung wurde vielfach von Meeresökologen und anderen Wissenschaftlern kritisiert, die den Tiefseebergbau aufgrund der noch nicht absehbaren negativen Auswirkungen auf die marine Biodiversität ablehnen.[1] Ein Leserbrief in der Zeitschrift „Nature“ wandte sich daraufhin gegen eine grundsätzliche Verurteilung des Tiefseebergbaus und forderte mit der Bemerkung,

---

1 O.A., Norway's approval of sea-bed mining undermines efforts to protect the ocean, in: Nature 625 (18.1.2024), S. 424, doi: https://doi.org/10.1038/d41586-024-00104-w; Natasha Gilbert, First approval for sea-bed mining worries scientists, in: Nature 625 (18.1.2024), S. 435, doi: https://doi.org/10.1038/d41586-024-00088-7.

„(t)here is no such thing as a free lunch when it comes to clean energy", stattdessen, die ökologischen Kosten der Ressourcengewinnung auf den Kontinenten und aus dem Meer objektiv gegeneinander abzuwägen, um die für die Energiewende benötigten Ressourcen mit den geringsten ökologischen Kosten zu gewinnen.[2] Die Argumente, die hier aufeinanderstoßen, sind somit weiterhin dieselben, die bereits in den letzten Jahren diskutiert wurden und die im 6. Kapitel dieses Buchs dargestellt werden.

Das Thema Rohstoffpolitik, also staatliche Maßnahmen zur Verbesserung der Versorgungssicherheit, das von Beginn an ein wesentliches Motiv für den Tiefseebergbau dargestellt hat, ist ebenfalls gegenwärtig nicht von der Tagesordnung verschwunden. Innerhalb der Europäischen Union wird beispielsweise zurzeit ein Vorschlag der Europäischen Kommission für eine Verordnung verhandelt, die die Importabhängigkeit und die damit verbundenen wirtschaftlichen Risiken bei strategischen und kritischen Rohstoffen – vor allem bei Metallen – zum Gegenstand hat.[3] Zwar werden innerhalb des Dokuments Manganknollen nicht erwähnt, aber die Aufmerksamkeit der Kommission richtet sich u.a. auf die Elemente Nickel, Kupfer, Kobalt und die Seltenen Erden, also solche Metalle, die auch im Kontext des Tiefseebergbaus immer wieder genannt wurden und werden. Das Thema Manganknollen und Tiefseebergbau bleibt damit auch im Frühjahr 2024 weiterhin aktuell und offen.

Wenn schon nicht die Geschichte der Manganknollen, so hat doch zumindest dieses Buchprojekt jetzt ein Ende gefunden. Wie immer wäre dies ohne die Hilfe zahlreicher Personen und Institutionen nicht möglich gewesen. Wissenschaft lebt vom Austausch und daher bin ich dankbar dafür, dass ich dieses Projekt in verschiedenen Foren präsentieren und zur Diskussion stellen konnte. Hierzu zählen vor allem die Tagungen und Workshops von Tensions of Europe, der European Society for Environmental History, der Gesellschaft für Technikgeschichte sowie die Technikgeschichtlichen Tagungen des VDI und der Eisenbibliothek. Hier waren insbesondere die Zusammenarbeit und der Austausch mit Anna Åberg, Sebastian Haumann, Matthias Heymann, Tirza Meyer, Jens Ruppenthal und Hanna Vikström für mich wertvoll. Weitere Gelegenheiten zum Austausch ergaben sich im Herbst 2021 bei einem angenehmen und produktiven Aufenthalt als Gastwissenschaftler an der NTNU in Trondheim, den Jonas Scherner und Mats Ingulstad mir ermöglicht hatten.

Ich danke auch den Beschäftigten des Bundesarchivs (Koblenz), des Politischen Archivs des Auswärtigen Amtes (Berlin), des Hessischen Wirtschaftsarchivs (Darmstadt), des Niedersächsischen Wirtschaftsarchivs Braunschweig (Wolfenbüttel), des Historischen Konzernarchivs RWE (Essen), des Archivs der Bundesanstalt für Geowissenschaften und Rohstoffe (Hannover) sowie der Badischen Landesbibliothek (Karlsruhe), die mir halfen, gewissermaßen die Rohstoffe für dieses Buch zu gewinnen.

---

2 Saleem H. Ali, Norway is only being real on deep-sea mining, in: Nature 626 (15.2.2024), S. 480, doi: https://doi.org/10.1038/d41586-024-00404-1.

3 Europäische Kommission, Vorschlag für eine Verordnung des Europäischen Parlaments und des Rates zur Schaffung eines Rahmens zur Gewährleistung einer sicheren und nachhaltigen Versorgung mit kritischen Rohstoffen und zur Änderung der Verordnungen (EU) 168/2013, (EU) 2018/858, (EU) 2018/1724 und EU (2019/1020, COM(2023) 60 final.

Für die finanziellen Ressourcen bin ich der Gerda Henkel Stiftung zu großem Dank verpflichtet, die mit einem Forschungsstipendium den Abschluss der Recherchen sowie die Schreibphase ermöglicht und auch die Veröffentlichung finanziell gefördert hat. Im Rahmen dieser Förderung kam ich überdies in die ungewohnte Rolle als Protagonist eines vierteiligen Videos über dieses Projekt und die Recherchen hierfür.[4] Die Dreharbeiten führten das Filmteam um Stephan Zengerle und mich u.a. zur Bundesanstalt für Geowissenschaften und Rohstoffe, wo sich Ulrich Schwarz-Schampera viel Zeit nahm und mir erstmals eine Hands-on-Erfahrung mit Manganknollen ermöglichte.

Dieses Forschungsprojekt nahm seinen Anfang während meiner Zeit am Lehrstuhl für Wirtschafts- und Sozialgeschichte in Saarbrücken, als mir Margrit Grabas dankenswerterweise viel Freiheit und Eigeninitiative für die Arbeit an einem solchen unkonventionellen Thema ließ. Marcus Popplow danke ich für die anschließende Anbindung am Department für Geschichte in Karlsruhe. Darüber hinaus bin ich ihm und Torsten Meyer als den Herausgebern zum Dank verpflichtet für die Aufnahme des Manuskripts in diese Reihe und dafür, dass sie das Buchprojekt mit zahlreichen Anmerkungen und Hinweisen begleitet haben. Für das Layout bzw. die Korrekturen gilt mein Dank Martin Ullmann und Klaudija Ivok. Vor allem aber danke ich Léa für die Unterstützung in jeglicher Hinsicht.

Karlsruhe, im April 2024 Ole Sparenberg

4 Gerda Henkel Stiftung, L.I.S.A. Wissenschaftsportal, Tiefseebergbau, https://lisa.gerdahenkel-stiftung.de/tiefsee?nav_id=9077 (10.04.2024).

1. Einleitung

„Eine schwärzliche, walnußgroße Kugel, eingeschlossen in Plexiglas, ist das markante Werbegeschenk auf der Düsseldorfer Messe ‚Interocean 73‘: Diese Kugel ist eine der Tiefsee-Manganknollen, ein Stück kupfer- und nickelhaltiges Manganerz aus 5000 Meter Tiefe, bei Hawaii vom deutschen Rohstofforschungsschiff ‚Valdivia‘ heraufgeholt, um die sich ein guter Teil der Meeresforschung und Meerestechnik von heute dreht. Diese Kugel der ‚Preussag‘ ist zugleich so etwas wie ein Symbol der Situation der deutschen Meerestechnik: ein harter Kern, unerreichbar eingesperrt in einem Gefängnis der Illusionen. Denn die Erschließung der pazifischen Schätze, der Tiefsee-Erze, dieser Vorräte für Generationen, erfordert Entwicklungsarbeiten, die viele hundert Millionen Mark kosten werden.“[5]

Abbildung 1: Manganknollen in Plexiglas als Briefbeschwerer.
Werbegeschenk der Preussag Meerestechnik, wahrscheinlich um 1973 (Ole Sparenberg).

Der Fortgang der Geschichte schien diese pessimistische Einschätzung der „Frankfurter Allgemeinen Zeitung“ von 1973 zunächst zu widerlegen. Motiviert von der Aussicht, Manganknollen als Quelle von Nickel, Kupfer und Kobalt – Mangan selbst war nur von zweitrangigem Interesse – zu nutzen, nahmen die Tiefseebergbauprojekte der Bundesrepublik und anderer westlicher Industriestaaten Fahrt auf und gipfelten 1978/79 in drei Abbauversuchen durch internationale Konsortien, bei denen testweise mehrere Hundert

5 O.A., Schatzsucher, die viele hundert Millionen Mark brauchen, in: Frankfurter Allgemeine Zeitung (15.11.1973), S. 10.

Tonnen Manganknollen gefördert wurden. Während der 1970er Jahre waren die Manganknollen, die noch wenige Jahre zuvor nur Ozeanographen[6] und Mineralogen bekannt waren, Ziel staatlicher und privatwirtschaftlicher Forschungs- und Entwicklungsprogramme in vielen westlichen Industrienationen, gleichzeitig aber auch Gegenstand globaler politisch-rechtlicher Auseinandersetzungen auf der Ebene der UN. Zahlreiche Forschungsschiffe kreuzten jahrelang im Pazifik, wo sich in 4.000 bis 5.000 Meter Wassertiefe die vielversprechendsten Vorkommen befinden. Ein neues internationales Seerecht – immerhin die Rechtsordnung für etwa 70 % der Erdoberfläche – wurde auf der 3. UN-Seerechtskonferenz (UNCLOS III) 1973 bis 1982 praktisch um die Manganknollen herum geschrieben – und scheiterte zunächst an dieser Frage, da die Staatengemeinschaft diesbezüglich jahrelang keinen Konsens finden konnte. Zu einem kommerziellen Abbau kam es jedoch bislang nicht (Stand 2022). Stattdessen wurden die staatlichen und privatwirtschaftlichen Projekte um 1980 weitgehend eingestellt. Manganknollen schienen wieder „eingesperrt in einem Gefängnis der Illusionen“ oder zumindest stand ihre wirtschaftliche Nutzung, die in den 1970er Jahren für die nächsten Jahre oder Jahrzehnte erwartet worden war, nicht mehr zur Debatte. Erst nach der Jahrtausendwende belebte sich das Interesse an den Manganknollen und anderen Tiefseemineralien wieder, so dass Staaten und Privatunternehmen im 21. Jahrhundert wieder mit einer Reihe von Projekten auf den Tiefseebergbau hinarbeiten. Im Herbst 2022 fand erstmals wieder ein Abbau-Test statt, bei dem Manganknollen vom Meeresboden des Pazifik gefördert wurden. Dass der Tiefseebergbau mit diesem Test wieder an einem Stand angelangt ist, den er 44 Jahre zuvor schon einmal erreicht hatte, ist insofern passend, als die US-amerikanische Weltraumbehörde NASA im gleichen Jahr und damit 53 Jahre nach der ersten bemannten Mondlandung als Teil des Artemis-Programms erstmals wieder eine Raumkapsel – zunächst noch ohne Besatzung – zum Erdtrabanten schickte. Es handelt sich in beiden Fällen gewissermaßen um einen Fall des von David Edgerton postulierten „Shock of the Old“: Aktuelle technische Großvorhaben, die bei näherer Betrachtung mehr historisch als innovativ sind.[7]

Die nun schon mehr als 50-jährige Geschichte des Tiefseebergbaus – die ersten konkreten Projekte wurden vor 1970 initiiert – ist nie völlig vergessen worden, wird aber doch in aktuellen Darstellungen, die die Neuartigkeit entsprechender Aktivitäten betonen, oft nur in sehr groben Umrissen erinnert.[8] Aufstieg, Fall und Wiedergeburt der Idee des Tiefseebergbaus im 20. und 21. Jahrhundert sind jedoch erklärungsbedürftig. Warum begannen die Manganknollen von einer immerhin seit 1873 der Wissenschaft bekannten „minera-

6 Aus Gründen der besseren Lesbarkeit wird hier und im Folgenden das generische Maskulinum verwendet. Prinzipiell sind damit alle Geschlechter gemeint.

7 David Edgerton, The Shock of the Old. Technology and Global History Since 1900, 2. erg. Aufl. London 2019, S. XX–XXI.

8 Vgl. beispielsweise die Darstellung des Tiefseebergbaus bei Jean-Bapiste Jouffray et al., The blue acceleration. The trajectory of human expansion into the ocean, in: One Earth 2 (2020), 1, S. 43–54; o.A., Depth charge, in: Nature 559 (12.07.2018), S. 152; John Hannigan, The Geopolitics of the Oceans, Cambridge/Malden 2016, S. 45.

logischen Kuriosität" (s. Kap. 2.2) ab den 1960er Jahren zu einer begehrten und umstrittenen Ressource zu werden und warum ebbte das Interesse später weitgehend wieder ab, nur um im 21. Jahrhundert erneut aufzuleben? Wie wurden die Manganknollen zu Ressourcen, und welche Faktoren führten dazu, dass dieser Prozess sich später (zumindest ein gutes Stück weit) wieder umkehrte? Für diesen Prozess verwende ich in Anlehnung an Erich W. Zimmermann (s. Kap. 1.1) den Begriff „Ressourcenwerdung". Die Bedeutung der Frage, was einen Stoff zur Ressource macht, geht dabei weit über das konkrete Beispiel der Manganknollen hinaus. Sie steht vielmehr im Kern der seit den 1970er Jahren immer wieder auflebenden Debatte über die Reichweite der für die technisch-industrielle Zivilisation bisher essentiellen Ressourcen wie Metalle und fossile Energieträger.[9]

Aufgrund der Relevanz ökonomischer Rahmenbedingungen wie der Nachfrage nach den in den Manganknollen enthaltenen Metallen und deren Verfügbarkeit aus konventionellen Quellen thematisiert diese Arbeit immer wieder wirtschaftshistorische Aspekte. Gleichzeitig wird eine (geplante) Nutzung der marinen Umwelt behandelt, die einerseits zwangsläufig an die natürlichen Gegebenheiten als Chance und Einschränkung gebunden ist, andererseits einen Eingriff und eine Veränderung dieser Umwelt darstellt bzw. darstellen würde. Zudem beeinflusst die Wahrnehmung der Umwelt die gesellschaftliche Akzeptanz und damit auch die politische Unterstützung für den Tiefseebergbau. Daher hat die Geschichte des Tiefseebergbaus auch umwelthistorische Aspekte. Dies betrifft insbesondere die im Zeitablauf veränderte Wahrnehmung der marinen Umwelt und speziell des Tiefseebodens. Daneben besitzt die Arbeit auch technik-, rechts- und politikhistorische Aspekte, da bis heute Faktoren aus allen diesen Bereichen auf das Tiefseebergbauprojekt einwirken.

Ein Charakteristikum der hier dargestellten Geschichte ist ihre Unabgeschlossenheit. Diese Arbeit verfolgt die Entwicklungen des Tiefseebergbauprojekts bis in das Jahr 2022, und ich kann nicht sagen, ob ich die mitunter von Hindernissen und Rückschlägen gekennzeichnete, aber letztlich von Erfolg gekrönte Entstehungsgeschichte einer bedeutenden, wenn auch umstrittenen Industrie untersuche, oder ob sich die Geschichte wiederholen wird und die aktuellen Vorhaben, ähnlich wie bereits Anfang der 1980er Jahre, wieder in der Versenkung verschwinden werden. Möglicherweise liegt darin auch eine Chance für eine unvoreingenommene Geschichtsschreibung, da die Darstellung nicht von Beginn an durch das stillschweigende Wissen über den Ausgang der Geschichte getönt ist.[10]

Größere Gewissheit besteht darüber, dass unsere technisch-industrielle Zivilisation auch in Zukunft auf eine große Bandbreite von mineralischen Ressourcen angewiesen sein

9 Siehe für diese Debatte Paul Sabin, The Bet. Paul Ehrlich, Julian Simon, and Our Gamble Over Earth's Future, New Haven/London 2013; John E. Tilton, On Borrowed Time? Assessing the Threat of Mineral Depletion, Washington, DC 2003.

10 Vgl. für Überlegungen in einer parallelen Situation Joachim Radkau, Aufstieg und Krise der deutschen Atomwirtschaft 1945–1975. Verdrängte Alternativen in der Kerntechnik und der Ursprung der nuklearen Kontroverse, Reinbek bei Hamburg 1983, S. 16.

wird, unabhängig davon, ob diese aus Lagerstätten an Land oder am Tiefseeboden oder im Rahmen einer Kreislaufwirtschaft gewonnen werden. Gleichzeitig ist vielen Menschen dieser Zusammenhang nicht immer bewusst: Die gedankliche Verbindung zwischen den Produkten unseres täglichen Lebens und dem Ursprung der darin enthaltenen oder für deren Produktion benötigten Ressourcen wird oft nicht hergestellt. Daraus resultiert auch die unzutreffende Vorstellung, es gäbe eine unberührte Natur jenseits anthropogener Einflüsse einerseits und eine von der Natur losgelöste technisch-kulturelle Sphäre andererseits.[11] Im Gegensatz zu dieser alltäglichen Ausblendung von Ressourcen – ähnliches lässt sich auch über viele Infrastrukturen und Vorgänge der Entsorgung sagen – kursieren in der Öffentlichkeit während kurzer Perioden mit drastischen Preissteigerungen und Versorgungsschwierigkeiten[12] häufig überzogene Vorstellungen von einer baldigen allgemeinen Rohstoffknappheit und der Rohstoffmacht der Produzentenstaaten (s. Kap. 3.3 und 6.1). Demgegenüber ist es ein Anliegen dieser Arbeit, zu einer realitätsnahen Reflektion über die Rolle und den Ursprung von mineralischen Ressourcen beizutragen.

Ferner verbindet sich mit dieser Arbeit zumindest die Hoffnung, dass die Geschichte des Tiefseebergbaus einen gewissen Nutzwert für die aktuelle Diskussion um dieses Thema und die Akteure in Politik und Wirtschaft hat. Die Idee der „historia magistra vitae“ hat freilich seit dem Zeitalter der Revolutionen des 18. und 19. Jahrhunderts ihre Überzeugungskraft verloren, als man zu der Ansicht kam, dass sich Geschichte nicht wiederholt, sondern sich vielmehr in eine unbekannte Zukunft öffnet.[13] Zudem sind Historiker gut darin, Wissen zu hinterfragen, liefern jedoch selten die Antworten, die Naturwissenschaftler oder politische Akteure erwarten: „‘Well … it’s complicated’ is rarely a useful answer when a policymaker asks a question,“ räumte die Umwelthistorikerin Nancy Langston bezogen auf die Zusammenarbeit von Historikern, Naturwissenschaftlern und Entscheidungsträgern bei der Bewirtschaftung mariner Ökosysteme ein.[14] Dennoch lassen sich mit dem Technikhistoriker Johan Schot drei Aspekte identifizieren, durch die Geschichte zur Diskussion über gegenwärtige Herausforderungen beitragen kann. Erstens kann das Wissen über die historische Genese zum besseren Verständnis von Gegenwart und Zukunft beitragen. Geschichte kann, zweitens, indem sie die Pfadabhängigkeiten darstellt, die zur heutigen Situation geführt haben, auch die oftmals vergessenen alternativen Szenarien und nicht beschrittenen Wege aufzeigen, die möglicherweise weiterhin als Option für die Zukunft bereitstehen. Drittens kann die historische Forschung gängige und

---

11 Timothy J. LeCain, Mass Destruction. The Men and Giant Mines That Wired America and Scarred the Planet, New Brunswick/London 2009, S. 9f.; Gavin Bridge, Material worlds. Natural resources, resource geography and the material economy, in: Geography Compass 3 (2009), 3, S. 1217–1244, hier S. 1237.

12 Vgl. Marian Radetzki, The anatomy of three commodity booms, in: Resources Policy 31 (2006), 1, S. 56–64.

13 Reinhart Koselleck, Historia Magistra Vitae. Über die Auflösung des Topos im Horizont neuzeitlich bewegter Geschichte, in: ders., Vergangene Zukunft. Zur Semantik geschichtlicher Zeiten, Frankfurt a.M. 1979, S. 38–66.

14 Nancy Langston, Editor’s note, in: Environmental History 18 (2013), 1, S. 1f.

für heutige Akteure leitende Geschichtsbilder infrage stellen, denen zufolge die Geschichte etwas bewiesen oder widerlegt habe, und kann auf diesem Weg dazu beitragen, neue Wege zu öffnen.[15] Konkret auf die Nutzung von Rohstoffen bezogen sieht Sebastian Haumann in ähnlicher Weise einen zweifachen Beitrag der historischen Forschung zu aktuellen Fragestellungen: Die Beschäftigung mit der Geschichte hilft, das Gewordensein der gegenwärtigen Ressourcennutzung zu verstehen, und zeigt damit auch zukünftige Gestaltungsspielräume und Veränderungspotenziale auf.[16]

In dieser Arbeit untersuche ich die Geschichte der Manganknollen seit 1873 – schwerpunktmäßig in dem Zeitraum von etwa 1965 bis 1980 sowie ausblickhaft für die Jahre von etwa 2006 bis 2022. Am Beispiel dieser Geschichte soll gezeigt werden, dass die Kategorie „Ressource“ keine Eigenschaft eines Stoffes an sich beschreibt, sondern sich an der Funktion festmacht, die dieser Stoff unter bestimmten ökonomischen, politischen, technologischen und kulturellen Rahmenbedingungen erfüllt. Diese Rahmenbedingungen werden in dieser Arbeit am Fallbeispiel der Manganknollen identifiziert. Zugleich demonstriert die Geschichte der Manganknollen, dass es sich bei der Ressourcenwerdung um einen dynamischen, offenen und reversiblen Prozess handelt. Konkret mussten Manganknollen zunächst einmal der Menschheit bekannt sein. Da sich die Vorkommen ganz überwiegend in der Tiefsee befinden, war diese Kenntnis von bestimmten wissenschaftlichen und technischen Bedingungen abhängig, die erst Ende des 19. Jahrhunderts gegeben waren. Anschließend musste die Nutzung der Manganknollen in den Bereich des technisch Vorstellbaren rücken. Darüber hinaus entstanden oder erneuerten sich Pläne für den Tiefseebergbau in Zeiten eines Rohstoffpreisbooms und (erwarteter) politischer Risiken für die Versorgungssicherheit der westlichen Industriestaaten. Weiterhin wird im Verlauf der Untersuchung gezeigt, dass die Wirtschaftlichkeit des Vorhabens schon früh zweifelhaft war. Tiefseebergbauprojekte waren daher stets auf staatliche Subventionen angewiesen. Diese wurden überwiegend mit strategischen Überlegungen zur Ausweitung und Diversifizierung der Metallversorgung vor dem Hintergrund steigender Preise und (erwarteter) politisch bedingter Lieferunterbrechungen, daneben auch mit technologiepolitischen Argumenten gerechtfertigt. Nachlassende rohstoffpolitische Spannungen, sinkende Preise und die aus Investorensicht ungünstige Entwicklung des internationalen Seerechts führten dagegen nach 1978 zur Einstellung der meisten Projekte. Die Frage der Umweltverträglichkeit des Abbaus von Manganknollen wurde bereits seit den frühen 1970er Jahren mitgedacht, galt aber lange als eher unproblematisch bzw. lösbar, bis dieser Aspekt in den 1980er Jahren – gegenläufig zu der ökonomischen Bedeutung des Tiefseebergbaus – an Bedeutung gewann. Erst im 21. Jahrhundert ist dieser Punkt für die öffentliche Diskussion über den Tiefseebergbau zentral geworden. Schließlich argumentiere ich, dass die Zukunft des Tiefseebergbaus offen ist, dass also auch ein erneutes Scheitern,

15 Johan Schot, Confronting the second deep transition through the historical imagination, in: Technology and Culture 57 (2016), 2, S. 445–456.

16 Sebastian Haumann, Kalkstein als „kritischer“ Rohstoff. Eine Stoffgeschichte der Industrialisierung, 1840–1930, Bielefeld 2020, S. 320f.

d.h. die Einstellung der Projekte, eine reale Möglichkeit ist. Auch wenn gegenwärtig Befürworter und ökologisch motivierte Kritiker gleichermaßen davon ausgehen, dass dem Tiefseebergbau diesmal der Schritt zu einem kommerziellen Betrieb gelingen wird, könnte sich die Geschichte angesichts der Parallelen zu der Entwicklung der 1970er Jahre wiederholen.

Obwohl man Manganknollen auch als Stoffe auffassen kann,[17] ist die folgende Darstellung nicht direkt als Beitrag zu dem expandierenden Feld der Stoffgeschichte angelegt. Zwar geht es in dieser Geschichte der Manganknollen wie in der Stoffgeschichte auch um den Umgang der Gesellschaft mit einem Stoff, um den Kontext seiner Erforschung und um dessen Wahrnehmung. Da aber Manganknollen kaum als solche verwendet werden, wären sie einerseits sinnvoller als Teil einer Stoffgeschichte von Nickel, Kupfer, Kobalt oder Mangan zu behandeln. Andererseits ist der stoffgeschichtliche Ansatz insbesondere dann produktiv, wenn gezeigt werden kann, wie der Stoff nicht nur seine angedachte Funktion an einem vorgesehenen Ort erfüllt, sondern in andere Umgebungen und Kontexte gelangt, wo er neue, nicht-intendierte und oft problematische Wirkungen entfaltet. Klassische Beispiele hierfür bilden FCKW oder DDT.[18] Ähnliches ist bei Manganknollen durchaus denkbar, allerdings bleibt es Spekulation, bevor Manganknollen nicht im großen Maßstab abgebaut wurden und sie bzw. die aus ihnen gewonnenen Metalle sowie die nach der Verhüttung zurückbleibende Schlacke außerhalb der Tiefsee in neue Beziehungen eingetreten sind. Insofern ist es für eine eigentliche Stoffgeschichte der Manganknollen noch zu früh.

1.1 Ressourcen und Ressourcenwerdung

Zunächst ist zu klären, was unter dem Begriff „Ressource“ zu verstehen ist und was einen Stoff zu einer Ressource macht. Im Folgenden bezieht sich der Begriff auf natürliche Ressourcen, aber die häufig vorgenommene Unterscheidung zwischen erneuerbaren (biologischen) und nicht-erneuerbaren (mineralischen) Ressourcen ist weniger eindeutig als es zunächst scheint. Mineralische Ressourcen aus den Ozeanen wie Manganknollen wurden in der Vergangenheit zumindest als quasi unerschöpflich oder erneuerbar imaginiert (s. Kap. 3.6). Der Walfang und Formen der industriellen Fischerei wiederum nutzten und

17 Jens Soentgen definiert Stoffe in Abgrenzung von Dingen dadurch, dass Stoffe teilbar und zerkleinerbar sind, ohne hierdurch ihre Identität zu verlieren. Da Manganknollen eine spezifische mineralogische Struktur besitzen und somit selbst im gemahlenen Zustand als solche erkennbar sind, kann man sie als Stoffe in diesem Sinne auffassen. Jens Soentgen, Konfliktstoffe. Über Kohlendioxid, Heroin und andere strittige Substanzen (Stoffgeschichte; 11), München 2019, S. 18f.

18 Ebd., S. 7f., 49–51; Stefan Böschen/Armin Reller/Jens Soentgen, Stoffgeschichten – eine neue Perspektive für transdisziplinäre Umweltforschung, in: Gaia 13 (2004), 1, S. 19–25.

nutzen ihre Ressourcen oftmals in einer Weise, die eher dem Bergbau als einer nachhaltigen Ernte gleicht, indem Bestände sukzessive – und ökonomisch durchaus rational – leergefischt werden.[19]

Schon montanwissenschaftliche Lehrbücher aus der Zeit um 1900 machten deutlich, dass der der Ressource verwandte Begriff des Erzes sich nicht nur anhand geologischer Kriterien definieren lasse, sondern dass es von den Bedingungen der wirtschaftlichen Verwertbarkeit abhänge, ob ein Mineral als Erz gelten könne oder nicht. Insofern könnten auch zwei mineralogisch gesehen identische Vorkommen je nach Verkehrsanbindung und damit den Transportkosten als Erz oder nicht als Erz gelten.[20] Eine solche Betrachtung in Abhängigkeit von den Rahmenbedingungen bildet auch den Ausgangspunkt für die funktionale Ressourcentheorie des amerikanischen Ökonomen Erich W. Zimmermann (1888–1961). Zimmermann schrieb 1933 in der ersten Auflage von „World Resources and Industries“:

> „Previous to the emergence of man, the earth was replete with fertile soil, with trees and edible fruits, with rivers and waterfalls, with coal beds, oil pools and mineral deposits, the forces of gravitation, of electro-magnetism, of radio-activity were there; the sun sent forth his life-bringing rays, gathered the clouds, raised the winds; but there were no resources. A man-less universe is void of resources; for resources are inseparable from man and his wants. They are the environment in the service of man. Usefulness to man, capacity to satisfy human wants, stamps environmental aspects as resources.“[21]

Der Begriff „Ressource“ bezieht sich somit, wie Zimmermann in einer späteren Auflage ausführte, nicht auf einen Stoff an sich, sondern auf die Funktion, nämlich die Erfüllung eines bestimmten Zwecks wie der Deckung bestimmter menschlicher Bedürfnisse. Somit ist auch die Menge der Ressourcen dynamisch und verändert sich mit den sich wandelnden Fähigkeiten und Bedürfnissen der Menschen. Auf einer frühen Entwicklungsstufe war die Menschheit daher „submerged in an ocean of ‚neutral stuff‘“, d.h. viele Substanzen, die später zu Ressourcen wurden, waren vorhanden, aber für die Menschen letztlich irrelevant.[22] Erst durch den Erwerb neuer Fähigkeiten und das Entstehen neuer Bedürfnisse verwandelten Menschen bisher für sie neutrale Stoffe in Ressourcen. Stoffe können

---

19 Vereinfacht gesagt ergäbe in vielen Fällen eine nachhaltige Nutzung der erneuerbaren Ressource nur eine Verzinsung des eingesetzten Kapitals, die unterhalb der von alternativen Anlagemöglichkeiten läge. Insofern kann es ökonomisch rational sein, die Ressource bis zur Erschöpfung abzubauen und das Kapital anschließend anderweitig zu investieren; Callum Roberts, The Unnatural History of the Seas, Washington, DC u.a. 2007, S. 301; Colin W. Clark, The economics of overexploitation, in: Science, Vol. 181, Issue 4100 (17.08.1973), S. 630–634.

20 Andrea Westermann, Inventuren der Erde. Vorratsschätzungen für mineralische Rohstoffe und die Etablierung der Ressourcenökonomie, in: Berichte zur Wissenschaftsgeschichte 37 (2014), 1, S. 20–40, hier S. 23.

21 Erich W. Zimmermann, World Resources and Industries. A Functional Appraisal of the Availability of Agricultural and Industrial Resources, New York/London 1933, S. 3.

22 Erich W. Zimmermann, World Resources and Industries. A Functional Appraisal of the Availability of Agricultural and Industrial Resources, 2. Aufl. New York 1951, S. 8.

jedoch auf dem gleichen Weg die Ressourceneigenschaft auch wieder verlieren. Zimmermann spricht hier von der „destruction of resources“.[23] Beispiele für die Schaffung und Zerstörung von Ressourcen sind nach Zimmermann die wilden Kautschukbäume Amazoniens, die erst nach der Erfindung der Vulkanisation 1839 für westliche Gesellschaften zu einer Ressource wurden, diese Funktion aber wieder verloren, als zuerst Kautschukplantagen in Südostasien entstanden und im 20. Jahrhundert zudem synthetisches Gummi entwickelt wurde. Ebenso wurden viele traditionell genutzte Erzlagerstätten wieder zu „neutral stuff“ oder „ex-resources“, da sie den gestiegenen Rohstoffbedarf moderner Stahlwerke nicht ökonomisch decken konnten.[24]

Unabhängig von Zimmermann wies auch der sowjetische Geophysiker Jewgeni Fjodorow (1910–1981) am Beispiel von Uran, das Anfang des 20. Jahrhunderts nur als Nebenprodukt der Radiumgewinnung gegolten habe, auf die historische Dimension oder Zeitabhängigkeit des Ressourcenbegriffs hin.[25] Ein weiteres Beispiel bildet die Lagerstätte des Minerals Kryolith auf Grönland. Natürliches Kryolith wurde zu einer Ressource, da es seit den 1880er Jahren als Flussmittel in der Aluminiumgewinnung verwendet wurde, verlor diesen Status jedoch wieder, als es von einem synthetischen Substitut verdrängt wurde.[26] Neben der wissenschaftlichen und technischen Entwicklung spielten auch politisch-ökonomische Erwägungen eine Rolle: Die niedriggradigen Eisenerze bei Salzgitter wurden so erst durch die nationalsozialistische Autarkie- und Aufrüstungspolitik der 1930er Jahre zu einer abbauwürdigen Ressource.[27] Der für die Gegenwart wichtigste Prozess der Ressourcenwerdung betrifft zweifellos die fossilen Energieträger Kohle, Erdöl und Erdgas. Ihre Lagerstätten waren vielfach seit langem bekannt, sie wurden aber, abgesehen von sehr lokalen und sporadischen Nutzungen, erst seit der Industriellen Revolution zu Ressourcen, die bald – zunächst Kohle, später Öl – eine absolut zentrale Rolle im Alltag einnahmen.[28]

---

23 Ebd., S. 12f.

24 Ebd., S. 12–14.

25 Evgeni K. Fedorov, Man and Nature. The Ecological Crisis and Social Progress, Moscow 1980, S. 9.

26 Hanna Vikström, A scarce resource? The debate on metals in Sweden 1870–1918, in: The Extractive Industries and Society 3 (2016), 3, S. 772–781, hier S. 773.

27 Adam Tooze, Ökonomie der Zerstörung. Die Geschichte der Wirtschaft im Nationalsozialismus, München 2007, S. 278–283.

28 Die Literatur zum fossilen Energieregime ist sehr umfangreich, vgl. an neueren Darstellungen Paul Warde, The first Industrial Revolution, in: Astrid Kander/Paolo Malanima/Paul Warde, Power to the People. Energy in Europe over the Last Five Centuries, Princeton/Oxford 2013, S. 129–247; Astrid Kander, The Second and Third Industrial Revolutions, in: ebd., S. 249–414; Edward A. Wrigley, Energy and the English Industrial Revolution, Cambridge u.a. 2010; Alfred W. Crosby, Children of the Sun. A History of Humanity's Unappeasable Appetite for Energy, New York/London 2006.

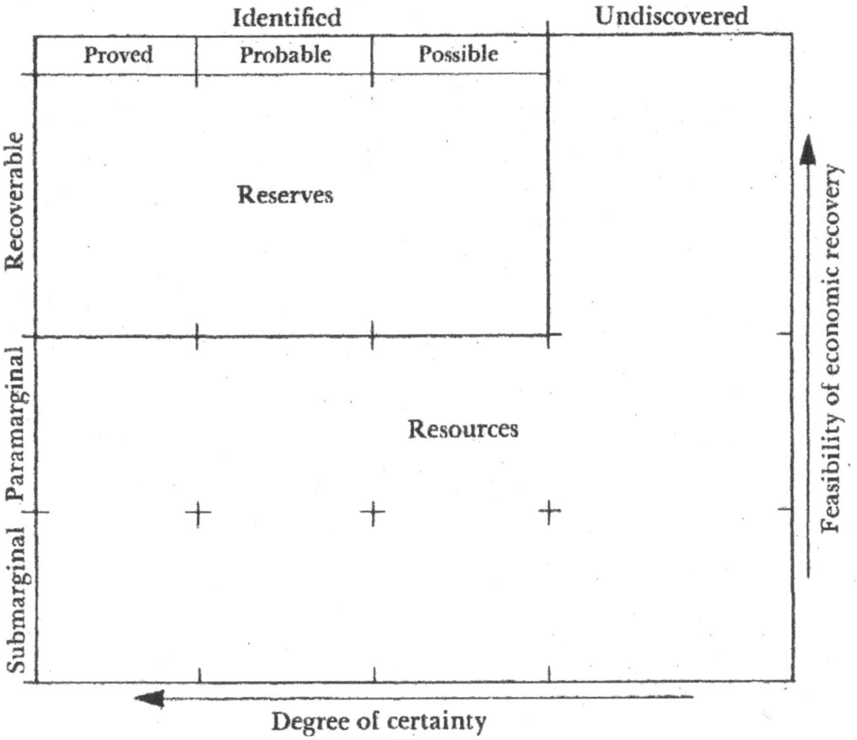

Abbildung 2: McKelvey-Box (Vincent Ellis McKelvey, Mineral resource estimates and public policy, in: American Scientist 60 (1972), 1, S. 32–40, hier S. 35).

Zimmermann fasste seinen Ressourcenbegriff in der oft zitierten Formulierung zusammen: „Resources *are* not, they *become*; they are not static but expand and contract in response to human wants and human actions“ (*Hervorhebung im Original*).[29] Obwohl in Debatten über die mögliche Erschöpfung der Rohstoffvorkommen vor allem in den 1970er Jahren (s. Kap. 3.3.3) und teilweise bis heute noch eine statische Vorstellung von Ressourcen als feststehender, endlicher Menge vorherrscht, wurde Zimmermanns funktionale und dynamische Vorstellung in der wissenschaftlichen Literatur über Ressourcen von verschiedenen Disziplinen vielfach aufgenommen.[30] Die Klassifikation wurde jedoch

29 Zimmermann, World Resources (1951), S. 15.

30 Thomas Turnbull, Toward histories of saving energy. Erich Walter Zimmermann and the struggle against „one-sided materialistic determinism“, in: Journal of Energy History/Revue d'Histoire de l'Énergie 4 (25.05.2020), https://www.energyhistory.eu/en/node/191 (02.01.2024); Klaus J. Schulz et al., Critical mineral resources of the United States – An introduction, in: ders. et al. (Hrsg.), Critical Mineral Resources of the United States. Economic and Environmental Geology and Prospects for Future Supply (U.S. Geological Survey Professional Paper; 1802), Reston 2017, S. A1–A14, hier S. A5; Vikström, Scarce resource, S. 773; Bridge, Material worlds, S. 1220; Thomas R. De Gregori, Resources are not; they become. An institutional theory, in: Journal of Economic Issues 21 (1987), 3, S. 1241–

deutlich verfeinert. Der Direktor des United States Geological Survey (USGS), Vincent E. McKelvey (1916–1987) entwickelte ein Schema, das auch eine neue, teilweise von Zimmermann abweichende Terminologie standardisierte und das bis heute noch weiter ausdifferenziert wurde.[31] Gemäß diesem, auch als „McKelvey-Box"[32] bekannten Schema werden Ressourcen als Obergriff weiter unterteilt nach dem Grad des Wissens über die Lagerstätte und danach, inwiefern eine Nutzung wirtschaftlich rentabel erscheint (s. Abb. 2).

Nach aktueller Definition des USGS, die auf dem Schema der McKelvey-Box aufbaut, bezeichnet der Begriff Ressource („resource"): „A concentration of naturally occurring solid, liquid, or gaseous material in or on the Earth's crust in such a form and amount that economic extraction of a commodity from the concentration is currently or potentially feasible."[33] Der engere Begriff Reserven („reserves") bezieht sich demgegenüber auf solche Ressourcen, bei denen Lage, Qualität und Quantität nachgewiesen oder abschätzbar sind und die sich unter den jeweils aktuellen Bedingungen tatsächlich wirtschaftlich abbauen lassen.[34] Es ist offensichtlich, dass diese Unterscheidung nicht trennscharf möglich ist und dass sie im Zeitablauf Veränderungen unterworfen ist. Die Menge der Reserven reduziert sich durch den Abbau, aber auch durch sinkende Preise oder steigende Gewinnungskosten; dagegen kann sie expandieren, wenn neue Kenntnisse über Lagerstätten gewonnen werden, wenn Abbaukosten aufgrund technischer Entwicklungen sinken und wenn eine zunehmende Nachfrage und steigende Rohstoffpreise den Abbau auch zu höheren Kosten rentabel machen. McKelvey wies bereits 1972 darauf hin, dass viele der zu diesem Zeitpunkt genutzten Lagerstätten zu früheren Zeiten als nicht wirtschaftlich abbaubar gegolten hätten und somit nicht zu den Reserven gezählt worden wären.[35] Der dynamische Charakter des Reservenbegriffs wird illustriert durch das zunächst paradox anmutende Beispiel der weltweiten Kobaltreserven: Diese wurden 1973 auf 2,5 Mio. t Kobaltgehalt geschätzt. Nachdem in den folgenden Jahrzehnten 2 Mio. t, also 80 % dieser Menge, gefördert wurden, betrugen 2015 die Reserven 7,2 Mio. t, also ein Mehrfaches der ursprünglichen Menge.[36] Man kann somit in der Tradition der „Cornucopians", den

---

1263; von einer nur begrenzten Rezeption Zimmermanns geht dagegen aus Robert L. Bradley, Resourceship. An Austrian theory of mineral resources, in: The Review of Austrian Economics 20 (2007), 1, S. 63–90, hier S. 77.

31 Vincent Ellis McKelvey, Mineral resource estimates and public policy, in: American Scientist 60 (1972), 1, S. 32–40. Eine aktuelle, weiter ausdifferenzierte, aber weniger übersichtliche Version des Schemas findet sich beispielsweise bei U.S. Geological Survey, Mineral Commodity Summaries 2021, Reston 2021, S. 197.

32 Tilton, Borrowed Time, S. 22.

33 U.S. Geological Survey, Mineral Commodity Summaries 2021, S. 195.

34 Ebd., S. 196.

35 McKelvey, Mineral resource estimates, S. 35.

36 Schulz et al., Critical mineral resources, S. A5. Ähnlich für Kupfer U.S. Geological Survey, Mineral Commodity Summaries 2021, S. 195; für Erdöl Marian Radetzki, Peak Oil and other threatening peaks – chimeras without substance, in Energy Policy 38 (2010), 11, S. 6566–6569.

Gegenspielern der neomalthusianischen „Doomster“ in der Debatte um die drohende Ressourcenerschöpfung seit den 1970er Jahren (s. Kap. 3.3.3), zu dem Schluss kommen: „It clearly should make us aware that resources are not fixed and finite, and they definitely are not natural. As long as we do not run out of ideas, then we are not likely to run out of resources.“[37] Ich stimme dieser Auffassung grundsätzlich zu, was die langfristige Rohstoffversorgung betrifft. Aber ein pauschaler Hinweis auf die menschliche Kreativität als „ultimative Ressource“[38] hilft nicht bei der Beantwortung der Frage, wie ein konkreter Stoff, in diesem Fall die Manganknollen, zunächst zu einer Ressource wurde, deren wirtschaftlicher Abbau vorstellbar wurde, und anschließend fast zu den Reserven gezählt werden konnte, als ein kommerzieller Tiefseebergbau in den späten 1970er Jahren in greifbare Nähe gerückt zu sein schien, letztlich aber diese Schwelle zumindest bis 2022 nicht überschreiten konnte. Ressourcen sind ebenfalls in der Tradition Zimmermanns als „socially constructed“ bezeichnet worden.[39] Dies ist jedoch nicht im Sinne von diskursiver Beliebigkeit zu verstehen. Vielmehr machen Menschen ihre eigenen Ressourcen, aber sie machen sie nicht aus freien Stücken, nicht unter selbstgewählten, sondern unter gegebenen Umständen.[40]

In der neueren Literatur sind verschiedene solche Umstände identifiziert worden. Gemäß dem Wirtschaftsgeografen Gavin Bridge besitzen Ressourcen eine hybride Qualität, da sie gleichzeitig physische Einheiten und soziale Kategorien sind. Ob ein Stoff als Ressource gilt, hängt einerseits von Veränderungen von Technik und Kultur ab, die bestimmen, in welchem Verhältnis er zu anderen Stoffen, zu Wissensbeständen, zu Tauschobjekten und möglichen Substituten steht. Andererseits sieht Bridge einen politischen Aspekt, da verschiedene Gruppen von Akteuren mit unterschiedlichen Interessen und Zielen oftmals Stoffe völlig anders bewerten.[41] Die Anthropologinnen Tanya Richardson und Gisa Weszkalnys argumentieren ebenfalls, dass der Charakter von Ressourcen sowohl in ihren physikalischen Eigenschaften als auch in ihrer sozio-kulturellen Bedeutung begründet liegt. Die Analyse von Ressourcen müsse daher aus ihrer Sicht neben ihren stofflichen Eigenschaften auch das Wissen über sie, die für Gewinnung, Transport, Verarbeitung usw. nötige Infrastruktur und die Art der menschlichen Nutzung und Aneignung mit einschließen.[42] Für die engere, aber verwandte Frage, nach welchen Kategorien bestimmte Metalle als knapp wahrgenommen wurden, identifiziert Hanna Vikström die

37 De Gregori, Resources, S. 1257.

38 Julian L. Simon, The Ultimate Resource, Princeton 1981.

39 Ole Sparenberg/Matthias Heymann, Introduction. Resource challenges and constructions of scarcity in the nineteenth and twentieth centuries, in: European Review of History/Revue européenne d’histoire 27 (2020), 3, S. 243–252, hier S. 243; Vikström, Scarce resource, S. 773.

40 So in freier Anlehnung an Karl Marx, Der 18. Brumaire des Louis Bonaparte (1852), in: MEGA I. Abtlg., Bd. 11, Berlin 1985, S. 96–189, hier S. 96f. Marx bezieht sich in diesem oft zitierten Satz nicht auf die ökonomische Basis, sondern auf historische Traditionen.

41 Bridge, Material worlds, S. 1219–1222.

42 Tanya Richardson/Gisa Weszkalnys, Resource materialities, in: Anthropological Quarterly 87 (2014), 1, S. 5–30.

geologische Häufigkeit des Metalls, technische Schwierigkeiten bei seiner Gewinnung, das Fehlen von Substituten, Preisschwankungen, fehlende Transportinfrastruktur, Importabhängigkeit sowie rechtliche Rahmenbedingungen.[43] Gestützt auf einen praxeologischen Ansatz fragt der Historiker Sebastian Haumann ebenfalls nicht in allgemeiner Form nach Ressourcen, sondern verwendet die Kategorie der „kritischen Rohstoffe“. Am Beispiel von Kalkstein hebt Haumann die Bedeutung von Wertschöpfungsketten hervor: Erst die Verwendung von Kalkstein als Zuschlagstoff in der Eisen- und Stahlerzeugung ließ diesen an sich profanen Stoff im 19. Jahrhundert zu einem kritischen Rohstoff werden.[44] Die emotionale Bewertung einer Landschaft, in deren Zuge Moore als Irrtümer der Natur wahrgenommen wurden, stellt die Historikerin Katja Bruisch in den Mittelpunkt, wenn sie die Ressourcenwerdung („the ‚becoming‘ or the ‚making‘ of natural resources“) am Beispiel von Torf in Russland bzw. der Sowjetunion darstellt.[45] Einen Fall, in dem Lagerstätten trotz großen Umfangs und hoher Nachfrage nach dem in ihnen enthaltenen Material die Ressourceneigenschaft weitgehend verlieren und nicht mehr abgebaut werden, untersucht Frank Veraart: Angesichts des Flächenbedarfs anderer Landnutzungen im eigenen Land und offener Grenzen im europäischen Binnenmarkt importieren die Niederlande im 20. und 21. Jahrhundert Sand und Kies zunehmend aus Deutschland, statt die weiterhin umfangreichen heimischen Vorkommen zu nutzen.[46]

Ausgehend von diesen Ansätzen scheinen mir zumindest die folgenden Faktoren – teils naturwissenschaftlicher, teils sozio-kultureller Art – erforderlich zu sein, um konkret die Ressourcenwerdung der Manganknollen, auch wenn sie bislang nicht zu einer kommerziellen Nutzung führte, zu erklären:

- die mineralogischen und geologischen Eigenschaften der Manganknollen und die naturräumlichen Eigenschaften des Tiefseebodens,
- der geologische und ozeanographische Wissensbestand über die Tiefsee,
- die kulturelle Wahrnehmung der Ozeane einschließlich der Erwartung zukünftiger Nutzungen,
- die Marktbedingungen, also Angebot, Nachfrage und Preise für die in den Manganknollen enthaltenen Metalle,

43 Vikström, Scarce resource, S. 773.

44 Haumann, Kalkstein, S. 14–29; ders., Critical and scarce. The remarkable career of limestone 1850–1914, in: European Review of History/Revue européenne d’histoire 27 (2020), 3, S. 273–293; ders., Towards a historical understanding of critical raw materials. Suggestions from a History of Technology perspective, in: Gaia 27 (2018), 4, S. 373–378.

45 Katja Bruisch, Nature mistaken. Resource-making, emotions and the transformation of peatlands in the Russian Empire and the Soviet Union, in: Environmental History 26 (2020), 3, S. 359–382.

46 Frank Veraart, Land or lakes. Gravel excavation in Dutch spatial and resources policies through the lens of sustainability developments, 1950–2015, in: Land Use Policy 82 (2019), S. 367–374.

- akute oder erwartete politische Konflikte über Ressourcen zwischen Verbraucherstaaten oder zwischen Verbraucher- und Erzeugerstaaten, die Staaten zu einer aktiven Rohstoffpolitik[47] motivierten,
- die rechtliche Ordnung, also das internationale Seerecht, insbesondere Verfügungsrechte über mineralische Vorkommen am Meeresgrund,
- die technischen Möglichkeiten und Grenzen von Exploration, Abbau und Verarbeitung von Manganknollen aus der Tiefsee,
- die Ökologie der Tiefsee, insbesondere ihre Wahrnehmung und Wertschätzung in verschiedenen Gesellschaftssystemen.

Vor diesem Hintergrund ergibt sich die Notwendigkeit eines Zugangs, der Perspektiven der Wirtschafts-, Umwelt-, Politik-, Technik- und Rechtsgeschichte verbindet. Die meisten dieser Faktoren, die überwiegend zeitlichen Veränderungen unterworfen waren, enthalten sowohl Aspekte, die eine wirtschaftliche Nutzung begünstigten als auch solche, die ihr entgegenstanden bzw. entgegenstehen. Damit Mineralien aus einem für den Menschen derart schwer einsehbaren und zugänglichen Ort wie der Tiefsee zu einer begehrten und umstrittenen Ressource werden konnten, mussten diese zunächst einmal bekannt sein. Das war ab den 1870er Jahren der Fall, wobei diese Entdeckung zufällig, aber nicht unabhängig von sehr spezifischen Voraussetzungen geschah. Dennoch stellte sich die Frage nach ihrer Nutzung angesichts der naturräumlichen Rahmenbedingungen – ca. 4 km Wassertiefe – lange Zeit nicht. Dies änderte sich erst nach dem Zweiten Weltkrieg, als das, aufbauend auf militärischen Anforderungen, rasch expandierende ozeanografische Wissen die Erwartung vielfältiger Nutzungsweisen der Ozeane für die nähere Zukunft hervorrief. Hinzu musste eine steigende Nachfrage nach den in den Knollen enthaltenen Metallen – vor allem Nickel, Kupfer und Kobalt – kommen. Dies war in der Nachkriegszeit angesichts des weltweiten Bevölkerungswachstums und des wirtschaftlichen Booms, vor allem in Westeuropa und Nordamerika, der Fall. Angesichts der erheblichen Kosten und Risiken musste aber auch der politische Wille, Tiefseebergbauprojekte staatlich zu fördern, hinzutreten. Wesentlich hierfür waren politische Konflikte, die die Rohstoffversorgung zumindest als gefährdet erscheinen ließen. Eng verbunden mit den politischen Konflikten war die rechtliche Ordnung, insbesondere die Eigentums- oder Verfügungsrechte als wichtige Rahmenbedingung für Investitionsentscheidungen. Ferner mussten technische Lösungen für Exploration, Abbau und Verarbeitung der Manganknollen gefunden werden, die an die physischen Eigenschaften der Manganknollen und die naturräumlichen Gegebenheiten der Tiefsee angepasst waren. Schließlich stellt jeder Bergbau einen Eingriff in die Umwelt dar. Je nach gesellschaftlicher Wertschätzung dieser Umwelt an sich oder der von ihr bereitgestellten Ökosystemdienstleistungen können

---

47 Angelehnt an den Sprachgebrauch der 1970er Jahre bezeichnet „Rohstoffpolitik“ hier die staatlichen Maßnahmen zur Sicherung der Rohstoffversorgung der eigenen Volkswirtschaft insbesondere angesichts einer hohen Importabhängigkeit; vgl. Deutscher Bundestag, Drucksache (im folgenden: BT-Drs.) 8/1981, Antwort der Bundesregierung auf die Große Anfrage: Rohstoffpolitik der Bundesregierung, 07.07.1978, S. 10; Otto Graf Lambsdorff, in: Deutscher Bundestag, Plenarprotokoll 8/117 (16.11.1978), S. 9092.

sich hieraus Einschränkungen der Ressourcennutzung bis hin zu einem rechtlichen Verbot oder dem Entzug der politischen Unterstützung ergeben.

1.2 Quellenbasis und Forschungsstand

Die Geschichte des Tiefseebergbaus ist eine globale Geschichte. Die meisten Aktivitäten gingen seit den 1960er Jahren von Regierungen und Unternehmen aus Ländern in Nordamerika und Westeuropa wie den USA, Kanada, Japan, der Bundesrepublik Deutschland, Großbritannien, Italien und Belgien aus, aber auch die Sowjetunion trug in den 1950er Jahren zur Erforschung der Manganknollen bei und wurde in den 1980er Jahren auf dem Gebiet des Tiefseebergbaus aktiv. Ferner übten Regierungen aus dem Globalen Süden oder den Entwicklungsländern auf der Ebene der UN einen erheblichen und aktiven Einfluss auf die politisch-rechtlichen Rahmenbedingungen aus, gerade weil sie weder einen Bedarf noch die Möglichkeit für den Abbau von Manganknollen besaßen. Ihre Bestrebungen, sich als Produzenten und Exporteure von Rohstoffen gegenüber den industrialisierten Verbraucherstaaten zu organisieren, bildeten überdies einen Teil der Raison d'Être der Tiefseebergbauprojekte. Auch wenn diese Vielzahl von Akteuren in dieser Arbeit Berücksichtigung findet, stelle ich die Geschichte aus einer bundesdeutschen Perspektive dar. Zum einen bildet die Bundesrepublik bis heute einen wichtigen und für die Gruppe der westlichen Industriestaaten repräsentativen Akteur auf diesem Gebiet. Das zeigt sich an der Rolle als hochentwickelter und zugleich stark importabhängiger Industriestaat (s. Kap. 3.3), an der Mitwirkung bundesdeutscher Unternehmen als gleichberechtigte Partner in einem der wichtigsten internationalen Tiefseebergbaukonsortien in den 1970er Jahren (s. Kap. 4.1.2), an dem bis heute maßgeblichen DISCOL-Experiment seit 1989 (s. Kap. 5.6) und an den erneuten Aktivitäten der Bundesanstalt für Geowissenschaften und Rohstoffe (BGR) seit etwa 2005 (s. Kap. 6.2). Zum anderen erlaubt die Darstellung mit Schwerpunkt auf der Perspektive eines Staates, eingehender auf die Details der Problemwahrnehmung und Entscheidungsfindung von Regierung und Unternehmen einzugehen, als dies bei einer Untersuchung aus der globalen Vogelperspektive möglich wäre.

Eine wichtige Grundlage für die Arbeit bildet die Überlieferung des Bundesarchivs in Koblenz. Die Bestände des Bundesministeriums für Wirtschaft sind vor allem für Fragen der Rohstoffversorgung und -politik in den 1960/70er Jahren relevant, die den Hintergrund für das Interesse an Manganknollen bilden. Der Beginn der bundesdeutschen Meeresforschung ab den frühen 1960er Jahren wird über die Akten des Bundesministeriums für wissenschaftliche Forschung und die staatliche Förderung der Manganknollenforschung ab 1972 über die des Bundesministeriums für Forschung und Technologie abgedeckt. Ferner wurden Archivalien des Bundeskanzleramtes für die Frage der Zeichnung des UN-Seerechtsübereinkommens (SRÜ) und des Bundesumweltministeriums für Umweltverträglichkeitsstudien seit den 1980er Jahren herangezogen. Im Politischen Archiv des Auswärtigen Amtes in Berlin wurden Bestände zu den rohstoffbezogenen Nord-Süd-Beziehungen und zum SRÜ eingesehen. Weitere Dokumente des Auswärtigen Amtes, die hier Eingang fanden, sind über die Edition „Akten zur Auswärtigen Politik der Bundesrepublik Deutschland" zugänglich.[48] Ferner wurden Dokumente aus dem Archiv der BGR in Hannover, darunter auch dort überlieferte Unterlagen des privatwirtschaftlichen Konsortiums Ocean Management Inc. mit Partnern aus den USA, Kanada, der Bundesrepublik und Japan, verwendet. Weitere Dokumente aus der am Tiefseebergbau interessierten Privatwirtschaft sind über Unternehmens- und Wirtschaftsarchive greifbar. Das Hessische Wirtschaftsarchiv in Darmstadt besitzt einen Bestand zur Metallgesellschaft AG, der auch deren Engagement bezüglich der Manganknollen berührt. Die Überlieferung der Rheinbraun AG konnte im Historischen Konzernarchiv der RWE in Essen und die der Salzgitter AG im Niedersächsischen Wirtschaftsarchiv Braunschweig in Wolfenbüttel eingesehen werden.

Große Teile dieser Arbeit stützen sich darüber hinaus auf veröffentlichte Quellen internationaler und bundesdeutscher Provenienz. Hierzu zählen auch die als Drucksachen des Deutschen Bundestages veröffentlichten Berichte der Bundesregierung sowie deren Antworten auf parlamentarische Anfragen, die viele Aspekte von Rohstoffpolitik und Tiefseebergbau über mehr als 50 Jahre hinweg abdecken. Weitere wichtige Quellen stammen aus der deutsch- und englischsprachigen Presse sowie insbesondere aus fach- und populärwissenschaftlichen Veröffentlichungen zu Tiefseebergbau, Meerestechnik, Rohstoffwirtschaft und -politik, Meeresbiologie sowie dem internationalen Seerecht. Für die Untersuchung der weltweiten Rohstoffmärkte mit der Entwicklung von Angebot und Nachfrage sind insbesondere auch quantitative Daten erforderlich. Für nominale und reale Preise stützt sich diese Arbeit auf die monatlich von der Weltbank veröffentlichten „Pink Sheets", deren Reihen bis 1960 zurückgehen, während Angaben über globale Produktionsmengen vom United States Geological Survey (USGS) bereitgestellt werden.[49]

Der Forschungsstand zur Geschichte des Tiefseebergbaus ist relativ begrenzt.[50] Es gibt mehr oder weniger autobiografisch geprägte Veröffentlichungen von Autoren, die, basierend auf ihrer eigenen Beteiligung als Wissenschaftler oder in leitender Position in der

48 Institut für Zeitgeschichte (Hrsg.), Akten zur Auswärtigen Politik der Bundesrepublik Deutschland, mehrere Bde., München 1994ff.

49 World Bank Commodity Price Data (The Pink Sheet), www.worldbank.org/en/research/commodity-markets#1 (26.08.2021); Kelly, Thomas D./Matos, Grecia R.: Historical Statistics for Mineral and Material Commodities in the United States (2016 version): U.S. Geological Survey Data Series 140, www.usgs.gov/centers/nmic/historical-statistics-mineral-and-material-commodities-united-states (26.08.2021).

50 Vgl. aber die dieser Arbeit vorangegangenen Veröffentlichungen Ole Sparenberg, Meeresbergbau nach Manganknollen (1965–2014). Aufstieg, Fall und Wiedergeburt?, in: Der Anschnitt 67 (2015), 4–5, S. 128–145; ders., Mining for Manganese Nodules. The Deep Sea as a Contested Space, in: Marta Grzechnik/Heta Hurskainen (Hrsg.), Beyond the Sea. Reviewing the Manifold Dimensions of Water as Barrier and Bridge, Köln/Weimar/Wien 2015, S. 149–164; ders., Metalle aus dem Meer. Eine kurze Geschichte des Tiefseebergbaus, in: Jürgen Elvert/Martina Elvert (Hrsg.), Agenten, Akteure, Abenteuer. Beiträge zur Ausstellung „Europa und das Meer" am Deutschen Historischen Museum Berlin, Berlin 2018,

Privatwirtschaft, auf diese Geschichte zurückblicken, wobei die Aufsätze des Geochemikers Geoffrey P. Glasby wohl den besten Überblick und Einstieg in das Thema bieten.[51] Aus der Perspektive der Maritimen Geschichte und der Umweltgeschichte untersucht Jens Ruppenthal die Wahrnehmung des Meeres, speziell das Ende des Topos von dessen Unerschöpflichkeit in der Nachkriegszeit, sowohl anhand der Fischerei als auch am Beispiel der bundesdeutschen Tiefseebergbauaktivitäten.[52] Aus quantitativer Perspektive bietet eine bibliometrische Untersuchung von Rolf Arne Kleiv und Maria Thornhill eine Analyse der Veröffentlichungen zum Thema Tiefseebergbau zwischen 1968 und 2021, die auch die wechselnden Konjunkturen des Themas erkennen lässt.[53] 2023 veröffentlichte Yoram Carboex einen Aufsatz, der Positionen und Aktivitäten von Industrie und Regierung in den Niederlanden bezüglich des Tiefseebergbaus und der Seerechtsentwicklung bis 1982 analysiert.[54] Daneben hat eine Reihe von neueren Veröffentlichungen das Verhältnis des Menschen zu den Ozeanen einschließlich deren Erforschung, Nutzbarmachung und Beeinflussung zum Gegenstand und ist damit für eine Geschichte der Manganknollen von Bedeutung. Hierzu zählt Helen M. Rozwadowskis Studie „Vast Expanses“ von 2018, die mit einer Universalgeschichte der Mensch-Meer-Beziehung einen weiten Horizont eröffnet, in der auch die Anfänge der Ozeanografie im 19. Jahrhundert und die Projekte zur Erschließung des Meeresbodens seit den 1950er Jahren behandelt werden; zwei Perioden, die den Hintergrund für die Entdeckung und das kommerzielle Interesse an den Manganknollen bilden.[55] Antony Adler untersucht die Vorstellungen, Erwartungen und Ängste, die die Meeresforschung seit dem 19. Jahrhundert angestoßen und geformt haben,[56] während Jacob Darwin Hamblin den Einfluss des Kalten Krieges

---

S. 449–457; ders., A historical perspective on deep-sea mining for manganese nodules, 1965–2019, in: The Extractive Industries and Society 6 (2019), 3, S. 842–854.

51 Geoffrey P. Glasby, Lessons learned from deep-sea mining, in: Science, Vol. 289, Issue 5479 (28.07.2000), S. 551–553; ders., Deep seabed mining. Past failures and future prospects, in: Marine Georesources and Geotechnology 20 (2002), S. 161–176; David S. Cronan, Deep-sea mining. Historical perspectives, in: Rahul Sharma (Hrsg.), Perspectives on Deep-Sea Mining. Sustainability, Technology, Environmental Policy and Management, Cham 2022, S. 3–11; Michel Hoffert, Les nodules polymétalliques dans les grands fonds océaniques. Une extraordinaire aventure minière et scientifique sous-marine, Paris 2008; John L. Shaw, Nodule mining – three miles deep!, in: Marine Georesources and Geotechnology 11 (1993), 2, S. 181–197.

52 Jens Ruppenthal, Raubbau und Meerestechnik. Die Rede von der Unerschöpflichkeit der Meere (Historische Mitteilungen. Beihefte; 100), Stuttgart 2018.

53 Rolf Arne Kleiv/Maria Thornhill, Deep-sea mining – A bibliometric analysis of research focus, publishing structure, international and inter-institutional cooperation, in: Minerals 12 (2022), 11, Article 1383, https://doi.org/10.3390/min12111383.

54 Yoram Carboex, To the deep end or out of their depth? The Netherlands, deep-sea mining and the United Nations Convention on the Law of the Sea (1967-1982), in: BMGN – Low Countries Historical Review 138 (2023), 4, S. 28-54.

55 Helen M. Rozwadowski, Vast Expanses. A History of the Ocean, London 2019; dies., Arthur C. Clarke and the limitations of the ocean as a frontier, in: Environmental History 17 (2012), 3, S. 578–602; dies., Fathoming the Ocean. The Discovery and Exploration of the Deep Sea, Cambridge/London 2005.

56 Antony Adler, Neptune’s Laboratory. Fantasy, Fear, and Science at Sea, Cambridge, Mass./London 2019.

auf die Ozeanografie analysiert.[57] Projekte zur menschlichen Besiedlung der Meere untersuchen Sven Mesinovic am Beispiel von Unterwasserlaboratorien[58] und Stefan Huebner anhand von schwimmenden Städten, einem Projekt, das parallel zum Tiefseebergbau in der Nachkriegszeit aufkam und im 21. Jahrhundert eine gewisse Renaissance erlebt.[59]

Die Umweltgeschichte ist ein weites Feld, wobei das grundlegende Thema dieser Subdisziplin in der dialektischen Spannung zwischen der intendierten und nicht-intendierten Beeinflussung der natürlichen Umwelt durch die Menschheit einerseits und ihrer gleichzeitig weiter bestehenden Abhängigkeit von dieser Umwelt andererseits liegt.[60] Trotz aller Vielfalt der Ansätze und Forschungsgegenstände bescheinigte der Umwelthistoriker John R. McNeill 2003 der Disziplin, sie habe einen „terrestrial bias", da aquatischen Ökosystemen, insbesondere den Meeren, bis dahin relativ wenig Aufmerksamkeit entgegengebracht worden sei.[61] Ähnlich wies W. Jeffrey Bolster 2006 auf die Chancen und zugleich die Notwendigkeit der marinen Umweltgeschichte hin.[62] Der Schwerpunkt auf die terrestrische Umwelt ist ohne weiteres nachvollziehbar, da der Mensch eben ein Landtier ist und die Veränderungen an Land im wahrsten Sinne offen zu Tage treten, während die scheinbar immer gleiche Oberfläche des Meeres eine zeitlose Unveränderbarkeit suggeriert. In den letzten Jahren sind dennoch eine Reihe von Arbeiten erschienen, so dass die marine Umweltgeschichte kein völlig vernachlässigtes Feld mehr darstellt.[63] Innerhalb

57 Jacob Darwin Hamblin, Oceanographers and the Cold War. Disciples of Marine Science, Seattle/London 2005.

58 Sven Asim Mesinovic, Globale Güter und territoriale Ansprüche. Meerespolitik in der Bundesrepublik und den USA in den 1960er Jahren, in: Geschichte und Gesellschaft 40 (2014), 3, S. 382–402.

59 Stefan Huebner, Tackling climate change, air pollution, and ecosystem destruction. How US-Japanese ocean industrialization and the Metabolist Movement's global legacy shaped environmental thought (circa 1950s-present), in: Environmental History 25 (2020), 1, S. 35–61.

60 Frank Uekötter, Umweltgeschichte im 19. und 20. Jahrhundert (Enzyklopädie deutscher Geschichte; 81), München 2007, S. 6; Melanie Arndt, Umweltgeschichte, in: Docupedia-Zeitgeschichte (10.11.2015), http://docupedia.de/zg/Arndt_umweltgeschichte_v3_de_2015 (02.01.2024).

61 John R. McNeill, Observations on the nature and culture of environmental history, in: History & Theory 42 (2003), 3, S. 5–43, hier S. 42.

62 W. Jeffrey Bolster, Opportunities in Marine Environmental History, in: Environmental History 11 (2006), 3, S. 567–597.

63 Vgl. Ingo Heidbrink, „Deutschlands einzige Kolonie ist das Meer". Die deutsche Hochseefischerei und die Fischereikonflikte des 20. Jahrhunderts (Schriften des Deutschen Schiffahrtsmuseums; 63), Hamburg 2004; Roberts, Unnatural History; David J. Starkey/Jón Th. Thór/Ingo Heidbrink (Hrsg.), A History of the North Atlantic Fisheries. Vol. 1: From Early Times to the Mid-Nineteenth Century (Deutsche Maritime Studien; 6), Bremen 2009; David J. Starkey/Ingo Heidbrink (Hrsg.), A History of the North Atlantic Fisheries. Vol. 2: From the 1850s to the Early Twenty-First Century (Deutsche Maritime Studien; 19), Bremen 2012; W. Jeffrey Bolster, The Mortal Sea. Fishing the Atlantic in the Age of Sail, Cambridge, Mass./London 2012; Ole Sparenberg, „Segen des Meeres". Hochseefischerei und Walfang im Rahmen der nationalsozialistischen Autarkiepolitik (Schriften zur Wirtschafts- und Sozialgeschichte; 86), Berlin 2012; Ingo Heidbrink, Whaling, fisheries and marine en-

des Feldes überwiegen als Forschungsgegenstände Fischerei und Walfang, was ebenfalls nachvollziehbar ist, da diese Eingriffe in die marine Umwelt die längste Geschichte haben und – vor allem im Fall der Fischerei – bis heute von großer Relevanz sind. Daneben stehen allerdings auch bereits Arbeiten, die sich anderen anthropogenen Einflüssen widmen wie der Ölverschmutzung[64] und der gezielten Versenkung von radioaktiven Abfällen[65] oder Chemiewaffen.[66] Rozwadowskis bereits erwähnte Publikation „Vast Expanses" behandelt ebenfalls die vielfältigen Nutzungen und Übernutzungen des Meeres sowie den allmählichen Bewusstseinswandel im 20. Jahrhundert hin zu einer Wahrnehmung der Ozeane als eine veränderbare, verletzliche und damit keineswegs geschichtslose Umwelt.[67]

Beim Tiefseebergbau handelt es sich auch um ein technisches System. Exploration, Förderung, Transport und Verarbeitung von Manganknollen erfordern damals wie heute neue technische Entwicklungen, die wie das gesamte Tiefseebergbauprojekt von gesellschaftlichen Rahmenbedingungen geprägt sind. Im 21. Jahrhundert sind dies beispielsweise gewisse Anforderungen an die Umweltverträglichkeit. Insofern berührt diese Arbeit auch die Technikgeschichte, die sich mit der Entstehung, Verbreitung und Nutzung von Technik einschließlich ihrer kulturellen Bedingtheit beschäftigt.[68] Da das Projekt des Tiefseebergbaus in den 1980er Jahren (zumindest vorläufig) eingestellt wurde, sind die Untersuchungen des Technikhistorikers Reinhold Bauer zum Scheitern technischer Innovationen von besonderem Interesse. Bauer betont die Bedeutung dieses Themas, da Scheitern eher die Regel als die Ausnahme sei und ein Schlaglicht auf die Fragilität des Innovationsprozesses werfe. Auch wenn ich im Unterschied zu Bauer nicht das Scheitern einer konkreten Technik untersuche, die zum Tiefseebergbau dienen sollte, sondern das Projekt an sich, sind die von ihm identifizierten Faktoren wie die Konkurrenzsituation und das Timing auch hier von Bedeutung.[69]

---

vironmental history in the International Journal of Maritime History, in: International Journal of Maritime History 26 (2014), 1, S. 117–122; Ryan Tucker Jones/Angela Wanhalla (Hrsg.), New Histories of Pacific Whaling, rev. ed. (RCC Perspectives 2019/6), München 2019.

64 Anna-Katharina Wöbse, Ölpest und Pechvogel. Zur Frühgeschichte eines internationalen Umweltkonflikts, in: Geschichte in Wissenschaft und Unterricht 54 (2003), 11, S. 671–681; John R. McNeill, Blue Planet. Die Geschichte der Umwelt im 20. Jahrhundert, Frankfurt u.a. 2003, S. 322f.

65 Jacob Darwin Hamblin, Environmental diplomacy in the Cold War. The disposal of radioactive waste at sea during the 1960s, in: The International History Review 24 (2002), 2, S. 348–375.

66 Simone M. Müller, „Cut holes and sink 'em": Chemical weapons disposal and Cold War history as a history of risk, in: Historical Social Research 41 (2016), 1, S. 263–284.

67 Rozwadowski, Vast Expanses.

68 Martina Heßler, Kulturgeschichte der Technik (Historische Einführungen; 13), Frankfurt a.M./New York 2012, S. 8; Eike-Christian Heine/Christian Zumbrägel, Technikgeschichte, in: Docupedia-Zeitgeschichte (20.12.2018), https://docupedia.de/zg/Heine_zumbraegel_technikgeschichte_v1_de_2018 (02.01.2024).

69 Reinhold Bauer, Gescheiterte Innovationen. Fehlschläge und technologischer Wandel, Frankfurt a.M./New York 2006, S. 289f., 308–310, 316.

Neben der bereits dargestellten Literatur zum Ressourcenkonzept (s.o.) sind für die Geschichte der Manganknollen auch Arbeiten zu Rohstoffmärkten sowie der gesellschaftlichen Wahrnehmung der Rohstoffversorgung von Bedeutung. Hier ist von ökonomischer Seite vor allem Marian Radetzkis „A Handbook of Primary Commodities in the Global Economy“ zu nennen, das die großen Trends der Entwicklung im 20. Jahrhundert herausarbeitet.[70] Das Interesse an neuen, unkonventionellen Ressourcen wie den Manganknollen war auch beeinflusst von der in den 1970er Jahren ausgeprägten Erwartung einer baldigen Ressourcenerschöpfung, die Patrick Kupper, Nils Freytag und Sabine Höhler anhand der damals vielbeachteten Bestseller „Die Grenzen des Wachstums“ und „Die Bevölkerungsbombe“ untersuchen.[71] Paul Sabin analysiert anhand der beiden Kontrahenten Paul Ehrlich und Julian Simon die seit den 1970er Jahren entstandene Debatte zwischen Optimisten und Pessimisten über die Reichweite der Rohstoffvorräte sowie weitere ökologische und demografische Fragen.[72] Wie und unter welchen ökologischen Kosten es im 20. Jahrhundert doch gelang, immer größere Mengen an Metallen auf den Markt zu bringen, zeigt Timothy J. LeCain am Beispiel des US-amerikanischen Kupferbergbaus.[73]

Die Ressourcenwirtschaft nahm im 20. Jahrhundert einen zunehmend internationalen Charakter an, da die Industriestaaten im Globalen Norden abhängig von Öl, Metallen und Agrarprodukten aus den Staaten des Globalen Südens wurden, deren Exportwirtschaft auch nach der Dekolonisierung weiter durch post-koloniale Strukturen geprägt war. Der Weltmarkt für mineralische und agrarische Rohstoffe stand deshalb im Zentrum des Nord-Süd-Konflikts, wie Sönke Kunkel anhand der Geschichte der United Nations Conference on Trade and Development (UNCTAD) aufzeigt.[74] Giuliano Garavini und Christopher R.W. Dietrich argumentieren, dass auch die OPEC Teil der Bestrebungen der neu unabhängig gewordenen Staaten war, die Dekolonisierung wirtschaftlich zu vollenden,

---

70 Marian Radetzki, A Handbook of Primary Commodities in the Global Economy, Cambridge 2008; ders., Anatomy; ders., Peak Oil.

71 Paul R. Ehrlich, The Population Bomb, New York 1968; Dennis Meadows/Donella Meadows/Erich Zahn/Peter Milling, Die Grenzen des Wachstums. Bericht des Club of Rome zur Lage der Menschheit, Reinbek bei Hamburg 1973; Patrick Kupper, „Weltuntergangsvision aus dem Computer“. Zur Geschichte der Studie „Die Grenzen des Wachstums“ von 1972, in: Frank Uekötter/Jens Hohensee (Hrsg.), Wird Kassandra heiser? Die Geschichte falscher Ökoalarme (Historische Mitteilungen. Beihefte; 57), Stuttgart 2004, S. 98–111; Nils Freytag, „Eine Bombe im Taschenbuchformat“? Die „Grenzen des Wachstums“ und die öffentliche Resonanz, in: Zeithistorische Forschungen/Studies in Contemporary History 3 (2006), 3, S. 465–469; Sabine Höhler, Die Wissenschaft von der „Überbevölkerung“. Paul Ehrlichs „Bevölkerungsbombe“ als Fanal für die 1970er-Jahre, in: Zeithistorische Forschungen/Studies in Contemporary History 3 (2006), 3, S. 460–464.

72 Sabin, Bet.

73 LeCain, Mass Destruction.

74 Sönke Kunkel, Zwischen Globalisierung, internationalen Organisationen und „global governance“. Eine kurze Geschichte des Nord-Süd-Konflikts in den 1960er und 1970er Jahren, in: Vierteljahrshefte für Zeitgeschichte 60 (2012), 4, S. 555–577.

indem die Förderländer die volle Souveränität über ihre Ressourcen erlangten.[75] Im Rahmen dieser Bestrebungen, die 1974 in der Forderung der UN-Generalversammlung nach einer „New International Economic Order“ gipfelten, wurde die OPEC weithin als Vorbild für andere rohstoffexportierende Staaten wahrgenommen. Somit besaß der Ölpreisschock von 1973 auch einen erheblichen Einfluss auf die Wahrnehmung der Versorgungssicherheit mit Metallrohstoffen und setzte damit einen wesentlichen Anreiz für rohstoffpolitische Maßnahmen zur Erhöhung der Versorgungssicherheit, darunter auch die Entwicklung des Tiefseebergbaus.

Die soziale Konstruktion des Ozeans, insbesondere seine rechtliche Ordnung, stellt einen weiteren, für diese Arbeit relevanten Aspekt dar, der wesentliche Rahmenbedingungen für die potenzielle Nutzung von Manganknollen definiert. Grundlegend ist hier Philip E. Steinbergs „The Social Construction of the Ocean“, in dem er für jede wirtschaftshistorische Epoche vom 16. bis zum 20. Jahrhundert eine charakteristische, oft zeitgenössischen Landflächen entgegengesetzte Raumkonstruktion identifiziert. Steinberg geht auch auf die Pläne zum Tiefseebergbau ein, interessiert sich jedoch stärker für deren Auswirkungen auf die rechtlich-politische Ordnung der Ozeane als umgekehrt.[76] Das rechtliche Konzept des „Common Heritage of Mankind“, das sich wesentlich angestoßen durch das wirtschaftliche Interesse an Manganknollen auf der dritten UN-Seerechtskonferenz für die Weltmeere durchgesetzt hat und das Parallelen zur rechtlichen Ordnung des Weltraums und der Antarktis aufweist, ist bereits Gegenstand mehrerer historischer Untersuchungen von Sabine Höhler und anderen.[77] In diesem Zusammenhang sind vor allem zwei neuere Dissertationen zu nennen: Johanna Sackel beschäftigt sich detailliert mit der dritten UN-Seerechtskonferenz und fragt insbesondere nach den dort verhandelten Ressourcen- und Eigentumskonzepten sowie den Motivationen und Strategien der Akteure.[78] Dabei nimmt

75 Giuliano Garavini, Completing decolonization. The 1973 „Oil Shock“ and the struggle for economic rights, in: The International History Review 33 (2011), 3, S. 473–487; ders., After Empires. European Integration, Decolonization, and the Challenge From the Global South 1957–1986, Oxford 2012, S. 35–42; Christopher R.W. Dietrich, Oil Revolution. Anticolonial Elites, Sovereign Rights, and the Economic Culture of Decolonization, Cambridge 2017; s.a. Fiona Venn, The Oil Crisis, London u.a. 2002, S. 173–200.

76 Philip E. Steinberg, The Social Construction of the Ocean (Cambridge Studies in International Relations; 78), Cambridge u.a. 2001.

77 Sabine Höhler, Die Weltmeere. Science und Fiction des Unerschöpflichen in Zeiten neuer Wachstumsgrenzen, in: Geschichte und Gesellschaft 40 (2014), 3, S. 437–451; dies., Exterritoriale Ressourcen. Die Diskussion um die Tiefsee, die Pole und das Weltall um 1970, in: Isabella Löhr/Andrea Rehling (Hrsg.), Global Commons im 20. Jahrhundert. Entwürfe für eine globale Welt (Jahrbuch für europäische Geschichte/European History Yearbook; 15), München 2014, S. 53–82; Andrea Rehling/Isabella Löhr, „Governing the Commons“. Die global commons und das Erbe der Menschheit im 20. Jahrhundert, in: Isabella Löhr/Andrea Rehling (Hrsg.), Global Commons im 20. Jahrhundert. Entwürfe für eine globale Welt (Jahrbuch für Europäische Geschichte/European History Yearbook; 15), München 2014, S. 3–31; Susan J. Buck, The Global Commons. An Introduction, Washington, DC 1998.

78 Johanna Sackel, Wem gehört das Meer? Globale Ressourcen und die dritte UN-Seerechtskonferenz (1968–1994) (Studien zur internationalen Geschichte; 52), Berlin/Boston 2022; dies., Food justice, common heritage and the oceans. Resource narratives in the context of

sie u.a. Elisabeth Mann Borgese (1918–2002) als zivilgesellschaftliche Akteurin in den Blick, deren Bedeutung für die Seerechtsentwicklung auch im Mittelpunkt der Dissertation von Tirza Meyer steht, die anhand der Lebensgeschichte von Mann Borgese und der Seerechtsentwicklung die Entstehung, Entwicklung und Umsetzung politischer Ideen untersucht.[79] Die Rolle der Wissenschaftsdiplomatie und der Imagination künftiger Nutzungsweisen der Ozeane für die dritte UN-Seerechtskonferenz analysiert ein Aufsatz von Sam Robinson.[80] Was die Entwicklung und den Stand des internationalen Seerechts betrifft, stützt sich diese Arbeit außerdem auf völkerrechtliche Überblicksdarstellungen.[81]

1.3 Aufbau der Arbeit

Die Arbeit gliedert sich in sechs große, im Wesentlichen chronologische Kapitel, in denen die Geschichte der Manganknollen und des Tiefseebergbauprojektes anhand der oben genannten Faktoren für die Ressourcenwerdung untersucht wird. Kapitel 2 (Vorgeschichte bis 1965) stellt nach einem kurzen Überblick über die geologisch-ozeanografischen Grundlagen (Zusammensetzung, Entstehung und Vorkommen) die ersten rund hundert Jahre seit der Entdeckung der Manganknollen im Jahr 1873 dar. Das Augenmerk richtet sich in diesem Kapitel auf die Frage, weshalb sich Menschen in Westeuropa zu dieser Zeit für die Tiefsee interessierten und beträchtlichen Aufwand trieben, Wissen über diesen Raum zu generieren. Dabei stieß man erstmals auf Manganknollen, die jedoch noch nicht als mineralische Ressource wahrgenommen wurden. Erst in den frühen 1950er Jahren kam vor dem Hintergrund einer angespannten Versorgungssituation und gestiegener Rohstoffpreise während des Koreakrieges in den USA die Idee auf, Manganknollen als Quelle von Metallen zu nutzen. Damit wurden sie erstmals als mögliche, zukünftige Ressource betrachtet.

Die Konditionen, unter denen diese Idee in den westlichen Industrienationen Verbreitung fand, bilden den Gegenstand von Kapitel 3 (Rahmenbedingungen für den Aufstieg des Tiefseebergbaus (ca. 1960–1975)). In dieser Zeit rückten diverse Nutzungen der Unterwasserwelt bis hin zu deren Besiedelung erstmals in den Bereich des konkret Erwartbaren. Hierzu trug neben den nicht zuletzt militärisch angestoßenen Fortschritten in der Ozeanografie auch die Vorbildfunktion der Weltraumforschung bei. Tiefseebergbau ge-

---

the Third United Nations Conference on the Law of the Sea, in: International Journal of Maritime History 29 (2017), 3, S. 645–659.

79 Tirza Meyer, Elisabeth Mann Borgese and the Law of the Sea (Legal History Library; 59), Leiden/Boston 2022.

80 Sam Robinson, Scientific imaginaries and science diplomacy: The case of ocean exploitation, in: Centaurus 63 (2021), 1, S. 150-170.

81 Yoshifumi Tanaka, The International Law of the Sea, Cambridge u.a. 2012; Satya N. Nandan, Administering the Mineral Resources of the Deep Seabed, in: David Freestone/Richard Barnes/David M. Ong (Hrsg.), The Law of the Sea. Progress and Prospects, Oxford u.a. 2006, S. 75–92; Wolfgang Graf Vitzthum, Raum und Umwelt im Völkerrecht, in: ders. (Hrsg.), Völkerrecht, 2. Aufl. Berlin/New York 2001, S. 379–467.

hörte hierbei noch zu den konventionelleren Projekten, die im Zuge der erwarteten Erschließung oder Industrialisierung der Ozeane möglich erschienen (Kap. 3.1). Die Entwicklung von Meeresforschung und -technik speziell in der Bundesrepublik stellt Kapitel 3.2 dar. Seit den 1960er Jahren entstand ein zunehmender Bedarf an vielen Nichteisenmetallen (NE-Metallen), der sich in steigenden Preisen niederschlug. Hinzu trat insbesondere ab 1973 der globale politische Konflikt zwischen den rohstoffproduzierenden Ländern im Globalen Süden und den rohstoffkonsumierenden Staaten im Norden, die sich nun ihrer Importabhängigkeit und der damit einhergehenden Verwundbarkeit bei Öl und weiteren Rohstoffen bewusst wurden. Viel in der Öffentlichkeit diskutiert wurden überdies neomalthusianische Erwartungen einer baldigen Ressourcenerschöpfung. Zusammengenommen bildeten diese Entwicklungen für Unternehmen und Regierungen in den Industriestaaten einen starken Impuls, neue, unkonventionelle Ressourcen ins Auge zu fassen (Kap. 3.3). Das so entstandene kommerzielle und politische Interesse am Tiefseeboden warf erstmals die Frage nach den Verfügungsrechten für diesen Raum und seine Ressourcen auf und stieß zusammen mit der wachsenden Bedeutung der Fischerei sowie der Öl- und Gasförderung auf dem Festlandsockel eine grundlegende Neuordnung des internationalen Seerechts an (Kap. 3.4). Indem nun erstmals negative anthropogene Auswirkungen auf die Meere breiter diskutiert wurden, war die Wahrnehmung der Ozeane als Umwelt in den westlichen Gesellschaften um 1970 ebenfalls in Bewegung geraten. Allerdings machte sich dies zunächst noch an anderen, sichtbareren Themen fest und betraf noch nicht die Pläne zum Tiefseebergbau (Kap. 3.5). Abschließend werden die Argumente für den Tiefseebergbau dargestellt, wie sie von Wissenschaft, Unternehmen und Politik bis in die 1970er Jahre hinein vorgebracht wurden (Kap. 3.6).

Die staatlich unterstützten unternehmerischen Aktivitäten auf diesem Gebiet untersucht Kapitel 4 (Schritte zum Tiefseebergbau (ca. 1969–1979)). Es werden zunächst die Bildung von Konsortien für den Tiefseebergbau (Kap. 4.1) und anschließend die Explorationsarbeiten (Kap. 4.2) dargestellt sowie die Entwicklung und Erprobung von Abbautechnik für Manganknollen, die 1978/79 in drei Abbautests gipfelte (Kap. 4.3). Art und Lage des Vorkommens stellten die Akteure bei Exploration und Abbau vor Herausforderungen und Probleme, für die neue Techniken entwickelt werden mussten. Diese relativ kleinformatigen Tests, die dennoch bis heute den Höhepunkt des Tiefseebergbauprojekts darstellen, wurden bereits von Umweltverträglichkeitsstudien begleitet, die einerseits ein Problembewusstsein erkennen lassen, denen andererseits aber noch keine zentrale Rolle zukam (Kap. 4.4).

Kapitel 5 (Der Niedergang des Tiefseebergbaus (ca. 1980–1994)) ist ein Stück weit spiegelbildlich zu Kapitel 3 aufgebaut. Sinkende Rohstoffpreise und nachlassende politische Spannungen bzw. die Schwäche der Produzentenstaaten im Globalen Süden ließen den Tiefseebergbau nach Manganknollen zunehmend entbehrlich erscheinen (Kap. 5.1). Zugleich fielen die Kosten und Risiken angesichts der Natur der Lagerstätten am Tiefseeboden höher als erwartet aus (Kap. 5.2). Hinzu kam die Entwicklung des Seerechts: Manganknollen waren zu dem entscheidenden Zankapfel auf der langwierigen 3. UN-

Seerechtskonferenz geworden, auf der die gegensätzlichen Vorstellungen und Interessen der Industrie- und Entwicklungsländer aufeinanderstießen. Die Konferenz ergab keinen für Investoren günstigen und weltweit anerkannten rechtlichen Rahmen für den Tiefseebergbau, und diese Rechtsunsicherheit bestand noch bis 1994 fort (Kap. 5.3). Vor dem Hintergrund schwindender politisch-strategischer Bedeutung, sinkender Erträge, steigender Kosten und fehlender rechtlich-institutioneller Absicherung fuhren die meisten Unternehmen ihre Tiefseebergbauprojekte wieder herunter (Kap. 5.4). Die beträchtlichen Kosten der Projekte von den 1960er bis in die 1980er Jahre sowie ihre Aufteilung zwischen Privatwirtschaft und staatlichen Akteuren bilden den Gegenstand von Kapitel 5.5. Während direkt abbau-orientierte Forschungs- und Entwicklungsarbeiten in den 1980er und 1990er Jahren weitgehend eingestellt wurden, gewann der ökologische Aspekt an Bedeutung, so dass zu dieser Zeit mehrere Experimente zur Umweltverträglichkeit des Abbaus von Manganknollen, darunter das deutsche DISCOL, durchgeführt wurden (Kap. 5.6).

Das wiederbelebte Interesse am Tiefseebergbau seit der Jahrtausendwende wird in Kapitel 6 untersucht. Wie schon in den 1960/70er Jahren bildeten steigende Weltmarktpreise, politische Spannungen und eine erwartete Gefährdung der Versorgungssicherheit den Impuls für das Interesse an Manganknollen und weiteren Mineralien aus der Tiefsee (Kap. 6.1). Vor diesem Hintergrund unternahmen Staaten und Privatunternehmen erneut konkrete Schritte in Richtung eines kommerziellen Tiefseebergbaus (Kap. 6.2). Im Unterschied zu früher ist der Tiefseebergbau im 21. Jahrhundert nicht zwischen Industrie- und Entwicklungsländern, sondern innerhalb westlicher Gesellschaften umstritten, wobei ökologische Argumente zentral geworden sind (Kap. 6.3). Die Aussichten für einen kommerziellen Tiefseebergbau in der näheren Zukunft versucht Kapitel 6.4 abzuschätzen.

2. Vorgeschichte bis 1965

2.1 Naturwissenschaftliche Grundlagen

Die ersten Jahrmillionen in der Geschichte der Manganknollen verliefen in jeder Beziehung ruhig. Bei Manganknollen handelt es sich um schwarz-braune, mineralische Objekte von meistens 1 bis 12 cm Durchmesser.[82] Die Knollen, deren unregelmäßige, variierende Formen mit Kartoffeln und Murmeln[83] oder auch mit „mehr oder weniger deformierte(n) Eierbriketts“[84] verglichen wurden, bestehen überwiegend aus Mangan- und Eisenoxiden sowie einer Reihe von weiteren Metallverbindungen in geringeren Konzentrationen. Manganknollen entstehen durch die Ausfällung von Metallionen, die im Ozeanwasser und/oder dem Porenwasser des Sediments gelöst sind, und sich in konzentrischen Schichten um einen Kristallisationskern anlagern, wobei es sich bei diesem Kern beispielsweise um einen Haizahn, kleine Gesteinsbrocken oder die Schalen von Plankton handeln kann. Das Wachstum der Knollen um diesen Kern herum ist ein sehr langsamer Prozess, der in Raten von einem bis wenigen zehn Millimetern pro einer Million Jahren verläuft. Daher treten Manganknollen nur in solchen Bereichen des Meeresbodens auf, die von langfristig sehr stabilen Umweltverhältnissen gekennzeichnet sind, also vor allem die Tiefseeebenen aller Ozeane, ein Gebiet mit mehr als 51 Mio. km^2. Dagegen sind sie in Flachwasserzonen, wo sich Gezeiten und Wellengang am Meeresboden auswirken, ebenso wenig zu erwarten wie in Gebieten mit hoher Sedimentation, größeren Höhenunterschieden oder erdgeschichtlich junger ozeanischer Erdkruste (<10 Millionen Jahre). Die umfangreichsten Vorkommen von Knollen mit wirtschaftlich interessanten Metallgehalten wurden im äquatorialen Nordostpazifik entdeckt, in einem Gebiet zwischen Hawaii und Mexiko, dessen nördliche und südliche Grenzen auf dem Meeresboden durch die Clarion- und die Clipperton-Bruchzonen markiert werden. Diese sogenannte „Clarion-Clipperton Zone“ (CCZ), in der der Tiefseeboden in 3.500 bis 6.000 m Wassertiefe über weite Strecken dicht mit Manganknollen belegt ist, steht seit den 1970er Jahren bis heute im Fokus des wissenschaftlichen, später auch des ökonomischen und politischen Interesses an den Manganknollen.

---

82 Für aktuelle naturwissenschaftliche Überblicksinformationen zu Manganknollen siehe James R. Hein/Andrea Koschinsky/Thomas Kuhn, Deep-ocean polymetallic nodules as a resource for critical materials, in: Nature Reviews Earth & Environment 1 (2020), 3, S. 158–169; Sven Petersen et al., News from the seabed – geological characteristics and resource potential of deep-sea mineral resources, in: Marine Policy 70 (August 2016), S. 175–187; International Seabed Authority, Polymetallic Nodules (ISA Brochures), o.J., https://www.isa.org.jm/publications (02.01.2024).

83 John L. Mero, The Mineral Resources of the Sea (Elsevier Oceanography Series; 1), Amsterdam/London/New York 1965, S. 131.

84 Jürgen Schneider, Manganknollen in der Tiefsee – Bildung, Vorkommen und ökologische Folgen des Abbaus, in: Natur und Museum 111 (1981), S. 114–124, hier S. 114. Eine ähnliche Beschreibung als „Eierkohlen“ findet sich in: Olga Summerer, Die riesigen Erzvorräte der Tiefsee werden jetzt angegriffen, in: Bild der Wissenschaft 15 (1978), 8, S. 48–59, hier S. 48.

Abbildungen 3 und 4: Manganknollen auf dem Meeresboden der CCZ im Pazifik (2015) und bei der BGR in Hannover (2013) (Abb. 3: GEOMAR (CC BY 4.0); Abb. 4: Ole Sparenberg).

Weitere bedeutende Vorkommen finden sich im Pazifik vor Peru (Perubecken), südlich der Cookinseln (Penrhyn-Samoa Becken) sowie im zentralen Indischen Ozean. Selbst in diesen Seegebieten mit sehr geringer Sedimentationsrate sollten die Manganknollen angesichts ihres äußerst langsamen Wachstums mit der Zeit vom Sediment begraben und ihr Wachstum damit im frühen Stadium gestoppt werden, so „daß es eigentlich gar keine

Manganknollen geben dürfte", wie es ein Experte 1980 ausdrückte.[85] Weshalb Manganknollen dennoch auf der Meeresbodenoberfläche bleiben, ist eine bis heute noch nicht vollständig geklärte Frage.[86]

Wie der Name bereits widerspiegelt, stellt Mangan das anteilsmäßig wichtigste metallische Element in den Knollen dar. Allerdings enthalten sie eine Vielzahl von weiteren Metallen (s. Tabelle 1). Nur in den 1950/60er Jahren, als Tiefseebergbau erstmals angedacht wurde, galt Mangan als ökonomisch interessantester Bestandteil der Knollen.[87] In den 1970er Jahren, der ersten Blütezeit der Tiefseebergbauprojekte, bildeten dagegen Nickel, Kupfer und Kobalt in dieser Reihenfolge die gefragten Wertmetalle.[88] Mangan wurde Ende des Jahrzehnts wieder nachrangig in den Blick genommen und spielt auch bei den Tiefseebergbauprojekten des 21. Jahrhunderts eine gewisse Rolle.[89] Nickel, Kupfer und Kobalt sind nur in geringen Anteilen in Manganknollen enthalten, allerdings sind die Gehalte im Vergleich zu Landlagerstätten dieser Metalle durchaus beachtlich. Nickel bildet seit dem 20. Jahrhundert vor allem als Legierungsmetall bei der Herstellung von Edelstahl sowie für hochtemperaturbeständige sogenannte Superlegierungen, die z.B. in Strahlturbinen Verwendung finden, und zur Galvanisierung einen für Industrienationen wichtigen Rohstoff. Aufgrund seiner elektrischen und thermischen Leitfähigkeit ist Kupfer insbesondere für alle Bereiche der Elektrotechnik und Elektronik ein zentraler Rohstoff. Der Kobalt-Markt ist deutlich kleiner als der für Nickel und Kupfer, allerdings ist auch Kobalt für Superlegierungen und in der Chemie von Bedeutung.[90] Im 21. Jahrhundert werden Manganknollen zusätzlich als Quelle von Metallen aus der Gruppe der Sel-

85 Rainer Fellerer, Manganknollen, in: Geologisches Jahrbuch. Reihe D, 38 (1980), S. 35–76, hier S. 52.

86 Mögliche Erklärungen sind die Aktivität von bodenlebenden Tieren oder seismische Erschütterungen, die die Knollen bewegen und damit von Sediment befreien. Daneben gibt es auch vollständig verschüttete, ältere Manganknollen unter der Sedimentoberfläche. Die Frage galt in der Literatur 1958, 1980 und noch 2008 und 2020 als ungeklärt; Hein/Koschinsky/Kuhn, Deep-ocean polymetallic nodules, S. 160; Hoffert, Nodules polymétalliques, S. 335; Henry W. Menard/Carl J. Shipek, Surface concentrations of manganese nodules, in: Nature 182 (25.10.1958), S. 1156–1158.

87 John L. Mero, Minerals on the ocean floor, in: Scientific American, Vol. 203, No. 6 (Dez. 1960), S. 64–72; ders., Resources, S. 277, 280.

88 Hessisches Wirtschaftsarchiv Darmstadt (im Folgenden: HWA), Abt. 119 Nr. 1702, AMR-Durchführbarkeitsstudie. Projekt Manganknollen. Erste Wirtschaftlichkeitsabschätzung 1972–1974, S. 2.

89 Archiv der Bundesanstalt für Geowissenschaften und Rohstoffe (im Folgenden: BGR) 0110932, Appraisal Study 1980. Deep Ocean Mining. Prepared by Ocean Management, Inc., S. 9; Bundesarchiv Koblenz (im Folgenden: BA) B 102/248666, Fünfte Sitzung des interministeriellen Staatssekretärausschusses für Rohstoff-Fragen, 12.05.1978. Anlage 9: Wirtschaftliche Aspekte Tiefseebergbau, S. 7. S.a. Kap. 6.3.1.

90 U.S. Geological Survey, Mineral Commodity Summaries 2021, S. 50, 52, 112; sowie ältere Jahrgänge; Simon Clow, The International Nickel Trade, Cambridge 1992, S. 33f., 44–46.

tenen Erden (Rare Earth Elements (REE)) und von Lithium diskutiert, also von Elementen, die beim Ausbau von Elektromobilität und Erneuerbaren Energien verstärkt nachgefragt werden (s.a. Kap. 6.3.1).[91]

Tabelle 1: Durchschnittliche Metallgehalte von Manganknollen aus verschiedenen Vorkommen (Hein/Koschinsky/Kuhn, Deep-ocean polymetallic nodules, S. 163).

Elemente (Einheit)	Clarion-Clipperton Zone	Central Indian Ocean Basin	Peru Basin	Cook Islands-Penrhyn Basin
Mangan (%)	28,4	24,4	34,2	16,90
Eisen (%)	6,16	7,14	6,12	16,20
Nickel (%)	1,30	1,10	1,30	0,377
Kupfer (%)	1,070	1,040	0,599	0,231
Titan (%)	0,320	0,420	0,160	1,280
Kobalt (%)	0,210	0,111	0,048	0,375
Molybdän (ppm)	590	600	547	295
Vanadium (ppm)	445	497	431	504
Zirkonium (ppm)	307	752	325	555
Thallium (ppm)	199	347	129	146
Lithium(ppm)	131	110	311	51
Yttrium (ppm)	96	108	69	141
Arsen (ppm)	67	150	65	150
Wolfram (ppm)	62	92	75	59

Da Mangan in der Geschichte des Tiefseebergbaus allenfalls von sekundärer ökonomischer Bedeutung war und ist, kann die Bezeichnung „Manganknollen“ in die Irre führen. Seit den 1970er Jahren wurden daher statt „Manganknollen“ oder Englisch „manganese nodules“ andere Bezeichnungen wie „Ferromanganese (Fe-Mn) nodules“,[92] „Erzknollen“,[93] „polymetallische Erzknollen“[94] oder „Vielerzknollen“[95] vorgeschlagen und verwendet. In englischsprachigen naturwissenschaftlichen Veröffentlichungen dominiert

91 Hein et al., Deep-ocean mineral deposits, S. 7f.

92 James R. Hein et al., Deep-ocean mineral deposits as a source of critical metals for high- and green-technology applications. Comparison with land-based resources, in: Ore Geology Reviews 51 (2013), S. 1–14.

93 „Dabei fällt dem Mangan, welchem die Knollen ihren Namen verdanken, eine wirtschaftlich geringere Bedeutung zu (…) Die Meere, die diese wohl besser als Erzknollen zu bezeichnenden Mineralvorkommen beherbergen, (…)“; Udo Boin, Manganknollen aus der Tiefsee sichern die Zukunft, in: Arbeitsgemeinschaft meerestechnisch gewinnbare Rohstoffe (Hrsg.), Aktuelle Mitteilungen zum Thema Meeresbergbau auf Manganknollen, Frankfurt a.M. 1978, o.S.

94 „(…) Manganknollen, die man heute richtiger als polymetallische Erzknollen bezeichnen sollte (…)“; Fellerer, Manganknollen, S. 41.

95 „(…) zur Untersuchung von Vielerzknollen (Manganknollen) im Pazifik“; HWA Abt. 119, Nr. 1672, Projekt Manganknollen. Beitritt der AMR – Arbeitsgemeinschaft meerestechnisch gewinnbare Rohstoffe in ein internationales Konsortium, Vorstandsvorlage MG-Meerestechnik, Frankfurt/Main Okt. 1974, S. 2.

seit längerem „polymetallic nodules“, und dies ist auch der Sprachgebrauch des UN-Seerechtsübereinkommens (SRÜ) und der UN-Meeresbodenbehörde (International Seabed Authority (ISA)).[96] Auf Französisch scheint gleichfalls „nodules polymétalliques“ gegenüber „nodules de manganèse“ zu dominieren.[97] Die Bundesanstalt für Geowissenschaften und Rohstoffe (BGR) verwendet dagegen auch aktuell neben dem letztlich korrekteren Begriff „Polymetallische Knollen“ den älteren und griffigeren Ausdruck „Manganknollen“.[98] Letzterer wird auch in dieser Abhandlung im Folgenden durchgehend genutzt.

2.2 Die ersten 100 Jahre: von der Kuriosität zur potenziellen Ressource (1873–1965)

Der Berufstaucher Mike Nelson unternimmt, den Hinweisen eines zwielichtigen Geologen folgend, mehrere Tauchgänge auf der Suche nach Manganerz am Meeresgrund, das von großer Bedeutung für die nationale Verteidigung ist. Nachdem er die Angriffe von Haien und einer Mördermuschel sowie eine Schlägerei mit dem Geologen und einen Mordanschlag von dessen Seite überlebt hat, gelingt es Nelson, die Manganknollen am Meeresgrund zu finden. So zumindest in freier Interpretation aller ozeanografischen und geologischen Tatsachen die abenteuerliche Handlung der 1958 ausgestrahlten Folge „The Manganese Story“ aus der TV-Serie „Sea Hunt“ mit Lloyd Bridges (1913–1998) als Mike Nelson in der Hauptrolle.[99] Bemerkenswert hieran ist, dass erst wenige Jahre zuvor zum ersten Mal vorgeschlagen wurde, Manganknollen als Quelle von Metallen zu nutzen. Die Autoren der Serie waren also in dieser Hinsicht auf dem neuesten Stand. Manganknollen an sich waren jedoch der Wissenschaft zu dieser Zeit schon seit längerem bekannt. Dabei waren sowohl die Entdeckung der Knollen im späten 19. Jahrhundert als auch der Vorschlag, sie wirtschaftlich zu nutzen, von bestimmten Rahmenbedingungen abhängig.

Bei einer durchschnittlichen Wassertiefe von 4.000 m, ewiger Dunkelheit und einem Wasserdruck von mehreren hundert Bar sind die Vorkommen der Manganknollen auf dem Tiefseeboden dem direkten Zugang und der Anschaulichkeit entzogen. Ihre Entdeckung setzte zunächst einmal ein Interesse an den Ozeanen, dem Meeresboden und der Tiefsee voraus. Bis ins 19. Jahrhundert hinein schenkten gerade auch Seeleute Fragen nach der Tiefe der Ozeane und dem Meeresboden kaum Beachtung. Für die praktische Seefahrt war es vielmehr von Bedeutung, Untiefen zu finden und zu vermeiden. Wenn

96 Vgl. Teil XI des LOSC, insbesondere Art. 133; United Nations Convention on the Law of the Sea, 10.12.1982, https://www.un.org/Depts/los/convention_agreements/convention_overview_convention.htm (02.01.2024).

97 Hoffert, Nodules polymétalliques. Der Begriff „nodules manganèse“ wird hier nur vereinzelt verwendet, ebd., S. 18, 193.

98 Michael Wiedicke et al., Marine mineralische Rohstoffe der Tiefsee – Chance und Herausforderung (BGR Commodity Top News; 40), Hannover 2012, S. 1.

99 Die zuerst am 04.10.1958 ausgestrahlte Folge unter https://www.youtube.com/watch?v=TGTbnlJGgZU (02.01.2024); Hannigan, Geopolitics, S. 1.

mit den üblichen Lotleinen von 100 Faden (ca. 183 m) Länge kein Grund zu finden war, war dies beruhigend und alles, was man wissen musste.[100]

Nachdem schon seit etwa Mitte des 18. Jahrhunderts Kurgäste den Strand und die Brandung zunächst zur Abhärtung und Heilung, bald dann auch zum Vergnügen aufsuchten, wuchs zur Mitte des 19. Jahrhunderts in der gebildeten Mittel- und Oberschicht Westeuropas und Nordamerikas das Interesse am Meer selbst. Man unternahm in steigendem Maße Seereisen, interessierte sich für Naturwissenschaften, ging dem Segelsport nach, aß auch im Binnenland Seefisch und stellte Aquarien in der Wohnung auf oder besichtigte die großen Schauaquarien, die jetzt in vielen Großstädten eröffneten. Gleichzeitig richtete sich der Blick der Biologie auf das Meer als ein Gebiet, auf dem es noch bedeutende Neuentdeckungen zu machen gab, auf denen Wissenschaftler ihre Karriere aufbauen konnten. Getragen von diesen Wellen entstand auch die Ozeanografie als Wissenschaft. Das Meer wurde zum ersten Mal ein Ziel, statt lediglich ein Hindernis oder ein Weg zwischen zwei Landzielen zu sein.[101]

In diesem Kontext stand auch die Weltumsegelung des britischen Forschungsschiffs HMS Challenger (1872–1876) unter der wissenschaftlichen Leitung von Charles Wyville Thomson (1830–1882), die bis heute oft als Geburtsstunde der modernen Ozeanografie gilt.[102] Allerdings baute die Challenger-Expedition durchaus auf Techniken vorangegangener Forschungsfahrten auf, die nun jedoch erstmals in einem ganz neuen Maßstab als vierjährige Weltumsegelung und mit einem eigens für die Anforderungen der Wissenschaft umgerüsteten Schiff angewandt wurden. Die Fahrt der HMS Challenger stellte somit den Kulminationspunkt einer seit der Jahrhundertmitte laufenden Entwicklung dar und spiegelte den damals bereits erreichten hohen Entwicklungsstand der Ozeanografie als staatlicher Großforschung wider.[103] Zu den umfangreichen wissenschaftlichen Erträgen der Challenger-Expedition gehört auch die Entdeckung, Benennung und Erstbeschreibung von Manganknollen, die mit Dredschzügen[104] vom Tiefseeboden geborgen wurden.[105]

---

100 Rozwadowski, Vast Expanses, S. 104. Viele Seeleute und Naturforscher zweifelten überdies an der Zuverlässigkeit tieferer Lotungen, da einer gängigen Theorie zufolge Wasser (signifikant) kompressierbar sei. Demnach würde ein in den Ozean geworfenes Objekt – ein Lot oder der Körper eines toten Seemanns bei einer Seebestattung – nur soweit sinken bis er eine Wasserschicht erreicht hätte, die die gleiche Dichte wie das Objekt hat. Auf dieser Tiefe würde das Objekt ewig schweben bleiben, ohne je den Grund zu erreichen; ebd., S. 105f.

101 Alain Corbin, Meereslust. Das Abendland und die Entdeckung der Küste 1750–1840, Berlin 1990; Rozwadowski, Vast Expanses, S. 113–118; Adler, Neptune's Laboratory, S. 13f., 21.

102 Vgl. Eva Ramirez-Llodra et al., Deep, diverse and definitely different. Unique attributes of the world's largest ecosystem, in: Biogeosciences 7 (2010), 9, https://doi.org/10.5194/bg-7-2851-2010, S. 2851–2899, hier S. 2853.

103 Rozwadowski, Vast Expanses, S. 118–122; Adler, Neptune's Laboratory, S. 30–36.

104 Bei einer Dredsche (oder Dredge) handelt es sich um ein an einem Rahmen befestigtes Schleppnetz, das von einem Wasserfahrzeug über den Meeresgrund gezogen wird, um Muscheln oder wissenschaftliche Proben zu sammeln.

105 Vgl. Fellerer, Manganknollen, S. 7; Mero, Resources, S. 127.

Der Challenger-Expedition lag ein doppeltes Erkenntnisinteresse zugrunde: Zum einen ging es um Biologie. Dass es selbst in der Tiefsee Leben gab, war bekannt, seitdem 1860 im Mittelmeer ein gebrochenes Telegrafenkabel aus 1.200 Faden (ca. 2,2 km) Tiefe geborgen worden war, das zum Erstaunen der Naturforscher mit Lebewesen bewachsen war.[106] Auf diese Fauna richtete sich nun ihr Interesse. Die Frage war, ob es in der Tiefsee auch höhere Lebensformen und womöglich lebende Fossilien aus früheren Stadien der Erdgeschichte gab, wie Charles Darwin (1809–1882) es vermutet hatte. Zum anderen hatte die Verlegung der ersten Seekabel ein sehr praktisches Interesse an der Tiefe der Ozeane und der Topografie des Meeresbodens zur Folge, denn die ersten seit 1858 verlegten transatlantischen Telegrafenkabel brachen nach kurzer Zeit. Erst 1866 konnte eine dauerhafte telegrafische Verbindung zwischen Europa und Amerika hergestellt werden. Der Erforschung des Tiefseebodens kam daher im Kontext der damals modernsten Kommunikationstechnologie eine wirtschaftliche und strategische Bedeutung zu.[107]

Bei den vielen Dredschzügen der HMS Challenger, die sich vor allem auf die Fauna der Tiefsee richteten, kamen auch knollenartige mineralische Objekte ans Tageslicht. Schon auf einer der ersten Teilstrecken im Atlantik, zwischen St. Thomas in der Karibik und den Bahamas, fanden die Wissenschaftler auf diese Weise „a number of very peculiar black oval bodies about an inch long“. Thomson erwähnte diese noch während der Expedition in einem kurzen Bericht 1873 an die Zeitschrift „Nature“, der somit die erste veröffentlichte Beschreibung von Manganknollen darstellt.[108] Die Challenger machte im weiteren Verlauf ihrer Weltumsegelung noch häufiger ähnliche Funde. Laut dem 1891 erschienenen wissenschaftlichen Bericht der Expedition waren diese Objekte, die hier bereits als „manganese nodules“ bezeichnet werden, „among the most widely distributed bodies in marine deposits, being especially abundant in those of the abysmal regions.“ Dem Bericht lag schon eine im Wesentlichen korrekte chemische Analyse zugrunde, wonach die Knollen aus Mangan- und Eisenverbindungen sowie aus Spuren von Nickel, Kobalt und weiteren Elementen bestünden. Ebenso wurde bereits das langsame Wachstum um einen Kern aus Haifischzähnen, Walohrknochen oder ähnlichem beschrieben.[109]

Nachdem die Entdeckung der Manganknollen durch die HMS Challenger gut 100 Jahre unstrittig war, vertrat der Ozeanograf Frank T. Manheim 1978 in einer Rezension die These, dass die Knollen nicht, wie auch in dem von ihm besprochenen Band dargestellt, erstmals 1873 von der HMS Challenger, sondern bereits 1868 von dem schwedischen Polarforscher Adolf Erik Nordenskiöld (1832–1901) auf einer Expedition mit der Sofia

106 Ebd., S. 23.

107 Hannigan, Geopolitics, S. 35f.; Rozwadowski, Vast Expanses, S. 118f.; dies., Fathoming the Ocean, S. 13f.

108 Wyville Thomson, Notes from the Challenger II, in: Nature 8 (15.05.1873), S. 51–53.

109 John Murray/Alphonse-François Renard, Report on Deep-Sea Deposits Based on the Specimens Collected During the Voyage of H.M.S. Challenger in the Years 1872 to 1876, London/Edinburgh/Dublin 1891, S. 341–378.

in der Karasee nördlich von Russland gefunden worden waren.[110] Diese Version fand bis in die Gegenwart vielfach Eingang in die Literatur.[111] Allerdings zu Unrecht, da die Sofia-Expedition gar nicht bis zur Karasee gelangte, sondern nur die Inselgruppe Spitzbergen ca. 1.500 km weiter westlich erforschte. Erst 1878–80 gelang Nordenskiöld dagegen mit der Vega die erste Durchquerung der Nordostpassage von Europa nach Asien und damit die erste Umsegelung Eurasiens. Auf dieser Reise gelangte er auch in die Karasee, wo die Vega Proben vom Meeresboden nahm. Mineralische Proben von beiden Expeditionen – Sofia (1868) und Vega (1878–80) – wurden von dem Chemiker Gustaf Lindström zusammen in einer 1884 erschienenen Publikation untersucht. Hierdurch entstand die Verwechslung, dass die 1878, also fünf Jahre nach der HMS Challenger, in der Karasee von der Vega entdeckten Manganknollen fälschlich mit der früheren Sofia-Expedition in Verbindung gebracht wurden.[112] In jedem Fall handelt es sich bei den Proben aus der Karasee, einem relativ flachen arktischen Randmeer, um ein untypisches und geologisch von den Manganknollen aus der Tiefsee zu trennendes Vorkommen, das für die Geschichte des Tiefseebergbaus folgenlos geblieben ist.

In Deutschland wurden die Manganknollen der Wissenschaft schon bald nach Rückkehr der HMS Challenger bekannt, nachdem der Geologe (Carl) Wilhelm Gümbel (1823–1898) einige Exemplare über einen deutschen Teilnehmer der britischen Forschungsfahrt erhalten hatte. Gümbel berichtete daraufhin 1878 in einer Veröffentlichung über „die im stillen Ocean auf dem Meeresgrunde vorkommenden Manganknollen“.[113] Nachdem das Deutsche Reich 1898/99 eine Tiefsee-Expedition auf der Valdivia unter Leitung des Zoologen Carl Chun entsandt hatte, beschrieb der nachfolgende populärwissenschaftliche Reisebericht unter anderem einen „merkwürdigen Fund, den die Valdivia mit einem Dredschzug aus 5.108 m Tiefe ans Tageslicht gebracht hatte, nämlich 30 faustgroße, schwarze Manganknollen, die riesigen Brombeeren glichen“.[114] Die Öffentlichkeit konnte einige dieser Knollen zusammen mit weiteren Proben vom Meeresboden bald darauf im Berliner Museum für Meereskunde bewundern.[115]

---

110 Frank T. Manheim, Book review. Marine Manganese deposits, edited by G.P. Glasby, in: Geochimica et Cosmochimica Acta 42 (1978), S. 541–542.

111 Vgl. Fillmore C. F. Earney, Marine Mineral Resources, London/New York 1990, S. 71; Sandor Mulsow, Update on the status of deep sea mining beyond national jurisdictions, in: The Journal of Ocean Technology 10 (2015), 1, S. 2–12, hier S. 2; International Seabed Authority, Polymetallic Nodules; Hoffert, Nodules polymétalliques, S. 27.

112 Igor M. Belkin/Per S. Andersson/Jörgen Langhof, On the discovery of ferromanganese nodules in the World Ocean, in: Deep-Sea Research Part I: Oceanographic Research Papers, Vol. 175 (September 2021), 103589, https://doi.org/10.1016/j.dsr.2021.103589.

113 Wilhelm Gümbel, Ueber die im Stillen Ocean auf dem Meeresgrunde vorkommenden Manganknollen, in: Sitzungsberichte der mathematisch-physikalischen Classe der K.B. Akademie der Wissenschaften zu München 8 (1878), S. 189–209.

114 Carl Chun, Aus den Tiefen des Weltmeeres. Schilderungen von der deutschen Tiefsee-Expedition, Jena 1900, S. 151.

115 O.A., Führer durch das Museum für Meereskunde in Berlin, Berlin 1918 (Reprint in: Aufgetaucht. Das Institut und Museum für Meereskunde im Museum Verkehr und Technik Berlin, Berlin 1996, S. 103–124, hier S. 118).

1899 berichtete der amerikanische Wissenschaftler Alexander Agassiz in einem Brief aus Tahiti von Bord des Forschungsschiffes Albatross ebenfalls von zahlreichen Knollenfunden im Pazifik, die teils großen Schollen mit bis über 40 cm Durchmesser, teils Walnüssen oder Linsen glichen. Andere erschienen „like mammillated cannon balls".[116] Während schon die Challenger-Expedition Manganknollen als häufige Funde beschrieben hatte, kam Agassiz zu dem Schluss, dass weite Strecken des Tiefseebodens von ihnen bedeckt sein müssten:

> „Our experience has been similar to that of the Challenger, only I am inclined to think that these nodules range over a far greater area of the Central Pacific than had been supposed, and that this peculiar manganese-nodule bottom characterizes a great portion of the deep parts of the Central Pacific (…)."[117]

Wenige Jahrzehnte nach ihrer Entdeckung waren die Manganknollen somit in den wesentlichen Grundzügen sowohl der Wissenschaft als auch der interessierten Öffentlichkeit bekannt. Sie gerieten auch in der ersten Hälfte des 20. Jahrhunderts zumindest in Fachkreisen nicht in Vergessenheit. Eine deutsche montanwirtschaftliche Abhandlung über Mangan aus dem Jahr 1942 erwähnt im Kontext der verschiedenen in der Natur vorkommenden Verbindungen, dass Mangan im Ozean „im Bereich größerer Wassertiefe oft in der Form großer Manganerzknollen ausfällt, wie man sie vielfach aus der Tiefsee gedretscht hat."[118] Eine wirtschaftliche Nutzung dieser Vorkommen war den Autoren, die ansonsten die (kriegs-)wirtschaftliche Bedeutung mineralischer Rohstoffe in den Mittelpunkt ihrer Abhandlung stellten, jedoch offensichtlich so wenig vorstellbar, dass sie die Manganknollen nicht einmal als potenzielle oder zukünftige Quelle von Erzen diskutierten.[119]

Vor den 1950er Jahren scheint niemand erwogen zu haben, Manganknollen wirtschaftlich zu nutzen. Da sich Jules Verne in „Zwanzigtausend Meilen unter Meer" bereits Zink-, Eisen-, Silber- und Goldminen am Ozeanboden vorstellen konnte, ist es reizvoll zu überlegen, wie er Manganknollen literarisch verarbeitet hätte, wenn er sie gekannt hätte.[120] Allerdings erschien der Roman bereits 1870 und somit wenige Jahre vor der Entdeckung der Knollen durch die HMS Challenger. Manganknollen wurden somit in den ersten etwa 80 Jahren nach ihrer Entdeckung nicht als Ressource betrachtet. Rainer Fellerer, ein Mitarbeiter des bundesdeutschen Tiefseebergbau-Konsortiums AMR, merkte 1980 an, dass

116 Alexander Agassiz, Cruise of the Albatross, in: Science, Vol. 10, Issue 258 (08.12.1899), S. 833–841, hier S. 834.

117 Ebd., S. 835.

118 Georg Berg/Ferdinand Friedensburg, Mangan (Die Metallischen Rohstoffe, ihre Lagerungsverhältnisse und ihre wirtschaftliche Bedeutung; 5), Stuttgart 1942, S. 7.

119 Die gleichen Autoren erwähnen auch Kobaltvorkommen „in den Manganerzknollen des Tiefseeschlamms", aber ebenfalls ohne eine potenzielle wirtschaftliche Nutzung zu diskutieren; Georg Berg/Ferdinand Friedensburg, Nickel und Kobalt (Die Metallischen Rohstoffe, ihre Lagerungsverhältnisse und ihre wirtschaftliche Bedeutung; 6), Stuttgart 1944, S. 15.

120 Jules Verne, Zwanzigtausend Meilen unter Meer. Erster Teil, Zürich 1966 (zuerst Vingt mille lieues sous les mers, Paris 1869/70), S. 160; Hoffert, Nodules polymétalliques, S. 411.

die Knollen bis in die zweite Hälfte des 20. Jahrhunderts nur als eine „mineralogische Kuriosität" galten, die in Museen ausgestellt wurde, wo die Knollen „als kostbare Exponate aus einer fremden, von Geheimnissen umwitterten Sphäre, eine ähnliche Beachtung gefunden haben dürften wie vor wenigen Jahren die ersten Mondproben."[121] Mehrere Autoren verwendeten mindestens seit 1968 den Begriff „Kuriosität" bzw. „curiosity" und „curiosités minéralogiques", um herauszustellen, dass noch wenige Jahrzehnte zuvor eine ökonomische Nutzung kaum vorstellbar gewesen war.[122]

Ein früher Hinweis auf eine mögliche Nutzung findet sich in dem Bericht „Resources for Freedom" der Paley-Commission von 1952. Diese Kommission hatte US-Präsident Harry S. Truman (1884–1972) unter dem Vorsitz des Journalisten und Medienunternehmers William S. Paley (1901–1990) einberufen, um die Rohstoffversorgung der USA auf breiter Basis zu untersuchen.[123] Ein Teil der Aufgabe des Berichtes war es, auch weiterreichende Zukunftsaussichten zu skizzieren. In diesem Kontext wurden unter anderem mögliche Ressourcen in den Ozeanen diskutiert, darunter auch Roter Tiefseeton („red clay") und Manganknollen, die der Bericht beide aufgrund ihres Eisen- und Mangangehalts erwähnt. Allerdings hielt der Paley-Report angesichts der großen Wassertiefe eine Nutzung der Tiefsee als Quelle von Eisen oder Mangan innerhalb der nächsten 25 Jahre für unwahrscheinlich.[124]

Hintergrund des Paley-Reports war die Situation der USA nach dem Ausbruch des Korea-Krieges. Dieser bildete eine schmerzhafte Erfahrung für die Rohstoffwirtschaft der USA, da sich die Versorgungslage nach dem Ende des Zweiten Weltkrieges zunächst entspannt hatte und sich nun jedoch unerwartet und schlagartig wieder verschärfte.[125] Neben dem

---

121 Fellerer, Manganknollen, S. 40f. Der Vergleich mit Mondgestein ist insofern interessant, als Space Mining zu dieser Zeit bereits angedacht worden war.

122 Hoffert, Nodules polymétalliques, S. 47; Earney, Resources, S. 71; William D. Siapno, Nodule exploration. Accomplishments, needs and problems, in: Paul G. Teleki et al. (Hrsg.), Marine Minerals. Advances in Research and Resource Assessment (NATO ASI Series. Series C: Mathematical and Physical Sciences; 194), Dordrecht u.a. 1987, S. 247–257, hier S. 247; Hans Amann, Technological trends in ocean mining, in: Philosophical Transactions of the Royal Society of London. Series A, Mathematical and Physical Sciences, Vol. 307, No. 1499 (20.10.1982), S. 377–403, hier S. 378; Hugh Cameron/Tony Marjoram/Glyn Ford, Ocean mining has been likened to sucking peas up a hosepipe from the top of the Post Office Tower in a high wind, in: The Guardian (15.05.1980), S. 13; Klaus Kröger, Schätze in der Tiefsee. Manganknollen Lagerstätten am Meeresboden als Rohstoffquellen, in: Revier und Werk, Nr. 112 (Mai 1973), S. 6–11, hier S. 6; David B. Brooks, Deep sea manganese nodules. From scientific phenomenon to world resources, in: Natural Resources Journal 8 (1968), 3, S. 401–423, hier S. 401.

123 Westermann, Inventuren, S. 26–28; Günther Luxbacher, Ersatzstoffe und Neue Werkstoffe. Metalle, Technik und Forschungspolitik in Deutschland im 20. Jahrhundert (Studien zur Geschichte der Deutschen Forschungsgemeinschaft; 11), Stuttgart 2020, S. 330.

124 The President's Materials Policy Commission, Resources for Freedom. Vol. IV: The Promise of Technology, Washington, DC 1952, S. 124f. „Red clay" wird auch von Mero später kurz als Ressource diskutiert, Mero, Resources, S. 122–127.

125 Radetzki, Handbook, S. 17.

kriegsbedingt gestiegenen Rohstoffbedarf war insbesondere die neue Importabhängigkeit der USA ins Blickfeld gerückt. Nachdem die USA bereits 1946 aufgrund der Erfahrungen des Zweiten Weltkrieges eine nationale Bevorratung wichtiger Rohstoffe beschlossen hatten („Strategic and Critical Materials Stock Piling Act"), verlor das Vorhaben in den Folgejahren bald wieder an Priorität. Der Beginn des neuen Konfliktes in Korea gab jedoch den Anlass, den Aufbau der Lagerbestände wieder zu intensivieren, obwohl dies bedeutete, bei steigenden Preisen zu kaufen.[126] Das angespannte Klima des Korea-Krieges, der den ersten von drei Rohstoffpreis-Booms nach dem Zweiten Weltkrieg auslöste,[127] schuf somit einen starken Anreiz, auch über mögliche unkonventionelle und fernliegende Ressourcen wie beispielweise Manganknollen nachzudenken.

Wenig später gab das Internationale Geophysikalische Jahr (International Geophysical Year, IGY) 1957/58 neben den wissenschaftlichen Aktivitäten im Weltraum und der Antarktis auch der Tiefseeforschung einen deutlichen Schub insbesondere in den USA, auch wenn die Mittel für Ozeanografie nur einen kleinen Teil des amerikanischen Gesamtbudgets für das IGY ausmachten.[128] Zwar gehörten Manganknollen als Ressource nicht zu den Untersuchungsgebieten, aber Ergebnisse des IGY hatten dennoch einen großen Einfluss auf die weitere Entwicklung hin zum Tiefseebergbau, indem sie erstmals eine quantitative Abschätzung der Vorkommen erlaubten.

Zu den Aufgaben der „Downwind-Expedition" von Oktober 1957 bis Februar 1958, eine von drei Forschungsfahrten der Scripps Institution of Oceanography der University of California im Rahmen des IGY, zählten geologische und geophysikalische Untersuchungen des Meeresbodens im Pazifik. Daher wurden auf der Fahrt von Kalifornien über Tahiti, Chile und Peru zurück nach San Diego auch Manganknollen untersucht. Hierfür nutzten die Wissenschaftler Kastengreifer, die ein kleines intaktes Stück Sedimentoberfläche samt Knollen aus dem Meeresboden herausgreifen, sowie eine Fotokamera, die mit einem Lot herabgelassen wurde.[129] Während die Dredschen, die man seit der HMS Challenger über den Meeresboden geschleppt hatte, zwar Manganknollen geborgen hatten, aber keine Aussage darüber zuließen, wie diese auf dem Meeresboden gelagert waren, konnten die Wissenschaftler der Scripps Institution nun erstmals auf der Basis der Fotos vom Meeresboden und der vom Kastengreifer geborgenen kleinen, intakten Ausschnitte der Meeresbodenoberfläche eine Vorstellung von der Art des Vorkommens der Knollen gewinnen. Wie Teilnehmer der Downwind-Expedition in der Zeitschrift „Na-

126 The President's Materials Policy Commission, Resources for Freedom. Vol. IV, S. 162.
127 Radetzki, Anatomy, S. 58.
128 Christy Collis/Klaus Dodds, Assault on the unknown. The historical and political geographies of the International Geophysical Year (1957–8), in: Journal of Historical Geography 34 (2008), S. 555–573; Hannigan, Geopolitics, S. 87; Hamblin, Oceanographers, S. 59–98.
129 UC San Diego, Special Collections & Archives, Preliminary report on Expedition Downwind, University of California, Scripps Institution of Oceanography, IGY cruise to the southeast Pacific, 1958, https://library.ucsd.edu/scilib/hist/caljsiol_gc5_d637.pdf (02.01. 2024).

ture“ anschließend berichteten, seien vermutlich ein Fünftel bis die Hälfte der Tiefseeebenen im Südwest-Pazifik mit Manganknollen bedeckt. Allerdings beruhten diese Schätzungen auf der Extrapolation von nur zwei Fotografien und 23 Kastengreifer-Proben. Der Bericht von 1958 erwähnte auch, dass Manganknollen potenzielle Ressourcen seien („Manganese nodules are a potential resource“), und betonte den Gehalt an Kobalt, Kupfer, Nickel und Seltenerdmetallen.[130] Die während des IGY gewonnenen Erkenntnisse über Umfang und Metallgehalte der Vorkommen im Pazifik hatten somit eine wirtschaftliche Nutzung näher in den Bereich des Vorstellbaren gerückt.[131]

Eine Gruppe von Professoren der University of California, darunter auch der Leiter der Downwind-Expedition Henry W. Menard, hatte bereits im Herbst 1957, also kurz bevor die Expedition in See stach, ein Forschungsprogramm zur Förderung von Mineralien aus dem Meer beschlossen und entschieden, in diesem Rahmen zuerst das ökonomische Potenzial von Manganknollen zu untersuchen. Mit der Bearbeitung dieses Projekts wurde der Doktorand John L. Mero (1929–2001) beauftragt.[132] Mero, der im Folgenden zu der vielleicht einflussreichsten Person in der Geschichte des Tiefseebergbaus wurde, hatte zunächst den Bachelor of Science in Bergbautechnik in North Dakota und anschließend 1957 einen Master in Ingenieurwissenschaften an der University of California erworben.[133]

Später beanspruchte Mero für sich, als erster Manganknollen als mögliche Ressource erkannt zu haben.[134] Er verwies dabei auf einen Artikel in einer studentischen Zeitschrift seines Colleges, dem „North Dakota Engineer“, der bereits im März 1952, dem Jahr von Meros Bachelor-Abschluss, erschienen war. Hierin schilderte er die Bedeutung von Mangan für die Stahlproduktion und damit dessen wehrwirtschaftliche Bedeutung im Zweiten Weltkrieg wie auch in zukünftigen Kriegen. Gleichzeitig hob er die hohe Importabhängigkeit der USA hervor. In seinem Stil nicht unähnlich der deutschen autarkiewirtschaftlichen Literatur der 1930er Jahre folgerte Mero, dass den amerikanischen Wissenschaftlern deshalb die Aufgabe zukomme, die eigene Stahlindustrie von Einfuhren unabhängig zu machen: „And winning this battle of making us independent of foreign manganese may well be as important as the winning of any other battle we have fought or will fight in modern times.“[135] Nach der Diskussion verschiedener inländischer Vorkommen armer

130 Menard/Shipek, Surface concentrations, S. 1157.

131 Roscoe Fleming/W.N. Fleming, Can we vacuum-clean the sea floor for valuable ore?, in: Popular Science, Vol. 175, No. 1 (July 1959), S. 102–104, hier S. 102; Mero, Minerals, S. 64; Rainer Fellerer, Bibliographie der Manganknollen-Literatur 1878–1975 (Bundesministerium für Forschung und Technologie. Forschungsbericht M 75-03 Meeresforschung), Hannover 1975, S. 7.

132 Mero, Resources, S. VII.

133 Biographische Angaben zu den Autoren in: Scientific American, Vol. 203, No. 6 (Dez. 1960), S. 38; Nachruf auf Mero: Michael J. Cruickshank, In memoriam, in: Marine Georesources and Geotechnology 20 (2002), 1, S. 85f.

134 Mero, Resources, S. 277.

135 John Mero, Manganese, in: North Dakota Engineer 27 (March 1952), 3, S. 28f, 46, hier S. 46.

Manganerze und dem Recycling manganhaltiger Schlacke nannte Mero abschließend noch die Vorkommen auf dem Meeresboden als mögliche Quelle von Mangan:

> „On the floor of the oceans lie some several hundred millions of tons of practically pure manganese dioxide. This manganese dioxide occurs as pebbles and boulders from under an inch to over three feet in known size. Little else is known about these deposits other than that they do exist and that they are wide spread.“[136]

Die Beschreibung ist noch etwas vage, der Begriff „nodules“ fällt nicht einmal und bestehende Wissenslücken werden offen angesprochen, dennoch wurden hier klar Manganknollen als mögliche Ressource erkannt. Ob daher Mero oder dem oben erwähnten, ebenfalls 1952 erschienenem Paley-Report die Urheberschaft für die Idee zukommt, bleibt unklar. Da die College-Zeitschrift über North Dakota hinaus wenig Verbreitung gefunden haben dürfte, ist eine Übernahme von Meros Idee in den Paley-Report unwahrscheinlich. Umgekehrt sprechen der frühe Veröffentlichungszeitpunkt in der Märzausgabe des „North Dakota Engineers“ und die Formulierung gegen eine Übernahme durch Mero aus dem Paley-Report. Vermutlich lag die Idee in der angespannten Rohstoff-Versorgungslage während des Korea-Kriegs einfach in der Luft, zumal Manganknollen, wenn auch bisher nur als geologische „Kuriosität“, in der Wissenschaft gut bekannt waren. Daher ist es wahrscheinlich, dass mehrere Autoren gleichzeitig und unabhängig voneinander die gedankliche Verbindung zwischen der gestiegenen Nachfrage nach Mangan und den bekannten umfangreichen Vorkommen am Meeresboden zogen.

In jedem Fall bearbeitete Mero ab 1957 an der University of California ein Gemeinschaftsprojekt des Department of Mineral Technology und des Institute of Marine Resources, das die Nutzung von Mineralien aus dem Meer und in erster Linie von Manganknollen zum Gegenstand hatte. Mit explizitem Bezug auf Meros Arbeit erschien bereits im Sommer 1959 ein Artikel in der Zeitschrift „Popular Science“, der die naturwissenschaftlich interessierte Öffentlichkeit auf das Potenzial der Knollen als Mangan-, Kobalt- und Nickelerz hinwies. Laut dem Artikel wäre ein kommerzieller Abbau mit bestehenden Technologien bereits bald möglich.[137] Deutsche Leser konnten schon 1960 in dem populärwissenschaftlichen Werk „Der Griff nach dem Meer“ von Meros Arbeiten über die Manganknollen erfahren.[138] Im gleichen Jahr stellte Mero selbst erste Ergebnisse im „Mining Congress Journal“ vor,[139] wobei er hier hinsichtlich der wirtschaftlichen Bedeutung noch recht vorsichtig war. In einem weiteren Artikel in dem populärwissenschaftlichen Magazin „Scientific American“ kam er dagegen schon zu dem Fazit: „I believe that, all things considered, the sea-floor nodules will prove to be a cheaper source

136 Ebd.
137 Fleming/Fleming, Sea floor.
138 Cord-Christian Troebst, Der Griff nach dem Meer. Amerika und Rußland im Kampf um die Ozeane der Welt, Düsseldorf 1960, S. 238–244.
139 John L. Mero, Mineral resources of the ocean floor, in: Mining Congress Journal 46 (1960), S. 48–53.

of manganese, nickel, cobalt and even copper than the present sources on land."[140] Nachdem er 1962 einen Artikel veröffentlicht hatte, der sich ganz auf die geologischen und chemischen Aspekte von Manganknollen konzentrierte,[141] folgte schließlich 1965 mit „The Mineral Resources of the Sea" eine Monografie, in der Mero die ganze Spannbreite (potenzieller) mariner mineralischer Ressourcen von den Lagerstätten in Sandstränden und den im Meerwasser gelösten Mineralien über die Phosphoritknollen und Seifenlagerstätten des Festlandsockels bis zum Tiefseeboden darstellte.[142] Der Schwerpunkt lag allerdings eindeutig auf dem Tiefseeboden und hier insbesondere auf den Manganknollen, die er aus geologischer Sicht, aber auch in Hinblick auf den Abbau aus wirtschaftlicher, technischer und rechtlicher Perspektive untersuchte.

Mero blieb in den folgenden Jahrzehnten als Berater, später mit seinem eigenen Unternehmen Ocean Resources Inc., auf dem Gebiet des Tiefseebergbaus aktiv,[143] aber vor allem seine engagierte und optimistische Darstellung in „The Mineral Resources of the Sea" und vorangegangenen Texten[144] trug viel dazu bei, in den folgenden Jahren weltweit das Interesse für Tiefseebergbau zu wecken. Noch 2022 wurde Meros Buch von 1965 als Startpunkt des politischen und ökonomischen Interesses an den Manganknollen beschrieben.[145] Damit kommt Mero eine Schlüsselrolle bei der Ressourcenwerdung der Manganknollen zu; oder wie es der Geochemiker Geoffrey P. Glasby zu Beginn des 21. Jahrhunderts in Abwandlung eines literarischen Zitates ausdrückte: „This book literally launched a hundred ships (or rather a hundred research cruises)."[146] Elisabeth Mann Borgese nannte Mero in den 1970er Jahren einen „Bahnbrecher in der Manganknollen-Industrie" und – etwas voreilig, da die Pläne zumindest bis jetzt nicht Realität geworden sind – jemanden, der sich „das Prestige erworben hat, das dem zukommt, dessen Träume

140 Mero, Minerals, S. 72.

141 John L. Mero, Ocean-floor manganese nodules, in: Economic Geology 57 (1962), 5, S. 747–767.

142 Mero, Resources.

143 Cruickshank, In memoriam.

144 Nandan/Lodge betonen die Bedeutung einer nicht-veröffentlichten Studie von Mero aus dem Jahr 1959, die bereits in der US-amerikanischen Bergbauwirtschaft zirkulierte und dort Aufmerksamkeit erregt habe. Hoffert dagegen sieht Meros Artikel im „Mining Congress Journal" als entscheidend für das wirtschaftliche Interesse, da dieser kürzer und für Fachleute leichter zugänglich war. Die Frage wird sich nicht entscheiden lassen. In jedem Fall waren Mero und die Manganknollen schon vor 1965 bekannt, so dass sich Meros Bedeutung nicht nur auf das Buch von 1965 reduzieren lässt; Satya N. Nandan/Michael W. Lodge, The Development of the Regime for Deep Seabed Mining, Kingston 2002, S. 9, https://www.isa.org.jm/publications/the-development-of-the-regime-for-deep-seabed-mining/ (02.01.2024); Hoffert, Nodules polymétalliques, S. 47f.

145 Cronan, Deep-sea mining, S. 4.

146 Glasby, Lessons learned, S. 551. Vgl. auch ders., Deep seabed mining, S. 161. Das Zitat spielt an auf Christopher Marlowe, The Tragical History of Dr. Faustus (zuerst 1604), 12. Szene: „Was this the face that lancht a thousand shippes/And burnt the toplesse Towres of Ilium?"

zu eleganter Wirklichkeit wurden.“[147] Praktiker und Experten wie Norbert Hering, ein promovierter Bergingenieur und leitender Mitarbeiter der Metallgesellschaft, waren um 1970 etwas vorsichtiger, indem sie die Rolle des IGY betonten, ohne jedoch Meros Beitrag zu bestreiten:

> „Die Ergebnisse der Manganknollenforschung innerhalb des Internationalen Geophysikalischen Jahres wurden in einigen Arbeiten von grundlegender Bedeutung publiziert. Die Aufmerksamkeit der Öffentlichkeit auf den neuen Erztyp gelenkt und das wirtschaftliche Interesse der Rohstoffindustrie geweckt zu haben, ist das Verdienst von John Mero und seinem Buch ‚The Mineral Resources of the Sea‘, das er 1965 veröffentlichte. Es kann als der endgültige Anstoß angesehen werden, daß man sich mit den Tiefsee-Erzen nun auch unter wirtschaftlichen Gesichtspunkten wissenschaftlich zu beschäftigen begann.“[148]

Mero wurde als charismatischer Redner von großer Überzeugungskraft und geniales Verkaufstalent beschrieben („Il aurait été capable de vendre la Tour Eiffel à un Parisien“).[149] Dass es ihm jedoch gelang, Staaten und Rohstoffunternehmen weltweit die Manganknollen zu verkaufen, lag auch daran, dass die Knollen genau das zu sein schienen, was die Käufer haben wollten.[150] Manganknollen schienen in den folgenden Jahren die Antwort auf vielfältige Probleme bei der Versorgung westlicher Industriestaaten mit Metallrohstoffen zu bieten.

2.3 Exkurs: Weitere marine mineralische Ressourcen

Manganknollen wurden im 20. Jahrhundert – und bis heute – nie als einzige mögliche marine Ressource mineralischer Art wahrgenommen. Auch abgesehen von den Öl- und Gasvorkommen des Festlandsockels und küstennahen Flachwasservorkommen von Diamanten, Zinn, Muschelkalk, Kies und Sand wurden neben den Manganknollen weitere mineralische Vorkommen als mögliche Ressourcen ins Auge gefasst. Zeitweise erhielten einige größere Aufmerksamkeit als die Manganknollen oder ihr kommerzieller Abbau schien der Realisierung näher zu sein. Dennoch ist diesen Projekten gemessen an ihrer Dauer, den potenziellen wirtschaftlichen Auswirkungen, den politisch-rechtlichen Folgen und der öffentlichen Aufmerksamkeit bisher nicht die gleiche Bedeutung zugekommen wie dem Tiefseebergbau nach Manganknollen. Aus schwerpunktmäßig deutscher Perspektive seien dennoch weitere Projekte zur Nutzung mariner mineralischer Rohstoffe kurz skizziert.

---

147 Elisabeth Mann Borgese, Das Drama der Meere, Frankfurt a.M. 1977, S. 150 (zuerst: The Drama of the Oceans, New York 1975).

148 Norbert Hering, Erze in großen Meerestiefen. 1. Teil: Geräte und Verfahren zum Aufsuchen und Erkunden von Manganknollenlagerstätten zwischen gestern und heute, in: mt – Meerestechnik – Marine Technology 2 (1971), 4, S. 155–162, hier S. 159; Johann F. Kerl, Eigenschaften, Vorkommen und Entstehung von nickel-, kupfer- und kobalthaltigen Manganknollen des Meeresbodens, in: Erzmetall 23 (1970), 1, S. 1–10, hier S. 1.

149 Hoffert, Nodules polymétalliques, S. 59; Cruickshank, In Memoriam, S. 85.

150 Hoffert, Nodules polymétalliques, S. 59.

Das bundesdeutsche Rohstoff-Forschungsschiff Valdivia, benannt nach dem Schiff der ersten deutschen Tiefsee-Expedition 1898/99, war seit 1970 neben der Suche nach Manganknollen noch auf drei weiteren Gebieten aktiv. Hierzu zählten die Erzschlämme im Atlantis-II-Tief am Grunde des Roten Meeres, also kupfer-, zink-, blei-, silber- und goldhaltige Ablagerungen, im weiteren Sinne Massivsulfide, auf die unten noch eingegangen wird. Diesbezügliche Aktivitäten des bundesdeutschen Unternehmens Preussag im Auftrag der Küstenstaaten Sudan und Saudi-Arabien gipfelten 1979 in einer Testförderung, die deutsche Wissenschaftler bereits mit einer Umweltfolgenabschätzung begleiteten. Das gesamte Vorhaben wurde jedoch Anfang der 1980er Jahre von Saudi-Arabien und dem Sudan vor der Aufnahme einer kommerziellen Förderung eingestellt.[151] Anders als im Fall der Manganknollen war die rechtliche Situation – hier also die Souveränität der beiden Küstenstaaten über das Vorkommen – nie strittig. Die bundesdeutsche Seite arbeitete also nur in deren Auftrag. Ähnlich wie bei den Manganknollen lebte das ökonomische Interesse an dem Vorkommen zu Beginn des 21. Jahrhunderts wieder auf. Sudan und Saudi-Arabien vergaben 2010 eine 30-jährige Abbaulizenz an das kanadische Unternehmen Diamondfields International Ltd. und die saudische Manafa International Trade Company.[152] Bis 2023 hat allerdings noch kein Abbau stattgefunden.

Ein weiteres untergeordnetes Tätigkeitsfeld der Valdivia in den 1970er Jahren bildete die Prospektion von Schwermineralseifen[153] vor der Mündung des Sambesi in den Küstengewässern von Mozambique.[154] Des Weiteren untersuchten bundesdeutsche Wissenschaftler Vorkommen von Phosphoritknollen als mögliche Quelle von Phosphatdünger auf dem Meeresboden des Chatham Rise, einem Teil des neuseeländischen Festlandsockels.[155] Der Plan zum Abbau in einer deutsch-neuseeländischen Kooperation hatte sich allerdings

151 Erzschlamm-Förderung vom Boden des Roten Meeres, in: Frankfurter Allgemeine Zeitung (30.05.1979), S. 33; Harald Bäcker, Erzschlämme, in: Geologisches Jahrbuch. Reihe D, H. 38 (1980), S. 77–108; Amann, Technological trends, S. 391, 394–398; BA B 196/92863 Bd. 1, BGR, Ausarbeitung: Rohstoffbezogene Meeresforschung – ein Ausblick, 21.02.1984, S. 8; Hjalmar Thiel/Horst Weikert/Ludwig Korbe, Risk assessment for mining metalliferous muds in the deep Red Sea, in: Ambio 15 (1986), 1, S. 34–41; Harald Steinert, Ein „Tiefseepanzer" mitten in der Lüneburger Heide, in: Frankfurter Allgemeine Zeitung (23.05.1989), S. 10; Hjalmar Thiel/Gerd Schriever, Fifty years of applied biological deep-sea research in Germany, in: Historisch-meereskundliches Jahrbuch 21 (2016), S. 79–104, hier S. 87f.

152 Kathryn A. Miller et al., An overview of seabed mining including the current state of development, environmental impacts, and knowledge gaps, in: Frontiers in Marine Science 4, Article 418 (Januar 2018); Petersen et al., News, S. 183, 185.

153 Seifen bezeichnen in der Geologie Mineralanreicherungen in Sedimenten wie Kies oder Sand.

154 Ulrich von Stackelberg, Schwermineralseifen, in: Geologisches Jahrbuch. Reihe D, H. 38 (1980), S. 109–127.

155 Hermann-Rudolf Kudrass/Ulrich von Rad, Phosphoritexploration auf dem Chatham Rise/Neuseeland, in: Geologisches Jahrbuch. Reihe D, H. 93 (1991), S. 23–40; Hermann-Rudolf Kudrass, Phosphorite, in: Geologisches Jahrbuch. Reihe D, H. 38, S. 128–136. Zu marinen Phosphoritvorkommen Eugen Seibold/Wolfgang H. Berger, The Seafloor. An Introduction to Marine Geology, 3. Aufl. Berlin/Heidelberg 1996, S. 285f.

bereits 1980 zerschlagen.[156] Über Phosphoritvorkommen in Küstennähe hatte schon die Challenger-Expedition berichtet und auch John L. Mero betrachtete in den 1960er Jahren „phosphorite nodules“ vor der Küste Kaliforniens als möglichen Rohstoff für die Düngemittelproduktion.[157] Im 21. Jahrhundert wurde das Projekt in Neuseeland erneut aufgenommen. Nachdem 2011 bereits eine Abbaugenehmigung erteilt worden war, wurde das Vorhaben aus Gründen des Umweltschutzes 2015 jedoch wieder untersagt.[158]

Zwei potenzielle Tiefseebodenressourcen, die erst deutlich später als Manganknollen entdeckt wurden, sind Massivsulfide und Kobaltreiche Krusten. Bei Massivsulfiden (Seafloor Massive Sulfides (SMS) oder auch Polymetallic Sulphides) handelt es sich um Ablagerungen von Metallverbindungen, die an den vulkanisch aktiven mittelozeanischen Rücken auftreten. Seewasser, das in die Erdkruste eintritt, wird an dem heißen Magma auf über 400° C erhitzt, löst Metalle aus dem Gestein und tritt in Form von hydrothermalen Quellen wieder aus, wobei Metallverbindungen ausfallen und dabei kaminartige Strukturen („Black Smoker“) und Ablagerungen aus Massivsulfiden bilden. Im Gegensatz zu den quasi zwei-dimensionalen, sehr großflächigen Manganknollen-Vorkommen liegen Massivsulfide viel punktueller und konzentrierter in drei-dimensionalen Ablagerungen von einigen 10 bis 100 m Durchmesser vor. Sie ähneln somit eher konventionellen, terrestrischen Erzlagerstätten. Wirtschaftlich interessante Metalle sind in diesem Fall vor allem Kupfer, Zink, Gold und Silber. Nachdem hydrothermale Quellen in der Tiefsee und Massivsulfide erst in den 1970er Jahren entdeckt wurden, galten diese Vorkommen seit den 1980er Jahren teilweise als attraktiver als Manganknollen. Ein kommerzieller Abbau durch das Unternehmen Nautilus Minerals schien in den 2010er Jahren kurz bevorzustehen (s. Kap. 6.2), ist jedoch bis 2023 nicht erfolgt.[159]

Wahrscheinlich noch weiter in der Zukunft liegt die Nutzung von Kobaltreichen Krusten (oder Eisen-Mangankrusten; Co-rich Ferromanganese Crusts), die erst 1981 entdeckt wurden. Diese Krusten bilden sich als Überzüge an den Hängen von Tiefseebergen, so dass sie mit dem Untergrund fest verwachsen sind, was eine besondere Herausforderung für den Abbau darstellt. Neben Kobalt stellen Nickel, Mangan, Kupfer, Tellur und Seltene Erden hier die Wertmetalle dar. Aus Investorensicht könnte ein Vorteil von Massivsulfiden und Kobaltreichen Krusten gegenüber Manganknollen darin liegen, dass sich die Vorkommen nicht selten innerhalb der Ausschließlichen Wirtschaftszone (AWZ) von Küstenstaaten befinden. Bergbauunternehmen müssten also nicht im Hoheitsbereich der

---

156 BA B 196/40635 Bd. 1, BMWi Referat III B 3, Vermerk betr. Tiefseebergbau auf Manganknollen; hier Neustrukturierung der Arbeitsgemeinschaft meerestechnisch gewinnbare Rohstoffe (AMR) – Gespräch im BMWi am 04.09.1980, S. 2.

157 Mero, Resources, S. 57–73; ders., Ocean floor, S. 52f.

158 Hermann Kudrass/Ray Wood/Robin Falconer, Submarine phosphorites. The deposits of the Chatham Rise, New Zealand, off Namibia and Baja California, Mexico – origin, exploration, mining, and environmental issues, in: Rahul Sharma (Hrsg.), Deep-Sea Mining. Resource Potential, Technical and Environmental Considerations, Cham 2017, S. 165–187.

159 Petersen et al., News, S. 180–185; Wiedicke et al., Rohstoffe, S. 4; Glasby, Deep seabed mining, S. 169f.

UN-Meeresbodenbehörde operieren, sondern könnten mit dem entsprechenden Küstenstaat verhandeln.[160]

Die ultimative marine Ressource wäre Meerwasser selbst. Die schätzungsweise 1,3 x 10^{18} t Seewasser in den Weltmeeren enthalten fast alle Elemente des Periodensystems in gelöster Form.[161] Von dieser Idee geht schon lange eine Faszination aus, da sich angesichts der enormen Menge an Meerwasser auf der Erde trotz sehr geringer Elementkonzentrationen auch bei wertvollen Substanzen wie Gold oder Uran sehr hohe Gesamtvorräte in den Ozeanen errechnen lassen, die oft die Menge der Reserven an Land übertreffen. Letztlich handelt es sich um den alten Alchemistentraum, etwas reichlich Vorhandenes in etwas Wertvolles zu verwandeln.

Doch die Gewinnung von Rohstoffen aus Meerwasser ist keine reine Utopie. Kochsalz – eine der wichtigsten Ressourcen der Menschheit – wird spätestens seit der Antike in großen Mengen über die Verdunstung von Meerwasser gewonnen und als wertvolles Gut über weite Strecken gehandelt. Auch Brom und das nicht zuletzt im Flugzeugbau verwendete Leichtmetall Magnesium lassen sich im großen Maßstab dem Ozean entziehen. Entsprechende Produktionsanlagen liefen in den USA seit den 1940er Jahren und auch kurzzeitig im von Deutschland besetzten Norwegen.[162] Schwieriger ist es bei Gold. Dennoch versuchte der Chemienobelpreisträger Fritz Haber, der zuvor mit der Ammoniaksynthese Stickstoff aus der Luft für die Produktion von Düngemittel und Sprengstoff gewonnen hatte, zwischen 1922 und 1927 einen Weg zu finden, an das Gold im Meerwasser zu gelangen. Obwohl Haber, der diese Idee unter dem Eindruck der Reparationsforderungen gegen Deutschland nach dem Ersten Weltkrieg entwickelt hatte, in den Jahren 1922 und 1923 fast seine gesamte Arbeitskraft diesem Vorhaben widmete, musste er sich schließlich sein Scheitern eingestehen. Nachdem erste Analysen vielversprechend gewesen waren, stellte sich heraus, dass schon geringste Spuren von Gold in Reagenzien, Laborgefäßen und Staub die Proben kontaminieren und somit zu überhöhten Ergebnissen führen konnten. Letztlich erwiesen sich die mit verfeinerten Methoden gefundenen Konzentrationen von Gold im Meer als zu gering für eine wirtschaftliche Gewinnung.[163]

---

160 Petersen et al., News, S. 178–180, 185; Mulsow, Update, S. 2; Wiedicke et al., Rohstoffe, S. 3f.; Glasby, Deep seabed mining, S. 165f.

161 Paripurnanda Loganathan/Gayathri Naidu/Saravanamuthu Vigneswaran, Mining valuable minerals from seawater. A critical review, in: Environmental Science. Water Research & Technology 3 (2017), S. 37–53, hier S. 37f.

162 Günter Matter, Elektron. Geschichte und Renaissance eines außergewöhnlichen Metalls (Bochumer Studien zur Technik- und Umweltgeschichte; 9), Essen 2019, S. 234–238; Rozwadowski, Vast Expanses, S. 172f.; Earney, Resources, S. 207–214; Mero, Resources, S. 25–42.

163 Ralf Hahn, Gold aus dem Meer. Die Forschungen des Nobelpreisträgers Fritz Haber in den Jahren 1922–1927, Berlin 1999.

Die Idee, Gold oder später auch Uran zu gewinnen, wurde dennoch vor allem seit den 1960er Jahren immer wieder lanciert[164] und blieb nicht auf die Grundlagenforschung oder utopische Projektemacher beschränkt. Anfang der 1970er Jahre untersuchte auch die Friedrich Krupp GmbH mit Förderung des Bundesministeriums für Forschung und Technologie die Urangewinnung aus dem Meerwasser der Nordsee. Allerdings kam auch diese Studie zu dem Ergebnis, dass dies mit der vorhandenen Technologie wirtschaftlich nicht durchführbar sei.[165]

Letzten Endes handelt es sich bei der Gewinnung von Rohstoffen aus Meerwasser um eine Energiefrage. Abgesehen von bestimmten radioaktiven Isotopen geht kein Element durch seine Nutzung oder seinen „Verbrauch" verloren; es findet nur ein Prozess der Diffusion statt, bei dem der Stoff verteilt wird und die Konzentration sinkt. Dabei enden schließlich viele Stoffe im Meer. Sie dort wieder anzureichern, ist allerdings energieintensiv. Wenn man über hinreichend günstige Energie verfügen würde, ließen sich mineralische Rohstoffe aller Art aus Meerwasser gewinnen.[166] In jüngster Zeit hat die Gewinnung von Trinkwasser – ebenfalls eine wertvolle Ressource – per Meerwasserentsalzung zunehmend an Bedeutung gewonnen, weil der Bedarf weltweit zunimmt und die Kosten aufgrund technischer Innovationen deutlich gefallen sind. Da bei der Entsalzung zwangsläufig eine Sole als Nebenprodukt anfällt, in der alle gelösten Mineralien bereits deutlich höher konzentriert vorliegen, bietet sich einer Studie von 2017 zufolge eine Kombination aus Trinkwasser- und Rohstoffgewinnung an, um die Kosten beider Verfahren zu senken.[167] Die Idee ist also auch heute noch nicht völlig vom Tisch.

164 Elisabeth Mann Borgese, The Mines of Neptune. Minerals and Metals From the Sea, New York 1985, S. 27; Earney, Resources, S. 214–217; Mero, Resources, S. 39–42.

165 Peter Schmidt-Mende, Möglichkeiten der Urangewinnung aus dem Seewasser der Nordsee, in: mt – Meerestechnik – Marine Technology 5 (1974), 2, S. 61–63.

166 Rolf Peter Sieferle, Energie, in: Franz-Josef Brüggemeier/Thomas Rommelspacher (Hrsg.), Besiegte Natur. Geschichte der Umwelt im 19. und 20. Jahrhundert, München 1987, S. 20–41, hier S. 22f.

167 Loganathan/Naidu/Vigneswaran, Minerals. Die Idee, Rohstoff- und Trinkwassergewinnung zu kombinieren, zirkulierte allerdings auch schon 50 Jahre zuvor; John L. Mero, Oceanic mineral resources, in: Futures 1 (1968), 2, S. 125–141, hier S. 134.

3. Rahmenbedingungen für den Aufstieg des Tiefseebergbaus (ca. 1960–1975)

Die Idee, Manganknollen ungeachtet der Wassertiefe von 4 km oder mehr und beträchtlicher Entfernung vom Festland als Erz zu nutzen, kursierte zumindest seit 1952 und war spätestens 1965 mit John L. Meros Buch „The Mineral Resources of the Sea“ einer breiteren Fachöffentlichkeit bekannt. Damit wenig später, etwa ab 1972 und bis 1982, die „golden era of manganese nodule research“[168] mit zahlreichen Aktivitäten von Regierungen und Unternehmen aus der westlichen Welt beginnen konnte waren jedoch weitere Schritte in der Ressourcenwerdung der Manganknollen nötig.

Erstens musste die wirtschaftliche Nutzung der Tiefsee in den Bereich des konkret Vorstellbaren rücken. Hierzu trug bei, dass in den Nachkriegsjahrzehnten die Ozeanografie große Fortschritte machte. Darauf aufbauend entstand mit der Meerestechnik ein neues anwendungsorientiertes wissenschaftliches und ökonomisches Feld, das die Rohstoff- und Nahrungsgewinnung aus dem Meer sowie damit verbundene Bereiche umfasste. Gleichzeitig änderte sich die Wahrnehmung der Meere, insbesondere hinsichtlich der Unterwasserwelt, die nun als Raum für heute teilweise utopisch anmutende Möglichkeiten der Nutzung und sogar der menschlichen Besiedlung imaginiert wurde. Tiefseebergbau nach Manganknollen stellte eines von mehreren Projekten in diesem Rahmen dar.

Zweitens war ein gegenwärtiger oder mittelfristig erwarteter Bedarf erforderlich, der einen ausreichenden Anreiz bot, auch unkonventionelle Vorkommen ins Auge zu fassen. Solch ein Bedarf konnte durch eine steigende Nachfrage, durch politisch bedingte Lieferunterbrechungen, durch die zunehmende Erschöpfung konventioneller Lagerstätten oder eine Kombination dieser Faktoren entstehen.

Überdies musste, drittens, ein institutioneller Rahmen vorhanden sein oder geschaffen werden, der dem Tiefseebergbau förderlich oder zumindest nicht übermäßig hinderlich war. Mit dem institutionellen oder rechtlichen Rahmen ist hier in erster Linie das internationale Seerecht gemeint, in dessen Anwendungsbereich die Eigentumsrechte über den Tiefseeboden und dortige Ressourcen fallen.

Schließlich und viertens bestimmten zeitgenössische Vorstellungen von der Tiefsee als Umwelt und der diesbezügliche Wissensstand die gesellschaftliche und politische Akzeptanz und Unterstützung des Tiefseebergbaus mit.

Vor dem Hintergrund der Entwicklungen in diesen vier Bereichen formulierten Akteure aus Unternehmen, Politik und Publizistik in den 1960/70er Jahren verschiedene Argumentationslinien, die für den Tiefseebergbau sprachen.

---

168 Glasby, Deep seabed mining, S. 162.

3.1 Meerestechnik: die Erschließung des „inner space"

> „We meet here at the beginning of a new age of exploration. To some, this might mean our adventures in outer space. But I am speaking of exploring an unknown world at our doorstep. It is really our last frontier here on earth. (…) In the months ahead, we shall establish our priorities, we shall then set our timetables – and we shall follow them, just as we have followed an orderly and relentless program for the exploration of space."[169]

Die Rede von US-Präsident Lyndon B. Johnson (1908–1973) anlässlich der Indienststellung eines Forschungsschiffes im Jahr 1967, aus der dieses Zitat stammt, reflektiert die Erwartungen und Wahrnehmungen, die sich zu dieser Zeit mit der Erforschung und Erschließung der Ozeane verbanden wie die „Frontier"-Metapher und der Vergleich zum Weltall. Drei Jahr zuvor hatte der US-amerikanische Ozeanograph Athelstan Spilhaus (1911–1988) bereits einen Leitartikel in der Zeitschrift „Science" mit dem programmatischen Satz begonnen: „Man *is* going to colonize the oceans,…" (*Hervorhebung im Original*).[170] In den folgenden Zeilen entwarf er eine Vision von schwimmenden Städten und unerschöpflichen Ressourcen auf dem Meeresboden, aber auch von einer scharfen Konkurrenz mit der Sowjetunion und Japan, um schließlich den Ausbau der Ozeanographie an den US-amerikanischen Universtäten zu fordern.

Die Historikerin Sabine Höhler spricht im Zusammenhang mit den Plänen zur Nutzung der Ozeane um 1970, die die Weltmeere als quasi unerschöpflichen Raum zur Gewinnung mineralischer Rohstoffe, proteinreicher Nahrung und selbst als Siedlungsraum für den Menschen imaginierten, von einem „amphibischen Projekt der Meereserschließung" in Zeiten, in denen die Wachstumsgrenzen auf den Kontinenten offenbar wurden.[171] In demselben Zusammenhang hebt Helen M. Rozwadowski die zeitgenössisch viel verwendete Metapher vom Ozean als „Frontier" hervor: Vor allem in den Vereinigten Staaten erwarteten Akteure aus Wissenschaft, Politik und Journalismus seit den 1950er Jahren für die Ozeane eine Entwicklung wie sie Frederick Jackson Turner (1861–1932) 1893 in der Frontier-These für den amerikanischen Westen behauptet hatte: Ebenso wie der Westen zuerst von Trappern, dann von Viehhaltern, Bergleuten und später von Farmern erschlossen wurde, auf die die Gründung von Dörfern und schließlich Städten folgte, würde der Mensch nun auch in den Ozeanen von der sporadischen und oberflächlichen Nutzung schrittweise zur dauerhaften Besiedlung übergehen. Damit würde er nicht nur Zugang zu fast unbegrenzten Ressourcen und Siedlungsraum erlangen, sondern auch die Grundlage für die Weiterentwicklung von Kultur und Gesellschaft legen.[172]

---

169 Lyndon B. Johnson, Remarks at the commissioning of the research ship Oceanographer. July 13, 1966, in: Public Papers of the Presidents of the United States. Lyndon B. Johnson. Containing the Public Messages, Speeches, and Statements of the President, 1966 (II), Washington, DC 1967, S. 722–724.

170 Athelstan F. Spilhaus, Man in the sea, in: Science, Vol. 145, Issue 3636 (04.09.1964), S. 993.

171 Höhler, Weltmeere, S. 441.

172 Rozwadowski, Vast Expanses, S. 161–187.

Wie schon in der eingangs zitierten Rede Präsident Johnsons bildete neben der „Frontier" das Weltall den anderen regelmäßig auftauchenden Bezugspunkt im Diskurs über die Erschließung der Ozeane, insbesondere ihrer dritten Dimension.[173] Die Parallelen zwischen Weltall und Unterwasserwelt – „outer space and inner space"[174] – schienen auf der Hand zu liegen: Beide Räume versprachen fast unbegrenzte Möglichkeiten, zugleich sind sie jedoch dem Menschen erst einmal unzugänglich. Ihre Erforschung und erst recht die Aufrechterhaltung menschlichen Lebens in ihnen sind nur mit fortgeschrittener Technik möglich. Bemannte Raumfahrt und Tauchtechnik folgten beide einem Konzept „permanenter Erweiterung der Biosphäre".[175] Diese Parallelen werden auch in einem der großformatigen Ausklappbilder, die der Grafiker Klaus Bürgle (1926–2015) für das populärwissenschaftliche Jahrbuch „Das Neue Universum" erstellte,[176] sichtbar. Die im Band 81 (1964) veröffentlichte Zukunftsvision einer vom Menschen erschlossenen Unterwasserwelt mit dem Titel „Stadt unter dem Meer" erinnert klar an zeitgenössische Weltraumdarstellungen (s. Abb. 5). 1972 fasste Alexander F. Marfeld, ein Autor populärer Sachbücher in der Bundesrepublik, die Erwartungen an die Erschließung der Ozeane als „inneren Weltraum" in der Nachkriegszeit folgendermaßen zusammen:

> „Nicht ganz zu Unrecht wurde während der vergangenen rund zwanzig Jahre von kompetenter Seite – aus den einschlägigen Fachgebieten von Wissenschaft und Technik – immer wieder erklärt, die ‚Inner-space-Forschung' sei für das Fortbestehen der Menschen wichtiger, weil weit nützlicher, als die ‚Outer-space-Forschung'. (…) Obwohl der Verfasser nicht geneigt ist, hier ein Entweder-Oder gelten zu lassen – Weltraumforschung und Meeresforschung ergänzen einander eher, als daß sie miteinander sachlich konkurrieren –, muß er doch eine ganze Reihe von schwerwiegenden Argumenten zugunsten einer vordringlichen Förderung (und damit Finanzierung) der Meeresforschung und Meerestechnik anführen. Mit einem Satz: Die Weltproduktion an Nahrung und industriellen Gütern könnte mindestens um fünfzig Prozent gesteigert werden – und die Zahl der Hungernden und Arbeitslosen auf der Erde könnte drastisch gesenkt werden –, wenn wir nur die Schelfmeere (also die küstennahen Festlandsockelabhänge unter See) als Rohstoffquellen für tierisches und pflanzliches Eiweiß, für Mineralien und Erze systematisch erschlössen! Wenn die Meere für die Menschen da sein sollen, für ihre Wohlfahrt und für ihre Zukunft – dann ist der ‚innere Weltraum', das Reich der Ozeane, die Herausforderung für die Zukunft."[177]

---

173 Ebd., S. 163.

174 Dies., Engineering, imagination and industry. Scripps Island and dreams for ocean science in the 1960s, in: dies./David K. van Keuren, The Machine in Neptune's Garden. Historical Perspectives on Technology and the Marine Environment, Sagamore Beach 2004, S. 315–354, hier S. 315.

175 Kurt Möser, Tiefenerfahrung. Zur Geschichte der Tauchtechnik, in: Technikgeschichte 59 (1992), 3, S. 193–216, hier S. 211.

176 Zu Bürgle und dem „Neuen Universum": Ralf Bülow, Das neue Universum des Klaus Bürgle, in: Uwe Fraunholz/Anke Woschech (Hrsg.), Technology Fiction. Technische Visionen in der Hochmoderne, Bielefeld 2012, S. 289-299.

177 Alexander F. Marfeld, Zukunft im Meer. Bericht – Dokumentation – Interpretation zur gesamten Ozeanologie und Meerestechnik, Berlin 1972, S. 11. Zu Marfeld Ruppenthal, Raubbau, S. 150–152, 178f.

Die verstärkte, auch politische und kulturelle Aufmerksamkeit für die Ozeane und die Unterwasserwelt folgte im Kielwasser der Ozeanografie, die seit dem Zweiten Weltkrieg insbesondere in den USA durch die Anforderungen des Militärs einen enormen Aufschwung erfahren hatte. Nachdem der U-Boot-Krieg bereits im Zweiten Weltkrieg eine wichtige Rolle gespielt hatte, erhöhte sich dessen Bedeutung im Kalten Krieg durch den Einsatz von Atom-U-Booten auf beiden Seiten noch einmal. Die ozeanografische Forschung erlebte daher aufgrund der gezielten Förderung durch die US Navy und in enger Kooperation und personeller Verflechtung mit dieser in den 1950er/60er Jahren eine Blütezeit. Damit erlangte dieses vorher eher randständige Fach nicht nur höhere Budgets, sondern auch in einem neuen Maße Sichtbarkeit und Prestige. Von der militärischen Förderung profitierten neben unmittelbar militärisch relevanten Bereichen wie der Unterwasserakustik (bedeutend für die Sonar-Ortung) auch die Meeresgeologie, die seit den 1950er Jahren auf diese Weise Belege für die Theorie der Plattentektonik sammeln konnte. Parallel und in einer teilweise paradoxen Beziehung zu der militärischen Bedeutung lief die internationale Kooperation in der Ozeanografie weiter, die sich zum Beispiel in den großangelegten Forschungsvorhaben des International Geographical Year (IGY) 1957/58 zeigte.[178]

Wissen und Technologie aus der militärisch motivierten Ozeanografie wurden in andere Bereiche übertragen und erweiterten den Horizont der nun für in naher Zukunft möglich gehaltenen Nutzungen der Ozeane und des Meeresbodens. Ein Bereich, in dem sich seit den 1950er Jahren heute vielfach utopisch anmutende Erwartungen an die Nutzungen des Meeres knüpften, war die Nahrungsversorgung. Der Beitrag der Fischerei zur Nahrungsversorgung geht in vielen Kulturen bis zur Frühgeschichte zurück, aber Wissenschaftler und Publizisten wiesen darauf hin, dass der Mensch in diesem Bereich bislang noch auf der Stufe der Jäger und Sammler verharrte. Angesichts des absehbaren globalen Bevölkerungsanstiegs – ein zentrales Thema der Nachkriegsjahrzehnte – müsse der Mensch jedoch, so wie er auf den Kontinenten die Landwirtschaft entwickelt hatte, nun auch im Meer zu einer planmäßigen Steigerung der Nahrungsproduktion übergehen. Ideen, die in diesem Bereich lanciert wurden, beinhalten die Ernte von Plankton, große Aquakulturprojekte und selbst die Zucht von Walherden.[179]

---

178 Adler, Neptune's Laboratory, S. 97–103; Hannigan, Geopolitics, S. 81–86; Hamblin, Oceanographers, S. 32–58.

179 Rozwadowski, Vast Expanses, S. 169f.

Abbildung 5: Imaginierte Siedlungen und Ressourcengewinnung am Meeresboden: Der Grafiker Klaus Bürgle schuf diese Zukunftsvision unter dem Titel „Stadt unter dem Meer“ für den Band 81 (1964) des Jahrbuchs „Das Neue Universum“. (© Fabian Scholz).

Die wachsende Weltbevölkerung benötigte neben Nahrung auch Platz für neue Ansiedlungen. Der japanische Architekt Kiyonuri Kikutake (1928–2015) und der US-amerikanische Wissenschaftler John P. Craven (1924–2015) projektierten daher Städte auf schwimmenden Plattformen im Meer, um Platz für Menschen und Industrie zu schaffen – ohne den Flächenverbrauch und die Luftverschmutzung automobilgestützter Zersiedelung an Land.[180] Während die Projekte von Craven und Kikutake immerhin bis zum Prototypenstadium reiften, wurden weitere Planungen für Siedlungen und Plattformen im Meer – ob schwimmend oder auf Stelzen – nur auf dem Papier imaginiert.[181] Dagegen setzten sich Bohrplattformen in der Öl- und Gasförderung dauerhaft durch.

180 Huebner, Climate change.

181 Zu Craven, Kikutake und einer Reihe vergleichbarer Projekte Mann Borgese, Drama, S. 153–165. Über das für 30.000 Einwohner ausgelegte britische Projekt „Sea City“ berichtet Marfeld, Zukunft, S. 422–424. Für die geplante künstliche Insel und Forschungsplattform „Scripps Island“ der Scripps Institution of Oceanography, siehe Rozwadowski, Engineering.

Andere Projekte zielten darauf ab, dem Menschen einen dauerhaften Aufenthalt nicht auf, sondern unter Wasser zu ermöglichen. Neben weitreichenden Utopien, die die Besiedlung des Meeresbodens vorsahen, gab es bereits in der Ölindustrie, die die Offshore-Förderung schrittweise in immer größere Wassertiefen verlegte, einen konkreten Bedarf für Unterwasserhabitate, um den Einsatz von Berufstauchern in größeren Tiefen zu ermöglichen. Ein grundsätzliches Problem beim Tauchen besteht darin, dass mit wachsendem Wasserdruck in der Tiefe zunehmend Stickstoff aus der Atemluft im Blut und Gewebe des Tauchers gelöst wird. Um beim Auftauchen die Bildung von Gasblasen im Blut (Taucherkrankheit) zu verhindern, müssen lange Dekompressionszeiten beim Auftauchen eingehalten werden, die bei größeren Tiefen jedoch so lang werden, dass die Arbeitszeit unter Wasser und die erforderliche Dekompressionszeit in keinem vernünftigen Verhältnis mehr zueinanderstehen. Allerdings nimmt die Dekompressionszeit nicht mehr zu, wenn der Körper einmal mit Gas gesättigt ist, unabhängig davon, ob der Tauchgang Stunden oder Tage dauert. Dies nutzt man beim sogenannten Sättigungstauchen. Unterwasserhabitate sollten dazu dienen, Arbeitszeiten unter Wasser zu verlängern, indem die Taucher ihre Ruhezeiten in einem Habitat am Meeresboden in einer Luftatmosphäre, aber unter hohem Druck verbringen. Damit wäre die zeitaufwendige Dekompression nur einmal und erst nach Tagen, Wochen oder Monaten bei der Rückkehr an die Oberfläche nötig.

Ein erstes solches Unterwasserhabitat konstruierte der US-amerikanische Erfinder Edwin A. Link als Teil des „Man-in-the-Sea 1“ Experiments 1962 vor der französischen Mittelmeerküste, bei dem ein Taucher 24 Stunden in 60 m Tiefe verbrachte. In rascher Folge entstanden anschließend die experimentellen Unterwasserhabitate „Conshelf I“ bis „Conshelf III“ (1962–1965) von Jacques-Yves Cousteau (1910–1997) und „Sealab I“ bis „Sealab III“ (1964–1969) der US Navy, die in jeweils größeren Wassertiefen installiert wurden. Indem 1965 unter großer Aufmerksamkeit der Weltpresse eine direkte Funkverbindung zwischen den „Aquanauten“ in „Sealab II“ und den Astronauten in der „Gemini“-Raumkapsel im Orbit hergestellt wurde, wurde die Parallelität der Erforschung von Unterwasserwelt und Weltall noch einmal betont. Cousteau hatte bereits 1943 als französischer Marineoffizier zusammen mit Émile Gagnan den Atemregler („Scaphandre Autonome“ oder „Aqualung“) als Grundlage der Drucklufttauchgeräte erfunden. In der Nachkriegszeit verband er die Rollen eines Tauchpioniers, Forschers und Erfinders mit der des populären Sachbuchautors und Filmemachers. Entsprechend wurden die „Conshelf“-Habitate von der französischen Regierung und der Ölindustrie finanziert, teilweise jedoch auch von Columbia Pictures, die Cousteaus Film „World Without Sun“ (1964) produzierten, der die Versuche mit „Conshelf II“ dokumentierte.[182] Die Bundesrepublik erprobte ab 1969 das von der Drägerwerk AG produzierte „Unterwasser-Laboratorium Helgoland“ in 23 m Tiefe vor der gleichnamigen Nordseeinsel.[183] Vor dem Hintergrund der völkerrechtlichen Neuordnung der Meere, auf die unten noch eingegangen

182 Rozwadowski, Vast Expanses, S. 177–181. Zu Cousteau: Hannigan, Geopolitics, S. 41.
183 Marfeld, Zukunft, S. 400–408.

wird, dienten die Unterwasserhabitate den Regierungen auch dazu, Besitzansprüche oder zumindest Mitspracherechte zu markieren.[184]

Cousteau hatte auch Anteil an einer neuen Wahrnehmung der Ozeane in der Nachkriegszeit, durch die die Unterwasserwelt noch stärker als seit der Mitte des 19. Jahrhunderts in die Populärkultur vorrückte. Hierzu trugen nicht nur Cousteaus Filme und Bücher – beginnend mit „The Silent World" (1953) – bei, sondern auch der Atemregler, der ab den späten 1940er Jahren in Nordamerika für Freizeitsportler erhältlich war. Bald wurde ausgehend von den USA das Gerätetauchen mit Druckluftflaschen zu einem Sport, der breiteren Bevölkerungskreisen, wenn auch nur in Küstennähe und geringen Tiefen, einen direkten Zugang zur Welt unter Wasser ermöglichte. Die meisten Menschen in der westlichen Welt konsumierten den Blick in das Innere der Ozeane dennoch nur indirekt im Kino oder vor dem Fernseher über eine Vielzahl von Filmen, die dieses Thema, oft mittels Unterwasseraufnahmen, mehr oder weniger ins Zentrum stellten. Hierzu zählten beispielsweise die bereits erwähnte TV-Serie „Sea Hunt" (1958) ebenso wie „Flipper" (1963, TV-Serie ab 1964) oder der James-Bond-Film „Thunderball" (1965).[185] Der britische Science-Fiction-Autor Arthur C. Clarke (1917–2008), der heute vor allem für das Drehbuch zu „2001: A Space Odyssey" (1968) bekannt ist, verfasste neben Romanen und Geschichten, die im Weltall angesiedelt waren, auch solche, die die zukünftige Erschließung der Ozeane thematisierten und war selbst begeisterter Hobbytaucher.[186] Die 1960er Jahre waren somit, nach einer ersten Konjunktur Mitte des 19. Jahrhunderts, ein weiterer Höhepunkt der öffentlichen Faszination für die Ozeane.[187]

In der Bundesrepublik waren die meisten dieser US-amerikanischen Bücher und Filme ebenso wie die Werke von Cousteau in Übersetzung zugänglich. Daneben gab es mit dem österreichischen Tauchpionier, Filmproduzenten, Autor und Zoologen Hans Hass (1919–2013) auch ein deutschsprachiges Pendant. Hass brachte bereits seit den 1940er Jahren mit Büchern, Kino- und später auch Fernsehfilmen dem Publikum die Unterwasserwelt näher.[188] Die deutsche Science-Fiction-Produktion „Raumpatrouille – Die phantastischen Abenteuer des Raumschiffes Orion" (1966 in der ARD) demonstrierte ebenfalls, dass neben der Raumfahrt die Besiedlung der Ozeane einen festen Bestandteil der damaligen Zukunftserwartungen bildete. Der gesprochene Text im Vorspann zu jeder Folge enthielt den Hinweis „Der Meeresboden ist als Wohnraum erschlossen". Die Handlung der Serie,

184 Mesinovic, Globale Güter.
185 Rozwadowski, Vast Expanses, S. 203–207.
186 Dies., Arthur C. Clarke.
187 Dies., Fathoming the Ocean, S. 217.
188 Vgl. Hans Hass, Erinnerungen & Abenteuer, Wien 2004. Für das männliche Publikum von Hass' Filmen dürften neben der wiederkehrenden Darstellung von gefährlich anmutenden Haien die Bilder von seiner Assistentin und späteren Ehefrau im Badeanzug wesentlich zur Faszination der Unterwasserwelt beigetragen haben.

soweit sie auf der Erde spielte, war daher wie selbstverständlich in Unterwasserstationen angesiedelt.[189]

Insgesamt wurden die Vorstellungen, wie der Mensch die Unterwasserwelt nutzen könnte, von dem epochentypischen hochmodernen Glauben an den technisch-wissenschaftlichen Fortschritt und die Beherrschung der Natur getrieben.[190] Dieser Glaube konnte sich in der Nachkriegszeit nicht zuletzt auf die tatsächliche Entwicklung stützen: Weniger als zwölf Jahre vergingen zwischen „Sputnik“ als dem ersten künstlichen Erdsatelliten 1957 und der bemannten Mondlandung 1969. Damit schien die Raumfahrt das Tempo des weiterhin erwartbaren technischen Fortschritts vorzugeben. In den Ozeanen erreichten bereits 1960 Jacques Piccard (1928–2008) und Don Walsh (1931-2023) in dem Bathyscaphe (oder Tiefseetauchboot) Trieste einen der tiefsten Punkte der Erde, das Challengertief im Marianen-Graben des Pazifischen Ozeans in mehr als 10.800 m Tiefe.[191]

„The Marine Revolution is upon us“, schrieb Elisabeth Mann Borgese 1972 und sah in dieser Revolution, die die „industrialization of the oceans“ einschließe, eine der großen Zäsuren der Menschheitsgeschichte.[192] Der maltesische UN-Botschafter Arvid Pardo (1914–1999, s. Kap. 3.4) hatte schon vier Jahre zuvor prognostiziert, dass „by 1973 there will be colonies of aquanauts living and working on the ocean floor at depths in the neighbourhood of 1.500 feet“.[193] Rückblickend trafen die zitierten Aussagen nicht ein. Letztlich zeigte sich, dass nicht alle Blütenträume reiften und dass die Erschließung des Inneren der Ozeane – abgesehen von der Öl- und Gasförderung auf dem Festlandsockel – bis heute deutlich hinter den Erwartungen der Nachkriegsjahrzehnte zurückgeblieben ist.

Fürsprecher einer einheitlichen Behörde, die alle zivilen Meeresforschungsaktivitäten in den USA vereinigen würde, erhofften sich in den 1960er Jahren, dass eine solche Institution als eine „Wet NASA“ in ähnlicher Weise wie die Weltraumbehörde öffentliche Aufmerksamkeit und finanzielle Mittel für die Erforschung der Ozeane mobilisieren würde. Als jedoch schließlich Präsident Richard Nixon (1913–1994) im Oktober 1970 die National Oceanic and Atmospheric Agency (NOAA) ins Leben rief, war das Zeitfenster

189 Josef Hilger, Raumpatrouille. Die phantastischen Abenteuer des Raumschiffes Orion, erw. Neuaufl. Berlin 2005, S. 22f.; Michael Reufsteck/Stefan Niggemeier, Das Fernsehlexikon, München 2005, S. 969–971.

190 Vgl. James C. Scott, Seeing Like a State. How Certain Schemes to Improve the Human Condition Have Failed, New Haven/London 1998, S. 4, 89f.

191 Richard A. Lutz/Paul G. Falkowski, A dive to Challenger Deep, in: Science, Issue 336, No. 6079 (20.04.2012), S. 301–302.

192 Elisabeth Mann Borgese, Introduction, in: dies. (Hrsg.), Pacem in Maribus, New York 1972, S. xi–xxxiv, hier S. xi.

193 Arvid Pardo, Who will control the seabed?, in: Foreign Affairs, Vol. 47, No. 1 (Oktober 1968), S. 123–137, hier S. 126.

hierfür schon geschlossen, da wirtschaftliche Probleme und ökologische Bedenken ambitionierte Pläne zur Erschließung der Unterwasserwelt nun anachronistisch erscheinen ließen.[194]

Auch wenn die militärische Bedeutung der Meere und insbesondere von U-Booten ungebrochen ist, scheint es bis heute keinen Bedarf für ortsfeste, bemannte Installationen auf dem Meeresboden zu geben. Im Bereich der Nahrungsmittelproduktion blieben Art und Umfang der Meeresnutzung zwar hinter den Erwartungen der 1960er Jahre zurück; immerhin jedoch hat sich die weltweite Gesamtfischproduktion von 1950 bis 2018 verzehnfacht, wovon heutzutage fast die Hälfte auf die Aquakultur entfällt, so dass der Mensch in dieser Beziehung zumindest teilweise die Stufe der Jäger und Sammler hinter sich gelassen hat.[195] Am ausgeprägtesten war die Differenz zwischen Erwartungen und tatsächlicher Entwicklung bei der Besiedlung des Meeresbodens. Die Versuche mit experimentellen Unterwasserhabitaten wurden bald wieder eingestellt, ohne dass jemals solche Stationen für tatsächliche Arbeiten genutzt worden wären. Das Ende der „underwater habitat craze" war bereits 1970 absehbar.[196] „Sealab III" wurde zwar fertiggestellt, aber nach einem tödlichen Unfall nie in Betrieb genommen. Ausschlaggebend für das Ende derartiger Projekte waren dennoch weniger technische Probleme, sondern die Tatsache, dass es keinen wirklichen Bedarf gab. Die Offshore-Ölindustrie verlor schon in den 1960er Jahren das Interesse, da es sich als günstiger und sicherer herausstellte, Taucher in druckdichten, geschlossenen Taucherglocken vom Meeresboden in eine Druckkammer auf einem Schiff zu bringen, in der der Umgebungsdruck auf Arbeitstiefe herrscht. Für die US-Regierung verloren Unterwasserhabitate darüber hinaus auch deshalb an Priorität, da es nie zu einem maritimen Äquivalent des Sputnik-Schocks kam, so dass diese Projekte auch nicht aus Prestigegründen im Systemkonflikt des Kalten Krieges weiterverfolgt wurden. Die im Zusammenhang mit den Unterwasserhabitaten gewonnenen Kenntnisse, insbesondere in der Tauchmedizin, sind jedoch bis heute relevant.[197]

Unter Verweis auf Philip E. Steinberg nennt Stefan Huebner auch die soziale Konstruktion der Ozeane als einen Faktor für das Scheitern der schwimmenden Städte: Da westliche Gesellschaften sich über Jahrhunderte die Ozeane als einen Ort der Leere und der Gefahren außerhalb der Gesellschaft vorstellten, lag es nahe, die Kolonisierung der Meere

---

194 Judy Chase, NOAA and oceanic research. „Wet NASA" idea dries up, in: Science, Vol. 173, Issue 3993 (16.07.1971), S. 216f., 220f.; William Connelly, Oceanography. A „Wet NASA," will Nixon take the plunge?, in: Science, Vol 168, Issue 3927 (03.04.1970), S. 98–101. Der Begriff „Wet NASA" wurde allerdings nicht nur positiv konnotiert. Eine Gruppe republikanischer Abgeordneter benutzte den Begriff kritisch, da sie in der NASA ein Beispiel bürokratischen Wildwuchses sahen; Megan Black, The Global Interior. Mineral Frontier and American Power, Cambridge/London 2018, S. 172.

195 FAO, The State of World Fisheries and Aquaculture 2020. Sustainability in Action, Rom 2020, S. 4.

196 Adler, Neptune's Laboratory, S. 132.

197 Ebd., S. 119, 133; Rozwadowski, Vast Expanses, S. 180.

als Raum für Siedlungen und Industrie als abwegig, gefährlich oder utopisch abzutun.[198] Wichtiger dürfte jedoch gewesen sein, dass sich abgesehen von der Offshore-Öl- und Gasförderung auf dem Festlandsockel kein Bedarf ergab, der die Kosten gerechtfertigt hätte.

In der populären Wahrnehmung hingegen wurde die Erschließung der Unterwasserwelt, wie Helen Rozwadowski feststellt, schließlich doch von der Raumfahrt in den Schatten gestellt. Obwohl viele Stimmen in den 1950/60er Jahren den Ozeanen höhere Bedeutung für die Bedürfnisse der Menschheit wie Rohstoffe, Nahrung, Siedlungsraum und kulturelle Inspiration zumaßen, machten sich am Weltraum letztlich weitreichendere Erwartungen fest, da dieser als eine „uncloseable frontier“ den Vorteil der Unendlichkeit besaß.[199]

Das Projekt des Tiefseebergbaus nach Manganknollen entstand somit nicht isoliert. Die Idee entwickelte sich vielmehr vor einem Erwartungshorizont, der eine Vielzahl von Nutzungen des Ozeans und insbesondere des Meeresbodens als in nächster Zukunft möglich erscheinen ließ. Da der Abbau von Manganknollen praktisch stets als ein vollmechanisierter Prozess gedacht wurde, für den keine menschlichen Taucher erforderlich waren, stellte der Tiefseebergbau in technischer Hinsicht, gemessen an den Maßstäben der 1960er Jahre, ungeachtet der großen Wassertiefe und erheblichen Entfernung von der nächsten Küste sogar ein vergleichsweise simples Projekt dar.

3.2 Meeresforschung und Meerestechnik in der Bundesrepublik

Vor dem Hintergrund des internationalen, von den USA ausgehenden Interesses an der Erschließung der Ozeane entstanden auch in der Bundesrepublik Deutschland in den 1960er Jahren staatliche und privatwirtschaftliche Initiativen im weitgefassten Feld der Meeresforschung und der anwendungsorientierten Meerestechnik. Am Beispiel der Bundesrepublik lässt sich zeigen, wie der Tiefseebergbau nach Manganknollen als eine von mehreren Aufgaben innerhalb des Feldes der Meeresforschung und -technik auftauchte und allmählich ins Zentrum rückte.

Nachdem Deutschland bereits im Kaiserreich und der Weimarer Republik mit den Expeditionen der Gazelle (1874–1876), Valdivia (1898–1899) und Meteor (ab 1925) einen gewissen Stand in der Ozeanografie erreicht hatte, förderte die Deutsche Forschungsgemeinschaft (DFG) in der Bundesrepublik seit 1960 die Meeresforschung mit einem Schwerpunktprogramm. Ein wesentliches Motiv hierfür scheint das Streben nach Re-Integration in die internationale Wissenschaftskooperation gewesen zu sein, da der International Council of Scientific Unions (ICSU) die Bundesrepublik 1958/59 aufgefordert hatte, sich an internationalen ozeanografischen Expeditionen zu beteiligen. Da allerdings zunächst die personellen und materiellen Grundlagen hierfür fehlten, förderte die DFG in

198 Huebner, Climate change, S. 53.
199 Rozwadowski, Arthur C. Clarke.

dem Schwerpunktprogramm mit ca. 1 Mio. DM jährlich die Ausbildung des wissenschaftlichen Nachwuchses, u.a. durch Stipendien für Forschungsaufenthalte in den USA und für die Teilnahme an internationalen Forschungsfahrten, sowie die Gerätebeschaffung.[200]

1962 gab die DFG eine „Denkschrift zur Lage der Meeresforschung“ heraus, die den Stand des Faches an und außerhalb von Universitäten darstellte und sich mit Vorschlägen zum Ausbau explizit an die Politik richtete. Die Denkschrift ging zwar von den „gegenwärtigen Anstrengungen um eine verstärkte Nutzung des Meeres“ aus, war jedoch weitgehend auf die Grundlagenforschung ausgerichtet. Die Verweise auf marine Rohstoffe blieben eher vage und Manganknollen fanden noch keine Erwähnung.[201] Auch wenn die DFG im Rahmen eines „Sofortprogrammes“ die Verdoppelung der wissenschaftlichen Stellen an Hochschulinstituten bis 1963 forderte, bedeutete die Denkschrift an sich noch keine besondere Hervorhebung der Meeresforschung, da die DFG eine Vielzahl solcher Denkschriften verfasste, so beispielsweise auch zur Chemie (1957), zur Physik (1958), zu den Wirtschaftswissenschaften (1960) und selbst zur Orientalistik (1960).[202] Immerhin wurde im zweiten „Bundesbericht Forschung“ aus dem Juli 1967 die „maritime Technik“ zu den „Zukunftsaufgaben für Forschung und Entwicklung“ gezählt – nach der Bildungsforschung, der Friedens- und Konfliktforschung, der Welternährung, der Kerntechnik und anderen.[203]

Vor diesem Hintergrund erstellte das Bundesministerium für wissenschaftliche Forschung (BMwF) 1967 eine Bestandsaufnahme der bundesdeutschen Meeresforschung. Sie listete eine Reihe von universitären und außeruniversitären Forschungsinstituten sowie Bundesanstalten auf, wobei das Institut für Meereskunde an der Universität Kiel in Bezug auf Größe und Mittelausstattung eine Sonderstellung einnahm. „Meeresforschung“ definierte das BMwF als „Anwendung aller Naturwissenschaften auf das Objekt ‚Meer‘ mit darüberliegender Luft und dem Meeresboden“. Als Gegenstände der „Meeresforschung“ galten: das Meerwasser und die in ihm gelösten und schwebenden Substanzen; der Raum, den das Meerwasser ausfüllt; die Lebewesen, die den Meeresraum bevölkern; der Meeresboden und der Untergrund.[204]

Gemäß dem Ministerium besaß Deutschland in der Meeresforschung „eine lange und erfolgreiche wissenschaftliche Tradition“. Es habe „trotz verhältnismäßig bescheidener

200 Günther Böhnecke/Arwed H. Meyl, Denkschrift zur Lage der Meeresforschung, Wiesbaden 1962, S. 63f.
201 Ebd., S. 1.
202 BT-Drs. IV/2963, Bundesbericht Forschung I, 18.01.1965, S. 118.
203 BT-Drs. V/2054, Bundesbericht Forschung II, 28.07.1967, S. 34.
204 BA B 138/7085 Bd. 1, Referat II 8, Vermerk betr. Förderung der Meeresforschung, 17.08.1967; BA B 138/7085 Bd. 2, Referat II 8, Studie über den gegenwärtigen Stand der Förderung der Meeresforschung in der Bundesrepublik und über mögliche zukünftige Maßnahmen, 28.02.1967.

Mittel auch in den Nachkriegsjahren auf diesem Gebiet international anerkannte Leistungen vollbracht und ist in der Grundlagenforschung zumindest auf Teilgebieten nicht rückständig.“[205] Gleichzeitig erkannte das BMwF auch die Verdienste der DFG um die Förderung der Meeresforschung an. Im Vergleich mit den USA und Frankreich wies das Ministerium jedoch ebenfalls darauf hin, „daß die deutsche ozeanografische Forschung nur einen Bruchteil der in den beiden anderen Ländern aufgebrachten Beträge erhält“. Überdies würden dort die „technologischen-ökonomischen Aspekte“ viel stärker berücksichtigt als in der Bundesrepublik, die bisher vor allem in der Grundlagenforschung stark sei.[206] Das BMwF kam daher zu dem Schluss, dass für die bundesdeutschen Meereswissenschaften eine verstärkte, koordinierte und zugleich mehr auf Technologie ausgerichtete Förderung erforderlich sei. Der erste Schritt in diese Richtung bestand darin, eine Kommission als Beratungsgremium einzuberufen.[207]

Auf diese Weise entstand die Deutsche Kommission für Ozeanographie, die sich am 05.09.1968 zu ihrer konstituierenden Sitzung unter dem Vorsitz des Bundesministers für wissenschaftliche Forschung, Gerhard Stoltenberg (1928–2001), traf. Neben Vertretern des BMwF und fünf anderer Bundesministerien waren auch die vier Bundesländer an der Küste mit je einem Mitglied vertreten sowie die Leiter der thematisch einschlägigen Bundesanstalten, zehn auf Vorschlag der DFG berufene Wissenschaftler und zehn weitere Persönlichkeiten aus Wirtschaft und Wissenschaft. Die Aufgabe der Kommission lag allgemein darin, den Bund und die Küstenländer auf allen Gebieten der Erforschung des Meeres zu beraten. Insbesondere jedoch sollte sie bis zum darauffolgenden Jahr ein „Gesamtprogramm für die Meeresforschung, neue Technologien und die wirtschaftliche Nutzung der Meere“ ausarbeiten. Wie das BMwF ebenfalls in diesem Kontext erklärte, sollten die jährlichen Gesamtausgaben für Meeresforschung von Bund, Ländern und wissenschaftlicher Selbstverwaltung von damals aktuell 30 Mio. DM auf mindestens 60 Mio. DM bis 1971 erhöht werden – mit der Aussicht auf eine weitere Steigerung auf ca. 100 bis 200 Mio. DM.[208]

Das Ergebnis der Beratungen der Kommission bildete das erste „Gesamtprogramm für die Meeresforschung in der Bundesrepublik Deutschland“, das das Bundeskabinett am 09.07.1969 noch zur Zeit der Großen Koalition beschloss.[209] Für den Zeitraum 1969–

205 BA B 138/7085 Bd. 1, Referat II 8, Vermerk betr. Förderung der Meeresforschung, 17.08.1967, S. 3.

206 BA B 138/7085 Bd. 2, Referat II 8, Studie über den gegenwärtigen Stand der Förderung der Meeresforschung in der Bundesrepublik und über mögliche zukünftige Maßnahmen, 28.02.1967, S. 20.

207 BA B 138/7085 Bd. 1, Referat II 8, Vermerk betr. Förderung der Meeresforschung, 17.08.1967, S. 4.

208 BA B 138/7086, Der Bundesminister für wissenschaftliche Forschung, Mitteilungen für die Presse: Deutsche Kommission für Ozeanographie konstituiert, Bonn, 05.09.1968.

209 173. Kabinettssitzung am 09.07.1969, TOP 3 Bestandsaufnahme und Gesamtprogramm für die Meeresforschung in der Bundesrepublik Deutschland 1969–1973, Kabinettsprotokolle der Bundesregierung, https://kabinettsprotokolle.bundesarchiv.de/protokoll/ef8a88e6-4400-4a00-b443-0e2195698b34 (02.01.2024).

1973 sah das Gesamtprogramm Bundesmittel von 350 Mio. DM sowie ca. 40 Mio. DM von den Küstenländern und ca. 35 Mio. von der DFG vor. Inhaltlich war das Gesamtprogramm breit aufgestellt und umfasste fünf gleichwertige Schwerpunkte: die Nutzung der Nahrungsquellen des Meeres; die Nutzung der mineralischen Rohstoffe des Meeres, des Meeresbodens und seines Untergrundes; die Verhütung und Bekämpfung der Meeresverschmutzung; die Nutzung der Kenntnis der Wechselwirkung zwischen Ozean und Atmosphäre; sowie die Beherrschung der Naturvorgänge an der Küste. Innerhalb des Schwerpunktes Rohstoffe nannte das Gesamtprogramm ebenfalls noch eine breite Spanne von angedachten Nutzungen: Mögliche Lagerstätten im Festgestein des Meeresuntergrundes auf dem Festlandsockel umfassten Erdgas und Erdöl, denen die größte Bedeutung zugemessen wurde, daneben aber auch Erze, Steinsalz, Kalisalz, Schwefel und Kohle. Bezüglich der Lagerstätten im Sediment oder auf dem Meeresboden wurden an erster Stelle die Manganknollen im Pazifik aufgrund ihres Kupfer-, Kobalt- und Nickelgehalts angeführt, des Weiteren auch Phosphoritknollen, Mineralseifen, Muschelkalkvorkommen, wie sie bei Island für die Zementherstellung genutzt wurden, sowie auch Rohstoffe im Meerwasser, wobei auf die schon bestehende Extraktion von Kochsalz, Magnesium und Brom verwiesen wurde.[210]

Diese breite Auflistung möglicher mariner mineralischer Ressourcen lässt wahrscheinlich den Einfluss von John L. Meros „The Mineral Resources of the Sea“ (1965) erkennen, das auch in der Bundesrepublik rezipiert wurde. Ein vager Hinweis auf Manganknollen – Mangan, Nickel, Kobalt und Kupfer in der Tiefsee werden genannt – findet sich bereits 1967 in einem internen Vermerk von Oberregierungsrat Dr. Friedrich Wilckens,[211] der damals wahrscheinlich nicht ahnte, dass er im Folgenden bis in die 1980er Jahre beim BMwF bzw. ab 1972 dem Bundesministerium für Forschung und Technologie (BMFT) mit dem Tiefseebergbau befasst bleiben sollte. Bundesforschungsminister Stoltenberg erwähnte die Knollen ebenfalls en passant in einer Rede 1968, in der er die Deutsche Kommission für Ozeanographie ankündigte.[212] Allerdings bildeten Manganknollen zu dieser Zeit nur einen kleinen Bereich der bundesdeutschen Meeresforschung, deren Arbeitsfelder von der Hochseefischerei bis zum Küstenschutz reichten.

Ein Fokus auf Manganknollen deutete sich lediglich in einer Sitzung des Rohstoffausschusses der Deutschen Kommission für Ozeanographie im Oktober 1969 an. In dieser Sitzung hatte zunächst der Präsident der Bundesanstalt für Bodenforschung (der heutigen BGR), Hans-Joachim Martini (1908–1969), sechs mögliche Lagerstättentypen im Meer skizziert. Er kam zu dem Schluss, dass der Bund mit Priorität die Untersuchung der Seifen

210 Bundesminister für wissenschaftliche Forschung, Bestandsaufnahme und Gesamtprogramm für die Meeresforschung in der Bundesrepublik Deutschland 1969–1973, Bonn 1969, S. 9f., 49–52.

211 BA B 138/7085 Bd. 1, ORR Dr. Wilckens, Vermerk betr. Fachaufgaben der Meeresforschung und -technik, 12.07.1967.

212 BA B 138/7087, Der Bundesminister für wissenschaftliche Forschung, Presse- und Informationsdienst: Planungen des Bundes in der Meeresforschung, Bad Godesberg, 02.05.1968, S. 1.

und Hydrothermalschlämme fördern sollte – gemeint waren vermutlich die bereits erwähnten Vorkommen im Roten Meer und vor Mozambique (s. Kap. 2.3). Die Exploration von Öl- und Gasvorkommen auf dem Festlandsockel, so Martini, seien dagegen Aufgabe der Ölgesellschaften, während Manganknollen zwar in Zukunft große Bedeutung erlangen könnten, entsprechende Lagerstätten „sind jedoch in der Tiefsee genügend vorhanden und ‚laufen nicht so schnell weg'."[213] Dem widersprachen allerdings laut Sitzungsprotokoll Wilckens vom BMwF, Ulf Lantzke (1927–1986), der Leiter der Abteilung Energie und Grundstoffe im BMWi, und Günther Saßmannshausen (1930–2010), Vorstandsmitglied der Preussag AG. Sie sprachen sich dafür aus, Manganknollen mit Priorität zu untersuchen, da sich bereits „Amerikaner" und „Russen" für diese Vorkommen interessierten und da Kupfer, Nickel und Kobalt von besonderer Bedeutung seien.[214]

Auf das erste Gesamtprogramm für die Meeresforschung für die Jahre 1969–1973 folgten noch zwei weitere (1972–1975 und 1976–1979).[215] Die Meeresforschung zählte 1972 zu den acht Fachprogrammen des Bundes, allerdings betrugen die Ausgaben für die Meeresforschung nur ca. 5 % der Mittel für die Kernforschung als dem bei weitem größten Programm.[216] Der Bundesverband der Deutschen Industrie (BDI) begrüßte nachdrücklich die Fördermaßnahmen des Bundes, nannte hierbei jedoch ebenfalls die Meerestechnik an letzter Stelle nach Kernenergie, Luft- und Raumfahrt und anderen.[217] Ebenfalls im Unterschied zu diesen Forschungsfeldern wurde für die Meeresforschung keine neue Großforschungseinrichtung eingerichtet. Lediglich das Institut für Meereskunde (IFM) der Christian-Albrechts-Universität Kiel wurde ausgebaut, aus der Hochschule ausgegliedert und seit Mai 1968 je zur Hälfte vom Bund und dem Land Schleswig-Holstein finanziert.[218]

213 Historisches Konzernarchiv RWE, Essen, Hauptabteilung Power (im Folgenden: HK RWE HAP) 523/2, Deilmann-Haniel GmbH, Meerestechnik (Vertraulich), 16.10.1969, S. 2.

214 Ebd., S. 2f.

215 Ruppenthal, Raubbau, S. 185f.

216 BT-Drs. VI/3251, Bundesbericht Forschung IV, 13.03.1972, S. 5, 69. Bei den anderen Fachprogrammen handelte es sich um das „3. Deutsche Atomprogramm", das „Weltraumprogramm", das „2. Datenverarbeitungsprogramm", das „Bundesförderungsprogramm Information und Dokumentation", die „Neuen Programme zur Förderung der technischen Forschung und Entwicklung", das „Umweltforschungsvorhaben der Bundesregierung" und das „Luftfahrtforschungsprogramm".

217 BDI, Jahresbericht des Bundesverbandes der Deutschen Industrie 1968/69, Köln 1969, S. 159; BDI, Jahresbericht des Bundesverbandes der Deutschen Industrie 1972/73, Köln 1973, S. 75.

218 Bundesminister für wissenschaftliche Forschung, Meeresforschung, S. 30. Das IFM fusionierte 2004 mit dem Kieler Forschungszentrum für Marine Geowissenschaften (Geomar) zum Leibniz Institut IFM-Geomar, aus dem 2012 das GEOMAR Helmholtz-Zentrum für Ozeanforschung Kiel wurde; GEOMAR, Geschichte der Meeresforschung in Kiel, https://www.geomar.de/zentrum/ueber-uns/geschichte (02.01.2024). Eine marin ausgerichtete Großforschungseinrichtung des Bundes entstand erst 1980 mit dem Alfred-Wegener-Institut für Polarforschung, das im Kontext des bundesdeutschen Beitritts zum Antarktisvertrag gegründet wurde. Es wurde 1986 nach Übernahme des Bremerhavener Instituts für Meeresforschung zum Alfred-Wegener-Institut für Polar- und Meeresforschung und übernahm damit auch Aufgaben in der außerpolaren Meeresforschung; Gerhard A. Ritter, Großforschung und Staat in Deutschland. Ein historischer Überblick, München 1992, S. 89.

Die Meerestechnik schwamm somit auf einer Welle von neuen Förderungsprogrammen in den 1960er Jahren, mit denen der Bund beanspruchte, stärker als bisher die Forschung und ihre Ziele zu steuern. Die Motive hierfür lagen u.a. in den steigenden Ausgaben des Bundes für die Forschung, dem Bestreben, an Forschungsvorhaben der Europäischen Gemeinschaften teilzunehmen, sowie der Debatte über den Rückstand von Teilen der deutschen Forschung. Seit 1965 wurde allgemein die „technologische Lücke" zwischen den USA und Europa in der EWG, der OECD, dem NATO-Rat und der Öffentlichkeit vielfach diskutiert, da die westeuropäischen Staaten seit dem Zweiten Weltkrieg in Bezug auf Forschungs- und Entwicklungsausgaben, Zahl der Wissenschaftler und der Wettbewerbsfähigkeit von Produkten und Verfahren gegenüber den USA ins Hintertreffen geraten waren. In der seit 1966 regierenden Großen Koalition galt zudem die staatliche Lenkung der Forschung als Beitrag zur Modernisierung der Volkswirtschaft sowie der Sicherung des Wirtschaftswachstums und war somit Teil der Globalsteuerung von Wirtschaft und Gesellschaft.[219]

Der Ausbau von Meeresforschung und Meerestechnik in der Bundesrepublik stellte keineswegs einen nationalen Sonderweg dar. Viele Impulse gingen von den USA aus, und auch in Frankreich verlief die Entwicklung ähnlich, wenn auch stärker institutionalisiert und mit leichtem zeitlichem Vorsprung zu Deutschland. Auf Grundlage des bereits 1959 gegründeten „Comité pour l'Exploitation des Océans" (COMEXO) entstand 1967 das „Centre National pour l'Exploitation des Océans" (CNEXO), das in Kooperation mit Ministerien sowie öffentlichen und privaten Unternehmen ressourcenbezogene Meeresforschung durchführte. Das im folgenden Jahr von CNEXO beschlossene „Programme d'orientation Océan" wies mit Themenschwerpunkten wie Fischerei, Kohlenwasserstoffe, mineralische Rohstoffe und der Verhütung von Meeresumweltverschmutzung deutliche Parallelen zu dem bundesdeutschen Gesamtprogramm Meeresforschung auf.[220]

Neben dem Staat wurde auch die bundesdeutsche Industrie auf dem Gebiet der Meeresforschung und Meerestechnik aktiv. Die bereits erwähnte Deutsche Kommission für Ozeanographie umfasste auch Mitglieder aus der Wirtschaft. Im Rohstoffausschuss dieser Kommission, der 1968 zum ersten Mal zusammentrat, waren neben Vertretern von BMwF und BMWi sowie von Universitäten und Forschungsinstituten auch Metallgesellschaft und Preussag vertreten, Unternehmen, die führend bei den deutschen Tiefseebergbauaktivitäten werden sollten (s. Kap. 4.1).[221]

---

219 Ritter, Großforschung, S. 91–93; Klaus-Heinrich Standke, Die „technologische Lücke" zwischen den Vereinigten Staaten und Europa. Zur Definition des Problems, in: Europa-Archiv 22 (1967), 16, S. 593–600; Edwin G. Moline, Das Problem der „technologischen Lücke" zwischen den Vereinigten Staaten und Europa. Ausmaß, Ursachen und Lösungsmöglichkeiten, in: Europa-Archiv 22 (1967), 12, S. 427–434.

220 Hoffert, Nodules polymétalliques, S. 132–134.

221 HK RWE HAP, 523/2, Kurzprotokoll über die 1. Sitzung des Ausschusses „Rohstoffe" der deutschen Kommission für Ozeanographie am Freitag, dem 13. Dezember 1968, im Bundesministerium für Wirtschaft in Bonn.

Die Preussag gründete im April 1969 zusammen mit Messerschmitt-Bölkow-Blohm (MBB), Demag und August-Thyssen-Hütte die Arbeitsgemeinschaft Meerestechnik (meist abgekürzt als Arge), der 1971 noch die Rheinische Braunkohlenwerke AG beitrat. Die Aufgaben der Arge umfassten ein breites Spektrum. Einer Pressemitteilung von 1970 zufolge waren dies „die Entwicklung von Anlagen und Einrichtungen zur wirtschaftlichen Nutzung des Meeres und seines Untergrundes, Gewinnung von Nahrung aus dem Meer, Reinhaltung des Wassers und Süßwassergewinnung." Gemäß dem Arbeitsgemeinschaftsvertrag vom April 1969 lag jedoch die Priorität auf der Rohstoffgewinnung.[222] Die Beteiligung von MBB als vor allem im Luftfahrt- und Verteidigungssektor tätigem Unternehmen erklärt sich daraus, dass die Meerestechnik als anspruchsvoller Hochtechnologiebereich galt. Auch in den USA bauten in den 1960er Jahren Luft- und Raumfahrtunternehmen wie Lockheed, North American, Aerojet General und General Dynamics Abteilungen für Meerestechnik auf.[223]

Während die Arge die gemeinsame Arbeit an konkreten Projekten beabsichtigte, entstand im Juli 1969 die „Wirtschaftsvereinigung Industrielle Meerestechnik" (WIM) als weiter gefasster Verband mit dem Ziel der Interessenvertretung und des Erfahrungsaustausches.[224] Die Gründungsmitglieder der Arge waren auch in der WIM vertreten und hatten aus Sicht der Rheinischen Braunkohle AG die WIM gegründet, um alle interessierten Firmen zu vereinigen und gleichzeitig in der Arge unter sich zu bleiben, denn: „Der Ansturm von Firmen, die mitarbeiten wollten, wäre auf lange Sicht nicht abzuwenden gewesen, besonders dann nicht, wenn der Bund Zuschüsse bereitstellt."[225] In der Tat gab es zahlreiche Interessenten für den Bereich Meerestechnik, so dass 1973 schon 52 bundesdeutsche Unternehmen der WIM angehörten, die in erster Linie den Abbau mineralischer Rohstoffe und darüber hinaus Nahrungsgewinnung, Meeresreinhaltung und Küstenschutz zu ihren Aufgaben zählte.[226]

Ende der 1960er Jahre bildete somit die Meerestechnik einen boomenden und zukunftsträchtigen Wirtschaftszweig und als ein solcher bedurfte sie auch einer Messe, einer Fachzeitschrift und eines spezialisierten Studiengangs. Vom 10.–15.11.1970 fand in Düsseldorf als erste Veranstaltung ihrer Art in Deutschland die „Interocean '70" als „internationaler Kongreß mit Ausstellung für Meeresforschung und Meeresnutzung"

222 HWA Abt. 119, Nr. 1672, Arbeitsgemeinschaft Meerestechnik stellt sich vor; HK RWE HAP 192/8, Arbeitsgemeinschaftsvertrag zwischen Preussag Aktiengesellschaft, Berlin, August Thyssen-Hütte Aktiengesellschaft, Duisburg-Hamborn, DEMAG Aktiengesellschaft, Duisburg, Messerschmitt-Bölkow GmbH, München, 10./15./24.04.1969; HK RWE HAP 192/8, Nachtragsvertrag I zum Arbeitsgemeinschaftsvertrag vom 10./15./24.04.1969, Köln 1971.

223 Rozwadowski, Vast Expanses, S. 181.

224 D. Haddrell/D. Volk, Interocean '70 – Forum für Meeresforschung und Meerestechnik, in: mt – Meerestechnik – Marine Technology 2 (1971), 1, S. 9–19, hier S. 12.

225 HK RWE HAP 523/3, Kausch, Vertraulicher Vermerk betr. Gründung WIM (Wirtschaftsvereinigung Industrielle Meerestechnik), Köln, 02.12.1969.

226 Ruppenthal, Raubbau, S. 188.

statt. Sie folgte explizit dem im Vorjahr von der Bundesregierung beschlossenen Gesamtprogramm für die Meeresforschung und beinhaltete daher die gesamte thematische Spannbreite von der Fischerei mit Betonung der Welternährung angesichts des Bevölkerungswachstums über mineralische Rohstoffe einschließlich Manganknollen, Meerwasserentsalzung, Reinhaltung des Meeres und Küstenschutz bis hin zu Korrosionsproblemen bei Werkstoffen.[227] Der von der Presse vielbeachteten Veranstaltung folgten noch die „Interocean '73", auf der bereits Öl- und Gasförderung sowie Tiefseebergbau thematisch dominierten,[228] die „Interocean '76" und, allerdings nur noch in reduziertem Umfang, die „Interocean '81". Zu den Kongressen erschienen jeweils Begleitbände mit den Veranstaltungsbeiträgen.[229]

Auch wenn „Interocean '70" perfekt zur staatlichen Förderung der Meeresforschung und -technik zu passen schien, sah das Bundesministerium für Bildung und Wissenschaft (BMBW)[230] Organisatoren, Zeitpunkt und Standort kritisch. Die erste Veranstaltung dieser Art in Europa und Vorbild der Düsseldorfer Veranstaltung stellte die „Oceanology '69" im britischen Brighton dar, zu der bereits im Februar 1969 eine bundesdeutsche Delegation aus Ministerialverwaltung, Wissenschaft und Wirtschaft angereist war.[231] Allerdings hatten bundesdeutsche Unternehmen und Institute aus Sicht eines BMBW-Vertreters nur ein schwaches Bild abgegeben, indem sie „ihre noch bescheidenen Erzeugnisse z.T. nur in Form von Modellen oder unerprobten Prototypen auf einem deutschen Gemeinschaftsstand" ausgestellt hatten; die USA und Großbritannien dagegen „beherrschten mit ihren gerätetechnischen Erzeugnissen eindeutig die gesamte Szene."[232] Daher waren sich die deutschen Vertreter einig, dass man mindestens zwei Jahre bräuchte, um zu diesem Entwicklungsstand aufzuschließen. Dennoch preschte schon in Brighton der Geschäftsführer der Düsseldorfer Messegesellschaft NOWEA, Kurt Schoop, mit der Ankündigung voran, eine vergleichbare Veranstaltung bereits 1970 auszurichten, ohne dass das BMBW und die Industrie im Vorfeld konkret angesprochen worden waren. Unternehmen und Ministerium stimmten zudem darin überein, dass man bis 1970 wenig Neues vorzuzeigen haben werde und dass überdies der Standort an der Küste liegen müsse.[233]

227 Ernst H. Haux, Meeresforschung rückt in den Vordergrund, in: mt – Meerestechnik – Marine Technology 1 (1970), 0, S. 6–8.
228 tts, Interocean '73, in: mt – Meerestechnik – Marine Technology 5 (1974), 1, S. 5–8.
229 Ruppenthal, Raubbau, S. 207–209.
230 So seit 1969 der neue Titel des bisherigen Bundesministeriums für wissenschaftliche Forschung.
231 HK RWE HAP 523/1, Dr. Kliebhan, Bericht über eine internationale Tagung auf dem Gebiet der Oceanologie in Brighton, England, verbunden mit einer Ausstellung, vom 17.–21. Februar 1969, Köln, 25.02.1969.
232 BA B 138/7087, Dr. Schulze an Herrn Minister, betr. Ausstellung und Kongreß „Interocean '70" in Düsseldorf vom 10. bis 15. November 1970, Bonn, 15.10.1970, S. 1f.
233 Ebd.

Auch nach Abschluss von „Interocean '70" blieb das Ministerium bei seiner negativen Beurteilung. Friedrich Wilckens vom BMBW schätzte den Informationswert des Kongressteils der Düsseldorfer Veranstaltung als für die Industrie gering ein, da die Vorträge wenig Konkretes und Neues geboten hätten. Dem Ausstellungsteil, den ca. 12.000 Besucher sahen, hielt Wilckens immerhin zugute, dass er einen Überblick über die deutschen Aktivitäten erlaubt habe, und einige Aussteller hätten auch gute Geschäftsabschlüsse gemacht. Dennoch kam er zu dem Urteil: „Die wissenschaftliche Ausstellung war für den Fachmann im Wesentlichen ohne Neuigkeiten, für den Laien, da unsystematisch aufgebaut, wenig verständlich."[234] Die Meinung der Industrie zur „Interocean '70" war dagegen offenbar günstiger, da für das Präsidium der Veranstaltung unter dem Vorsitz des ehemaligen Bundesministers für Atomfragen Siegfried Balke (1902–1984) Vorstandsmitglieder von wichtigen Unternehmen gewonnen werden konnten.[235] Einem Presseartikel zufolge hätten auch 71 % der Aussteller und 83 % der Besucher ihren Gesamteindruck als „gut" oder „sehr gut" bewertet.[236] Über die „Interocean '73" zog die Salzgitter AG als Aussteller in einem internen Vermerk ebenfalls eine positive Bilanz.[237] Dass die „Interocean" in den folgenden Jahren fortgeführt wurde, spricht letztlich auch dafür, dass das Format für Besucher und Aussteller eine gewisse Attraktivität besaß. Das Ende nach 1981 fiel dagegen in die Zeit, als mit der Einstellung der Tiefseebergbauprojekte der Bereich der Meerestechnik in der Bundesrepublik weitgehend seine Bedeutung verloren hatte.

Um 1970 dagegen war die Meeresforschung und -technik noch ein vielversprechendes Feld, so dass auch Bedarf an einer entsprechenden Fachzeitschrift bestand. Daher gab der Verein Deutscher Ingenieure (VDI) ab 1970 – und letztlich bis 1987 – die Zeitschrift mt – Meerestechnik – Marine Technology (später nur noch: „Marine Technology") als Branchenorgan heraus. Die Zeitschrift erschien in Kooperation mit einem britischen Verlag sechsmal im Jahr und druckte überwiegend deutsche, aber auch englischsprachige Artikel aus den Bereichen marine Rohstoffgewinnung, Fischerei, Meerwasserentsalzung, Meeresreinhaltung, System- und Gerätebau sowie Küstenschutz.[238] Sie sah ihre Aufgabe darin, die Querverbindung zwischen Ingenieuren und Wissenschaftlern herzustellen. Gleichzeitig wollte man dem wissenschaftlichen Nachwuchs, „den Blick öffnen auf ein Gebiet friedlicher internationaler Zusammenarbeit, das einen großen Raum in unserem zukünftigen Leben einnehmen wird."[239]

---

234 BA B 138/7087, Dr. Wilckens, Vermerk betr. Interocean '70, 30.11.1970, S. 1.

235 HK RWE HAP 521/6, Prof. Dr. S. Balke an Herrn Dr.-Ing. e.H.E. Gärtner, 22.09.1970. Zu dem Präsidium gehörten u.a. Erwin Gärtner (Rheinbraun), Christian Dräger (Drägerwerk), Günther Saßmannshausen (Preussag) und Ernst Wolf Mommsen (Thyssen Röhrenwerke).

236 O.A., 1973 Interocean in Düsseldorf, in: mt – Meerestechnik – Marine Technology 2 (1971), 5, S. 204.

237 Niedersächsisches Wirtschaftsarchiv Braunschweig (im Folgenden: NWA) 2 Nr. 9516, Dr. König, Bericht über die Interocean 73, Salzgitter, 23.11.1973.

238 Ruppenthal, Raubbau, S. 193.

239 Verein Deutscher Ingenieure, Zu dieser Zeitschrift, in: mt – Meerestechnik – Marine Technology 1 (1970), 0, S. 1.

Dementsprechend entstanden um 1970 ebenfalls neue Studienangebote.[240] Bis dahin hatte es nur an den Universitäten Kiel und Hamburg Studiengänge für Physikalische Ozeanografie, für Fischereibiologie und für Planktologie gegeben.[241] Dagegen forderte der Leiter der Versuchsabteilung des Hamburger MAN-Werkes 1970 unter Verweis auf amerikanische Vorbilder eigens ausgebildete „Meerestechniker“, die allgemein-technisches Grundwissen mit Kenntnissen in Meeresphysik, -chemie, -biologie, -geologie und Meteorologie verbänden: „Die Nachfrage der Wirtschaft nach geeignetem Personal stößt jedoch ins Leere.“[242] Immerhin fand bereits ab 1969 regelmäßig ein „Aufbauseminar Meerestechnik“ an der TU Berlin statt, das von Studenten, aber auch Hochschullehrern sowie leitenden Angestellten aus der Wirtschaft und Journalisten besucht wurde.[243] Pläne zur Einrichtung eines entsprechenden Lehrstuhls hegten anscheinend die TH Aachen, die TU Clausthal-Zellerfeld und die TU Berlin.[244] An letzterer wurde schließlich 1973 Günther F. Clauss (geb. 1939) zum ersten ordentlichen Professor für Meerestechnik berufen, dessen Arbeitsschwerpunkte auf dem Gebiet der Offshore- und Rohstoffgewinnungstechnik lagen.[245]

Während dieser Expansionsphase der Meeresforschung bzw. -technik in der Bundesrepublik der späten 1960er Jahre wurde eine Reihe von Argumenten für das staatliche, wissenschaftliche und industrielle Engagement in diesem Bereich vorgebracht. Eine wichtige Rolle spielten in diesem Kontext Nahrung und Rohstoffe aus dem Meer angesichts des globalen Bevölkerungs- und Wirtschaftswachstums der Nachkriegsjahrzehnte. Wie die Zeitschrift „mt – Meerestechnik – Marine Technology“ in der Einleitung zur ersten Ausgabe programmatisch erklärte, müsste die Weltbevölkerung im Jahr 2000, die die Autoren im Rückblick korrekt auf ca. sechs Milliarden schätzten, ihren Bedarf an tierischem Eiweiß zur Hälfte aus dem Meer decken.[246] Ähnlich sah das BMwF angesichts „der drohenden Überbevölkerung und des absehbaren politischen Gewichts der von der Überbevölkerung am stärksten betroffenen Länder“ auch eine wichtige Rolle für die Meeresforschung in der Entwicklungspolitik.[247]

Dass weitreichende Vorstellungen von dem diesbezüglichen Potenzial der Meere nicht nur auf die oft enthusiastische populärwissenschaftliche Literatur beschränkt waren, zeigt

240 Ruppenthal, Raubbau, S. 181f.

241 Böhnecke/Meyl, Denkschrift, S. 119f., 126–131.

242 Dieter Köttgen, Meerestechnik ohne Meerestechniker?, in: mt – Meerestechnik – Marine Technology 1 (1970), 1, S. 24.

243 O.A., 3. Aufbauseminar Meerestechnik, in: mt – Meerestechnik – Marine Technology 2 (1971), 3, S. 127; Marfeld, Zukunft, S. 425.

244 HK RWE HAP 523/3, Anlage zur Niederschrift über die Sitzung der Ausschußvorsitzenden der Wirtschaftsvereinigung industrielle Meerestechnik am 17. April 1970, S. 2.

245 O.A., Clauss o. Professor für Meerestechnik, in: mt – Meerestechnik – Marine Technology 5 (1974), 3, S. 103.

246 Verein Deutscher Ingenieure, Zu dieser Zeitschrift, S. 1.

247 BA B 138/7085 Bd. 2, Referat II 8, Studie über den gegenwärtigen Stand der Förderung der Meeresforschung in der Bundesrepublik und über mögliche zukünftige Maßnahmen, 28.02.1967, S. 20.

das Protokoll des Rohstoffausschusses der Deutschen Kommission für Ozeanographie, das den Präsidenten der Bundesanstalt für Bodenforschung, Hans-Joachim Martini, mit der Aussage zitiert:

> „Die Gewinnung von Rohstoffen aus dem Meerwasser und aus dem Boden unter den Meeren würde aber in kurzer Zeit solche Bedeutung gewinnen, daß man dieses mit der Entdeckung eines neuen Kontinents für die Versorgung der Menschheit vergleichen könnte.“[248]

Dabei ging es auch konkret um den bundesdeutschen Rohstoffbedarf (s. Kap. 3.3), denn in der gleichen Sitzung wies Ulf Lantzke vom BMWi darauf hin, „daß die Aufgabe der Deutschen Kommission nicht nur die Grundlagenforschung sei, sondern daß alle Arbeiten, besonders die des Rohstoffausschusses, unter dem Gesichtspunkt der zukünftigen Rohstoffversorgung der BRD gesehen werden müßten.“[249] Auch das BMwF ging in einem internen Vermerk über die Förderung der Meeresforschung davon aus, dass das Wachstum der Weltbevölkerung die Erschließung neuer Nahrungsreserven im Meer erzwänge und dass die Rohstoffe im Meerwasser und im Meeresboden in absehbarer Zeit benötigt würden.[250] Der dritte Bundesbericht Forschung von 1969 begründete die Priorität für die Meeresforschung zusammenfassend mit: „Nutzen für die eigene Wirtschaft und die Küstenbevölkerung. Beitrag zur Rohstoffversorgung der Industrie, zur Lösung des Welternährungsproblems und zu internationalen Gemeinschaftsarbeiten, insbesondere Expeditionen.“[251] Eine im deutschen Diskurs über Forschungspolitik allgemein und insbesondere in den 1960er Jahren häufig wiederkehrende Argumentationsfigur war der Verweis auf einen angeblichen oder tatsächlichen Rückstand gegenüber dem Ausland, in erster Linie gegenüber den USA, den es aufzuholen gelte.[252] Wie bereits erwähnt, wies auch das BMwF schon 1967 auf die höheren Ausgaben für Meeresforschung in den USA und Frankreich sowie die dort stärkere ökonomisch-technologische Ausrichtung hin.[253]

---

248 HK RWE HAP 523/2, Kurzprotokoll über die 1. Sitzung des Ausschusses „Rohstoffe“ der deutschen Kommission für Ozeanographie am Freitag, dem 13. Dezember 1968, im Bundesministerium für Wirtschaft in Bonn, S. 2f.

249 Ebd., S. 4.

250 BA B 138/7085 Bd. 1, Referat II 8, Vermerk betr. Förderung der Meeresforschung, 17.08.1967, S. 1.

251 BT-Drs. V/4335, Bundesbericht Forschung III, 12.06.1969, S. 46.

252 Helmuth Trischler, Das Rückstandssyndrom. Ressourcenkonstellation und epistemologische Orientierungen in Natur- und Technikwissenschaften, in: Karin Orth/Willi Oberkrome (Hrsg.), Die Deutsche Forschungsgemeinschaft 1920–1970. Forschungsförderung im Spannungsfeld von Wissenschaft und Politik (Beiträge zur Geschichte der Deutschen Forschungsgemeinschaft; 4), Stuttgart 2010, S. 111–125, S. 124; Ritter, Großforschung, S. 91.

253 BA B 138/7085 Bd. 2, Referat II 8, Studie über den gegenwärtigen Stand der Förderung der Meeresforschung in der Bundesrepublik und über mögliche zukünftige Maßnahmen, 28.02.1967, S. 14, 20.

Die Budgetsteigerungen in Japan in diesem Bereich wurden in der Bundesrepublik ebenfalls beobachtet.[254] Im Bereich Meeresforschung und -technik schien es also ebenfalls eine „technologische Lücke“[255] zu geben, die es zu schließen galt.

Ein weiteres Argument, das nicht auf die Meeresforschung beschränkt war, bildete der Hinweis auf erwartete Spin-off-Effekte.[256] Anlässlich der Konstituierung der Deutschen Kommission für Ozeanographie erklärte Bundesforschungsminister Stoltenberg:

> „Der von Wissenschaftlern dargetane und nachgewiesene enge Zusammenhang von wissenschaftlichem Leistungsstand und Entwicklung des allgemeinen Lebensstandards zwingt dazu, solche Gebiete geplant und gezielt mit im weitesten Sinne zweckgebundenen Mitteln zu fördern, von denen die wirtschaftlich-technische Entwicklung im besonderen Maße abhängt.“[257]

Das sei bereits in der Kernforschung, der Datenverarbeitung und der Weltraumforschung geschehen und werde nun, wie Stoltenberg erklärte, auch auf die Meeresforschung ausgedehnt. Auch der dritte Bundesforschungsbericht vom folgenden Jahr begründete das neue Engagement des Bundes in der Meeresforschung damit, dass es sich um ein Gebiet handele, „von dem in den kommenden Jahren ähnliche Impulse für den allgemeinen wissenschaftlichen und wirtschaftlichen Leistungsstand ausgehen könnten wie jetzt von der Weltraumforschung.“[258]

Das Weltall bildete somit nicht nur in der Populärkultur das Pendant zur Unterwasserwelt, sondern auch in der bundesdeutschen Forschungspolitik. Allerdings gab es gerade hier auch Unterschiede in der Wahrnehmung der Erschließung beider Räume. Die Studie des BMwF von 1967 betonte ebenfalls die Parallelen, schätzte die Risiken und Kosten bei der Meeresforschung jedoch geringer ein als bei der Weltraumforschung:

> „Bekanntlich spricht man in den USA von der Ozeanographie bereits als einer dritten ‚big science‘ und zwar nicht nur wegen der kostspieligen Investitionen, sondern auch wegen der zu erwartenden Rendite. Welche Bedeutung diese Überlegungen haben, zeigt daß die Ozeanographie auch in ökonomisch-technologischer Hinsicht als Alternative zur Förderung der Weltraumforschung und Weltraumtechnik gesehen wird (‚Wet-NASA‘), falls diese aus irgendwelchen Gründen zum Stillstand kommen oder in eine Sackgasse geraten sollte.“[259]

---

254 O.A., Japans Beitrag zur Erforschung der Meere, in: mt – Meerestechnik – Marine Technology 2 (1971), 3, S. 129.

255 Standke, Technologische Lücke.

256 Allgemein kritisch zu diesem häufig wiederkehrenden Argument s. Edgerton, Shock, S. 19–22.

257 BA B 138/7086, Der Bundesminister für wissenschaftliche Forschung, Mitteilungen für die Presse: Deutsche Kommission für Ozeanographie konstituiert, Bonn, 05.09.1968, S. 2f.

258 BT-Drs. V/4335, Bundesbericht Forschung III, 12.06.1969, S. 8.

259 BA B 138/7085 Bd. 2, Referat II 8, Studie über den gegenwärtigen Stand der Förderung der Meeresforschung in der Bundesrepublik und über mögliche zukünftige Maßnahmen, 28.02.1967, S. 20.

In der Situation der Bundesrepublik sei die Meeresforschung sogar die bessere Alternative, so die Studie weiter, da die Einstiegsbarrieren niedriger und der technologische Rückstand geringer seien:

> „Das gegen die Weltraumforschung und gegen die Förderung der Datenverarbeitung im politischen Raum gelegentlich vorgebrachte Argument, der Rückstand sei so groß, daß der Versuch, ihn mit den uns zur Verfügung stehenden Mitteln aufzuholen, hoffnungslos sei, kann mithin hier nicht vorgebracht werden. Es besteht vielmehr eine reelle Chance, mit verhältnismäßig geringen, gezielt eingesetzten Mitteln an führender Stelle zu bleiben.“[260]

In der Zeitschrift mt – Meerestechnik – Marine Technology wurde der dahinterstehende Punkt 1970 noch deutlicher ausgesprochen: „Für die Bundesrepublik Deutschland, deren finanzielle Mittel ja nur zu einem sehr bescheidenen Beitrag zur Weltraumfahrt und -forschung ausreichen, dürfte es eigentlich eine Binsenweisheit sein, daß die Weltmeere uns näher liegen als der Weltraum.“[261]

Zugespitzt gesagt, war Meeresforschung somit letztlich die Raumfahrt des kleinen Mannes. Ferner sah das BMwF auch in den Veränderungen des Seerechts zu dieser Zeit (s. Kap. 3.4) ein Motiv für die Meeresforschung: Da die Ausdehnung des Festlandsockels im juristischen Sinne teilweise vom Kriterium der technischen Möglichkeiten zur Ausbeutung abhing, bestand ein Anreiz, diese Möglichkeiten auszubauen.[262] Auch wenn der Ausbau der Meeresforschung in der Bundesrepublik klar einem internationalen Trend folgte, mag schließlich auch der Person Gerhard Stoltenbergs als Bundesminister für wissenschaftliche Forschung von 1965 bis 1969 eine gewisse Bedeutung zukommen. Stoltenberg war nicht nur gebürtiger Schleswig-Holsteiner und späterer Ministerpräsident des Landes, sondern war der Christian-Albrechts-Universität Kiel über seine dortige Promotion und Habilitation (als Historiker) verbunden. Es ist insofern naheliegend anzunehmen, dass er innerhalb der insgesamt expandierenden Bundesforschungsförderung ein Feld besonders im Blick hatte, von dem naturgemäß die Küstenländer und hier insbesondere Schleswig-Holstein mit der Kieler Universität als neben Hamburg traditionellem Schwerpunkt der Meeresforschung in Deutschland profitieren würden.[263]

Bei der Expansion der Meeresforschung in den 1960er Jahren kam der Bundesmarine keine herausgehobene Bedeutung zu, auch wenn die militärische Bedeutung des Meeres gelegentlich in diesem Kontext nachrangig erwähnt wurde.[264] Seit 1961 unterhielt das

---

260 Ebd., S. 21.

261 Haux, Meeresforschung, S. 6.

262 BA B 138/7085 Bd. 1, Referat II 8, Vermerk betr. Förderung der Meeresforschung, 17.08.1967, S. 2f.

263 Stoltenberg bezeichnete die Förderung der Meeresforschung und die anteilige Finanzierung des IFM in Kiel durch den Bund als „einen weiteren kräftigen Akzent in Schleswig-Holstein“, den er habe setzen können; Gerhard Stoltenberg, Erinnerungen und Entwicklungen. Deutsche Zeitgeschichte 1945–1999, Flensburg 1999, S. 41.

264 BA B 138/7085 Bd. 1, Referat II 8, Vermerk betr. Förderung der Meeresforschung, 17.08.1967, S. 1.

Bundesministerium der Verteidigung (BMVtdg) die Ozeanografische Forschungsanstalt der Bundeswehr und vergab zudem Forschungsaufträge an andere Forschungseinrichtungen. Insgesamt war jedoch der Anteil des BMVtdg an den Gesamtausgaben für Meeresforschung rückläufig und eher gering, während der des BMwF im Zuge des Gesamtprogramms für Meeresforschung stieg (s. Tabelle 2). Die verhältnismäßig hohen Mittel des Bundesministeriums für Ernährung, Landwirtschaft und Forsten (BML) erklären sich dadurch, dass die Fischerei (bis heute) zu dessen Ressort gehört. Während die Mittel der Küstenländer bis 1973 zwar stiegen, aber auf insgesamt relativ geringem Niveau verblieben und der auf die Grundlagenforschung ausgerichtete Beitrag der DFG stagnierte, dominierte zunehmend der Bund und hier vor allem das BMwF die Meeresforschung.

Tabelle 2: (Geplante) Aufwendungen des Bundes, der Länder und der Deutschen Forschungsgemeinschaft für Meeresforschung in Mio. DM. Bundesminister für wissenschaftliche Forschung, Bestandsaufnahme und Gesamtprogramm für die Meeresforschung in der Bundesrepublik Deutschland 1969–1973, Bonn 1969, S. 107.

	1966–68	1969	1970	1971	1972	1973	1966–73
BMwF	5,0	7,5	12,2	22,8	36,7	53,8	138,0
BML	29,4	15,2	20,9	19,6	16,3	12,8	114,2
BMVtdg	21,8	7,3	8,2	8,4	7,5	7,8	61,0
BMV	33,8	14,9	14,2	17,7	17,9	23,3	121,8
BMWi	1,1	0,4	0,5	0,5	0,6	0,7	3,8
Bund insg.	91,1	45,3	56,0	69,0	79,0	98,4	438,8
Bremen	2,4	1,0	1,3	1,7	2,2	2,6	11,2
Hamburg (ohne Universität)	2,7	0,9	0,8	0,8	0,7	0,7	6,6
Niedersachsen	5,7	2,0	2,2	2,2	2,5	2,7	17,3
Schleswig-Holstein	2,8	1,3	1,5	1,9	2,2	2,5	12,2
DFG	17,7	7,4	7,0	8,4	8,0	8,0	56,5

Während der Nachkriegszeit und insbesondere den späten 1960er Jahren rückte der Tiefseebergbau nach Manganknollen zunehmend in den Bereich des konkret Vorstellbaren. Gestützt auf die Entwicklungen des Zweiten Weltkrieges und des beginnenden Kalten Krieges konnte die Ozeanografie oder Meeresforschung große Fortschritte verzeichnen, die nun auch eine Vielzahl ziviler Nutzungen der Unterwasserwelt ermöglichten und noch weitere für die nähere Zukunft in Aussicht stellten. In dieser Hinsicht folgten die Vorstellungen von der Erschließung der Unterwasserwelt dem bis Anfang der 1970er Jahre vorherrschenden Glauben der Hochmoderne an den technisch-wissenschaftlichen Fortschritt, für den in dieser Zeit vor allem die Raumfahrt den Referenzrahmen bildete. Der Weltraum und das Innere der Ozeane galten weit über die populärkulturelle Wahrnehmung hinaus als Räume, die nun mit Hochtechnologie als Lebensraum und Rohstoffreservoir erschlossen wurden. Wie in anderen Industriestaaten auch erlebten Meeresforschung und Meerestechnik in den 1960er Jahren in der Bundesrepublik einen Aufschwung, der hier Teil des neuen Engagements des Bundes in der Forschungsförderung war. Als Motiv für die Meeresforschung galt die wachsende Nachfrage nach Nahrung und Rohstoffen, daneben folgte die staatliche Förderung für diesen Bereich technologiepolitischen Gründen, da man Spin-offs erwartete und den technologischen Rückstand gegenüber dem Ausland aufholen wollte. Inhaltlich umfasste der Bereich Meeresforschung und Meerestechnik ein breites Spektrum von den eher traditionellen Feldern Hochseefischerei und Küstenschutz über die Vermeidung von Meeresverschmutzung bis zur Nutzung mineralischer Ressourcen auf dem Festlandsockel und in der Tiefsee. Manganknollen stellten in diesem Rahmen eine von mehreren Nutzungen des Meeres dar, die nun im zunehmenden Maße als möglich erschienen.

3.3 „Rohstoffpolitik": der Bedarf nach Metallen aus dem Meer

> „Der Herr Bundespräsident hatte Anfang Dezember 1973 etwa dreißig leitende Männer der Rohstoffeinfuhr und des Rohstoffverbrauchs in der Bundesrepublik zum 21. Januar 1974 zu einer Aussprache über die zukünftige Rohstoffversorgung der Bundesrepublik eingeladen. Seine Frage an die Gesprächsteilnehmer im Einladungsschreiben lautete: Was und wie kann vorbedacht werden, daß die Bundesrepublik Deutschland gegenüber ähnlichen Lagen, wie sie sich aus der gegenwärtigen Ölkrise ergeben hat, wirtschaftlich besser vorbereitet sein würde?"[265]

Gegenstand dieses Gesprächs, zu dem Bundespräsident Gustav Heinemann (1899–1976) unter dem Eindruck des ersten Ölpreisschocks in den Bonner Kanzlerbungalow geladen hatte, war die ganze Bandbreite von Rohstoffen. Ein Vertreter der Papierindustrie forderte, großflächige Holzplantagen anzulegen, um Holzimporte einzusparen, von Seiten der Ruhrkohle wurde betont, wie langwierig es sei, einmal stillgelegte Zechen wieder in Betrieb zu nehmen, und ein weiterer Teilnehmer berichtete über die Versorgungssituation bei Kupfer, wo leicht eine ähnliche Situation wie beim Erdöl eintreten könne, da wichtige Exportstaaten sich bereits zu dem Kupferkartell CIPEC zusammengeschlossen hatten.[266]

Das Gespräch „in aufgelockerter Atmosphäre",[267] an dem von Seiten der Bundesregierung Wirtschaftsminister Hans Friderichs (geb. 1931) und der Minister für Forschung und Technologie, Horst Ehmke (1927–2017), teilnahmen, blieb ohne konkrete Folgen. Es verdeutlicht jedoch die Lageeinschätzung in der Bundesrepublik im Schatten des ersten Ölpreisschocks ab Oktober 1973, als auch bei anderen Rohstoffen, insbesondere bei NE-Metallen, Importabhängigkeit als Verwundbarkeit wahrgenommen wurde. Eine parallele Entwicklung wie beim Öl mit Produzentenkartellen, Preissteigerungen und Boykotten schien nicht ausgeschlossen. In der Nachkriegszeit hatte es bereits seit Mitte der 1960er Jahre mit Blick auf Nickel erste Sorgen bezüglich der Rohstoffversorgung gegeben. Vor

---

265 BA B 102/156838, Referent I/2 RD Dr. Merkel, Vermerk betr. Kurzprotokoll über den Verlauf des Gesprächs über Fragen der Rohstoffversorgung am 21. Januar 1974 im Kanzlerbungalow, 29.01.1974, S. 1. Bundeskanzler Willy Brandt wohnte nie in dem Bungalow, so dass dieser in Brandts Amtszeit u.a. für solche Empfänge genutzt wurde.

266 Ebd., S. 2.

267 So das Pressereferat des Bundespräsidialamtes; ebd., S. 5.

1973 wurden jedoch reale und erwartete Versorgungsprobleme im Licht der verschärften Konkurrenz zwischen den Industriestaaten angesichts eines steigenden Rohstoffverbrauchs interpretiert, während nach dem Ölpreisschock der Konflikt zwischen Rohstoffverbraucherstaaten im Globalen Norden und den Produzenten im Globalen Süden im Mittelpunkt stand.

Seit den späten 1960er Jahren und verstärkt seit 1973 riefen der zunehmende Verbrauch, Preissteigerungen und Lieferunterbrechungen – oder deren Erwartung – bei NE-Metallen einen Bedarf nach einer Vergrößerung und Diversifizierung des Angebots hervor. Es entstand somit ein Anreiz, auch unkonventionelle Vorkommen verstärkt ins Auge zu fassen. Tiefseebergbau nach Manganknollen stellte in dieser Situation eine unter mehreren Optionen der Rohstoffpolitik von Industriestaaten wie der Bundesrepublik dar, um ihre Versorgungssicherheit mit kritischen Metallen zu verbessern.[268]

3.3.1 Die Nickelkrise und erste Zweifel an der Versorgungssicherheit der Bundesrepublik

Die Versorgung mit Rohstoffen und insbesondere mit Metallen war in Deutschland schon während des Ersten Weltkrieges und der NS-Zeit unter den Bedingungen von Kriegs- und Autarkiewirtschaft ein wichtiges Thema. In beiden Weltkriegen schnitt die britische Seeblockade Deutschland von überseeischen Rohstoffquellen ab. Das NS-Regime zog sich zudem in den Vorkriegsjahren aufgrund von Devisenmangel und einer Politik der Kriegsvorbereitung vom Weltmarkt zurück. In beiden Perioden unternahmen Staat, Wirtschaft und Wissenschaft große Anstrengungen, importabhängige Metalle einzusparen, zu ersetzen und zu recyceln. Hierbei wurden beträchtliche Erfolge erzielt, die es ermöglichten, in beiden Weltkriegen die Rüstungsproduktion lange aufrechtzuerhalten, die aber auch Kosten in Form von Qualitätseinbußen und zusätzlichem Konstruktionsaufwand nach sich zogen.[269] Nach dem Zweiten Weltkrieg hingegen nahm Westdeutschland die Tradition des Freihandels aus der ersten Globalisierungsphase im 19. Jahrhundert wieder auf und

268 Zur Rohstoffpolitik und Metallversorgung der Bundesrepublik Ole Sparenberg, The commodity crisis of the 1970s. Scarcity, vulnerability and the West German metal supply, in: European Review of History 27 (2020), 3, S. 342–369; ders., Security of supply. West Germany and the global markets for base metals, 1965–1980, in: Mark Jakob/Nina Kleinöder/Christian Kleinschmidt (Hrsg.), Security and Insecurity in Business History. Case Studies in the Perception and Negotiations of Threats (Wirtschafts- und Sozialgeschichte des modernen Europa/Economic and Social History of Modern Europe; 8), Baden-Baden 2021, S. 191–227.

269 Jonas Scherner, Lernen und Lernversagen. Die „Metallmobilisierung“ im Deutschen Reich 1939 bis 1945, in: Vierteljahrshefte für Zeitgeschichte 66 (2018), 2, S. 233–266; Luxbacher, Ersatzstoffe, S. 286–292; ders., „Für bestimmte Anwendungen best geeignete Werkstoffe … finden.“ Zur Praxis der Forschung an Ersatzstoffen für Metalle in den deutschen Autarkie-Phasen des 20. Jahrhunderts, in: NTM. Zeitschrift für Geschichte der Wissenschaften, Technik und Medizin 19 (2011), 1, S. 41–68.

reintegrierte sich in die Weltwirtschaft, indem es in einem wachsenden Maße Industriegüter exportierte, um im Gegenzug Nahrungsmittel und Rohstoffe zu importieren. Dabei kam der Bundesrepublik wie auch der DDR zugute, dass die deutsche Kolonialgeschichte schon länger zurück lag, so dass die wirtschaftliche Zusammenarbeit mit den neu unabhängigen Staaten im Globalen Süden hiervon unbelastet war.[270]

Der Politiker und Ökonom Ferdinand Friedensburg (1886–1972), der schon in der NS-Zeit wissenschaftlich zu Rohstoffen gearbeitet hatte, stellte 1972 rückblickend fest, dass die wehrwirtschaftlichen Gesichtspunkte in der weltweiten Rohstoffwirtschaft nach 1945 liberalen Auffassungen gewichen waren, weshalb insbesondere auch in Deutschland Bergwerke stillgelegt wurden, die zuvor nur im Interesse der Wehrwirtschaft betrieben wurden. Die im Ergebnis zunehmende Abhängigkeit der Industriestaaten von Rohstoffimporten stellte in der Bundesrepublik angesichts steigender Handelsüberschüsse aus dem Export von Industrieprodukten ebenso wenig ein Problem dar wie der Verlust von Arbeitsplätzen im Bergbau, da die Beschäftigten im Nachkriegsboom leicht wieder vom Arbeitsmarkt absorbiert wurden. Überdies wurden Rohstoffimporte aus unterentwickelten Gebieten als Beitrag zu deren Entwicklung begrüßt.[271] Ein seit dem 19. Jahrhundert bis heute anhaltender Trend zu niedrigeren Transportkosten – vor allem beim Seetransport – begünstigte zudem die Entstehung tendenziell immer stärker globalisierter Rohstoffmärkte.[272]

Parallel verlor der deutsche Erzbergbau an Bedeutung; weniger aufgrund der Erschöpfung der natürlichen Vorkommen, sondern aus Kostengründen angesichts größerer Teufen, höherer Lohnkosten und der Konkurrenz durch günstigere Auslandserze.[273] Um 1970 war die Bundesrepublik der weltweit viertgrößte Metallverbraucher nach den USA, der UdSSR und Japan. Der Großteil dieser Metalle wurde importiert:[274] Die Importabhängigkeit betrug 1970 etwa 46 % bei Zink, 65 % bei Blei, 90 % bei Eisenerz, 97 % bei Kupfer und schlicht 100 % bei allen anderen Metallen, darunter Nickel, Mangan, Aluminium und Kobalt. Damit war die Bundesrepublik etwas stärker auf Einfuhren angewiesen als der

270 Christian Kleinschmidt/Dieter Ziegler, Deutsche Wirtschaftsinteressen zwischen Entwicklungshilfe und Dekolonisierung: eine Einleitung, in: dies. (Hrsg.), Dekolonisierungsgewinner. Deutsche Außenpolitik und Außenwirtschaftsbeziehungen im Zeitalter des Kalten Krieges, Berlin/Boston 2018, S. 1–17, hier S. 1, 3.

271 Ferdinand Friedensburg, Die Versorgung der Bundesrepublik Deutschland mit mineralischen Rohstoffen und Energieträgern, in: Vierteljahreshefte zur Wirtschaftsforschung 41 (1972), 1/2, S. 38–47, hier S. 38.

272 Radetzki, Handbook, S. 12–15.

273 Michael Farrenkopf, Wiederaufstieg und Niedergang des Bergbaus in der Bundesrepublik, in: Dieter Ziegler (Hrsg.), Geschichte des deutschen Bergbaus. Bd. 4: Rohstoffgewinnung im Strukturwandel, Münster 2013, S. 183–302, hier S. 184–197; Friedensburg, Versorgung, S. 40; Günther Saßmannshausen, Bergbau und Rohstoffe. Schlüssel zum Fortschritt. Perspektiven der Rohstoffversorgung der Bundesrepublik Deutschland nach der Energiekrise 1973/74, in: Jahrbuch für Bergbau, Energie, Mineralöl und Chemie 83 (1975), S. 1–43, hier S. 20.

274 Saßmannshausen, Bergbau, S. 15.

Durchschnitt der EWG und weniger als die USA, während Japan sich in einer vergleichbaren Lage befand.[275] Die USA genossen traditionell einen höheren Selbstversorgungsgrad als die Europäer, aber auch hier war die Bedeutung von Importen für die Metallversorgung seit den 1920er Jahren deutlich gestiegen.[276] Metallrohstoffe waren für die bundesdeutsche Handelsbilanz keine vernachlässigbare Größe (s. Tabelle 3). Die Einfuhr von Kupfer, Blei, Zink, Zinn, Nickel, Aluminium und Molybdän sowie von Eisenerz schlug 1970 mit 8.425 Mio. DM zu Buche. Dies war fast der gleiche Wert wie der der Mineralöleinfuhren (8.533 Mio. DM). Selbst ohne Eisenerz, dessen Bezug in der Nachkriegszeit kaum jemals als problematisch galt, bewegten sich die Werte noch in einer ähnlichen Größenordnung (6.566 Mio. DM).[277]

Tabelle 3: Wert der bundesdeutschen Einfuhr von Metallrohstoffen, 1970 (Friedensburg, Versorgung, S. 39).

	Mio. DM
Kupfer (Erz und Metall)	3.693
Blei (Erz und Metall)	363
Zink (Erz und Metall)	308
Zinn (Erz und Metall)	206
Nickel (Erz und Metall)	665
Aluminium (Erz und Metall)	1.141
Eisenerz	1.859
Molybdänerz	191
Summe:	**8.425**

Das erste Ereignis, das in der Bundesrepublik und international die Risiken dieser hohen Importabhängigkeit bei Metallen und Erzen vor Augen führte, stellte die „Nickelkrise“[278] zwischen 1966 und 1970 dar. Der Verbrauch von Nickel, das vor allem als Legierungsmetall für die Edelstahlherstellung, daneben auch in der Galvanik und der chemischen Industrie verwendet wurde, hatte in der Nachkriegszeit weltweit stark zugenommen.[279] Edelstähle wurden wegen ihrer Korrosionsbeständigkeit im Apparatebau für die Nahrungs- und Genussmittelindustrie, im Maschinen- und Fahrzeugbau, aber auch für Kernreaktoren und in der Luft- und Raumfahrt eingesetzt. Als zu der stark steigenden zivilen Nachfrage noch der zusätzliche Bedarf durch den Vietnamkrieg sowie Arbeitsniederlegungen in kanadischen Bergwerken kamen, wurde Nickel in der westlichen Welt

275 BT-Drs. 7/4479, Antwort der Bundesregierung auf die Kleine Anfrage: Rohstoffsicherung, 15.12.1975, S. 8–17. Auf etwas höhere Eigenversorgungsgrade bei Eisen, Blei, Zink und Kupfer kommt unter Berücksichtigung des Recyclings Saßmannshausen, Bergbau, S. 19, 22.

276 Nicholas Wade, Raw materials. U.S. grows more vulnerable to Third World cartels, in: Science, Vol. 183, Issue 4121 (18.01.1974), S. 185f.; Westermann, Inventuren, S. 28.

277 Friedensburg, Versorgung, S. 39.

278 O.A., Nickelkrise. Absolut hilflos, in: Der Spiegel 47/1969 (17.11.1969), S. 173; BA B 102/248665, Der interministerielle Staatssekretär-Ausschuß für Rohstoff-Fragen, Zwischenbericht zur Rohstoffpolitik, März 1976, S. 11.

279 Clow, Nickel, S. 33f.

knapp.[280] In der Bundesrepublik wandten sich einzelne Firmen und Unternehmensverbände ab Anfang 1967 mit Klagen über die Versorgungsprobleme bei Nickel an das BMWi.[281] Die Öffentlichkeit konnte vor allem 1969/70 entsprechende Berichte in der Presse lesen.[282]

Auf der Angebotsseite dominierten außerhalb des Ostblocks lediglich drei Unternehmen den globalen Nickelmarkt mit zusammen über 80 % Marktanteil: das kanadische Unternehmen INCO als Marktführer, mit deutlichem Abstand gefolgt von der französischen Société Le Nickel mit Lagerstätten in Neukaledonien und schließlich Falconbridge, ebenfalls aus Kanada. Diese auch als „Nickelclub" bezeichneten Unternehmen nutzten allerdings ihre Preissetzungsmacht nur sehr vorsichtig, um den Verbrauch zu fördern und um keinen Anreiz für den Ersatz von Nickel durch andere Metalle zu schaffen.[283] Eine ähnliche Strategie der Preisstabilität zur Absatzförderung verfolgten in den 1960er Jahren ebenfalls unter oligopolistischen Bedingungen die Aluminiumproduzenten.[284]

Auf den deutlichen Nachfrageüberhang ab Mitte 1966 reagierte der „Nickelclub" daher nicht primär mit Preiserhöhungen, sondern indem die großen Produzenten die Lieferungen an ihre Kunden kontingentierten. Zumindest nach Auffassung der westdeutschen Edelstahlindustrie wurde die Bundesrepublik hierbei jedoch gegenüber anderen Staaten benachteiligt, weil Le Nickel weiterhin die französische Industrie voll beliefere und in den USA die Regierung zugunsten eigener Unternehmen in die Zuteilung eingreife. Die britische Industrie sei mit den kanadischen Produzenten über Kapitalbeteiligungen verflochten und genösse daher bessere Bedingungen, während Schweden sowie Japan lang-

280 Uwe Jens Pasdach/Carl-Wolfgang Sames, Die langfristige Vorausschau von Angebot und Nachfrage bei mineralischen Rohstoffen, dargestellt am Beispiel Nickel, in: Erzmetall 22 (1969), 4, S. 165–174, hier S. 165f.; BA B 102/127601, Edelstahl-Vereinigung e.V., Sicherung der Legierungsversorgung unter besonderer Berücksichtigung des Nickelbedarfs, 08.03.1968, S. 1–8.

281 BA B 102/127601, Wirtschaftsverband Giesserei-Industrie an Bundeswirtschaftsministerium Abt. III C 4 z. Hd. Regierungsdirektor von der Becke, betr. Versorgung der Eisen- und Stahlgießereien mit Nickel, 20.01.1967; ebd., Bundesinnungsverband der Graveure, Galvaniseure, Gürtler und verwandte Berufe an das Bundesministerium für Wirtschaft, betr. Nickelanoden-Engpaß, 04.04.1967; ebd., Krauss-Maffei Aktiengesellschaft an das Bundesministerium für Wirtschaft, betr. Nickelbedarf, 21.04.1967.

282 O.A., Nickelkrise. Absolut hilflos, in: Der Spiegel 47/1969 (17.11.1969), S. 173; Rolf Diekhof, Anschlag auf ein Monopol. Das Preisdiktat für Nickel soll gebrochen werden, in: Die Zeit, Nr. 32 (07.08.1970), S. 21; -of, Nickelmarkt: Wenn Kanadier streiken, in: Die Zeit, Nr. 43 (24.10.1969), S. 39.

283 BA B 102/258836, Referat IV A 5 an IV B 6, betr. 2. Welthandelskonferenz; hier Vorbereitung der Grundstofferörterungen. Beitrag für Nickel, 15.11.1968, S. 5; o.A., Nickelkrise. Absolut hilflos, in: Der Spiegel 47/1969 (17.11.1969), S. 173.

284 Lou Anne Barclay/Norman Girvan, Transnational restructuring and the Jamaican bauxite industry. The swinging pendulum of bargaining power, in: Robin S. Gendron/Mats Ingulstad/Espen Storli (Hrsg.), Aluminum Ore. The Political Economy of the Global Bauxite Industry, Vancouver 2013, S. 238–267, hier S. 240.

fristige Verträge mit den Anbietern abgeschlossen hätten. Die übrigen Verbraucher, darunter die Bundesrepublik, würden dagegen nach einem Schlüssel beliefert, der auf der Abnahmemenge früherer Jahre beruhte. Die bundesdeutsche Industrie sah sich daher gezwungen, zu deutlich erhöhten Preisen auf dem sogenannten „grauen Markt" Nickel vor allem aus Südafrika und der UdSSR zu kaufen. Hierdurch seien der Edelstahlindustrie nach eigenen Angaben allein 1967 Mehrkosten von 28 Mio. DM entstanden, überdies sei die internationale Wettbewerbsfähigkeit der deutschen Maschinenbau- und Automobilindustrie durch die Schwierigkeiten beim Nickelbezug gefährdet.[285] 1970 gab ein Vortrag auf einem Symposium der Gesellschaft Deutscher Metallhütten- und Bergleute an, dass die gesamte bundesdeutsche Wirtschaft im Vorjahr ca. 50 % ihres Nickelbedarfs auf dem „grauen Markt" habe decken müssen und dadurch eine zusätzliche Belastung von ungefähr 390 Mio. DM zu tragen gehabt habe.[286]

Auch wenn die Industrie in der Bundesrepublik möglicherweise tatsächlich schwerer betroffen war als andere, war die Nickelknappheit in der zweiten Hälfte der 1960er Jahre auch international zu spüren. Es handelte sich also nicht nur um ein bundesdeutsches Problem. Die „Financial Times" berichtete 1969 von Versorgungsproblemen und einem gespaltenen Markt vor dem Hintergrund neuer Streiks in der kanadischen Nickelindustrie. Der „‚Free Market' price" stieg von £ 1.500/ton Anfang 1969 auf £ 3.300/ton im Juli, während der „fixed price" der Hauptproduzenten nur £ 986/ton betrug. Lieferungen zu diesem Preis erfolgten jedoch nur aufgrund von Quoten und blieben weit hinter der Nachfrage zurück.[287] Das BMWi berichtete bereits Anfang 1967 in ähnlicher Weise von einem Preis von 12,– bis 18,– DM/kg für Nickelschrott und Nickelrückstände im Gegensatz zu dem Preis von 7,90 DM/kg bei den drei großen Produzenten und verwies die deutsche Industrie auf die Möglichkeit, sowjetisches Nickel für 12,– bis 16,– DM/kg zu importieren.[288] Im Sommer des folgenden Jahres nannte das BMWi immer noch einen Nickelpreis von 14,– DM/kg auf dem „grauen Markt" gegenüber einem Preis von nun 8,70 DM/kg, den INCO, Le Nickel und Falconbridge für ihre allerdings kontingentierten Lieferungen berechneten.[289]

---

285 BA B 102/127601, Edelstahl-Vereinigung e.V., Sicherung der Legierungsversorgung unter besonderer Berücksichtigung des Nickelbedarfs, 08.03.1968, S. 1–8; BA B 102/258836, Referat III C 4, Aufzeichnung zur Eingabe der Edelstahlvereinigung e.V., Düsseldorf, vom 6. September 1968 betreffend Sicherung der Versorgung der Bundesrepublik Deutschland mit Nickel, 17.10.1968.

286 Gesellschaft Deutscher Metallhütten- und Bergleute e.V., Symposium über Nickel anläßlich der Hauptversammlung in Wiesbaden 24.–28. September 1970. Vortragsauszüge: H. Gruß (Gewerkschaft Exploration), Düsseldorf: Die Nickelversorgung der Bundesrepublik Deutschland, in: Erzmetall 23 (1970), 9, S. 459f.

287 John Edwards, Free-market nickel soars as INCO strike starts, in: Financial Times, 11.07.1969, S. 4.

288 BA B 102/127601, Min.Rt Dr. Väth an Ministerialdirigent Dr. Steinhaus betr. Verschlechterung der deutschen Nickelversorgung, 17.01.1967.

289 BA B 102/127601, Reg.Dir. Burchard an den Herrn Unterabteilungsleiter III C, betr. Sicherung der deutschen Nickelversorgung, 05.07.1968.

Die Vereinigung der deutschen Edelstahlwerke legte dem BMWi 1968 ein Memorandum mit einer Reihe kurz-, mittel- und langfristiger Lösungsvorschläge vor, wobei ausgehend von der Situation bei Nickel auch bereits an die Versorgungslage bei anderen Metallen gedacht wurde. Kurzfristig könne die Bundesrepublik den Export von nickelhaltigem Schrott verbieten, was sich jedoch als kontraproduktiv erweisen könne, wenn andere Staaten nachzögen. In mittelfristiger Perspektive dachte man an die staatlich unterstützte Bevorratung kritischer Ressourcen wie sie z.B. die USA praktizierten. Als langfristige Lösungen nannte die Edelstahlindustrie den Abschluss staatlich abgesicherter langfristiger Verträge mit Lieferländern, die kapitalmäßige Beteiligung an ausländischen Rohstoffunternehmen, wofür ebenfalls eine staatliche Absicherung nötig wäre, Subventionen für die Exploration neuer Vorkommen und eine Einbindung der Rohstoffsuche in die Entwicklungshilfe.[290] In diesem Kontext nahmen Industrie und BMWi auch Schätzungen von Nickelproduktion und -verbrauch in den folgenden Jahren vor, denen zufolge nach einer gewissen Entspannung ab ca. 1975 wieder mit einer Verknappung gerechnet werden müsse. Dabei erwähnte ein Vermerk des BMWi im Januar 1969 bereits Manganknollen, mit denen zeitgleich schon die oben erwähnte Deutsche Kommission für Ozeanographie befasst war, als Quelle von Nickel. In die Prognose der Nickelproduktion bis 1980 gingen diese jedoch noch nicht ein:

> „Der geschätzte Produktionszuwachs schließt alle heute bekannten Fundstätten und Ausbauvorhaben ein. Nicht berücksichtigt sind zusätzliche Gewinnungsmöglichkeiten durch die Verwertung der auf dem Meeresboden befindlichen Manganknollen. Der Nickelgehalt dieser Vorkommen ist außerordentlich groß; es lässt sich aber noch nicht absehen, wann die technischen und juristischen Voraussetzungen für den industriellen Abbau dieser Vorkommen geschaffen sein werden.“[291]

Schneller als vielfach erwartet, aber immerhin erst nach etwa vier Jahren Verknappung, beruhigte sich der Nickelmarkt 1970 wieder, nachdem Arbeitskämpfe im kanadischen Bergbau beigelegt worden waren. Die beiden Nickelpreise näherten sich wieder an und das System der Zuteilung durch die drei großen Produzenten endete, auch wenn Zweifel an der langfristigen Versorgungslage mit Nickel blieben.[292]

Die gesamtwirtschaftlichen Auswirkungen der „Nickelkrise“ dürften begrenzt gewesen sein, aber sie wirkte als Warnschuss, der in der Bundesrepublik das Problem der Importabhängigkeit und Versorgungssicherheit bei metallischen und anderen Rohstoffen auf die Tagesordnung setzte. Im Januar 1969 zeichnete „Der Spiegel“ ein düsteres Bild der

---

290 BA B 102/127601, Edelstahl-Vereinigung e.V., Sicherung der Legierungsversorgung unter besonderer Berücksichtigung des Nickelbedarfs, 08.03.1968, S. 10–17.

291 BA B 102/258836, Referat III C 4, Vermerk: Grundlinien einer Rohstoffversorgungspolitik für Nickel, 10.01.1969, S. 2.

292 BA B 102/258836, Referat III C 4, Vermerk betr. Rohstoffversorgung der Bundesrepublik Deutschland, insbesondere Nickel, 20.01.1971, S. 1; Barry Newman, Nickel rationing ends but surplus unlikely, in: The Guardian (30.12.1970), S. 14.

bundesdeutschen Rohstoffversorgung, bei der einem wachsenden Verbrauch völlig unzureichende heimische Rohstoffquellen gegenüberstünden: „Überfluß herrscht nur an Überflüssigem“, höhnte das Nachrichtenmagazin, „(d)ie Kaligruben und die mit vielen Milliarden Steuergeldern subventionierten Steinkohlegruben der Bundesrepublik können noch jahrzehntelang fördern.“[293] Dagegen sei man bei „zukunftsträchtigen Rohstoffen“ wie Nickel, Kupfer, Molybdän und Titan auf Importe angewiesen. Überdies habe die Bundesrepublik im Vergleich zu anderen Industrienationen, die sich längst über Investitionen den Zugriff auf Rohstoffquellen im Ausland gesichert hätten, den Anschluss verpasst.

Der Rohstoff- und Energieexperte Ulf Lantzke vom BMWi wies in einem Vortrag 1970 ebenso wie ein Artikel des Handelsblatts darauf hin, dass Importabhängigkeit kein Übel an sich, sondern vielmehr die Konsequenz der internationalen Arbeitsteilung sei, solange ein reibungsloser Bezug für alle Verbraucherstaaten zu gleichen Konditionen möglich sei. Dies schien nun allerdings nicht mehr gegeben. Zusätzlich zu kurzfristigen Lieferunterbrechungen wie durch die Sperrung des Suezkanals während der Nahostkriege galt die Aufmerksamkeit nun der Konkurrenz mit anderen Industrienationen um knappe Metallrohstoffe. In Krisenzeiten stand zu erwarten, dass die marktbeherrschenden angloamerikanischen Bergbaukonzerne, wie bereits im Fall von Nickel, bevorzugt ihre Heimatstaaten beliefern würden, während die westdeutsche Industrie kaum am internationalen Bergbau beteiligt war. Die Bundesrepublik musste fürchten, von wichtigen Importen abgeschnitten zu werden und somit an Wettbewerbsfähigkeit zu verlieren.[294] In der bundesdeutschen Diskussion um 1970 wurde oft auf Japan, den erst spät wahrgenommenen wirtschaftlichen Konkurrenten,[295] als Kontrastfolie verwiesen: Während „Deutschlands Industrieherren in der Regel am heimischen Herd sitzen“[296] geblieben seien, so „Der Spiegel“, hätten sich Staat und Wirtschaft in Japan schon frühzeitig im Ausland bei der Förderung von Öl, Nickel, Kupfer, Kohle und anderen Ressourcen engagiert.[297] Tatsächlich förderte der japanische Staat die Rohstoffexploration ab 1964 im Inland und ab 1968 auch im Ausland, so dass Japan in dieser Hinsicht einige Jahre Vorsprung besaß.[298]

293 O.A., Rohstoff-Versorgung. Ärmste der Welt, in: Der Spiegel 5/1969 (27.01.1969), S. 38–40, hier S. 38.

294 Ulf Lantzke, Sicherung der Rohstoffversorgung in der Bundesrepublik Deutschland. Referat anläßlich eines internationalen Fachkongresses der Friedrich-Ebert-Stiftung am 23. November in Leverkusen (BMWi Texte; 118), Bonn 1970, S. 2; Werner Freyberg, Rohstoffversorgung für Deutschland muß langfristig gesichert werden, in: Handelsblatt (21./22.11.1969), S. 29.

295 Dieter Ziegler, Deutschland und der Weltmarkt, in: Christian Kleinschmidt/Dieter Ziegler (Hrsg.), Dekolonisierungsgewinner. Deutsche Außenpolitik und Außenwirtschaftsbeziehungen im Zeitalter des Kalten Krieges, Berlin/Boston 2018, S. 19–55, hier S. 45.

296 O.A., Rohstoff-Versorgung. Ärmste der Welt, in: Der Spiegel 5/1969 (27.01.1969), S. 38–40, hier S. 38.

297 Ebd.; Lantzke, Sicherung, S. 3; Pasdach/Sames, Vorausschau, S. 165; Saßmannshausen, Bergbau, S. 30.

298 Takeo Kikkawa, Mitigating import dependency. Japan's energy and mining policies, in: Andreas R.D. Sanders/Pål Thonstad Sandvik/Espen Storli (Hrsg.), The Political Economy of Resource Regulation. An International and Comparative History, 1850–2015, Vancouver 2019, S. 327–341.

Nachdem Bundeskanzler Willy Brandt (1913–1992) in seiner ersten Regierungserklärung im Oktober 1969 kurz die Angewiesenheit der Industrie „auf ein stetiges und billiges Angebot von Energie und Rohstoffen" erwähnt hatte,[299] wurde das Thema im Januar 1970 erstmals im Jahreswirtschaftsbericht der Bundesregierung angesprochen. Der Bericht führte aus:

> „Für eine hochentwickelte Industriegesellschaft ist neben der stetigen und billigen Versorgung mit Energie auch ein störungsfreier Bezug von mineralischen Rohstoffen von Bedeutung. Solche Rohstoffe sind z.B. Nickel, Chrom, Mangan, Molybdän, Wolfram, Vanadium u.a. Ein solcher störungsfreier Bezug ist jedoch bei einigen Rohstoffen nicht genügend gesichert. Die deutsche Industrie ist deshalb bestrebt, sich an dem weltweiten Aufschluß neuer Rohstoffquellen zu beteiligen."[300]

In den folgenden Jahreswirtschaftsberichten tauchte das Thema erneut auf, so wurden im Bericht von 1972 „die Bestrebungen zur Intensivierung der künftigen Nutzung mariner Rohstoff-Lagerstätten" angesprochen,[301] aber es bestand noch keine akute Krisenwahrnehmung. Der im Februar 1973 erschienene Jahreswirtschaftsbericht konnte steigenden Rohstoffpreisen sogar eine positive Seite abgewinnen, da somit die Nachfrage von rohstoffexportierenden Entwicklungsländern nach deutschen Exportwaren steigen würde.[302]

Die Weltmarktpreise für NE-Metalle waren seit Mitte der 1960er Jahre gestiegen und bewegten sich nach einer vorübergehenden Beruhigung um 1970 steil aufwärts. Der „World Commodity Price Index" des britischen Wirtschaftsmagazins „The Economist" für Rohstoffe allgemein und speziell für Metalle stellte einen relativ groben Maßstab dar, weil Inflations- und Währungsfragen zu dieser Zeit noch keine Berücksichtigung fanden. Er spiegelt jedoch die zeitgenössische Wahrnehmung und lässt erkennen, dass die Entwicklung der (nominalen) Rohstoffpreise im Jahr 1973 in hohem Maße ungewöhnlich war (s. Diagramm 1). „The Economist" selbst sprach Ende 1973 von „Metal Madness", und der Geschäftsbericht der Frankfurter Metallgesellschaft für 1972/73 stellte „eine allgemeine Rohstoffnervosität" fest.[303]

---

299 Willy Brandt, in: Deutscher Bundestag, Plenarprotokoll 06/5 (28.10.1969), S. 28.

300 BT-Drs. 6/281, Unterrichtung durch die Bundesregierung: Jahreswirtschaftsbericht 1970 der Bundesregierung, 27.01.1970, S. 28. Die Jahreswirtschaftsberichte erschienen seit 1968 jeweils Anfang des Jahres.

301 BT-Drs. 6/3078, Unterrichtung durch die Bundesregierung: Jahreswirtschaftsbericht 1972 der Bundesregierung, 28.01.1972, S. 35.

302 BT-Drs. 7/225, Unterrichtung durch die Bundesregierung: Jahreswirtschaftsbericht 1973 der Bundesregierung, 21.02.1973, S. 26.

303 O.A., Key Indicators. World Commodity Prices, in: The Economist (17.11.1973), S. 128; Metallgesellschaft, Geschäftsbericht 1972/73, Frankfurt a.M. 1973, S. 11.

Diagramm 1: The Economist Commodity Price Index, 1949–1973, 1963=100. All Items = 53,17 % Nahrungsmittel, 16,82 % Fasern, 21,69 % Metalle, 8,32 % Verschiedenes. Metals = 81,33 % Kupfer, 5,93 % Blei, 12,19 % Zinn, 0,56 % Zink (o.A., The Economist World Commodity Price Index 1949–1973, in: The Economist (07.07.1973), S. 70f. und folgende Ausgaben).

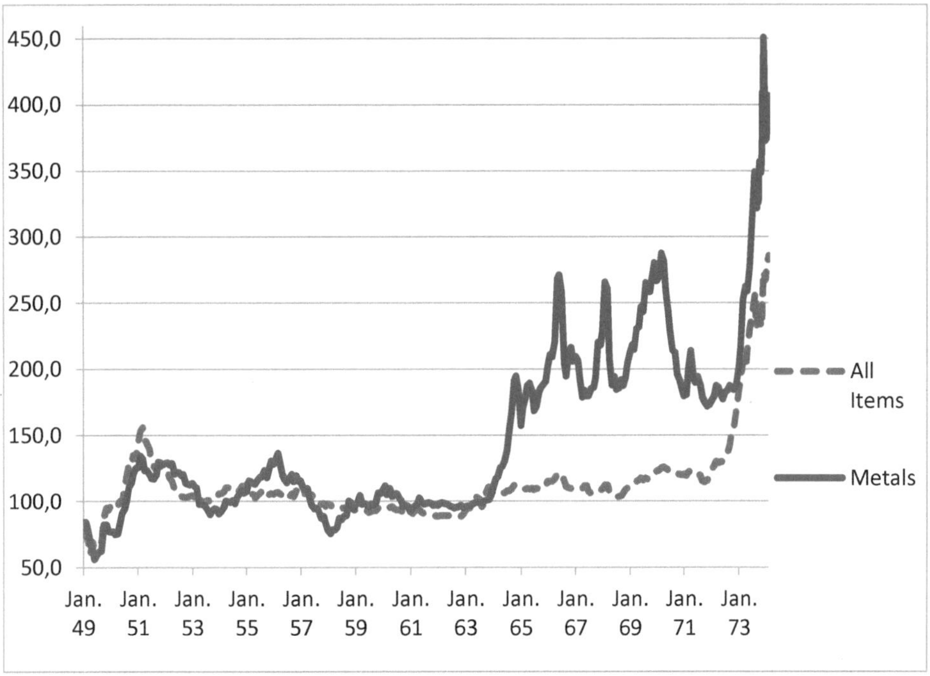

Verschiedene Faktoren trugen zu diesem Preisanstieg bei: In erster Linie war dies die günstige Konjunktur in den westlichen Industriestaaten, die die Rohstoffnachfrage antrieb. Die Erwartung weiterer Preissteigerungen führte zu zusätzlichen Hamsterkäufen. Bei einzelnen Rohstoffen traten überdies externe Effekte wie Transportschwierigkeiten und Streiks auf, die das Angebot weiter verknappten. Missernten verschärften zusätzlich die Lage bei agrarischen Rohstoffen, hinzu kam die Spekulation mit Rohstoffen. Weil die meisten Rohstoffpreise in US-Dollar oder britischen Pfund notiert wurden, spiegelte der Preisanstieg zum Teil allerdings auch nur den Wertverlust dieser Währungen.[304] In DM oder Yen gemessen sah die Entwicklung daher etwas weniger dramatisch aus.[305]

Die Wirtschaft in Großbritannien sah sich ab Sommer 1973 mit der Verknappung von verschiedensten Materialien wie Grundchemikalien, Stahl, Papier und Glas konfrontiert,

---

304 Radetzki, Anatomy, S. 59f.; o.A., Rohstoff-Preise. Handel mit Dynamit, in: Der Spiegel 31/1973 (30.07.1973), S. 70f.; o.A., The new commodity rich, in: The Economist (11.05.1974), S. 76f.

305 O.A., The Economist Commodity Indicator updated, in: The Economist (05.01.1974), S. 60f.

die auch für die privaten Verbraucher spürbar waren. Presseberichte führten diese Knappheiten überwiegend auf den unzureichenden Kapazitätsausbau der Industrie trotz gestiegener Nachfrage zurück.[306] In den USA verknappte sich Benzin schon im Sommer 1973.[307] Warteschlangen vor den Tankstellen gab es dort bereits vor den Preiserhöhungen der OPEC und dem Embargo der arabischen Exporteure während des Jom-Kippur-Krieges im Oktober, die den ersten Ölpreisschock auslösten.[308] Die Gründe hierfür lagen in dem gestiegenen Verbrauch und der Energiepolitik der US-Regierung.[309] Viel schwerwiegender war der Mangel auf den globalen Getreidemärkten ab 1972, der Hungersnöte in Afrika und Asien nach sich zog.[310]

3.3.2 Versorgungssicherheit und der globale Nord-Süd-Konflikt: Metalle nach dem Ölpreisschock 1973

Die Rohstoffmärkte insbesondere für NE-Metalle befanden sich somit bereits vor Oktober 1973 in Unruhe und ebenso war für Politik und Öffentlichkeit in den Industriestaaten erkennbar, dass die Versorgungssicherheit bei vielen Rohstoffen nicht mehr uneingeschränkt vorausgesetzt werden konnte. Erdöl war in diesem Zusammenhang ein Nachzügler, bei dem der Preis dem anderer Rohstoffe wie Metallen zunächst hinterherhinkte. Dennoch veränderte der Einsatz der „Ölwaffe“[311] für politische und wirtschaftliche Ziele durch die OPEC die Art, wie Rohstoffe allgemein sowohl von Konsumenten- als auch von Produzentenstaaten wahrgenommen wurden, da sich die Erdölstaaten explizit als Vorbild für andere Rohstoffexporteure darstellten.[312]

Bald nach dem Ölpreisschock begann man in den westlichen Industriestaaten zu befürchten, dass Öl nur der Anfang sei und parallele Entwicklungen auf anderen Rohstoffmärkten folgen würden. Schon als „Der Spiegel“ am 19.11.1973 die möglichen schwerwiegenden wirtschaftlichen Folgen der arabischen Erdölpolitik für den Westen diskutierte, setzte das Nachrichtenmagazin gleich hinzu, dass diese Entwicklung nicht auf den Energiesektor beschränkt bleiben müsse: „Ähnlich Fürchterliches ahnen westliche Bankiers inzwischen

306 O.A., Pulp and paper. Boom times bring shortages threat, in: Financial Times (21.03.1973), S. 27; o.A., Running short, in: The Economist (29.09.1973), S. 84; o.A., Knappes Zeitungspapier, in: Der Spiegel 43/1973 (22.10.1973), S. 111; o.A., What is short and why, in: The Economist (08.12.1973), S. 108.

307 O.A., Öl: Amerikas Krise schlägt auf Europa durch, in: Der Spiegel 26/1973 (25.6.1973), S. 52-64.

308 Für die Maßnahmen der OPEC und OAPEC s. Venn, Oil Crisis, S. 7–21; Dietrich, Oil Revolution, S. 263f.

309 Robert D. Lifset, A new understanding of the American energy crisis of the 1970s, in: Historical Social Research 39 (2014), 4, S. 22–42, hier S. 29f.

310 Christian Gerlach, Famine response in the world food crisis 1972–5 and the World Food Conference of 1974, in: European Review of History 22 (2015), 6, S. 929–939.

311 Politisches Archiv des Auswärtigen Amtes (im Folgenden: PA AA) B 1(ZA) 178639, AA, BMF, BMWi, BML, BMFT, BMZ, Überlegungen zu einem Gesamtkonzept für die Nord-Süd-Verhandlungen, 30.04.1976, S. 4.

312 Dietrich, Oil Revolution, S. 264; Venn, Oil, S. 173.

schon von anderen Rohstoff-Monopolisten wie etwa den Kupfer-Herren aus Sambia und den Zinn-Schürfern in Malaysia."[313] Wenig später, Ende Dezember 1973, schrieb „Der Spiegel" über die in Westeuropa wachsende Furcht, „auch andere Rohstoffe könnten zu einer Waffe in der Hand der Produzentenländer werden", und illustrierte dies mit einer Grafik, die den Importanteil bei Erdöl, aber auch bei wichtigen Metallen zeigte.[314] Die Bundesregierung hegte ähnliche Befürchtungen und berief noch vor der eingangs zitierten Diskussionsrunde beim Bundespräsidenten den „Interministeriellen Staatssekretär-Ausschuss für Rohstoff-Fragen" unter der Leitung von Detlev Rohwedder (1932–1991) ein, in dem die Ressorts für Wirtschaft, Finanzen, Verteidigung, Auswärtiges, Forschung sowie wirtschaftliche Zusammenarbeit vertreten waren. Auf der konstituierenden Sitzung am 26.11.1973 beschrieb der Ausschuss seine Aufgabenstellung und den dahinterstehenden Anlass folgendermaßen:

> „Der Ausschuss kam überein, die rohstoffpolitischen Aufgaben der beteiligten Ressorts zu koordinieren mit dem Ziel, die Versorgungssicherheit der Bundesrepublik Deutschland mit volkswirtschaftlich wichtigen Rohstoffen, insbesondere mit NE-Metallen, zu verbessern. Dies soll insbesondere für diejenigen einfuhrabhängigen Rohstoffe gelten, durch deren Angebotskonzentration auf wichtige Erzeugerländer und marktbeherrschende Gesellschaften Parallel-Entwicklungen wie im Energiebereich eintreten können."[315]

Konkret sollte der Ausschuss, der mindestens bis 1978 aktiv blieb, die Versorgungssicherheit bei volkswirtschaftlich wichtigen Rohstoffen und geeignete Maßnahmen zu deren Verbesserung, darunter auch die Meeresforschung, analysieren.[316] Auf die Möglichkeit weiterer Rohstoffkartelle, die dem Beispiel der OPEC folgen könnten, wies Anfang 1974 auch Finanzminister Helmut Schmidt in einer Ausarbeitung über die weltwirtschaftliche Lage für den Parteivorstand der SPD hin.[317] Der im Februar 1974 veröffentlichte Jahreswirtschaftsbericht der Bundesregierung erwähnte die Parallelen zwischen Erdöl und anderen Rohstoffen, betonte zugleich aber Unterschiede wie die Angebotsstruktur und die Substitutionsmöglichkeiten. Schließlich kam der Bericht zu dem Fazit: „Trotzdem können ähnliche Entwicklungen wie auf dem Mineralölsektor im Bereich der übrigen Rohstoffe nicht ausgeschlossen werden."[318] Dass die akuten Probleme bei der Ölversorgung nicht ohne weiteres auf die übrigen Rohstoffe übertragbar sind, betonte auch der Jahresbericht des BDI von 1973/74. Gleichzeitig erkannte der Verband aber auch die zunehmende Einfuhrabhängigkeit und damit verbundene politische sowie wirtschaftliche

313 O.A., „Mit knappen Vorräten sorglos geaast", in: Der Spiegel 47/1973 (19.11.1973), S. 25–30, hier S. 29.

314 O.A., Auf Importe angewiesen. Die Abhängigkeit Westeuropas von Rohstoff-Einfuhren, in: Der Spiegel 52/1973 (24.12.1973), S. 54.

315 BA B 102/156838, Protokoll, S. 1.

316 Ebd., S. 2; BA B 102/248666, Fünfte Sitzung des interministeriellen Staatssekretärausschusses für Rohstoff-Fragen, 12.05.1978.

317 Helmut Schmidt, Der Politiker als Ökonom, in: ders., Kontinuität und Konzentration, 2. Aufl. Bonn-Bad Godesberg 1976, S. 36–52, hier S. 41.

318 BT-Drs. 7/1646, Unterrichtung durch die Bundesregierung: Jahreswirtschaftsbericht 1974 der Bundesregierung, 06.02.1974, S. 17.

Risikofaktoren bei den meisten Ressourcen. Daher forderte der BDI u.a., heimische Rohstoffe zu nutzen, die Importe zu diversifizieren, Möglichkeiten zum Recycling auszubauen und sich am Tiefseebergbau zu beteiligen.[319] Die mögliche Vorbildfunktion der Ölförderländer für Exporteure der verschiedensten Rohstoffe betonte ebenfalls die „Frankfurter Allgemeine Zeitung“ im April 1974:

> „Die in der OPEC zusammengeschlossenen Ölexportländer haben es mit Erfolg vorexerziert: Man braucht sich nur zu einem Kartell zusammenzuschließen, dann ist man nicht länger ein ‚Sklave des Marktes‘, des launenhaften Spiels von Angebot und Nachfrage, sondern kann der ganzen Welt den Preis diktieren, den man für seine Rohstoffe oder landwirtschaftlichen Produkte zu erzielen wünscht.“[320]

Obwohl die Weltmarktpreise für NE-Metalle schon deutlich vor dem Ölpreis stark angestiegen waren, erreichten sie nun wie die meisten Rohstoffpreise bis zum Frühjahr 1974 nie zuvor dagewesene Höhen. Der BDI bemerkte hierzu rückblickend:

> „Der von der Verteuerung der Erdölversorgung ausgehende weltweite Schock hat sich 1974 sehr schnell auf die gesamte Breite der Rohstoffe übertragen. Dies hatte zu Preisausschlägen geführt, die auch für Kenner dieses teilweise sehr empfindlichen Marktes ungewöhnlich und besorgniserregend waren.“[321]

Vor dem Ölpreisschock war das Problem der Versorgungssicherheit bei Metallen in erster Linie unter dem Gesichtspunkt der Konkurrenz der Industriestaaten um die Rohstoffe gesehen worden. Dies war sicher auch der Tatsache geschuldet, dass sich im Fall von Nickel die marktbeherrschenden Produzenten und die Lagerstätten in Kanada und Frankreich (bzw. in Neukaledonien, einem französischen Überseeterritorium) befanden und nicht in Entwicklungsländern. Nur gelegentlich wurden daneben rohstoffexportierende Entwicklungsländer mit ihren Interessen und Handlungsoptionen in die Überlegungen einbezogen. Ulf Lantzke nannte so in einem Vortrag 1970 die „Interessen der Lieferländer, also vielfach der sogenannten Entwicklungsländer“ und das „zunehmende Selbstbewusstsein“ dieser Staaten als einen jedoch eher nachrangigen Faktor, der für die Sicherung der bundesdeutschen Rohstoffsicherung zu beachten sei.[322] In den USA machte schon kurz vor dem Ölpreisschock der Ökonom C. Fred Bergsten (geb. 1941), der auch als Berater für Henry Kissinger (geb. 1923) gearbeitet hatte, auf eine mögliche Bedrohung der USA und anderer Industrienationen durch die Entwicklungsländer aufmerksam. Bergsten sah die Rohstoffversorgung als ein wichtiges Feld, auf dem die Entwicklungsländer durch ihren hohen Marktanteil, die Konzentration auf wenige Lieferstaaten bei einzelnen Ressourcen und die zunehmende Importabhängigkeit der westlichen Industriestaaten diese effektiv

---

319 BDI, Jahresbericht des Bundesverbandes der Deutschen Industrie 1973/74, Köln 1974, S. 34f.

320 Hans Jürgensen, Ein Dutzend Rohstoffkartelle?, in: Frankfurter Allgemeine Zeitung (10.04.1974), S. 13.

321 BDI, Jahresbericht des Bundesverbandes der Deutschen Industrie 1974/75, Köln 1975, S. 152. Ab Mai 1974 brachen die Metallpreise ähnlich rasch wieder ein.

322 Lantzke, Sicherung, S. 5f.

unter Druck setzen könnten.[323] Zunächst galt Bergsten vielfach nur als Schwarzseher, aber wenig später, nach dem ersten Ölpreisschock, wurde er zu einer auch in der Presse vielzitierten Referenz für die These, dass den Rohstoffstaaten – auch über Öl hinaus – eine reale politische und wirtschaftliche Macht zukam.[324]

Nach dem Ölpreisschock rückten somit Konflikte zwischen den rohstoffverbrauchenden Industriestaaten im Globalen Norden und den rohstoffexportierenden Entwicklungsländern im Globalen Süden in den Mittelpunkt der Aufmerksamkeit. Im Rückblick auf das vergangene Jahr stellte der Jahreswirtschaftsbericht der Bundesregierung von 1975 daher fest:

> „Die internationale Entwicklung im Rohstoffbereich des Jahres 1974 war dadurch gekennzeichnet, daß die Förderländer, insbesondere die Entwicklungsländer, bestrebt waren, ihre Rohstoffvorkommen verstärkt als Mittel zur Erhöhung ihres politischen und wirtschaftlichen Einflusses einzusetzen. (…) Die Rohstoffversorgung hat damit eine zunehmend politische Dimension bekommen, die ein stärkeres staatliches Engagement erforderlich macht."[325]

Die enge Verbindung zwischen den Entwicklungsländern oder der Dritten Welt[326] und der Rohstoffversorgung des industrialisierten Nordens war selbstverständlich kein neues Phänomen, auch wenn die westlichen Industriestaaten diese Verbindung erst jetzt als ein Problem für sich wahrnahmen. Die meisten Entwicklungsländer waren im 20. Jahrhundert wirtschaftlich auf den Export mineralischer und landwirtschaftlicher Rohstoffe an-

---

323 C. Fred Bergsten, The Threat from the Third World, in: Foreign Policy 11 (1973), S. 102–124.

324 O.A., Supply cartels may spur inflation, in: The Guardian (13.12.1974), S. 13. Bergsten selbst konnte Anfang 1974 einen Artikel in der „New York Times" veröffentlichen, s. C. Fred Bergsten, The world may have to live with „shortages", in: The New York Times (27.01.1974), S. 3. Explizit auf Bergsten beziehen sich o.A., „Wir erzwingen die neue Ordnung." SPIEGEL-Report über den Konflikt zwischen Rohstoffländern und Industrienationen, in: Der Spiegel 36/1975 (01.09.1975), S. 96–106; Adrian Dicks, Recurrent nightmare for U.S., in: Financial Times (14.03.1974), S. 31; Hans Jürgensen, Ein Dutzend Rohstoffkartelle?, in: Frankfurter Allgemeine Zeitung (10.04.1974), S. 13. Paul R. Ehrlich/Anne H. Ehrlich, The End of Affluence. A Blueprint for Your Future, New York 1974, S. 273 (hier als „C. Fred Beigston" zitiert).

325 BT-Drs. 7/3197, Unterrichtung durch die Bundesregierung: Jahreswirtschaftsbericht 1975 der Bundesregierung, 30.01.1975, S. 19. Das Zitat steht im Unterkapitel „Rohstoffpolitik" und bezieht sich somit nicht auf die Ölversorgung, die unter „Energiepolitik" behandelt wird.

326 Der Begriff „Dritte Welt" wird hier als ein Quellenbegriff und historische Selbstbezeichnung verwendet und nicht in einer (ab)wertenden Bedeutung. Der französische Ökonom und Demograph Alfred Sauvy (1898-1990) prägte den Begriff „Tiers Monde" 1952 analog zu dem „Dritten Stand" aus der Französischen Revolution, um gleichermaßen die bisherige politische und ökonomische Marginalisierung sowie das revolutionäre Potenzial der ehemaligen Kolonien in Afrika und Asien zum Ausdruck zu bringen. In Anlehnung an Fiona Venn ist im Folgenden insbesondere dann von der Dritten Welt die Rede, wenn es um die politischen Ambitionen postkolonialer Staaten zur Umgestaltung der internationalen Ordnung geht. Venn, Oil, S. 175; Brian Roger Tomlinson, What was the Third World?, in: Journal of Contemporary History 38 (2003), 2, S. 307–321.

gewiesen. Diese Abhängigkeit war nicht zuletzt ein Erbe der Kolonialzeit, als die Funktion der beherrschten überseeischen Gebiete darin bestand, günstige Rohstoffe für die Metropole bereitzustellen und gleichzeitig einen gesicherten Absatzmarkt für deren Industrieprodukte zu bilden. Nach der Unabhängigkeit versuchten die meisten postkolonialen Staaten im Globalen Süden über den Export von Rohstoffen ihre Industrialisierung und weitere ökonomische Entwicklung zu finanzieren. Allerdings gestaltete sich dies schwierig, da die weltweite Rohstoffnachfrage insbesondere bei Agrarprodukten wenig einkommenselastisch und wenig preiselastisch war. Unter diesen Bedingungen führten Produktions- und Exportsteigerungen nur zu sinkenden Preisen und Importeinnahmen für die Entwicklungsländer.[327] Daher standen viele Entwicklungsländer vor erheblichen Problemen, ihre wachsende Bevölkerung zu ernähren.[328] Hinzu kam, dass die Kosten für den Seetransport von Massengütern ab den 1870er bis in die 1990er Jahre um fast 90 % sanken.[329] Im Unterschied zur Industrialisierung Europas im 19. Jahrhundert, als die Zentren der Montanindustrie in direkter Nachbarschaft der Bergwerke entstanden, bestand daher später ein deutlich geringerer Anreiz, rohstoffverarbeitende Industrien nahe der Lagerstätten zu errichten.[330] Somit blieb der größte Teil der Wertschöpfungskette im Globalen Norden, obwohl diese zunehmend auf Rohstoffen aus dem Süden aufbaute. Überdies bedeutete die politische Unabhängigkeit nicht zugleich auch die wirtschaftliche Unabhängigkeit, weil gerade die Exportwirtschaft weiter von Unternehmen aus dem Globalen Norden beherrscht wurde. Julius Nyerere (1922–1999), der erste Präsident Tansanias, bemerkte hierzu 1979:

> „During our political struggle, some of us thought that independence would be the end of the process of liberation. You become independent, take a seat in the UN, have a president and he has a 21 gun salute. That was the ultimate vision for some of us. But not all of us were quite so naïve. We knew that political freedom was an instrument which one employed to continue the process of liberation. Yet few of us realised how difficult the process was going to be."[331]

Die vollständige ökonomische Unabhängigkeit gehörte daher zu den zentralen Zielen der Regierungen der Dritten Welt und die Souveränität über die eigenen natürlichen Ressourcen sowie höhere und stabile Rohstoffexporterlöse bildeten wichtige Schritte auf diesem Weg.[332] Ein zentraler Schauplatz des globalen Nord-Süd-Konfliktes um diese Ziele waren die Vereinten Nationen, deren Mitgliederzahl sich durch die Aufnahme neuer Staaten im Zuge der Dekolonisierung seit dem Zweiten Weltkrieg bis 1970 mehr als verdoppelte. Die Dritte Welt stellte somit die Mehrheit in der UN-Generalversammlung und konnte

---

327 Alfred Maizels, Commodities in Crisis. The Commodity Crisis of the 1980s and the Political Economy of International Commodity Policies, Oxford u.a. 1992, S. 7–9.

328 Garavini, Completing decolonization, S. 475f.

329 Radetzki, Handbook, S. 15.

330 Edward B. Barbier, Scarcity and Frontiers. How Economies Have Developed Through Natural Resource Exploitation, Cambridge 2011, S. 631.

331 Julius Nyerere, Third World negotiating strategy, in: Third World Quarterly 1 (1979), 2, S. 20–23, hier S. 21.

332 Venn, Oil, S. 176f.; Dietrich, Oil Revolution, S. 3.

ihre Anliegen auf die Agenda setzen, wodurch sich der Charakter der UN grundlegend änderte.[333] Als ein erstes Ergebnis dieser Entwicklung trat 1964 in Genf die erste United Nations Conference on Trade and Development (UNCTAD I) zusammen, deren Aufgabe darin bestand, Regeln für den globalen Handel auszuarbeiten, die die Interessen der Entwicklungsländer berücksichtigten. Im Vorfeld von UNCTAD I schlossen sich (zunächst) 77 Staaten der Dritten Welt zur „Group of 77“ (G-77) zusammen, um ihre Anliegen in den UN gemeinsam zu vertreten. Am Ende von UNCTAD I standen noch keine bindenden Beschlüsse, aber die westlichen Industrienationen, die der Konferenz und der anvisierten Neuordnung des globalen Handels ablehnend gegenüberstanden, sahen sich angesichts der unerwarteten Geschlossenheit der Dritten Welt zu ersten Konzessionen veranlasst. UNCTAD wurde in der Folgezeit zu einer permanenten Organisation mit eigenem Sekretariat und regelmäßigen Konferenzen.[334] Die Spannungen zwischen dem Globalen Norden und Süden erreichten ihren Höhepunkt während der 6. Sondersitzung der UN-Generalversammlung (09.04.–02.05.1974), die dem Thema Rohstoffe und Entwicklung gewidmet war. In der Sondersitzung demonstrierte die Dritte Welt eine bemerkenswerte Einheit und stellte die bestehende globale Wirtschaftsordnung radikal in Frage. Die Initiative ging von Algeriens Staatschef Houari Boumedienne (1927–1978) aus, nachdem die französische Regierung zuerst eine UN-Konferenz über Energiefragen nach dem Ölpreisschock vorgeschlagen hatte. Algerien, das eine Scharnierfunktion zwischen der OPEC und der G-77 insgesamt einnahm,[335] fürchtete, dass die Ölförderländer auf einer solchen Konferenz von einer geschlossenen Front der Ölverbraucher aus Industrie- und Entwicklungsländern an den Pranger gestellt würden. Daher schlug Boumedienne UN-Generalsekretär Kurt Waldheim (1918–2007) vor, über Rohstoffwirtschaft insgesamt zu sprechen, weil die Maßnahmen der OPEC im Kontext des Strebens der Dritten Welt als Ganzes zu sehen seien, die Kontrolle über ihre natürlichen Ressourcen zu gewinnen und diese für die eigene wirtschaftliche Entwicklung zu nutzen.[336] Obwohl der drastische Anstieg der Ölpreise insbesondere energiearme Entwicklungsländer hart

333 Paul Kennedy, The Parliament of Man. The United Nations and the Quest for World Government, London 2006, S. 113ff.; Mark Mazower, Die Welt regieren. Eine Idee und ihre Geschichte von 1815 bis heute, München 2013, S. 267f.; Glenda Sluga, The transformation of international institutions. Global shock as cultural shock, in: Niall Ferguson/Erez Manela/Daniel J. Sargent (Hrsg.), The Shock of the Global. The 1970s in Perspective, Cambridge, Mass./London 2010, S. 223–236, hier S. 224.

334 Garavini, After Empires; Kunkel, Globalisierung.

335 Garavini, Decolonization, S. 482. Zur Bedeutung des algerischen Präsidenten Boumedienne Nils Gilman, The New International Economic Order. A reintroduction, in: Humanity 6 (2015), 1, S. 1–16, hier 6.

336 PA AA B 30(ZA) 113294, Vermerk betr.: Algerische Initiative zur Einberufung einer Sondersitzung der Generalversammlung der Vereinten Nationen über Rohstoff-Fragen, 12.02.1974, S. 1; o.A., Questions concerning establishment of a New International Order, in: Yearbook of the United Nations 28 (1974), S. 305–357, hier S. 305f.; Dok. 121: Gespräch des Bundeskanzlers Brandt mit Präsident Boumedienne in Algier, 19.04.1974, in: Institut für Zeitgeschichte (Hrsg.), Akten zur Auswärtigen Politik der Bundesrepublik Deutschland 1974. Bd. 1: Januar bis 30. Juni 1974, München 2005, S. 517–521.

traf,[337] gelang es der OPEC, sich somit als Vorbild und Vorkämpfer für andere Länder der Dritten Welt darzustellen.[338] Anlässlich einer OPEC-Konferenz im Frühjahr 1975 in Algier war die Stadt mit Transparenten geschmückt, auf denen stand: „OPEC is the shield of the Third World."[339]

Zum Abschluss der 6. Sondersitzung verabschiedete die Generalversammlung mit der Stimmenmehrheit der Dritten Welt am 01.05.1974 die Resolution „Declaration on the Establishment of a New International Economic Order". Als Anlass für diese Neue Weltwirtschaftsordnung, oft abgekürzt als NIEO, nannte die Resolution das Wohlstandsgefälle zwischen Entwicklungsländern und Industriestaaten, welches durch die bestehende Weltwirtschaftsordnung nur perpetuiert werde. Die NIEO, wie sie in der (rechtlich nichtbindenden) Resolution entworfen wird, sollte dagegen auf einer Reihe von Prinzipien beruhen wie:

- der Gleichberechtigung aller Staaten,
- der Souveränität der Staaten über ihre natürlichen Ressourcen einschließlich des Rechts auf Verstaatlichung,
- der Regulierung der Aktivitäten transnationaler Unternehmen,
- einem gerechten Verhältnis zwischen den Preisen für Rohstoffe und denen für Industrieprodukte,
- dem Technologietransfer zugunsten der Entwicklungsländer,
- der Unterstützung von Produzentenabkommen bzw. Rohstoffkartellen.[340]

Die Verabschiedung der Resolution im Mai 1974 versetzte Diplomaten und Politiker der Entwicklungsländer in Hochstimmung, wie überhaupt die Reaktionen nach dem Ölpreisschock in der G-77 zunächst euphorisch waren.[341] Viele Industriestaaten hingegen meldeten umgehend Vorbehalte an. Dass in der Resolution von Verstaatlichungen, nicht aber von angemessenen Entschädigungen die Rede war, war einer der Punkte, die von ihnen moniert wurden.[342] Insgesamt wurden die Ereignisse um die 6. Sondersitzung der UN-Generalversammlung im industrialisierten Norden als Kampfansage einer geschlossen und selbstsicher auftretenden Dritten Welt wahrgenommen, in deren Mittelpunkt die globale Rohstoffwirtschaft stand. „For the first time the developing countries of the world

337 Hans Jürgensen, Ein Dutzend Rohstoffkartelle?, in: Frankfurter Allgemeine Zeitung (10.04.1974), S. 13.

338 Dietrich, Oil Revolution, S. 264, 275; Venn, Oil, S. 173.

339 Garavini, Decolonization, S. 483.

340 UN General Assembly, Resolution 3201 (S-VI), Declaration on the Establishment of a New International Economic Order, 01.05.1974.

341 Thomas G. Weiss/Tatiana Carayannis/Louis J. Emmerij/Richard Jolly, UN Voices. The Struggle for Development and Social Justice, Bloomington 2005, S. 226f.; Kennedy, Parliament, S. 128.

342 Die Resolution wurde ohne Abstimmung von der Generalversammlung angenommen, da die Mehrheit der Entwicklungsländer feststand; o.A., Questions concerning establishment of a New International Order, in: Yearbook of the United Nations 28 (1974), S. 320.

are flexing their muscles at the rich industrialised nations, wielding what they hope will be a new economic weapon: commodity power", so „The Economist" im Mai 1974.[343] Auch der bundesdeutsche Staatssekretär-Ausschuss für Rohstoff-Fragen maß 1976 der 6. Sondersitzung rückblickend eine zentrale Bedeutung zu:

> „Diese 6. Sondergeneralversammlung erwies sich mit der Proklamation des Aktionsprogramms für eine ‚Neue Weltwirtschaftsordnung' als eine Wendemarke in den Beziehungen zwischen Industrie- und Entwicklungsländern. Die entwickelten Industriestaaten wurden von der Selbstsicherheit der Entwicklungsländer überrascht."[344]

Am Ende des Jahres 1974 bilanzierte das Auswärtige Amt in einem Dokument, das auch Außenminister Hans-Dietrich Genscher (1927–2016) vorgelegt wurde, dass sich die internationale Landschaft insbesondere in der UN-Generalversammlung, wo die Entwicklungsländer eine sichere Zweidrittelmehrheit besaßen, nach der Dekolonisierung und dem Ölpreisschock dauerhaft verändert habe:

> „Die Konstellation in den VN [Vereinten Nationen] weist auf eine weltweite Verschiebung der Kräfteverhältnisse zu Lasten der westlichen Industriestaaten hin; sie ist das Ergebnis einer langfristigen und nicht reversiblen Entwicklung der Nachkriegszeit. Die hundert Stimmen der Dritten Welt stellen keine nur numerische, im übrigen aber ohnmächtige Mehrheit dar, sondern repräsentieren ein wachsendes politisches, wirtschaftliches und militärisches (Schwellenmächte) Potential, das die Dritte Welt auch ausspielt (Ölkrise)."[345]

In dem gleichen Dokument kommt der Autor überdies zu der Einschätzung: „Auch der Ost-West-Gegensatz tritt gegenüber der Nord-Süd-Polarisation besonders im wirtschaftlichen Bereich stark zurück."[346] In der Tat fiel die Verschärfung des Nord-Süd-Konflikts nach der Ölkrise in die Zeit der Entspannungspolitik zwischen Ost und West. Die Strategic Arms Limitation Talks (SALT) zwischen den USA und der UdSSR ab 1969, die erste Konferenz über Sicherheit und Zusammenarbeit in Europa (KSZE) 1973 in Helsinki und die Verträge der Neuen Ostpolitik der Bundesrepublik beginnend mit dem Moskauer Vertrag von 1970 waren Zeichen nachlassender Spannungen im Kalten Krieg, während gleichzeitig neue Konfliktlinien und Sicherheitsprobleme im Zusammenhang mit der Energie- und Rohstoffversorgung im Nord-Süd-Verhältnis sichtbar wurden.[347] Somit

---

343 O.A., The new commodity rich, in: The Economist (11.05.1974), S. 76.

344 BA B 102/248665, Der interministerielle Staatssekretär-Ausschuß für Rohstoff-Fragen, Zwischenbericht zur Rohstoffpolitik, März 1976, S. 2.

345 Dok. 340: Aufzeichnung des Ministerialdirektors van Well, 22.11.1974, in: Institut für Zeitgeschichte (Hrsg.), Akten zur Auswärtigen Politik der Bundesrepublik Deutschland 1974. Bd. 2: 1. Juli bis 31. Dezember 1974, München 2005, S. 1508–1511, hier S. 1510.

346 Ebd.

347 Rüdiger Graf, Between National and human security. Energy security in the United States and Western Europe in the 1970s, in: Historical and Social Research 35 (2010), 4, S. 329–348, hier S. 331f; Enrico Böhm, Die Sicherheit des Westens. Entstehung und Funktion der G7-Gipfel (1975–1981) (Studien zur internationalen Geschichte; 34), München 2014, S. 54–58.

kam dem Kalten Krieg im Rahmen der Rohstoffpolitik der 1970er Jahre keine bedeutende Rolle zu.

Die NIEO wurde zu der meistdiskutierten globalen Reforminitiative der 1970er Jahre. Ihr grundlegendes Ziel bestand in einer Veränderung der weltweiten politisch-wirtschaftlichen Strukturen mit der Absicht, den Anteil der Entwicklungsländer an den Gewinnen aus dem Welthandel zu erhöhen und somit den politischen Prozess der Dekolonisierung auch ökonomisch abzuschließen und eine demokratische Weltordnung aus vollständig souveränen Staaten zu schaffen.[348] Der Konflikt zwischen Norden und Süden auf der Ebene der Vereinten Nationen ebenso wie die NIEO als Leitbild sollte wenig später auch in den Verhandlungen über den rechtlich-politischen Rahmen für den Tiefseebergbau auf der 3. UN-Seerechtskonferenz eine prägende Rolle spielen (s. Kap. 5.3). Die NIEO-Resolution der 6. Sondersitzung der Generalversammlung stellte nicht nur einen programmatischen Gegenentwurf zur bisherigen globalen Rohstoffwirtschaft dar, sondern sie nahm auch einige Elemente auf, die sich bereits in der Realität auswirkten. Dies betraf vor allem Enteignungen und Verstaatlichungen im Rohstoffsektor und die Gründung von Produzentenabkommen bzw. Rohstoffkartellen.

Für viele Entwicklungsländer stellte die Verstaatlichung von ausländischen Unternehmen im Rohstoffsektor schon vor 1974 eine Option dar, um die ökonomische Unabhängigkeit und die Souveränität über die eigenen Bodenschätze anzustreben. Aber auch diese Politik schlug sich frühzeitig auf der Ebene der UN nieder. Die Arbeit der bereits 1958 eingerichteten Commission on Permanent Sovereignty over Natural Resources mündete am 14.12.1962 in der Resolution 1803 (XVII) der Generalversammlung, die unter Bezug auf das Ziel der wirtschaftlichen Unabhängigkeit der Entwicklungsländer allen Staaten die dauerhafte Souveränität über ihre Ressourcen zusprach. Dies sollte explizit auch das Recht auf Enteignung einschließen, wobei sich die Art und Höhe der Entschädigung nach dem Recht des Staates, der die Enteignung vornahm, richten sollte.[349] Während zuvor Eingriffe in die Eigentumsrechte in der Ressourcenwirtschaft sehr selten gewesen waren, begann nach dem Zweiten Weltkrieg mit der Dekolonisierung eine neue, bis in die 1980er Jahre anhaltende Phase, in der staatliche Restriktionen und Interventionen zunehmend zur Regel wurden.[350] Für die Ölförderländer war die Verstaatlichung – teils als Enteignung, teils als verhandelte Übernahme – eine wichtige Etappe auf dem Weg zu der im Oktober 1973 demonstrierten Machtstellung der OPEC.[351] Aber auch beim Erzbergbau übernahmen die Staaten der Dritten Welt seit den 1960er Jahren vielfach die Kontrolle über die

348 Gilman, New International Economic Order, S. 1.
349 Dietrich, Oil Revolution, S. 81–85; UN General Assembly, Resolution 1803 (XVII), Permanent sovereignty over natural resources, 14.12.1962.
350 Andreas R.D. Sanders/Pål Thonstad Sandvik/Espen Storli, Introduction. Natural resource regulations and the global economy, in: dies. (Hrsg.), The Political Economy of Resource Regulation. An International and Comparative History, 1850–2015, Vancouver 2019, S. 3–19, hier S. 6f.
351 Venn, Oil, S. 38f.; Garavini, Decolonization, S. 479.

lokalen Niederlassungen ausländischer Bergwerkskonzerne. Chile verstaatlichte so zwischen 1966 und 1971 die gesamten Kupferminen, die bisher im U.S.-amerikanischen Besitz waren und für die Exportwirtschaft des Andenstaates eine zentrale Bedeutung besaßen.[352] Kupferminen U.S.-amerikanischer, britischer und belgischer Gesellschaften in Zaire, Sambia und Peru wurden zu dieser Zeit ebenfalls verstaatlicht.[353] Der kanadische Aluminiumkonzern Alcan verlor auf ähnliche Weise die Kontrolle über seine Bauxit-Lagerstätten in Guinea (1961) und Guyana (1971).[354] Insgesamt sollen in wenigen Jahren 75 % aller Investitionen U.S.-amerikanischer Rohstoffkonzerne in den Entwicklungsländern verstaatlicht worden sein.[355]

Nicht alle Eingriffe in die Verfügungsrechte von ausländischen Unternehmen liefen auf eine klare Verstaatlichung hinaus. Laut einer Stellungnahme der Unternehmen Preussag, Metallgesellschaft und Vereinigte Aluminiumwerke von 1976 gegenüber dem Interministeriellen Staatssekretär-Ausschuss für Rohstoff-Fragen war es „gerade typisch“, dass Regierungen der Dritten Welt „nicht das grobe Mittel der Totalenteignung mit internationalen Rückwirkungen (Kreditwürdigkeit, Investitionsklima, Verletzung von Investitionsschutzverträgen etc.), sondern subtilere Maßnahmen wählen, die unterhalb der Enteignungsgrenze liegen.“[356] In diese Kategorie fielen gemäß der Stellungnahme scheinbar spontane Ausschreitungen, exzessive Besteuerung bei gleichzeitiger Schonung einheimischer Unternehmen, die Verpflichtung zur Abnahme überteuerter lokaler Produkte, die Einsetzung eines unqualifizierten lokalen Managements und erzwungene Kapitalerhöhungen mit der Verpflichtung, unentgeltlich Aktien abzugeben.[357]

Aus Sicht von Industriestaaten wie der Bundesrepublik waren Verstaatlichungen und ähnliche Eingriffe in die Verfügungsrechte nicht nur problematisch, weil die Entschädigungen – wenn es sie überhaupt gab – in der Regel als unzureichend empfunden wurden. Das größere Problem für die Versorgungssicherheit sah man langfristig darin, dass nach Übernahme durch die Entwicklungsländer die Fördermenge der Bergwerke aufgrund von

352 Alison J. Bruey, „Chileanization“ of foreign properties, in: Thomas M. Leonard (Hrsg.), Encyclopedia of U.S.-Latin American Relations. Bd. 1, Los Angeles 2012, S. 180–181; Alexander Leibbrandt, Die Corporación Nacional de Cobre de Chile (CODELCO) und ihre Bergwerks- und Hüttenbetriebe, in: Der Anschnitt 58 (2006), 1/2, S. 51–59, hier S. 51. O.A., Kupfer-Verstaatlichung, in: Der Spiegel 30/1971 (19.07.1971), S. 61.

353 Karen A. Mingst, Cooperation or illusion. An examination of the Intergouvernmental Council of Copper Exporting Countries, in: International Organization 30 (1976), 2, S. 263–287, hier S. 277f.

354 Robin S. Gendron, Canada and the nationalization of Alcan's bauxite operations in Guinea and Guyana, in: Robin S. Gendron/Mats Ingulstad/Espen Storli (Hrsg.), Aluminum Ore. The Political Economy of the Global Bauxite Industry, Vancouver 2013, S. 211–237. Die kanadische Regierung unternahm jedoch keine Schritte zur Unterstützung von Alcan, da sie der Auffassung war, der Konzern habe sich durch sein Verhalten gegenüber den Gastländern den Verlust seiner Investitionen selbst zuzuschreiben; ebd., S. 231.

355 Mazower, Welt, S. 312.

356 BA B 102/248665, Dr. Sames, Notiz für Herrn MD Dr. Engelmann, betr. Rohstoffpolitik, 27.07.1976, Anlage: Stellungnahme, 13.07.1976, S. 10.

357 Ebd., S. 12.

Schwierigkeiten im Management sinke und die neuen Eigentümer meist nicht das Kapital und Know-how besäßen, um notwendige Investitionen durchzuführen. Überdies würden Unternehmen aus Industrieländern angesichts des politischen Risikos und der fehlenden Rechtssicherheit ihre Investitionen im Globalen Süden stark zurückfahren. Im Endeffekt, so die bundesdeutschen Befürchtungen, verknappe sich somit das Angebot.[358]

Eine weitere Entwicklung, die insbesondere ab 1973 als Bedrohung für die Versorgungssicherheit der westlichen Industriestaaten wahrgenommen wurde, bildete die Gründung weiterer zwischenstaatlicher Rohstoffkartelle oder Produzentenabkommen nach dem Vorbild der OPEC, die 1960 ebenfalls aus dem Streben der Dritten Welt nach voller Souveränität über ihre natürlichen Ressourcen entstanden war.[359] Unter diesen „mini-Opecs“[360] oder „little OPECs“[361] war der Zusammenschluss der kupferexportierenden Staaten, der „Conseil Intergouvernemental de Pays Exportateurs de Cuivre“, der schon in dem Akronym CIPEC die Anlehnung an die OPEC erkennen ließ, am bekanntesten. Chile, Sambia, Zaire und Peru, die zusammen 40 % der Weltproduktion und zugleich 80 % der weltweiten Exporte stellten, hatten CIPEC bereits 1967 gegründet, nachdem sich im Vorjahr die Präsidenten Sambias und Chiles, Kenneth David Kaunda (1924–2021) und Eduardo Frei Montalva (1911–1982) erstmals getroffen hatten. CIPEC stellte somit ein bemerkenswertes Beispiel für die Kooperation zwischen Staaten der Dritten Welt dar, die bis dahin kaum über diplomatische Erfahrungen verfügten. Als zwischenstaatliche Organisation verfügte CIPEC über gewisse permanente Strukturen wie ein Sekretariat mit Sitz in Paris. Die Aufgaben lagen zunächst im Informationsaustausch und der gegenseitigen Unterstützung bei der Verstaatlichung der Kupferindustrie, die alle vier Mitglieder durchführten. CIPEC strebte zudem eine Kooperation mit dem Ziel an, stabil steigende Exporteinnahmen zu erreichen.[362]

---

358 BA B 102/248665, Der interministerielle Staatssekretär-Ausschuß für Rohstoff-Fragen, Zwischenbericht zur Rohstoffpolitik, März 1976, S. 15f.; o.A., „Wir erzwingen die neue Ordnung.“ SPIEGEL-Report über den Konflikt zwischen Rohstoffländern und Industrienationen, in: Der Spiegel 36/1975 (01.09.1975), S. 96–106, hier S. 106; zu Äußerungen der Abgeordneten Ferdinand Breitbach (CDU) und Heinz Rapp (SPD): Deutscher Bundestag, Plenarprotokoll 8/117 (16.11.1978), S. 9083, 9086f.

359 Garavini, Empires, S. 34f. Der spätere spektakuläre Wohlstand einiger OPEC-Staaten lässt den Ursprung in der Bewegung der Dritten Welt leicht vergessen.

360 O.A., Forget those cartels, in: The Economist (15.02.1975), S. 85.

361 Adrian Dicks, Recurrent nightmare for U.S., in: Financial Times (14.03.1974), S. 31.

362 Duncan Money/Hans Otto Frøland/Tshepo Gwatiwa, Africa-EU relations and natural resource governance. Understanding African agency in historical and contemporary perspective, on: Review of African Political Economy 47 (2020), No. 166, S. 585–603, hier S. 589–592; William W. Culver, Intergovernmental Council of Copper Exporting Countries, in: Thomas M. Leonard (Hrsg.), Encyclopedia of U.S.-Latin American Relations. Vol. 2, Los Angeles u.a. 2012, S. 500f.; Mingst, Cooperation; Wolf Radmann, CIPEC – The copper exporting countries, in: INTERECONOMICS 1973, 8, S. 245–249.

Im Unterschied zu CIPEC wurde die „International Bauxite Association" (IBA) erst 1974 und damit nach dem Ölpreisschock von Exporteuren des Aluminiumerzes ins Leben gerufen. Sie erwogen die Möglichkeit, „mit ihrem Bauxit zu verfahren wie die Araber mit ihrem Öl: den Rohstoff knapp und teuer werden zu lassen," wie „Der Spiegel" im März 1974 kommentierte.[363] Die OPEC gab hierzu in dreierlei Hinsicht den Anstoß: Erstens waren die Bauxitförderländer nun mit drastisch gestiegenen Ölpreisen konfrontiert, die sie weniger gut abfedern konnten als die Industrienationen, so dass sie versuchen mussten, ihre Exporteinnahmen ebenfalls dauerhaft zu erhöhen. Der Erfolg der OPEC besaß, zweitens, einen starken Vorbildcharakter und, drittens, ermutigte das Ausbleiben von Vergeltungsmaßnahmen der Industriestaaten gegenüber den Ölförderländern Nachahmer. IBA wurde auf Initiative Jamaikas zusammen mit Guyana, Surinam, Guinea, Sierra Leone, Jugoslawien und Australien gegründet, auf die zusammen 69 % der globalen Bauxitproduktion entfielen. Australien fiel insofern aus der Reihe, als es sich zwar um einen bedeutenden Exporteur von Bauxit, nicht aber um ein Entwicklungsland handelte. Der Beitritt war jedoch auf politischen Druck von anderen Commonwealth-Staaten zurückzuführen. IBA stellte kein eng kooperierendes Kartell dar, sondern die Aufgaben lagen vor allem im Informationsaustausch und der Absprache von Mindestpreisen. Zudem strebten die IBA-Staaten an, einen größeren Teil der Wertschöpfungskette in das Förderland zu verlagern.[364]

Neben CIPEC und IBA entstanden noch weitere Rohstoffkartelle oder Produzentenabkommen, die in der zeitgenössischen Diskussion jedoch meist nur am Rande erwähnt wurden. Sie waren allerdings ebenfalls Teil der Anstrengungen der Dritten Welt, die globale Rohstoffwirtschaft grundlegend umzugestalten. Hierzu zählte die „Association des Pays Exportateurs de Minéral de Fer" (APEF), die 1975 von zunächst sieben Eisenerzexportländern gegründet wurde, sowie im Bereich der Agrarrohstoffe die bereits 1962 gegründete „Cocoa Producers Alliance" (COPAL) und seit 1974 die „Unión de Países Exportadores de Banano" (UPEB). Ähnliche Zusammenschlüsse waren bei weiteren Ressourcen wie Baumwolle, Quecksilber oder Phosphat zumindest im Gespräch.[365] Einen

363 O.A., Bauxit-Kartell, in: Der Spiegel 11/1974 (11.03.1974), S. 82.

364 William W. Culver, International Bauxite Association (IBA), in: Thomas M. Leonard (Hrsg.), Encyclopedia of U.S.-Latin American Relations. Vol. 2, Los Angeles u.a. 2012, S. 501f.; Isaiah A. Litvak/Christopher J. Maule, The International Bauxite Agreement. A commodity cartel in action, in: International Affairs 56 (1980), 2, S. 296–314; C. Fred Bergsten, A new OPEC in bauxite. The success of the International Bauxite Association shows that oil is not unique, in: Challenge 19 (1976), 3, S. 12–20.

365 William W. Culver, Iron Exporting Countries, Association of (APEF), in: Thomas M. Leonard (Hrsg.), Encyclopedia of U.S.-Latin American Relations. Vol. 2, Los Angeles u.a. 2012, S. 510f.; Stephen D. Krasner, Oil is the exception, in: Foreign Policy, No. 14 (1974), S. 68–84; Lourenço S. Paz, International Organization of Banana Exporters (UPEB), in: Thomas M. Leonard (Hrsg.), Encyclopedia of U.S.-Latin American Relations. Vol. 2, Los Angeles u.a. 2012, S. 507; C. Fred Bergsten, The World may have to live with „shortages", in: The New York Times (27.01.1974), S. 3; o.A., Supply cartels may spur inflation, in: The Guardian (13.12.1974), S. 13.

besonderen Fall bildete Zinn. Hier hatten sich bereits seit 1953 Produzenten- und Konsumentenstaaten in dem regelmäßig erneuerten International Tin Agreement mit dem International Tin Council als operativem Arm zusammengeschlossen, um den Markt zu stabilisieren. Diesem Ziel diente eine vereinbarte Preisspanne, Produktionsquoten und ein Ausgleichslager, über das Zinn bei steigenden Preisen verkauft und bei fallenden Preisen aufgekauft werden sollte.[366] Auch wenn es sich im Unterschied zu OPEC, CIPEC und IBA um eine Kooperation zwischen beiden Seiten handelte, hatte zumindest die Bundesregierung den Eindruck, dass im Marktumfeld der 1970er Jahre nur die Erzeugerländer profitierten, da die obere Preisgrenze nicht mehr durch Verkäufe aus dem Ausgleichslager verteidigt werden konnte, nachdem dieses erschöpft war.[367]

Beobachter in den westlichen Industriestaaten sorgten sich nicht nur über die Auswirkungen dieser Rohstoffkartelle auf die jeweiligen Märkte, sondern hegten darüber hinaus die Befürchtung, diese Kartelle könnten – möglicherweise mit finanzieller Unterstützung der OPEC – eine umfassende Allianz bilden. Eine solche Zusammenarbeit würde es für die Verbraucherländer deutlich schwieriger machen, auf die Verknappung eines Rohstoffs mit dessen Substitution durch einen anderen zu reagieren.[368] So weit kam es nie, allerdings knüpften CIPEC, IBA und OPEC 1973/74 tatsächlich Kontakte untereinander.[369]

„Noch vor wenigen Monaten wären solche Töne in den Industrieländern nicht sehr ernst genommen worden,“ schrieb die „Frankfurter Allgemeine Zeitung“ im April 1974 über die Rohstoffkartelle.[370] Nach dem ersten Ölpreisschock jedoch wurden die Erfolgsaussichten von CIPEC, IBA und anderen international sowie auch in der Bundesrepublik breit und durchaus kontrovers diskutiert. Bergsten, der als einer der ersten auf die mögliche Bedrohung des Westens durch die Dritte Welt hingewiesen hatte, bildete die Hauptreferenz für die Auffassung, „that oil is not unique“.[371] Andere Beobachter im Norden waren nach Abwägung der Argumente vorsichtig optimistisch und kamen zu dem Schluss, dass zumindest gegenwärtig andere Rohstoffexportländer nicht über dieselbe Marktmacht verfügten wie die OPEC.[372] Die Mehrheit der Stimmen betonte die Unterschiede zwischen Öl sowie anderen Ressourcen und sah wenig Chancen für die anderen

---

366 Sandhya Chandrasekhar, Cartel in a can. The financial collapse of the International Tin Council, in: Northwestern Journal of International Law and Business 10 (1989/90), 2, S. 309–332, hier S. 311f.

367 BT-Drs. 8/1981, Antwort der Bundesregierung auf die Große Anfrage. Rohstoffpolitik der Bundesregierung, 07.07.1978, S. 10.

368 Hans Jürgensen, Ein Dutzend Rohstoffkartelle?, in: Frankfurter Allgemeine Zeitung (10.04.1974), S. 13; C. Fred Bergsten, The World may have to live with „shortages“, in: The New York Times (27.01.1974), S. 3.

369 Bergsten, OPEC, S. 19; Mingst, Cooperation, S. 274, 286.

370 Hans Jürgensen, Ein Dutzend Rohstoffkartelle?, in: Frankfurter Allgemeine Zeitung (10.04.1974), S. 13.

371 Bergsten, OPEC, S. 20.

372 Wade, Raw materials; Robert H. Swansbrough, The mineral crisis and U.S. interests in Latin America, in: The Journal of Politics 38 (1976), 1, S. 2–24, hier S. 3f.; Mingst, Cooperation, S. 268.

Rohstoffkartelle. In einer direkten Replik auf Bergsten stellte der U.S.-amerikanische Politikwissenschaftler Stephen D. Krasner (geb. 1942) die Gegenthese auf: „Petroleum is the exception, not the rule.“[373] Damit ein internationales Rohstoffkartell funktioniere, sah Krasner die folgenden Bedingungen als notwendig an:

- eine wenig preiselastische Nachfrage,
- hohe Markteintrittsbarrieren bzw. ein wenig preiselastisches Angebot von neuen Anbietern außerhalb des Kartells,
- eine hohe Marktkonzentration mit wenigen Anbietern, um die Organisationskosten gering zu halten,
- gemeinsame Erfahrungen der Kartellmitglieder,
- fehlender Widerstand auf der Konsumentenseite oder sogar Kooperationsbereitschaft wie im Fall der internationalen Ölgesellschaften,
- die Fähigkeit, eine langfristige Perspektive einzunehmen, indem die Kartellmitglieder aufgrund hoher Devisenreserven kurzfristige Einnahmeverluste tolerieren können,
- gemeinsame (nicht-ökonomische) Werte oder Anliegen, die den Zusammenhalt der Kartellmitglieder stärken.

Krasner zufolge waren die letzten drei Bedingungen für ein erfolgreiches Rohstoffkartell bei der OPEC, nicht aber bei den anderen Kartellen der Dritten Welt gegeben, dies würde freilich weitere Versuche in dieser Richtung nicht ausschließen.[374] Auch weitere Wissenschaftler räumten CIPEC, IBA und anderen langfristig keine ähnlichen Erfolgschancen wie der OPEC ein, auch wenn sie durchaus kurzfristig Inflation und Arbeitslosigkeit in den Industriestaaten in die Höhe treiben könnten.[375]

Nachdem der erste Schock von 1973/74 vorbei war, setzte sich auch in der Bundesrepublik eine grundlegende Skepsis gegenüber den Erfolgsaussichten der Rohstoffkartelle durch. Ein umfangreicher Bericht des „Spiegel“ über den Konflikt zwischen Rohstoffexportstaaten und Industrienationen vom September 1975 zitierte zwar noch Bergsten, kam dann aber zu dem Fazit, dass OPEC-Nachahmer wie CIPEC und IBA durch Devisenknappheit und politische Differenzen zwischen den Mitgliedstaaten zum Scheitern verurteilt waren.[376] Ähnlich beurteilte im März des folgenden Jahres der nicht-öffentliche Zwischenbericht des Staatssekretär-Ausschusses für Rohstoff-Fragen die Lage: Weitere Rohstoffkartelle seien nicht zu erwarten, da die geografische Streuung bei den meisten

373 Krasner, Oil, S. 68.

374 Ebd., S. 73–79.

375 O.A., Supply cartel may spur inflation, in: The Guardian (13.12.1974), S. 13; o.A., Forget those cartels, in: The Economist (15.02.1975), S. 85; Edward R. Fried, International trade in raw materials. Myths and realities, in: Science, Vol. 191, Issue 4228 (20.02.1976), S. 641–646.

376 O.A., „Wir erzwingen die neue Ordnung.“ SPIEGEL-Report über den Konflikt zwischen Rohstoffländern und Industrienationen, in: Der Spiegel 36/1975 (01.09.1975), S. 96–106, hier S. 101–103.

Rohstoffen ebenso wie die politischen Differenzen unter den Förderländern zu groß seien. Die Devisenknappheit und die hohen Fixkosten beim Bergbau schlossen überdies bei den meisten Entwicklungsländern eine Einschränkung der Produktion als Voraussetzung für eine erfolgreiche Kartellpolitik aus. Durch die Erfahrung mit Rohstoffkartellen wie CIPEC bis 1976 sah sich der Ausschuss in dieser Einschätzung bestätigt.[377] Schließlich äußerte sich die Bundesregierung auch in ihrer Antwort auf eine Große Anfrage der Unionsfraktion zur Rohstoffpolitik 1978 in ähnlicher Weise.[378] Allerdings zeigen diese Äußerungen auch, dass Fragen nach diesen Kartellen und deren Chancen, erfolgreich in die Fußstapfen der OPEC zu treten, bis zum Ende des Jahrzehnts immer wieder gestellt wurden.

Nach dem Frühjahr 1974 legte sich der Pulverdampf zunächst in dem Maße, in dem auch die Preise für Metalle und andere Rohstoffe wieder nachgaben. Dennoch blieben die politischen Risiken für die Rohstoffversorgung zumindest bis zum Ende des Jahrzehnts in der Bundesregierung auf der Tagesordnung. 1978/79 kam es sogar zu einem kurzen Wiederaufflackern des Themas. Dies war nicht nur der „Chomeini-Hausse“[379] auf dem Energiemarkt, dem zweiten Ölpreisschock nach der iranischen Revolution, geschuldet. Hinzu kamen Sorgen über die Versorgung mit Metallen aus dem südlichen Afrika, nachdem die weißen Minderheitenregime in Rhodesien und der Republik Südafrika, die bisher als zuverlässige pro-westliche Lieferanten von Chrom und Mangan galten, politisch und militärisch zunehmend unter Druck gerieten.[380] Erst anschließend ebbte die Beschäftigung mit dem Thema ab, da offensichtlich geworden war, dass die vermeintliche Rohstoffmacht der Dritten Welt tatsächlich so nicht existierte (s. Kap. 5.1).

Dies stand jedoch während der 1970er Jahre noch lange nicht fest. Die Tatsache, dass die Erzproduzenten bislang nicht den Erfolg der OPEC hatten wiederholen können und dass sich die Marktlage wieder entspannt hatte, so 1975 der Vorstandsvorsitzender der Preus-

377 BA B 102/248665, Der interministerielle Staatssekretär-Ausschuß für Rohstoff-Fragen, Zwischenbericht zur Rohstoffpolitik, März 1976, S. 15f.

378 „Die bisherigen kartellartigen Zusammenschlüsse von Rohstoffproduzenten haben bisher zu keiner Verengung des Rohstoffangebots geführt. Eine wirksame gemeinsame Preis- und Mengensteuerung ist aufgrund der unterschiedlichen Interessenlage der Erzeugerländer nicht zu erwarten.“ BT-Drs. 8/1981, Antwort der Bundesregierung auf die Große Anfrage: Rohstoffpolitik der Bundesregierung, 07.07.1978, S. 2.

379 O.A., Währungsreserven für Rohstofflager, in: Frankfurter Allgemeine Zeitung (01.03.1979), S. 11.

380 Aufgrund eines UN-Embargos waren Rohstoffimporte aus Rhodesien seit 1968 an sich nicht zulässig. Bundesdeutsche Quellen sprechen daher meist bewusst vage von Einfuhren aus dem „südlichen Afrika“ bzw. subsummierten Güter aus Rhodesien unter die Importe aus der Republik Südafrika; BA B 102/248666, Fünfte Sitzung des interministeriellen Staatssekretärausschusses für Rohstoff-Fragen, 12.05.1978; BT-Drs. 8/1981, Antwort der Bundesregierung auf die Große Anfrage: Rohstoffpolitik der Bundesregierung, 07.07.1978, S. 3f. Zu Südafrika als Rohstofflieferanten und Handelspartner der Bundesrepublik, s.a. BDI, Jahresbericht des Bundesverbandes der Deutschen Industrie 1975/76, Köln 1976, S. 145.

sag, Saßmannshausen, sei kein Anlass für eine Entwarnung, da bei einem erneuten Anziehen der Konjunktur wieder „Verknappungsandrohungen und Hochpreispolitik Auswirkungen auf die Industrieländer haben können."[381] Das Nachrichtenmagazin „Der Spiegel" sah das Thema im September 1975 als hinreichend aktuell an, um einen mehrseitigen „Report über den Konflikt zwischen Rohstoffländern und Industrienationen" zu drucken,[382] und im Bundestag stellte die Fraktion der CDU/CSU 1975 und 1978 Anfragen an die Regierung zu den Themen „Rohstoffsicherung" bzw. „Rohstoffpolitik der Bundesregierung", in denen sie jeweils der sozialliberalen Koalition Untätigkeit auf diesem Gebiet vorwarf.[383] In der Einschätzung der rohstoffpolitischen Situation lagen Regierung und Opposition freilich nicht weit auseinander.[384] Der interministerielle Staatssekretär-Ausschuss für Rohstoff-Fragen legte im Frühjahr 1976 einen Zwischenbericht vor, der im Bundeskabinett, aber auch in verschiedenen Gremien des BDI beraten wurde.[385] Der Ausschuss, der sich mit volkswirtschaftlich wichtigen Rohstoffen, insbesondere NE-Metallen, nicht aber Energieträgern beschäftigte, tagte noch 1978.[386]

Typische Begriffe dieser Debatte über „Rohstoffpolitik" waren „Rohstoffsicherung", „rohstoffpolitisches Gesamtkonzept" „Rohstofflücke" und „Versorgungslücken" oder auch „Rohstoffbewußtsein" und der „zunehmende Wirtschaftsnationalismus in der Dritten Welt".[387] Bundeswirtschaftsminister Otto Graf Lambsdorff (1926–2009) definierte das Ziel der Rohstoffpolitik 1978 als „die Sicherung der Rohstoffversorgung der importabhängigen Bundesrepublik durch die Minderung des Abhängigkeitsrisikos."[388] Aus Sicht der Zeitgenossen stand in der Rohstoffpolitik für Staaten wie die Bundesrepublik viel auf dem Spiel. Saßmannshausen von der Preussag betonte 1975 die Bedeutung von

381 Saßmannshausen, Bergbau, S. 7, 14.

382 O.A., „Wir erzwingen die neue Ordnung." SPIEGEL-Report über den Konflikt zwischen Rohstoffländern und Industrienationen, in: Der Spiegel 36/1975 (01.09.1975), S. 96–106.

383 BT-Drs. 7/4366, Kleine Anfrage: Rohstoffsicherung, 28.11.1975; BT-Drs. 8/1681, Große Anfrage: Rohstoffpolitik der Bundesregierung, 04.04.1978; Deutscher Bundestag, Plenarprotokoll 8/117 (16.11.1978), S. 9079–9135.

384 „In weiten Bereichen gibt es zwischen Opposition und Koalition mehr Gemeinsamkeiten als Trennendes, auch wenn die CDU/CSU in ihrer Anfrage den Vorwurf erhoben hat, die Bundesregierung hätte kein in sich geschlossenes rohstoffpolitisches Konzept entwickelt", so der Abgeordnete Joachim Angermeyer (FDP), in: Deutscher Bundestag, Plenarprotokoll 8/117 (16.11.1978), S. 9088.

385 BA B102/248665, Der Bundesminister für Wirtschaft an den Chef des Bundeskanzleramtes, betr. Zwischenbericht zur Rohstoffpolitik des Interministeriellen Staatssekretär-Ausschusses für Rohstoff-Fragen, 16.03.1976; BDI, Jahresbericht des Bundesverbandes der Deutschen Industrie 1975/76, Köln 1976, S. 153.

386 BA B 102/248666, Fünfte Sitzung des interministeriellen Staatssekretärausschusses für Rohstoff-Fragen, 12.05.1978.

387 BT-Drs. 8/1681, Große Anfrage: Rohstoffpolitik der Bundesregierung, 04.04.1978, S. 1–3; Saßmannshausen, Bergbau, S. 10; BA B 102/248665, Der interministerielle Staatssekretär-Ausschuß für Rohstoff-Fragen, Zwischenbericht zur Rohstoffpolitik, März 1976, S. 8.

388 Otto Graf Lambsdorff, in: Deutscher Bundestag, Plenarprotokoll 8/117 (16.11.1978), S. 9092.

Rohstoffen für die bisherige Entwicklung der Industrienationen und warnte, dass ihre global ungleiche Verteilung verbunden mit dirigistischen Maßnahmen der Exportstaaten „schnell zum Niedergang einiger importabhängiger Industrieländer führen“ könne.[389] Das Wirtschaftswachstum, die technologische Entwicklung, die internationale Wettbewerbsfähigkeit und damit auch die Sicherung von Arbeitsplätzen in der Bundesrepublik sah die CDU/CSU-Fraktion in Gefahr, wenn die Rohstoffversorgung nicht länger sichergestellt sei.[390] 1978 verwendete eine Publikation drastische, medizinische Metaphern, um die Folgen einer Versorgungsunterbrechung zu beschreiben. Die Folgen wären eine „sich ausweitende Lähmung des motorischen Zentrums der Industrienationen, hektische Suche nach Ersatzmaterialien – wirtschaftlicher Schockzustand“ sowie „Rohstoff-Embolien“.[391] Hierbei handelte es sich aber um eine Veröffentlichung des deutschen Tiefseebergbau-Konsortiums, das ein handfestes Interesse daran besaß, die bestehenden Versorgungsrisiken in düsteren Farben zu malen, um die Notwendigkeit neuer Rohstoffquellen zu betonen. Die Bundesregierung versuchte demgegenüber in den 1970er Jahren eher zu beruhigen und die Angemessenheit der von ihr bereits getroffenen Maßnahmen herauszustreichen, ohne die Herausforderungen zu leugnen. Sie kam daher 1975 zu dem Schluss, dass „[a]kute Risiken für die Versorgung der deutschen Wirtschaft“ nicht bestünden, wohl aber mittel- und langfristig erkennbare Probleme.[392]

3.3.3 Neomalthusianismus: die erwartete Erschöpfung der Rohstoffreserven

Neben den Risiken für die Rohstoffversorgung, die nach dem Muster des Ölpreisschocks von dem Konflikt zwischen Produzenten- und Konsumentenländern ausgingen, gab es in den 1970er Jahren ein weiteres Bedrohungsszenario, das Schatten auf die zukünftige Ressourcenversorgung der Industriestaaten warf. Hierbei handelte es sich um neomalthusianische Prognosen über eine physische Erschöpfung der Rohstofflagerstätten bzw. ein wachsendes Missverhältnis zwischen den verfügbaren Ressourcen einerseits und dem globalen Bevölkerungs- und Wirtschaftswachstum andererseits.[393] Die einflussreichste Publikation auf diesem Feld stellte zweifellos die im Auftrag des Club of Rome von einer Forschergruppe am Massachusetts Institute of Technology verfasste Studie „Limits to Growth“ („Die Grenzen des Wachstums“) dar. Sie erschien 1972 in den USA und bald darauf in vielen Übersetzungen und wurde zu einem vieldiskutierten, internationalen

389 Saßmannshausen, Bergbau, S. 40.

390 BT-Drs. 7/4366, Kleine Anfrage: Rohstoffsicherung, 28.11.1975, S. 1; BT-Drs. 8/1681, Große Anfrage: Rohstoffpolitik der Bundesregierung, 04.04.1978, S. 1f.

391 Boin, Manganknollen, S. 6.

392 BT-Drs. 7/4479, Antwort der Bundesregierung auf die Kleine Anfrage: Rohstoffsicherung, 15.12.1975, S. 1. Sehr ähnlich BA B 102/248665, Der interministerielle Staatssekretär-Ausschuß für Rohstoff-Fragen, Zwischenbericht zur Rohstoffpolitik, März 1976, S. 1.

393 Sanders/Sandvik/Storli, Introduction, S. 7.

Bestseller.[394] Für den Fall, dass es nicht zu einschneidenden wirtschaftspolitischen Änderungen am bisherigen Wachstumskurs komme, lautete die eschatologische Kernaussage des Buches:

> „Wenn die gegenwärtige Zunahme der Weltbevölkerung, der Industrialisierung, der Umweltverschmutzung, der Nahrungsmittelproduktion und der Ausbeutung von natürlichen Rohstoffen unverändert anhält, werden die absoluten Wachstumsgrenzen auf der Erde im Laufe der nächsten hundert Jahre erreicht. Mit großer Wahrscheinlichkeit führt dies zu einem ziemlich raschen und nicht aufhaltbaren Absinken der Bevölkerungszahl und der industriellen Kapazität."[395]

Zwar stützte der Bericht seine düstere Prognose mindestens ebenso sehr auf die Seite des Outputs, also Emissionen und Umweltdegradation, wie auf den Input, die Rohstoffversorgung, allerdings erfuhren die Annahmen des Berichts über die Reichweite mineralischer Ressourcen besondere Beachtung. Die Prognosen des Berichts waren nicht völlig simplizistisch, sondern berechneten unterschiedliche Reichweiten: einen „statischen Index", basierend auf den bekannten Reserven und der gegenwärtigen Verbrauchsrate, einen „exponentiellen Index" unter der Annahme, dass der Verbrauch weiter wie gegenwärtig wächst, sowie diesen exponentiellen Index bei angenommener fünffacher Menge der Reserven (s. Tabelle 4).[396]

Tabelle 4: Prognosen über die Reichweite wichtiger Rohstoffe in Jahren (Datum) (Meadows et al., Grenzen, S. 46–48).

	Statischer Index in Jahren	Exponentieller Index in Jahren	Exponentieller Index bei angenommener 5facher Menge der Reserven
Aluminium	100 (=2072)	31 (=2003)	55 (=2027)
Chrom	420 (=2392)	95 (=2067)	154 (=2126)
Kobalt	110 (=2082)	60 (=2032)	148 (=2120)
Kupfer	36 (=2008)	21 (=1993)	48 (=2020)
Mangan	97 (=2069)	46 (=2018)	94 (=2066)
Nickel	150 (=2122)	53 (=2025)	96 (=2058)
Erdöl	31 (=2003)	20 (=1992)	50 (=2022)

„Die Grenzen des Wachstums" erschien zu einem für den Erfolg des Buches sehr günstigen Zeitpunkt. Wie bereits dargestellt, befanden sich bestimmte Rohstoffmärkte 1972 schon in einer Aufwärtsbewegung, wenig später setzten dann in den USA und anderen Staaten auch für den Verbraucher spürbare Verknappungen ein, und schließlich markierte der Ölpreisschock ab Oktober 1973 das Ende der seit zwei Jahrzehnten andauernden Wachstumsperiode. Zudem war das Buch Teil der größeren „ökologischen Revolution" um 1970, die am Beginn des modernen Umweltbewusstseins stand und nicht zuletzt in

394 Meadows et al., Grenzen. Zu der Studie Kupper, Weltuntergangsvision; Freytag, Bombe.
395 Meadows et al., Grenzen, S. 17.
396 Ebd., S. 45, 50–54.

der Tatsache wurzelte, dass die anthropogenen Veränderungen der Erde bis dahin an Umfang und Geschwindigkeit in bisher nicht gekannter Weise zugenommen hatten.[397]

Die Studie stand dementsprechend nicht allein. Paul R. Ehrlich hatte schon in dem ebenfalls zum Bestseller geworden Buch „The Population Bomb“ von 1968 eher noch alarmistischer als Meadows und seine Mitautoren auf das zunehmende Missverhältnis von Bevölkerungswachstum und begrenzten (Nahrungs-)Ressourcen hingewiesen.[398] Sechs Jahre später veröffentlichten Ehrlich und seine Ehefrau, Anne H. Ehrlich, „The End of Affluence.“ Hier deuteten die Ehrlichs die damals aktuellen Versorgungsprobleme („the sudden, seemingly mysterious shortages and the widespread inflation that have plagued the world“) als Vorboten einer nahen Zukunft, die national und global von Verknappung und erbitterter Konkurrenz um die verbliebenen Ressourcen („a worldwide age of scarcity“) geprägt sein werde. Abschließend erhielt der Leser praktische Tipps für die Einlagerung von Thunfischdosen, Milchpulver, Vitamintabletten und Feuerholz für das individuelle Überleben in den kommenden Jahren.[399] Damit leitete das Buch über auf die frühe Prepper-Bewegung.[400]

Die zwei Szenarien – der politisch-wirtschaftliche Konflikt zwischen Produzenten- und Verbraucherstaaten sowie die physische Erschöpfung der Rohstoffreserven – schlossen sich keineswegs aus. Vielmehr konnten die Neomalthusianer argumentieren, dass politische oder auch militärische Konflikte um Ressourcen gerade das Ergebnis einer faktischen Verknappung seien.[401] Die Thesen des Berichts an den Club of Rome stießen auf eine enorme Resonanz, aber auch auf scharfe Kritik von Ökonomen ebenso wie von Vertretern der marxistischen Linken und der Dritten Welt.[402] In der bundesdeutschen Diskussion bildete die Frage der Ressourcenerschöpfung ebenfalls einen häufig wiederkehrenden Punkt, der allerdings in der Regel zurückgewiesen wurde, indem man stattdessen die politischen Aspekte betonte. Schon 1969 und damit deutlich vor „Limits to Growth“ betonte das Handelsblatt, dass beim Erzbergbau nicht mit einer physischen Erschöpfung, wohl aber mit steigenden Kosten aufgrund der Nutzung ärmerer Erze zu rechnen sei.[403] Im gleichen Jahr wiesen auch Mitarbeiter des BMWi in einem Artikel über die Nickelversorgung Bedenken über die Erschöpfung der Reserven zumindest für die nächsten Jahrzehnte zurück.[404] Dass „die stärkere Politisierung des Rohstoffproblems“ und nicht Sorgen über eine mögliche Erschöpfung der Reserven bis zum Jahr 2000 den Anlass für

---

397 Joachim Radkau, Die Ära der Ökologie. Eine Weltgeschichte, München 2011, S. 124–164.
398 Ehrlich, Population Bomb; Höhler, Wissenschaft.
399 Ehrlich/Ehrlich, End; Zitate S. 4, 21; individuelle Vorbereitung S. 239–257.
400 Vgl. Howard J. Ruff, Famine and Survival in America, Salt Lake City 1974.
401 Meadows et al., Grenzen, S. 55f.; Ehrlich/Ehrlich, End, S. 95, 97.
402 Kupper, Weltuntergangsvision, S. 103–105.
403 Werner Freyberg, Rohstoffversorgung für Deutschland muß langfristig gesichert werden, in: Handelsblatt (21./22.11.1969), S. 29.
404 Pasdach/Sames, Vorausschau, S. 170.

ein Überdenken der eigenen Versorgungssituation bildete, war auch 1975 die Überzeugung des Preussag-Vorstandsvorsitzenden Saßmannshausen.[405] In den beiden parlamentarischen Anfragen der CDU/CSU-Fraktion zur Rohstoffversorgung von 1975 und 1978 stand die Frage nach der Reichweite dennoch an prominenter Stelle. Die Bundesregierung antwortete, indem sie entsprechende Statistiken bereitstellte, die diese Sorgen auch langfristig nicht bestätigten, und verwies 1975 wiederum vor allem auf die politisch-ökonomischen Probleme der Rohstoffversorgung:

> „Aus dieser Darstellung ergibt sich, daß unter dem Gesichtspunkt der geologischen Reserven auch langfristig mit Erschöpfung der Ressourcen nicht zu rechnen ist. Die tatsächliche Verfügbarkeit dieser Reserven und damit die Sicherung der Versorgung hängen jedoch davon ab, daß die Lagerstätten ohne Störung erschlossen und abgebaut sowie die Bergbaukapazität entsprechend der weltweit steigenden Nachfrage ausgebaut werden.“[406]

Die Antwort der Bundesregierung auf die entsprechende Anfrage von 1978 fiel ähnlich aus. Das statistische Material zur Reichweite der Weltreserven, welches die Bundesregierung jeweils ihren Antworten beifügte, enthielt dabei Werte, die an sich nicht grundsätzlich von den Annahmen aus „Limits to Growth“ abwichen. Auch hier ergaben sich errechnete Reichweiten, die meist nur etwa bis Mitte des 21. Jahrhunderts reichten, was jedoch als in langfristiger Perspektive ausreichend betrachtet wurde.[407] Dies erklärt sich auch daraus, dass die Vorstellung der Bundesregierung von Rohstoffvorräten deutlich dynamischer als die von Meadows et al. war. Die Daten aus der Antwort auf die Anfrage von 1975 waren mit dem Zusatz versehen, dass sie ohne eine „ausreichende Zufundrate“ berechnet waren. Bedeutende Zufunde erwartete die Bundesregierung u.a. auch in den Ozeanen:

> „Eine Verbesserung der Reservesituation könnte sich langfristig aus der Erschließung der marinen Rohstoffquellen ergeben. Eine Realisierung der Tiefseebergbauvorhaben würde eine kontinuierlich produzierende Rohstoffquelle für Kupfer, Nickel, Kobalt und gegebenenfalls Mangan darstellen.“[408]

In ihrer Antwort von 1978 betonte die Bundesregierung noch stärker die Dynamik des Reservenbegriffs (s. Kap. 1.1), indem sie darauf hinwies, dass zumindest bislang die neu entdeckten Reserven stets größer als der Verbrauch gewesen seien. Außerdem nehme die Bedeutung von Substitution und Recycling zu.[409] In dieser Frage dürfte ein Konsens zwi-

405 Saßmannshausen, S. 40.
406 BT-Drs. 7/4479, Antwort der Bundesregierung auf die Kleine Anfrage: Rohstoffsicherung, 15.12.1975, S. 1.
407 Ebd., S. 19; BT-Drs. 8/1981, Antwort der Bundesregierung auf die Große Anfrage: Rohstoffpolitik der Bundesregierung, 07.07.1978, S. 22.
408 BT-Drs. 7/4479, Antwort der Bundesregierung: Kleine Anfrage Rohstoffsicherung, 15.12.1975, S. 2.
409 BT-Drs. 8/1981, Antwort der Bundesregierung auf die Große Anfrage: Rohstoffpolitik der Bundesregierung, 07.07.1978, S. 2.

schen Regierung und Opposition bestanden haben, denn der Unions-Abgeordnete Ferdinand Breidbach (geb. 1938), der bei beiden Anfragen federführend gewesen war, nutzte die Bundestagsdebatte zu diesem Thema 1978, um sich von „den Nachfolger[n] von Malthus im Club of Rome“ und ihrem „Zukunftspessimismus“ abzugrenzen, da das eigentliche Problem in „der politischen Manipulation der Rohstoffmärkte“ liege.[410]

Nichtsdestoweniger prägte die breite gesellschaftliche Rezeption von „Limits to Growth“ den Zeitgeist und trug dazu bei, das Thema der Rohstoffversorgung auf der öffentlichen Agenda zu halten. Daher wurden im Rückblick später vielfach die Tiefseebergbauprojekte der 1970er Jahre mit den Prognosen des „Club of Rome“ in Verbindung gebracht,[411] obwohl sich die politischen Akteure, zumindest in der Bundesrepublik, klar von dessen Positionen abgrenzten und obwohl es gerade nicht die Intention der Forschergruppe um Meadows gewesen war, die Ressourcenausbeutung auf weitere, bisher kaum berührte Teile der Erde wie den Meeresboden auszudehnen.

3.3.4 Maßnahmen zur Sicherstellung der Rohstoffversorgung

Westliche Industriestaaten wie die Bundesrepublik begannen bereits seit den späten 1960er Jahren diverse Maßnahmen zu treffen, um ihre Versorgungssicherheit bei metallischen Rohstoffen zu verbessern. Dabei war man sich bewusst, dass es nur um eine relative Verbesserung der Versorgungssicherheit gehen konnte. „Absolute Sicherheiten wären zu teuer“, wie es ein Vertreter des BMWi schon 1970 ausdrückte.[412] Die wichtigsten dieser Maßnahmen zielten auf die Diversifizierung und Verbreiterung des Ressourcenbezugs. In diesem Kontext stand auch das Projekt des Tiefseebergbaus.[413] Deutschland besaß, wie bereits erwähnt, aus den Jahren 1914–1918 und 1933–1945 beträchtliche Erfahrungen mit Autarkiestreben und Importsubstitution, insbesondere auch auf dem Gebiet von Metallrohstoffen. Dennoch oder gerade deshalb wurde diese Option zwar gelegentlich angesprochen, dann aber sofort verworfen: Die schmale eigene Rohstoffbasis und die hohe Exportorientierung der eigenen Wirtschaft sprachen dagegen. „Ein Rückzug aus der Weltwirtschaft,“ so die „Frankfurter Allgemeine Zeitung“ im November 1973, „wäre jedenfalls das Ende alles dessen, was seit 1948 in der Bundesrepublik aufgebaut worden

410 Ferdinand Breidbach, in: Deutscher Bundestag, Plenarprotokoll 8/117 (16.11.1978), S. 9079f.

411 Rüdiger Kühn, Meeresrohstoffe. Nach Aufbruchstimmung in den Siebzigern heute nur noch für Experten ein Thema, in: Handelsblatt (11.04.1986), S. 44; Rainer Fellerer, Hat der Tiefseebergbau eine Zukunft?, in: Marine Technology 17 (1986), 2, S. 51–58, hier S. 56; Bernd Greger, Ganz tief unten bei den Manganknollen, in: Handelsblatt (28.06.1989), S. 27; Glasby, Deep seabed mining, S. 162.

412 Lantzke, Sicherung, S. 6.

413 Ausführlicher zu den rohstoffpolitischen Maßnahmen Sparenberg, Security, S. 206–216; ders., Commodity crisis, S. 352–357.

ist."[414] Ebenfalls mit stillschweigendem Bezug auf die NS-Zeit warnte im Januar 1974 auch der Bankier und Unternehmer Alwin Münchmeyer (1908–1990) auf dem oben erwähnten Treffen im Kanzlerbungalow:

> „... vor dem Rückfall in eine künstliche Autarkie, also in das Denken, jedes Land müsse um jeden Preis nur sich selbst versorgen und notfalls lediglich bilaterale Verträge abschließen. Vielmehr komme es bei der Rohstoffversorgung darauf an, das politische Risiko zu streuen, sich also nicht von einer einzigen Quelle abhängig zu machen. Man dürfe nicht von einem Extrem ins andere fallen."[415]

Obwohl Selbstversorgung somit nicht als eine Option galt und spektakuläre Neufunde in dem gründlich untersuchten Gebiet der Bundesrepublik nicht zu erwarten waren, empfahl der Rohstoffexperte Friedensburg 1972, dennoch mit aktuellen Explorationsmethoden insbesondere in größeren Tiefen nach neuen heimischen Lagerstätten zu suchen.[416] Tatsächlich lief von 1978 bis 1982 das „Bundesbohrprogramm" im Westharz, mit dem die Grundlagen für eine mögliche kommerzielle Prospektion gelegt werden sollten.[417] Praktische Folgen für die deutsche Erzversorgung hatte das Programm allerdings nicht.

Recycling, Substitution und der Einsatz rohstoffsparender Technologien wurden von Regierung und Wirtschaft vielfach als Reaktion auf Verteuerung und gefährdete Versorgungssicherheit genannt, wobei auch auf den ökologischen Nutzen hingewiesen wurde.[418] Der Anteil der Rückgewinnung am Gesamtbedarf lag bei vielen Metallen jedoch bereits relativ hoch: 44 % bei Eisen und Stahl, 31 % bei Aluminium und 22 % bei Kupfer.[419] Ein grundlegendes Problem beim Recycling, auf das bereits 1969 Mitarbeiter des BMWi hinwiesen, lag überdies darin, dass bei steigendem Verbrauch eines Metalls der Schrottanfall

---

414 Jürgen Eick, Liebäugeln mit der Autarkie?, in: Frankfurter Allgemeine Zeitung (03.11.1973), S. 1. Ähnlich Lantzke, Sicherung, S. 6; Friedensburg, Versorgung, S. 47; Ferdinand Breidbach, in: Deutscher Bundestag, Plenarprotokoll 8/117 (16.11.1978), S. 9081.

415 BA B 102/156838, Referent I/2 RD Dr. Merkel, Vermerk betr. Kurzprotokoll über den Verlauf des Gesprächs über Fragen der Rohstoffversorgung am 21. Januar 1974 im Kanzlerbungalow, 29.01.1974, S. 2.

416 Friedensburg, Versorgung, S. 40f., 47. Ähnlich empfahl auch der Staatssekretärausschuss 1976 weitere Explorationen, obwohl keine Wunder erwartet wurden: „Der Versorgungsbeitrag aus den heimischen Vorkommen wird sich aufgrund der geologischen Strukturen in relativ engen Grenzen halten, kann jedoch u.U. ein Sicherheitspolster im Falle von Versorgungsstörungen darstellen"; BA B 102/248665, Der interministerielle Staatssekretär-Ausschuß für Rohstoff-Fragen, Zwischenbericht zur Rohstoffpolitik, März 1976, S. 37.

417 B 102/248666, Fünfte Sitzung des interministeriellen Staatssekretärausschusses für Rohstoff-Fragen, 12.05.1978; Friedrich Bender, Vorwort, in: Geologisches Jahrbuch. Reihe D, H. 78 (1986), S. 4.

418 Otto Graf Lambsdorff, in: Deutscher Bundestag, Plenarprotokoll 8/117 (16.11.1978), S. 9093; Saßmannshausen, Bergbau, S. 19; BT-Drs. 8/3024, Bundesbericht Forschung VI, 28.06.1979, S. 50.

419 Saßmannshausen, Bergbau, S. 24; Hans-Günther Stalp, Tiefseebergbau zwischen nationaler Rohstoffvorsorge und internationaler Wirtschaftsordnungspolitik, in: Wolfgang Graf Vitzthum (Hrsg.), Die Plünderung der Meere. Ein gemeinsames Erbe wird zerstückelt, Frankfurt a.M. 1981, S. 215–230, hier S. 215.

stets der Nachfrage hinterherhinkt, insbesondere wenn der Rohstoff in langlebigen Investitionsgütern verbaut wurde.[420] Nickelhaltiger Schrott war daher während der Nickelkrise ebenfalls knapp.[421]

Eine weitere Reaktion von Industriestaaten wie der Bundesrepublik auf die Bedrohung ihrer Rohstoffversorgung bestand darin, zumindest ein Stück weit auf die Staaten der Dritten Welt zuzugehen. Dies war bereits die Empfehlung von Bergsten gewesen.[422] In der bundesdeutschen Presse fanden sich Stimmen, die angesichts der Probleme der Entwicklungsländer eingestanden, dass die Industriestaaten moralisch gesehen in keiner starken Position waren.[423] In einer Bundestagsdebatte 1979 bekannten sich Redner von beiden großen Parteien dazu, die Lage der Entwicklungsländer mitzuberücksichtigen, wobei jedoch die SPD viel ausführlicher die Asymmetrien in der bisherigen Weltwirtschaftsordnung ansprach, die die Entwicklungsländer belasteten.[424] Auch die Bundesregierung unterschied intern zwischen „z.T. berechtigten“ (wie gleichwertige Partnerschaft, stabile, angemessene Exporterlöse, etc.) und „z.T. weit überzogenen Forderungen“ (wie freier Zugang auch zu privaten Technologien, Enteignungen ohne Beachtung völkerrechtlicher Regeln) der Dritten Welt.[425] Kooperationen seien durchaus noch möglich, so die Bundesregierung, weil viele Entwicklungsländer in bilateralen Gesprächen weniger kämpferisch aufträten als in internationalen Foren und auch bereit seien, Investitionen zu schützen.[426] Auf nationaler Ebene folgte hieraus u.a. die Verknüpfung von Entwicklungshilfe und Rohstoffpolitik,[427] auf europäischer Ebene vor allem die Lomé-Abkommen. Das Lomé-I-Abkommen, das 1975 zwischen den neun Mitgliedern der EWG und 46 ehemaligen Kolonien in Afrika, der Karibik und dem Pazifik (AKP-Staaten) geschlossen wurde, verschaffte letzteren für ihre Exporte weitgehend zollfreien Zugang zum europäischen

420 Pasdach/Sames, Vorausschau, S. 169f.

421 BA B 102/127601, Edelstahlvereinigung e.V. an den Herrn Bundesminister für Wirtschaft, betr. Verbot der Ausfuhr von nickelhaltigem Schrott in den USA, 28.06.1967; BA B 102/258836, Referat III C 4, Aufzeichnung zur Eingabe der Edelstahlvereinigung e.V., Düsseldorf, vom 6. September 1968 betreffend Sicherung der Versorgung der Bundesrepublik Deutschland mit Nickel, 17.10.1968, S. 2.

422 Bergsten, Threat, S. 111.

423 Rudolf Herlt, Das Tribunal der Zornigen, in: Die Zeit (19.04.1974), S. 1; o.A., „Wir erzwingen die neue Ordnung“. SPIEGEL-Report über den Konflikt zwischen Rohstoffländern und Industrienationen, in: Der Spiegel 36/1975 (01.09.1975), S. 96–106, hier S. 97.

424 Deutscher Bundestag, Plenarprotokoll 8/117 (16.11.1978), S. 9081, 9086.

425 PA AA B 1(ZA) 178639, AA, BMF, BMWi, BML, BMFT, BMZ, Tischvorlage betr.: Gesamtkonzept für die Nord-Süd-Verhandlungen, 30.04.1976, S. 3.

426 BA B 102/248665, Der interministerielle Staatssekretär-Ausschuß für Rohstoff-Fragen, Zwischenbericht zur Rohstoffpolitik, März 1976, S. 23; BT-Drs. 8/1981, Antwort der Bundesregierung auf die Große Anfrage: Rohstoffpolitik der Bundesregierung, 07.07.1978, S. 5.

427 BA B 102/248665, Der interministerielle Staatssekretär-Ausschuß für Rohstoff-Fragen, Zwischenbericht zur Rohstoffpolitik, März 1976, S. 29f. Während das Bundesministerium für wirtschaftliche Zusammenarbeit die entwicklungspolitische Ausrichtung betonte, forderte das BMWi eine bevorzugte Förderung solcher Projekte, die auch der bundesdeutschen Rohstoffversorgung dienten: BA B 102/156838, Referat III A 3, betr. Vorbereitung einer Ressortbesprechung zur nächsten Sitzung des interministeriellen Staatssekretärausschusses für Rohstoffragen, 05.02.1974, Anlage: Technische Hilfe und Kapitalhilfe.

Markt. Zudem führte das Abkommen den sogenannten Stabex-Fonds zur Stabilisierung der Exporterlöse ein, der den AKP-Staaten Ausgleichszahlungen bei sinkenden Preisen zusicherte. Diese günstigen Konditionen für die AKP-Staaten spiegelten die allgemeine Stärkung der Dritten Welt nach dem Ölpreisschock ebenso wie die öffentliche Meinung in Europa wider; gleichzeitig verhandelte die EWG hart, um eigene Interessen zu wahren. Das Nachfolgeabkommen Lomé-II von 1979 legte einen zusätzlichen Schwerpunkt auf mineralische Rohstoffe und zielte darauf ab, Bergbaukapazitäten in den AKP-Staaten auszubauen.[428]

Während solche Maßnahmen nur langfristig dazu beitragen konnten, die Rohstoffversorgung zu sichern, versprachen Vorratslager wichtiger Rohstoffe Sicherheit gegen kurzfristige Lieferunterbrechungen, sei es durch Boykotte, Kriegshandlungen oder Naturkatastrophen. Die USA besaßen (und besitzen) die umfangreichsten staatlichen Lager für strategische Rohstoffe – überwiegend Metalle – basierend auf Erfahrungen aus dem Zweiten Weltkrieg, die zum Strategic and Critical Materials Stock Piling Act von 1946 führten.[429] Die Schweiz und Schweden begannen mit einer nationalen Rohstoffbevorratung vor dem Zweiten Weltkrieg, während Japan und Frankreich entsprechende Programme in den 1970er Jahren starteten.[430] In der Bundesrepublik gab es ab 1965 eine gesetzliche Bevorratungspflicht für Privatunternehmen allerdings nur für Erdöl und Erdölerzeugnisse, die ab 1970 noch durch eine zusätzliche, staatliche Bundesrohölreserve ergänzt wurde.[431] Das Bewusstsein für die Importabhängigkeit und Verwundbarkeit beim Energieträger Erdöl war somit schon vor 1973 hinreichend ausgeprägt, um Vorsichtsmaßnahmen zu ergreifen. Vorschläge für eine Bevorratung anderer mineralischer Rohstoffe hingegen wurden in der Bundesrepublik trotz mehrerer Anläufe letztlich nie umgesetzt. Bei Metallen wurde 1968 vor dem Hintergrund der Nickelkrise die Idee einer staatlichen oder staatlich unterstützten Bevorratung von Metallen und anderen Nichtenergierohstoffen sowohl im BMWi als auch in der Edelstahlindustrie diskutiert. Ein erstes Vorhaben des BMWi, das eine Bevorratung basierend auf Verträgen zwischen Staat und Privatwirtschaft vorsah, scheiterte 1970 im Bundeskabinett. Zu diesem Zeitpunkt stellte

428 Hans-Otto Frøland/Mats Ingulstad, „Europe cannot engage in autarchical policies". European raw materials strategy from 1945 to the present, in: Andreas R.D. Sanders/Pål Thonstad Sandvik/Espen Storli (Hrsg.), The Political Economy of Resource Regulation. An International and Comparative History, 1850–2015, Vancouver 2019, S. 302–326, hier S. 313; Guia Migani, The EEC and the challenge of the ACP states' industrialization, 1972–1975, in: Christian Grabas/Alexander Nützenadel (Hrsg.), Industrial Policy in Europe after 1945. Wealth, Power and Economic Development in the Cold War, Basingstoke u.a. 2014, S. 256–276, hier S. 271–273.

429 Radetzki, Handbook, S. 139–141; The President's Materials Policy Commission, Resources for Freedom. Vol. I: Foundations for Growth and Security, Washington, DC 1952, S. 162.

430 BT-Drs. 12/342, Antwort der Bundesregierung auf die Kleine Anfrage: Rohstoffsicherung der Bundesrepublik Deutschland, 09.04.1991, S. 6f.; BT-Drs. 7/4479, Antwort der Bundesregierung auf die Kleine Anfrage: Rohstoffsicherung, 15.12.1975, S. 3.

431 Falk Illing, Energiepolitik in Deutschland. Die energiepolitischen Maßnahmen der Bundesregierung 1949–2015, 2. Aufl. Baden-Baden 2016, S. 143; BT-Drs. 7/1057, Die Energiepolitik der Bundesregierung, 03.10.1973, S. 8.

sich die Versorgungssituation als relativ gesichert dar und die Ölbevorratung genoss finanzielle Priorität. Während der 1970er Jahre behielt das BMWi allerdings das Thema prinzipiell weiterhin im Blick und die Opposition mahnte verschiedentlich ein Bevorratungsprogramm für Metallrohstoffe an. Kritisch blieb stets die Frage der Finanzierung. Ein Vorhaben, das von der Bundesbank über einen Kredit aus Mitteln ihrer Devisenreserven finanziert werden sollte, schaffte es 1980 bis in die Haushaltsberatungen, wurde dann jedoch wieder fallengelassen.[432] Grundsätzlich stellte sich bei der Rohstoffbevorratung das Problem, dass zumeist weder Staat noch Privatwirtschaft bereit waren, die nicht unerheblichen Kosten zu tragen, solange die Rohstoffmärkte ruhig waren, während es in Zeiten einer Hausse an den Märkten in der Regel zu spät war, Vorräte anzulegen.[433]

Um mittel- und langfristig die Versorgungssicherheit der Bundesrepublik zu garantieren, kam Maßnahmen zur Ausweitung und Diversifizierung des Rohstoffbezugs die größte Bedeutung zu. Der Staatssekretär-Ausschuss für Rohstoff-Fragen betrachtete 1976 insbesondere außenwirtschaftliche Garantien und das Explorationsförder-Programm als „das wichtigste Instrument der nationalen Rohstoffpolitik“.[434] Zum außenwirtschaftlichen Garantieinstrumentarium zählte die staatliche Absicherung von Krediten zur Finanzierung von Rohstoffprojekten der Industrie, die zumeist durch eine lange Laufzeit und hohen Kapitalbedarf gekennzeichnet waren.[435] Eigens als Anreiz für verstärkte Investitionen der Privatwirtschaft im Bereich mineralischer Rohstoffe schuf die Bundesregierung 1970 das Explorationsförder-Programm, welches explizit darauf abzielte, die „Versorgung der Bundesrepublik mit mineralischen Rohstoffen zu verbessern.“[436] Hierfür gewährte der Staat Zuschüsse von maximal 50 % (später bis zu 66,66 %) der Kosten von Prospektions- und Explorationsarbeiten im Ausland (ab 1973 auch im Inland), sofern die Rohstoffe bei erfolgreichem Abschluss der bundesdeutschen Wirtschaft zugutekämen. Die Zuschüsse waren nur im Falle eines kommerziellen Erfolgs zurückzuzahlen, so dass das Programm das unternehmerische Risiko bei der Rohstoffsuche minderte. Nachdem das Explorationsförder-Programm bereits 1971 als Lehre aus der Nickelkrise angelaufen war, wurden die Ausgaben in den folgenden Jahren kontinuierlich gesteigert, wobei der größte Sprung

---

432 Siehe zu den Bevorratungsprojekten der Bundesrepublik Sparenberg, Security, S. 212–216.

433 Vgl. The President's Materials Policy Commission, Resources for Freedom. Vol. I, S. 162.

434 BA B 102/248665, Der interministerielle Staatssekretär-Ausschuß für Rohstoff-Fragen, Zwischenbericht zur Rohstoffpolitik, März 1976, S. 27.

435 Ebd., S. 26. Preussag, Metallgemeinschaft und Vereinigte Aluminiumwerke beurteilten allerdings in einer Stellungnahme die Absicherung bei rohstoffwirtschaftlichen Investitionen in politisch instabilen Entwicklungsländern als unzureichend, BA B 102/2148665, Dr. Sames, Notiz für Herrn MD Dr. Engelmann, betr. Rohstoffpolitik, 27.07.1976, Anlage: Stellungnahme, 13.07.1976, S. 8–10.

436 Der Bundesminister für Wirtschaft, Richtlinien über die Gewährung von Zuschüssen zur Verbesserung der Versorgung der Bundesrepublik mit mineralischen Rohstoffen. Vom 6. November 1970, in: Bundesanzeiger Nr. 210 (10.11.1970), S. 1f.

von 1973 auf 1974 (von 9,6 Mio. DM auf 20,1 Mio. DM) stattfand, also auf dem Höhepunkt der rohstoffpolitischen Spannungen.[437] Das Programm lief schließlich bis 1990 und förderte insgesamt 410 Projekte, die zumindest in den 1970er Jahren zu etwa zwei Dritteln in den politisch zuverlässig geltenden Industrieländern angesiedelt waren.[438]

Generell bestand die Reaktion vieler westlicher Rohstoffunternehmen darin, wenn möglich Entwicklungsländer aufgrund der politischen Risiken zu meiden.[439] Eine Möglichkeit zur Diversifizierung der Rohstoffversorgung und insbesondere zur Reduktion der Abhängigkeit von den Entwicklungsländern bildete die verstärkte Kooperation mit den Staaten des Ostblocks. Im Energiebereich kam dem bereits 1970 vereinbarten Erdgasgeschäft zwischen der Bundesrepublik und der Sowjetunion tatsächlich eine große Bedeutung zu.[440] Hinsichtlich anderer mineralischer Rohstoffe erkannte der Staatssekretär-Ausschuss 1976 ebenfalls ein Potenzial, sah jedoch auch Schwierigkeiten, da auch hier eine zu große Abhängigkeit vermieden werden müsse und da direkte deutsche Investitionen aufgrund der unterschiedlichen wirtschaftlichen Systeme in der Regel nicht möglich seien.[441] Dass der Rohstoffhandel über den Eisernen Vorhang hinweg in den 1970er Jahren überhaupt als ein Beitrag zur Versorgungssicherheit betrachtet wurde, demonstriert, wie sehr sich die Nord-Süd-Beziehungen verschlechtert hatten, während das Ost-West-Verhältnis als vergleichsweise entspannt galt.[442]

Schließlich bestand eine rohstoffpolitische Reaktion darin, sich Gebieten zuzuwenden, in denen bisher praktisch keine Ressourcennutzung betrieben worden war. Hierzu zählte die Antarktis, wenn man vom Walfang in den umgebenden Gewässern absieht. Nachdem sich die Großmächte und weitere interessierte Staaten noch 1959 im Antarktis-Vertrag darauf hatten einigen können, die jeweiligen Besitzansprüche buchstäblich auf Eis zu legen, da eine ökonomische Nutzung nicht absehbar war, rückten mögliche Rohstofflagerstätten in den 1970er Jahren in den Blickpunkt des internationalen Interesses.[443] Die Bundesrepublik trat 1979 dem Antarktis-Vertrag bei und baute ein eigenes umfangreiches Antarktisforschungsprogramm auf. Die Motivation bildete hierbei die Aussicht auf Rohstoffe.[444]

---

437 BT-Drs. 8/1981, Antwort der Bundesregierung auf die Große Anfrage: Rohstoffpolitik der Bundesregierung, 07.07.1978, S. 20; BA B 102/248665, Der interministerielle Staatssekretär-Ausschuß für Rohstoff-Fragen, Zwischenbericht zur Rohstoffpolitik, März 1976, S. 24.

438 BT-Drs. 8/1981, Antwort der Bundesregierung auf die Große Anfrage: Rohstoffpolitik der Bundesregierung, 07.07.1978, S. 20; BT-Drs. 12/342, Antwort der Bundesregierung auf die Kleine Anfrage: Rohstoffsicherung der Bundesrepublik Deutschland, 09.04.1991, S. 2.

439 O.A., The new commodity rich, in: The Economist (11.05.1974), S. 77.

440 Illing, Energiepolitik, S. 152f.; Per Högselius, Red Gas. Russia and the Origins of the European Energy Dependence, New York 2013.

441 BA B 102/248665, Der interministerielle Staatssekretär-Ausschuß für Rohstoff-Fragen, Zwischenbericht zur Rohstoffpolitik, März 1976, S. 32.

442 Graf, Security, S. 331f.

443 Hugh O'Shaughnessy, Carving up the Antarctic wealth, in: Financial Times (05.09.1977), S. 29; o.A., Appetit geweckt, in: Der Spiegel 8/1978 (20.02.1978), S. 36–38.

444 Ritter, Großforschung, S. 89; Christian Kehrt, Gondwana's promises. German geologists in Antarctica between basic science and resource exploration in the late 1970s, in: Historical

Allerdings waren sich die politischen Akteure bewusst, dass vor dem Jahr 2000 nicht mit einem Beitrag zur bundesdeutschen Rohstoffversorgung zu rechnen war.[445] Bis 2022 hat jedoch noch keine Förderung mineralischer Rohstoffe auf dem südlichsten Kontinent stattgefunden.

Der Mond und andere Himmelskörper kamen – auch aus geologischen Gründen – für den Rohstoffabbau nicht in Frage,[446] dagegen tauchten Rohstoffe aus dem Meer bereits frühzeitig und dann regelmäßig im rohstoffpolitischen Diskurs der Bundesrepublik auf. Wie bereits dargestellt nannte das BMwF, angelehnt an Meros Studie „The Mineral Resources of the Sea" (1965), bereits ab 1967 und insbesondere im ersten Gesamtprogramm Meeresforschung von 1969 Manganknollen als Gegenstand bundesdeutscher Forschung. Im Kontext der Nickelkrise erwähnte das BMWi 1969 bei einer Abschätzung der weltweiten Nickelvorräte eher theoretisch den Abbau von Manganknollen als Quelle von Nickel,[447] und ebenso ging der Rohstoff- und Energieexperte des BMWi Lantzke in einem Vortrag 1970 über die Sicherung der deutschen Versorgung auf die marinen Lagerstätten im Roten Meer (Erzschlämme) und im Pazifik (Manganknollen) ein.[448] Auf Seiten der Privatwirtschaft bezog sich auch der BDI in seinem Jahresbericht 1969/70 auf die „vielseitige Problematik der Rohstoffgewinnung aus dem Meer", die den Verband seit „geraumer Zeit" beschäftigte.[449] In den Jahreswirtschaftsberichten der Bundesregierung wurden seit 1972 und bis 1985 marine Rohstoffe regelmäßig angesprochen. Der Jahreswirtschaftsbericht 1973 erwähnte die Arbeitsgemeinschaft meerestechnisch gewinnbare Rohstoffe (AMR), die sich als ein Zusammenschluss interessierter deutscher Unternehmen im Dezember 1972 gegründet hatte (s. Kap. 4.1.1).[450] Unter dem direkten Eindruck des Ölpreisschocks und der Aussicht auf ähnliche Versorgungsengpässe bei Metallrohstoffen zählte der Jahreswirtschaftsbericht 1974 auch den „Meeresbergbau" zu den rohstoffpolitischen Maßnahmen der Regierung.[451] Was die Manganknollen von Beginn attraktiv erscheinen

Social Research 40 (2015), 2, S. 202–221. Bjørn L. Basberg, Regulating the natural resources in the Antarctic region. A historical review, in: Andreas R.D. Sanders/Pål Thonstad Sandvik/Espen Storli (Hrsg.), The Political Economy of Resource Regulation. An International and Comparative History, 1850–2015, Vancouver 2019, S. 259–276.

445 B 102/248666, Fünfte Sitzung des interministeriellen Staatssekretärausschusses für Rohstoff-Fragen, 12.05.1978; Otto Graf Lambsdorff, in: Deutscher Bundestag, Plenarprotokoll 8/117 (16.11.1978), S. 9094.

446 Hermann Borchert, Über die Entstehung und Bedeutung von Erzlagerstätten auf dem Mond, in: Erzmetall 22 (1969), 12, S. 569–575. Der Autor wendet sich gegen „journalistisch-sensationell aufgebauschte Vermutungen über mögliche Funde von Gold, Uran, Diamanten und sonstigen Bodenschätzen"; ebd., S. 569.

447 BA B 102/258836, Referat III C 4, Vermerk: Grundlinien einer Rohstoffversorgungspolitik für Nickel, 10.01.1969, S. 2.

448 Lantzke, Sicherung, S. 12.

449 BDI, Jahresbericht des Bundesverbandes der Deutschen Industrie 1969/70, Köln 1970, S. 144.

450 BT-Drs. 7/225, Unterrichtung durch die Bundesregierung: Jahreswirtschaftsbericht 1973 der Bundesregierung, 21.02.1973, S. 15.

451 BT-Drs. 7/1646, Unterrichtung durch die Bundesregierung: Jahreswirtschaftsbericht 1974 der Bundesregierung, 06.02.1974, S. 17.

ließ, war nicht zuletzt der schiere Umfang der Vorkommen verglichen mit den terrestrischen Reserven. Daher verwies die Bundesregierung 1975 in ihrer Antwort auf die Frage der CDU/CSU-Fraktion nach der Reichweite der Weltreserven mineralischer Rohstoffe auf das Potenzial der marinen Lagerstätten.[452] Der Staatssekretär-Ausschuss für Rohstoff-Fragen betrachtete die marinen Rohstoffquellen als Beitrag zur Sicherung und Diversifizierung des Rohstoffbezugs.[453] Die Große Anfrage der Opposition zur Rohstoffpolitik aus dem Jahr 1978 enthielt dann bereits acht Fragen, die sich auf Rohstoffe aus dem Meer bezogen. In diesem Zusammenhang erklärte die Regierung u.a.:

> „Wesentliche Vorkommen an mineralischen Rohstoffen, insbesondere Mangan, Kobalt, Nickel und Kupfer, finden sich in den Manganknollen der Tiefsee. (…) Die Erschließung der marinen Rohstoffquellen kann langfristig einen bedeutsamen Beitrag zur Erhöhung der Versorgungssicherheit der Bundesrepublik mit wichtigen mineralischen Rohstoffen erbringen."[454]

In der zweiten Hälfte 1960er Jahre entstand international wie auch in der Bundesrepublik eine rohstoffpolitische Debatte, die sich zunächst an dem konkreten Fall der Nickelversorgung festmachte, aber Ende des Jahrzehnts auf NE-Metalle allgemein ausgedehnt wurde. Zunächst stand die Konkurrenz der hochgradig importabhängigen Industriestaaten untereinander um die Rohstoffe im Fokus. Im Schatten des ersten Ölpreisschocks ab Oktober 1973 rückte dann der Konflikt zwischen Erzeugerstaaten im Globalen Süden und den Verbraucherstaaten im Norden einschließlich der Aussicht auf weitere Kartelle nach dem Muster der OPEC auch bei Metallrohstoffen in den Mittelpunkt. Drastisch steigende Weltmarktpreise ebenso wie neomalthusianische Prognosen über die baldige Erschöpfung der Lagerstätten begleiteten diese Entwicklung. Letztere wurden zwar von Experten und der Politik unter Verweis auf die politischen Risiken für die Rohstoffversorgung zurückgewiesen, öffentlich jedoch breit rezipiert. Um vor diesem Hintergrund die Versorgungssicherheit weiterhin zu gewährleisten, trafen westliche Industriestaaten wie die Bundesrepublik eine Reihe von rohstoffpolitischen Maßnahmen, auch wenn die Bedrohung letztlich eine prospektive blieb, da sich weder Versorgungsmängel wie bei Nickel in den 1960er Jahren noch effektive Kartellaktionen von Rohstoffförderstaaten wie bei der OPEC wiederholten. Zu diesen Maßnahmen gehörte bereits früh das Interesse an den Manganknollen der Tiefsee, deren Nutzung einerseits versprach, die weltweiten Reserven bei Nickel, Kupfer, Kobalt und Mangan deutlich auszudehnen, andererseits die Rohstoffversorgung unter Umgehung potenziell politisch riskanter Entwicklungsländer zu diversifizieren. Nachdem die Nutzung von Manganknollen im Zuge des Booms von Meeresforschung und Meerestechnik in der Nachkriegszeit in den Bereich des Vorstellbaren

---

452 BT-Drs. 7/4479, Antwort der Bundesregierung auf die Kleine Anfrage: Rohstoffsicherung, 15.12.1975, S. 2.

453 BA B 102/248665, Der interministerielle Staatssekretär-Ausschuß für Rohstoff-Fragen, Zwischenbericht zur Rohstoffpolitik, März 1976, S. 32.

454 BT-Drs. 8/1981, Antwort der Bundesregierung auf die Große Anfrage: Rohstoffpolitik der Bundesregierung, 07.07.1978, S. 8.

gerückt war, entstand vor dem Hintergrund der rohstoffpolitischen Debatten ein sehr realer ökonomischer und politischer Anreiz hierfür.

3.4 Eigentumsrechte am Tiefseeboden: das internationale Seerecht

> „Die Ordnung des festen Landes besteht darin, daß es in Staatsgebiete eingeteilt ist; die hohe See dagegen ist frei, d.h. staatsfrei und keiner staatlichen Gebietshoheit unterworfen. Das sind die raumhaften Grundtatsachen, aus denen sich das christlich-europäische Völkerrecht der letzten dreihundert Jahre entwickelt hat. Das war das Grundgesetz, der Nomos der Erde in dieser Epoche."[455]

Diese Aussage des Staatsrechtlers Carl Schmitt (1888–1985) mag zunächst trivial erscheinen, erfasst jedoch einen wesentlichen Grundzug des europäischen und später globalen Völker- und Seerechts seit der Frühen Neuzeit, nämlich die Freiheit der Meere, ihre rechtliche Form als staatsfreier Raum im Unterschied zu den in Staaten aufgeteilten Landflächen. Fragen des Seerechts sind für die Geschichte des Tiefseebergbaus und die Ressourcenwerdung der Manganknollen von großer Bedeutung; insbesondere die Frage, inwieweit die Vorkommen einer Gebietshoheit unterworfen sind oder werden können und wer somit Eigentumsrechte an ihnen durchsetzen kann. Gemäß der zentralen Hypothese des Property-Rights-Ansatzes in der Neuen Institutionenökonomik beeinflusst die Ausgestaltung der Eigentums- oder allgemeiner: Verfügungsrechte die Allokation und Nutzung wirtschaftlicher Ressourcen in vorhersehbarer Weise. Umgekehrt entstehen oder verändern sich Verfügungsrechte in Abhängigkeit von wirtschaftlichen und technischen Entwicklungen. Die gesellschaftliche Funktion von Verfügungsrechten liegt darin, dass sie externe Effekte[456] internalisieren, also vermeiden oder vermindern. Verfügungsrechte entstehen – vereinfacht gesagt[457] –, wenn der Nutzen der Internalisierung gegenüber den Kosten überwiegt. Eine Änderung dieses Kosten/Nutzen Verhältnisses kann das Ergebnis einer neuen Technologie und/oder veränderter relativer Preise sein.[458]

Im Fall der Manganknollen änderten sich in den Nachkriegsjahrzehnten sowohl die technologischen Möglichkeiten (s. Kap. 3.1) als auch die relativen Preise für Erze (s. Kap.

455 Carl Schmitt, Land und Meer. Eine weltgeschichtliche Betrachtung, 8. Aufl. Stuttgart 2016 (zuerst 1942), S. 86.

456 Als externe Effekte oder Externalitäten werden die positiven oder negativen Auswirkungen einer ökonomischen Entscheidung auf Unbeteiligte bezeichnet, die also weder für einen für sie positiven Effekt bezahlen, noch für einen negativen Effekt entschädigt werden; Stefan Voigt, Institutionenökonomik, 2. Aufl. Paderborn 2009, S. 56.

457 Tatsächlich kann es für Herrscher oder Regierungen lohnend sein, auch ineffiziente Eigentumsrechte, die also bestimmte externe Effekte nicht internalisieren, beizubehalten, wenn die politischen Transaktionskosten für eine Änderung für den Herrscher zu hoch wären, etwa weil mächtige Akteure dagegenstehen; Douglass C. North, Institutionen, institutioneller Wandel und Wirtschaftsleistung (Die Einheit der Gesellschaftswissenschaften; 76), Tübingen 1992, S. 62f.

458 Harold Demsetz, Toward a theory of property rights, in: American Economic Review 57 (1967), 2, S. 347–359.

3.3). Ein möglicher positiver externer Effekt beim Tiefseebergbau liegt darin, dass von der kostenintensiven Exploration einer abbauwürdigen Lagerstätte durch ein Unternehmen auch andere Akteure als Trittbrettfahrer profitieren können, indem sie im gleichen Seegebiet ebenfalls den Abbau beginnen, ohne sich an den Kosten der Exploration beteiligt zu haben. Indem der Abbau von Manganknollen durch ein Unternehmen die Menge reduziert, die anderen zum Abbau verbleibt, entsteht dagegen ein negativer externer Effekt.[459] Darüber hinaus kann das zusätzliche Angebot aus dem Tiefseebergbau zu Einnahmeverlusten für erzexportierende Staaten führen, was ebenfalls einen potenziellen negativen externen Effekt darstellt. Die Kosten für die Internalisierung dieser externen Effekte liegen nicht nur in der Durchsetzung von Verfügungsrechten über einzelne Lagerstätten, sondern zunächst vor allem in deren Etablierung. Die Einführung von Verfügungsrechten über Tiefseebodenressourcen stellte eine grundlegende Abkehr vom Prinzip der Freiheit der Meere dar. Um das internationale Seerecht derart umzugestalten, war ein Konsens in der internationalen Staatengemeinschaft bzw. zumindest zwischen den mächtigsten Staaten und Staatengruppen erforderlich. Daher waren erhebliche politische Transaktionskosten zu erwarten, wie es sich bei den langwierigen und konfliktreichen Verhandlungen der 3. UN-Seerechtskonferenz (UNCLOS III[460]) 1973–1982 zeigte (s. Kap. 5.3). Der rechtlich-politische Rahmen war für die Ressourcenwerdung der Manganknollen von Bedeutung, da die wirtschaftliche und politische Attraktivität einer Lagerstätte stets wesentlich hiervon mitbestimmt wird. Zu dem Zeitpunkt, als der Tiefseebergbau erstmals erwogen wurde, war das hergebrachte internationale Seerecht mit der Freiheit der Meere im Mittelpunkt allerdings bereits im Umbruch, so dass hinsichtlich des politisch-rechtlichen Rahmens von Beginn an eine beträchtliche Unsicherheit herrschte.

Das Prinzip der Freiheit der Meere wird allgemein auf den niederländischen Juristen Hugo Grotius (1583–1645) und die Konflikte zwischen den Niederlanden, England, Spanien und Portugal um die Seewege nach Ostindien zurückgeführt. Die Auffassung von Grotius war, dass das Meer – anders als von Spanien und Portugal beansprucht – nicht angeeignet werden könne und daher alle Nationen es frei nutzen dürften. Wie der Völkerrechtler Yoshifumi Tanaka festhält, setzte sich dieses Prinzip der Freiheit der Meere in den folgenden Jahrhunderten durch, weil es den Interessen der wichtigsten europäischen Handelsnationen entsprach: „In essence, the freedom of the seas was the corollary of the freedom of commerce, which was a prerequisite for expanding capitalism and European domination over the rest of the world."[461]

Der Geograf Philip E. Steinberg untersucht ebenfalls, wie der ozeanische Raum in Wechselwirkung mit politisch-ökonomischen Strukturen gesellschaftlich konstruiert wurde. Er

459 Daneben stellen negative Umweltauswirkungen klassische externe Effekte dar, die auch beim Tiefseebergbau von Bedeutung sind. Gerade Umweltauswirkungen lassen sich jedoch schwer internalisieren.
460 United Nations Conference on the Law of the Sea.
461 Tanaka, Law, S. 17.

differenziert für die Zeit vom 15. Jahrhundert bis etwa 1970 zwei Zeitabschnitte mit ähnlichen, aber unterschiedlichen Ozeankonstruktionen, die der Freiheit der Meere entsprechen. In der Zeit des Kaufmannskapitalismus bis ins 18. Jahrhundert dominierte demnach eine Konstruktion der Ozeane, in der diese in erster Linie als Verkehrswege dienten und als solche zwischen Staaten umkämpft waren. Gleichzeitig lag der ozeanische Raum jedoch außerhalb der Staatengemeinschaft. Im folgenden industriellen Zeitalter wurde der Seehandel weniger wichtig als die Investitionen an Land. Die Meere wurden daher, so Steinberg, zu einem leeren Raum außerhalb der Gesellschaft, der romantisch verklärt sowie wissenschaftlich studiert wurde, und in wirtschaftlicher Hinsicht nur dem möglichst reibungsfreien Transport zwischen den eigentlich relevanten terrestrischen Räumen diente. Erst ab etwa 1970 sieht Steinberg zunehmende Widersprüche in dieser gesellschaftlichen Konstruktion der Ozeane, weil einerseits die Funktion als Verkehrsweg noch an Bedeutung gewann, während andererseits die zunehmende Nutzung mariner Ressourcen sowohl ortsfeste Investitionen erforderlich machte als auch eine Bewirtschaftung oder Regulierung verlangte.[462]

Die Hoheitsgewässer (oder das Küstenmeer) eines Staates als schmaler Streifen entlang der Küste stellten die einzige im klassischen Seerecht akzeptierte Ausnahme von der Freiheit der Meere dar, weil sie von der Küste aus beherrscht werden konnten. Über die Breite dieser Hoheitsgewässer bestand allerdings die längste Zeit kein Konsens. Viele Staaten, darunter die Seemächte Großbritannien und die USA, beanspruchten 3 Seemeilen[463] (sm), die skandinavischen Staaten dagegen 4 sm, andere Länder sogar 6 oder 12 sm. Daneben gab es auch das Kriterium der Kanonenschussweite, das die Breite der Hoheitsgewässer von der Reichweite der Küstenartillerie ableitete. In jedem Fall bestand ein enger Zusammenhang zwischen dem Anspruch auf ein Seegebiet und der Möglichkeit, mit vertretbaren Kosten eine effektive Kontrolle über dieses auszuüben. Noch die erste UN-Seerechtskonferenz (UNCLOS I) 1958 in Genf konnte keine Einigung über die Breite der Hoheitsgewässer herbeiführen, legte aber indirekt eine maximale Breite von 12 sm fest.[464]

Die Freiheit der Meere auf der Hohen See außerhalb dieser schmalen Hoheitsgewässer entlang der Küsten beruhte auf einer Reihe von expliziten und impliziten Annahmen, wie Arvid Pardo 1984 rückblickend festhielt:

- nur die Oberfläche des Meeres kann vom Menschen genutzt werden,
- die Nutzungsweisen des Meeres beschränken sich im Wesentlichen auf Schifffahrt und die Fischerei,

---

462 Steinberg, Social Construction, S. 206–210.
463 Eine Seemeile entspricht 1852 m.
464 Tanaka, Law, S. 20–24; Georg Dahm, Völkerrecht. Band I, Stuttgart 1958, S. 653–655. Dass sich die Hoheitsgewässer angesichts der Entwicklung der Militärtechnik ständig ausdehnen würden, wenn man dem Kriterium der Kanonenschussweite weiter folgte, stellten schon Völkerrechtler in den 1950er Jahren fest: Alfred Verdross, Völkerrecht, 3. Aufl. Wien 1955, S. 202; Dahm, Völkerrecht, S. 654.

- der Mensch kann die ozeanische Umwelt nicht ernsthaft beeinträchtigen,
- die Meere sind hinreichend weit, um die Schifffahrt ohne Regulierung zuzulassen,
- die Bestände an lebenden Ressourcen wie Fischen und Walen sind unerschöpflich.[465]

Als das ökonomische und politische Interesse an Manganknollen in den 1960er Jahren einsetzte, war dieses klassische, auf Grotius zurückgehende Seerecht schon in Auflösung begriffen. Die oben genannten Annahmen konnten in zunehmendem Maße nicht mehr als realistisch gelten. Das betraf zunächst noch nicht die mineralischen Ressourcen der Tiefsee, sondern Fisch- und Walbestände sowie Erdölvorkommen auf dem Festlandsockel (oder Kontinentalschelf) vor der Küste. Einerseits war die Nachfrage nach Nahrung und Energie gestiegen, andererseits erlaubte der technische Fortschritt, diese Ressourcen intensiver zu nutzen. Insbesondere das Interesse an Erdölvorkommen in sukzessiv größerer Tiefe und Entfernung von der Küste trieb die Rechtsentwicklung voran.[466] Zu Fischerei und Walfang war die lange vorherrschende, wenn auch nie völlig unbestrittene Auffassung, dass das Meer und die Bestände zu groß seien, als dass der Mensch die Ressource übernutzen könne,[467] in der Nachkriegszeit offensichtlich nicht mehr haltbar. Während es unter den oben genannten Annahmen nicht lohnend gewesen wäre, Eigentumsrechte durchzusetzen, veranlasste das nicht mehr zu leugnende Problem der Überfischung sowie die Aussicht auf Rohstoffe auf dem Festlandsockel Staaten nach 1945 dazu, Eigentumsrechte über die bisherigen schmalen Hoheitsgewässer hinaus zu beanspruchen.[468]

Die staatliche Einhegung der Ozeane begann mit zwei Proklamationen von US-Präsident Harry S. Truman (1884–1972) im September 1945. Hierin beanspruchte er für die USA die Jurisdiktion über die Bodenschätze – in erster Linie Erdöl – unter dem Festlandsockel[469] vor der amerikanischen Küste und über die dortigen Fischbestände. Beide Proklamationen begründeten diesen Schritt mit der gestiegenen Nachfrage, neuen Technologien und der Notwendigkeit einer rationellen Bewirtschaftung dieser Ressourcen, die nur unter staatlicher Aufsicht sicherzustellen sei. Um anderen Staaten keinen Präzedenzfall zu geben, machte Truman zugleich deutlich, dass das für die Seemacht USA wichtige Recht der Schifffahrtsfreiheit hierdurch in keiner Weise eingeschränkt werde. Die USA beanspruchten also nur Eigentumsrechte an den mineralischen und biologischen Ressourcen auf dem Festlandsockel vor ihrer Küste und nicht Rechte bezüglich der Kontrolle der

465 Arvid Pardo, Third World Lecture 1984. Ocean space and mankind, in: Third World Quarterly 6 (1984), 3, S. 559–575, hier S. 563f.

466 Friedrich Berber, Lehrbuch des Völkerrechts. I. Band: Allgemeines Friedensrecht, München/Berlin 1960, S. 331; Dahm, Völkerrecht, S. 706f.

467 Sparenberg, Segen, S. 69–89; Roberts, Unnatural History, S. 140–144; Bolster, Opportunities, S. 574.

468 Susan J. Buck, The Global Commons. An Introduction, Washington, DC 1998, S. 100; Dahm, Völkerrecht, S. 699.

469 Der Begriff Kontinentalschelf oder Festlandsockel bezeichnet den vom Meer bedeckten Randbereich eines Kontinents.

Wasseroberfläche.[470] Dem Beispiel der USA folgten in Lateinamerika Chile, Peru und Ecuador, vor deren Küste zwar kein Festlandsockel im geologischen Sinne existiert, die aber im Interesse ihrer Walfang- und Fischereiindustrien einen Anspruch auf Hoheitsgewässer von 200 sm Breite erhoben, der aber nicht international anerkannt wurde.[471] Im Nordatlantik war Island im besonderen Maße wirtschaftlich von der Fischerei abhängig und sah diese Ressource durch die technisch überlegenen britischen und bundesdeutschen Trawlerflotten bedroht, die in den umliegenden Gewässern ihre wichtigsten Fanggründe hatten. Für Island stand ökonomisch derart viel auf dem Spiel, dass der Inselstaat für die Durchsetzung von Eigentumsrechten an den Fischbeständen einen Konflikt in Kauf nahm. Die sukzessive Erweiterung der isländischen Fischereizone von 4 sm (1952) auf 12 sm (1958), 50 sm (1972) und schließlich 200 sm (1975) zog teils gewalttätige Auseinandersetzungen („Kabeljaukriege") mit Trawlern aus Großbritannien und der Bundesrepublik sowie auch der britischen Marine und bundesdeutschen Fischereischutzbooten nach sich. Island setzte sich letztlich durch, auch weil die Entwicklung einem internationalen Trend folgte.[472]

Bereits die erste UN-Seerechtskonferenz 1958 in Genf hatte in dem „Übereinkommen über den Festlandsockel" die zuerst von US-Präsident Truman 1945 für die USA beanspruchte Hoheit des Küstenstaates über den an die Küste angrenzenden Meeresboden für alle Küstenstaaten bestätigt. Dabei blieb ebenfalls wie in der US-amerikanischen Proklamation der rechtliche Charakter des darüber befindlichen Meeres als Hohe See und damit die Schifffahrtsfreiheit unberührt. Während jedoch die Truman-Proklamation über den Festlandsockel die Frage der seeseitigen Begrenzung dieses Gebietes offengelassen hatte, legte die Genfer Seerechtskonferenz zwei Kriterien für die Ausdehnung fest: Der Festlandsockel (im juristischen Sinne) reichte entweder bis zu einer Wassertiefe von 200 m oder darüber hinaus soweit, wie die Wassertiefe die Ausbeutung von Ressourcen auf oder unter dem Meeresboden zuließ. Mit diesem zweiten Ausbeutungskriterium war somit die rechtliche Ordnung direkt an die technische Entwicklung gekoppelt worden. Sehr wahrscheinlich hatten die Diplomaten und Juristen in Genf noch nicht an Manganknollen ge-

470 Harry S. Truman, Proclamation 2667—Policy of the United States With Respect to the Natural Resources of the Subsoil and Sea Bed of the Continental Shelf, 28.09.1945, https://www.presidency.ucsb.edu/node/231308 (02.01.2024); Harry S. Truman, Proclamation 2668—Policy of the United States with Respect to Coastal Fisheries in Certain Areas of the High Seas, www.presidency.ucsb.edu/node/230904 (02.01.2024). Hinter den Truman-Proklamationen stand nicht nur die zunehmende internationale Konkurrenz um marine Ressourcen, sondern auch ein Konflikt zwischen der Bundesregierung und den Bundesstaaten der USA über das Recht, die Ölförderung vor der Küste zu regulieren; Black, Global Interior, S. 151–157.

471 Tanaka, Law, S. 124; 133; Alexander Proelß, Ausschließliche Wirtschaftszone (AWZ), in: Wolfgang Graf Vitzthum (Hrsg.), Handbuch des Seerechts, München 2006, S. 222–264, hier S. 225f.; Ann L. Hollick, The origins of 200-mile offshore zones, in: The American Journal of International Law 71 (1977), 3, S. 494–500.

472 Proelß, Ausschließliche Wirtschaftszone, S. 225; Heidbrink, Deutschlands einzige Kolonie, S. 70–76, 126–148, 156–159.

dacht, da diese erst 1952 und nur sehr tentativ als Ressource vorgeschlagen worden waren. Erst nach dem International Geophysical Year 1957/58 und insbesondere nach Meros Buch von 1965 (s. Kap. 2.2) gewann die Idee weitere Verbreitung. Die relevanten Vorkommen der Manganknollen liegen keineswegs auf dem Festlandsockel im geologischen Sinne, aber unter dem von der Genfer Seerechtskonferenz festgelegten Ausbeutungskriterium war es nun denkbar, dass Staaten ihre Ansprüche auf den Festlandsockel bis weit auf den Tiefseeboden ausdehnen könnten, sobald der Tiefseebergbau technisch machbar würde. Somit war die rechtliche Lage in den 1960er Jahren bereits im Fluss. Die Frage nach den Eigentumsrechten wurde daher schon bald diskutiert.

John L. Mero sprach in seiner ersten, sehr knappen Veröffentlichung 1952 das Thema noch nicht an, ebenso wenig erscheint der Punkt in einem populärwissenschaftlichen Artikel von 1959, der sich auf Mero stützt.[473] Wenig später zeigte Mero dagegen bereits eine gewisse Vertrautheit mit dem Problem: „Mining of nodules from the deep sea may be attended by legal complications, because marine law is quite vague."[474] Er erwähnte das Ausbeutungskriterium nach der Genfer Seerechtskonferenz, das ihm wenig zweckmäßig erschien, weil ein Staat, sobald er die technische Fähigkeit zum Tiefseebergbau erlange, riesige Gebiete des Tiefseebodens für sich beanspruchen könne. Stattdessen schlug Mero vor, die uferstaatliche Hoheit auf 10 sm Breite oder bis zu einer Tiefenlinie von 100 Faden (ca. 183 m) zu begrenzen, so dass der Meeresboden jenseits hiervon frei zugänglich bliebe. Für diesen weiterhin staatsfreien Bereich wünschte er sich eine Art internationales Regime, ggf. im Rahmen der UN, das sich jedoch darauf beschränken sollte, die Ansprüche des Entdeckers einer Lagerstätte zu registrieren und zu bestätigen, zumindest wenn dieser tatsächlich in den Abbau investiert.[475]

Fünf Jahre später, in seiner einflussreichen Monografie „The Mineral Resources of the Sea", schien Mero in erster Linie bemüht, die seerechtlichen Probleme kleinzureden. So erklärte er mit Bestimmtheit, dass weder die Uferstaaten noch die UN legitimerweise Eigentumsrechte an den Manganknollen beanspruchen könnten, auch wenn Uferstaaten dies sicher versuchen würden. Ein Tiefseebergbauunternehmen könne auf solche Forderungen reagieren, indem es einfach den Standort wechsele, das verlangte „protection money" zahle oder den Schutz seines Heimatstaates in Anspruch nehme.[476] Mero erschien dieser Zustand aus Sicht potenzieller Tiefseebergbauunternehmen völlig zufriedenstellend. Stabile Eigentumsrechte, wie sie beim konventionellen Bergbau angestrebt werden, um die Investitionen in die Lagerstätten zu garantieren, seien auf dem Meeresboden nicht erforderlich, da die technischen Anforderungen an den Tiefseebergbau bereits hohe Eintrittsbarrieren darstellten. Die mögliche Zahl der Akteure sei daher begrenzt und somit auch das Konfliktpotenzial unter ihnen. Dies galt insbesondere, da Mero die Ausdehnung

473 Mero, Manganese; Fleming/Fleming, Sea floor.
474 Mero, Minerals, S. 71.
475 Ebd., S. 71f.
476 Mero, Resources, S. 292.

abbauwürdiger Manganknollenlagerstätten über- und den Explorationsaufwand unterschätzte. Tendenziell zutreffend dagegen war seine Annahme, dass eine Reform des Seerechts einen erheblichen Zeitaufwand – er schätzte 10 bis 50 Jahre – und hohe politische Transaktionskosten erfordern würde.[477] Insofern war aus Meros Sicht die Kosten-Nutzen-Abwägung eindeutig und eine Begründung von Eigentumsrechten durch die potenziellen Tiefseebergbauunternehmen oder ihre Heimatstaaten nicht erforderlich.

Zwei Jahre nach Meros Buch markierte jedoch die Rede des maltesischen UN-Botschafters Arvid Pardo (1914–1999)[478] am 01.11.1967 in der UN-Vollversammlung den Beginn einer weiteren Wende in der Geschichte des Seerechts und des Tiefseebergbaus, die in eine völlig andere Richtung ging als Meros Vorstellungen. Pardo schlug vor, den Meeresboden als „common heritage of mankind" (gemeinsames Erbe der Menschheit) unter die Hoheit eines internationalen Regimes zu stellen, um die dortigen Ressourcen zum Wohle der gesamten Menschheit zu nutzen und eine Militarisierung dieses Raums zu verhindern.[479] Zunächst mag es verwundern, dass dieser Vorschlag, der tatsächlich die weitere Entwicklung bis heute geprägt hat, von dem kleinen Inselstaat Malta ausging, der erst drei Jahre zuvor seine Unabhängigkeit erlangt hatte. Sicherlich ging es der maltesischen Regierung auch darum, sich in der internationalen Gemeinschaft Geltung zu verschaffen,[480] gerade ehemalige Kolonien wie Malta spielten jedoch als neue internationale Akteure insgesamt eine wichtige Rolle bei der Neuordnung des Seerechts. Außerdem griff Pardos Vorschlag bereits bestehende Konzepte auf.

Den Ausgangspunkt für Pardos Rede bildeten die bemerkenswerten Fortschritte in Ozeanografie und Meerestechnik.[481] Diese könnten, so Pardo, jedoch sowohl Segen als auch Fluch sein, je nachdem, ob dieser technische Fortschritt in einer friedlichen Atmosphäre

---

477 Ebd., S. 292f.

478 Pardo wurde 1914 als Sohn eines Maltesers und einer Schwedin in Rom geboren und studierte in Frankreich und Italien, wo er 1939 in Völkerrecht promoviert wurde. Nachdem er zwischen 1940 und 1945 politischer Gefangener in Italien und Deutschland gewesen war, beteiligte er sich nach seiner Befreiung als Mitarbeiter des Trusteeship Departments am Aufbau der UN, bevor er ab 1964 Malta bei der UN sowie später auch in den USA, Kanada und der Sowjetunion als Botschafter vertrat. Nach 1972 arbeitete er an US-amerikanischen Forschungseinrichtungen und Universitäten, wo er in enger Kooperation mit Elisabeth Mann Borgese mit den „Pacem in Maribus"-Konferenzen weiterhin Anstöße für die Seerechtsentwicklung gab; Meyer, Mann Borgese, S. 72–75; Carl Q. Christol, In memoriam Arvid Pardo, in: PS: Political Science and Politics 32 (1999), 4, S. 777f.; Pardo, Third World Lecture, S. 573–575.

479 Arvid Pardo, Examination of the question of the reservation exclusively for peaceful purposes of the seabed and the ocean floor, and the subsoil thereof, underlying the high seas beyond the limits of present national jurisdiction, and the use of their resources in the interests of mankind, in: United Nations General Assembly, 22nd Session. Official Records, 1515th & 1516th Meeting, 01.11.1967, http://undocs.org/A/C.1/PV.1515; https://undocs.org/A/C.1/PV.1516 (02.01.2024).

480 Sackel, Meer, S. 68.

481 Siehe im Folgenden Pardo, Examination, 1515th Meeting.

und einem geregelten rechtlichen Rahmen stattfände oder in einem aggressiven Wettbewerb zwischen den Staaten. Die Rede eröffnete einen breiten Ausblick über die verschiedenen gegenwärtigen und zukünftigen Nutzungen des Festlandsockels und der Tiefsee, wobei Öl- und Gasvorkommen ebenso genannt wurden wie die Manganknollen, bei denen Pardo sich explizit auf Mero bezog. In der Rede erschienen jedoch auch bereits potenzielle negative Effekte des Tiefseebergbaus, da das zusätzliche Erzangebot aus dem Abbau von Manganknollen die Rohstoffpreise und die Absatzchancen erzexportierender Staaten beeinträchtigen könne. Daneben erwähnte Pardo die damals gängigen (s. Kap. 3.1), heute teils utopisch anmutenden Zukunftsvisionen zu Fischerei und Aquakultur[482] sowie Unterwasserhabitate wie Conshelf und Sealab. Zusätzlich betonte Pardo die Gefahren eines nuklearen Wettrüstens am Meeresboden mit mobilen oder ortsfesten Raketenabschusssystemen. Die damalige Rechtslage von den Truman-Proklamationen bis zum Genfer Übereinkommen über den Festlandsockel begünstigte, so Pardo, die nationale Aneignung des Meeresbodens durch wenige Staaten, die die technologischen Fähigkeiten hierfür besaßen und sich somit beträchtliche wirtschaftliche und militärische Vorteile verschaffen könnten. Dieser Prozess hatte bereits begonnen, und Pardo warnte vor einem neuen kolonialen Wettlauf: „…a competitive scramble for sovereign rights over the land underlying the world's seas and oceans, surpassing in magnitude and in its implication last century's colonial scramble for territory in Asia and Africa."[483] Die Konsequenzen wären eine Eskalation des Wettrüstens und eine Verschärfung globaler Spannungen zwischen armen und reichen Staaten angesichts der Ungerechtigkeit, dass ein Großteil der weltweiten Ressourcen in die Hände weniger Nationen fiele.

Ein effektives internationales Regime für den Meeresboden stellte für Pardo die einzige Möglichkeit dar, um diese Konsequenzen zu vermeiden, und eine für alle Nationen – Entwicklungs- und Industrieländer, Küsten- und Binnenstaaten – annehmbare Lösung zu finden. Er schlug daher eine internationale Behörde zur Verwaltung des Meeresbodens jenseits der nationalen Hoheitsbefugnisse vor. Dabei ging er von (im Vergleich zu der heutigen Rechtslage) sehr enggefassten küstenstaatlichen Hoheitsrechten aus, die nur zu einer Breite von 12 sm oder bis zu einer Tiefenlinie von 200 m reichen sollten. Der größte Teil des Festlandsockels einschließlich der dortigen Öl- und Gasvorkommen wäre damit in den Bereich der Meeresbodenbehörde gefallen. In dieser Rede vor der UN-Generalversammlung formulierte Pardo abschließend fünf Prinzipien, auf denen ein künftiges Seerechtsübereinkommen aufbauen sollte:

- Der Meeresboden jenseits eines genau festgelegten küstenstaatlichen Hoheitsbereichs sollte in keiner Weise der nationalen Aneignung unterliegen,
- er sollte ausschließlich friedlichen Zwecken dienen,

482 „Fish husbandry, utilizing techniques such as the use of dolphins as sheep-dogs, and air-bubble curtains to delimit and protect fish ranges are no longer science fiction; these, together with other techniques, are clearly foreseen possibilities that may transform the entire world food picture in fifteen years' time." Ebd., S. 5.

483 Ebd., S. 12.

- wissenschaftliche Forschung sollte weiterhin frei möglich sein,
- die Ressourcen des Meeresbodens sollten im Interesse der Menschheit unter besonderer Berücksichtigung der Bedürfnisse armer Staaten genutzt werden,
- der Meeresboden sollte in Übereinstimmung mit den Grundsätzen der UN und ohne unnötige Beeinträchtigung der Schifffahrt auf der Hohen See sowie der marinen Umwelt genutzt werden.[484]

Pardo traf offenbar den Nerv der Zeit und setzte eine Bewegung in Gang, die direkt zur 3. UN-Seerechtskonferenz (UNCLOS III) 1973–1982 führte.[485] Die UN-Generalversammlung berief im Anschluss an Pardos Rede noch im Dezember des Jahres 1967 ein „Ad Hoc Committee" mit Vertretern aus 35 Staaten zur weiteren Beschäftigung mit diesen Fragen ein, das im folgenden Jahr zum „Committee on the Peaceful Uses of the Seabed and the Ocean Floor beyond the Limits of National Jurisdiction" mit 42 Mitgliedern erweitert wurde und bis 1973 tagte.[486] Da die Grenzen nationaler Hoheitsbefugnisse im Gefolge der Genfer Seerechtskonferenz unklar definiert waren, erklärte im Dezember 1969 die Resolution 2574 D (XXIV) für die Zeit bis zur Einrichtung eines internationalen Regimes ein Moratorium sowohl für den Ressourcenabbau auf dem Meeresboden außerhalb nationaler Hoheitsbefugnisse als auch für alle weiteren territorialen Ansprüche von Staaten auf dieses Gebiet.[487] Im folgenden Jahr verabschiedete die Generalversammlung auf der Grundlage der Arbeit der Meeresboden-Kommission und in Anlehnung an Pardos Vorschläge eine Reihe von Prinzipien hinsichtlich des Meeresbodens außerhalb nationaler Hoheit (Resolution 2749 (XXV)). An erster Stelle stand: „The sea-bed and ocean-floor, and the subsoil thereof, beyond the limits of national jurisdiction (hereinafter referred to as the area), as well as the resources of the area, are the common heritage of mankind."[488] Der Ausdruck „area" (später auch „Area", im Deutschen als das „Gebiet" wiedergegeben) wurde in der Folgezeit zu dem juristischen Fachausdruck für den Ozeanboden jenseits nationaler Hoheitsbefugnisse einschließlich der dortigen Manganknollenvorkommen. „Common heritage" wurde gleichermaßen bis heute zu einem zentralen Begriff des Seerechts. Die Resolution forderte weiterhin, dass das „Gebiet" keiner Aneignung durch Staaten bzw. natürliche oder juristische Personen unterliegen sollte. Stattdessen sollten alle dortigen Aktivitäten von einem zu schaffenden internationalen Regime reguliert werden. Hinsichtlich der Ressourcennutzung folgte die Resolution ebenfalls Pardos Ideen, indem sie für die Rohstoffförderung im „Area" festlegte: „[it] shall be carried out for the benefit of mankind as a whole, irrespective of the geographical location of States, whether land-locked or coastal, and taking into particular consideration

484 Pardo, Examination, 1516th Meeting, S. 2.

485 Nandan/Lodge, Development, S. 16–28.

486 UN General Assembly, Resolution 2340 (XXII), 18.12.1967; UN General Assembly, Resolution 2467 A (XXIII), 21.12.1968.

487 UN General Assembly, Resolution 2574 D (XXIV), 15.12.1969. Nandan/Lodge zufolge untersagt die Resolution Staaten und Personen die „exploration of the resources of the area", tatsächlich untersagt die Resolution nur die „exploitation"; Nandan/Lodge, Development, S. 24.

488 UN General Assembly, Resolution 2749 (XXV), 17.12.1970.

the interests and needs of the developing countries.“[489] Auch das Verbot der Militarisierung des „Area“, lehnte sich an Pardo an. Während diese Grundprinzipien für eine (nicht rechtlich bindende) Resolution konsensfähig waren,[490] blieben viele Fragen hinsichtlich der genauen Ausgestaltung einer künftigen Rechtsordnung für das „Area“ und die Ozeane insgesamt offen. Die Resolution forderte daher ein bindendes internationales Übereinkommen, um ein umfassendes neues Seerecht auf der Grundlage dieser Prinzipien zu beschließen. Eine weitere Resolution im selben Jahr berief schließlich für das Jahr 1973 die 3. UN-Seerechtskonferenz (s. Kap. 5.3) ein. Gemäß der Resolution zählten zu den Aufgaben dieser Konferenz die Rechtsordnung für den Meeresboden und seine Ressourcen, eine genaue Abgrenzung dieses Gebiets, des Festlandsockels und der Hoheitsgewässer, sowie Fragen der Fischerei, des Schutzes der Meeresumwelt, sowie der wissenschaftlichen Forschung.[491] Damit stand schon 1970 fest, dass der Tiefseebergbau im Zentrum einer grundlegenden Neugestaltung des internationalen Seerechts stehen würde.

Auch wenn das Common-Heritage-Prinzip im Seerecht fest mit Pardos Namen verbunden ist, hatte dieser Gedanke durchaus Vorläufer, die dazu beitrugen, dass der Vorschlag des maltesischen UN-Botschafters von der Staatengemeinschaft aufgegriffen wurde. Unmittelbare Vorbilder finden sich in den völkerrechtlichen Verträgen hinsichtlich der Antarktis und des Weltalls.[492] Bereits im Antarktis-Vertrag von 1959 einigten sich zunächst zwölf Unterzeichnerstaaten darauf, ihre Besitzansprüche dort buchstäblich auf Eis zu legen und auf eine militärische Nutzung zu verzichten. Ähnlich legte der u.a. von allen Nationen mit Raumfahrtaktivitäten unterzeichnete Weltraum-Vertrag von 1966 fest, dass kein Staat sich den Mond oder andere Himmelskörper aneignen darf, dass die Stationierung von Massenvernichtungswaffen im Weltall untersagt ist und dass die Forschung dort jedem Staate offensteht. In deutlicher Parallele zu der späteren Resolution 2749 (XXV) über die Ozeane bestimmte schon der Weltraum-Vertrag:

> „The exploration and use of outer space, including the Moon and other celestial bodies, shall be carried out for the benefit and in the interest of all countries, irrespective of their degree of economic or scientific development, and shall be the province of all mankind.“[493]

---

489 Ebd.

490 Die Resolution wurde mit 108 Stimmen, keiner Gegenstimme und 14 Enthaltungen der Ostblockstaaten angenommen; Tanaka, Law, S. 172; BT-Drs. 8/1981, Antwort der Bundesregierung auf die Große Anfrage: Rohstoffpolitik der Bundesregierung, 07.07.1978, S. 8.

491 UN General Assembly, Resolution 2750 (XXV), 17.12.1970.

492 Wolfgang Graf Vitzthum, Die Bemühungen um ein Régime des Tiefseebodens. Das Schicksal einer Idee, in: Zeitschrift für ausländisches öffentliches Recht und Völkerrecht 38 (1978), S. 745–800, hier S. 761f.; Hamilton S. Amerasinghe, The Third World and the seabed, in: Elisabeth Mann Borgese (Hrsg.), Pacem in Maribus, New York 1972, S. 237–248, S. 240f. Zu Antarktis- und Weltall-Vertrag Rehling/Löhr, Governing the Commons.

493 UN General Assembly, Resolution 2222 (XXI), Treaty on Principles Governing the activities of States in the Exploration and Use of Outer Space, including the Moon and Other Celestial Bodies, 19.12.1966.

Der bundesdeutsche Völkerrechtler Wolfgang Graf Vitzthum (geb. 1941) schrieb daher unter Rückgriff auf den im Kontext der Meerestechnik populären Vergleich, dass Pardo diesen Gedanken aus dem Weltraum-Vertrag „auf den ‚nassen Weltraum'" übertragen habe.[494] Das Common-Heritage-Prinzip konnte im Grundsatz auch mit dem Wohlwollen der US-Regierung rechnen, auch wenn gerade die USA selbst mit den Truman-Proklamationen die Bewegung hin zu der Ausweitung küstenstaatlicher Hoheitsbefugnisse angestoßen hatten. Präsident Johnson sprach sich bereits im Sommer 1966 in einer Rede gegen weitere Annexionen des Meeresbodens aus. Dabei verwendete er denselben Vergleich mit dem Kolonialismus wie Pardo im folgenden Jahr und sogar die Idee des Menschheitserbes:

> „Because under no circumstances, we believe, must we ever allow the prospects of rich harvests and mineral wealth to create a new form of colonial competition among the maritime nations. We must be careful to avoid a race to grab and hold the lands under the high seas. We must ensure that the deep seas and the ocean bottoms are, and remain, the legacy of all human beings."[495]

Der Mehrheit der Staatengemeinschaft einschließlich der USA konnte weder an einem ungeregelten und konfliktreichen Wettlauf um den Meeresboden noch an einer Aufteilung unter den Uferstaaten gelegen sein. Eine solche Aufteilung – auch als „national lake solution" oder „world lake concept" bezeichnet, da der Ozean wie ein Binnensee unter den Uferstaaten geteilt würde – hätte wenige Staaten mit langen Küstenlinien oder ozeanischen Inseln überproportional begünstigt.[496] Schließlich gab es in der seerechtlichen Diskussion ältere Vorbilder, die direkt auf die Aneignung des Festlandsockels durch Küstenstaaten reagierten. Schon ein deutsches Lehrbuch des Völkerrechts von 1958 kritisierte diese damals neue und noch umstrittene Rechtsentwicklung und favorisierte stattdessen „die Internationalisierung des Schelfs, seine Ausbeutung durch zwischen- und überstaatliche Organisationen oder ein internationales Montanrecht, in dessen Rahmen internationale Behörden den Meeresgrund den dafür geeigneten Staaten zur Ausbeutung zuweisen könnten".[497] Der Autor, Georg Dahm (1904–1963), begründete diese Kritik am „Spätnationalismus" der Festlandsockeldoktrin damit, dass der gewachsene Rohstoffbedarf der Welt sich nicht mehr auf Grundlage einzelstaatlicher Souveränität decken ließe.[498] Pardos

494 Graf Vitzthum, Bemühungen, S. 763.
495 Johnson, Remarks.
496 Steinberg, Social Construction, S. 174f.; Pardo, Seabed, S. 134.
497 Dahm, Völkerrecht, S. 713.
498 Ebd. Ein solches Plädoyer für den Multilateralismus erstaunt zunächst bei einem Autor, der bis 1945 zu den exponiertesten Vertretern der „Kieler Schule" in der Rechtswissenschaft (damals noch als Professor für Strafrecht) gehörte und 1935–1937 als Rektor der Universität Kiel vorstand. Allerdings hatte Deutschland aus geographischen Gründen von der Festlandsockeldoktrin nicht viel zu erwarten, so dass für Dahm eine Internationalisierung des Festlandsockels anderer Staaten durchaus im deutschen Interesse gelegen haben könnte. Zu Dahm als Kieler Rektor Carsten Mish, „Führer der Universität". Die Kieler Rektoren in der NS-Zeit, in: Christoph Cornelissen/Carsten Mish (Hrsg.), Wissenschaft an der Grenze. Die

Rede stellte somit einen wichtigen Meilenstein in der Seerechtsentwicklung dar, seine Vorschläge bauten aber durchaus auf bereits kursierenden Vorstellungen auf.

Als sich bundesdeutsche Unternehmen Ende der 1960er Jahre in das Thema Tiefseebergbau einarbeiteten, nahmen sie die Bedeutung seerechtlicher Probleme von Beginn an wahr. Auf einer Besprechung im Mai 1969 zwischen dem Vorstandsvorsitzenden der Rheinbraun AG, Erwin Gärtner, und dem Präsidenten der Bundesanstalt für Bodenforschung, Hans-Joachim Martini, über das Thema Meeresforschung und Meerestechnik bildete die Rechtssituation für Tiefseebodenressourcen den ersten Tagesordnungspunkt. Die zwei Optionen für eine zukünftige Rechtsordnung des Tiefseebodens, die angesprochen wurden, waren die Ausdehnung nationaler Hoheitsrechte bis in die Tiefsee gemäß dem Ausbeutungskriterium der Genfer Seerechtskonferenz oder die Internationalisierung des Tiefseebodens im Rahmen der UNO oder eines anderen Gremiums.[499]

Im folgenden Jahr erschien in der Zeitschrift „Erzmetall“ ein Aufsatz des Bergassessors Peter Kausch über die „Rohstoffgewinnung aus dem Meer aus völkerrechtlicher Sicht“.[500] Kausch, der seit 1969 bei der Preussag im Bereich marine Rohstoffe tätig war, sah in dem Artikel vier Möglichkeiten für eine rechtliche Regelung des Rohstoffabbaus jenseits des Festlandsockels sowie die sich daraus ergebenden Konsequenzen für den Tiefseebergbau. Die erste Möglichkeit bestand in der Anwendung der 1958 in Genf festgelegten Regeln für den Festlandsockel auch auf die Tiefsee. Die Konsequenz einer solchen Ausdehnung der küstenstaatlichen Souveränität wäre, dass der Großteil der Vorkommen in die Hände einiger geografisch begünstigter Staaten fiele. Die zweite Option bestand in der Beibehaltung der traditionellen Meeresfreiheit, also des freien Zugangs für alle. Im Unterschied zu Mero sah Kausch hier durchaus Konfliktpotential, wenn Trittbrettfahrer die von anderen Akteuren kostenträchtig aufgefundenen Lagerstätten mitnutzen würden. Als dritte Option diskutierte er eine Regelung („Flaggenstaaten-Lösung“), bei der der Staat, dessen Flagge ein Schiff führt, das eine Lagerstätte entdeckt, die Hoheitsgewalt über dieses Gebiet erwirbt. Eine solche Regelung würde die Industriestaaten begünstigen. Die Internationalisierung schließlich bildete die vierte Möglichkeit, bei der eine internationale Organisation Tätigkeiten auf dem Meeresboden regulieren und kontrollieren würde. Hier sah der Autor den Vorteil, dass eine solche Lösung eine große Bandbreite an Ausgestaltungen und somit auch einen Ausgleich der Interessen von Industriestaaten und Entwicklungsländern ermöglichen würde. Die Internationalisierung werde, so Kausch, auch von der

---

Universität Kiel im Nationalsozialismus (Mitteilungen der Gesellschaft für Kieler Stadtgeschichte, 86), 2. Aufl. Essen 2010, S. 33–55.

499 HK RWE HAP 523/1 Dr. Kliebhan, Vermerk für A 2, betr. Besprechungspunkte Besuch Prof. Martini am 29. Mai in Köln, 28.05.1969.

500 Peter Kausch, Rohstoffgewinnung aus dem Meer aus völkerrechtlicher Sicht, in: Erzmetall 23 (1970), 1, S. 39–43. Der Artikel, der auf der Prüfungsarbeit für den höheren Staatsdienst im Bergfach beruht, findet sich als Sonderdruck auch in der Handakte zum Tiefseebergbau des Rheinbraun Vorstandsvorsitzenden Gärtner, s. HK RWE HAP 523/2.

UNO angestrebt.[501] Der letzte Punkt, den schon Pardo angesprochen hatte, sollte tatsächlich in den folgenden Jahren eine große Bedeutung gewinnen.

Ebenfalls 1970 veröffentlichte der Wissenschaftsjournalist Harald Steinert – lange Jahre der Experte für das Thema Manganknollen in der deutschsprachigen Presse – in der „Frankfurter Allgemeinen Zeitung" einen Artikel unter dem Titel „Der Tiefseebergbau kann beginnen", in welchem er aber die wichtige Einschränkung vornahm, dass „die Klärung der Rechtsverhältnisse auf dem Tiefseeboden durch die Vereinten Nationen" eine Voraussetzung für den Start eines kommerziellen Abbaus sei.[502]

Die Ressourcenwerdung der Manganknollen und die Aussicht auf Tiefseebergbauunternehmungen schufen in den 1960er Jahren erstmals einen Anreiz, Eigentumsrechte am Ozeanboden jenseits des Festlandsockels zu begründen. Umgekehrt wirkte sich auch die rechtliche Situation auf die Ressourcenwerdung aus, indem sie Risiken und Rentabilität eines Bergbauunternehmens maßgeblich beeinflusste. Bis Ende des Zweiten Weltkriegs galt die hergebrachte Freiheit der Meere noch fast unbeschränkt. Damit reflektierte das Seerecht eine Situation, in der das Meer vor allem als Transportweg diente und Fisch- oder Walbestände praktisch als unerschöpflich galten. Nach 1945 gewann die Ölförderung auf dem Festlandsockel an Bedeutung und rückte sukzessive von der Küste fort in größere Tiefen, während die Überfischung als externer Effekt der Nutzung mariner biologischer Ressourcen nicht mehr zu übersehen war. Entsprechend begannen Staaten zunehmend, Eigentumsrechte zu beanspruchen, zunächst vor ihrer Küste auf dem Festlandsockel. Damit begann sich der von Schmitt beschriebene „Nomos der Erde", die Aufteilung in staatliches Land und freies Meer, aufzulösen. Das internationale Seerecht war somit schon in Bewegung geraten, als erstmals der Tiefseebergbau nach Manganknollen erwogen wurde. Mero versuchte 1965 noch, die Frage kleinzureden und sah gerade die unklare Rechtslage als Vorteil für den Tiefseebergbau. Tatsächlich wurde der rechtliche Aspekt in der Folgezeit zu einem hemmenden Faktor bei der Ressourcenwerdung der Manganknollen. Spätestens mit Pardos Rede 1967 begann eine Entwicklung auf Ebene der UN, die auf ein internationales Regime mit dem Tiefseeboden als gemeinsamem Erbe der Menschheit statt der Freiheit der Meere oder küstenstaatlichen Rechten hinauslief. Die genaue Ausgestaltung eines solchen internationalen Regimes und damit auch dessen Auswirkungen auf die Ressourcenwerdung der Manganknollen waren allerdings um 1970 noch unklar. Die ersten Schritte zum Tiefseebergbau fanden somit bereits vor dem Hintergrund beträchtlicher Rechtsunsicherheit statt, die jede Investitionsentscheidung mit Risiken belastete. Dieses Problem blieb auch während der gesamten 1970er Jahre und in gewisser Hinsicht lange darüber hinaus bestehen, da die Rechtsordnung für den Tiefseeboden (das „Area") zu einer zentralen Streitfrage der 3. UN-Seerechtskonferenz (UNCLOS III) ab 1973 wurde.

501 Ebd., S. 42f.

502 Harald Steinert, Der Tiefseebergbau kann beginnen, in: Frankfurter Allgemeine Zeitung (09.09.1970), S. 29; ähnlich ders., Metalle aus dem Meer, in: Das Neue Universum 90 (1973), S. 44–54, hier S. 54.

3.5 Das Meer als Umwelt vor der „ökologischen Revolution"

„... you can hardly regard any creatures of the deep with the same feelings that you do those of the shore."[503] Dieses Zitat von Ismael, dem Erzähler in Herman Melvilles Roman „Moby-Dick", der selbst Walen durchaus eine gewisse Empathie entgegenbringt, spricht einen Sachverhalt an, der zumindest bis zum späten 20. Jahrhundert galt: Menschen widmeten Meerestieren und auch der marinen Umwelt weniger Aufmerksamkeit und Mitgefühl als der terrestrischen Umwelt. Ein ökologisches Bewusstsein für die Ozeane entstand daher erst zeitverzögert. Während die möglichen ökologischen Folgen heute im Mittelpunkt der Diskussion über den Tiefseebergbau stehen, spielte dieser Aspekt in den 1960er Jahren noch keine Rolle bei der Ressourcenwerdung der Manganknollen. Allerdings zeichnete sich im Vorfeld der „ökologischen Revolution"[504] um 1970 bereits ein Umbruch ab, so dass die Ozeane in bestimmten Kontexten bereits als bedrohte Umwelt wahrgenommen wurden.

Seit dem späten 19. Jahrhundert konnte selbst die Tiefsee nicht mehr als ein völlig unbelebter Raum gelten. Zwar hatte der britische Naturforscher Edward Forbes (1815–1854) in den Anfangsjahren der Ozeanografie, basierend auf Dredschzügen in der Ägäis, die These aufgestellt, dass es unterhalb von 300 Faden Tiefe (ca. 550 m) angesichts von ewiger Dunkelheit und hohem Wasserdruck eine unbelebte Zone gäbe, aber diese zunächst weithin akzeptierte „azoic theory" war widerlegt worden, als 1860 ein aus 1.200 Faden Tiefe im Mittelmeer geborgenes Telegrafenkabel einen deutlichen Bewuchs mit verschiedenen Lebensformen zeigte. Die Untersuchung der Tiefseefauna wurde in der Folge zu einem wesentlichen wissenschaftlichen Erkenntnisinteresse der Ozeanografie (s. Kap. 2.2). Britische Wissenschaftler an Bord der HMS Lightning (1868) und HMS Porcupine (1869–1870) fanden Leben in der Tiefsee überall, wo sie danach suchten.[505] 1899 berichtete der amerikanische Naturforscher Alexander Agassiz als Ergebnis von Dredschzügen im Pazifik nicht nur, dass Manganknollen weitverbreitet sind, sondern auch, dass es zwischen und auf den Knollen eine Fauna von wirbellosen Tieren wie Seegurken (Holothuroidea), Schlangensternen (Ophiuroidea) und Seeanemonen (Actiniaria) gäbe, auch wenn die Populationsdichten selbst für Tiefseeverhältnisse gering seien:

> „Still the hauls we made with the trawl were most interesting, and confirmed what other deep-sea expeditions have realized: that at great depths, at considerable distances from land and away from any great oceanic current, there is comparatively little animal life to be found. Where manganese nodules were found the hauls were specially poor, a few deep-sea holothurians and ophiurans, and some small actiniæ which had attached themselves to

503 Herman Melville, Moby-Dick; or, The Whale (zuerst 1851), 58. Kapitel, zitiert nach Herman Melville, Moby-Dick, hrsg. v. Hershel Parker u. Harrison Hayford, 2. Aufl. New York 2002, S. 224.

504 Radkau, Ära, S. 124–164.

505 Adler, Neptune's Laboratory, S. 22–31; Rozwadowski, Vast Expanses, S. 119.

the nodules with a few other invertebrates, seemed to be all that lived at these great depths, 2.500 to 2.900 fathoms, far away – say from 700 to 1.000 miles – from the nearest land.“[506]

Dass der Tiefseeboden im Allgemeinen und die Lagerstätten der Manganknollen im Besonderen eine gewisse Fauna aufweisen, war somit schon früh bekannt. Dieses Wissen ging auch nicht verloren. Mero diskutierte 1965 die Aktivität von bodenbewohnenden Organismen wie Würmern, die, indem sie sich durch das Sediment graben oder pflügen, die Manganknollen bewegten und somit verhinderten, dass diese langsam vom Sediment begraben würden, was deren Wachstum gestoppt hätte. Die Fauna des Tiefseebodens würde somit sogar eine wichtige Rolle beim Wachstumsprozess der Knollen spielen.[507] Meros Buch enthielt auch Fotos, die zwischen Manganknollen auf dem Ozeanboden Spuren der Aktivität solcher Tiere zeigten.[508] Während die wenigen, Mero vorliegenden Fotos nur indirekte Hinweise auf Lebewesen gaben, konnte man mit verbesserten Verfahren Tiere am Tiefseeboden auch direkt beobachten. Einige Jahre später, nachdem die bundesdeutsche Industrie in die Manganknollenexploration eingestiegen war, erschien in der Zeitschrift „mt – Meerestechnik – Marine Technology“ ein Artikel über den Einsatz von Fernsehkameras, die mit einem Schlitten über den Meeresboden gezogen wurden. Auf einer Karte, die gestützt auf solche Kamerafahrten gezeichnet worden war, waren markante Beobachtungen eingetragen, darunter neben „Steine oder Blockfelder“ auch „Fisch“, „Holothurie“ und „Schlangenstern“.[509] In beiden Fällen fehlte aber noch jeglicher Gedanke daran, was ein Abbau der Manganknollen für die Lebensgemeinschaft am Tiefseeboden bedeuten würde oder inwieweit dies die Tiefseebergbaupläne beeinflussen könnte. Insgesamt spielte dieser Punkt bei den ersten Überlegungen zur Nutzung von Manganknollen in den 1960er Jahren noch kaum eine Rolle.[510]

Allerdings ließ sich in den 1960er Jahren in den westlichen Gesellschaften bereits eine Veränderung in der Wahrnehmung der Ozeane erkennen. Dass die traditionell als unermesslich groß und zeitlos imaginierten Weltmeere keineswegs immun gegen menschliche Eingriffe, sondern vielmehr verletzlich sind, war 1967 die Botschaft des amerikanischen Publizisten Wesley Marx in „The Frail Ocean“:

> „It may be difficult to accept the fact that our progress can mean death to the ocean. Although the land has long been a sweating resource, the ocean has always been considered an impenetrable redoubt of nature, impervious to man's acquisitiveness and his carelessness alike. (…) Yet this same ‚all-powerful‘ ocean now proves as slavishly subservient to natural laws as a moth caught by candlelight or a rose seed blown into the Atlantic. The ocean obeys. It heeds. It complies. It has its tolerances and its stresses. When these are surpassed, the ocean falters. Fish stocks can be depleted. The nurseries of marine life can be buried.

---

506 Agassiz, Cruise, S. 835.
507 Mero, Resources, S. 144f.
508 Ebd., S. 145, 160.
509 Norbert Hering, Erkenntnisse bei der Prospektion und Exploration von Erzknollenvorkommen, in: mt – Meerestechnik – Marine Technology 4 (1973), 1, S. 1–10, hier S. 4.
510 Miller et al., Overview, S. 11.

> Beaches can erode away. Seawater, the most common substance on this earth and the most life-nourishing – at once liquid soil and liquid atmosphere – can be hideously corrupted.“[511]

Marx' Buch scheint nicht auf dieselbe Resonanz gestoßen zu sein wie Ehrlichs „Population Bomb“, das im folgenden Jahr in demselben Verlag erschien, oder wenig später „Limits to Growth“, aber es wurde immerhin unter dem dramatisierenden Titel „Bis das Meer zum Himmel stinkt!“ in gekürzter Form ins Deutsche übersetzt.[512] Insbesondere drei Themen brachten das traditionell vorwiegend als bedrohlich wahrgenommene Meer in den 1960er Jahren als bedrohte Umwelt in das Bewusstsein einer breiteren Bevölkerung: Wale, Ölpest und Abfallverklappung.

Wale stellten als luftatmende, warmblütige und lebendgebärende Säugetiere bereits vereinzelt im 19. Jahrhundert eine Ausnahme von Melvilles eingangs zitierter Beobachtung dar, so bei Jules Michelet (1798–1874) und Alfred Brehm (1829–1884), die Wale durchaus schon mit Empathie als fühlende, leidende und vom Menschen bedrohte Wesen darstellten.[513] In der zweiten Hälfte des 20. Jahrhunderts und deutlich bevor Greenpeace ab 1975 seine Walschutzkampagnen begann,[514] wurden Wale und Delfine in westlichen Gesellschaften zunehmend zu „charismatic megafauna“[515], also zu Tieren, die in besonderem Maße als Projektionsfläche menschlicher Gefühle dienen und für deren Schutz sich Menschen einzusetzen bereit sind. Nicht nur in der Gegenkultur wurden Wale so von „Speck und Fischbein“ zu „Buddhas der Tiefe“.[516] 1966 machte Scott McVay in „Scientific American“ auf die drohende Ausrottung der Großwalarten durch den Walfang aufmerksam.[517] Fünf Jahre später publizierten McVay und der Biologe Roger Payne in „Science“ einen Artikel über die Gesänge der Buckelwale. Payne hatte 1970 eine Schallplatte mit diesen Gesängen produziert, die zu einem überraschenden Verkaufserfolg wurde. Die Walgesänge wurden vielfältig in der Pop- und Gegenkultur rezipiert und dienten „as the

---

511 Wesley Marx, The Frail Ocean, New York 1967, S. 2f.

512 Ders., Bis das Meer zum Himmel stinkt! Wasser in Gefahr, Rüschlikon-Zürich 1969.

513 Jules Michelet, Das Meer, Leipzig 1861, S. 182, 251f. (zuerst: La Mer, Paris 1861); Alfred Edmund Brehm, Illustrirtes Thierleben. Eine allgemeine Kunde des Thierreichs, 2. Bd., Hildburghausen 1865 (Faksimile-Ausgabe Stuttgart 1979), S. 828, 863, 871. Zu Michelets „La Mer“ und seiner Sicht auf Wale Felix Lüttge, Auf den Spuren des Wals. Geographien des Lebens im19. Jahrhundert, Göttingen 2020, S. 220–230.

514 Frank Zelko, Greenpeace. Von der Hippiebewegung zum Ökokonzern (Umwelt und Gesellschaft; 7), Göttingen 2014, S. 141–200.

515 Vgl. für die Verwendung des Begriffs im Artenschutz Georgina M. Mace/Andrew Balmford, Charismatic megafauna as ‚flagship species', in: Abigail Entwistle/Nigel Dunstone (Hrsg.), Priorities for the Conservation of Mammalian Diversity. Has the Panda had its Day? (Conservation Biology; 3) Cambridge 2000, S. 53–81; Shannon Petersen, Congress and charismatic megafauna. A legislative history of the Endangered Species Act, in: Environmental Law 29 (1999), 2, S. 463–491.

516 Zelko, Greenpeace, S. 168.

517 Scott McVay, The last of the great whales, in: Scientific American, Vol. 215, No. 2 (Aug. 1966), S. 13–21.

soundtrack for a million yoga classes and other 1970s pursuits.“[518] Aus wissenschaftlicher Sicht belegten die Aufnahmen der Gesänge, dass Wale oder zumindest Buckelwale ein komplexes und individuelles Kommunikationssystem besitzen; viele Zuhörer glaubten in den Gesängen überdies die Klagerufe intelligenter Kreaturen zu hören.[519] In der Studie „Grenzen des Wachstums“, die meeresbezogene Themen sonst kaum beachtet, erscheint der Walfang, der mit immer stärkeren Fangbooten eine Walspezies nach der anderen dezimierte, als Beispiel dafür, dass technologischer Fortschritt die natürlichen Grenzen hinauszuschieben vermag, aber den unvermeidlichen Zusammenbruch letztlich nicht verhindern kann.[520] Wale und Delfine wurden somit zu den ersten Meerestieren, die in westlichen Gesellschaften als schützenswert wahrgenommen wurden. Sie spielten daher eine wichtige Rolle bei der Veränderung der gesellschaftlichen Meereswahrnehmung hin zu einer schutzbedürftigen und schutzwürdigen Umwelt.[521]

Allenfalls Seevögeln wurde zuvor eine vergleichbare Aufmerksamkeit von Tierschützern entgegengebracht. Die Ende des 19. Jahrhunderts entstandene Vogelschutzbewegung widmete sich schon in den 1920er Jahren dem damals neuen Problem der Ölverschmutzung des Meeres, da ölverklebte Vögel dessen sichtbarste Opfer waren. [522] Die Verunreinigung der Meere mit Erdöl und Erdölprodukten stellte eine direkte Folge des Aufstiegs dieses Energieträgers im 20. Jahrhundert dar, wobei Öl sowohl durch Unfälle bei Förderung oder Seetransport als auch bei routinemäßigen Tätigkeiten wie dem Reinigen von Tanks in die Umwelt gelangen konnte. Nach dem Zweiten Weltkrieg nahmen Förderung und Verbrauch von Öl dramatisch zu. Gleichzeitig wuchs die maximale Zuladung von Öltankern von etwa 20.000 t auf über 300.000 t um 1970, womit auch das Gefährdungspotential im Unglücksfall entsprechend anstieg.[523] Dies wurde der Welt drastisch vor Augen geführt, als der Tanker Torrey Canyon 1967 vor Cornwall auf Grund lief und einen Ölteppich verursachte, der zuerst die britische Küste und schließlich selbst die Bretagne erreichte. Wenig später bewegten 1969 auch in den USA nach dem Blow-out einer Ölplattform vor der kalifornischen Stadt Santa Barbara Bilder von ölverschmutzten Stränden und verschmierten Seevögeln die Öffentlichkeit. Die Behörden standen diesen Ereignissen, über die breit in den Medien berichtet wurde, unvorbereitet gegenüber. In

518 Cary O’Dell, „Songs of the Humpback Whale“ (1970), https://www.loc.gov/static/programs/national-recording-preservation-board/documents/humpback%20whales.pdf (02.01.2024). Musiker aus der Folk- und Popszene verwendeten Teile dieser Aufnahmen in ihren Liedern, und die NASA betrachtete die Walgesänge 1977 als so repräsentativ für die Erde, dass sie sie zusammen mit Beispielen menschlicher Musik auf eine metallene Schallplatte presste, die mit der Voyager-Sonde als erstes menschgemachtes Objekt das Sonnensystem verließ.

519 Rozwadowski, Vast Expanses, S. 209; Zelko, Greenpeace, S. 146f.

520 Meadows et al., Grenzen, S. 136–139.

521 Rozwadowski, Vast Expanses, S. 206.

522 Wöbse, Ölpest.

523 Vaclav Smil, Energy and Civilization. A History, Cambridge, Mass. 2017, S. 278.

Großbritannien wusste sich die Regierung schließlich nicht anders zu helfen, als die aufgelaufene und leckgeschlagene Torrey Canyon durch Kampfflugzeuge in der vergeblichen Hoffnung zu bombardieren, dass das Öl vollständig verbrennen würde.[524]

Ein weiterer Bereich, in dem das Meer in den 1960er Jahren zunehmend als bedrohte Umwelt gesehen wurde, war die Versenkung von Abfällen, insbesondere von Atommüll und Chemiewaffen. Die Entsorgung von radioaktiven Abfällen im Meer wurde von vielen Staaten praktiziert, wobei Großbritannien in besonderem Maße auf diese Praxis zurückgriff, da die britischen Inseln – anders als das Territorium der USA oder der UdSSR – weniger Raum für ein Endlager boten. Ziel der britischen Behörden war es in den 1950/60er Jahren gerade nicht, die Abfälle dauerhaft auf dem Ozeanboden zu deponieren, sondern sie freizusetzen und so die größtmögliche Verdünnung zu erreichen. Das britische Vorgehen wurde schon zu dieser Zeit international kritisiert, u.a. von der UdSSR, die jedoch selbst routinemäßig sogar ganze Reaktoren versenkte. Frankreich protestierte 1962, nachdem Trawler in der Biskaya britische Fässer mit Atommüll mit ihren Netzen vom Meeresboden gefischt hatten.[525] Bevor die Bundesrepublik Deutschland begann, in Koordination mit anderen westeuropäischen Staaten radioaktive Abfälle zu versenken, beschloss man, auch um internationale Kritik zu vermeiden, eine wissenschaftliche Begleitstudie durchzuführen. Hierfür untersuchte das Deutsche Hydrographische Institut (DHI) 1966 und 1968 mit dem Forschungsschiff Meteor das vorgesehene Seegebiet vor und nach der Versenkung. Da das DHI zu dieser Zeit keine eigene biologische Expertise besaß, lud es Hjalmar Thiel (geb. 1932) vom Institut für Hydrobiologie und Fischereiwissenschaft der Universität Hamburg ein, an der Studie mitzuarbeiten.[526] Thiel gehörte in der Folgezeit zu den Pionieren der biologischen Tiefseeforschung in Deutschland, führte in den 1970er Jahren ökologische Begleitstudien zum Tiefseebergbau durch und prägte mit dem DISCOL-Experiment ab 1989 (s. Kap. 5.6) bis heute die Diskussion über die ökologischen Folgen des Abbaus von Manganknollen. Während die zuständigen bundesdeutschen Stellen Ende der 1960er Jahre zumindest bestrebt waren, sich bei der Atommüllversenkung wissenschaftliche Rückendeckung zu verschaffen, erschien den britischen Experten der Einsatz eines Forschungsschiffes im Zusammenhang mit der Atommüllversenkung als eher lächerlich, so dass sie hierin in erster Linie eine PR-Aktion sahen.[527]

Chemiewaffen bildeten eine andere Gruppe von Stoffen, die einerseits offensichtlich so gefährlich waren, dass man sie nach Möglichkeit nirgends an Land deponieren oder aufbereiten wollte, von denen man aber andererseits annahm, dass sie nach der Versenkung so gut wie aus der Welt geschafft seien. Wenn chemische Munition ihre Lagerfähigkeit

524 Adler, Neptune's Laboratory, S. 146f.; Rozwadowski, Vast Expanses, S. 210; McNeill, Blue Planet, S. 322; o.A., Ölpest. Zweite Schlacht, in: Der Spiegel 15/1967 (03.04.1967), S. 155; Marx, Frail Ocean, S. 3f.

525 Hamblin, Environmental diplomacy.

526 Thiel/Schriever, Fifty years, S. 80–83.

527 „To the British, the choice of Meteor was silly, and they doubted whether such a vessel, rigged to conduct scientific research, was suitable for dumping operations." Hamblin, Environmental Diplomacy, S. 368f.

überschritten hatte, veraltet war, oder nachdem die Siegermächte infolge des Ersten und Zweiten Weltkriegs die Bestände der besiegten Kriegspartei übernommen hatten, stellte die Versenkung im Meer bis in die 1970er Jahren die international übliche Vorgehensweise dar. In den USA waren die Bestände an solcher Munition bis in die 1950er Jahre derart angewachsen, dass es sich als zu aufwändig erwies, diese in Fässern oder anderen Behältern einzeln über Bord zu kippen. Stattdessen begannen die US-Streitkräfte, alte Frachter mit diesen Waffen zu beladen und komplett zu versenken, was ab Mitte der 1960er Jahre unter der treffenden Bezeichnung Operation „CHASE“ („Cut holes and sink ’em“) lief. Dieses Verfahren brachte ein Kongressabgeordneter im Mai 1969 an die Öffentlichkeit. Er sah erhebliche Risiken für die Menschen entlang der Bahnstrecken, über die die Chemiewaffentransporte von den Depots zu den Häfen liefen, und für Seeleute auf Schiffen nahe der Versenkungsgebiete. Daneben äußerte er auch Bedenken bezüglich der Meeresumwelt. Anschließende Anhörungen im amerikanischen Kongress ergaben, dass die Streitkräfte praktisch keine Informationen über den Zustand der chemischen Waffen am Meeresgrund, noch über ihre Auswirkungen auf die Umwelt oder die exakte Position der versenkten Schiffe besaßen. Das Thema erregte in den USA große öffentliche Aufmerksamkeit und führte zu Protesten, so dass die Operation „CHASE“ nach einer letzten Versenkung im August 1970 eingestellt wurde.[528]

Auch in der Staatengemeinschaft bildete sich zu dieser Zeit ein Konsens heraus, dass die Einbringung derart gefährlicher Abfälle in die Ozeane nicht mehr länger tragbar sei. Nachdem das auf der Genfer Seerechtskonferenz 1958 beschlossene Übereinkommen über die Hohe See alle Staaten nur in sehr unbestimmten Formulierungen verpflichtet hatte, die Meeresverschmutzung durch Atommüll zu verhindern,[529] untersagte die „London Dumping Convention“ von 1972 die Versenkung von chemischen sowie biologischen Waffen, radioaktiven Abfällen, Erdöl, Dioxinen, Quecksilber und anderen besonders riskanten Substanzen.[530] Der maltesische UN-Botschafter Arvid Pardo erwähnte in seiner folgenreichen Rede vor der Vollversammlung 1967 ebenfalls Atommüll und die Havarie der Torrey Canyon im selben Jahr,[531] allerdings unterstellte ihm später der bundesdeutsche Völkerrechtler Graf Vitzthum, dass dies nur zur Dramatisierung gedient habe, um den Ruf nach einem internationalen Regime zu begründen.[532] Umweltfragen nahm jedoch auch die Bundesregierung 1969 in ihr erstes „Gesamtprogramm für die Meeresforschung“ auf. Das Programm enthielt als einen von fünf Schwerpunkten die „Verhütung und Bekämpfung der Verschmutzung des Meeres“.[533] Um 1970 stand somit die beginnende ökologische Wahrnehmung der Ozeane in einem Spannungsverhältnis zu der

---

528 Müller, Cut holes.

529 Convention on the High Seas. Done at Geneva on 29 April 1958, Art. 25, https://treaties.un.org/doc/Publication/UNTS/Volume%20450/volume-450-I-6465-English.pdf (02.01.2024).

530 Tanaka, Law, S. 259, 299.

531 Pardo, Examination, S. 10, 12.

532 Graf Vitzthum, Bemühungen, S. 766.

533 Bundesminister für wissenschaftliche Forschung, Bestandsaufnahme und Gesamtprogramm für die Meeresforschung in der Bundesrepublik Deutschland 1969–1973, Bonn 1969, S. 52–55.

gleichzeitigen Aufbruchsstimmung bei der technisch-industriellen Erschließung der Meere. Diese Spannung bemerkten auch die Autoren eines Berichts über die Messe „Interocean '70" in der Zeitschrift „mt – Meerestechnik – Marine Technology", die ansonsten vornehmlich der Ingenieur- bzw. Industrieperspektive verpflichtet war:

> „Erschließung auf der einen Seite, Erhaltung auf der anderen – doch, so scheint es, läßt sich beides nie auf einen Nenner bringen. (...) Sah man bei der Ausstellung überzeugte Hersteller von Reinigungsgeräten in trautem Verein mit überzeugten Herstellern von größeren und besseren Abwasserleitungen, so hätte man wohl schizophren sein müssen, um zufrieden den Reden beider Seiten des Hauses zu folgen. So aber standen sich beide Seiten kompromißlos gegenüber."[534]

Als in den 1960er Jahren die Ressourcenwerdung der Manganknollen begann, war der Wissenschaft längst bekannt, dass der Tiefseeboden allgemein und auch die Lagerstätten der Manganknollen im Besonderen einen Lebensraum für diverse Tierarten darstellen. Zur gleichen Zeit war auch in Teilen westlicher Gesellschaften bereits ein Bewusstsein für das Meer als bedrohte Umwelt vorhanden. Allerdings machte sich dieses Problembewusstsein nur an wenigen Themen fest. Dies betraf die Jagd auf große Meeressäugetiere, mit denen Menschen sich identifizieren konnten, die Einbringung offensichtlich hochgefährlicher Abfälle oder die Ölverschmutzung, die mit bloßem Auge am Strand zu sehen war, die auch touristisch attraktive Orte wie Cornwall und Santa Barbara betraf und die über Bilder ölverschmierter Lummen die seit langem gut organisierten Vogelschützer auf den Plan rief. In den Überlegungen zum Tiefseebergbau zu dieser Zeit tauchte der Gedanke an eine Schutzwürdigkeit der Tiefseefauna oder die möglichen ökologischen Schäden durch einen Abbau der Knollen noch nicht auf. Dieser Punkt sollte erst in den folgenden Jahrzehnten an Bedeutung gewinnen.

3.6 Argumente für den Tiefseebergbau

> „Käme der Besucher eines fremden Sterns zu uns zu Besuch, um die Rohstoffgewinnung auf der Erde zu studieren, würde er möglicherweise die irdischen Bergtechniker höflich fragen, weshalb man sich auf dem Planeten Erde denn mit unvorstellbarem Arbeitsaufwand bis zu vier Kilometer Tiefe (so tief ist das tiefste Bergwerk der Erde in Südafrika mittlerweile) in den Fels der Erdkruste hineinwühlt, statt die lose auf dem Tiefseeboden umherliegenden Metallerze bequem aufzusammeln."[535]

Dieses Gedankenexperiment konnte man 1973 im „Neuen Universum", einem Jahrbuch für die wissenschaftlich interessierte Jugend, lesen. Der Autor Harald Steinert, der auch für mehrere Tageszeitungen schrieb, war stets nah am Puls der aktuellen Entwicklungen auf dem Feld des Tiefseebergbaus, so dass sich seine Einschätzung der Vorteile von Manganknollen als Ressource durchaus mit dem deckte, was viele Experten in Wissenschaft,

534 Haddrell/Volk, Interocean '70, S. 9f.
535 Steinert, Metalle, S. 46f.

Politik und Privatwirtschaft zu diesem Thema dachten. Die – wenn man von 4.000 Metern Wassersäule absieht – leichte Zugänglichkeit der Manganknollen war jedoch nur ein Argument von mehreren, das in der Anlaufphase des Tiefseebergbauprojektes, etwa 1965 bis 1975, von Wissenschaft, Staat und Unternehmen vorgebracht wurde.

John L. Mero hatte in seiner ersten Publikation von 1952, die unter dem Eindruck des Zweiten Weltkriegs und des Koreakonflikts stand, den Tiefseeboden nur als sichere Quelle von Mangan im Kriegsfall empfohlen.[536] In „The Mineral Resources of the Sea", das 1965 die internationale Aufmerksamkeit auf Manganknollen gelenkt hatte, nannte er dagegen eine Reihe von Argumenten, die seiner Ansicht nach für den Tiefseebergbau sprächen, und die in den folgenden Jahrzehnten immer wieder aufgegriffen wurden. Für Mero stand die physische Erschöpfung terrestrischer Erzvorkommen nicht zu befürchten.[537] Er vertraute hier auf den technologischen Fortschritt, dem es bis dahin stets zu verdanken war, dass neue Funde den Abbau der Reserven zumindest ausgeglichen hatten. Das Problem mit terrestrischen Lagerstätten sah Mero dagegen bei den steigenden Kosten und der zunehmenden Importabhängigkeit sowie den damit verbundenen politischen Risiken:

> „The problem with ore deposits, however, is not the total quantity available in the continental rocks but their uneven distribution and mankind's propensity for indulging in political and economic systems which inhibit the free trade of these mineral commodities. Also, centers of population are rarely ever located near centers of substantial mineral production. Nationalism, which has unfortunately taken hold to an excessive degree in many of the newer nations of the world and not a few of the older ones, can cut societies off from vital mineral commodities."[538]

Mero war Ingenieur und Geologe und nicht Kaufmann oder Volkswirt. Er besaß somit eine gewisse Flexibilität in seiner Argumentation und der Wahl der Problemstellung, solange nur marine Ressourcen die Antwort waren. Er nannte daher in einer späteren Publikation auch den steigenden Metallverbrauch einer wachsenden und sich entwickelnden Weltbevölkerung als Grund für die Suche nach marinen Ressourcen; so würden die gesamten weltweiten kontinentalen Kupferreserven benötigt werden, sollte Afrika ein Telekommunikationsnetz wie das in Nordamerika aufbauen.[539] Allerdings unterstrich er auch hier die von ihm erwarteten geringen Produktionskosten als den Hauptgrund für die Rohstoffförderung aus der Tiefsee. Kostenvorteile waren so schon 1965 ein Hauptargument für Mero. Studien hätten gezeigt, dass viele volkswirtschaftlich wichtige Metalle

---

536 Mero, Manganese.
537 Mero, Resources, S. 4, 273.
538 Ebd., S. 5, 273f.
539 Mero, Oceanic mineral resources, S. 125f. Im Rückblick illustriert dieses Beispiel gut die Schwierigkeiten bei der Prognose des zukünftigen Ressourcenbedarfs: Einerseits besitzt Afrika bis heute kein mit Nordamerika vergleichbares Telekommunikationsnetz, andererseits basieren solche Netze heute immer weniger auf Kupferkabeln.

für nur 50–75 % der Kosten des konventionellen Bergbaus aus dem Meer gewonnen werden könnten.[540] Speziell bezogen auf Manganknollen glaubte er feststellen zu können: „But most important, the sea-floor nodules should prove to be a less expensive source of manganese, nickel, cobalt, copper, and possibly other metals than are our present land sources."[541]

Damit Manganknollen und potentiell andere marine Ressourcen unter Umgehung nicht zuletzt der Dritten Welt – „the newer nations of the world" (s.o.) – zu einer günstigen und stabilen Rohstoffversorgung der USA und anderer Industriestaaten beitragen konnten, mussten sie frei zugänglich sein. Daher sah Mero in dem – gemäß dem 1965 geltendem Seerecht – freien Zugang zu den Vorkommen bzw. in dem Fehlen von Eigentumsrechten einen weiteren Vorteil: Manganknollen seien „politically-free and royalty-free materials", auf die jedermann zugreifen dürfe.[542] Die Knollen seien zudem nicht nur in rechtlich-politischer, sondern auch in geologischer Sicht leicht zugänglich. Da sie auf dem Ozeanboden lägen, sei im Kontrast zum konventionellen Bergbau kein Deckgebirge zu durchdringen oder zu entfernen, und der Tiefseebergbau benötige keine Sprengungen oder Bohrungen. Auch die Exploration von Lagerstätten sei mit optischen Verfahren und somit unkompliziert möglich.[543] Derartige Überlegungen regten wohl auch den Journalisten Steinert in der am Anfang dieses Kapitels zitierten Textstelle an, Außerirdische die Praxis des Bergbaus zu Lande hinterfragen zu lassen. Angesichts der etwa 4 km hohen Wassersäule zwischen einem Bergbauschiff und der Lagerstätte am Tiefseeboden konnte freilich die bisherige Abbau- und Fördertechnik des Erzbergbaus kaum übernommen werden. Mero sah jedoch auch hierin Vorteile: Da Verfahren für den Tiefseebergbau völlig neu entwickelt werden mussten, könne man die Abbautechnik ohne Pfadabhängigkeiten und Bindung an Traditionen von vornherein auf maximale Automatisierung hin auslegen.[544] Und letzten Endes waren die Herausforderungen des Tiefseebergbaus relativ, wenn man sie mit denen der bemannten Raumfahrt verglich, die in den 1960er Jahren das Tempo des erwartbaren technologischen Fortschritts vorzugeben schien: „Although the problems connected with developing the mineral resources of the ocean may seem formidable to many, the technology involved is certainly an order of magnitude less formidable than putting men in orbit around the earth and about three orders of magnitude less expensive."[545]

Ein weiterer Vorteil, auf den Mero hinwies, war die mögliche Flexibilität der Produktion. Die chemische Zusammensetzung der Manganknollen im Pazifik variiert, und Mero identifizierte Regionen, die jeweils durch einen hohen Mangan-, Nickel- sowie Kupfer- und

540 Mero, Resources, S. 274.
541 Ebd., S. 280.
542 Ebd., S. 275.
543 Ebd., S. 280; ders., Minerals, S. 72.
544 Ders., Resources, S. 280.
545 Ebd., S. 274.

Kobaltgehalt gekennzeichnet waren.[546] Daher könne ein Bergbauschiff im Unterschied zu einer Mine an Land die Produktion je nach Nachfragestruktur von einem Gebiet zum anderen verlegen.[547] Was die Manganknollen jedoch in Meros Darstellung vor allem von konventionellen, terrestrischen Ressourcen abhob, war ihre schiere Menge. Er berechnete für den gesamten Pazifik eine Menge von 1,66 x 10^{12} t Manganknollen.[548] Selbst bei großzügig angenommenen Verbrauchsraten ergab sich hieraus rechnerisch eine enorme Reichweite, wie Mero betonte: „Even assuming a world population of 20 billion people consuming metals at a rate equal to that in the United States at the present time, the reserves of most of the industrially important metals would still be measured in terms of thousands of years."[549] Ausgehend von der angenommenen Gesamtmenge und den Metallgehalten der Knollen schätzte er die Menge der enthaltenen Metalle und setzte sie in Beziehung mit den Verbrauchsraten der USA und weltweit sowie der Akkumulationsrate, also dem geologischen Wachstum der Knollen (s. Tabelle 5).

Tabelle 5: Meros Berechnung zu Metallvorräten in den Manganknollen des Pazifik (Mero, Resources, S. 278).

Element	Menge der in Manganknollen enthaltenen Metalle (in Mrd. t)	US-Verbrauchsrate in 1960 (in Mio. t/Jahr)	Akkumulationsrate der Elemente in Manganknollen (Mio. t/Jahr)	Akkumulationsrate/US-Verbrauchsrate	Globale Verbrauchsrate/US-Verbrauchsrate
Mangan	358	0,8	2,5	3,0	8,0
Kobalt	5,2	0,008	0,036	4,5	2,0
Nickel	14,7	0,11	0,102	1,0	3,0
Kupfer	7,9	1,2	0,055	0,05	4,0

Auf Grundlage dieser Berechnungen kam Mero zu dem bemerkenswerten Schluss, dass die Manganknollen eine unerschöpfliche Ressource seien:

> „By dividing the rate at which various metals are agglomerating in the manganese nodules now forming on the Pacific Ocean floor by the rate at which we are presently consuming these elements, it is seen that, in many cases, the elements are accumulating in the nodules faster than we could consume them, in fact, three times as fast in the case of manganese, four times as fast in the case of nickel, and so on. Once these nodules are being mined, therefore, the minerals industry would be faced with the very interesting situation of working deposits that grow faster then [sic!] they can be mined."[550]

546 Ebd., S. 225–230. Basierend auf nur 166 Proben für den gesamten Pazifik erstellte Mero eine Karte, die vier Regionen nach der chemischen Zusammensetzung der Manganknollen abgrenzte, ebd., S. 226.

547 Ebd., S. 279f.

548 Ebd., S. 174.

549 Ebd., S. 277f.

550 Ebd., S. 279.

In einem späteren Aufsatz bezeichnete Mero die Selbsterneuerungsfähigkeit als „common and highly significant feature of mineral deposits in the sea“, die allerdings im Fall der Manganknollen ohnehin nur von akademischem Interesse sei, da die gegenwärtigen Lagerstätten „hundreds of thousands or millions of years“ reichen würden.[551] Selbst wenn man die Datengrundlage nicht hinterfragt und davon absieht, dass sicher nicht die gesamte Menge der Manganknollen im Pazifik technisch abbaubar und ökonomisch abbauwürdig ist, bleibt immer noch die Einschränkung, dass sich diese Einschätzung nur auf den Verbrauch der USA im Jahr 1960 bezieht. Bezogen auf den globalen Verbrauch – und angenommen, dass dieser konstant bleibt – wären die Knollen, auch nach Meros Zahlen, nur für Kobalt eine unerschöpfliche Quelle. Dennoch war es vor allem dieses utopische Versprechen einer unlimitierten Ressource, die bei der Leserschaft hängen blieb und fortan mit Mero und den Manganknollen assoziiert wurde. In einer Welt, die sich mit zunehmenden Konflikten um knappere Ressourcen und bald mit den Grenzen des Wachstums konfrontiert sah, war Meros Darstellung der Manganknollen eine Verheißung, die einen beträchtlichen Einfluss auf die weitere Geschichte des Tiefseebergbaus besaß.

Als Pardo der UN-Vollversammlung 1967 seinen Vorschlag für eine Neuordnung des internationalen Seerechts unterbreitete, bezog er sich zur Begründung auch direkt auf Mero: „The vastness of this untapped wealth is made even more incredible by the fact that manganese nodules are forming at a rate faster than 1960 world consumption of magnesium, manganese, cobalt, zirconium and other metals.“[552] Die generelle Unerschöpflichkeit mariner Ressourcen unterstrich auch der Wissenschaftsjournalist Tony Loftas in dem Buch „Letztes Neuland – die Ozeane“ (englischer Originaltitel: „The Last Resource“, 1969),[553] während ein Journalist der „Financial Times“ 1975 speziell über Manganknollen schrieb: „the nodules are forming at a rapid rate all the time, so almost in the literal sense the resources are infinite.“[554] Noch 1977 hielt Mero in einem wissenschaftlichen Sammelband die Behauptung aufrecht und charakterisierte Manganknollen als eine „essentially inexhaustible source of metals“.[555] Im gleichen Jahr schrieb Mann Borgese, die viel zur Popularisierung des Tiefseebergbaus beitrug: „Übersiedelt der Bergbau einmal ganz ins Meer und gewöhnt sich der Mensch erst einmal an die gewaltigen Proportionen der Meere, ihre Unendlichkeit, ihren ewigen Kreislauf, dann sehen die Probleme der Rohstoffversorgung plötzlich ganz anders aus.“[556] Noch 1985 bezeichnete sie die Knollen

551 Mero, Oceanic mineral resources, S. 135, 140. Mero nennt als weiteres Beispiel für eine sich erneuernde marine Lagerstätte den Muschelkalk in einer isländischen Bucht, der für die Zementindustrie abgebaut wird, sich aber nicht erschöpft, weil Gezeiten und Winterstürme jedes Jahr mehr Material in die Bucht eintragen als entnommen wird.

552 Pardo, Examination, 1515th Meeting, S. 4; ders., Seabed, S. 124, 127.

553 Tony Loftas, Letztes Neuland – die Ozeane, Frankfurt a.M. 1970, S. 9. Zu Loftas Ruppenthal, Raubbau, S. 148, 247f.

554 Malcolm Rutherford, The line-up for the race to suck a fortune from the sea bed, in: Financial Times (01.05.1975), S. 18.

555 John L. Mero, Economic aspects of nodule mining, in: Geoffrey P. Glasby (Hrsg.), Marine Manganese Deposits (Elsevier Oceanography Series; 15), Amsterdam 1977, S. 327–355, hier S. 328.

556 Mann Borgese, Drama, S. 151.

als „renewable resource“, die in jedem Fall Metalle für tausende Jahre enthielten, auch wenn man pessimistischere Schätzungen als die von Mero heranziehe.[557] Im Jahr 2000 jedoch, als die Aussichten auf den Abbau von Manganknollen ihren Tiefpunkt erreicht hatten, warf der Geochemiker Glasby einen desillusionierten Blick zurück und stellte Meros Verheißungen von 1965 („an essentially limitless resource“, „a literally inexhaustible supply of metals“) an den Beginn eines Artikels, der die Geschichte des Tiefseebergbaus als eine tragische Geschichte basierend auf überoptimistischen Annahmen beschreibt.[558]

Die Unerschöpflichkeit bildete lange ein zentrales Element in der Imagination des Meeres und seiner Ressourcen. Dies galt für Fischerei und Walfang teilweise bis in die Jahrzehnte nach dem Zweiten Weltkrieg und zu dieser Zeit insbesondere auch für mineralische Ressourcen.[559] Im 21. Jahrhundert scheint dagegen hinsichtlich der Manganknollen ein Konsens zu bestehen, dass diese keine erneuerbare Ressource darstellen, da sich angesichts der äußerst langsamen Wachstumsraten (s. Kap. 2.1) zumindest die abbauwürdigen Vorkommen innerhalb einer menschlichen Zeitskala nicht regenerieren.[560] Dies wurde vereinzelt auch schon viel früher festgehalten.[561] Meros Schätzungen sind zwischenzeitlich nach unten korrigiert worden, auch wenn die Zahlen verglichen mit Erzreserven auf den Kontinenten immer noch hoch sind. Im Fall von Nickel und Kobalt übertreffen die in den Manganknollen der Clarion-Clipperton-Zone (CCZ) enthaltenen Mengen auch nach gegenwärtigen Schätzungen die terrestrischen Reserven deutlich.[562] Allgemein finden sich heute kaum Schätzungen zu der – praktisch kaum relevanten – Gesamtmenge an Knollen im Pazifik, sondern nur zu den abbauwürdigen Vorkommen oder der Menge innerhalb der CCZ. Letztere wird heute in der Literatur mit 2,1 x 10^{10} t angegeben.[563]

Nachdem schon das Engagement in der Meerestechnik in der Bundesrepublik Ende der 1960er Jahre mit der steigenden globalen Nachfrage nach Nahrung und Rohstoffen, dem deutschen Rohstoffbedarf und der Technologiepolitik begründet worden war (s. Kap.

557 Mann Borgese, Mines, S. 74f.

558 Glasby, Lessons, S. 551.

559 Ruppenthal, Raubbau, S. 73–90, 171f.; Höhler, Weltmeere, S. 440; Sparenberg, Segen, S. 69–89.

560 Antje Boetius/Matthias Haeckel, Mind the seafloor, in: Science, Vol. 359, Issue 6371 (05.01.2018), S. 34–36, hier S. 34; Mulsow, Update, S. 10.

561 So 1981 und 1982 Schneider, Manganknollen, S. 117; Wilfried Prewo et al., Die Neuordnung der Meere. Eine ökonomische Kritik des neuen Seerechts (Kieler Studien; 173), Tübingen 1982, S. 189.

562 Jeweils bezogen auf die Manganknollen in der CCZ beträgt die Menge an Nickel etwas weniger als das Doppelte der globalen terrestrischen Reserven, im Fall von Kupfer etwa ein Viertel und das Dreifache im Fall von Kobalt; Hein/Koschinsky/Kuhn, Deep-ocean polymetallic nodules, S. 164. Pohl gibt dagegen landgestützte Nickelreserven in abbaubaren Erzen mit mindestens 1 % Ni-Gehalt mit 130 Mio. t an, während in den Manganknollen des Zentralpazifik ca. 800 Mio. t Nickel enthalten seien; Walter L. Pohl, Economic Geology. Principles and Practice, 2. Aufl. Stuttgart 2020, S. 184.

563 Hein/Koschinsky/Kuhn, Deep-ocean polymetallic nodules, S. 164; Petersen et al., News, S. 11.

3.2), stand auch das staatliche Engagement für den Tiefseebergbau in den 1970er Jahren im Zusammenhang mit der Rohstoffpolitik im Sinne von Befürchtungen einer abnehmenden Versorgungssicherheit. Dies waren Punkte, die bereits Mero betont hatte. Auf Manganknollen als potentielle, aber noch fernliegende Quelle von Nickel hatte schon das BMWi in einem internen Vermerk während der Nickelkrise 1969 hingewiesen.[564] Im folgenden Jahr nannte Lantzke vom BMWi in einem öffentlichen Vortrag über die Sicherung der deutschen Rohstoffversorgung die Arbeiten zu den marinen Vorkommen als ein Beispiel für die rohstoffbezogene Forschungspolitik der Bundesregierung.[565] Der Staatssekretär-Ausschuss für Rohstoff-Fragen sprach schon auf seiner ersten Sitzung im November 1973, die direkt unter dem Eindruck des Ölpreisschocks stand, die Meeresforschung als Teil des „Instrumentariums zur Rohstoffsicherung" an.[566] Später, im März 1976, sah der Zwischenbericht dieses Ausschusses in den marinen Rohstoffen einen „bedeutsamen Beitrag zur Diversifizierung mit hohem Sicherheitsgrad," zumindest wenn deutsche Unternehmen einen freien und gleichberechtigten Zugang zu der Ressource hätten und staatliche Förderung erhielten.[567] Zwei Jahre später bewerteten die Staatssekretäre den Tiefseebergbau erneut als „einen bedeutsamen Beitrag zur Erhöhung der Versorgungssicherheit der BR Deutschland mit wichtigen mineralischen Rohstoffen". Allerdings würden „dem Tiefseebergbau echte Aufgaben bei der Deckung des Weltbedarfs an den in Manganknollen enthaltenen Metallen Nickel, Kupfer, Kobalt und Mangan" erst etwa vom Jahr 2000 an zufallen.[568] In ihrer Antwort auf die rohstoffpolitische Anfrage der Unionsfraktion im Bundestag sprach die Regierung ebenfalls dem Abbau von Manganknollen „eine beträchtliche volkswirtschaftliche Bedeutung" zu, weil sich somit die Versorgungssicherheit erhöhen ließe und weil der terrestrische Bergbau zunehmend an geologisch-technische, aber auch politisch-ökonomische Grenzen stieße.[569]

In dieser Antwort führte die Bundesregierung zugleich noch ein weiteres Argument an, das ebenfalls im Kontext der allgemeinen Meeresforschung und -technik in den 1960er Jahren aufgetaucht war, nämlich den internationalen technologischen Wettbewerb: „Darüber hinaus ergibt sich", so die Bundesregierung,

564 BA B 102/258836, Referat III C 4, Vermerk: Grundlinien einer Rohstoffversorgungspolitik für Nickel, 10.01.1969, S. 2.
565 Lantzke, Sicherung, S. 12.
566 BA B 102/156838, Protokoll, S. 2.
567 BA B 102/248665, Der interministerielle Staatssekretär-Ausschuß für Rohstoff-Fragen, Zwischenbericht zur Rohstoffpolitik, März 1976, S. 32.
568 BA B 102/248666, Fünfte Sitzung des interministeriellen Staatssekretärausschusses für Rohstoff-Fragen, 12.05.1978.
569 BT-Drs. 8/1981, Antwort der Bundesregierung auf die Große Anfrage: Rohstoffpolitik der Bundesregierung, 07.07.1978, S. 8.

„durch den bereits gelungenen Vorstoß deutscher Unternehmen in die Gruppe der technologischen Spitzenreiter dieses Bereichs der Meerestechnik eine Ausweitung der im internationalen Wettbewerb entscheidenden allgemeinen technologischen Leistungsfähigkeit der deutschen Industrie."[570]

Derselbe Punkt findet sich fast wortgleich bereits zwei Monate vorher auch in einem Protokoll des Interministeriellen Staatssekretär-Ausschusses.[571] Die Vorstellung eines internationalen Wettbewerbs, bei dem es für die Industriestaaten um Sein oder Nichtsein ginge, wurde auch in der Entwicklung der bundesdeutschen Kernenergie von Stimmen aus Politik, Industrie und Publizistik immer wieder beschworen, auch wenn es nüchtern betrachtet wenig Anlass dazu gab.[572]

Die Argumentation der am Tiefseebergbau interessierten bundesdeutschen Industrie gegenüber der Öffentlichkeit und der Verwaltung folgte den gleichen Linien wie die der Regierung, war aber mitunter dramatisierender formuliert. Für die Unternehmen galt es, die finanzielle und politisch-rechtliche Unterstützung durch den Staat zu mobilisieren, insbesondere weil sich bald herausstellte, dass die rein wirtschaftliche Rentabilität des Tiefseebergbaus weniger eindeutig war, als Mero angenommen hatte. Die Rheinbraun AG begründete im Mai 1973 ihr Engagement im deutschen Tiefseebergbauprojekt in ihrer Mitarbeiterzeitung mit dem Rohstoffbedarf einer rasch wachsenden und sich industrialisierenden Weltbevölkerung sowie der Importabhängigkeit der Bundesrepublik, so dass „große Anstrengungen unternommen werden sollten, um auch zukünftig eine krisenunabhängige Bedarfsdeckung zu gewährleisten."[573] Als im April 1974 die Wirtschaftsvereinigung Industrielle Meerestechnik bei Forschungsminister Ehmke zugunsten des Konsortiums Arbeitsgemeinschaft meerestechnisch gewinnbare Rohstoffe (AMR) in einer Subventionsangelegenheit intervenierte, griff sie die zu diesem Zeitpunkt hochaktuellen Sorgen über Rohstoffkartelle auf, um die Notwendigkeit des Tiefseebergbaus zu unterstreichen:

„Die mögliche hohe volkswirtschaftliche Bedeutung einer Nutzung der Rohstoffe vom Meeresboden für die Bundesrepublik Deutschland zeigt sich bereits jetzt, da die rohstoffproduzierenden Länder unter dem Eindruck der erfolgreichen Erdölpolitik der OPEC-Staaten sich ihrer starken Marktstellung in zunehmenden Maße bewußter werden. Beispielsweise bemühen sich z. Zt. die in der CIPEC zusammengeschlossenen kupfererzeugenden Länder um eine einheitliche Preis- und Lieferpolitik gegenüber den Verbraucherländern."[574]

---

570 Ebd.

571 BA B 102/248666, Fünfte Sitzung des interministeriellen Staatssekretärausschusses für Rohstoff-Fragen, 12.05.1978. Generell dienten die Berichte des Ausschusses als Vorlage für die Antworten der Bundesregierung zur Rohstoffpolitik im Bundestag.

572 Radkau, Aufstieg und Krise, S. 159f.

573 Kröger, Schätze, S. 6.

574 BA B 196/17801, Wirtschaftsvereinigung Industrielle Meerestechnik e.V. an den Bundesminister für Forschung und Technologie Herrn Prof. Dr. H. Ehmke, betr. Entwicklung von Methoden der Gewinnung, Förderung und Aufbereitung fester mineralischer Rohstoffe vom

Die AMR selbst legte 1975 eine erste Studie zur Wirtschaftlichkeitsabschätzung vor, die mit Bundesmitteln gefördert worden war. Im klaren Kontrast zu Mero, der die geringen Kosten betont hatte, kamen die deutschen Unternehmen hier hinsichtlich der Wirtschaftlichkeit eines Manganknollenabbaus zu Kennziffern, „die unterhalb der Schwelle liegen, die für ein privatwirtschaftliches Unternehmen ausreichend wäre, um ein derart kapitalintensives und risikoreiches Vorhaben zu realisieren.“[575] Um die Arbeiten an diesem zunächst zumindest betriebswirtschaftlich nicht rentablen Vorhaben zu legitimieren und zu finanzieren, betonte die AMR daher rohstoffpolitische, also volkswirtschaftliche Argumente wie die Bedeutung von Versorgungssicherheit und Diversifizierung für ein hochindustrialisiertes und zugleich hochgradig importabhängiges Land wie die Bundesrepublik:

> „In diesem Sinne wirkt sich eine Diversifikation der Bezugsmöglichkeiten, wie sie durch die Erschließung und Verarbeitung eigener Manganknollenlagerstätten eintreten würde, durchaus positiv aus. Mit dem Manganknollenbergbau wird eine Rohstoffquelle erschlossen, die die Abhängigkeit von Streiks in den Produzentenländern herabsetzt und die Gefahren, die aus Kartellbildungen und politisch motivierten Lieferstopps auftreten können, vermindert.“[576]

Mit dem Hinweis auf Arbeitskämpfe und Kartelle griff die Studie sowohl die Erfahrungen der Nickelkrise als auch die Befürchtungen im Gefolge des Ölpreisschocks auf. Der Ausdruck „eigene(r) Manganknollenlagerstätten“ war dagegen angesichts der vorangegangenen Entwicklungen im Seerecht, die eine Begründung von weitreichenden Eigentumsrechten unwahrscheinlich machten, bereits irreführend oder bestenfalls naiv. Abschließend gab die Studie dem rohstoffpolitischen Argument noch eine besondere Dringlichkeit und leitete hieraus die Notwendigkeit staatlicher Subventionen ab:

> „Die Verpflichtung, über kurzfristige Marktgegebenheiten hinaus eine langfristige Rohstoffversorgung künftiger Generationen zu sichern, ist eine Aufgabe, der sich die BRD heute nicht entziehen kann. Die Gegenwart zeigt auf diesem Gebiet die Versäumnisse der Vergangenheit deutlich auf. Die Erschließung der marinen Lagerstätten bietet die vielleicht einmalige Chance, politisch und rechtlich abgesicherte Lagerstätten für Metalle zu gewinnen, deren große wirtschaftliche Bedeutung die stock-pile-Politik verschiedener Staaten widerspiegelt. Ein rohstoffarmes, hochindustrielles Land wie die BRD kann es sich nach Auffassung der AMR im Grunde nicht erlauben, beim Aufschluß der wahrscheinlich größten polymetallischen Lagerstätte der Welt nicht beteiligt zu sein. Wieweit diese Möglichkeit genutzt werden kann, hängt wesentlich von der politischen und finanziellen Unterstützung ab, die die Bundesregierung diesem Projekt bereit ist zu geben.“[577]

Meeresboden, 04.04.1974, S. 1. Den Hintergrund zu diesem Schreiben bildete der Beitritt der AMR zu einem internationalen Joint Venture, dessen Vertragsbestimmungen hinsichtlich Geheimhaltung und Exklusivität der Forschungsergebnisse im Konflikt zum deutschen Vergaberecht standen. Daher stand die weitere Subventionierung der AMR in Frage.

575 HWA Abt. 119, Nr. 1702, AMR-Durchführbarkeitsstudie. Projekt Manganknollen. Erste Wirtschaftlichkeitsabschätzung 1972–1974, S. 216.

576 Ebd., S. 218.

577 Ebd., S. 219.

Ein breites Publikum sollte eine geplante, aber letztlich nicht realisierte, Fernsehdokumentation über die Manganknollen-Fahrten der Valdivia im NDR erreichen, die die Industrie finanzieren wollte und von der man sich „sicherlich eine gute Image-Werbung für AMR" versprach.[578] Unterlegt mit entsprechen Texten sollten Bilder die Verbindung zwischen der Rohstoffverwendung in der Bundesrepublik und der Arbeit der Wissenschaftler im fernen Pazifik herstellen. Offenbar angelehnt an die Ästhetik der Zigarettenwerbung („im Peter-Stuyvesant-Stil") sah die Ablaufskizze für den Beginn des Films eine schnelle Schnittfolge von Bildern eines Hochofenabstiches mit Aufnahmen von Wissenschaftlern an Bord des Forschungsschiffes und von Manganknollen an Deck vor, während der Sprecher aus dem Hintergrund erklärte:[579]

> „Die Rohstoffvorräte werden immer mehr beansprucht. Bestimmte Rohstoffe gibt es noch ausreichend, andere werden knapper. Die Gefahr, daß viele Nationen zu einigen wenigen in Abhängigkeit geraten, wächst. Überall auf der Welt arbeiten Wissenschaftler an der Erschließung neuer Reserven: Rohstoffe aus dem Meer."[580]

Die rohstoffpolitische Argumentation, die die Gefahren von Kartellbildung und Importabhängigkeit in den Mittelpunkt stellte, war keineswegs auf die Bundesrepublik beschränkt. Laut einem Bericht in „The Guardian" von 1980 sahen internationale Bergwerksgesellschaften den Tiefseebergbau als einen Weg, um der Gefahr von Enteignungen in der Dritten Welt zu entgehen. Amerikanische Unternehmen, „playing on the post-OPEC sensitivity to dependence on foreign raw materials," betonten zudem das strategische Argument der Versorgungssicherheit.[581] Elisabeth Mann Borgese, die das Interesse an Manganknollen und das Common-Heritage-Prinzip aus dem Blickwinkel der Entwicklungsländer betrachtete, sah ebenfalls – allerdings kritisch – das Engagement der Industriestaaten am Tiefseebergbau in dem Bestreben begründet, ihre Abhängigkeit von Rohstofflieferungen aus dem Globalen Süden zu verringern.[582]

---

578 NWA 2 Nr. 9516, Kurt Döring, Fernsehfilm über Meeresforschung, Salzgitter, 02.07.1975, S. 1. Der Film sollte von der Firma allcom als Teil der NDR-Reihe „Mit der Kamera dabei" für 120.000,– DM produziert werden. Jedoch war die Metallgesellschaft bald nicht mehr bereit, ihren Anteil von 40.000,– DM zu bezahlen. Die übrigen AMR-Partner Salzgitter und Preussag planten zunächst, den Film dennoch auf eigene Kosten produzieren zu lassen, aber die Pläne zerschlugen sich. Schließlich wurden nur Aufnahmen vom Auslaufen der Valdivia in Bremerhaven gedreht und nicht wie geplant auch vom Einsatz im Pazifik, und der Film wurde nie fertiggestellt, NWA 2 Nr. 9516, Döring, Vermerk, Salzgitter, 15.07.1975; Hauptabteilung Presse und Information an Herrn Prof. Dr. Haferkamp, Betr.: Filmaufnahmen für Valdivia-Film, 05.01.1976.

579 NWA 2 Nr. 9516, Ablaufskizze: Mit der Kamera dabei: „Das Forschungsschiff", 16mm/Farbe, ca. 45', S. 1.

580 Ebd.

581 Hugh Cameron/Tony Marjoram/Glyn Ford, Ocean mining has been likened to sucking peas up a hosepipe from the top of the Post Office Tower in a high wind, in: The Guardian (15.05.1980), S. 13.

582 Elisabeth Mann Borgese, The International Seabed Authority as prototype for future international resource management institutions, in: Réne-Jean Dupuy (Hrsg.), Le nouvel ordre

Erst in zweiter Linie führte die AMR in der Studie von 1975 auch technologiepolitische Gründe für den Tiefseebergbau an. Den Bezugspunkt bildete hier wieder einmal die Raumfahrt, mit der die Metallgewinnung aus Manganknollen in ihrer Komplexität vergleichbar sei. Ebenso wie bei der Weltraumforschung seien daher vom Tiefseebergbau technologische Fortschritte zu erwarten, die dann als Spillover-Effekte auch in anderen Bereichen eine wirtschaftliche Anwendung finden würden. Bereits jetzt seien Firmen durch Entwicklungsaufträge im Bereich der Manganknollenforschung in die Lage versetzt worden, auf dem Markt für Offshore-Technik als wettbewerbsfähige Anbieter aufzutreten.[583] Neben der Raumfahrt bot sich die Kerntechnik als Vorbild oder Parallele zum Tiefseebergbau an. Zumindest dem Präsidenten des amerikanischen Unternehmens Deepsea Ventures Inc. erschienen 1970 beide Technologien als Ausdruck eines technischen Fortschritts, dessen Weg alternativlos vorgezeichnet sei:

> „Ähnlich wie den EVUs [Energieversorgungsunternehmen] z. Zt. noch eine lange Spanne des Kohleneinsatzes für die Stromerzeugung vorschwebt, ehe der Durchbruch zur Kernenergie klar geht und ehe die Umweltbelästigung diesem Einsatz das Ende setzt, erscheint den Erzbergleuten, die eine ausweglose Verknappung der Welterzvorräte an Land auf sich zukommen sehen, der Schritt zum Meeresbergbau noch immer als utopisch oder verfrüht. Dem nüchternen Erzbergmann muß jedoch genau wie dem Kraftwerksingenieur klar sein, daß der Meeresbergbau keinen Aufschub mehr verträgt, sondern schon jetzt in Angriff genommen werden muß, obwohl zugegeben wird, daß an Forschung im Meer noch vieles offensteht.“[584]

Eine Veröffentlichung des Instituts für Weltwirtschaft an der Universität Kiel erwartete 1982 neben den rein betriebswirtschaftlichen Vorteilen des Tiefseebergbaus, also einer verglichen mit dem Landbergbau höheren Kapitalverzinsung, auch positive externe Effekte für die Bundesrepublik insgesamt. Dies waren zum einen Spillover-Effekte, da sich die Industrie mit den für den Tiefseebergbau entwickelten Technologien anschließend auch neue Exportmärkte im Bereich der Offshore-Öl- und Gasförderung erschließen könne. Zum anderen verwies auch diese Studie auf die geographische Diversifizierung des Metallangebots, wodurch Risiken durch Lieferengpässe und Kartellbildung reduziert

---

économique international: colloque, La Haye, 23–25 oct. 1980, Den Haag 1981, S. 59–73, hier S. 61.

583 HWA Abt. 119, Nr. 1702, AMR-Durchführbarkeitsstudie. Projekt Manganknollen. Erste Wirtschaftlichkeitsabschätzung 1972–1974, S. 219.

584 Zitiert nach den Notizen und in der Übersetzung eines Mitarbeiters der Rheinbraun AG HK RWE HAP 523/2, Dipl.-Ing. Maucher, Vorarbeiten für die wirtschaftliche Gewinnung von Manganknollen aus dem Meer. Auszugsweise Übersetzung aus einem Vortrag über Meerestechnik in Houston, Texas, Mai 1970, gehalten von John E. Flipse, Köln, 26.05.1970, S. 1f. Die Rheinbraun AG, deren Hauptgeschäftsfeld die Braunkohleverstromung war und die damals begann, sich für den Tiefseebergbau zu interessieren, musste sich von diesem Vergleich besonders angesprochen fühlen. Heutige Kritiker der Manganknollenförderung mögen in der aktuellen Situation erneut Parallelen zwischen Atomkraft und Tiefseebergbau sehen.

und die mit einer Rohstoffbevorratung verbundenen Zins- und Lagerhaltungskosten vermieden würden.[585]

Es gab in den 1970er Jahren keine oder kaum kritische Stimmen, die Tiefseebergbau prinzipiell ablehnten. Umstritten waren lediglich die Regeln und die Verteilung der Gewinne zwischen dem Globalen Norden und Süden, wobei die Position der Entwicklungsländer auch Unterstützer in der Zivilgesellschaft der Industriestaaten fand (s. Kap. 5.3). Allerdings wurden vereinzelt schon früh Zweifel an der Wirtschaftlichkeit geäußert. Günter Dorstewitz, Professor an der TU Clausthal, veröffentlichte 1971 eine umfangreiche Studie unter dem Titel „Meeresbergbau auf Kobalt, Kupfer, Mangan und Nickel", in der er abschätzte, inwieweit die Landlagerstätten für die genannten Metalle zur Bedarfsdeckung ausreichten und ob Tiefseebergbau erforderlich sowie im Vergleich zum terrestrischen Bergbau wirtschaftlich sein würde. Hinsichtlich der Reichweite der Reserven, so Dorstewitz, „besteht sicherlich erst nach dieser Jahrtausendwende die Notwendigkeit, aus Versorgungsgründen auf diese Lagerstätten zurückzugreifen, da die Vorräte in den Landlagerstätten noch zu erheblich sind."[586] Lediglich Kupfer könne eine Ausnahme bilden. Um etwas über die Wirtschaftlichkeit aussagen zu können, rechnete er verschiedene Betriebsgrößen (gemessen an der Fördermenge pro Tag) durch und kam zu einem ernüchternden Ergebnis:

> „Die Ergebnisse der Modellrechnung zeigen, daß z. Zt. der Meeresbergbau auf Manganknollen, mit Ausnahme der größten Betriebsgröße, als nicht wirtschaftlich bezeichnet werden muß. Aber auch bei der Betriebsgröße von 10.000 t/d bleibt wiederum zu bedenken, daß bei dem hohen Risiko, mit dem der Meeresbergbau belastet ist, die Amortisationszeit des eingesetzten Kapitals mit der Gesamtsumme von 758 Mill. DM über 8 Jahre beträgt und nur eine beschränkte Verzinsung erzielt wird, die dem hohen unternehmerischen Wagnis nicht entspricht."[587]

Diese mehr als skeptische Beurteilung forderte die Befürworter zum Widerspruch heraus. Hans Amann, Leiter der Abteilung Meerestechnik bei der Preussag und direkt mit Manganknollen befasst, schrieb daher für die Zeitschrift „mt – Meerestechnik – Marine Technology" eine kritische Rezension von Dorstewitz' Buch. Amann monierte hier, dass Dorstewitz den Tiefseebergbau nicht als langfristiges Projekt betrachtet habe, sondern mit bestehenden terrestrischen Bergwerken vergleiche. Sinnvoller sei dagegen ein Vergleich mit den Investitions- und Betriebskosten zukünftiger Bergwerke, die ärmere Landlagerstätten mit schwierigeren Erztypen ausbeuten müssten als die gegenwärtigen Betriebe. Immerhin gestand Amann Dorstewitz das Verdienst zu, zu einer realistischen Einschätzung beizutragen, während die Anfangsphase des Tiefseebergbauprojekts von

---

585 Prewo, Neuordnung, S. 178–183.

586 Günter Dorstewitz, Meeresbergbau auf Kobalt, Kupfer, Mangan und Nickel. Bedarfsdeckung, Betriebskosten, Wirtschaftlichkeit (Bergbau, Rohstoffe, Energie; 6), Essen 1971, S. 33.

587 Ebd., S. 86.

unrealistischen Erwartungen geprägt gewesen sei, die die amerikanischen Pioniere auf diesem Gebiet – Meros Namen nannte er nicht – in die Welt gesetzt hätten.[588]

Freilich standen Anfang der 1970er Jahre noch alle Wirtschaftlichkeitsberechnungen auf einer schwachen und rein theoretischen Grundlage, da es noch keinen operativen Tiefseebergbau gab. Neue Forschungen konnten die Ergebnisse noch deutlich modifizieren. Laut einem Bericht der „Frankfurter Allgemeinen Zeitung" aus dem November 1973, der die Kostenprobleme nicht bei der Förderung, sondern bei der Aufbereitung der Erze sah, hätten neue Experimente mit der Metallextraktion aus Manganknollen die Rentabilität verglichen mit älteren Berechnungen zumindest deutlich verbessert.[589] Überdies hatten seit dem Erscheinen von Dorstewitz' pessimistischem Buch 1971 die Metallpreise spürbar angezogen und die politischen Verwerfungen auf den Rohstoffmärkten deutlich zugenommen. Dennoch kam die oben erwähnte, interne AMR-Studie zur Wirtschaftlichkeitsabschätzung 1975 ebenfalls zu dem Ergebnis, dass die Förderung von Manganknollen für ein privatwirtschaftliches Unternehmen nicht rentabel sei.

In dem Jahrzehnt ab 1965 wurden von Seiten der Wissenschaft, des Staates und interessierter Unternehmen eine Reihe von Argumenten vorgebracht, die für den Tiefseebergbau sprechen sollten, und auf deren Grundlage in dieser Zeit Entscheidungen getroffen und Investitionen getätigt wurden. Zunächst faszinierte an den Manganknollen die schiere Menge: Sobald man die Metallgehalte der Knollen mit der geschätzten Gesamttonnage multiplizierte, ergaben sich rechnerisch enorme Quantitäten wertvoller Metalle. Diese Faszination großer Zahlen steigerte sich bis zu dem Versprechen der Unerschöpflichkeit. Sicherlich ahnten die Fachleute bald, dass keineswegs die gesamte Menge – wie zuverlässig auch immer die Berechnungen waren – unter technischen und ökonomischen Gesichtspunkten abbaufähig und -würdig war. Die Vorstellung der gewaltigen Quantitäten führte dennoch zu dem andauernden und spezifischen Sexappeal der Manganknollen in einer Welt, in der die westlichen Staaten zunehmend an die geologischen und politischen Grenzen des Wachstums ihres Rohstoffbedarfs zu stoßen schienen. Technologiepolitische Gründe, also die konkrete Hoffnung auf Spin-offs und die allgemeine Erhöhung der technologischen Leistungsfähigkeit der deutschen Wirtschaft, wurden eher flankierend als Argumente angeführt. In erster Linie sprachen aus Sicht der Zeitgenossen rohstoffpolitische Motive für den Tiefseebergbau. Indem mit dem Abbau von Manganknollen eine neue Quelle volkswirtschaftlich wichtiger Metalle erschlossen würde, könnten Industriestaaten wie die Bundesrepublik ihre Rohstoffzufuhr diversifizieren, sich von potentiell unzuverlässigen Produzentenstaaten, nicht zuletzt in der Dritten Welt, unabhängiger machen und somit ihre Versorgungssicherheit erhöhen. Dieses Argument erschien bereits 1965 bei Mero und gewann nach 1973/74 weiter an Bedeutung. Freilich ruhte dieses Argument auf Prämissen wie dem freien Zugang zu den Vorkommen und der technischen

588 Hans Amann, Meeresbergbau auf Kobalt, Kupfer, Mangan und Nickel, in: mt – Meerestechnik – Marine Technology 4 (1973), 5, S. 178.

589 Harald Steinert, Teure Aufarbeitung der Tiefsee-Manganknollen, in: Frankfurter Allgemeine Zeitung (28.11.1973), S. 34.

Umsetzbarkeit. Kostenvorteile gegenüber dem terrestrischen Bergbau erwartete Mero ebenfalls, allerdings wurde schon zu Beginn der 1970er Jahre deutlich, dass die rein betriebswirtschaftliche Rentabilität eines Manganknollenprojektes zumindest sehr zweifelhaft war. Das sollte auch in der weiteren Geschichte des Tiefseebergbaus ein wunder Punkt bleiben.

4. Schritte zum Tiefseebergbau (ca. 1969–1979)

Seit Ende der 1960er Jahre machten Unternehmen konkrete Schritte hin zum Abbau von Manganknollen, die 1978/79 in mehreren Abbautests im Pazifik mündeten. Diese Tests, die die prinzipielle technische Machbarkeit des Tiefseebergbaus demonstrierten, stellen zugleich bis heute den Höhepunkt des Tiefseebergbaus und damit des Prozesses der Ressourcenwerdung der Manganknollen dar. Aus mehreren interessierten Unternehmen bildete sich in der Bundesrepublik zunächst eine nationale Arbeitsgemeinschaft, die AMR, die sich anschließend mit weiteren Partnern zu einem internationalem Joint Venture, der OMI, zusammenschloss, welche als eines von mehreren internationalen Gemeinschaftsunternehmen in den 1970er Jahren an der Exploration und Förderung von Manganknollen arbeitete und 1978 einen Abbautest durchführte. Die bundesdeutsche Industrie, die wie die anderer Länder auch erhebliche Staatshilfen erhielt, war auf diesem Gebiet nicht allein oder führend tätig, stellte aber einen international bedeutenden Akteur dar. Verglichen mit dem terrestrischen Bergbau erforderten die Exploration und der Abbau von Manganknollen die Entwicklung weitgehend neuer Technologien. Die Auswirkungen auf die marine Umwelt waren hierbei schon insoweit ein Thema, als die konkreten Arbeiten am Tiefseebergbau von ersten Umweltverträglichkeitsstudien begleitet wurden.

4.1 Unternehmen, Konsortien und staatliche Unterstützung

> „Das Essen ist aufgetragen. Erwartungsvoll schnuppern die Teilnehmer der Tafelrunde den kommenden Genüssen entgegen. Während einige Gäste am reichgedeckten Tisch über das Protokoll des Banketts palavern, um zu klären, wer welche Köstlichkeiten in welcher Reihenfolge aufessen darf, haben einige besonders hungrige Mitesser bereits ihre eigenen Eßbestecke ausgepackt und machen sich an die verlockendsten Speisen. So etwa sieht Hans Amann, Leiter der Abteilung Meerestechnik im Hannoverschen Bergbaukonzern Preussag, die augenblickliche internationale Situation auf dem zukunftsträchtigen Gebiet der ozeanischen Rohstoffgewinnung. Amann glaubt die Lage der Deutschen in seinem bildhaften Beispiel zu kennen: Ein armseliger Hungerleider ohne Messer und Gabel auf dem Eckhocker, der neidisch dem vorwitzigen Amerikaner zusehen muß, wie dieser sich die besten Brocken sichert. Der Preussag-Mann: ‚Sollen wir uns von den Amis füttern lassen?'"[590]

Der Journalist der Wochenzeitung „Die Zeit", der den Preussag-Vertreter hier 1973 zitierte, blieb jedoch skeptisch und vermutete, dass hinter diesem „offen zur Schau gestellten Zweckpessimismus" vor allem der Ruf nach mehr staatlichen Subventionen stand und dass die bundesdeutsche Industrie im internationalen Vergleich keineswegs so schlecht dastand.[591] Diese Einschätzung bestätigt sich im Nachhinein angesichts der Aktivitäten der deutschen Unternehmen in den 1970er Jahren. Doch auch ein englischsprachiger Sammelband über den Tiefseebergbau zählte schon 1977 die Bundesrepublik nach den

---

590 Günter Haaf, Stiefkind der Zukunft. Wer finanziert die Entwicklung der ozeanischen Rohstoffgewinnung?, in: Die Zeit, Nr. 10 (02.03.1973), S. 62.

591 Ebd.

USA und Japan und vor Frankreich zu den international führenden Staaten auf diesem Gebiet.[592]

Wie bereits dargestellt (s. Kap. 3.2), hatte das BMwF ab 1967/68 Meerestechnik als zukunftsträchtiges Aufgabenfeld identifiziert und bundesdeutsche Unternehmen kooperierten seit 1969 in der Arge (Arbeitsgemeinschaft Meerestechnik) und der WIM (Wirtschaftsvereinigung industrielle Meerestechnik. Die Bezeichnung „Meerestechnik“ schloss hierbei jeweils die Suche nach mineralischen Rohstoffen mit ein, war aber deutlich weiter gefasst. Die WIM war als Interessenvertretung ein sehr weiter Kreis von schließlich über 50 Unternehmen, dagegen bestand die Arge als engere Kooperation nur aus dem Rohstoff- und Mischkonzern Preussag, dem Luftfahrt- und Rüstungsunternehmen MBB, dem Maschinenbauer DEMAG, dem Montankonzern August-Thyssen-Hütte und der Rheinischen Braunkohlenwerke AG (Rheinbraun).[593] Während einige dieser Unternehmen für sich nur eine Rolle als Zulieferer, Entwickler oder Dienstleister bei der Förderung mariner Rohstoffe sahen, übernahmen schließlich Preussag, Rheinbraun sowie außerhalb der Arge das Rohstoffunternehmen Metallgesellschaft AG und der Montankonzern Salzgitter AG eine aktive Rolle beim deutschen Tiefseebergbauprojekt. Daneben zeigten sich anfangs auch weitere Firmen wie die Ruhrkohlen-AG und Gelsenberg AG interessiert, ohne dass es zu einer Beteiligung kam.[594] Angesichts der dynamischen Entwicklung der Meerestechnik allgemein und der steigenden Nachfrage nach Metallen sahen diese Unternehmen im Tiefseebergbau ein vielversprechendes Geschäftsfeld, insbesondere da mit staatlichen Hilfen zu rechnen war. Zudem waren alle diese Unternehmen bereits im deutschen Kohle- oder Erzbergbau engagiert, also in Bereichen, die sich rückläufig entwickelten.[595] Das Engagement im Tiefseebergbau bildete für die Unternehmen daher auch einen Teil innerhalb breiterer Diversifikationsbestrebungen. Damit stand die

---

592 Geoffrey P. Glasby, Historical introduction, in: ders. (Hrsg.), Marine Manganese Deposits (Elsevier Oceanography Series; 15), Amsterdam 1977, S. 1–9, hier S. 9.

593 HWA Abt. 119, Nr. 1672, Arbeitsgemeinschaft Meerestechnik stellt sich vor; HK RWE HAP 192/8, Arbeitsgemeinschaftsvertrag zwischen Preussag Aktiengesellschaft, Berlin, August Thyssen-Hütte Aktiengesellschaft, Duisburg-Hamborn, DEMAG Aktiengesellschaft, Duisburg, Messerschmitt-Bölkow GmbH, München, 10./15./24.04.1969; HK RWE HAP 192/8, Nachtragsvertrag I zum Arbeitsgemeinschaftsvertrag vom 10./15./24.04.1969, Köln 1971. Zu den Arbeitsfeldern der einzelnen Unternehmen Haddrell/Volk, Interocean, S. 12f.

594 HK RWE HAP 523/1, Dr. Kliebhan, Vertraulicher Vermerk für A 2, betr. Zusammenarbeit Rheinbraun/Gelsenberg auf dem Gebiet der Ozeanographie, 26.11.1969; HK RWE HAP 523/3, Kausch, Vertraulicher Vermerk. Betr. Interesse der Ruhrkohle AG für die Meerestechnik, Köln, den 16.12.1969; HK RWE HAP 523/2, Bergassessor Peter Kausch, Vertraulicher Vermerk. Betr.: Gespräche anläßlich der 60. Jahrestagung der Geologischen Vereinigung vom 25.–28. Februar in Kiel, Köln, den 03.03.1970, S. 3.

595 Zur Entwicklung bzw. Niedergang des deutschen Steinkohlebergbaus Franz-Josef Brüggemeier, Grubengold. Das Zeitalter der Kohle von 1750 bis heute, München 2018, S. 349–383; Werner Abelshauser, Deutsche Wirtschaftsgeschichte. Von 1945 bis zur Gegenwart, 2. Aufl. München 2011, S. 199–212. Zum deutschen Erzbergbau Friedensburg, Versorgung, S. 38, 40.

bundesdeutsche Industrie nicht allein, da sich zumindest für die an den Manganknollen interessierten Unternehmen aus den Niederlanden das gleiche Motiv feststellen lässt.[596]

Als erste bundesdeutsche Unternehmen scheinen sich Preussag und Metallgesellschaft, die beide bereits Erfahrungen in der Erzgewinnung besaßen, ab 1968 für den Tiefseebergbau interessiert zu haben.[597] Die Preußische Bergwerks- und Hütten-Aktiengesellschaft, die erst seit 1964 offiziell Preussag hieß, entstand 1923 als Zusammenfassung der Stein- und Braunkohle-, Kali-, Salz- und Erzbergwerke sowie der Hütten und Kokereien des Preußischen Staates und befand sich weiterhin im Besitz des Landes Preußen bzw. nach 1949 des Bundes.[598] 1959 erfolgte eine Teilprivatisierung des in Hannover ansässigen Konzerns durch die Ausgabe von „Volksaktien“, aber die bundeseigene Veba behielt ein bedeutendes Aktienpaket, das sie erst 1970 an die Westdeutsche Landesbank veräußerte. Der Einfluss der öffentlichen Hand blieb also stark. Um die einseitige Abhängigkeit von der Grundstoffindustrie, die Risiken der starken Preisschwankungen im Metallbereich und die schlechten Aussichten bei der Steinkohle auszugleichen, begann die Preussag in den 1960er Jahren in andere Bereiche wie Stahlbau, Transport, die Chlor-Alkali-Elektrolyse und schließlich sogar Kosmetik und Körperpflege zu expandieren. Daneben war die Preussag seit 1960 international in der Suche nach Erdöl und Erdgas engagiert und stieg Ende des Jahrzehnts in die Aluminiumproduktion ein. Der für diese Diversifizierung erforderliche hohe Kapitaleinsatz trug allerdings dazu bei, dass das Unternehmen von 1969 bis 1974 in eine Krise geriet, bei deren Überwindung schließlich die – für die Preussag als Produzenten vorteilhaften – hohen Öl- und Metallpreise halfen. Die Preussag galt 1969 bei anderen Unternehmen als Vorreiter der Meerestechnik, da sie die einzige deutsche Gesellschaft sei, „welche auf dem Gebiet ‚ocean mining‘ etwas zu bieten hat“, so die Einschätzung von Gelsenberg AG und Rheinbraun.[599] Zu dieser Rolle passt, dass die Preussag die Arge nach außen hin vertrat.[600] Auf der Messe „Interocean ’70“ verwies der Konzern auf seine Erfahrung im Öl- und Gassektor und nannte als bereits laufende Projekte die Exploration nach Erzschlämmen im Roten Meer, nach Manganknollen im Pazifik und nach Seifen vor Sierra Leone.[601]

596 Carboex, Deep end, S. 43.
597 HWA Abt. 119, Nr. 1672, Projekt Manganknollen. Beitritt der AMR – Arbeitsgemeinschaft meerestechnisch gewinnbare Rohstoffe in ein internationales Konsortium, Vorstandsvorlage MG-Meerestechnik, Frankfurt/Main Okt. 1974, S. 2; HWA Abt. 119, Nr. 1702, AMR-Durchführbarkeitsstudie. Projekt Manganknollen. Erste Wirtschaftlichkeitsabschätzung 1972–1974, S. 4.
598 Bernhard Stier, Zwischen Wiederaufbau, Strukturveränderung und strategischer Neuausrichtung. Die Preussag von 1945 bis zum Beginn der 1980er Jahre, in: ders./Johannes Laufer, Von der Preussag zur TUI. Wege und Wandlungen eines Unternehmens 1923–2003, S. 387–561.
599 HK RWE HAP 523/2, Dr. Kliebhan, Vertraulicher Vermerk, betr. Besuch des Herrn von Velsen (GBAG) am 08.12. beim Unterzeichneten in Köln. Thema: Zusammenarbeit auf dem Gebiet der Ozeanographie, Köln, den 09.12.1969.
600 HWA Abt. 119, Nr. 1672, Arbeitsgemeinschaft Meerestechnik stellt sich vor.
601 Haddrell/Volk, Interocean ’70, S. 13f.

Die Metallgesellschaft befasste sich seit ihrer Gründung 1881 am Standort Frankfurt mit dem Handel in Metallen und Erzen.[602] Bis in die Nachkriegszeit hatte sich der Tätigkeitsbereich erweitert, so dass die Konzernstruktur ab 1972 die folgenden fünf Bereiche aufwies: Metallwirtschaft (Exploration, Bergbau, Erzhandel sowie Metallerzeugung und -handel), Verarbeitung (Blei, Zink, Kupfer, Nickel, Aluminium, Kraftfahrzeugteile sowie Kunststoffe und Verpackungen), Anlagenbau (Apparatetechnik, Chemie- und Hüttentechnik, Mineralöltechnik), Chemie (Chemieprodukte, technische Verfahren und Chemierohstoffe) sowie Transport und Verkehr. Ursprünglich als Familienunternehmen gegründet, befand sich die Metallgesellschaft später u.a. im Besitz von Banken und Industrieunternehmen.[603] In der Bundesrepublik bildete die Metallgesellschaft den größten Konzern im Bereich der Nichteisenmetalle. Im Vergleich zu den internationalen, meist angloamerikanischen Bergwerkskonzernen war das Frankfurter Unternehmen allerdings klein und kapitalschwach; ein Umstand, der in der deutschen rohstoffpolitischen Debatte oft beklagt wurde.[604] „Gemessen an dem internationalen Standard der im Rohstoffgeschäft tätigen Gesellschaften sind unsere Unternehmen", wie Ulf Lantzke vom BMWi sich vorsichtig ausdrückte, „ganz gewiß keine Giganten."[605]

Preussag und Metallgesellschaft waren in der im September 1968 gegründeten Deutschen Kommission für Ozeanographie als Vertreterinnen der Wirtschaft präsent.[606] Beide traten früh in Kontakt zu der amerikanischen Firma Deepsea Ventures Inc. (DVI) und beteiligten sich in den Jahren 1970 und 1971 an Forschungsfahrten auf deren Forschungsschiff Prospector.[607] DVI kann als eine Art Keimzelle der globalen Tiefseebergbauindustrie betrachtet werden, weil es offenbar als erstes Unternehmen den Abbau von Manganknollen ins Auge fasste und weil eine Reihe von internationalen Akteuren über eine Zusammenarbeit mit DVI in diesen Bereich einstiegen. DVI selbst ging aus der Newport News Shipbuilding and Dry Dock Company, einer Tochter des Mischkonzerns Tenneco, hervor, die

---

602 Clemens Reichel, Vom Verbund zum Konzern. Die Metallgesellschaft AG 1945–1975 (Schriften zur hessischen Wirtschafts- und Unternehmensgeschichte; 8), Darmstadt 2008.

603 Ende 1968 waren die wichtigsten Anteilseigner die Dresdner Bank (25,1 %), Siemens, Deutsche Bank und Allianz (zusammen 25,1 %), Schweizer Gesellschaft für Metallwerte (ca. 16 %) und die Familie Henkel (ca. 10 %), die restlichen Anteile befanden sich im Streubesitz; ebd., S. 201.

604 BA B 102/156838, Referent I/2 RD Dr. Merkel, Vermerk betr. Kurzprotokoll über den Verlauf des Gesprächs über Fragen der Rohstoffversorgung am 21. Januar 1974 im Kanzlerbungalow, 29.01.1974, S. 1f.; o.A., „Wir erzwingen die neue Ordnung." SPIEGEL-Report über den Konflikt zwischen Rohstoffländern und Industrienationen, in: Der Spiegel 36/1975 (01.09.1975), S. 96–106, hier S. 106; Saßmannshausen, Bergbau, S. 31.

605 Lantzke, Sicherung, S. 7.

606 HK RWE HAP 523/1, Dr. Kliebhan, Vermerk für A 2, betr. Besprechungspunkte Besuch Prof. Martini am 29. Mai in Köln, Köln, den 28.05.1969, S. 1f.

607 HWA Abt. 119, Nr. 1672, Projekt Manganknollen. Beitritt der AMR – Arbeitsgemeinschaft meerestechnisch gewinnbare Rohstoffe in ein internationales Konsortium, Vorstandsvorlage MG-Meerestechnik, Frankfurt/Main Okt. 1974, S. 2; HWA Abt. 119, Nr. 1702, AMR-Durchführbarkeitsstudie. Projekt Manganknollen. Erste Wirtschaftlichkeitsabschätzung 1972–1974, S. 4.

sich schon um 1960 für Tiefseebergbau zu interessieren begann, um den Rückgang militärischer Aufträge auszugleichen. Wenig später stellte DVI John L. Mero als Berater ein. DVI bot um 1970 interessierten Unternehmen weltweit Daten, Know-how und Training wie auch Fahrten auf der Prospector an, die dazu dienten, Personal mit den Forschungsgeräten und -methoden für die marine Rohstoffsuche vertraut zu machen.[608]

Einen weiteren wichtigen Schritt, den Preussag und Metallgesellschaft nach den Forschungsfahrten auf der Prospector der DVI gemeinsam gingen, war die Indienststellung eines deutschen Rohstoffforschungsschiffes. Die Valdivia, deren Name an das gleichnamige Schiff der deutschen Tiefseeexpedition 1898/99 erinnerte, entstand aus dem Umbau eines Hecktrawlers – der Aufstieg des Tiefseebergbaus fiel zusammen mit dem Niedergang der deutschen Hochseefischerei – und bot Platz für 22 Mann seemännische Besatzung sowie 17 Wissenschaftler. Eigentümer waren zu gleichen Teilen zwei Reedereien, die jeweils Tochterunternehmen der Preussag bzw. der Metallgesellschaft waren. In den folgenden Jahren hatte die Valdivia zentrale Bedeutung für die Exploration von Manganknollenvorkommen im Pazifik durch die deutschen Unternehmen. Sie stellte zudem einen wesentlichen Beitrag der deutschen Partner zu einem internationalen Konsortium dar (s.u.). Auch wenn fast drei Viertel der Einsatzzeit in den 1970er Jahren auf die Suche nach Manganknollen entfielen, wurde das Schiff auch im Roten Meer bei der Suche nach Erzschlämmen, vor Mozambique nach Schwermineralseifen und östlich von Neuseeland nach Phosphoritknollen (s. Kap. 2.3) eingesetzt. Die Finanzierung der Valdivia war durch das BMFT sichergestellt, welches das Schiff von 1970 bis 1979 charterte.[609] Daher verwies auch der eingangs zitierte Artikel in „Die Zeit“ auf die hoch moderne und staatlich finanzierte Valdivia, um zu zeigen, dass die bundesdeutsche Industrie nicht so sehr vom Staat vernachlässigt und international abgehängt war, wie es der Vertreter der Preussag gegenüber dem Journalisten dargestellt hatte.[610] In der nicht öffentlichen, aber im Auftrag des BMWi verfassten Durchführbarkeitsstudie von 1975 betonte daher auch die AMR, dass der Einsatz der Valdivia „erst durch die Zusicherung einer langjährigen Charterung durch den Bund möglich“ wurde und dass deren „optimale Ausrüstung“ dazu geführt habe, „daß die BRD heute den Wissensvorsprung der übrigen Industrienationen, an der

608 Cruickshank, In memoriam; Shaw, Nodule mining, S. 181; HK RWE HAP 523/3, Kausch, Vertraulicher Vermerk. Betr.: Gespräche mit der Deepsea Ventures, Inc. am 24.04. in Houston und am 27.04.1970 in Newport News, Köln, den 06.05.1970, S. 2.; o.A., Rationalisiertes Sammeln von Manganknollen, in: mt – Meerestechnik – Marine Technology 1 (1970), 0, S. 29.

609 Wolfgang Schott, Programm und Ergebnis der „Valdivia“-Fahrten. Ein Überblick, in: Geologisches Jahrbuch. Reihe D, H. 38 (1980), S. 9–22, hier S. 9–11; HWA Abt. 119, Nr. 1672, Projekt Manganknollen. Beitritt der AMR – Arbeitsgemeinschaft meerestechnisch gewinnbare Rohstoffe in ein internationales Konsortium, Vorstandsvorlage MG-Meerestechnik, Frankfurt/Main Okt. 1974, S. 5; HWA Abt. 119, Nr. 1702, AMR-Durchführbarkeitsstudie. Projekt Manganknollen. Erste Wirtschaftlichkeitsabschätzung 1972–1974, S. 4f.

610 Haaf, Stiefkind.

Spitze die USA, eingeholt hat und in den meisten Teilgebieten der Exploration einen Wettbewerb nicht zu scheuen braucht.“[611]

Der Einsatz der Valdivia verlief nicht ohne Friktionen. Neben technischen Problemen u.a. mit den Winden und dem Navigationssystem gab es Spannungen zwischen den beteiligten universitären Wissenschaftlern und den Unternehmen ebenso wie zwischen den Unternehmen selbst.[612] So empfand der Meeresgeologe Eugen Seibold von der Universität Kiel 1972 die inhaltliche Vorbereitung der Preussag für die nächste Forschungsfahrt als „derart dürftig, daß es fast schockierend wirkt, dieses Schiff für einige Monate sozusagen auf reiner Vertrauensbasis abzugeben.“[613] Umgekehrt beklagte sich im selben Jahr hinsichtlich der laufenden Reise der Valdivia die Preussag in Person von Amann gegenüber der Rheinbraun über die schlechte Vorbereitung und das fehlende Know-how der Metallgesellschaft.[614] Insgesamt scheint das Verhältnis zwischen Preussag und Metallgesellschaft trotz ihrer Kooperation zumindest 1970/71 angespannt gewesen zu sein.[615]

Neben Preussag und Metallgesellschaft bildete die Salzgitter AG einen weiteren wichtigen unternehmerischen Akteur. Die Salzgitter AG war aus den Reichswerken Hermann Göring hervorgegangen, die in den 1930er Jahren aus autarkiewirtschaftlichen Motiven gegründet worden waren, um die armen Eisenerze im Salzgittergebiet zu nutzen. In der Bundesrepublik war hieraus ein Mischkonzern geworden, der Eisenerz, Kohle und Stahl ebenso wie Waggons, Maschinen, Schiffe, Lastwagen und anderes produzierte und damit der Bundesregierung als Alleineigentümer überwiegend Verluste einbrachte. Die Tiefseebergbauaktivitäten der Salzgitter AG liefen teilweise über deren Tochterunternehmen Deutsche Schachtbau- und Tiefbohrgesellschaft (DST), die ihren Tätigkeitsbereich bereits auf den Bereich Öl- und Gasexploration erweitert hatte.[616]

---

611 HWA Abt. 119, Nr. 1702, AMR-Durchführbarkeitsstudie. Projekt Manganknollen. Erste Wirtschaftlichkeitsabschätzung 1972–1974, S. 4f.

612 Ruppenthal, Raubbau, S. 201.

613 Zitiert nach ebd.

614 HK RWE HAP 522/3, Kausch, Vermerk an A 2. Betr. AMR; hier Telefongespräch mit Herrn Dr. Amann am 08.08.1972, Köln 08.08.1972, S. 1.

615 Angeblich sah die Preussag ihre Vorreiterrolle durch die Metallgesellschaft nicht gewürdigt. Überdies habe die Metallgesellschaft eine Preussag-Entwicklung als eigenes Patent angemeldet; HK RWE HAP 523/3, Kliebhan, Vertraulicher Vermerk. Betr. Gespräch mit Herrn Dr. Ackermann, Preussag, anläßlich der Wirtschaftsausschußsitzung der WIM am 26. Mai 1970 in Frankfurt, Köln, den 29.05.1970, S. 3; HK RWE HAP 522/3, Kausch an Dr. Gärtner, 21.04.1971, S. 1; HK RWE HAP 522/3, Kausch, Vermerk. Betr. Manganknollen-Studiengesellschaft. Besuch von Herrn Kausch bei Herrn Dr. Hering, Frankfurt, am 9. Juni 1971, Köln, den 16.06.1971, S. 1.

616 Salzgitter AG, Konzerngeschäftsbericht 1970/71 und Geschäftsbericht 1970/71 der Salzgitter AG, Salzgitter 1972, S. 30–32; Salzgitter AG, Konzerngeschäftsbericht 1971/72 und Geschäftsbericht 1971/72 der Salzgitter AG, Salzgitter 1973, S. 26; o.A., Salzgitter AG. Null im Sinn, in: Der Spiegel 48/1967 (20.11.1967), S. 36, 38; o.A., Kopf aus dem Wasser, in: Der Spiegel 13/1984 (26.03.1984), S. 97f.

Ein ebenfalls am Tiefseebergbau interessiertes Unternehmen war die Rheinische Braunkohlenwerke AG (Rheinbraun), die 1959 als fast 100 %ige Tochter des Rheinisch-Westfälischen Elektrizitätswerks (RWE) entstand. In ihr fusionierten fast alle Braunkohleproduzenten des rheinischen Reviers zu einer Zeit, als sich die Produktion zum kapitalintensiven Tieftagebau und der Schwerpunkt des Absatzes vom Brikett zur Verstromung verschob. Weil Expansionsmöglichkeiten im rheinischen Braunkohlerevier fehlten, begann Rheinbraun sich auch für andere energetische und mineralische Rohstoffe zu interessieren.[617] Hierzu zählte auch das Interesse an Meerestechnik und marinen Rohstoffen. Gegenüber Wilckens (BMwF) nannte Rheinbraun in einer Gesprächsnotiz explizit Kohleforschung, Uran, Rohstoffe und Meeresforschung als die „Diversifikationsbestrebungen“ des Unternehmens.[618] Rheinbraun scheint diese Aufgabe zwar etwas später oder zumindest zögerlicher als Preussag und Metallgesellschaft, aber ebenfalls bereits vor 1970 angegangen zu sein.

Nachdem ein Vertreter der Rheinbraun im Februar 1969 die Messe „Oceanology ’69“ im britischen Brighton besucht hatte, stand das Unternehmen Ende des Jahres mit der Gelsenberg-AG[619] in Kontakt, wobei beide die Aussichten auf eine mögliche Zusammenarbeit in der Meerestechnik, aber auch die Abgrenzung ihrer Aktivitäten auf dem Gebiet des Uranbergbaus[620] ausloteten.[621] Rheinbraun bemühte sich um einen Anschluss an die schon bestehenden Strukturen in der bundesdeutschen Meerestechnik; so trat das Unternehmen im Februar 1970 der WIM bei und strebte auch nach einem Sitz in der Deutschen

617 Joachim Radkau, Das RWE zwischen Braunkohle und Atomeuphorie 1945–1968, in: Dieter Schweer/Wolf Thieme (Hrsg.), „Der gläserne Riese“. RWE – ein Konzern wird transparent, Wiesbaden 1998, S. 173–196, hier S. 186; o.A., Mehr als Braunkohle, in: dies. (Hrsg.), „Der gläserne Riese“. RWE – ein Konzern wird transparent, Wiesbaden 1998, S. 304f.

618 HK RWE HAP 523/3, Kliebhan, Vermerk. Betr.: Besuch im Bundeswissenschaftsministerium beim Referenten für Meeresforschung Reg. Dir. Dr. Wilckens, am 13. Mai 1970 Thema: Geplante Aktivitäten von Rheinbraun auf dem Gebiet der Meeresforschung und Meerestechnik, Köln, den 19.05.1970, S. 1.

619 Das RWE hatte im Januar 1969 43 % der Anteile der Gelsenberg AG erworben und vergrößerte damit sein Engagement im Mineralölsektor. Gelsenberg war ursprünglich als Gelsenkirchener Bergwerksgesellschaft die größte deutsche Zechengesellschaft gewesen, hatte sich aber zu einem Ölkonzern gewandelt, nachdem die Zechen 1968 in die Ruhrkohle AG eingebracht worden waren; Joachim Radkau, Das RWE zwischen Kernenergie und Diversifizierung 1968–1988, in: Schweer/Thieme (Hrsg.), Riese, S. 221–244, hier S. 226.

620 Zu Rheinbrauns Uranaktivitäten Rheinische Braunkohlenwerke Aktiengesellschaft (Hrsg.), Rheinbraun kurzgefaßt, 6. Aufl. Köln 1977, S. 22 (in: HK RWE HAP 0511/028); o.A., Braunkohle, S. 305. Rheinbraun betrieb zusammen mit der Deilmann AG einen Uranerztagebau in Kanada.

621 HK RWE HAP 523/1, Dr. Kliebhan, Bericht über eine internationale Tagung auf dem Gebiet der Oceanologie in Brighton, England, verbunden mit einer Ausstellung, vom 17.–21. Februar 1969, Köln, 25.02.1969; HK RWE HAP 523/1, Dr. Kliebhan, Vertraulicher Vermerk für A 2, betr. Zusammenarbeit Rheinbraun/Gelsenberg auf dem Gebiet der Ozeanographie, 26.11.1969; HK RWE HAP 523/2, Dr. Kliebhan, Vertraulicher Vermerk, betr. Besuch des Herrn von Velsen (GBAG) am 08.12. beim Unterzeichneten in Köln. Thema: Zusammenarbeit auf dem Gebiet der Ozeanographie, Köln, den 09.12.1969.

Kommission für Ozeanographie. Heinrich Mandel, Vorstandsmitglied des Mutterkonzerns RWE, hatte sich beim BMBW dafür eingesetzt, Rheinbraun-Vorstandsmitglied Erwin Gärtner in die Kommission aufzunehmen. Das Ministerium wehrte jedoch ab und wollte Gärtner nur fallweise an den Beratungen des Rohstoff-Ausschusses der Kommission teilnehmen lassen, wenn es nach der Tagesordnung sachdienlich wäre.[622] Schließlich rückte Rheinbraun, nachdem das Unternehmen in der Zwischenzeit auch mit DVI in Kontakt gestanden hatte, 1971 in den engeren Kreis der bundesdeutschen Meerestechnikunternehmen vor und trat als fünftes Mitglied der schon seit April 1969 bestehenden Arbeitsgemeinschaft Meerestechnik (Arge) bei.[623] Ebenso wie Metallgesellschaft und Preussag bei den Prospector-Fahrten und der Valdivia kooperierten, nahmen Rheinbraun und Preussag zusammen an dem sogenannten CLB-Test im Pazifik teil.[624] Bei dem CLB-Verfahren (Continuous-Line-Bucket) handelte es sich um die japanische Entwicklung einer Art Endlos-Eimerketten-Fördersystems, das von einem breiten internationalen Konsortium unter dem Management von Meros Beratungsunternehmen Ocean Resources im Sommer 1972 im Pazifik getestet wurde (s. Kap. 4.3).

4.1.1 Die Arbeitsgemeinschaft meerestechnisch gewinnbare Rohstoffe (AMR)

Die entstehende deutsche Tiefseebergbauindustrie war somit eine kleine Welt, in der alle interessierten Unternehmen in der einen oder anderen Form miteinander in Kontakt standen. Eine engere Zusammenarbeit auf diesem Gebiet war insofern naheliegend und wurde im Dezember 1972 mit der Gründung der Arbeitsgemeinschaft meerestechnisch gewinnbare Rohstoffe (AMR) auch umgesetzt. Hierfür sprachen einmal die hohen Kosten und Risiken des Projekts.[625] Vor allem jedoch kam der finanziellen Förderung durch die Bundesregierung eine ausschlaggebende Bedeutung zu, da ohne staatliche Gelder keines der Unternehmen zu größeren Aktivitäten bereit gewesen wäre. Preussag und Salzgitter waren sich Ende 1971 darin einig, „daß sich die an der Meerestechnik interessierten Unter-

622 HK RWE HAP 523/2, Rheinische Braunkohlenwerke Aktiengesellschaft an den Vorstand der Wirtschaftsvereinigung Industrielle Meerestechnik e.V., 24.02.1970; HK RWE HAP 523/2, Bundesministerium für Bildung und Wissenschaft, Staatssekretär Dr. von Heppe an Herrn Prof. Dr. Phil. Dr. Ing. Heinrich Mandel, Bonn, den 27.05.1970.

623 HK RWE HAP 523/3, Kausch, Vertraulicher Vermerk. Betr.: Gespräche mit der Deepsea Ventures, Inc. am 24.04. in Houston und am 27.04.1970 in Newport News, Köln, den 06.05.1970, S. 1; HK RWE HAP 192/8, Nachtragsvertrag I zum Arbeitsgemeinschaftsvertrag vom 10./15./24.04.1969, 1971.

624 Klaus Kröger, An Bord eines Manganknollen-Förderschiffes im Pazifik, in: Revier und Werk, Nr. 112 (Mai 1973), S. 8–11; HK RWE HAP 522/2, Kausch, Vermerk: Manganknollenförderung aus der Tiefsee. Test mit dem Masuda-Bagger-CLB-System, Köln, den 21.06.1971; HK RWE HAP 192/8, Zusammenarbeitsvertrag zwischen Rheinische Braunkohlenwerke AG und Preussag AG, 16./19.05.1972.

625 HWA Abt. 119, Nr. 1672, Projekt Manganknollen. Beitritt der AMR – Arbeitsgemeinschaft meerestechnisch gewinnbare Rohstoffe in ein internationales Konsortium, Vorstandsvorlage MG-Meerestechnik, Frankfurt/Main Okt. 1974, S. 3, 7.

nehmen der BRD auf einer gemeinsamen Basis zusammenfinden sollten, um eine Konzentration der von den Bundesministerien bereitgestellten Mittel zu erreichen."[626] Allerdings wirkten BMWi und BMwF auch selbst aktiv auf eine solche Kooperation hin. Laut eines Vermerks der Rheinbraun vom Oktober 1972 habe ein Vertreter des BMwF sowohl gegenüber diesem Unternehmen als auch gegenüber Preussag und Metallgesellschaft klar zu verstehen gegeben, „daß er sich intensiv bemühen wolle, die Firmen zusammenzubringen" und „daß er Meerestechnik nur im Rahmen der AMR fördern wird."[627] Von direkten Forderungen des BMWi nach einer Zusammenarbeit der Unternehmen sprechen auch Unterlagen der AMR und der Metallgesellschaft.[628] Die AMR ähnelte somit von der Entstehung her der Deutschen Mineralölexplorationsgesellschaft mbH (DEMINEX), die bereits 1966 als Gemeinschaftsunternehmen der deutschen Ölwirtschaft gegründet wurde. Hier setzte ebenfalls das BMWi über die Vergabe von Subventionen Anreize, um die westdeutschen Bemühungen zur Rohstoffsuche im Ausland – hier Erdöl – in einer einheitlichen Gesellschaft zusammenzufassen.[629] An den Gesprächen zur Gründung der AMR waren zunächst die August-Thyssen-Hütte AG, die Gelsenberg AG und die Gute-Hoffnungs-Hütte beteiligt.[630] Ein Vertragsentwurf vom 07.10.1971 sah noch August-Thyssen-Hütte, Metallgesellschaft, Preussag, Rheinbraun und Salzgitter als fünf Partner vor, allerdings wurde der Gründungsvertrag am 12./13.12.1972 nur von Metallgesellschaft, Preussag und Salzgitter gezeichnet. Rheinbraun trat schließlich im folgenden Jahr als vierter und letzter Partner bei.[631] Innerhalb der AMR verteilten sich die Aufgaben der vier gleichberechtigten Mitglieder folgendermaßen:[632]

---

626 NWA 2 Nr. 7263, Forschung und Entwicklung, Aktenvermerk Nr. 52/71. Betr. Gespräch Meerestechnik (AMR) zwischen Preußag und SGT in SZ-Lebenstedt am 22.11.1971, 15.12.1971, S. 1.

627 HK RWE HAP 522/3, Kausch/Kröger, Vermerk an A 2. Betr. AMR – Derzeitiger Stand, Köln, den 10.10.1972, S. 1.

628 HWA Abt. 119, Nr. 1672, Projekt Manganknollen. Beitritt der AMR – Arbeitsgemeinschaft meerestechnisch gewinnbare Rohstoffe in ein internationales Konsortium, Vorstandsvorlage MG-Meerestechnik, Frankfurt/Main Okt. 1974, S. 7; HWA Abt. 119, Nr. 1702, AMR-Durchführbarkeitsstudie. Projekt Manganknollen. Erste Wirtschaftlichkeitsabschätzung 1972–1974, S. 5.

629 DEMINEX erwies sich letztlich bei der Rohstoffsicherung für die Bundesrepublik als nur wenig erfolgreicher als die AMR, Rainer Karlsch/Raymond G. Stokes, „Faktor Öl". Die Mineralölwirtschaft in Deutschland 1859–1974, München 2003, S. 359–362, 378f.

630 HK RWE HAP 522/3, Kausch, Vermerk. Betr. Manganknollen-Studiengesellschaft. Besuch von Herrn Kausch bei Herrn Dr. Hering, Frankfurt, am 9. Juni 1971, Köln, den 16.06.1971, S. 3f.; HK RWE HAP 522/3, Gerigk/Kausch, Vermerk. Betr. Arbeitsgemeinschaft meerestechnisch gewinnbarer (sic!) Rohstoffe (nachfolgend AMR genannt), Köln 26.08.1971, S. 1.

631 NWA 2 Nr. 7263, 3. Entwurf: 07.10.1971. Vertrag über die Arbeitsgemeinschaft meerestechnisch gewinnbare Rohstoffe; o.A., Arbeitsgemeinschaft meerestechnisch gewinnbare Rohstoffe (AMR), in: mt – Meerestechnik – Marine Technology 4 (1973), 4, S. 141; o.A., Beitritt von Rheinbraun zur AMR, in: mt – Meerestechnik – Marine Technology 4 (1973), 5, S. 177; HWA Abt. 119, Nr. 1702, AMR-Durchführbarkeitsstudie. Projekt Manganknollen. Erste Wirtschaftlichkeitsabschätzung 1972–1974, S. 6.

632 HWA Abt. 119 Nr. 1702, AMR-Durchführbarkeitsstudie. Projekt Manganknollen. Erste Wirtschaftlichkeitsabschätzung 1972–1974, S. 7; BA B 196/17801, Metallgesellschaft, Ergebnisprotokoll: Besprechung über die Bildung eines internationalen Konsortiums vom 27.02.–01.03.1974 in New York, S. 6.

- Exploration: Metallgesellschaft und Preussag
- Gewinnung und Förderung: Rheinbraun und Salzgitter
- Schiffbau: Salzgitter
- Transport und Logistik: Metallgesellschaft
- Recht: alle Partner
- Markt und Wirtschaftlichkeit: Metallgesellschaft und Preussag

Ein kommerzieller Tiefseebergbau stellte noch nicht das Ziel dar, stattdessen lagen die Aufgaben der AMR darin, die Rentabilität der Förderung und Verhüttung von Manganknollen zu untersuchen und als Basis für das weitere Vorgehen eine Wirtschaftlichkeitsstudie vorzulegen.[633] Der Vertrag in der Fassung von 1976 ging in der Präambel zunächst auf die Fortschritte bei der Meerestechnik allgemein und insbesondere hinsichtlich der Aufsuchung, Gewinnung und Aufbereitung von Manganknollen ein und definierte anschließend die Aufgaben der AMR:

> „Angesichts dieser Entwicklung und in dem Bestreben, die Versorgung der Bundesrepublik Deutschland mit mineralischen Rohstoffen zu verbessern und zu sichern, wurde die Arbeitsgemeinschaft meerestechnisch gewinnbare Rohstoffe (AMR) gegründet und damit begonnen, meerestechnische Voruntersuchungen zu betreiben, Aufbereitungsverfahren und Fördertechniken, insbesondere für Manganknollen zu entwickeln, sowie Wirtschaftlichkeitsstudien zu erstellen. Weiterhin hat sich die AMR im Rahmen ihrer Möglichkeiten in die Diskussion und Verhandlung für die Neugestaltung des Seerechts eingeschaltet, um dabei mitzuwirken, daß Regelungen erreicht werden, durch welche die Interessen der Bundesrepublik Deutschland am Meeresbergbau gewahrt werden."[634]

Die AMR blieb bis in die frühen 1980er Jahre von Seiten der Industrie der zentrale bundesdeutsche Akteur auf dem Gebiet des Tiefseebergbaus. In dieser Zeit gab es bezüglich der Mitgliedschaft in der AMR nur zwei Entwicklungen: Zum einen übertrug die Salzgitter AG ihren Anteil zum Jahresende 1974 an ihre 100 %ige Tochter, die Deutsche Schachtbau- und Tiefbohrgesellschaft (DST) in Lingen, die neben dem Bohrgeschäft auch in der Exploration nach Erdöl und Erdgas tätig war, übernahm den Anteil jedoch 1981 wieder.[635] Bedeutender war, dass zum anderen die Rheinbraun AG im April 1976

---

633 HWA Abt. 119, Nr. 1672, AMR, Raw Materials From the Sea; o.A., Arbeitsgemeinschaft, S. 141.

634 NWA 2 Nr. 5859, Vertrag über die Arbeitsgemeinschaft meerestechnisch gewinnbare Rohstoffe, 21./22.04.1976, S. 2.

635 BGR 0100359 Band 1, Vertrag über die Arbeitsgemeinschaft meerestechnisch gewinnbare Rohstoffe zwischen 1) Deutsche Schachtbau- und Tiefbohrgesellschaft, 2) Metallgesellschaft Aktiengesellschaft, 3) Preussag Aktiengesellschaft, 21./22.04.1976, §30; BA B 196/40635 Bd. 1, Salzgitter AG an Bundesministerium für Forschung und Technologie z.H. Herrn Ministerialrat Dr. Wilckens, betr. Engagement der Deutschen Schachtbau in der AMR, 10.02.1981.

rückwirkend zum Jahresbeginn aus der AMR ausschied, so dass nur noch drei Gesellschafter, die jeweils ein Drittel der Anteile hielten, verblieben.[636] Vorausgegangen war eine Meinungsverschiedenheit innerhalb der AMR über das Budget, da Preussag, Metallgesellschaft und Salzgitter deutlich höhere Overheads über die Arbeitsgemeinschaft abrechnen wollten als Rheinbraun, weshalb Rheinbraun die Verabschiedung des Budgets für 1975 blockierte.[637] Dies war jedoch nicht der einzige oder ausschlaggebende Grund. Ein interner Vermerk der Rheinbraun hielt drei Gründe fest: Erstens hätten die anderen Gesellschafter der AMR erwartet, dass Rheinbraun die Entwicklung der Pumpensysteme an einen anderen Gesellschafter abgäbe, und zwar als Ausgleich für eine andere Aufgabe, die nach dem Beitritt der AMR zu dem internationalen Joint Venture Ocean Management, Inc. (s. Kap. 4.1.2) an einen der internationalen Partner abgetreten worden war. Zweitens habe es unterschiedliche Interessen in der AMR gegeben, da die übrigen Gesellschafter stärker auf die spätere Erzgewinnung abzielten, während Rheinbraun vor allem ihr Know-how in der Fördertechnik habe einbringen und weiterentwickeln wollen. Daher seien die drei anderen Gesellschafter anders als Rheinbraun zu höheren Ausgaben bereit gewesen, auch außerhalb des Budgetrahmens des Joint Ventures. Drittens schließlich hatte die Wirtschaftlichkeitsstudie der AMR von 1975 die Erwartungen an die Rentabilität des Tiefseebergbaus deutlich gedämpft, so dass Rheinbraun, deren Forschungsaktivitäten ohnehin auf die Kohleveredelung fokussiert waren, hier nicht zu weiteren Ausgaben bereit war.[638]

Auch wenn Rheinbraun es selbst nicht erwähnte, gab es noch einen weiteren Faktor, den andere Unternehmen und auch ein Vertreter des BMFT als gegeben ansahen und der den Kurswechsel von Rheinbraun erklärte, nämlich den neuen Tagebau Hambach im rheinischen Braunkohlerevier westlich von Köln. Ende der 1960er Jahre erschien die Erschließung dieser Lagerstätte noch zweifelhaft, da die Flöze sich in großer Tiefe von bis zu 470 m befinden, was die Wirtschaftlichkeit in Frage stellte. Nachdem in der Energiekrise ab Oktober 1973 jedoch allgemein die Devise „Weg vom Öl" ausgegeben worden war, entschloss sich Rheinbraun 1974, den Tagebau Hambach in Angriff zu nehmen. Unabhängig davon, ob die Braunkohle weiter für die Verstromung oder – falls sich, wie vielfach erwartet, der Atomstrom durchsetzen würde – veredelt als Chemiegrundstoff verwendet würde, war mit dieser Entscheidung das Unternehmen in seinem angestammten

636 BGR 0100359 Band 1, Vertrag über die Arbeitsgemeinschaft meerestechnisch gewinnbare Rohstoffe zwischen 1) Deutsche Schachtbau- und Tiefbohrgesellschaft, 2) Metallgesellschaft Aktiengesellschaft, 3) Preussag Aktiengesellschaft, 21./22.04.1976, §1.

637 Der Hintergrund scheint gewesen zu sein, dass die anderen drei Unternehmen viel stärker mit eigenem Personal auf den Explorationsfahrten im Pazifik vertreten waren als Rheinbraun und daher höhere Kosten hatten. Da auf den unteren Ebenen keine Einigung erzielt werden konnte, traten die Vorstandsvorsitzenden der Preussag und der Rheinbraun, Saßmannshausen und Gärtner, direkt miteinander in Kontakt; HK RWE HAP 525/3, Dr. Günther Sassmannshausen an Dipl.-Berging. Dr.-Ing. Erwin Gärtner, betr.: Zusammenarbeit in der AMR, 11.09.1976.

638 HK RWE HAP 525/2, B 3, Vermerk: Austritt Rheinbrauns aus der AMR, Köln, den 05.03.1976, S. 2.

Geschäftsfeld der Braunkohleförderung für die nächsten Jahrzehnte ausgelastet.[639] Zugleich erforderte der neue Tieftagebau beträchtliche Investitionsmittel und stellte Rheinbraun „vor erhebliche Finanzierungsprobleme“, wie der Geschäftsbericht für 1976 einräumte.[640] Vertreter der Preussag und des BMFT verwiesen explizit auf die Inanspruchnahme von Rheinbraun durch den Tagebau Hambach und äußerten daher Verständnis für die Entscheidung, das Engagement in der AMR zu beenden.[641]

Auch ein internes Schreiben der Salzgitter AG nannte eine Reihe von möglichen Gründen für Rheinbrauns Entscheidung und kam zu dem Schluss, dass der Streit über die Abrechnung der Overheads nicht entscheidend gewesen sein dürfte. Stattdessen vermutete der Autor ebenfalls, dass Rheinbraun begonnen hatte, sich für den Tiefseebergbau zu interessieren, als der neue Tagebau noch nicht gesichert war und sich das Unternehmen daher nach neuen Aktivitäten umsah. Nachdem die Entscheidung für Hambach gefallen war, scheute es jedoch die zukünftig für den Tiefseebergbau benötigten Investitionen. Weiterhin, so wird in dem Vermerk der Salzgitter AG vermutet, spielten die mittlerweile deutlich eingetrübten wirtschaftlichen Aussichten der Manganknollenförderung ebenso eine Rolle wie Spannungen im Rheinbraunvorstand zwischen „Technikern“, die dem Tiefseebergbau gegenüber aufgeschlossen waren, und „Kaufleuten“, die anderer Ansicht waren.[642] Mit dem Austritt aus der AMR beendete Rheinbraun allerdings seine Aktivitäten im Tiefseebergbau nicht vollständig. Das Unternehmen blieb mit seinem Know-how in der Fördertechnik als externer Auftragnehmer für die AMR tätig.[643] Im Rückblick und aus der Perspektive von Rheinbraun war die Entscheidung sicher gerechtfertigt. War bis 2023 noch keine einzige Manganknolle kommerziell gefördert worden, liefert Hambach seit 1984 Braunkohle für die Verstromung,[644] wobei allerdings gerade dieser Tagebau in jüngster Zeit zum Brennpunkt klimapolitischer Proteste geworden ist.

---

639 Radkau, RWE 1968–1988, S. 228.

640 HK RWE HAP, Rheinische Braunkohlenwerke Aktiengesellschaft Köln, Bericht über das Geschäftsjahr 1976, S. 14.

641 HK RWE HAP 525/2, Gerigk, Vermerk, betr.: AMR Beiratssitzung in Hannover am 23. Februar 1976, 24.02.1976, S. 4; HK RWE HAP 525/2, Justen, Vermerk: AMR. Hier: Ausscheiden von Rheinbraun; Gespräch im BMFT am 24. März 1976, Köln, den 24.03.1976, S. 2.

642 NWA 2 Nr. 6541, AMR – Ausscheiden Rheinbraun, 26.05.1976.

643 HK RWE HAP 525/2, B 3, Vermerk: Austritt Rheinbrauns aus der AMR, Köln, den 05.03.1976, S. 1; Rheinische Braunkohlenwerke (Hrsg.), Rheinbraun kurz gefaßt, 6. Aufl. Köln 1977, S. 22.

644 Radkau, RWE 1968–1988, S. 228.

4.1.2 Die Ocean Management, Inc. oder das Joint Venture

Bereits vor der formalen Gründung der AMR fasste die bundesdeutsche Industrie eine Kooperation mit ausländischen Unternehmen ins Auge.[645] In Form der Ocean Management, Inc. (OMI) entstand schließlich im Frühjahr 1975 eine solche Zusammenarbeit zwischen der deutschen AMR und Partnerunternehmen aus Kanada, Japan und den USA. In den deutschen Quellen wird jedoch die Bezeichnung OMI – vermutlich aus naheliegenden Gründen – in der Regel vermieden und stattdessen der Begriff „das Joint Venture" oder kurz „JV" verwendet. Die Motive für die Gründung des internationalen Konsortiums OMI waren ähnlich wie die für das nationale Konsortium AMR. Auch bei der OMI ging es darum, die „ungewöhnlich hohen Aufwendungen für Prospektion und Exploration" und die „zunächst kaum wägbaren Risiken", so eine AMR-Broschüre 1978, auf mehrere Schultern zu verteilen. Hinzu kam noch die Rechtsunsicherheit hinsichtlich der Eigentumsverhältnisse am Tiefseeboden, die eine internationale Zusammenarbeit angeraten erscheinen ließ.[646] Und erneut machte die Bundesregierung, auf deren Zuschüsse die deutschen Unternehmen nicht verzichten wollten, ihren Einfluss geltend und empfahl eine Kooperation mit internationalen Partnern.[647]

Ebenfalls früh stand für die bundesdeutsche Industrie fest, dass zumindest ein Partner aus den USA kommen müsse, weil man angesichts der Unsicherheiten im Seerecht politische und im äußersten Falle auch militärische Rückendeckung zu benötigen schien. Salzgitter und Metallgesellschaft hielten bereits 1971 nach einer Besprechung fest, „daß es wichtig sei mit einer Firma eines Staates zusammenzuarbeiten, der im Pazifik eine Flotte hat."[648] Später erklärte ein Vertreter von Rheinbraun gegenüber der Metallgesellschaft, „daß insbesondere im Hinblick auf das Seerechtsregime die Beteiligung eines amerikanischen Partners nicht zuletzt im Hinblick auf das Gewicht innerhalb der UNO mir von einer gewissen Bedeutung zu sein scheint."[649] Als das BMFT eine Zusammenarbeit mit Frankreich vorschlug, zeigten sich die deutschen Unternehmer weniger interessiert: „Seitens der AMR wird ein US-Partner im joint venture für wichtiger gehalten als ein französischer."[650] Einen amerikanischen Partner zu finden stellte sich allerdings zugleich als der schwierigste Teil der Konsortiumsbildung heraus.

---

645 HK RWE HAP 522/3, Kausch, Vermerk. Betr. Manganknollen-Studiengesellschaft. Besuch von Herrn Kausch bei Herrn Dr. Hering, Frankfurt, am 9. Juni 1971, Köln, den 16.06.1971, S. 4.

646 Boin, Manganknollen, S. 8.

647 HWA Abt. 119, Nr. 1672, Projekt Manganknollen. Beitritt der AMR – Arbeitsgemeinschaft meerestechnisch gewinnbare Rohstoffe in ein internationales Konsortium, Vorstandsvorlage MG-Meerestechnik, Frankfurt/Main Okt. 1974, S. 3f.

648 NWA 2 Nr. 7263, Forschung und Entwicklung, Aktenvermerk Nr. 52/71. Betr. Gespräch Meerestechnik (AMR) zwischen Preußag und SGT in SZ-Lebenstedt am 22.11.1971, 15.12.1971, S. 3.

649 HK RWE HAP 525/2, B 3, Vermerk für A 2, betr.: AMR. Hier: Internationales Joint Venture, Köln, den 08.04.1974.

650 BA B 196/17801, Ergebnisvermerk: Besprechung der AMR mit dem BMFT „Konsortialbildung", 12.07.1974, S. 3.

Ebenso wie auf nationaler Ebene vor der Gründung der AMR gingen auch der OMI verschiedene Kontakte zwischen diversen Unternehmen voraus, bevor sich die definitiven Partner fanden.[651] Dies waren neben der AMR zunächst INCO aus Kanada und Sumitomo aus Japan, die im März 1975 den Gründungsvertrag unterzeichneten. INCO (International Nickel Company) war als Bergwerks- und Hüttenunternehmen Marktführer für Nickel in der westlichen Welt (s. Kap. 3.3.1) und insofern an jedem neuen Nickelvorkommen interessiert. Das zunächst US-amerikanische, später kanadische Unternehmen begann schon Anfang der 1960er Jahre, Manganknollen in den Blick zu nehmen, u.a. indem es John L. Mero in seiner Promotionsphase mit einem Fellowship unterstützte. Anschließend stand INCO mit Meros erstem Arbeitgeber, der Newport News Shipbuilding Company, in Verhandlungen, die allerdings zunächst ergebnislos blieben. Dagegen unternahm INCO 1971 erste eigene Explorationsfahrten. Da INCO aus politischen und finanziellen Gründen Anfang der 1970er Jahre eine internationale Zusammenarbeit anstrebte, sprach das kanadische Unternehmen im November 1973 auf der Düsseldorfer Messe „Interocean ’73“ am Stand der Metallgesellschaft mit der AMR über eine Kooperation. Im folgenden Februar schlug INCO der AMR die Bildung eines Konsortiums unter Einschluss von Sumitomo aus Japan vor. INCOs Kompetenzen innerhalb der OMI lagen insbesondere auf dem Gebiet der Metallurgie, also der Gewinnung von Metallen wie Nickel, Kupfer und Kobalt aus den Manganknollen.[652] Auch wenn alle Partnerunternehmen von OMI gleichberechtigt waren und jeweils ein Viertel der Anteile hielten, war INCO doch der primus inter pares. Der erste „President and General Manager“, John L. Shaw, wurde von dem kanadischen Unternehmen gestellt,[653] und OMI war international auch einfach als die „INCO group“ bekannt.[654]

Bei Sumitomo, dem japanischen Partner im OMI-Joint Venture, handelte es sich um eine große Unternehmensgruppe, die ursprünglich in der Kupferverhüttung tätig war, später jedoch in viele Bereiche von Industrie, Handel und Finanzen expandierte. Nach dem Beitritt zur OMI gründete Sumitomo ein japanisches Konsortium aus 23 Unternehmen, Deep Ocean Mining Corporation (DOMCO), an das der Anteil an OMI überging, wobei jedoch Firmen der Sumitomo-Gruppe etwa 60 % der Anteile der DOMCO hielten. Ab etwa 1967 arbeitete Sumitomo auf dem Gebiet der Meerestechnik, erwarb 1971 ein Technologiepaket von Deepsea Ventures und partizipierte im folgenden Jahr ebenso wie Rheinbraun

651 HK RWE HAP 522/3, Kausch, Vermerk. Betr. Manganknollen-Studiengesellschaft. Besuch von Herrn Kausch bei Herrn Dr. Hering, Frankfurt, am 9. Juni 1971, Köln, den 16.06.1971, S. 4.

652 Shaw, Nodule mining, S. 181–184; HWA Abt. 119, Nr. 1672, Projekt Manganknollen. Beitritt der AMR – Arbeitsgemeinschaft meerestechnisch gewinnbare Rohstoffe in ein internationales Konsortium, Vorstandsvorlage MG-Meerestechnik, Frankfurt/Main Okt. 1974, S. 12; BA B 196/17801, Metallgesellschaft, Ergebnisprotokoll: Besprechung über die Bildung eines internationalen Konsortiums vom 27.02.–01.03.1974 in New York, S. 3.

653 Shaw, Nodule Mining, S. 185. Auf Shaw folgte jedoch Walter Kollwentz von der Metallgesellschaft.

654 G. Ross Heath, Ferromanganese nodules of the deep sea, in: Economic Geology. 75th Anniversary Volume, 1981, S. 736–765, hier S. 759.

und Preussag an dem oben erwähnten CLB-Test (s. Kap. 4.3), so dass auf diesem Weg bereits erste Kontakte zu den deutschen Partnern bestanden. Sumitomo bzw. DOMCO brachten vor allem Know-how im Schiffbau, aber auch in den Bereichen Lagerstätten und Metallurgie in das internationale Joint Venture ein.[655]

Als US-amerikanischer OMI-Partner war Deepsea Ventures Inc. (DVI) die erste Wahl. Das Unternehmen war weltweit der Pionier beim Tiefseebergbau, und es war allen anderen Partnern bereits durch vorherige Kontakte bekannt. Tatsächlich schien es zunächst, als könne DVI als Partner gewonnen werden. Vom 27.02. bis zum 01.03.1974 trafen sich in New York jeweils fünf bis sieben Vertreter von INCO, AMR, Sumitomo und Tenneco, dem Mutterkonzern von DVI, um die Bildung eines internationalen Konsortiums zu besprechen. Dieses sollte sich zunächst auf eine „Initial Stage" von drei bis vier Jahren erstrecken, in der eine Wirtschaftlichkeitsstudie erstellt werden sollte. Alle Parteien bekundeten zum Abschluss des Treffens ihr Interesse an dem Konsortium.[656] Allerdings teilte Tenneco im April 1974 mit, nicht mehr an dem Konsortium teilnehmen zu wollen. Vorausgegangen war eine empörte Reaktion von Sumitomo, als sie erfuhren, dass die Amerikaner auch mit zwei anderen japanischen Gesellschaften Kontakte aufgenommen hatten.[657] Die drei verbliebenen Partner, INCO, AMR und Sumitomo, schlossen daraufhin im Dezember 1974 zu dritt einen Interimsvertrag, bekräftigten dabei aber die Absicht, einen vierten Partner aus den USA zu finden, wobei INCO die Verhandlungen führen sollte.[658] Schließlich wurde ein solcher Partner in Gestalt von SEDCO (Southeastern Drilling Company) aus Dallas, Texas gefunden. Das Unternehmen beschäftigte sich bis dahin vor allem mit Ölbohrungen an Land und offshore, interessierte sich aber seit 1970 auch für die Gewinnung von Mineralien aus dem Meer. SEDCOs Beitrag zu dem Konsortium bestand in erster Linie in dem Ölbohrschiff Sedco 445, das später als Förderschiff für den Test des Abbausystems für Manganknollen umgebaut wurde.[659] Der Bau des Förderschiffs sollte ursprünglich auch in den Zuständigkeitsbereich der AMR fallen,[660] musste

655 Shaw, Nodule Mining, S. 185; BGR 0110932, Appraisal Study 1980. Deep Ocean Mining. Prepared by Ocean Management, Inc., S. 221; Arbeitsgemeinschaft meerestechnisch gewinnbare Rohstoffe (Hrsg.), Aktuelle Mitteilungen zum Thema Meeresbergbau auf Manganknollen, Frankfurt a.M. 1978, S. 1; NWA 2 Nr. 5859, Vertrag über die Arbeitsgemeinschaft meerestechnisch gewinnbare Rohstoffe, 21./22.04.1976, S. 3; BA B 196/17801, Metallgesellschaft, Ergebnisprotokoll: Besprechung über die Bildung eines internationalen Konsortiums vom 27.02.–01.03.1974 in New York, S. 6f.

656 BA B 196/17801, Metallgesellschaft, Ergebnisprotokoll: Besprechung über die Bildung eines internationalen Konsortiums vom 27.02.–01.03.1974 in New York.

657 HK RWE HAP 525/2, B 3, Vermerk für A 2, betr. AMR. Hier: Internationales Joint Venture, Köln, den 08.04.1974.

658 HK RWE HAP 525/1, Interim-Vertrag. Übersetzung, 11.12.1974.

659 BGR 0110932, Appraisal Study 1980. Deep Ocean Mining. Prepared by Ocean Management, Inc., S. 223; HK RWE HAP 525, HK RWE HAP 525/2, B 3, Vermerk betr.: Zusammenstellung der wichtigsten Daten über SEDCO, 05.09.1975; HK RWE HAP 525/2, B 3 an A 2, betr.: AMR. Hier: Beitritt der SEDCO, 05.09.1975.

660 HWA Abt. 119, Nr. 1672, Projekt Manganknollen. Beitritt der AMR – Arbeitsgemeinschaft meerestechnisch gewinnbare Rohstoffe in ein internationales Konsortium, Vorstandsvorlage MG-Meerestechnik, Frankfurt/Main Okt. 1974, S. 10–12.

dann aber abgegeben werden. Die AMR blieb dagegen zuständig für Prospektion und Exploration. Für diese Aufgaben war entscheidend, dass der AMR die staatlich geförderte Valdivia als Forschungsschiff zur Verfügung stand. Daneben arbeiteten die deutschen Unternehmen im Konsortium aber auch an Fördersystemen.[661]

Die Aufgaben des OMI-Konsortiums lagen zunächst darin, in einer vierjährigen ersten Phase bis 1978 geeignete Lagerstätten im Pazifik zu lokalisieren, Verfahren für die Gewinnung, Förderung, Aufbereitung und Verhüttung zu entwickeln sowie Analysen zu Markt, Seerecht und Wirtschaftlichkeit durchzuführen. Am Ende dieser Phase war ein Abbautest in gegenüber dem kommerziellen Betrieb reduziertem Maßstab vorgesehen. Anschließend sollten eine Protypenphase und schließlich die kommerzielle Produktion folgen.[662] OMI wurde in den folgenden Jahren mit dieser Mitgliederstruktur zu einem der weltweit führenden Akteure im Tiefseebergbau, und die Zusammenarbeit wurde trotz der bis dahin deutlich eingetrübten Aussichten 1980 zumindest noch bis 1983 verlängert.[663] Auch wenn sich das Joint Venture letztlich bewährte, lief die Zusammenarbeit nicht völlig reibungslos. Auf einer Sitzung des AMR-Beirats Ende 1975 mussten sich die deutschen Unternehmen eingestehen, dass ihr Beitrag eventuell nicht den Erwartungen der Partner entsprach. Laut dem Vertreter der Metallgesellschaft machte SEDCO auf ihn „einen vorzüglichen Eindruck“ und auch die japanischen Partner erfüllten „die ihnen gestellten Aufgaben zur vollen Zufriedenheit“, die AMR dagegen „wird etwas skeptisch beobachtet, insbesondere die Arbeitseffizienz von vier großen Firmen. Es besteht die Gefahr, daß unsere Partner erkennen könnten, die AMR zu hoch eingeschätzt zu haben.“[664] Auch der ebenfalls anwesende OMI-Vorsitzende John L. Shaw (INCO) sah sich veranlasst, auf einige Probleme bei der AMR hinzuweisen, bevor sie das Joint Venture als ganzes behinderten: „Insgesamt bestehe der Eindruck, es handele nicht die AMR, sondern vier verschiedene Gesellschaften.“[665] Die AMR scheint diese Anlaufprobleme jedoch überwunden zu haben. Der erste OMI-Vorsitzende Shaw schrieb später durchaus anerkennend über die AMR („… had done excellent and comprehensive exploration for nodules using

661 Ebd.; Shaw, Nodule Mining, S. 185.

662 Arbeitsgemeinschaft meerestechnisch gewinnbare Rohstoffe, Aktuelle Mitteilungen, S. 1; BA B 196/178801, Ergebnisvermerk: Besprechung der AMR mit dem BMFT „Konsortialbildung“, 12.07.1974, S. 1.

663 BA B 196/40635 Bd. 1, Arbeitsgemeinschaft meerestechnisch gewinnbare Rohstoffe an Bundesministerium für Forschung und Technologie z.H. Herrn Min.Rat Dr. Wilckens, betr. JV-Programm, Schwerpunkt HSES, 17.11.1980, S. 1.

664 HK RWE HAP 525/2, B 3, Vermerk betr.: Sitzung des AMR-Beirats am 4. November 1975 bei der Metallgesellschaft in Frankfurt, 05.11.1975, S. 2f.

665 Ebd., S. 8. Auf einer vorangegangenen OMI-Sitzung im Oktober 1975 wurden bereits Probleme mit der Entwicklung der Pumpen zur Förderung der Manganknollen diskutiert, die in den Aufgabenbereich der AMR fielen. Da die AMR das Problem nicht lösen konnte, wurde die Aufgabe zusätzlich SEDCO übertragen. Innerhalb der AMR war Rheinbraun für die Pumpen zuständig, so dass diese Problematik ebenfalls zu Rheinbrauns Beschluss, die AMR zu verlassen, beigetragen haben könnte; HK RWE HAP 525/2, Minutes of the second meeting of the Joint Venture Committee, 10.10.1975, S. 11f.

their ship the Valdivia“) und bezeichnete Walter Kollwentz (AMR bzw. Metallgesellschaft), der 1978 Shaws Nachfolger wurde, als „my right-hand man“.[666]

4.1.3 OMI, OMA und weitere internationale Konsortien für den Tiefseebergbau

OMI war nicht der einzige Akteur auf diesem Gebiet und auch nicht das einzige internationale Konsortium. Der Zusammenschluss der AMR und ihrer Partner aus den USA, Kanada und Japan war vielmehr in mehrerer Hinsicht repräsentativ für die insgesamt vier Konsortien, die von 1974 bis Anfang der 1980er Jahre für den Tiefseebergbau nach Manganknollen gegründet wurden. Abgesehen vom geringen Einfallsreichtum bei der Wahl der Akronyme (OMI, OMA und OMCO) einte diese Konsortien, dass sie überwiegend international waren, ein US-amerikanisches Unternehmen miteinschlossen und aus hochentwickelten Industriestaaten stammten, die einerseits die in den Knollen enthaltenen Metalle benötigten und andererseits über die erforderliche Technologie und das nötige Kapital verfügten. Offenbar zeigten Unternehmen aus Großbritannien, den Niederlanden, Italien und Belgien ebenso wie die AMR eine Präferenz für Risikostreuung und einen Partner aus den USA. Die Unternehmen kamen aus verschiedenen Branchen, allerdings waren Bergbau- und Ölunternehmen häufig vertreten. Neben den vier internationalen Konsortien gab es zwei rein nationale Gruppen aus Frankreich und Japan. Folgende Konsortien, deren Anzahl und Mitgliederstruktur sich über die Zeit änderte, waren bis Anfang der 1980er Jahre mit dem Ziel der Exploration und der späteren Förderung von Manganknollen gegründet worden:[667]

Kennecott Consortium (KCON), gegründet Januar 1974. Mitglieder:

- 40 % Kennecott Corporation (Standard Oil of Ohio), USA
- 12 % RTZ Deepsea Mining Enterprise (Rio Tinto Zinc p.l.c.), Großbritannien
- 12 % Consolidated Gold Fields p.l.c., Großbritannien

666 Shaw, Nodule Mining, S. 185. Die Valdivia besaß darüber hinaus aus Shaws Sicht noch einen weiteren Vorteil: „Their good German cooks made a cruise on the Valdivia a pleasure, and we all retained a few extra pounds from those trips.“ Ebd., S. 187. Einen ähnlichen Eindruck vermittelte ein Zeitungsbericht, der über die Lebens- und Arbeitsbedingungen an Bord der Valdivia berichtete: „Das Essen war nicht gerade auf die sitzende Lebensweise der meistens im Labor hockenden Forscher zugeschnitten, sondern mehr auf die Seeleute, doch durchaus komfortabel“; o.A., Die Kamera gleitet knapp über dem Grund der Tiefsee durchs Wasser, in: Frankfurter Allgemeine Zeitung (15.01.1975), S. 7f.

667 James M. Broadus, Asian Pacific marine minerals and industry structure, in: Marine Resource Economics 3 (1986), 1, S. 63–88, hier S. 72–74; Earney, Resources, S. 59; Virginie Tilot, Review of environmental Impact Studies on deep-Sea Polymetallic Nodule Mining in the Eastern Central Pacific Ocean, IFREMER – DERO, May 1989, in: BA 102/405926, Vorbereitungskommission für die Internationale Meeresbodenbehörde und den Internationalen Seegerichtshof – Sonderkommission 3, Bd. 2; Heath, Ferromanganese nodules, S. 758–760; Fellerer, Manganknollen, S. 75; Danny M. Leipziger/James L. Mudge, Seabed Mineral Resources and the Economic Interests of Developing Countries, Cambridge, Mass. 1976, S. 128.

- 12 % BP Petroleum Development Inc. (British Petroleum Company p.l.c.), Großbritannien
- 12 % Noranda Exploration Inc. (Noranda Mines Ltd.), Kanada
- 12 % Mitsubishi Group, Japan

Ocean Mining Associates (OMA), gegründet Mai 1974 auf Initiative von Deepsea Ventures/DVI (Tenneco). DVI stieg später aus, blieb aber als Dienstleister für OMA tätig.[668]
Mitglieder:
- 25 % Essex Minerals Company (US Steel Corporation), USA
- 25 % Union Seas Inc. (Union Minière S.A.), Belgien
- 25 % Sun Ocean Ventures (Sun Company Inc.), USA
- 25 % Samim Oceans Inc. (Ente Nazionale Idrocarburi/ENI), Italien

Ocean Management Incorporated (OMI), gegründet Februar 1975. Mitglieder:
- 25 % INCO Inc., Kanada
- 25 % SEDCO Inc., USA
- 25 % AMR (Metallgesellschaft AG, Preussag AG, Salzgitter AG), Bundesrepublik Deutschland
- 25 % Deep Ocean Minerals Company/DOMCO (23 Unternehmen unter Führung von Sumitomo), Japan

Ocean Minerals Company (OMCO), gegründet November 1977. Mitglieder:
- 31 % Amoco Ocean Minerals Company (Amoco), USA
- 31 % Lockheed Corporation, USA
- 31 % Billiton B.V., Niederlande
- 8 % B.K.W. Ocean Minerals (Royal Boskalis Westminster), Niederlande

Association française pour l'étude et la recherche des nodules (AFERNOD), gegründet 1974. Mitglieder:
- 70 % Centre national pour l'exploration des océans/CNEXO (französischer Staat)
- 20 % Commissariat à l'énergie atomique/CEA (französischer Staat)
- 6 % Société Métallurgique le Nickel (Imetal, Elf Aquitaine), Frankreich
- 4 % Chantiers du Nord et de la Méditerranée/CNM (Schneider S.A.), Frankreich

AFERNOD 1984 abgelöst durch GEMONOD (Groupement pour la mise au point des moyens nécessaires à l'exploitation des nodules polymétalliques). Anteilseigner sind Ifremer (Nachfolger von CNEXO), CEA und dessen Tochter Technicatome.[669]

---

668 Siapno, Nodule exploration, S. 247.
669 Hoffert, Nodules polymétalliques, S. 153, 175.

Deep Ocean Resources Development Company (DORD), gegründet September 1982

- 48 japanische Unternehmen einschließlich Sumitomo koordiniert durch das Ministerium für Internationalen Handel und Industrie (MITI)

Hinzu kamen in den 1980er Jahren noch die rein staatlichen Organisationen Yuzhmorgeologiya aus der Sowjetunion, DOD (Department of Ocean Development) aus Indien, KORDI (Korean Ocean Research and Development Institute) aus Südkorea, ein Forschungsprogramm der Volksrepublik China und ab 1987 Interoceanmetal als Gemeinschaftsunternehmen aus der UdSSR (später Russland), Bulgarien, Kuba, Tschechoslowakei (später Tschechien und Slowakei) und Polen sowie der DDR.[670] Keine dieser Organisationen hat bisher einen Abbautest unternommen.

4.1.4 Exkurs: Howard Hughes, Projekt „Azorian" und die Glomar Explorer

Während Industrieunternehmen gerade erst begannen, sich mit ersten Forschungsfahrten an den Tiefseebergbau heranzutasten, und sich in der Bundesrepublik die AMR zusammenstellte, lief auf einer Werft in Philadelphia im November 1972 bereits ein eigens neu konstruiertes, hoch modernes Tiefseebergbauschiff vom Stapel, die Glomar Explorer. Auftraggeber war der Millionenerbe, Unternehmer, Luftfahrtpionier, Filmproduzent und Exzentriker Howard Hughes (1905–1976), der das Schiff für das „Deep Ocean Mining Program" (DOMP) seiner Unternehmensgruppe Summa Corporation bauen ließ. Als die Glomar Explorer im Juli 1974 ihr Zielgebiet im Pazifik erreicht hatte, öffneten sich am Schiffsboden zwei große Stahlklappen, die eine ca. 60 m lange Öffnung, einen sogenannten moon pool, im Rumpf freigaben. Durch den moon pool senkte sich ein riesiger Greifer 5.000 m tief auf den Meeresboden herab – und klammerte sich um das Wrack der K-129, einem sowjetischen U-Boot mit diesel-elektrischem Antrieb, aber nuklearer Bewaffnung, das Anfang 1968 aus unbekannten Gründen gesunken war. Tatsächlich waren Manganknollen nicht das Zielobjekt, sondern die Glomar Explorer war von dem US-amerikanischen Nachrichtendienst CIA im Rahmen des Projektes „Azorian" (auch als Projekt „Jennifer" bekannt) speziell für die Bergung der K-129 entworfen und gebaut worden. Hughes' Interesse am Tiefseebergbau war nur eine Legende, um eine plausible Tarnung für das Schiff und seine wirkliche Mission zu schaffen. Die US-Navy hatte – anders als die sowjetische Marine – durch ihr Netz von Hydrophonen die Havarie der K-129 registriert und später mit Sonar das Wrack auf dem Tiefseeboden lokalisiert. Da die Atomsprengköpfe, die Bauart des U-Bootes und die Code-Bücher von großem nachrichtendienstlichem Interesse waren, beschloss die US-Regierung, eine Bergung zu versuchen. Um das Vorhaben vor der UdSSR geheim zu halten, war eine alternative Deutung der Fahrt der Glomar Explorer erforderlich. Nachdem man die Bergung eines anderen Wracks oder eine Schatzsuche als mögliche Tarnung ausgeschlossen hatte, entwickelte die CIA die Idee, den Tiefseebergbau als Vorwand und Howard Hughes als Strohmann

670 Earney, Resources, S. 64f.; Fellerer, Tiefseebergbau, S. 58.

zu nehmen. Dies war hinreichend plausibel, weil Hughes für riskante Investitionen bekannt war und die konstruktive Auslegung der Glomar Explorer sich mit zeitgenössischen technischen Konzepten für die Manganknollenförderung grob vereinbaren ließ. Auch die Position des Wracks im nördlichen Zentralpazifik war für die Suche nach Manganknollen einigermaßen plausibel. Allerdings ließ sich die Geheimhaltung nicht lange aufrechterhalten. Am 07.02.1975 veröffentlichte die Los Angeles Times den ersten Pressebericht über die Bergung eines sowjetischen U-Boots und die wahre Mission der Glomar Explorer.[671]

Diese Geschichte ist inzwischen über diverse Veröffentlichungen auch in der Öffentlichkeit gut bekannt.[672] Sogar die CIA selbst nutzt heute „Azorian" für ihre Außendarstellung und beschreibt das Projekt auf ihrer Internetseite stolz als „one of the greatest intelligence coups of the Cold War" und „an engineering marvel".[673] Wahrscheinlich inspirierte die Mission der Glomar Explorer sogar die Handlung eines Films aus der James-Bond-Reihe: In „The Spy Who Loved Me" (1977) kapert 007-Widersacher Stromberg zwei Atom-U-Boote, indem er sie vom Rumpf eines Öltankers verschlucken lässt.[674] Aber die neuere wissenschaftliche Literatur schreibt teilweise der Episode um die Glomar Explorer und damit der CIA auch großen Einfluss auf die realen Tiefseebergbauprojekte anderer Akteure zu. Dass Hughes scheinbar bereit war, bereits zu einem frühen Zeitpunkt große Summen in diesen Bereich zu investieren, hätte demnach viel dazu beigetragen, das weltweite kommerzielle Interesse an Manganknollen zu verstärken und die Bildung entsprechender Konsortien anzustoßen.[675] Demnach hätte eine List der CIA im Kalten Krieg eine wichtige Rolle bei der Ressourcenwerdung der Manganknollen gespielt. Allerdings spricht vieles dafür, diesen Effekt als eher gering und zudem zeitlich begrenzt zu veranschlagen.

Immerhin nahm man in der Öffentlichkeit und auch in der Bundesrepublik Hughes' scheinbare Aktivitäten durchaus wahr und bemerkte den Kontrast zum bescheidenen

---

671 David H. Sharp, The CIA's Greatest Cover Operation. Inside the Daring Mission to Recover a Nuclear-Armed Soviet Sub, Lawrence 2012; Clyde W. Burleson, The Jennifer Project, Englewood Cliffs 1977.

672 Vgl. als Radiosendung bzw. Podcast: WDR 2, Der Stichtag: 8. März 1968 – Sowjetisches U-Boot K-129 vermisst (08.04.2018), https://www1.wdr.de/stichtag/stichtag-u-boot-k-129-azorian-projekt-100.html (02.01.2024).

673 Central Intelligence Agency, The Exposing of Project AZORIAN (17.03.2020), https://www.cia.gov/stories/story/the-exposing-of-project-azorian/ (02.01.2024).

674 Irmela Arnsperger et al., Geschichten aus der Geschichte, Stuttgart/Zürich/Wien 2006, S. 198. Das Buch enthält eine dezidiert populär gehaltene Darstellung des CIA-Projekts.

675 Hannigan, Geopolitics, S. 84; Steinberg, Social Construction, S. 185; Steinbergs Darstellung lässt sich zudem so verstehen, dass der wahre Hintergrund der Glomar Explorer erst in den 1990er Jahren bekannt wurde, was eindeutig nicht zutrifft. Glasby zufolge erweckte Hughes' Vorgehen bei anderen Akteuren falsche Erwartungen hinsichtlich der Wirtschaftlichkeit des Tiefseebergbaus, Glasby, Deep seabed mining, S. 163. Einen möglichen beschleunigenden Effekt auf die Pläne von anderen Unternehmen erwog auch bereits 1981 Heath, Ferromanganese nodules, S. 760.

Stand der eigenen Projekte. Die „Frankfurter Allgemeine Zeitung“ legte im November 1973 den Finger in diese Wunde und schrieb: „… doch ein ‚Bergbauschiff‘ des amerikanischen Ölmilliardärs Howard Hughes hat schon mit diesem Tiefseebergbau begonnen, während in der Bundesrepublik noch nicht einmal eine staatliche Förderung für die Entwicklung der Fördertechnik in Sicht ist.“[676] Einige Monate später sah der Wissenschaftsjournalist Steinert in der „Neuen Zürcher Zeitung“ den Tiefseebergbau ebenfalls bereits als Realität an:

> „Der Tiefseebergbau, eines der Paradepferde der Futurologie, ist mit großer Wahrscheinlichkeit bereits technische Gegenwart geworden: Wenn die spärlichen und stets inoffiziellen Berichte über die Aktivitäten des geheimnisumwitterten Oelmilliardärs Howard Hughes richtig sind, so befindet sich sein im vergangenen Sommer in Dienst gestelltes Tiefseebergbauschiff, die ‚Glomar Explorer‘ der Firma Summa Inc., bereits im Pazifik im kommerziellen Einsatz zur Gewinnung von Manganknollenerzen, dem vorerst wesentlichsten Objekt des Tiefseebergbaus.“[677]

Im Kontrast zu diesen Berichten, die den eigenen Rückstand betonen und Hughes’ Erfolg herausstellen, kritisierte ein britischer Journalist Hughes, der aufgrund seiner Rolle im Film- und Luftfahrtgeschäft bereits der Öffentlichkeit bekannt war („the man who created Jane Russell and built up Trans World Airlines“), für seine Zusammenarbeit mit dem nicaraguanischen Diktator Anastasio Somoza Debayle (1925–1980). Laut dem Bericht habe der amerikanische Milliardär das bitterarme und kurz zuvor von einem Erdbeben verwüstete Land nicht zuletzt aus steuerlichen Gründen als Basis für sein Tiefseebergbauunternehmen auserkoren.[678] Bei der CIA wird man sich über diese harsche Kritik gefreut haben, zeigte sie doch, dass die Tarnung funktionierte.

Die Vorstellung, dass der Tiefseebergbau schon Realität geworden war, war 1973/74 nicht nur in Tageszeitungen zu finden. Auch Uwe Jenisch (geb. 1941) vom schleswig-holsteinischen Wirtschaftsministerium und später Mitglied der bundesdeutschen Delegation auf der UN-Seerechtskonferenz (UNCLOS III) ging in einem 1974 veröffentlichten Aufsatz davon aus, Howard Hughes würde tatsächlich bereits Erz in der Tiefsee abbauen.[679] In der Fachpresse nutzten Vertreter von Preussag und Metallgesellschaft den Hinweis auf die Glomar Explorer, um auf den vermeintlichen deutschen Rückstand und die als unzureichend empfundene staatliche Förderung aufmerksam zu machen.[680] Die bundesdeutsche Industrie verwies jedoch nicht nur in der Öffentlichkeit aus taktischen

676 O.A., Schatzsucher, die viele hundert Millionen Mark brauchen, in: Frankfurter Allgemeine Zeitung (15.11.1973), S. 10.

677 Harald Steinert, Manganknollenbergbau auf dem Meeresgrund, in: Neue Zürcher Zeitung (19.03.1974), S. 35; ders., Teure Aufarbeitung der Tiefsee-Manganknollen, in: Frankfurter Allgemeine Zeitung (28.11.1975), S. 34.

678 Charles Foyle, Mr Hughes’ amazing sinking barge, in: The Observer (28.10.1973), S. 6.

679 Uwe Jenisch, Probleme der 3. UN-Seerechtskonferenz, in: Außenpolitik. Zeitschrift für internationale Fragen 25 (1974), 2, S. 193–201.

680 Hans Amann, Marine Rohstoffexploration mit der ‚Valdivia‘, in: mt – Meerestechnik – Marine Technology 3 (1972), 3, S. 102–106, hier S. 106; Hering, Erkenntnisse, S. 10.

Gründen auf Hughes' Aktivitäten, sondern nahm diese tatsächlich zunächst ernst, wie aus internen Dokumenten deutlich wird. Während der Suche nach einem vierten, bevorzugt US-amerikanischen Partnerunternehmen für OMI bestanden auch Kontakte zu Hughes. Allerdings gab es Bedenken, dass dieser aufgrund seiner (angeblichen) Vorleistungen seine Mitarbeit von Zahlungen der anderen Partner abhängig machen könnte. Zudem habe Hughes' Reputation im Zusammenhang mit der Watergate-Affäre gelitten, in die er verwickelt war.[681] Eine Durchführbarkeitsstudie der AMR ging ebenfalls davon aus, dass es sich um ein genuines Tiefseebergbauprojekt handelte, und diskutierte die technischen Einzelheiten der (angeblich) für die Glomar Explorer entwickelten Gewinnungsgeräte.[682]

1974 kritisierten Ingenieure gegenüber der Zeitschrift „Science" die Konstruktion der Glomar Explorer allerdings als „too elaborate and too expensive to compete" und vermuteten, es gehe Hughes vor allem darum, sich einen Namen als Pionier zu machen, und weniger darum, rentabel zu arbeiten.[683] Zweifel an der Mission des Schiffes hatte „Science" aber nicht. Die CIA hatte ihren Strohmann gut gewählt, denn dass Hughes als geheimnisvoll und exzentrisch galt, half sicherlich, Unstimmigkeiten zwischen der technischen Auslegung der Glomar Explorer und ihrem angeblichen Einsatzzweck zu kaschieren. Das Projekt „Azorian" beeinflusste Anfang der 1970er Jahre auch die Diskussionen auf einer der von Elisabeth Mann Borgese und Arvid Pardo organisierten „Pacem in Maribus"-Konferenzen,[684] wo sich früh Vertreter von Industrienationen und Entwicklungsländern sowie von Unternehmen trafen, um die Zukunft des Seerechts zu diskutieren. Hughes' Handeln schien die Ausführungen anderer Unternehmen Lügen zu strafen, die erklärten, dass die Manganknollenförderung momentan noch ein ökonomisch höchst riskantes Projekt sei. Im Endeffekt, so der Eindruck eines Mitarbeiters von Rheinbraun im Sommer 1971, überschätzten die Entwicklungsländer daher die Rentabilität und damit auch die Höhe der Abgaben, die im Rahmen eines UN-Regimes erhoben werden können: „Die Entwicklungsländer träumen von ganz unrealistischen Gewinnen."[685]

---

681 HK RWE HAP 525/2, B 3, Vermerk, betr.: Internationales Manganknollen Joint Venture. Hier: Tokio-Meeting vom 17.–22.11.1974, Köln, den 03.12.1974, S. 1f.

682 BGR 0082966 Bd. 2, AMR-Durchführbarkeitsstudie Projekt Manganknollen, Band 2: Berichte. Fachausschuss Gewinnung und Förderung, S. 12.

683 Allen L. Hammond, Manganese nodules (II). Prospects for deep sea mining, in: Science, Vol. 183, Issue 4125 (15.02.1974), S. 644–646, hier S. 645.

684 Die von Mann Borgese unter dem Titel „Pacem in Maribus" organisierten Konferenzen fanden ab 1970 und letztlich bis 2013 statt. Aus den Konferenzen, denen ein erheblicher Einfluss auf UNCLOS III zugeschrieben wird, ging 1972 das International Ocean Institute mit Sitz in Malta hervor; Meyer, Mann Borgese, S. 86–104; Adler, Neptune's Laboratory, S. 147–149; Sackel, Food justice, S. 655; Kerstin Holzer, Elisabeth Mann Borgese. Ein Lebensportrait, Berlin 2001, S. 178–183.

685 HK RWE HAP 521/8, Kausch, Vermerk: Pacem in Maribus 2, Malta, 29. Juni bis 5. Juli 1971, Köln, den 13.07.1971, S. 2–4. Über Hughes' Projekt schien auf der Konferenz noch wenig bekannt gewesen zu sein. Kausch erwähnt zwar die Hughes Tool Company als Auftraggeber des Schiffs, vermutete aber, dass „der Ölmilliardär Paul Ghetty" (sic!) dahinter stünde.

Auf der anderen Seite erschien die ungewöhnliche Geheimhaltung und der Mangel an Informationen über Hughes' Projekt einigen Beobachtern merkwürdig.[686] Vor allem jedoch war die wahre Mission der Glomar Explorer, nachdem die „Los Angeles Times" am 07.02.1975 erstmals über die U-Boot-Bergung berichtete, in der Öffentlichkeit bald gut bekannt.[687] In Europa veröffentlichten beispielsweise die „Financial Times", die „Frankfurter Allgemeine Zeitung" und „The Economist" im März 1975 detaillierte Darstellungen der CIA-Mission.[688] Der mögliche Einfluss des Projektes „Azorian" auf die Entwicklung des Tiefseebergbaus beschränkte sich somit auf die Zeit von etwa 1971 bis zum Frühjahr 1975, als die Tarnung aufflog. Die Aktivitäten der tatsächlich an Manganknollen interessierten Unternehmen hatten dagegen meist deutlich früher begonnen und sie nahmen nach 1975 noch an Intensität zu. In den Zeitraum 1971–1975 fiel zwar die Formierungsphase mit der Gründung der meisten Konsortien, allerdings auch der Metallpreisanstieg, die Ölpreiskrise und die rohstoffpolitischen Spannungen zwischen Nord und Süd, so dass es nicht der CIA bedarf, um die zunehmenden Aktivitäten auf dem Gebiet des Tiefseebergbaus zu erklären. Umgekehrt wäre jedoch die Tarnung der U-Boot-Bergung nicht plausibel gewesen, wenn es nicht bereits ein deutliches kommerzielles Interesse an Manganknollen gegeben hätte.

Schließlich ist auch nicht zwangsläufig davon auszugehen, dass der Bau der Glomar Explorer andere Unternehmen dazu verleitete, ihre eigenen Projekte zu beschleunigen. Risikoaverse Akteure hätten vielmehr eine abwartende Haltung einnehmen können, um zunächst Hughes' Erfahrungen zu beobachten und daraus zu lernen. Laut einem „Science"-Artikel von 1974, als die Rolle der CIA noch nicht publik war, verhielten sich die meisten Wettbewerber genau so: „Most other companies are waiting to see what Hughes is doing and whether he is successful before committing themselves to mining systems."[689] Unabhängig von der Glomar Explorer und im Gegensatz zu dem populären Bild eines Wettlaufs um die Schätze des Tiefseebodens charakterisierte der Ökonom James M. Broadus später ebenfalls das Verhalten der am Tiefseebergbau interessierten Unternehmen als eine abwartende Haltung mit langfristiger, strategischer Perspektive, bei der kein Akteur voranpreschen wollte.[690] Erst deutlich nach der Aufdeckung der Geheimmission leistete die

---

686 Hans Amann, Metall aus dem Meer, in: Handelsblatt (14.11.1973), S. 192; Harald Steinert, Manganknollenbergbau auf dem Meeresgrund, in: Neue Zürcher Zeitung (19.03.1974), S. 35. Steinert zufolge handelte es sich „wegen der unklaren kommerziellen Situation und der technischen Geheimhaltung" um einen Sonderfall, der nicht für die allgemeine Entwicklung der Tiefseebergbauindustrie repräsentativ sei; ebd.

687 Sharp, CIA, S. 252; Clyde, Jennifer, S. 151. Dieser erste Bericht der „Los Angeles Times" verlegte den Schauplatz der Geschichte allerdings noch in den Nordatlantik.

688 Paul Lewis, CIA lifts Russian missile sub, in: Financial Times (20.03.1975), S. 4; Jan Reifenberg, Das Unterseeboot: Schnitzer des amerikanischen Geheimdienstes?, in: Frankfurter Allgemeine Zeitung (21.03.1975), S. 3; o.A., Glomar Explorer. Went fishing, in: The Economist (29.03.1975), S. 81f.; o.A., Zwei sowjetische Torpedos in U-Boot gefunden, in: Frankfurter Allgemeine Zeitung (19.04.1975), S. 2.

689 Hammond, Manganese nodules, S. 645.

690 James M. Broadus, Seabed Materials, in: Science, Vol. 235, Issue 4791 (20.02.1987), S. 853–860, hier S. 860, Fn. 44.

Glomar Explorer doch noch einen gewissen Beitrag zum Tiefseebergbau: Weil weder Hughes' Unternehmen noch die CIA eine weitere Verwendung für das Schiff hatten, wurde es den anderen Konsortien, darunter auch der OMI,[691] angeboten. Schließlich verwendete OMCO die Glomar Explorer 1978/1979 tatsächlich für einen Manganknollen-Abbautest.[692] Bei dem Projekt „Azorian" handelte es sich durch die Verbindung zu Spionage und dem Kalten Krieg vielleicht um den bis heute in vielen Augen faszinierendsten Teil der Geschichte des Tiefseebergbaus, nicht jedoch um ein zentrales Kapitel.

4.2 Manganknollen finden: Prospektion und Exploration von Lagerstätten im Pazifik

> „In the Pacific Ocean it would take a very clever exploration geologist to find a place out side the trenches and off the continental shelves and slopes where manganese-nickel-copper-cobalt deposits cannot be found."[693]

Diese Behauptung von John L. Mero aus dem Jahr 1968 ist wie viele seiner optimistischen Aussagen nicht grundsätzlich falsch, anderenfalls hätten die Ozeanografen des 19. Jahrhunderts mit ihrer primitiven Ausrüstung und ohne zu wissen, wonach sie suchten, vermutlich nie Manganknollen gefunden. Dennoch stellten die Prospektion (die Suche nach neuen Lagerstätten) und die Exploration (die Auffindung, Abgrenzung und genaue Untersuchung einer abbauwürdigen Lagerstätte) die Konsortien vor große Herausforderungen. Zugleich wurden diese Lagerstätten erst durch ihre genauere Beschreibung zu wirtschaftlichen und politischen Objekten.[694] In Vorbereitung auf den Abbau der Manganknollen und damit auf einen großformatigen Eingriff in das Ökosystem wurde überdies erstmals detailliertes Wissen über den Tiefseeboden gewonnen. Letztlich bildeten Prospektion und Exploration als wichtiger Schritt in der Ressourcenwerdung der Manganknollen kein unüberwindliches Hindernis, aber es handelte sich um zeit- und kostenintensive Aufgaben, für die vielfach neue Technologien entwickelt und zahlreiche praktische Probleme überwunden werden mussten.

Helen Rozwadowski kommt diesen Herausforderungen näher als Mero, wenn sie schreibt: „The ocean is a challenging place to know."[695] Eigenschaften wie die Opazität und die ungeheure Ausdehnung des Meeres erschweren die Wissensgewinnung über diesen Raum einschließlich seines Untergrundes. Technisch ausgedrückt dämpfen Wasser-

---

691 „Die Summa Corp. (Howard Hughes) ist bereit, ihr Bohrschiff ‚Glomar Explorer' – mit dem das russische U-Boot im Pazifik gehoben wurde – an unser Joint Venture zu einer Tagesrate von USD 25.000–30.000 zu verchartern." HK RWE HAP 525/2, Kröger, Vermerk, betr. Telefongespräch mit Herrn Müller (MG), hier: Joint-Venture, Köln, den 05.09.1975.

692 Heath, Ferromanganese nodules, S. 760.

693 Mero, Oceanic mineral resources, S. 126.

694 John Childs, Extraction in four dimensions. Time, space and the emerging geo(-)politics of deep-sea mining, in: Geopolitics 25 (2020), 1, S. 189–213, hier S. 205.

695 Rozwadowski, Vast Expanses, S. 104.

moleküle durch ihre Bipolarität stark elektromagnetische Wellen wie Licht und Radiowellen, während Wasser jedoch Schallwellen gut leitet, so dass über größere Entfernung nur Sonar, also Schallwellen, zur Erkundung eingesetzt werden kann. Eine weitere Rahmenbedingung bei der Exploration mariner Lagerstätten war und ist, dass spezialisierte Forschungsschiffe benötigt werden und dass die Schiffszeit knapp und teuer ist. Anfang der 1980er Jahre rechnete man für die Nutzung eines gut ausgerüsteten Forschungsschiffes mit Kosten von £ 5.000 bis £ 10.000 pro Tag und 500 bis 1.000 Tage für die Exploration einer Lagerstätte in der Tiefsee.[696] Die Suche nach Manganknollen erforderte dabei ein Umlernen sowohl von den Geowissenschaftlern als auch von den Seeleuten, wie Rainer Fellerer von der AMR festhielt:

> „Zu Beginn der Untersuchungen mit FS ‚Valdivia' war die Erkundung von Manganknollenvorkommen in der Tiefsee für die von Land kommenden Wissenschaftler und Techniker, aber auch für die Seeleute echtes Neuland. Die ‚Landratten'-Geowissenschaftler mußten die vertrauten, konventionellen Explorationstechniken der neuen Situation anpassen oder zusammen mit den Technikern neue Methoden entwickeln; die nautische Besatzung mußte von der traditionellen Seefahrt auf die neuen Gegebenheiten umlernen, wo es z.B. galt, das Schiff während Stationsarbeiten über einen bestimmten Punkt tief unten am Meeresboden zu halten."[697]

Die Lagerstätten von Manganknollen unterscheiden sich grundlegend von den gewohnten Erzlagerstätten auf den Kontinenten, da sie in einer sehr geringen Mächtigkeit von nur wenigen Zentimetern (dem durchschnittlichen Durchmesser der Knollen) vorliegen. Es handelt sich also um einen fast nur zwei-dimensionalen Erzkörper, der verglichen mit einer konventionellen Lagerstätte bei gleichem Erzgehalt eine ungleich größere Fläche beansprucht. Diese enorme Fläche schuf neue Probleme für Exploration und Abbau.[698] Manganknollen besitzen allerdings die für Erzvorkommen ungewöhnliche, aber günstige Eigenschaft, dass sie optisch gut zu erkennen sind, weil sie auf dem Sediment lagern und sich von diesem auch farblich abheben. Andererseits sind sie aufgrund ihrer flächigen, dreidimensional geringmächtigen Ausdehnung anders als andere Erzkörper nicht über Gravimetrie (Veränderungen der Schwerkraft) oder anhand von magnetischen Anomalien (Veränderungen des Erdmagnetfeldes) zu erkennen. Zur Identifikation bleiben also nur quasioptische Verfahren mit Sonar oder optische Verfahren mit Kameras. Letztere bieten eine bessere Auflösung als Sonar, müssen jedoch angesichts der geringen Sichtweite unter Wasser in wenigen Metern Abstand über dem Meeresboden eingesetzt werden und können somit nur einen sehr begrenzten Ausschnitt erfassen.[699] Unabhängig von der eingesetzten Technik besteht das Ziel der Exploration darin, eine abbauwürdige Lagerstätte

696 Amann, Technological trends, S. 382.
697 Fellerer, Manganknollen, S. 68.
698 Boin, Manganknollen, S. 9; Amann, Technological trends, S. 385.
699 Norbert Hering, Erze in großen Meerestiefen. 2. Teil: Die Phasen zukünftiger Lagerstättenprospektion und -exploration, in: mt – Meerestechnik – Marine Technology 2 (1971), 5, S. 205–212, hier S. 205; Amann, Marine Rohstoffexploration, S. 102.

zu finden, wobei die Definition von Abbauwürdigkeit von den ökonomischen, technischen, rechtlichen und politischen Rahmenbedingungen abhängt. 1971 nannte ein Vertreter der Metallgesellschaft in einem öffentlichen Artikel folgende Eckdaten für eine geeignete Lagerstätte, die sich auch mit Angaben aus anderen Quellen weitgehend decken, obwohl im Laufe des Jahrzehnts höhere Jahresproduktionsmengen genannt wurden:[700]

- Lagerungsdichte der Knollen: >5 kg/m^2
- Gehalt an Wertmetallen: mindestens 1,1 % Kupfer und 1,3 % Nickel
- Feldgröße: um angesichts von Verlusten beim Abbau und bei der Verhüttung eine Jahresproduktion von 1 Mio. t Erz für 25 Jahre Laufzeit sicherzustellen, werden ca. 65 Mio. t Roherz benötigt, was bei einer Lagerungsdichte von 5–10 kg/m^2 eine Feldgröße von 6.500 bis 13.000 km^2 ergibt (zum Vergleich: Schleswig-Holstein: 15.600 km^2)
- Reliefgestaltung des Tiefseebodens muss hinreichend eben und frei von Hindernissen sein, um den Einsatz eines großtechnischen Abbaugerätes zu ermöglichen

Seit den 1970er Jahren konzentriert sich die Suche nach abbauwürdigen Manganknollen-Lagerstätten durch Staaten und Unternehmen weltweit auf die Clarion-Clipperton-Zone (CCZ) im äquatorialen Nordostpazifik. Während in Meros Buch von 1965 dieses Seegebiet noch nicht hervorgehoben wurde, geht dieser Fokus offenbar auf die 1973 veröffentlichten Ergebnisse von Untersuchungen der US-amerikanischen National Science Foundation zurück.[701] Als Vorteile dieser Region galten neben den hohen Wertmetallgehalten und der Lagerungsdichte der Knollen auch die vergleichsweise günstigen Wetterbedingungen und die relative Nähe zum nordamerikanischen Markt.[702]

In Vorbereitung des Tiefseebergbaus mussten Informationen über die Lagerungsdichte der Manganknollen, deren Metallgehalte sowie über die Topografie des Meeresbodens gewonnen werden. Bis in die zweite Hälfte des 20. Jahrhunderts besaß die Wissenschaft allerdings buchstäblich kein Bild vom Tiefseeboden. Mit Dredschen oder Schleppnetzen hatte man zwar seit der Challenger-Expedition 1872–1876 immer wieder Manganknollen gehoben, aber über die Art ihres Auftretens auf dem Meeresboden konnte man nichts aussagen.[703] Während des Internationalen Geophysikalischen Jahres 1957/58 kamen Kastengreifer oder Kastenlot, mit denen sich ein intaktes Stück Meeresboden von einigen

700 Hering, Erze. 1. Teil, S. 157. Vgl. für ähnliche Zahlen s. Hammond, Manganese nodules, S. 644; Heath, Ferromanganese nodules, S. 758; Prewo, Neuordnung, S. 178; BA B 102/248666, Fünfte Sitzung des interministeriellen Staatssekretärausschusses für Rohstoff-Fragen, 12.05.1978. Anlage 9: Wirtschaftliche Aspekte Tiefseebergbau, S. 5.

701 Hoffert, Nodules polymétalliques, S. 68f. Siapno zufolge standen ab Mitte 1972 genügend Informationen bereit, um die CCZ als kommerziell interessanteste Region zu identifizieren; Siapno, Nodule exploration, S. 247.

702 Mero, Economic aspects, S. 342.

703 Hering, Erze. 1. Teil, S. 157.

$100cm^2$ bergen ließ, ebenso zum Einsatz wie Fotokameras, die aber beide nur sehr punktuelle Beobachtungen erlaubten.[704] Für eine einzige Probe waren zudem vier bis sechs Stunden erforderlich; für diese Zeit musste das Schiff möglichst seine Position beibehalten. Ebenso konnten mit dem Lot, das letztlich nur ein Gewicht an einer Leine ist, lediglich punktuelle Informationen über die Wassertiefe gewonnen werden. Weil die Lotungen vor der Einführung des Echolots gleichfalls sehr zeitaufwändig waren und große Anforderungen an die Schiffsführungen stellten, damit das Schiff trotz Wind und Strömung möglichst die Position hielt, konnte man nur wenige Lotungen pro Flächeneinheit durchführen. Die Angaben zur Tiefe eines Seegebiets und davon abgleitet die Vorstellungen über das Relief des Tiefseebodens beruhten daher auf der Interpolation vergleichsweise sehr weniger Messpunkte. Eine Tiefenkarte der Ozeane von 1912 beruhte nur auf weltweit 6.000 Messpunkten. Hinsichtlich der Manganknollenvorkommen kam noch 1969 selbst in dem am besten untersuchten Teil des Pazifik nur eine Beobachtung (Dredschzug, Greiferprobe oder Foto) auf eine Fläche von 250.000 km^2, also in etwa auf das Gebiet der (alten) Bundesrepublik. Indem man von derart wenigen Punkten auf die Eigenschaften der gesamten dazwischenliegenden Fläche schloss, kam man zwangsläufig zu sehr ungenauen und mitunter überoptimistischen Angaben.[705] Mero stützte sich bei der Angabe der Metallgehalte in seinem einflussreichen Buch von 1965 auf insgesamt lediglich 166 Proben aus dem gesamten Pazifik und für die Berechnung der Gesamttonnage der Knollen auf 101 Proben.[706]

Um eine geeignete Lagerstätte zu identifizieren waren detaillierte Informationen über größere, zusammenhängende Flächen erforderlich als sie mit den bisherigen Explorationsmethoden gewonnen werden konnten. Bemannte Tauchboote wurden bei der Suche nach Manganknollen in den 1960er und 1970er Jahren nicht eingesetzt, da die Einsatzzeit der Besatzung physiologisch begrenzt ist, bemannte Systeme für die optische oder akustische Datenerfassung keine Vorteile bieten und es somit als unnötig erachtet wurde, Menschen den Strapazen und Gefahren einer Tauchfahrt auszusetzen.[707] Erst 1988 führte Frankreich als Teil eines nationalen Sonderwegs in der Manganknollenforschung die erste bemannte Tauchfahrt zum Meeresboden in der CCZ durch.[708] Die internationalen Konsortien der 1970er Jahre suchten dagegen eine Technik, um kontinuierlich auf einem größeren Areal des Tiefseebodens die Manganknollen zu erfassen. Hierfür boten sich TV-Kameras an, da sich die Knollen auf dem Sediment gut optisch erfassen lassen. Diese Technik wurde offenbar zuerst in den USA von DVI entwickelt.[709] Später fanden TV-

---

704 Menard/Shipek, Surface concentrations.

705 Hering, Erze. 1. Teil, S. 158–161.

706 Mero, Resources, S. 174, 222.

707 Hering, Erze. 2. Teil, S. 206.

708 Mit der Mission „NIXONAUT“ im November 1988 sollten in Hinblick auf die Entwicklung eines Kollektors zur Manganknollenförderung Fragen der Geomechanik des Tiefseebodens (Haftung der Knollen am Sediment, Tragfähigkeit des Bodens) untersucht werden. 2004 wiederholte Frankreich solch einen Tauchgang; Hoffert, Nodules polymétalliques, S. 4f., 104, 191, 196.

709 Siapno, Nodule exploration, S. 249.

Kameras auch auf der deutschen Valdivia in den 1970er Jahren breite Anwendung. Hierbei wurde eine TV-Kamera mit hoher Lichtempfindlichkeit und Bildausleuchtung durch Stroboskoplampen in einem Schlitten aus Metallrohrrahmen in etwa 2–3 m Abstand zum Boden und ca. 1 Knoten Geschwindigkeit vom Forschungsschiff geschleppt. Kamera, Scheinwerfer und Steuerungselektronik trotz über 500 bar Druck wasserdicht zu verkapseln stellte kein Problem dar. Schwieriger war es, den Abstand zum Meeresboden konstant zu halten, damit die Aufnahmen nicht unscharf wurden. Korrekturen konnten nur über das Zugseil mit der Winde an Bord des Schiffes vorgenommen werden. Das Zugseil, das als kombiniertes Seil und Kabel ebenfalls die Datenübertragung ermöglichte, stellte ebenfalls eine Herausforderung dar, da man bei ca. 5 km Wassertiefe bis zu 7 km Kabel benötigte. Ein solches Kabel wog bei 18 mm Durchmesser ca. 7 t und stellte hohe mechanische Anforderungen an die Bruchlast. Überdies musste das Kabel drallfrei sein, damit der Kameraschlitten nicht rotierte. Nachdem die TV-Aufnahmen an Bord des Forschungsschiffes aufgezeichnet worden waren, konnten sie auch als Standbild oder in Zeitlupe wiedergegeben werden. Die Grenzen des TV-Systems lagen in der geringen optischen Reichweite unter Wasser, so dass die Kamera nur einen Streifen Meeresboden von maximal 5 m Breite erfasste. Sonar konnte eine Alternative darstellen und versprach, breitere Streifen scannen zu können, so dass ein Forschungsschiff in der gleichen Zeit ein größeres Gebiet explorieren könnte. Der direkte Nachweis von Manganknollen anhand von Sonardaten blieb allerdings schwierig.[710] Das in den USA entwickelte „High Speed Exploration System“ (HSES), das die Lagerungsdichte von Manganknollen in einem ca. 1.000 m breiten Streifen per Sonar messen sollte, befand sich noch 1985 nur im Stadium der Erprobung.[711]

Neben der Lagerungsdichte waren die Metallgehalte der Knollen für die Unternehmen von Interesse, und auch hier benötigte man ein kontinuierliches Verfahren, ohne dass das Forschungsschiff für die Probenentnahme eine Position für mehrere Stunden beibehalten musste. Hier bewährten sich sogenannte Freifallgreifer (auch Bumeranggreifer genannt), die zuerst von dem amerikanischen Unternehmen Kennecott entwickelt worden waren. Die Freifallgreifer wurden reihenweise vom Schiff abgeworfen und sanken mit Gewichten beschwert zum Meeresboden. Durch den Aufprall auf dem Meeresboden schloss sich der Greifer und entnahm eine Bodenprobe von ca. 0,2 m^2, während die Gewichte abgeworfen wurden und der Greifer samt Probe durch eingebaute Auftriebskörper wieder an die Oberfläche stieg. Das Forschungsschiff fuhr, nachdem es eine Serie von Freifallgreifern ausgesetzt hatte, die Strecke erneut ab und sammelte die aufgeschwommenen Geräte wieder ein.[712] 1974 meldete die Preussag einen verbesserten Freifallgreifer zum Patent

710 Helmut Richter, Explorationstechnische Entwicklungen, in: Geologisches Jahrbuch. Reihe D 38 (1980), S. 157–182, hier S. 165–167; Hering, Erze. 1. Teil, S. 160.

711 Richter, Entwicklungen, S. 169; BA B 196/92887 Dr. Wilckens an Herrn AL 5 und Herrn UAL 52, betr. Besprechung mit Vorstand Preussag AG, Herrn Dr. Stalp und Dr. Amann am 15.07.1985, Anlage 5: „Preussag-Vermerk“: R. Fellerer, Projekt „Tiefseebergbau Manganknollen“, 05.03.1985, S. 4.

712 Hering, Erze. 2. Teil, S. 207; Richter, Entwicklungen, S. 174–176.

an, der sich in den folgenden Jahren sogar zu einem Verkaufserfolg der Abteilung Meerestechnik des Unternehmens entwickelte.[713]

Hochwertige Explorationstechnik auf hoher See einzusetzen war nicht ohne Risiko. Nicht alle Geräte, die – freifallend oder an Kabeln geschleppt – über Bord gesetzt wurden, konnten anschließend wieder geborgen werden. Einiges ging schlicht verloren. Um 1973 gab es bei den Freifallgreifern, die mit ca. 2.000 USD pro Stück zu Buche schlugen, eine „nicht unbedeutende Verlustrate", die, insbesondere bei hohem Seegang, bis zu 50 % betragen konnte.[714] Immerhin konnten im Laufe des Jahrzehnts deutliche Verbesserungen erzielt werden. Laut einem 1980 erschienenen Aufsatz über die Explorationstechnik der Valdivia sei es gelungen, die Verlustrate unter 2,5 % zu drücken, indem der Greifermechanismus verbessert bzw. vereinfacht und die Ortungseinrichtungen weiterentwickelt wurden. Bei regelmäßig 2–3 m Wellenhöhe im Pazifik war ein aufgeschwommener Freifallgreifer trotz 1,5 m hohem Flaggenmast leicht zu übersehen. Markierungsleuchten und Sender in Verbindung mit einer halbautomatischen Peileinrichtung auf der Valdivia, die bis zu 10 Sender gleichzeitig orten konnte, sorgten für eine deutlich höhere Bergungsrate. Angesichts des reduzierten Verlustrisikos konnten die Freifallgreifer nun auch regelmäßig mit teuren Zusatzgeräten wie Kameras ausgerüstet werden.[715]

Das Risiko des Verlusts beeinflusste auch die Konstruktion geschleppter Geräte, wie ein Bericht von 1980 über die explorationstechnischen Entwicklungen rückblickend feststellte. Die bundesdeutschen Wissenschaftler und Ingenieure versuchten zunächst einen sogenannten integrierten Geräteträger zu entwickeln, der als Mehrzweckgerät vom Schiff über den Tiefseeboden geschleppt werden sollte. Das Konzept sah zwei Komponenten vor: Den SEP (Seilendpunkt), der mit seinem Gewicht den Auftrieb des Zugseils ausglich und zugleich vom Schiff übertragene Wellenbewegungen dämpfte und zum anderen den eigentlichen Geräteträger GUSTAV (analog zu SEP), der mit SEP über ein 50 Meter langes Seil verbunden war und je nach Aufgabe mit TV-Kameras, Fotokameras und weiteren Analysegeräten ausgestattet werden konnte. Allerdings wurde das Konzept wieder verworfen, da ein Totalverlust nie ausgeschlossen werden konnte und ein Mehrzweckgerät mit Anschlüssen für verschiedenartige Geräte teurer ist als Spezialgeräte. Diese Überlegungen führten auch zum Abbruch der Entwicklung des „Manganknollen-Analysen-Systems" (MANKA), das kontinuierlich Manganknollen vom Meeresboden aufnehmen, diese nach automatischer chemischer Analyse wieder ausstoßen und die Ergebnisse über eine Datenverbindung an das Forschungsschiff übertragen sollte. Das Gerät wurde zunächst erfolgreich getestet, ging jedoch verloren, als unerwartet schlechtes Wetter aufkam. Letztlich erwiesen sich regelmäßige punktuelle Proben mit den Freifallgreifern als

713 Deutsches Patentamt, Offenlegungsschrift 24 44 167, Anmeldetag: 16.09.1974, Offenlegungstag: 01.04.1976; Harald Steinert, Ein „Tiefseepanzer" mitten in der Lüneburger Heide, in: Frankfurter Allgemeine Zeitung (23.05.1989), S. 10.

714 Hering, Erkenntnisse, S. 6.

715 Richter, Entwicklungen, S. 174.

ausreichend, da sich herausstellte, dass sich die Metallgehalte der Knollen nur über größere Distanzen ändern.[716]

Lange Zeit waren die Mengen an Daten, die mit verschiedenen Sensoren über den Meeresboden gesammelt werden konnten, schon durch die Übertragungsmöglichkeiten der verwendeten Kupferkabel begrenzt. Erst Glasfaserkabel versprachen in den 1980er Jahren für die Zukunft eine deutliche Verbesserung.[717] Im 21. Jahrhundert werden Lagerstätten zunächst vom Forschungsschiff aus per Sonar identifiziert. Die Interpretation der Echos des Sonars ermöglicht heute nicht nur die Tiefenmessung, sondern bereits Rückschlüsse auf die Bodenbeschaffenheit und das Vorhandensein von Manganknollen. Ausgewählte Gebiete von mehreren tausend Quadratkilometern werden anschließend mit unbemannten Tauchrobotern (Remotely Operated Underwater Vehicles/ROV oder Autonomous Underwater Vehicles/AUV)[718] oder geschleppten Systemen per Sonar und Video näher untersucht. Da diese Geräte sich 100 m oder weniger über dem Meeresboden bewegen, produziert das Sonar Daten mit deutlich höherer Auflösung als vom Forschungsschiff aus. Für die Probengewinnung werden weiterhin Freifallgreifer verwendet.[719]

Die besten Informationen über Metallgehalte und Lagerungsdichte eines Manganknollenfeldes waren wertlos, wenn es nicht gelang, diese Lagerstätte in den Weiten des Pazifik wiederzufinden. Eine möglichst exakte Standortbestimmung war daher essentiell. Die Forschungsschifffahrt stellte höhere Anforderungen an die Navigation als die Handelsschifffahrt, bei der fernab der Küsten und außerhalb stark frequentierter Seewege eine Positionsbestimmung mit einigen Kilometern Genauigkeit völlig ausreichte. Bei der Exploration von marinen Lagerstätten war hingegen eine Präzision von 10–100 m erforderlich. Das jahrhundertealte Problem der Navigation auf See ist heutzutage durch das US-amerikanische Global Positioning System (GPS) und weitere nachfolgende Satellitennavigationssysteme gelöst. Deren Möglichkeiten zeichneten sich in den 1970er Jahren bereits am Horizont ab. Hans Amann (Preussag) schrieb 1980, dass sich die Hoffnungen gegenwärtig auf das GPS konzentrierten, das voraussichtlich Ende der 1980er Jahre – tatsächlich 1995 – zur Verfügung stehen werde.[720] 1987 erwartete ein Vertreter von Deepsea Ventures ebenfalls, dass das GPS bald „a myriad of age-old problems“, darunter auch die Probleme der Standortbestimmung beim Tiefseebergbau, lösen werde.[721]

Das GPS hat die in es gesteckten Erwartungen bis heute durchaus erfüllt, aber in den späten 1970er Jahren mussten die Unternehmen bei der Suche nach Manganknollen noch ohne dieses System auskommen. Während der Fahrten der Valdivia in den 1970er Jahren konnte man sich nur auf ein vorangehendes Satellitennavigationssystem stützen, wenn

716 Ebd., S. 162–165, 172.
717 Siapno, Nodule exploration, S. 253f.
718 Der Einsatz solcher Geräte war ebenfalls 1987 schon absehbar; ebd., S. 256.
719 Hein/Koschinsky/Kuhn, Deep-ocean polymetallic nodules, S. 163.
720 Amann, Technological trends, S. 381; Richter, Entwicklungen, S. 157f.
721 Siapno, Nodule exploration, S. 256.

die astronomische Navigation nicht möglich war, weil Sonne und Sterne hinter Wolken verschwanden. Eine Positionsbestimmung per Satellit war jedoch nur möglich, wenn einer von sechs Satelliten auf einer polaren Umlaufbahn in den Empfangsbereich der Schiffsantennen kam, was in Äquatornähe mehrere Stunden dauern konnte. Zudem durfte das Schiff während der Messung, die 10–20 Minuten erforderte, keine Fahrt machen. Solche sporadischen Angaben konnten mit Koppelnavigation (Kompasskurs und Geschwindigkeitsmessung) ergänzt werden, allerdings waren die Ergebnisse unzureichend, um Lagerstätten und Unterwassergebirge ausreichend genau zu lokalisieren. In Küstennähe gab es rund um die Uhr präzise Funknavigationssysteme wie Decca, die sich auf Sender an Land stützten, deren Reichweite aber auf etwa 200 sm begrenzt war. Bis zu einer Wassertiefe von 400 m erlaubte zudem das Dopplersonar eine genaue Ortsbestimmung über die Messung der Schiffsbewegung relativ zum Meeresboden. In größerer Distanz zur Küste und größerer Wassertiefe blieben jedoch nur die deutlich ungenaueren Funknavigationsverfahren Loran C und Omega. Deren Sender befanden sich ebenfalls an Land, arbeiteten aber im Langwellenbereich, so dass das Signal der Erdkrümmung folgte und überall verfügbar war. Angesichts dieser Optionen, die jede für sich mit Nachteilen behaftet war, blieb als Lösung eine sogenannte Integrierte Navigations- und Datenerfassungsanlage (INDAS), die alle verfügbaren Informationen aus den verschiedenen Systemen aufnahm und mit Hilfe einer Rechneranlage auswertete. INDAS war Anfang der 1970er Jahre für die Öl- und Gasexploration im Schelfbereich von dem deutschen Unternehmen Prakla-Seismos entwickelt worden und wurde 1972 auf der Valdivia installiert. Eine zusätzliche Möglichkeit bestand darin, eine Boje an einer bekannten Position als Navigationsreferenz auszusetzen und am Meeresboden zu verankern. Allerdings war auch eine solche Boje nicht völlig ortsfest, sondern schwoite in einem gewissen Radius an ihrem Ankerseil.[722]

722 Richter, Entwicklungen, S. 157–161; H. Edelmann, Elektronische Positionsbestimmung auf der „Valdivia“, in: mt – Meerestechnik – Marine Technology 4 (1973), 4, S. 130; o.A., INDAS. Unser integriertes Navigationssystem mit Datenerfassung und automatischer Schiffssteuerung für FS Valdivia, in: PRAKLA-SEISMOS Report 4/1972, S. 4–6.

Abbildung 6: Das bundesdeutsche Forschungsschiff Valdivia besaß in den 1970er Jahren eine zentrale Bedeutung für die Exploration von Manganknollenlagerstätten durch OMI und die AMR (AMR, Raw Materials from the Sea, o.J., in: HWA, Abt. 119, Nr. 1672).

Der Einsatz der geschilderten Techniken für die Prospektion und Exploration von Manganknollenlagerstätten war angesichts der Größe der betreffenden Meeresgebiete eine zeit- und kostenintensive Aufgabe, die von allen internationalen Konsortien umfangreiche Forschungsfahrten erforderte. Das bundesdeutsche Forschungsschiff Valdivia unternahm zwischen 1972 und 1978 insgesamt 16 Ausfahrten oder Kampagnen, die sich auf Manganknollen richteten und an denen die AMR, teilweise zusammen mit Universitäten sowie anderen Forschungseinrichtungen und ab 1975 überwiegend im Rahmen des internationalen Joint Ventures OMI beteiligt war. 12 dieser Fahrten fanden in der Clarion-Clipperton-Zone (CCZ) zwischen Hawaii und Mexiko statt – bis heute das wichtigste Gebiet für die Suche nach Manganknollen – eine im Perubecken, zwei in weiteren Gebieten des Pazifik und eine im Indischen Ozean. Nur einmal kehrte die Valdivia zwischen 1972 und 1978 in die Bundesrepublik zurück und lief ansonsten Häfen in Nähe der Untersuchungsgebiete an. Zusammengerechnet dauerten diese 16 Fahrten 1.669 Tage (inkl. Hafenzeiten), wovon 1.280 Tage direkt der Exploration galten. Dabei wurden an 5.346 Stationen Proben entnommen und der Tiefseeboden auf 2.350 km mit TV-Kameras untersucht.[723] Die Explorationsarbeit des OMI Joint Ventures stützte sich hauptsächlich auf die deutsche Valdivia, die nur zeitweise von der Oceanographer der amerikanischen National Oceanic and Atmospheric Administration (NOAA) – das Schiff, bei dessen Indienststellung Lyndon B. Johnson gesprochen hatte (s. Kap. 3.1) – ergänzt wurde.[724]. Die Suche nach abbauwürdigen Lagerstätten war ein wichtiger Schritt auf dem Weg zur ökonomischen Nutzung, der jedoch trotz der Tatsache, dass Manganknollen weite Strecken des Tiefseebodens im Pazifik bedecken, eine technische und finanzielle Herausforderung bildete.

4.3 Manganknollen fördern: Abbautests 1970 bis 1979

> „28. März 1978, mitten im Pazifik: An Deck des Förderversuchsschiffs ‚SEDCO 445‘ laufen die Männer aufgeregt hin und her, lachen, schlagen einander auf die Schultern. Kein Fall von Tropenkoller – nur die Freude darüber, daß nahezu zehnjährige Vorbereitungsarbeiten vom Erfolg belohnt werden. Der Lohn der Mühe poltert in den Laderaum der ‚SEDCO 445‘: Ein steter Strom matt glänzender, schwarzer Knollen – aus 5100 m Tiefe vom Meeresgrund gefördert. Die unscheinbaren, walnuß- bis kartoffelgroßen Knollen sehen eher nach Eierkohlen aus als nach einem gehobenen Schatz. Doch die Erfolgsmeldung, die aus den Fernschreibern der Partner des Meeresbergbau-Konsortiums OMI (‚Ocean Management Incorporated‘) tickert, läßt keinen Zweifel: ‚Deep ocean mining is no more a dream. Our joint effort of three years has been honoured. Since 06.26 hours local time a continuous flow of nodules is hitting the sedco 445. Keep fingers crossed that we will be able to fill the ship. Congratulations to all of you who have contributed so greatly to this success.“[725]

Wie in diesem Bericht der populärwissenschaftlichen Zeitschrift „Bild der Wissenschaft“ im August 1978 beschrieben, war dem OMI Joint Venture, dem auch die bundesdeutsche AMR angehörte, die erste erfolgreiche Testförderung von Manganknollen aus dem Pazifik gelungen. Zwei konkurrierende internationale Konsortien schlossen in den folgenden Monaten ebenfalls ihre Abbautests erfolgreich ab. Damit war die technische Umsetzbarkeit des Tiefseebergbaus praktisch unter Beweis gestellt, gleichzeitig war man von einem kommerziellen Betrieb jedoch noch weit entfernt. Aus heutiger Perspektive hatte das international von mehreren Akteuren seit etwa zehn Jahren verfolgte Projekt des Tiefseebergbaus mit diesen Abbautests 1978/79 schon seinen vorläufigen Höhepunkt erreicht.

723 Fellerer, Manganknollen, S. 36.
724 Shaw, Nodule mining, S. 188.
725 Summerer, Erzvorräte, S. 48. Die Autorin dieses reich illustrierten Beitrags war bei der Metallgesellschaft für die Öffentlichkeitsarbeit verantwortlich. Deutsche Übersetzungen des Fernschreibens mit der Erfolgsmeldung finden sich in: Fellerer, Manganknollen, S. 35; Arbeitsgemeinschaft meerestechnisch gewinnbare Rohstoffe, Aktuelle Mitteilungen, S. 5.

Erst im Jahr 2022 wurden erneut Manganknollen in einem vergleichbaren Maßstab gefördert. Mindestens ebenso sehr wie bei der Exploration wichen bei der Gewinnung und Förderung die Rahmenbedingungen und die Aufgabenstellung von denen des terrestrischen Bergbaus ab und erforderten daher neue technische Entwicklungen. Gleichzeitig ist die Bedeutung von Abbau, Förderung, Transport und Verhüttung für die Ressourcenwerdung der Manganknollen offensichtlich: Am Ende musste ein nachgefragtes Produkt, in diesem Fall Metalle, zu ökonomisch attraktiven Konditionen gewonnen und auf den Markt gebracht werden.

Die marine Umwelt stellt den Tiefseebergbau vor eine Reihe von Herausforderungen und prägt damit technische Entwicklung und Umsetzung. Die atmosphärischen Verhältnisse an und oberhalb der Ozeanoberfläche begrenzen über die Wetterbedingungen die Zahl der Betriebstage für ein Bergbausystem auf Hoher See, insbesondere in einem Gebiet mit tropischen Wirbelstürmen wie dem äquatorialen Nordpazifik. Wellengang, Strömungen und der mit der Tiefe zunehmende Wasserdruck beeinflussen die Funktionsweise des Schiffs sowie der Förder- und Abbauvorrichtungen unter Wasser. Auf dem Meeresboden setzen u.a. topografische Merkmale wie die Eigenschaften des Sediments, das Relief und die Hangneigung ebenso wie die Größe und Verteilung der Knollen die Rahmenbedingungen, an welche die Abbautechnik angepasst werden muss.[726]

Unabhängig von den besonderen Herausforderungen der Manganknollenförderung stellten sich dem Tiefseebergbau die gleichen Probleme, denen sich auch andere Bereiche der Meerestechnik wie die Offshore Öl- und Gasförderung gegenübersahen. Hierzu zählte neben der Korrosion die Materialermüdung von Stahl durch Wellenschlag in einer Salzwasserumgebung; ein Problem, das erst in den 1970er Jahren besser verstanden wurde.[727] Hinsichtlich der speziellen Aufgabe, feste Mineralien aus großen Wassertiefen zu fördern, hatte John L. Mero bereits 1960 festgestellt, dass eine von einem Schiff geschleppte Dredsche allenfalls im Flachwasserbereich für die Ressourcengewinnung rentabel eingesetzt werden konnte. Mit zunehmender Wassertiefe erfordert das Absenken und Bergen der Dredsche dagegen zu viel Zeit, so dass ein kontinuierlich arbeitender Prozess erforderlich wurde. Mero stellte sich daher eine Art „giant vaccuum cleaner" vor, bei dem ein Saugkopf auf dem Tiefseeboden die Knollen aufnimmt, die dann mit Pumpen über einen vertikalen Rohrstrang zum Bergbauschiff befördert werden.[728] Damit hatte er bereits grundsätzlich das Prinzip beschrieben, das den Abbautests von 1978/79 und auch noch den Projekten des 21. Jahrhunderts zugrunde liegt.[729]

---

726 Rahul Sharma, Deep-sea mining. Current status and future considerations, in: ders. (Hrsg.), Deep-Sea Mining. Resource Potential, Technical and Environmental Considerations, Cham 2017, S. 3–21, hier S. 15.

727 Amann, Technological trends, S. 392.

728 Mero, Minerals, S. 70; Fleming/Fleming, Sea floor, S. 104.

729 Für einen Überblick über die verschiedenen Abbautechnologien Daniel O.B. Jones et al., Biological responses to disturbance from simulated deep-sea polymetallic nodule mining, in: PLOS One (08.02.2017), https://doi.org/10.1371/journal.pone.0171750.

In den 1970er Jahren sahen die verschiedenen Entwürfe ein Gewinnungsgerät, einen sogenannten Kollektor vor, der die Knollen rein mechanisch – ähnlich einer Kartoffelerntemaschine – oder hydraulisch – wie ein Staubsauger – aufnahm (oder mit einer Kombination beider Verfahren) und sich dabei entweder mit Eigenantrieb oder geschleppt über den Meeresboden bewegte. Die bei den Tests 1978 erprobten Kollektoren wurden überwiegend ohne Eigenantrieb mit einer Geschwindigkeit von etwa 0,5 Knoten (ca. 0,9 km/h) vom Bergbauschiff geschleppt. Lediglich der Kollektor von OMCO bewegte sich selbst mittels archimedischer Schrauben.[730] Für die kontinuierliche Förderung des Gemisches aus zerkleinerten Manganknollen und Wasser vom Kollektor zum Schiff, und damit über eine Höhendifferenz etwa 5.000 m, durch einen vertikalen Rohrstrang gibt es ebenfalls zwei Konzepte. Eine Möglichkeit besteht in einer rein hydraulischen Förderung durch in den Rohrstrang eingebaute Zentrifugalpumpen. Eine andere Option bildet das sogenannte Airlift-Verfahren (auch Mammutpumpe genannt), bei dem in etwa 2.000 m Tiefe hochkomprimierte Luft in den Rohrstrang eingeblasen wird. Die Luftblasen dehnen sich beim Aufstieg im Rohr aus und reißen Wasser und Manganknollen mit sich nach oben. Die Vor- und Nachteile beider Konzepte zur vertikalen Förderung scheinen sich die Waage zu halten. Bei der hydraulischen Förderung ergeben sich Probleme, die verlangte hohe Förderleistung zu erreichen, sowie aufgrund des Verschleißes der Pumpen durch die Knollen bzw. mit den Absperrvorrichtungen bei Reinwasserpumpen. Das Airlift-Verfahren vermeidet die Störanfälligkeit unter Wasser arbeitender Pumpen, allerdings ist der Energieaufwand hoch und in den 1970er Jahren waren die Kenntnisse über die physikalischen Vorgänge in dem Wasser-Luft-Feststoff-Gemisch unter hohem Druck noch lückenhaft. Zudem erfordert das Airlift-Verfahren einen im oberen Teil größeren Durchmesser des Rohrstrangs, was ein höheres Gewicht nach sich zieht. Die AMR rechnete 1975 mit etwa 50 % höheren Investitionskosten für das Airlift-Verfahren, aber in etwa gleichen Werten für beide Verfahren, wenn die Kosten je Tonne geförderte Knollen betrachtet wurden.[731] Im 21. Jahrhundert werden grundsätzlich noch die gleichen Technologien für Gewinnung und Förderung diskutiert.[732]

Der früheste Test einer kontinuierlichen Manganknollenförderung fand bereits im Sommer 1970 durch das Pionierunternehmen Deepsea Ventures auf dem Blake Plateau im Atlantik vor der Küste Floridas statt und verwendete das Airlift-Verfahren für die vertikale Förderung zum Bergbauschiff. Das Vorkommen im Atlantik bot sich für diesen ersten Machbarkeitstest aufgrund der im Vergleich zur CCZ im Pazifik geringen Wassertiefe

730 Hoffert, Nodules polymétalliques, S. 100.

731 Amann, Technological trends, S. 386; Fellerer, Manganknollen, S. 72f.; E. Ozturgut/J.W. Lavelle/R.E. Burns, Impacts of manganese nodule mining on the environment. Results from pilot-scale mining tests in the North Equatorial Pacific, in: Richard A. Geyer (Hrsg.), Marine Environmental Pollution. 2: Dumping and Mining (Elsevier Oceanography Series; 27b), Amsterdam 1981, S. 437–474, hier S. 439; HWA Abt. 119, Nr. 1702, AMR-Durchführbarkeitsstudie. Projekt Manganknollen. Erste Wirtschaftlichkeitsabschätzung 1972–1974, S. 79f., 224f.

732 Hein/Koschinsky/Kuhn, Deep-ocean polymetallic nodules, S. 163f.; Miller et al., Overview, S. 9.

von nur ca. 1.000 m und der Nähe zur Küste an.[733] Dagegen waren die Knollen des Blake Plateaus bekanntermaßen angesichts ihres geringen Wertmetallgehalts kommerziell nicht interessant.[734] Es ging also nur darum, das technische Prinzip zu erproben. Bei der Entwicklung einer Abbau- und Fördervorrichtung steht man bis heute vor dem Problem, dass eine realistische Erprobung nur in der Tiefsee selbst möglich ist und folglich einen großen Aufwand erfordert. In den 2010er Jahren stellten indische Ingenieure daher mehrere hundert Kilogramm künstliche Manganknollen aus Ton und Sägemehl her und brachten sie in relativ flachem Wasser auf dem Meeresboden aus, um eine Abbau- und Fördervorrichtung unter vereinfachten Bedingungen testen zu können.[735]

Abbildung 7: Ein früher und nicht realisierter Entwurf des deutschen Maschinenbauunternehmens Demag für einen Kollektor zur Gewinnung von Manganknollen, ca. 1970. Die 1978 erprobten Systeme waren deutlich einfacher gehalten (AMR, Arbeitsgemeinschaft Meerestechnik stellt sich vor, o.J., in: HWA Abt. 119, Nr. 1672).

733 International Seabed Authority, Polymetallic Nodules, S. 5; Siapno, Nodule Exploration, S. 250; Harald Steinert, Der Tiefseebergbau kann beginnen, in: Frankfurter Allgemeine Zeitung (09.09.1970), S. 29.

734 Mero, Minerals, S. 67.

735 M.A. Atmanand/G.A. Ramadass, Concepts of deep-sea mining technologies, in: Rahul Sharma (Hrsg.), Deep-Sea Mining. Resource Potential, Technical and Environmental Considerations, Cham 2017, S. 305–343, hier S. 317, 321, 327. Testreihen ergaben, dass die künstlichen Knollen mit einer äußeren Schale aus Ton und einem Kern aus einem Sägemehl-Ton-Gemisch, nachdem sie luftgetrocknet und im Ofen gebrannt wurden, den echten Manganknollen in Bezug auf Härte und Dichte am nächsten kommen.

Neben der Kombination aus einem Kollektor und vertikalem Rohrstrang waren andere Gewinnungs- und Förderverfahren, wie ein Preussag-Vertreter 1982 schrieb, „either too simple or too exotic", um sich durchzusetzen.[736] Letztlich zu einfach, aber gerade wegen der geringeren Komplexität zeitweise attraktiv war das Continuous-Line-Bucket-System (CLB-System). Dieses Verfahren beruht ähnlich dem Prinzip eines Eimerkettenbaggers auf einem Endlosseil oder einer Seilschlaufe, an der ca. alle 50 m Dredschen oder Schürfkübel befestigt sind. Diese Schlaufe bewegt sich zwischen dem Förderschiff (in späteren Konzepten zwei Schiffen) und dem Meeresboden, so dass, wenn das Seil über den Tiefseeboden schleift, kontinuierlich Manganknollen aufgenommen und zum Schiff transportiert werden. Die Vorteile lagen in der relativ einfachen Konzeption, so gab es keine angetriebenen Komponenten unter Wasser, das Seil konnte leichter als ein Rohrstrang mit Pumpen an unterschiedliche Wassertiefen angepasst werden und entsprechend rechnete man mit viel geringeren Investitionskosten.[737] Weil das CLB-System von dem japanischen Marineoffizier Yoshio Masuda entwickelt worden war, wurde es manchmal auch als „Masuda-Bagger" bezeichnet. Nach ersten Experimenten in Japan seit 1967 führte 1972 eine breite internationale Firmengruppe („CLB-Syndicate") unter Leitung von John L. Mero mit 21 Unternehmen aus den USA, Kanada, Australien, Japan, Frankreich und der Bundesrepublik einen Versuch im Pazifik südöstlich von Hawaii durch. Von deutscher Seite aus waren Rheinbraun und Preussag beteiligt, die hier die Möglichkeit sahen, mit geringem finanziellen Einsatz Know-how zu erwerben. Darüber hinaus war der Kontakt und Informationsaustausch mit anderen Unternehmen für Rheinbraun und Preussag ebenso attraktiv wie die Gelegenheit, auf diesem Weg an eine gewisse Menge von Manganknollen als Probenmaterial für weitere Versuche zu kommen.[738]

Die Ergebnisse des CLB-Tests 1972 waren ernüchternd. Zwar gelang es von einem ehemaligen japanischen Walfangmutterschiff aus, der Chiyoda Maru 2, mit einem 12.000 m langen Seil ca. 7 t Knollen zu fördern. Jedoch gingen einige Schürfkübel verloren, die Seilschlaufe verwickelte sich, das Schiff war schwer zu manövrieren, die Windenanlage zur Bewegung des Seils erwies sich als unzureichend und die realisierte Fördermenge blieb unter den Erwartungen. Generell erwies sich dieses Abbauverfahren als zu wenig selektiv und steuerbar: Hindernisse konnten nicht umgangen werden und die Schürfkübel nahmen neben Manganknollen auch Basaltbrocken mit auf.[739] Die AMR-Durchführbarkeitsstudie von 1975 diskutierte die verschiedenen Verfahren und kam zu dem Schluss, dass das CLB-System im Vergleich mit der hydraulischen Förderung oder dem Airlift-Verfahren bezüglich der Förderleistung klar unterlegen war. Allerdings, so die AMR, fielen die Vorteile der technischen Einfachheit möglicherweise so sehr ins Gewicht, dass

736 Amann, Technological trends, S. 387.
737 Fellerer, Manganknollen, S. 73; Kröger, Bord, S. 9; Hammond, Manganese nodules, S. 644; International Seabed Authority, Polymetallic Nodules, S. 5.
738 HK RWE HAP 522/2, Haddenhorst, Ramm, Kausch, Gerigk, Vermerk betr.: Förderung von Manganknollen aus der Tiefsee mittels des Continuous Line Bucket Systems (CLB-Masuda-Verfahren), 12.04.1972, S. 2.
739 HK RWE HAP 522/2, Kröger, Vermerk für A 2, betr.: Ergebnisse des CLB-Testes, Köln, den 19.09.1972; Kröger, Bord, S. 10f.; Hoffert, Nodules polymétalliques, S. 96.

das CLB-System dennoch in Betracht gezogen werden könnte.[740] Ein für 1975 oder 1976 geplanter Test, bei dem die Seilschlaufe nach einem in Frankreich entwickelten Konzept zwischen zwei Schiffen aufgespannt werden sollte, fand mangels Interesse der meisten Unternehmen allerdings nicht mehr statt, und das CLB-Verfahren wurde bis heute nicht mehr weiterverfolgt.[741] Da die Beitrittskosten für das CLB-Syndicate mit 15.000 USD pro Gesellschaft relativ niedrig waren,[742] lag die Bedeutung dieses Verfahrens für die Entwicklung des Tiefseebergbaus im Rückblick vor allem darin, dass die interessierten Unternehmen sich bereits früh international vernetzen und ein Bild von den Fähigkeiten und Kenntnissen der jeweils anderen gewinnen konnten, was der folgenden Konsortienbildung zugute kam. Von den späteren Mitgliedern des OMI Joint Ventures hatten Rheinbraun, Preussag, INCO und Sumitomo ebenso wie viele ihrer Wettbewerber bereits an dem CLB-Test 1972 teilgenommen.

Als zu exotisch bzw. zu aufwendig stellte sich das zuerst in den USA angedachte und dann in den 1970er und 1980er Jahren in Frankreich entwickelte Konzept von unbemannten Unterwasserfahrzeugen heraus, die als eine Art Shuttle oder „Préleveur Libre Autonome“ (PLA) zwischen dem Mutterschiff und dem Meeresboden pendeln und bei jedem Tauchgang selbstständig 250–500 t Manganknollen aufnehmen sollten. Die Idee dahinter war, dass ein solches, frei bewegliches System besser mit Hindernissen und Unebenheiten auf dem Meeresboden zurechtkäme als ein Kollektor, der permanent über einen kilometerlangen vertikalen Rohrstrang mit dem Schiff verbunden ist. Um eine mit dem hydraulischen Förderverfahren mittels Rohrstrang und Kollektor vergleichbare Förderleistung zu erreichen, plante man in Frankreich zwölf PLA je Bergbauschiff einzusetzen, was einen komplexen und kostenintensiven Betrieb erwarten ließ. Jedoch gelangte dieses Shuttle-Konzept, das selbst Elisabeth Mann Borgese 1985 trotz ihres ausgeprägten Technikoptimismus als „somewhat futuristic“ bezeichnete,[743] nie über einen Prototyp im verkleinerten Maßstab hinaus, der 1987 vor Toulon im Mittelmeer erprobt wurde.[744]

Für die erfolgreichen Abbautests 1978/79 verwendeten alle Konsortien daher Kollektoren mit verschiedenen Aufnahmevorrichtungen auf dem Tiefseeboden und einen vertikalen Rohrstrang in Verbindung mit hydraulischen Pumpen oder dem Airlift-Verfahren. Dieses Konzept liegt auch noch im 21. Jahrhundert den Plänen zum Tiefseebergbau zugrunde. Das OMI-Joint Venture unter Beteiligung der deutschen AMR führte den ersten Abbautest im Pazifik mit dieser Technologie zwischen Februar und Mai 1978 durch. Damit war

740 HWA Abt. 119, Nr. 1702, AMR-Durchführbarkeitsstudie. Projekt Manganknollen. Erste Wirtschaftlichkeitsabschätzung 1972–1974, S. 225.

741 Hoffert, Nodules polymétalliques, S. 96; International Seabed Authority, Polymetallic Nodules, S. 5.

742 HK RWE HAP 522/2, Haddenhorst, Ramm, Kausch, Gerigk, Vermerk betr.: Förderung von Manganknollen aus der Tiefsee mittels des Continuous Line Bucket Systems (CLB-Masuda-Verfahren), 12.04.1972, S. 2.

743 Mann Borgese, Mines, S. 82.

744 Hoffert, Nodules polymétalliques, S. 101–103; International Seabed Authority, Polymetallic Nodules, S. 7; Fellerer, Manganknollen, S. 73.

man bereits hinter dem ursprünglichen Zeitplan, da die Partner 1974 bei einer Besprechung im Vorfeld der Konsortiumsgründung einen „pilot test at sea“ für den Sommer 1976 geplant hatten.[745] Der Test sollte einerseits zeigen, dass es möglich ist, größere Mengen Manganknollen zu gewinnen und zu fördern, und andererseits die nötigen Daten für die Entwicklung eines größeren, kommerziellen Systems liefern. Zugleich lag ein weiteres Ziel darin, Manganknollen in ausreichender Quantität für die notwendigen metallurgischen Versuche zu beschaffen. Das für den Test vorgesehene Abbaufeld war zuvor durch die Valdivia und die Oceanographer exploriert und mit Unterwasserortungsbaken, die ein Sonarsignal emittieren, markiert worden.[746] Für den Test griff OMI auf das Bohrschiff SEDCO 445 zurück, welches das US-amerikanische Unternehmen SEDCO in das Joint Venture einbrachte. Bei diesem Schiff handelte es sich um ein erst 1972 in Dienst gestelltes Ölbohrschiff mit 136 m Länge (445 ft, daher der Name des Schiffs), das über einen Zentralschacht (moon pool) für das Bohrgestänge verfügte und mithilfe von elf schwenkbaren Propellern in der Lage war, trotz Strömung und Wellengang mittels einer dynamischen Positionierung eine Position über dem Meeresboden exakt beizubehalten.[747] Insofern war das Schiff gut für den Einsatz als Test-Bergbauschiff geeignet, auch wenn umfangreiche Umbauten erforderlich waren.

Nachdem die SEDCO 445 am 5. Februar 1978 für den „Pilot Mining Test 1“ von Honolulu aus in See gestochen war und das Abbaufeld südöstlich von Hawaii, ungefähr auf 9°N und 150°W, erreicht hatte, begann die Besatzung den Kollektor mit hydraulischer Aufnahmevorrichtung – eine japanische Konstruktion – und den Rohrstrang mit Airlift auszubringen. Angesichts der Wassertiefe nahm die Montage des Rohrstrangs mehrere Tage in Anspruch, allerdings traten schon nach vier Tagen mechanische Probleme auf, da Rollenlager konstruktiv zu schwach ausgelegt waren. Der erste Testlauf wurde daher abgebrochen, bevor der Abbau begonnen hatte, und die SEDCO 445 erreichte am 1. März erneut die Werft in Honolulu, um die nötigen Verstärkungen vorzunehmen. Für den „Pilot Mining Test 2“ lief das Schiff am 15. März aus, um diesmal einen Rohrstrang mit hydraulischen Pumpen zu testen. Der Kollektor wurde am 19. März ausgesetzt und der vertikale Rohrstrang war nach einigen Schwierigkeiten am 25. März fertig montiert. Schließlich setzten die Techniker der OMI die Pumpen in Betrieb, und nach einer halben Stunde erreichte in den Morgenstunden des 28. März ein stetiger Strom von Manganknollen das Deck der SEDCO 445. Die Nachricht verbreitete sich schnell unter den Tiefseebergbau-Unternehmen und ein Wettbewerber telegrafierte: „Congratulations—dam it“.[748]

745 BA B 196/17801, Metallgesellschaft, Ergebnisprotokoll: Besprechung über die Bildung eines internationalen Konsortiums vom 27.02.–01.03.1974 in New York, Anlage 2a.

746 Shaw, Nodule mining, S. 188, 192, 197.

747 O.A., Deep-water exploration drilling unit, in: mt – Meerestechnik – Marine Technology 3 (1972), 2, S. 78.

748 Shaw, Nodule mining, S. 195.

Abbildung 8: Schematische Darstellung des Abbaus von Manganknollen mit Förderschiff, vertikalem Rohrstrang und Kollektor. Die Darstellung gibt zwangsläufig die Wassertiefe von fast 5 km nicht maßstabsgerecht wieder (AMR, Raw Materials from the Sea, o.J., in: HWA Abt. 119, Nr. 1672).

Probleme mit den Pumpenmotoren zwangen freilich nach 15 Stunden Betrieb dazu, den Test wieder abzubrechen, und am 1. April war der Kollektor zurück an Deck. Nach Reparaturen begann der Test erneut, und die Förderung lief problemfrei ab dem 6. April, bis wieder Schwierigkeiten bei den Pumpen auftraten. Da gleichzeitig der Laderaum für die Manganknollen an Bord der SEDCO 445 bereits fast voll war, beendete man am 8. April nach 54 Stunden Betrieb den Test und begann den Kollektor und den Rohrstrang wieder an Bord zu nehmen. Dies nahm zwei Tage in Anspruch, dabei wäre zweimal fast der Rohrstrang in der Tiefe versunken, als Halterungen versagten. Am 15. April machte die SEDCO 445 wieder in Honolulu fest. Vier Tage später lief das Schiff für den „Pilot Mining Test 3“ aus und erreichte das Abbaufeld am 22. April. Diesmal wurde ein mechanischer Kollektor aus der Bundesrepublik in Verbindung mit dem Airlift erprobt. Erneut ergaben sich technische Zwischenfälle, als kilometerweise Kabel in die Tiefe rauschten und verloren gingen. Aber es gelang, für insgesamt 33 Stunden zwischen dem 1. und 4. Mai wie beim zweiten Test Manganknollen zu fördern, bevor technische Probleme zum Abbruch zwangen. Insgesamt barg OMI bei diesen Tests ca. 800 t Manganknollen, die anschließend für metallurgische Tests zu einem INCO-Standort in Kanada verbracht wurden.[749]

Die von der AMR 1978 in einer Broschüre zusammengestellten Presseberichte über den Abbautest wie auch der eingangs zitierte Artikel aus „Bild der Wissenschaft" lassen die erheblichen Schwierigkeiten, mit denen die Wissenschaftler, Techniker und Seeleute auf der SEDCO 445 zu kämpfen hatten, nicht erahnen.[750] Allerdings war der OMI in der Tat die erste kontinuierliche Förderung aus ca. 5.000 m Wassertiefe gelungen, womit die Ziele erreicht wurden, die prinzipielle Machbarkeit zu demonstrieren, Daten für die Weiterentwicklung zu sammeln und Material für metallurgische Versuche zu gewinnen. Die beiden weiteren Konsortien, die solche Tests durchführten, mussten überdies ähnliche Erfahrungen wie das OMI Joint Venture machen. Bereits 1976 rüstete das amerikanisch-belgisch-italienische Konsortium OMA die Weser Ore, einen Erzfrachter des ansonsten nicht am Tiefseebergbergbau beteiligten bundesdeutschen Unternehmens Krupp Seeschifffahrt, als Bergbauschiff um, das nun unter dem Namen Deepsea Miner II fuhr.[751] Ein erster Anlauf 1.900 km südwestlich von San Diego scheiterte allerdings 1977, da sich die elektrischen Verbindungen am Rohrstrang als nicht wasserdicht erwiesen. Anfang 1978 musste OMA weitere Versuche abbrechen, als zuerst der Kollektor im weichen Sediment des Tiefseebodens versank und anschließend ein Hurrikan aufzog. Erst am 10. November 1978 gelang es OMA, auf einer Position etwa 15°N und 126°W in 18 Stunden 550 t Manganknollen per Airlift zu heben, doch auch dieser Versuch musste wegen technischer Probleme vorzeitig abgebrochen werden. Die amerikanisch-belgisch-italienische Gruppe hätte insofern sogar dem OMI Joint Venture zuvorkommen können, wenn der erste Test erfolgreich gewesen wäre. Das amerikanisch-niederländische Konsortium OMCO schließlich charterte 1978 die Glomar Explorer, das Schiff, das die CIA ursprünglich für die U-Boot-Bergung hatte bauen lassen (s. Kap. 4.1.4), und das nun tatsächlich für den Tiefseebergbau eingesetzt wurde. Auch OMCO hatte mit technischen Problemen zu kämpfen, so dass ein erster Test Ende 1978 frühzeitig abgebrochen werden musste, bevor im Februar 1979 und damit erst nach den beiden anderen Konsortien, die Förderung von etwa 50 t Manganknollen gelang.[752]

In jedem Fall waren diese drei Tests noch weit von einem kommerziellen Tiefseebergbau entfernt. Ein nicht-öffentlicher Bericht des OMI Joint Ventures bezeichnete den Versuch

749 Ebd., S. 194–197; Ozturgut/Lavelle/Burns, Impacts, S. 438–440.

750 Arbeitsgemeinschaft meerestechnisch gewinnbare Rohstoffe, Aktuelle Mitteilungen, S. 2–4. Ähnlich ein späterer Artikel eines AMR-Vertreters: Fellerer, Tiefseebergbau, S. 55.

751 Die Deepsea Miner I führte den Test 1970 auf dem Blake Plateau durch.

752 International Seabed Authority, Polymetallic Nodules, S. 6; Hoffert, Nodule polymétalliques, S. 100; Heath, Ferromanganese nodules, S. 758–760; Ozturgut/Lavelle/Burns, Impacts, S. 439f.; Carboex, Deep end, S. 29. Gemäß Broadus war der OMCO-Test dagegen nicht erfolgreich, Broadus, Asian Pacific, S. 76.

mit der SEDCO 445 als „successful operation of a 1/5 to 1/10 scaled deep ocean system".[753] Bis zu einem Tiefseebergbau im kommerziellen Maßstab, so die Studie, sei es noch ein weiter Weg:

> „Although the technological principles for nodule collection and hoisting have been proven to be feasible by the JV-PMT (*Joint-Venture-Pilot Mining Test; O.S.*) and tests performed by competitors, the scale-up from pilot to commercial size and the assurance of system reliability still requires considerable development and testing."[754]

Diese Einschätzung wurde zumindest in den 1980er Jahren auch öffentlich so kommuniziert.[755] Die SEDCO 445 hatte 1978 binnen etwa 102 Stunden ca. 800 t gefördert, was etwa 188 t/Tag und selbst unter der unrealistischen Annahme von 365 Fördertagen/Jahr lediglich einer Jahresproduktion von rund 68.620 t entsprochen hätte. Dagegen hatte bereits die Wirtschaftlichkeitsberechnung von Dorstewitz 1971 (s. Kap. 3.6) ergeben, dass unter einer Kapazität von 10.000 t/Tag und 250 Produktionstagen/Jahr keinesfalls ein betriebswirtschaftlich befriedigendes Ergebnis erzielt werden könne.[756] In den folgenden Jahren wurden in der Bundesrepublik in Wirtschaft und Politik für einen kommerziellen Abbau von Manganknollen meist Produktionsmengen von 3.000.000 t/Jahr (Trockengewicht) vorausgesetzt, was in etwa 10.000–15.000 t/Tag entsprach.[757] Nach der Jahrtausendwende werden weiterhin ähnliche Produktionszahlen zwischen 1.500.000 t/Jahr und 4.000.000 t/Jahr diskutiert.[758] Die OMI-Studie von 1980 ging von einem Szenario aus, bei dem das Joint Venture zwei Bergbauschiffe einsetzen würde, um zusammen 3.000.000 t Manganknollen (Trockengewicht; 4.300.000 t Nassgewicht) jährlich aus Lagerstätten in 4.800–5.400 m Wassertiefe zu fördern. Bei angenommenen 300 Tagen Produktion/Jahr sollten beide Schiffe je 7.200 t Nassgewicht täglich fördern.[759] OMI erwartete so folgende jährliche Produktionsraten:

---

753 BGR 0110932, Appraisal Study 1980. Deep Ocean Mining. Prepared by Ocean Management, Inc., S. 1.

754 Ebd., S. 8.

755 Fellerer, Tiefseebergbau, S. 55; Amann, Technological trends, S. 392; Stalp, Tiefseebergbau, S. 221. Alle drei Autoren waren Vertreter der bundesdeutschen Industrie.

756 Dorstewitz, Meeresbergbau, S. 86f.

757 Boin, Manganknollen, S. 8; BA B 102/248666, Fünfte Sitzung des interministeriellen Staatssekretärausschusses für Rohstoff-Fragen, 12.05.1978. Anlage 9: Wirtschaftliche Aspekte Tiefseebergbau, S. 4; BA B 196/17801, Ergebnisvermerk: Besprechung der AMR mit dem BMFT „Konsortialbildung", 12.07.1974, S. 2; HWA Abt. 119, Nr. 1702, AMR-Durchführbarkeitsstudie. Projekt Manganknollen. Erste Wirtschaftlichkeitsabschätzung 1972–1974, S. 224. Von 3 Mio. t/Jahr ging auch Heath 1981 aus, ders., Ferromanganese nodules, S. 758.

758 International Seabed Authority, Polymetallic Nodules, S. 3; BT-Drs. 17/8753, Antwort der Bundesregierung auf die Kleine Anfrage: Auswirkungen des Tiefseebergbaus auf die maritime Umwelt und Biodiversität, 28.02.2012, S. 15.

759 BGR 0110932, Appraisal Study 1980. Deep Ocean Mining. Prepared by Ocean Management, Inc., S. 4.

Tabelle 6: Produktionsmengen eines Tiefseebergbauunternehmens nach einem Szenario des OMI Joint Ventures 1980 (BGR 0110932, Appraisal Study 1980. Deep Ocean Mining. Prepared by Ocean Management, Inc., S. 5).

Manganknollen (Nassgewicht)	4.300.000 t
Manganknollen (Trockengewicht)	3.000.000 t
Nickel	37.700 t
Kupfer	29.300 t
Kobalt	4.410 t
Ferromangan (Mn-Anteil)	238.000 t

In Hinblick auf die Fördermenge war man somit 1978 selbst von einem Maßstab 1/10 noch weit entfernt. Um die für einen kommerziellen Betrieb notwendigen Mengen zu erreichen, war statt der umgebauten Schiffe, die für die Tests verwendet wurden, ein neuartiges und eigens für diesen Zweck gebautes Bergbau- oder Förderschiff erforderlich. Hierzu kam es jedoch nicht mehr, da das Interesse am Tiefseebergbau erlahmte. Die AMR hatte Mitte der 1970er Jahre noch verschiedene Überlegungen für ein solches Schiff angestellt, die jedoch alle – auch international – nie umgesetzt wurden. Ein Förderschiff musste über einen moon pool oder Zentralschacht verfügen, um Kollektor und Rohrstrang als Gewinnungs- und Fördereinrichtung mit Hilfe eines Turmgerüstes ausbringen und wieder einholen zu können und es benötigte ausreichend Decksfläche für die Handhabung und Montage dieser Einrichtungen. Eine hinreichend dimensionierte Antriebsanlage war ebenso erforderlich, um für den Vortrieb, die dynamische Positionierung, den Bergbaubetrieb sowie möglicherweise die Trocknung der Knollen Energie bereitzustellen. Schließlich benötigte ein Förderschiff eine ausreichende Ladekapazität, um die Manganknollen aufzunehmen, sowie Einrichtungen, um sie auf See an Massengutfrachter abzugeben, die den Transport zum Hafen übernahmen, da das Förderschiff möglichst lange ohne Unterbrechung auf dem Abbaufeld verbleiben sollte. Die AMR erwog sogenannte Halbtaucher (eine Plattform mit Auftriebskörpern unter der Wasseroberfläche nach Art von schwimmenden Bohrinseln), die eine besonders gute Seegängigkeit aufweisen. Aufgrund der geringeren Nutzlast und schlechteren Mobilität eines Halbtauchers bevorzugte die AMR jedoch letztlich ein Schiff. Allerdings sprach sich die Studie für ein neuartiges Design, ein sogenanntes Pfeilschiff mit überbreitem Vorschiff aus, an das sich ein langes pierartiges Hinterschiff anschloss, an dem an Backbord und Steuerbord je ein Massengutfrachter zur Übernahme der Knollen festmachen konnte. Während auf dem breiten Vorschiff das Fördersystem und die Besatzungsräume untergebracht werden sollten, sollte das Hinterschiff die Maschinenanlage sowie die Einrichtungen tragen, die das Fördergut in Form eines Wasser-Knollen-Gemisches auf die Frachter pumpten. Die Eckdaten dieses Pfeilschiff-Projekts waren eine Ladefähigkeit von 10.000 t, eine Verdrängung von 26.400 t und ein turboelektrischer Antrieb. Das Förderschiff konnte bei diesem Entwurf relativ klein ausgelegt werden, da es ständig mit zumindest einem Frachter verkoppelt war, der direkt das Fördergut übernahm und der auch zum Antrieb des Gespanns beitrug.[760]

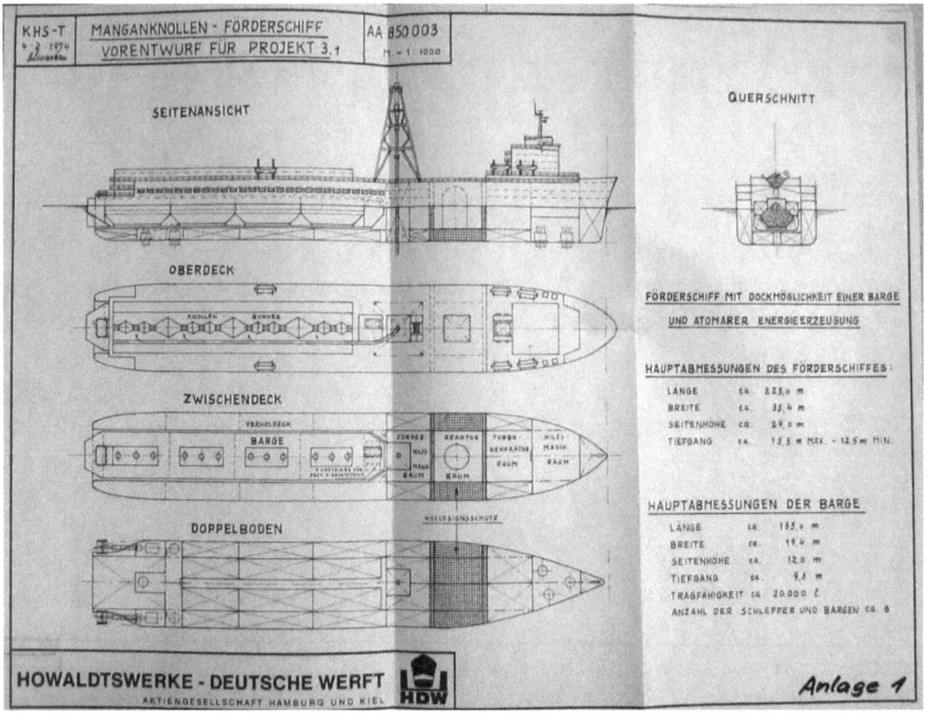

Abbildung 9: Nicht realisierter Entwurf für ein atomar betriebenes Manganknollen-Förderschiff, 1974 (BGR 0082966 Band 4, AMR-Durchführbarkeitsstudie Projekt Manganknollen, 3, Band 1: Berichter. Fachausschuss Schiffbau, Transport und Logistik, Anlage 1).

Als Alternative diskutierte die AMR-Studie auch einen deutlich größeren Entwurf (ca. 80.000 t Ladefähigkeit und ca. 100.000 t Verdrängung) mit konventionellem Schiffsrumpf, der entweder mit Gasturbinen oder einem Kernreaktor angetrieben werden sollte. Ein Atomschiff, so die Studie, könne besonders bei hohen Ölpreisen rentabel sein. Überdies könne ein solches Schiff mit einer Beladung von Brennelementen zwei bis vier Jahre ununterbrochen im Einsatz sein. Der Reaktor würde auch ausreichend Prozesswärme liefern, um die Manganknollen zu trocknen und so die weiteren Transportkosten zu senken.[761] Die Vorteile eines atomaren Antriebs lagen für die AMR auf der Hand: „Die guten Erfahrungen mit bereits langjährig erprobten nuklearen Antrieben, die Unabhängigkeit in

760 HWA Abt. 119, Nr. 1702, AMR-Durchführbarkeitsstudie. Projekt Manganknollen. Erste Wirtschaftlichkeitsabschätzung 1972–1974, S. 82–96, 227f.

761 Ebd., S. 89, 227; Amann, Technological trends, S. 388f.

der Brennstoffversorgung und die Umweltfreundlichkeit gehören zu derartigen Vorteilen."[762] Mit den guten Erfahrungen konnte eigentlich nur das von der Gesellschaft für Kernenergieverwertung in Schiffbau und Schiffahrt mbH (GKSS) entwickelte atomgetriebene Frachtschiff Otto Hahn gemeint sein, das seit 1968 in erster Linie als Forschungsschiff fuhr. Die Otto Hahn wurde jedoch 1978 auf einen konventionellen Antrieb umgerüstet, da der Betrieb mit Kernenergie nie wirtschaftlich war und da viele Häfen sowie Panama- und Suezkanal dem Schiff aus Sicherheitsgründen verschlossen blieben.[763] Daher wurde in der Bundesrepublik kein weiteres Atomschiff gebaut und auch international konnte sich der Nuklearantrieb für zivile Schiffe bis heute nicht durchsetzen. Da jedoch insofern das Know-how in der Bundesrepublik in den 1970er Jahren vorhanden war und da es sich bei dem nuklearen Schiffsantrieb mangels Nachfrage aus der Reedereiwirtschaft um eine Technologie auf der Suche nach Anwendungen handelte, lag eine Kooperation zwischen GKSS und AMR nahe. Die AMR besaß somit bereits Mitte der 1970er relativ konkrete Vorstellungen von einem Manganknollen-Förderschiff. Allerdings erreichte das Projekt des Tiefseebergbaus nie das Stadium, in dem AMR, OMI oder eines der anderen Konsortien sich für den Beginn des kommerziellen Abbaus entschieden hätten. Daher wurde am Ende kein Förderschiff gebaut, weder mit atomaren noch mit konventionellem Antrieb.

Ein weiterer ungewöhnlicher Vorschlag in der AMR-Studie bestand in dem Einsatz eines Flugboots für den regelmäßigen Besatzungswechsel auf dem Förderschiff. Falls man hierfür die Manganknollenfrachter genutzt hätte, hätten man diese mit zusätzlichen Kabinen ausrüsten und die Seereise als Arbeitszeit berechnen müssen. Bei Ölplattformen z.B. in der Nordsee löst man das Problem bis heute häufig durch den zeitsparenden Personentransport per Hubschrauber. Die Manganknollenlagerstätten liegen jedoch sowohl von Hawaii aus als auch von der amerikanischen Westküste aus überwiegend außerhalb der Reichweite von Hubschraubern. Daher dachte die AMR an ein Flugboot für den Transfer der Besatzung, obwohl die Epoche der Flugboote in den 1970er Jahren eigentlich schon vorüber war. Konkret hatte die AMR die Do-24/72 ins Auge gefasst; im Kern ein Entwurf, der bereits im Zweiten Weltkrieg als Do-24 eingesetzt worden war, und den der Hersteller Dornier Anfang der 1970er Jahre in modernisierter Form für den verbliebenen Nischenmarkt für Flugboote wiederauflegen wollte. Ähnlich wie das Manganknollenförderschiff kam dieses Flugboot allerdings nicht über das Entwurfsstadium hinaus.[764]

762 HWA Abt. 119, Nr. 1702, AMR-Durchführbarkeitsstudie. Projekt Manganknollen. Erste Wirtschaftlichkeitsabschätzung 1972–1974, S. 89.

763 Radkau, Aufstieg und Krise, S. 155–159; Hajo Neumann, Vom Forschungsreaktor zum „Atomschiff" Otto Hahn. Die Entwicklung von Kernenergieantrieben für die Handelsmarine in Deutschland (Deutsche Maritime Studien; 7), Bremen 2009.

764 HWA Abt. 119, Nr. 1702, AMR-Durchführbarkeitsstudie. Projekt Manganknollen. Erste Wirtschaftlichkeitsabschätzung 1972–1974, S. 110f. Zur Do-24/72 o.A., Aus der Mottenkiste, in: Der Spiegel 19/1973 (07.05.1973), S. 101; Dornier GmbH, Dornier. Die Chronik des ältesten deutschen Flugzeugwerks, Gräfelfing 1985, S. 188. 1983 entstand unter der Bezeichnung DO ATT (oder Do-24 TT) nach einem ähnlichen Konzept ein einzelner Prototyp

Ob die Tiefseebergbau-Unternehmen einen hinreichenden Markt für ein solches Flugzeug geschaffen hätten, kann dahingestellt bleiben. Da in den 1970er/80er Jahren keine kommerzielle Förderung von Manganknollen aufgenommen wurde, standen die Unternehmen letztlich nie vor der Aufgabe, den Besatzungswechsel auf den Förderschiffen praktisch umsetzen zu müssen.

Auf Exploration, Gewinnung, Förderung und Transport musste noch die Verhüttung von Manganknollen folgen, um marktfähige Wertmetalle wie Nickel, Kupfer, Kobalt und ggf. auch Mangan zu gewinnen. Auch wenn in den meisten Quellen die Metallurgie allenfalls kurz angesprochen wurde, handelte es sich um einen zentralen Teil der Ressourcenwerdung der Manganknollen. In den 1970er und frühen 1980er Jahren erwarteten die Experten, dass die Verhüttung der Knollen 50 % bis knapp über 70 % und damit den Löwenanteil der Investitionen und Betriebskosten eines Tiefseebergbauprojekts ausmachen würde.[765] Diese Zahlen werden auch noch im 21. Jahrhundert angesetzt.[766] Immerhin war ein AMR-naher Artikel von 1986 zuversichtlich, dass die Verhüttung zwar den größten Kostenfaktor darstelle, dafür aber nur mit geringen technologischen Risiken behaftet sei.[767] Allerdings unterscheidet sich die Mineralogie der Manganknollen von der der meisten terrestrischen Erze. Aufgrund der geringen Korngröße und des diffusen, unselbstständigen Auftretens der zu gewinnenden Metalle sind viele herkömmliche Verfahren zur Erzaufbereitung nicht anwendbar, so dass neue Verfahren und Anlagen erforderlich sind. Für die Entwicklung eines großindustriellen Prozesses kam erschwerend hinzu, dass vor den Fördertests 1978/79 nur vergleichsweise wenig Probenmaterial zur Verfügung stand, da dieses aufwändig mit Dredschen gewonnen werden musste.[768] Mitte der 1970er Jahre konnte die AMR sich daher noch nicht auf ein metallurgisches Verfahren festlegen. Um 1980 hingegen hatte sich das OMI Joint Venture, bei dem diese Aufgabe in den Bereich von INCO fiel, für die Kombination eines hydrometallurgischen (Laugung) und eines pyrometallurgischen Prozesses (Schmelzen) entschieden.[769] Die AMR erklärte 1980 gegenüber dem BMWi, dass INCO auf Basis bekannter Verfahren erfolgreiche Versuche durchgeführt habe.[770] Die interne OMI Appraisal Study aus dem gleichen Jahr formulierte

---

auf Grundlage einer Do-24 aus den 1940er Jahren, ohne dass eine Serienfertigung folgte; ebd., S. 201.

765 Amann, Technological trends, S. 391; Fellerer, Manganknollen, S. 71; Hammond, Manganese nodules, S. 645; BGR 0110932, Appraisal Study 1980. Deep Ocean Mining. Prepared by Ocean Management, Inc., S. 6.

766 Tim Kalvelage, „Der Abbau von Manganknollen rückt in greifbare Nähe". Interview mit Carsten Rühlemann und Ulrich Schwarz-Schampera, in: Spektrum der Wissenschaft (2019), 12, S. 52–58, hier S. 58; Sharma, Deep-sea mining, S. 10.

767 Fellerer, Tiefseebergbau, S. 55.

768 Hein/Koschinsky/Kuhn, Deep-ocean polymetallic nodules, S. 164; Amann, Technological trends, S. 391; Fellerer, Manganknollen, S. 74; Harald Steinert, Teure Aufarbeitung der Tiefsee-Manganknollen, in: Frankfurter Allgemeine Zeitung (28.11.1973), S. 34.

769 Fellerer, Manganknollen, S. 74.

770 BA B 196/40635, BMWi Referat III B 3, Vermerk betr. Tiefseebergbau auf Manganknollen; hier Neustrukturierung der Arbeitsgemeinschaft meerestechnisch gewinnbare Rohstoffe

jedoch etwas vorsichtiger, dass bislang erst der pyrometallurgische Teil des Verfahrens erfolgreich getestet worden sei.[771]

Neben dem Verfahren zur Verhüttung musste ein potenzielles Tiefseebergbauunternehmen auch einen Standort für die entsprechenden Anlagen auswählen. Kriterien, die die AMR hierfür Mitte der 1970er Jahre heranzog, waren die Entfernung zur Lagerstätte, die Nähe zu Absatzmärkten, die technischen und infrastrukturellen Voraussetzungen sowie Investitionsklima und Investitionssicherheit. Dem letzten Punkt kam vor dem Hintergrund der rohstoffpolitischen Debatte und den Erfahrungen mit Verstaatlichungen in Staaten der Dritten Welt besondere Bedeutung zu. Bei der näheren Auswahl wurden auch Faktoren wie Arbeitsmarkt, Energie- und Wasserversorgung sowie Förderprogramme berücksichtigt. Die bundesdeutsche AMR kam schon vor der Zusammenarbeit mit Partnern aus den USA und Kanada zu dem Schluss, dass nur Standorte an der kanadischen bzw. US-amerikanischen Pazifikküste in den Bundesstaaten British Columbia, Washington und Oregon infrage kämen.[772] Das Auswahlverfahren des US-amerikanisch-deutsch-kanadisch-japanischen OMI Joint Venture schließlich führte zu einem ganz ähnlichen Ergebnis. Die Appraisal Study von 1980 ging ebenfalls von einem Landstandort an der Nordwestküste der USA aus.[773] Letztlich schritt das Tiefseebergbauprojekt jedoch nie so weit voran, dass man mit dem Bau eines Hüttenwerkes für Manganknollen begonnen hätte.

Die Entwicklung von Verfahren für Abbau, Förderung, Transport und Verhüttung von Manganknollen bildete entscheidende Schritte auf dem Weg von der mineralogischen Kuriosität zur Ressource. Die technische Machbarkeit des Tiefseebergbaus im Pazifik konnte durch drei Tests internationaler Konsortien 1978/79 nachgewiesen werden, die zumindest bis ins Jahr 2022 den bisherigen Höhepunkt des Tiefseebergbauprojekts darstellen. Diese prinzipiell erfolgreichen Tests, bei denen überdies noch erhebliche technische Probleme zutage traten, waren allerdings noch weit von der Betriebsgröße der projektierten kommerziellen Operationen entfernt. Ihre Hochskalierung hätte noch erhebliche Entwicklungsarbeit erfordert.

(AMR) – Gespräch im BMWi am 04.09.1980 zwischen Vertretern der AMR und Vertretern verschiedener Bundesressorts, 04.09.1980, S. 3.

771 BGR 0110932, Appraisal Study 1980. Deep Ocean Mining. Prepared by Ocean Management, Inc., S. 5.

772 HWA Abt. 119, Nr. 1702, AMR-Durchführbarkeitsstudie. Projekt Manganknollen. Erste Wirtschaftlichkeitsabschätzung 1972–1974, S. 110–112.

773 BGR 0110932, Appraisal Study 1980. Deep Ocean Mining. Prepared by Ocean Management, Inc., S. 4.

4.4 Manganknollen und die marine Umwelt: erste Untersuchungen in den 1970er Jahren

> „Während langfristige Rohstoffvorsorge und rohstoffbezogene Interessenpolitik sich in den Seerechtskonferenzen hart im Raume stoßen, brauchte sich zwischen Meeresbergbau und Umweltschutz eigentlich kein Konfliktpotential aufzubauen, wenn man nicht erwarten muß, daß beide Seiten sich gegenseitig Extrempositionen unterstellen.“[774]

Dieser Satz des Preussag-Vorstands und WIM-Vorstandsvorsitzenden Hans-Günther Stalp aus dem Jahr 1981 kann als repräsentativ gelten für die vorherrschende Einstellung zu der ökologischen Bewertung des Tiefseebergbaus in den 1970er und frühen 1980er Jahren: Einerseits wurden Fragen nach den Umweltauswirkungen schon mit Beginn der ersten konkreten Schritte hin zum Abbau von Manganknollen gestellt, andererseits wurde dies nicht als unlösbares Problem betrachtet. Da die Ozeane bereits seit den 1960er Jahren vor allem im Kontext von Ölunfällen und der Müllversenkung im Meer als bedrohte Umwelt wahrgenommen wurden (s. Kap. 3.5) und da der Beginn der Tiefseebergbauprojekte von Staaten und Unternehmen zeitlich mehr oder weniger mit der „ökologischen Revolution“ um 1970 zusammenfiel, tauchten solche Fragen schon früh auf. Die in den 1970er Jahren durchgeführten Umweltverträglichkeitsstudien identifizierten bereits die wesentlichen Umweltbeeinträchtigungen, die bis heute als ökologische Probleme des Tiefseebergbaus diskutiert werden. Dennoch wurde diese Thematik in den Diskussionen der 1970er Jahren nicht als kritischer Punkt wahrgenommen. Die Probleme galten als lösbar.

Der Abbau von Manganknollen wäre ein großflächiger Eingriff in das Ökosystem des Tiefseebodens, das bisher vergleichsweise wenige menschliche Eingriffe erfahren hat. Allerdings ist es eine alte Einsicht der Umweltgeschichte, dass es so etwas wie unberührte Natur schon lange kaum mehr gibt.[775] So führte bereits die Bleiverhüttung in der griechisch-römischen Antike zu Emissionen des Schwermetalls in die Atmosphäre, die heute in Eiskernen des grönländischen Inlandeises nachweisbar sind.[776] Auf dem Ozeanboden lassen sich entsprechend ebenso Spuren anthropogener Aktivitäten erkennen. Abgesehen von der gezielten Versenkung von Atommüll, Chemiewaffen und Hausmüll im 20. Jahrhundert warfen Schiffsbesatzungen schon immer ihre Abfälle über Bord. Seit den Anfängen der Dampfschifffahrt im 19. Jahrhundert schloss das auch große Mengen von Asche, Schlacke und Kohle ein, die kaum biologisch abbaubar sind und sich in vielbefahrenen Seegebieten regelmäßig in Dredschzügen aus der Tiefsee wiederfinden.[777] Erstaunlicher-

774 Stalp, Tiefseebergbau, S. 227.

775 Mit Bezug auf Mitteleuropa Uekötter, Umweltgeschichte, S. 5.

776 Sungmin Hong et al., Greenland ice evidence of hemispheric lead pollution two millennia ago by Greek and Roman civilizations, in: Science, Vol. 265, Issue 5180 (23.09.1994), S. 1841–1843.

777 Hjalmar Thiel, Verschmutzung und Vergiftung der Meere, in: Wolfgang Graf Vitzthum (Hrsg.), Die Plünderung der Meere. Ein gemeinsames Erbe wird zerstückelt, Frankfurt a.M. 1981, S. 131–160, hier S. 133.

weise konnte sich bereits der Autor eines Artikels in der Familienzeitschrift „Die Gartenlaube“ 1898 vorstellen, dass „in künftigen Zeiten (…) zu den regelmäßigen Funden am Boden des Ozeans auch Produkte menschlicher Thätigkeit zählen, wie Reste von Schiffen, Maschinen, Konservenbüchsen, Steinkohlen etc.“[778] Auch Fischereigeräte wie Netze oder Langleinen, die seit dem 20. Jahrhundert aus äußerst langlebigen synthetischen Materialien bestehen, gingen und gehen verloren oder wurden nach Ende ihrer Einsatzfähigkeit auf See entsorgt. Ein bis heute zunehmendes Problem stellt die bewusste oder ungewollte Eintragung von Plastik aus Siedlungsabfällen in die Meere weltweit dar.[779] Eine 2018 erschienene japanische Studie sichtete eine Vielzahl von seit 1983 entstandener Videoaufnahmen des Tiefseebodens auf Plastikmüll und fand neben zahlreichen anderen Nachweisen noch im Marianengraben in 10.898 m Tiefe eine Plastiktüte.[780] Spuren menschlicher Aktivitäten haben somit in der einen oder anderen Form alle Bereiche der Ozeane erreicht. Tiefseebergbau wäre daher nicht der erste Eingriff in eine noch unberührte Natur, selbst wenn man berücksichtigt, dass nicht alle diese Effekte in den gleichen Seegebieten auftreten. Allerdings hätte der Abbau von Manganknollen insbesondere für das Gebiet der CCZ in Bezug auf die räumliche Ausdehnung und die Intensität des Eingriffs eine neue Dimension bedeutet.

Die Umwelt, in die ein Tiefseebergbau auf Manganknollen eingreifen würde, ist für menschliche Begriffe sehr abweisend. Neben einer durchschnittlichen Wassertiefe von ca. 4.000 m ist der Tiefseeboden von fehlendem Sonnenlicht und somit auch fehlender Vegetation, einem hohen Wasserdruck von mehreren hundert Bar und Temperaturen um den Gefrierpunkt gekennzeichnet. Diese Bedingungen sind zeitlich sehr stabil, worauf bereits bei den Entstehungsbedingungen der Manganknollen hingewiesen wurde. Das Ökosystem, das sich unter diesen dunklen, kalten und energiearmen Bedingungen herausbilden konnte, weist einerseits eine hohe Biodiversität auf, ist aber andererseits sehr verwundbar gegenüber Störungen, da sämtliche biologische Prozesse unter diesen Bedingungen sehr langsam verlaufen.[781] Die Tierwelt am oder auf dem Tiefseeboden umfasst neben einigen Fischarten vor allem mobile und sessile Wirbellose aus Klassen wie den Seegurken (Holothuroidea), Schlangensternen (Ophiuroidea), Seesternen (Asteroidea), Vielborstern (Polychaeta) Seeanemonen (Actiniaria) und Schwämmen (Porifera). Die Populationsdichten betragen in den Gebieten mit Manganknollen ca. 14–30 Individuen/100m² bei sessilen Lebewesen und ca. 4–15 Individuen/100m² bei der mobilen

778 K., Meerestiefen, in: Die Gartenlaube (1898), H. 27, S. 836.

779 Christian Schmidt/Tobias Krauth/Stephan Wagner, Export of plastic debris by rivers into the sea, in: Environmental Science & Technology 51 (2017), 21, S. 12246–12253; Ramirez-Llodra et al., Deep, S. 2881f.; Hjalmar Thiel/Gerd Schriever/Eric J. Foell, Polymetallic nodule mining, waste disposal and species extinction at the abyssal seafloor, in: Marine Georesources and Geotechnology 23 (2005), 3, S. 209–220, hier S. 209.

780 Sanae Chiba et al., Human footprint in the abyss: 30 year records of deep-sea plastic debris, in: Marine Policy 96 (2018), S. 204–212.

781 Boetius/Haeckel, Seafloor, S. 34f.; Miller et al., Overview, S. 2; Jones et al., Biological responses, S. 2/26.

Fauna.[782] Der Tiefseeboden ist somit keine unbelebte Wüste, auch wenn die dortige Fauna nicht unbedingt menschlichen emotionalen, ästhetischen oder ökonomischen Wertmaßstäben entspricht.

Auch wenn Mero noch 1977 die weiten Ebenen der Tiefsee als „the great deserts of the world as far as macroscopic life forms are concerned“ bezeichnete,[783] begannen Umweltverträglichkeitsstudien fast zeitgleich mit den ersten konkreten Schritten hin zum Abbau von Manganknollen.[784] Allerdings galt das Hauptaugenmerk dabei zunächst nicht dem Meeresboden. Bereits der früheste Fördertest auf dem Blake Plateau 1970 durch das amerikanische Unternehmen Deepsea Ventures war von einer Art Umweltverträglichkeitsstudie begleitet, die sich auf die Sedimentwolke konzentrierte, die von dem Bergbauschiff ausging, wenn das zwangsläufig zusammen mit den Knollen hochgepumpte Gemisch aus Tiefenwasser und Sediment wieder in den Ozean eingeleitet wurde. Um die so entstehende Sedimentwolke besser vom Schiff und von einem Flugzeug aus beobachten zu können, wurde den Einleitungen für die Studie ein Farbstoff zugesetzt. Die Studie interessierte vor allem die Frage, ob die Einleitung eine Umweltgefährdung darstellte oder ob das nährstoffreiche Tiefenwasser zur Düngung und damit zur Steigerung der biologischen Primärproduktion im Oberflächenwasser beitrüge und somit sogar von Nutzen sei („an added potential resource“).[785] Im Ergebnis kamen die Autoren, die die Vorgänge am Meeresboden nicht in den Blick genommen hatten, zu dem Schluss, dass keine Umweltgefahren durch die Einleitung festzustellen seien, dass aber angesichts der raschen Verdünnung ebenso wenig ein positiver Düngungseffekt zu erwarten sei.

Der Test mit dem Continuous-Line-Bucket-Verfahren (CLB) 1972 (s. Kap. 4.3) war ebenfalls mit einer Umweltverträglichkeitsstudie der amerikanischen NOAA verbunden, die teilweise von denselben Wissenschaftlern durchgeführt wurde wie die zu dem Test 1970. Die Autoren der Studie gingen davon aus, dass Tiefseebergbau einen erheblichen Einfluss auf das Ökosystem am Meeresboden und möglicherweise auch im oberflächennahen Freiwasserbereich haben würde. Daher sei es wichtig, die Umweltauswirkung zu verstehen, bevor der kommerzielle Abbau von Manganknollen beginne. Erneut wurde

782 Für nähere Angaben zu Fauna und Populationsdichten Ann Vanreusel et al., Threatened by mining, polymetallic nodules are required to preserve abyssal epifauna, in: Scientific Reports 6, 26808 (01.06.2016), https://doi.org/10.1038/srep26808; Hjalmar Thiel/Gerd Schriever, Deep-sea mining, environmental impact and the DISCOL project, in: Ambio 19 (1990), 5, S. 245–250, hier S. 248.

783 Mero, Economic aspects, S. 353.

784 Für einen Überblick Virginie Tilot, Review of Environmental Impact Studies on Deep-Sea Polymetallic Nodule Mining in the Eastern Central Pacific Ocean, September 1988, revised in May 1989. Es handelt sich um eine unveröffentlichte Literaturstudie des französischen Meeresforschungsinstituts Ifremer, die folgender Akte des BMWi beiliegt: BA B 102/405926, Vorbereitungskommission für die Internationale Meeresbodenbehörde und den Internationalen Seegerichtshof – Sonderkommission 3, Bd. 2.

785 Anthony F. Amos et al., Effects of surface-discharged deep sea mining effluent, in: Marine Technology Society Journal 6 (1972), 4, S. 40–46, hier S. 40.

insbesondere der Frage nachgegangen, ob die Einleitung von sedimentreichem Tiefenwasser zur Erhöhung der biologischen Primärproduktion beitragen würde und ob dies zum Aufbau einer komplexeren Nahrungskette oder nur zu einer kurzlebigen Algenblüte führen würde. Am Ende verlief allerdings der CLB-Test selbst so intermittierend und wenig erfolgreich, dass es nicht gelang, die Auswirkungen des Abbaus am Meeresboden und in der Wassersäule zu dokumentieren.[786] Obwohl keine weiteren Tests mit diesem Verfahren stattfanden, diskutierten noch Anfang der 1980er Jahre zwei deutsche Veröffentlichungen dessen mögliche Auswirkungen. Es wurde vermutlich zu Recht als das umweltschädlichste Abbauverfahren betrachtet, da die Eimerkette große Mengen Sediment aufwirbeln und in allen Wasserschichten verteilen würde.[787]

In der Bundesrepublik wurden ökologische Aspekte ebenfalls schon in einer frühen Phase des Tiefseebergbauprojekts berücksichtigt. Der Biologe Hjalmar Thiel (Universität Hamburg), der vorher bereits die Versenkung von Atommüll wissenschaftlich begleitet hatte (s. Kap. 3.5), fuhr 1972 auf der ersten Manganknollen-Reise der Valdivia im Pazifik mit, um Untersuchungen über die Tiefseefauna und die Auswirkungen des Tiefseebergbaus durchzuführen. Thiel war zudem 1977 bis 1981 an einer Umweltverträglichkeitsstudie – MESEDA (Metalliferous Sediment Atlantis II Deep) – für den Abbau von Erzschlämmen im Roten Meer (s. Kap. 2.3) beteiligt, den die Preussag im Auftrag von Saudi-Arabien und dem Sudan untersuchte. Die Biologen konnten hier das Unternehmen und die Regierungen überzeugen, dass bei einem etwaigen kommerziellen Abbau der toxische Abraumschlamm nicht oberflächennah, sondern erst unter 1.000 m Tiefe und damit unterhalb der Vertikalbewegung des Planktons eingeleitet werden sollte.[788]

Selbst das fiktive Manganknollenprojekt von Howard Hughes (s. Kap. 4.1.4) wurde von öffentlichen Vorträgen zu möglichen ökologischen Auswirkungen begleitet.[789] Offensichtlich gehörte dies zu diesem Zeitpunkt schon zu den Aktivitäten, die ein Unternehmen im Tiefseebergbau vorzeigen musste, um glaubhaft zu wirken. Für die späteren genuinen Tiefseebergbauprojekte begann die NOAA in den Vereinigten Staaten in Zusammenarbeit mit der Industrie 1975 die größer angelegte „Deep Ocean Mining Environmental Study“ (DOMES), in deren Rahmen zuerst eine Baseline-Studie die ökologischen Ausgangsbedingungen auf drei Abbaufeldern dokumentierte und mögliche Effekte identifizierte. Während und nach den Abbautests von OMI und OMA 1978 auf diesen Feldern

786 Oswald A. Roels et al., The Environmental Impact of Deep-Sea Mining, Progress Report (NOAA Technical Report ERL 290-OD 11), Boulder, Colo. 1973, S. 75–77, 153f.

787 Schneider, Manganknollen, S. 121; Jochem C.G. Ottow, Tagebau unter Wasser, in: Die Umschau 82 (1982), 10, S. 319–324, hier S. 320.

788 Thiel/Schriever, Fifty years, S. 83–89; Thiel/Weikert/Korbe, Risk assessment.

789 O.A., Untersuchungen des am Meeresboden gestörten Sediments, in: mt – Meerestechnik – Marine Technology 4 (1973), 1, S. 33. Der kurze Bericht gibt den Vortrag des Leiters der Tiefseebergbau-Abteilung von Lockheed wieder. Lockheed arbeitete, wie der Bericht anmerkt, zu dieser Zeit für das Programm von Hughes, war später jedoch als Teil des OMCO Konsortiums auch an einem genuinen Manganknollenprojekt beteiligt.

wurden die Auswirkungen auf den Tiefseeboden und an der Oberfläche beobachtet.[790] Erdogan Ozturgut und die weiteren Autoren des ersten DOMES-Bericht erwarteten, dass bis zur Jahrtausendwende bis zu 60 Tiefseebergbauschiffe im Einsatz seien, und besaßen ein klares Problembewusstsein hinsichtlich der möglichen ökologischen Folgen: „The environmental impact of such activity is of considerable concern."[791] Zugleich basierte DOMES auf dem Vorsorgeprinzip, indem die Studie dazu beitragen sollte, Umweltschutzrichtlinien schon vor dem Beginn des kommerziellen Tiefseebergbaus zu formulieren. Gegenstand der Studie war der gesamte Bereich von der Meeresoberfläche über die Wassersäule bis zum Tiefseeboden, für die jeweils die Fauna als Ausgangsbedingung vor dem Eingriff untersucht wurde. Während in den oberflächennahen Wasserschichten eine Reihe von teilweise auch kommerziell bedeutenden Fischarten wie Thunfisch und Schwertfisch vorkommen, stellten die Wissenschaftler am Meeresboden mit Kastengreifern und Fotografien nur noch kleinere Wirbellose wie Vielborster (Polychaeta), Scherenasseln (Tanaidacea), Asseln (Isopada) und Muscheln in jeweils sehr geringen Populationsdichten fest.[792] Bevor die Abbautests 1978/79 begannen, benannte der DOMES-Bericht drei zu erwartende, ökologisch relevante Effekte des Tiefseebergbaus, die kurzgefasst bereits in der Studie zu dem CLB-Test auftauchten und im Wesentlichen bis heute die Diskussion über die Umweltauswirkungen bestimmen:[793]

- unabhängig vom Förderverfahren werden unweigerlich neben den Manganknollen auch Tiefseewasser, Sedimente und Lebewesen mit zum Bergbauschiff gefördert und müssen von dort wieder in den Ozean eingeleitet werden. Diese Einleitungen, die auch schwermetallhaltige Knollenfragmente und -abrieb enthalten, bilden ausgehend vom Schiff eine oberflächennahe Sedimentwolke.
- am Meeresboden wird der Kollektor beim Aufnehmen der Knollen eine Furche von mehreren Metern Breite und einigen Zentimetern Tiefe hinterlassen, wobei DOMES von etwa 100 km Länge pro Tag ausging.
- der Kollektor wirbelt Sedimente auf, was eine zweite, bodennahe Schwebstoffwolke zur Folge hat, die sich abhängig von den Strömungsverhältnissen mehr oder weniger verbreitet und verdünnt, bevor die Sedimente wieder niedersinken.

Die DOMES-Autoren kamen in dem 1978 noch vor Auswertung der Abbautests im gleichen Jahr veröffentlichten Bericht zu dem Schluss, dass es jenseits von 50 km Entfernung vom Bergbauschiff zu keinen erkennbaren Auswirkungen der Sedimentwolke an der

790 BA B 102/405926, Vorbereitungskommission für die Internationale Meeresbodenbehörde und den Internationalen Seegerichtshof – Sonderkommission 3, Bd. 2, Virginie Tilot, Review of Environmental Impact Studies on Deep-Sea Polymetallic Nodule Mining in the Eastern Central Pacific Ocean, September 1988, revised in May 1989, S. 16–26.

791 E. Ozturgut et al., Deep Ocean Mining of Manganese Nodules in the North Pacific. Pre-Mining Environmental Conditions and Anticipated Mining Effects (NOAA Technical Memorandum ERL MESA-33), Boulder, Colo. 1978, S. 1.

792 Ebd., S. 48, 64.

793 Ebd., S. 71. S.a. Roels et al., Environmental Impact, 1973, S. 76.

Meeresoberfläche kommen werde. Allerdings, so die Wissenschaftler weiter, seien Informationen über die Langzeitwirkung der Anreicherung von Schwermetallen durch die eingeleiteten Sedimente und Manganknollenfragmente in der Nahrungskette noch ebenso unzureichend wie zum Einfluss der Schwebstoffe auf das Plankton. Auch wenn die Einleitung von nährstoffreichem Tiefenwasser nahe der Meeresoberfläche die biologische Primärproduktion erhöhen könnte, ging die Studie davon aus, dass die Eintrübung des Wassers durch die Schwebstoffe die Lichtverfügbarkeit reduziert und somit den Düngungseffekt wieder kompensiert. Eindeutig war für die Autoren hingegen, dass die Fauna auf dem Meeresboden, die auf dem Pfad des Kollektors liegt, völlig zerstört wird. Die Wissenschaftler sahen jedoch die direkt betroffene Fläche im Vergleich zum gesamten Lebensraum Tiefseeboden als unerheblich an. Die bodennahe Schwebstoffwolke werde ebenfalls die Fauna dezimieren, indem Organismen und ihre Nahrungsgrundlage auch außerhalb des Kollektorpfads von Sedimenten begraben werden, aber erneut betrachteten die Autoren die vorhandenen Informationen als nicht aussagekräftig genug, um das Ausmaß des Effekts abzuschätzen.[794]

Auf erhebliche Wissenslücken und die Notwendigkeit, Abbautests und den späteren kommerziellen Bergbau mit einem Umweltmonitoring zu begleiten und darauf aufbauend Regularien zu entwickeln, wiesen schon die Biologen und Ozeanografen Anthony F. Amos und Oswald A. Roels 1977 hin. Während auch der DOMES-Bericht von 1978 kein explizites Plädoyer gegen den Tiefseebergbau enthielt, machten Amos und Roels klar deutlich, dass ihr Ziel darin bestand, zu einer geregelten Entwicklung der Industrie beizutragen:

> „To ensure the safe development of this marine resource, and to avoid costly and drawn-out legal wrangling based on the unsubstantiated opinions of ‚experts' for opposite viewpoints, it is clearly necessary that an orderly procedure be followed and that all environmental factors related to deep-sea mining be well documented."[795]

Beide Autoren sahen die Umweltauswirkungen des Abbaus von Manganknollen im Vergleich mit den potenziellen Effekten ihrer Verhüttung an Land oder auf See als eher gering an. Darüber hinaus regten Amos und Roels an, die ökologischen Auswirkungen des Tiefseebergbaus mit denen des terrestrischen Kupfer-, Nickel-, Kobalt- und Manganbergbaus zu vergleichen.[796] Dieser Punkt, der eher für den Tiefseebergbau sprechen könnte, sollte später in den Diskussionen zu Beginn des 21. Jahrhundert an Bedeutung gewinnen.

Der zweite Teil von DOMES bestand in einem Monitoring der Abbautests der Konsortien OMI und OMA im Jahr 1978 durch Wissenschaftler der NOAA, um anhand dieser Tests Annahmen über die Umwelteinflüsse des Tiefseebergbaus zu überprüfen und Daten für die zukünftige Formulierung von Umweltrichtlinien zu gewinnen. Indem der Kollektor

794 Ozturgut et al., Deep Ocean Mining, S. 117–119.
795 Anthony F. Amos/Oswald A. Roels, Environmental aspects of manganese nodule mining, in: Marine Policy 1 (1977), 2, S. 156–163, hier S. 162.
796 Ebd., S. 163.

während des Betriebs per Video beobachtet und dessen Spuren nach dem Test untersucht wurden, konnten die Wissenschaftler in dem 1981 veröffentlichten Bericht bestätigen, dass der Kollektor die Fauna auf und nahe dem Meeresboden auf seiner Wegstrecke zerstörte. Zusätzlich wurde – ebenfalls wie erwartet – eine bodennahe Sedimentwolke aufgewirbelt, die sich außerhalb des Kollektorpfads wieder setzt und dabei bodenlebende Tiere und ihre Nahrungsgrundlage abdeckt. Weil die Lebewesen des Tiefseebodens im Manganknollengürtel an langfristig sehr stabile Umweltbedingungen und äußerst geringe Sedimentationsraten angepasst sind, vermuteten die Autoren, dass auch eine sehr dünne Abdeckung sich für die Fauna fatal auswirken werde. Hinsichtlich der vom Bergbauschiff ausgehenden oberflächennahen Schwebstoffwolke konnte anhand des Monitorings der Abbautests erneut kein positiver Effekt auf die biologische Primärproduktion durch das nährstoffreiche Tiefenwasser festgestellt werden; ebenso wenig jedoch eine Beeinträchtigung des Zooplanktons durch die Schwebstoffe. Wie die Autoren des Berichts abschließend feststellten, war die Aussagekraft dieses Monitorings eingeschränkt, da die Abbautests nur von kurzer Dauer waren, in einem verkleinerten Maßstab durchgeführt wurden und von häufigen Unterbrechungen gekennzeichnet waren. Um zu belastbareren Ergebnissen, auch hinsichtlich der Langzeitfolgen, zu kommen, empfahlen sie daher die Untersuchung der ökologischen Folgen eines länger laufenden Tiefseebergbaubetriebs. Auch wenn dieser zweite DOMES-Bericht auf weiterhin bestehende Wissenslücken und gravierende Umwelteffekte hinwies, wurde das Projekt als solches nicht in Frage gestellt bzw. schien es den Autoren offenbar undenkbar, dass der Tiefseebergbau aus ökologischen Motiven zurückgestellt werden könnte oder sollte.[797]

Auch wenn in den Publikationen dieser Zeit wenig Dissens sichtbar wird, scheint die Zusammenarbeit zwischen den auf den Schutz der Meeresumwelt ausgerichteten Biologen und den Mitarbeitern der Industrie sowie den Geologen, die auf den Abbau der Ressource hinarbeiteten, nicht immer reibungslos gewesen zu sein. 2019 zitierte die Zeitschrift „Nature“ Hjalmar Thiel mit den Worten: „We had a lot of fights“ und „They were nearly ready to drown me“.[798] In einer früheren eigenen Publikation deutete Thiel Schwierigkeiten an, indem er schrieb, seine Beteiligung an der ersten Valdivia-Fahrt habe auch dazu gedient, sich mit den Industriemitarbeitern und den Geologen vertraut zu machen, die nicht gewohnt gewesen seien, Schiffszeit mit Biologen zu teilen.[799] Insgesamt gestaltete sich die Zusammenarbeit mit der Industrie jedoch gut, so Thiel.[800]

Diese Umweltverträglichkeitsstudien fanden durchaus einen Niederschlag in den Artikeln über den Tiefseebergbau, die Vertreter der Industrie oder Geologen und Ozeanografen veröffentlichten. Es handelte sich um ein Thema, das sich in den 1970er Jahren nicht ignorieren ließ – das aber auch kein unüberwindliches Problem darzustellen schien. Norbert Hering (Metallgesellschaft) hob in einem Artikel von 1973 abschließend unter

797 Ozturgut/Lavelle/Burns, Impacts.
798 Olive Heffernan, Deep-sea dilemma, in: Nature 571 (25.07.2019), S. 465–468, hier S. 465.
799 Thiel/Schriever, Fifty years, S. 89.
800 Hjalmar Thiel/Gerd Schriever, persönliche Kommunikation, 20.03.2020.

Bezug auf die Studie zum Test auf dem Blake Plateau die vermeintlich vorteilhafte Wirkung des nährstoffreichen Tiefenwassers auf biologische Primärproduktion an der Ozeanoberfläche hervor, gestand aber auch bestehende Wissenslücken ein. In jedem Fall sei das Thema, „in seiner Bedeutung deutlich erkannt."[801] Im folgenden Jahr konnte man in der Zeitschrift „Science" lesen: „Nodules are found in areas of the ocean that are in many respects biological deserts, but that does not mean mining will have no effect on the ocean environment." [802] Viele Ozeanografen, so der Artikel weiter, glaubten jedoch nicht, dass Tiefseebergbau den Ozeanen als Ganzes permanenten Schaden zufügen werde. Immerhin könnten jedoch Sedimentablagerungen zerstört werden, die für die Wissenschaft von Interesse seien, aber ernstere ökologische Probleme seien eher von der Verhüttung der Knollen als von ihrem Abbau zu erwarten.[803] Der Ozeanograf Heath verglich 1981 zuerst den direkten Effekt des Abbaus auf den Tiefseeboden mit dem Kahlschlag eines Waldes, kam aber abschließend zu der Einschätzung, dass die Probleme mit einigen Vorsichtsmaßnahmen in den Griff zu bekommen seien:

> „Clearly, the massive development of nodule mining will not and should not proceed without a parallel program of environmental monitoring and modeling. However, results to date raise no major questions as to the environmental feasibility of deep-sea mining."[804]

In dieselbe Richtung ging der eingangs zitierte Satz des Preussag-Vorstands Stalp, der gleichzeitig die erheblichen Kosten der Umweltstudien als Beleg für deren Ernsthaftigkeit anführte. Auch bei Stalp fehlte nicht der Hinweis auf die „denkbaren positiven Begleiterscheinungen, wie sie sich z.B. während des Abbaus aus der ‚Düngung' des Oberflächenwassers durch nährstoffreiches Tiefenwasser ergeben können."[805] In dem gleichen Band wie der Beitrag von Stalp erschien ein Aufsatz des Biologen Thiel, der ungeschönt die Ergebnisse von DOMES hinsichtlich der Auswirkungen auf den Meeresboden zusammenfasste. Er sprach sich allerdings auch für eine „realistische Einschätzung" statt „abschreckender Schwarz-Weiß-Malerei" aus und kam zu dem Schluss, dass beim Tiefseebergbau „frühzeitig Forschungen initiiert worden [sind], die die Umweltschäden vermeiden sollen."[806]

Eine Gruppe von Ökonomen um Wilfried Prewo vom Institut für Weltwirtschaft der Universität Kiel argumentierte 1982 in einer Kritik von UNCLOS III für ein möglichst liberales Regime für den Tiefseeboden und stützte sich dabei auch auf den ökologischen Aspekt. Zugangsbeschränkungen für den Tiefseebergbau, wie sie das SRÜ vorsah, ließen sich allenfalls zur Vermeidung negativer externer Effekte wie u.a. Umweltschäden rechtfertigen. Solche Schäden seien jedoch, so die Ökonomen, kaum zu erwarten: „Ausmaß

801 Hering, Erkenntnisse, S. 10.
802 Hammond, Manganese nodules, S. 646.
803 Ebd.
804 Heath, Ferromanganese nodules, S. 761f.
805 Stalp, Tiefseebergbau, S. 228.
806 Thiel, Verschmutzung, S. 155.

und Wahrscheinlichkeit von Umweltschäden sind gegenwärtig allerdings als gering einzuschätzen; denn der Abbau der Manganknollen erfordert keine Bohrungen, und in der großen Wassertiefe am Meeresboden gibt es auch nur wenige Lebewesen.“[807] Eine wie nachträglich eingefügt wirkende Fußnote relativierte diese Aussage aber etwas, indem sie auf den noch unzureichenden Kenntnisstand über die Umwelt am Meeresboden verwies.[808]

Elisabeth Mann Borgese erkannte früh die Gefahren, die nicht nur vom Tiefseebergbau, sondern allgemein von der industriellen Nutzung der marinen Ressourcen für die Meeresumwelt ausgingen. Dennoch muss ihr ökologisches Engagement relativiert werden, auch wenn es heute gelegentlich in den Vordergrund gestellt wird.[809] Mann Borgese war keine im eigentlichen Sinne ökologisch motivierte Meeresschützerin, sondern hatte in erster Linie den Nutzen des Meeres für die gesamte Menschheit vor Augen, so dass eine intensivierte Ausbeutung der Ozeane ihr sogar als humanistische Pflicht erschien.[810] 1972 drückte sie ihre Überzeugung aus, dass ihr Ideal der Erschließung der Ozeane zum Wohle der gesamten Menschheit nicht aus ökologischen Gründen zurückgestellt werden dürfe:

> „Yet, no one can seriously propose that industrializations of the oceans be halted. A ‚zero-growth economy‘ for the seas is the most utopian of all utopias – and worse still, it is a rich man’s dream that would become a nightmare for the majority of peoples whose survival requires full development of the world’s resources.“[811]

In dem 1985 erschienenen Buch „The Mines of Neptune“ sah Mann Borgese sogar im Umweltschutz ein Argument dafür, Bergbau und andere Industrien in die Ozeane zu verlegen („the farther out, the better“), weil es dort weniger Nutzungskonflikte gäbe. Zugleich warnte sie jedoch davor, dass die Menschheit nach dem Festland nun auch die Meere zerstören könnte.[812] Mann Borgese schilderte, gestützt auf die DOMES-Berichte, die Auswirkungen des Manganknollenabbaus auf den Meeresboden, aber sie hielt weiterhin an dem Ziel eines Tiefseebergbaus unter dem Common-Heritage-Prinzip fest und schlug vor, idealerweise müsse man die Tiefseefauna umsiedeln, bevor der Abbau beginne.[813] Dies ist jedoch eher ein Beleg für ihren hochmodernen Glauben an technische Lösungen und ihren Willen, ihre eigenen Hoffnungen nicht durch harte Realitäten einschränken zu lassen, als ein umsetzbarer Vorschlag.[814]

---

807 Prewo, Neuordnung, S. 190f.
808 Ebd.
809 Vgl. Adler, Neptune’s Laboratory, S. 144.
810 Sackel, Meer, S. 278.
811 Mann Borgese, Introduction, S. xii.
812 Dies., Mines of Neptune, S. 33.
813 Ebd., S. 87.
814 Der Germanist Tilmann Lahme sprach in einem anderen Kontext von Mann Borgeses „enormen Willen, eigene Hoffnungen und Illusionen nicht gar zu sehr von der Realität bedrängen zu lassen.“ Radkau vermisst bei Mann Borgese ebenfalls eine „analytische Dickbrettbohre-

Die internen Studien, die AMR und OMI 1975 und 1980 zu den Aussichten des Tiefseebergbaus erstellten, behandelten das Thema Umweltschutz nur sehr knapp.[815] Diese Studien erwähnen weder die Umweltbeeinträchtigungen an sich noch das nationale bzw. internationale Umweltrecht oder mögliche gesellschaftliche Proteste gegen den Abbau von Manganknollen als ein Problem auf dem Weg zur Verwirklichung des Projekts.

Fragen der Umweltverträglichkeit begleiteten das Manganknollenprojekt demnach schon seit den ersten konkreten Schritten. Beginnend mit dem ersten Test auf dem Blake Plateau 1970 über den CLB-Test 1972 bis zu den Tests von OMI und OMA 1978 waren alle Abbauversuche von mehr oder weniger umfangreichen Umweltverträglichkeitsstudien begleitet. Dabei war bereits gemäß dem Vorsorgeprinzip unstrittig, dass solche Untersuchungen dem kommerziellen Bergbau vorangehen müssten, um rechtzeitig Umweltrichtlinien formulieren zu können. Im Rahmen dieser Untersuchungen wurden bereits die drei zentralen Auswirkungen identifiziert, die noch heute diskutiert werden: Erstens wird auf dem Tiefseeboden die Fauna durch den direkten Kontakt mit dem Kollektor zerstört; zweitens wird durch den Kollektor eine bodennahe Schwebstoffwolke aufgewirbelt, die sich über einen gewissen Bereich verbreitet und beim Niedersinken bodenlebende Tiere und ihrer Nahrungsgrundlage auch außerhalb des Kollektorpfads begräbt; drittens wird das Bergbauschiff Sedimente und Tiefenwasser, die zwangsläufig durch den Rohrstrang zusammen mit den Manganknollen hochgepumpt werden, wieder in den Ozean einleiten (ggf. zusammen mit Knollenfragmenten), wodurch eine zweite, oberflächennahe Schwebstoffwolke entsteht. Im Gegensatz zu den 1970er Jahren wird heute nicht mehr diskutiert, ob diese oberflächennahe Wolke einen wünschenswerten, positiven Effekt hat. Die Vorstellung war jedoch nicht prinzipiell abwegig, da auch kommerziell wichtige Fischgründe sich oft in Seegebieten finden, wo natürlicherweise nährstoffreiches Tiefenwasser an die Oberfläche aufsteigt. Der größte Unterschied zur Diskussion zu Beginn des 21. Jahrhunderts liegt jedoch darin, dass in den 1970er und frühen 1980er Jahren der Umweltaspekt weder in der Öffentlichkeit noch von Seiten der Unternehmen und Regierungen aus als kritischer Punkt betrachtet wurde. Die Frage nach den ökologischen Auswirkungen ließ sich nicht mehr vermeiden, aber die damit verbundenen Probleme galten als lösbar. Insbesondere der Fauna des Tiefseebodens wurde relativ wenig Aufmerksamkeit gewidmet. Dieser dem Menschen weit entfernte und wenig anschauliche Raum galt als wenig schützenswert.

---

rei“, die der Massivität der von ihr behandelten Probleme angemessen gewesen wäre; Tilmann Lahme, Fräulein Manns Gespür fürs Meer, in: Frankfurter Allgemeine Zeitung (21.06.2012), S. 31; Radkau, Ära, S. 336. S.a. Sackel, Food justice, S. 657.

815 HWA Abt. 119, Nr. 1702, AMR-Durchführbarkeitsstudie. Projekt Manganknollen. Erste Wirtschaftlichkeitsabschätzung 1972–1974, S. 157; BGR 0110932, Appraisal Study 1980. Deep Ocean Mining. Prepared by Ocean Management, Inc., S. 37.

5. Der Niedergang des Tiefseebergbaus (ca. 1980–1994)

„Within the next decade, the ocean should prove to be a major source of many minerals and should become the dominant source of such metals as copper, nickel, manganese and cobalt."[816]

John L. Mero (1968)

„Wenn gleich auch der bekanntgewordene Stand der heutigen Entwicklung in den nächsten fünf Jahren einen wirtschaftlichen Erzknollenabbau unwahrscheinlich erscheinen läßt, so ist er doch gegen Ende dieses Jahrzehnts mit – unter heutigen Aspekten – hohem Grad an Wahrscheinlichkeit zu erwarten."[817]

Norbert Hering (1973)

„Sofern nicht weitere technische, wirtschaftliche und rechtlich-politische Schwierigkeiten hinzutreten, letztere insbesondere im Zusammenhang mit der UN-Seerechtskonferenz, kann mit dem Beginn einer schrittweise in Gang kommenden Manganknollenförderung aus der Tiefsee etwa ab 1985 gerechnet werden. Nach den derzeit möglichen Prognosen ist es wenig wahrscheinlich, daß bis zum Jahr 2000 mehr als zehn Tiefseeprojekte in kommerziellem Maßstab produzieren werden."[818]

Bundeswirtschaftsminister Otto Graf Lambsdorff (1978)

„Werden wir Metalle aus Manganknollen gewinnen? Wird der Tiefseebergbau Realität werden? Um es gleich vorweg zu sagen: Wenn, dann für unsere Kinder, vielleicht sogar erst für unsere Enkelkinder. Vielleicht werden diese sehr viel begehrlicher als wir auf die Metallvorräte blicken, die das Manganknollenpotential beinhaltet."[819]

Rainer Fellerer (1986)

„The amount of nodules on the Pacific Ocean floor seems to be in the neighbourhood of 100 to 200 billion tons. What is the economic value of these deposits? Right now, close to zero. It is too expensive and (because of complex international legal problems) too risky to mine them, transport the material back to shore, extract the wanted heavy metals, market them, and still make a profit."[820]

Eugen Seibold/Wolfgang H. Berger (1996)

---

816 Mero, Oceanic mineral resources, S. 125.

817 Hering, Erkenntnisse, S. 10.

818 Otto Graf Lambsdorff, in: Deutscher Bundestag, Plenarprotokoll 8/117 (16.11.1978), S. 9094. Der Bundeswirtschaftsminister stützte sich hier in Inhalt und Formulierung stark auf den Interministeriellen Staatssekretärausschuss: BA B 102/248666, Fünfte Sitzung des interministeriellen Staatssekretärausschusses für Rohstoff-Fragen, 12.05.1978. Anlage 9: Wirtschaftliche Aspekte Tiefseebergbau, S. 1f.

819 Fellerer, Tiefseebergbau, S. 57.

820 Seibold/Berger, Seafloor, S. 289.

Die erfolgreichen Abbauversuche 1978/79 bildeten den Höhepunkt des Tiefseebergbauprojekts in dem Sinne, dass es danach rasch bergab ging. Wie die oben zitierten Äußerungen aus Wissenschaft, Industrie und Politik erkennen lassen, verschob sich der Erwartungshorizont aller Akteure hinsichtlich des Beginns einer kommerziellen Förderung zusehends auf unbestimmte Zeit in die Zukunft, nachdem man in den 1960er und 1970er Jahren noch mit einem Start in wenigen Jahren gerechnet hatte. Damit fielen auch die Manganknollen für lange Jahre bis ins neue Jahrtausend vom Status einer vielversprechenden und umkämpften Ressource fast wieder auf den einer mineralogischen Kuriosität zurück. Nicht nur das „Handelsblatt" stellte 1989 rückblickend fest, dass der anfängliche „Knollen-Enthusiasmus" inzwischen verflogen war,[821] auch aus der Appraisal-Study des OMI Joint Venture sprach schon 1980 eine gewisse Ernüchterung: „The euphoric expectations of the 1960s and early 1970s regarding the development of the manganese nodule resource potential of the deep sea bed have been substantially dampened by various factors."[822] Diese Faktoren bestanden aus den Veränderungen der Rahmenbedingungen, die den Tiefseebergbau seit den 1960er Jahren hatten attraktiv erscheinen lassen, die sich aber bis in die 1980er Jahre deutlich anders als erwartet entwickelt hatten. Dies betraf den Bereich Rohstoffpolitik einschließlich der Rohstoffpreise und den Aspekt der Versorgungssicherheit, die im internationalen Seerecht festgelegten Verfügungsrechte über die Lagerstätten und schließlich das allgemeine Verhältnis zwischen Erträgen und Kosten des Tiefseebergbaus. In den bisher führenden Staaten einschließlich der Bundesrepublik nahmen die Unternehmen zuerst eine abwartende Haltung ein und fuhren bald ihre Aktivitäten weitgehend zurück. Lediglich in der Sowjetunion, Japan, Südkorea und Frankreich wurde die staatliche Forschung noch ausgebaut, um den Rückstand auf die führenden Staaten aufzuholen, ohne jedoch konkrete Schritte auf einen Abbau von Manganknollen oder andere Tiefseeressourcen einzuleiten. In der Bundesrepublik verlagerte sich der Schwerpunkt der staatlichen Forschung auf die Abschätzung der Umweltfolgen. In diesem Rahmen entstand in der zweiten Hälfte der 1980er Jahre das DISCOL-Experiment, das als Langzeitstudie die Diskussion über die ökologischen Auswirkungen der Manganknollenförderung bis heute prägt.

5.1 Rohstoffpreise und Rohstoffpolitik: Manganknollen werden entbehrlich

Im Oktober 1990 fand der amerikanische Ökonom Julian Simon (1932–1998) in seiner Post einen Umschlag mit einer aktuellen Liste von Rohstoffpreisen und einen Scheck über 576,07 USD. Zwar fehlte ein Anschreiben, dennoch war klar, worum es sich handelte: Der Betrag war die Begleichung der Schuld aus einer Wette, die einen Höhepunkt in der Auseinandersetzung zwischen „Doomsters" oder Pessimisten und „Cornucopians"

821 Bernd Greger, Ganz tief unten bei den Manganknollen, in: Handelsblatt (28.06.1989), S. 27.

822 BGR 0110932, Appraisal Study 1980. Deep Ocean Mining. Prepared by Ocean Management, Inc., S. 8.

oder Optimisten über die Frage der Reichweite der globalen Rohstoffvorräte bildete.[823] Paul Ehrlich, der Absender des Umschlags und Verlierer der Wette, zählte seit den späten 1960er Jahren zu den prominentesten Vertretern der „Doomster" (s. Kap. 3.3.3), die aus einem neomalthusianischen Weltbild heraus einen Zusammenbruch der industriellen Zivilisation durch Bevölkerungswachstum und Rohstofferschöpfung vorhersagten. Ein vehementer Kritiker dieser Position war Simon, der die Auffassung vertrat, der menschliche Lebensstandard und die Rohstoffversorgung würden sich vielmehr positiv entwickeln. Simon argumentierte, die langfristige relative Preisentwicklung für Rohstoffe gemessen an der Kaufkraft der Verbraucher oder den Arbeitslöhnen zeige eine zunehmende Verfügbarkeit an. Ebenso wies er auf die Rolle von Substitution und technischen Innovationen hin, die es seiner Ansicht nach unmöglich machten, von der Endlichkeit der Rohstoffvorräte zu sprechen.[824] Nachdem sich eine längere Debatte zwischen Simon und Ehrlich entsponnen hatte, schlug ersterer 1980 eine Wette vor, um die widerstreitenden Auffassungen über die zukünftige Rohstoffverfügbarkeit einem Realitätstest zu unterziehen. Zusammen mit zwei Freunden akzeptierte Ehrlich die Wette, die über zehn Jahre bis 1990 laufen sollte und den inflationsbereinigten Preis eines Warenkorbes aus fünf Rohstoffen im Wert von 1.000 USD zum Gegenstand hatte. Ehrlich durfte die Rohstoffe wählen und entschied sich für Chrom, Kupfer, Nickel, Zinn und Wolfram; alles Metalle, die eine hohe wirtschaftliche Bedeutung besaßen und deren Preis in den 1970er Jahren stark angestiegen war. Wenn der Preis inflationsbereinigt am Ende über 1.000 USD lag, musste Simon die Differenz zahlen; wenn er niedriger lag, Ehrlich und seine Mitstreiter. Dabei war Ehrlich insofern im Vorteil, als sein Verlust 1.000 USD nicht überschreiten konnte, während Simons Einsatz theoretisch nach oben unbegrenzt war. Allerdings war für die Wettparteien der finanzielle Aspekt nicht entscheidend: „For both sides", so der Historiker Paul Sabin, „the real winnings would be bragging rights and the chance to prove that they were right about the future course of history."[825]

Simon ging aus der Wette als Sieger hervor und erhielt die 567,07 USD, da der Wert des Warenkorbes aus den fünf Metallen sich ungeachtet eines beträchtlichen Bevölkerungswachstums in den zehn Jahren inflationsbereinigt etwa halbiert hatte. Allerdings gab sich Ehrlich in der Sache nicht geschlagen und konzedierte nur, dass er einen zu kurzen Zeitraum gewählt hätte.[826] Auf längere Sicht würden die Preise steigen und die Knappheit zunehmen, so wie er schon 1974 ein „worldwide age of scarcity" für die letzten Dekaden des 20. Jahrhunderts prophezeit hatte.[827] Tatsächlich hatte Simon mit dem Zeitraum 1980–1990 etwas Glück gehabt. Je nachdem welchen Zehnjahreszeitraum innerhalb des Jahrhunderts man wählt, hätte auch Ehrlich gewinnen können.[828] Dies belegt aber nur den

823 Zu der Wette und den beiden Kontrahenten Sabin, Bet, S. 131–137, 181–189.

824 Julian L. Simon, Resources, population, environment. An oversupply of false bad news, in: Science, Vol. 208, Issue. 4451 (27.06.1980), S. 1431–1437.

825 Sabin, Bet, S. 137.

826 Ehrlich erklärte später: „Julian Simon is like the guy who jumps off the Empire State Building and says how great things are going so far as he passes the 10th floor"; Sabin, Bet, S. 184.

827 Ehrlich/Ehrlich, End, S. 21.

828 Sabin, Bet, S. 188.

zyklischen Charakter der Rohstoffmärkte und nicht die These eines langanhaltenden Trends zu zunehmender Knappheit.

Die Simon-Ehrlich-Wette illustriert die Schwierigkeiten bei der Vorhersage von Rohstoffpreisen und zugleich die Leidenschaftlichkeit, mit der die Debatte ausgetragen wurde. Für die Geschichte der Manganknollen war die Entwicklung der Rohstoffmärkte von großer Bedeutung, da sie die potenziellen Einnahmen von Tiefseebergbauprojekten bestimmte. Die rückläufige Entwicklung, die Ehrlich sich 1980 nicht vorstellen konnte, die aber schon nach 1974 einsetzte und letztlich in etwa bis zur Jahrtausendwende reichte, untergrub die Rentabilität kommerzieller Tiefseebergbauprojekte von der Einnahmeseite her. Anders als Ehrlich, der in ökonomischen Fragen sicher etwas naiv war, hatten die Akteure im Bereich des Tiefseebergbaus allerdings um 1980 die Zeichen der Zeit schon erkannt und sahen die Aussichten für einen Abbau von Manganknollen zunehmend als düster an. Gleichzeitig wurde erkennbar, dass die Sorgen über die Lieferunterbrechungen bei wichtigen Metallen, über die Verbreitung OPEC-ähnlicher Rohstoffkartelle und allgemein über die vermeintliche Rohstoffmacht der Entwicklungsländer weitgehend unbegründet waren.[829] Damit verlor auch das strategische Argument, wonach der Tiefseebergbau die Versorgungssicherheit der Industriestaaten erhöhe, weitgehend seine Bedeutung. Manganknollen wurden entbehrlich.

Wenn man zunächst die Preise für sogenannte Nicht-Energie-Rohstoffe, Energieträger und Metalle seit 1960 in den Blick nimmt (s. Diagramm 2),[830] fällt – abgesehen von dem weitgehend parallelen Verlauf – zuerst der Anstieg aller drei Gruppen 1973/74 auf.[831] Anschließend zeigten die Preise nach einem kurzen Rückgang weiter eine steigende Tendenz mit dem zweiten Ölpreisschock 1979/80 als Höhepunkt. Auf diesen folgte eine Plateauphase bis zur Jahrtausendwende mit zunächst einem gewissen Rückgang bei Energie, einer relativen Stabilität bei Nicht-Energie-Rohstoffen insgesamt und höherer Volatilität bei Metallen.

---

829 Zum Bedeutungsverlust der Rohstoffpolitik Sparenberg, Security, S. 216–220; ders., Commodity crisis, S. 357–359.

830 Im Folgenden werden die von der Weltbank veröffentlichten Preisreihen verwendet. Gegenüber den Daten der UNCTAD haben diese den Vorteil einer längeren Zeitspanne. Preise für einzelne mineralische Rohstoffe, nicht aber Indizes publiziert auch der USGS; https://www.worldbank.org/en/research/commodity-markets#1 (02.01.2024); https://unctadstat.unctad.org/wds/ReportFolders/reportFolders.aspx?IF_ActivePath=P,8&sCS_ChosenLang=en (02.01.2024); https://www.usgs.gov/centers/nmic/historical-statistics-mineral-and-material-commodities-united-states (02.01.2024).

831 Der Index „Non-Energy" der Weltbank enthält 64,9 % Agrarrohstoffe, 31,6 % Metalle und 3,6 % Mineraldünger. „Energy" berechnet sich aus 84,6 % Erdöl, 10,8 % Erdgas und 4,7 % Kohle. „Metals" enthält 38,4 % Kupfer, 26,7 % Aluminium, 18,9 % Eisenerz, 8,1 % Nickel, 4,1 % Zink, 2,1 % Zinn und 2,1 % Zinn. Die Gewichtung basiert auf dem Anteil am Export von Entwicklungsländern; World Bank Commodity Price Data (The Pink Sheet), Annual Price Indices, 2010=100, 1960 to the Present, Nominal US Dollars, https://www.worldbank.org/en/research/commodity-markets#1 (02.01.2024).

Diagramm 2: Preisentwicklung von Nicht-Energierohstoffen, Energieträgern und Metallen in nominalen Preisen, 1960–2000 (2010=100) (World Bank Commodity Price Data (The Pink Sheet), Annual Price Indices, 2010=100, 1960 to the Present, Nominal US Dollars, https://www.world bank.org/en/research/commodity-markets#1 (02.01.2024)).

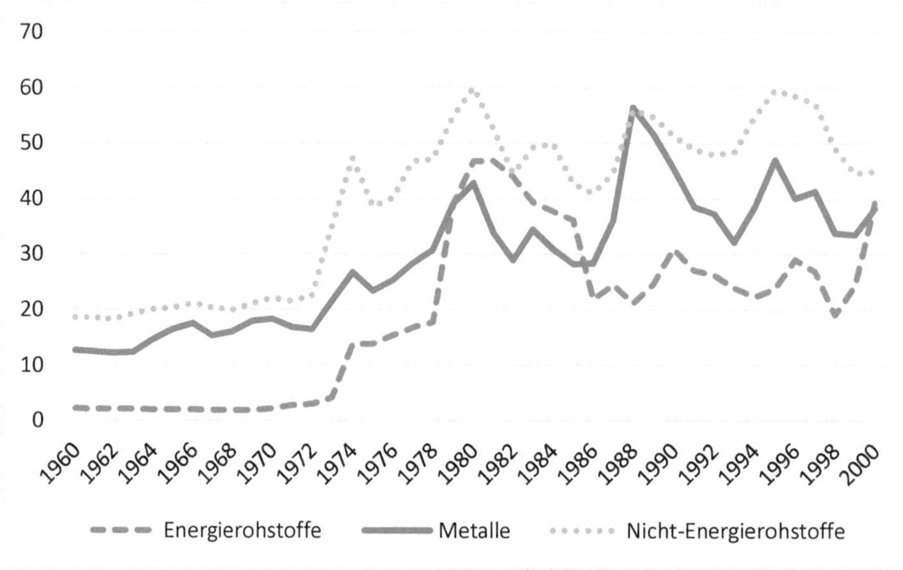

Die Betrachtung von nominalen, also laufenden Preisen täuscht jedoch, insbesondere in Zeiten hoher Inflation wie den 1970er Jahren, und lässt leicht den Eindruck ständig zunehmender Knappheit entstehen. Für die daher notwendige Deflationierung von Rohstoffpreisen wird vielfach, so auch von der Weltbank, auf den MUV-Index (Manufacturing Unit Value) zurückgegriffen. Dabei handelt es sich um einen Index der Industriegüterexporte der größten Industriestaaten, der es erlaubt, für den globalen Handel den Preis von Rohstoffen an Preisen von Industriegütern zu messen.[832]

832 Radetzki, Handbook, S. 72; Stephan Pfaffenzeller/Anthony Rayner, A short note on updating the Grilli and Yang Commodity Price Index, in: The World Bank Economic Review 21 (2007), 1, S. 151–163, hier S. 157.

Diagramm 3: Preisentwicklung von Nicht-Energierohstoffen, Energieträgern und Metallen in realen Preisen, 1960–2000 (2010=100) (World Bank Commodity Price Data (The Pink Sheet), Annual Price Indices, 2010=100, 1960 to the Present, Real US Dollars, https://www.worldbank.org/en/research/commodity-markets#1 (02.01.2024)).

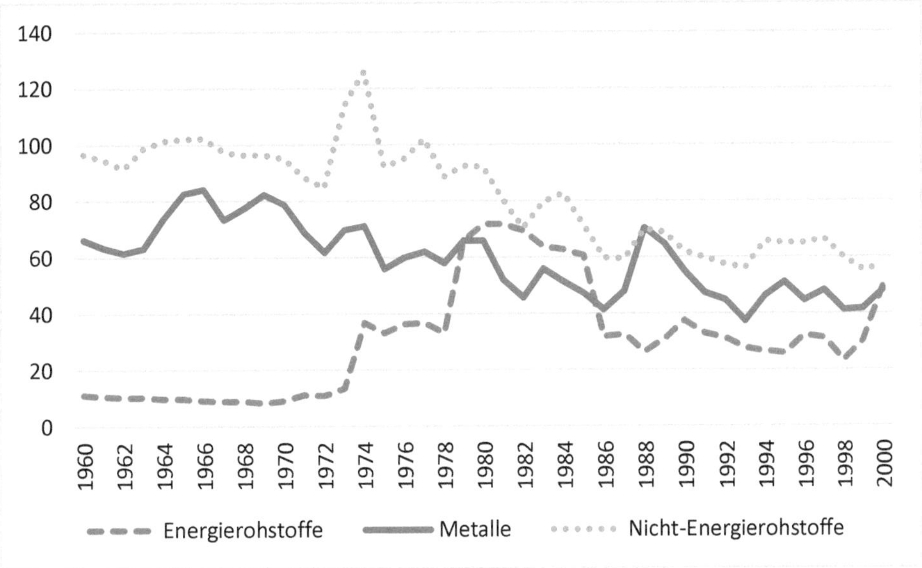

Die so mit dem MUV Index deflationierten realen Preise (s. Diagramm 3) zeigen sogleich ein anderes Bild. Nur der Index für Energiepreise, der stark von dem durch die OPEC kontrollierten Ölpreis dominiert wurde, konnte sich bis zur Jahrtausendwende über dem Niveau der 1960er Jahre, aber auch nicht auf dem Höhepunkt von 1980 halten. Metalle und Nicht-Energierohstoffe insgesamt wiesen die gesamten 1970er, 1980er und 1990er Jahre hindurch eine fallende Tendenz auf. Diese Entwicklung hatte allgemein Auswirkungen auf das Kräfteverhältnis zwischen den Entwicklungsländern als Rohstoffproduzenten und den Industriestaaten als Rohstoffkonsumenten, sie beeinflusste zudem insbesondere die Ertragsaussichten des Tiefseebergbaus. Dies bestätigt sich, wenn man die realen Preise für Nickel und Kupfer als wichtigste Wertmetalle in den Manganknollen[833] betrachtet. Auch hier entwickelten sich die realen Preise seit 1966 bzw. 1970 bis 2000 rückläufig. Lediglich Nickel erlebte 1988/89 einen kurzen Höhenflug. Der Grund hierfür lag in einer Auseinandersetzung zwischen der Bergbaugesellschaft Falconbridge und der

833 Mangan und Kobalt waren verglichen mit Nickel und Kupfer kommerziell deutlich weniger interessant. Entweder war der Markt zu klein (Kobalt) oder das Preisniveau zu niedrig (Mangan). Für 1970 als Beispieljahr ergeben sich folgende Werte: Mangan: 8.200.000 t Weltproduktion und 68 $/t; Kupfer: 5.900.000 t und 1.280 $/t; Nickel: 628.000 t und 2.840 $/t; Kobalt: 24.200 t und 4.880 $/t; Kelly/Matos, Historical Statistics.

Dominikanischen Republik über die Besteuerung der Nickelerzproduktion des Unternehmens, in deren Folge zeitweilig alle Lieferungen aus dem karibischen Staat eingestellt wurden.[834]

Diagramm 4: Preisentwicklung von Nickel und Kupfer in realen USD, 1960–2000 (World Bank Commodity Price Data (The Pink Sheet), Annual Prices, 1960 to the Present, Real US Dollars, https://www.worldbank.org/en/research/commodity-markets#1 (02.01.2024)).

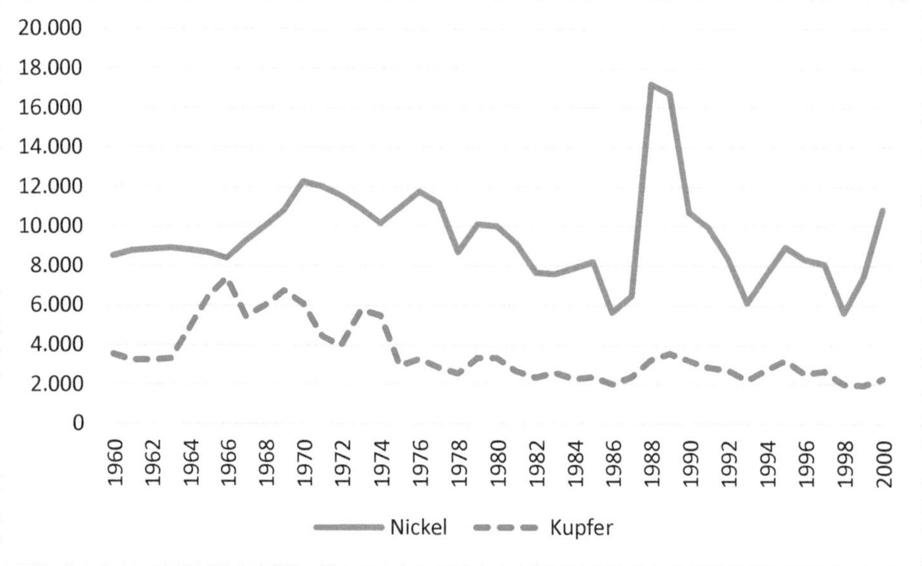

Letztlich entsprach die Entwicklung dem, was die Ökonomen Raúl Prebisch (1901–1986) und Hans Singer (1910–2006) schon um 1950 erwartet hatten: Die Terms-of-trade der Rohstoffexporteure würden gegenüber denen der Industriestaaten auf lange Sicht sinken und damit stiege die internationale Ungleichheit zuungunsten ersterer.[835] Anfang der 1970er Jahre erwarteten viele Akteure und Beobachter dagegen eine umgekehrte Entwicklung, bei der die rohstoffproduzierenden Staaten am längeren Hebel säßen, aber dies erwies sich als unzutreffend. Der Ökonom Edward R. Fried stellte bereits 1976 fest:

> „Only two years ago the industrial world was gripped by something close to hysteria over developments in international commodity markets. The phenomenon had complex roots which included the gloomy resource forecasts of Meadows et al., fears that OPEC's success in controlling the oil market would touch off a proliferation of commodity cartels, and a spreading inflationary psychology. Against this background, the explosion of commodity

---

834 Clow, Nickel, S. 58f., 100f.

835 Barbier, Scarcity and Frontiers, S. 556f.; John Toye/Richard Toye, The origins and interpretation of the Prebisch-Singer thesis, in: History of Political Economy 35 (2003), 3, S. 437–467.

prices then under way tended to be interpreted not in cyclical terms but as heralding a disquieting secular trend.“[836]

Während die 1970er Jahre durch die beiden Ölpreisschocks, die Aussicht auf weitere effektive Rohstoffkartelle und teils dramatische Preissteigerungen auf fast allen Rohstoffmärkten gekennzeichnet waren, bildeten die 1980er und 1990er Jahre eine Zeit, in der Wirtschaft, Politik und Öffentlichkeit den Themen Rohstoffe und Versorgungssicherheit zunehmend mit Desinteresse begegneten.[837] Die westlichen Industriestaaten sahen für sich auf dieser Ebene keine drängenden Probleme mehr. In den Jahreswirtschaftsberichten der Bundesregierung wurde ab etwa 1980 Rohstoffpolitik zunehmend im Kontext der Exporterlösstabilisierung für die Entwicklungsländer diskutiert, also weniger als Problem für Konsumenten wie die Bundesrepublik als für die Produzenten.[838] Aus Sicht der Entwicklungsländer, deren Volkswirtschaften zumeist auf den Export von mineralischen und agrarischen Rohstoffen angewiesen waren, war der Trend auf den Rohstoffmärkten in den 1980/90er Jahren daher eine Katastrophe.[839] Die Rohstoffkrise des Nordens war beendet, die des Südens hatte begonnen.

Für diesen langanhaltenden Preisrückgang, der in Dauer und Ausmaß sogar den der Weltwirtschaftskrise der 1930er Jahre übertraf,[840] lassen sich mehrere Gründe ausmachen. Ebenso wie in den 1960er Jahren das Wachstum der Volkswirtschaften und der industriellen Produktion in den Industrienationen die Nachfrage und den Preis für Rohstoffe angetrieben hatte, war es nach 1973/74 – in der Zeit „nach dem Boom“[841] – das deutlich verlangsamte Wachstum, das die Nachfrage und den Preis für Rohstoffe dämpfte. Darüber hinaus gab und gib es bis heute einen Trend zu einem rückläufigen Rohstoffverbrauch pro Einheit der Wirtschaftsleistung. Die Gründe hierfür liegen in technischen Innovationen, zunehmendem Recycling und dem Wandel der Wirtschaftsstruktur hin zur Dienstleistungsgesellschaft. Bei Agrarrohstoffen wurden außerdem Kautschuk und Naturfasern in vielen Bereichen durch erdölbasierte Kunststoffe verdrängt, während sich bei Nahrungs- und Genussmitteln der Verbrauch einer Sättigungsgrenze angenähert hatte.[842]

Der Technikhistoriker Ulrich Wengenroth sprach 1995 von einer „Beinahe-Stagnation des Metallverbrauchs, auf jeden Fall dessen Entkoppelung vom allgemeinen wirtschaftlichen Wachstum“ in dem Zeitraum nach 1970, deren Ursache er in ressourcensparenden Produktinnovationen sah.[843] Dies lässt sich an der Eisen- und Stahlproduktion – weniger

836 Edward R. Fried, International trade, S. 641.
837 Radetzki, Handbook, S. 1; Bridge, Material Worlds, S. 1217.
838 BT-Drs. 8/3628, Unterrichtung durch die Bundesregierung: Jahreswirtschaftsbericht 1980 der Bundesregierung, 30.01.1980, S. 12. S.a folgende Jahre.
839 Maizels, Commodities, S. 9–14.
840 Ebd., S. 11.
841 Anselm Doering-Manteuffel/Lutz Raphael, Nach dem Boom. Perspektiven auf die Zeitgeschichte seit 1970, 3. erg. Aufl. Göttingen 2012.
842 Maizels, Commodities, S. 14–16.
843 Ulrich Wengenroth, Eiffelturm und Coladose. Über den Zusammenhang von Wirtschaftswachstum und Metallverbrauch, in: Kultur & Technik 19 (1995), 3, S. 11–15. Als Beispiele

bei den hochwertigeren Metallen Nickel und Kupfer – bis etwa zur Jahrtausendwende gut zeigen.[844] Danach beginnt jedoch ein erneuter starker Anstieg, der vor allem auf die dynamisch wachsende Nachfrage aus China zurückgeht.

Die Tendenz zur Dematerialisierung in modernen Dienstleistungsgesellschaften illustrierte Marian Radetzki mit der Berechnung des finanziellen Wertes verschiedener Produkte pro Gewicht. Während klassische Industrieprodukte wie Stahl, ein Tanker oder ein Auto noch einen geringen Wert/kg aufweisen, steigt dieser Wert beispielsweise bei moderner Kommunikationstechnologie steil an und tendiert bei Software oder Dienstleistungen gegen unendlich.[845] Selbstverständlich hat auch das heutige Internet eine materielle Basis und einen ökologischen Fußabdruck in Form von Ressourcenverbrauch und Emissionen, aber im Verlauf der jüngeren wirtschaftlichen Entwicklung sinkt der Anteil der Rohstoffe an der gesamten Wertschöpfung zugunsten des Anteils der Dienstleistungen wie Forschung, Entwicklung, Marketing oder Wartung.

Noch Ende der 1970er Jahre hatte man den zukünftigen Metallverbrauch deutlich höher eingeschätzt, als es der späteren tatsächlichen Entwicklung entsprach. Der bundesdeutsche Staatssekretär-Ausschuss für Rohstoff-Fragen prognostizierte 1978 den globalen Nickel- und Kupfer-Verbrauch bis zum Jahr 2000 (s. Tabelle 7). Im Vergleich zu den tatsächlichen Zahlen wird deutlich, dass die Prognose deutlich zu hoch gegriffen war, obwohl man durchaus mit einer gewissen Abschwächung des Verbrauchswachstums gerechnet, also nicht einfach die Zahlen des Nachkriegsbooms extrapoliert hatte. Der Ausschuss erwartete das stärkste Wachstum in den Entwicklungsländern,[846] wobei offensichtlich ein zu optimistisches Bild von deren zukünftigem Wirtschaftsverlauf zugrunde gelegt wurde. Da insofern die Nachfrage nach den wichtigsten Wertmetallen in den Manganknollen viel schwächer ausfiel als erwartet, stellten sich auch Preisentwicklung und Versorgungslage entspannter dar.

---

für solche ressourcensparenden Innovationen werden hier Getränkedosen angeführt, deren Leergewicht bei gleicher Füllmenge durch dünneres Aluminiumblech stark gesenkt wurde, Autos, die ebenfalls aus dünneren Blechen gefertigt werden, sowie der Eiffelturm, dessen Bau mit modernem Stahl deutlich weniger Material erfordern würde. Schon McKelvey wies 1972 als Beispiel für ressourcensparende Innovationen auf die zunehmende Belastbarkeit moderner Stähle hin, die einen geringeren Materialeinsatz ermöglichen, sowie auf Effizienzsteigerungen bei der Kohleverstromung; McKelvey, Mineral resource estimates, S. 39.

844 Kelly/Matos, Historical Statistics.

845 Radetzki, Handbook, S. 11.

846 BA B 102/248666, Fünfte Sitzung des interministeriellen Staatssekretärausschusses für Rohstoff-Fragen, 12.05.1978. Anlage 9: Wirtschaftliche Aspekte Tiefseebergbau, S. 2f.

Tabelle 7: Weltweiter Verbrauch von Nickel und Kupfer. Gegenüberstellung der Prognose des Staatssekretär-Ausschusses für Rohstoff-Fragen und der tatsächlichen Entwicklung (BA B 102/248666, Fünfte Sitzung des interministeriellen Staatssekretärausschusses für Rohstoff-Fragen, 12.05.1978. Anlage 9: Wirtschaftliche Aspekte Tiefseebergbau, S. 2; Thomas D. Kelly/Grecia R. Matos, Historical Statistics for Mineral and Material Commodities in the United States (2016 version): U.S. Geological Survey Data Series 140, https://www.usgs.gov/centers/nmic/historical-statistics-mineral-and-material-commodities-united-states (02.01.2024)).

	Globaler Nickelverbrauch (1.000 t)		Globaler Kupferverbrauch (1.000 t)	
Jahr	Prognose 1978	Tatsächliche Entwicklung	Prognose 1978	Tatsächliche Entwicklung
1980	751	779	10.183	7.200
1985	958	813	12.390	7.990
1990	1.221	974	15.074	9.200
1995	1.558	1.040	18.339	10.000
2000	1.989	1.290	22.312	13.200

Außerdem waren die Rohstoffmärkte seit den 1970er Jahren nicht nur von Stagnation oder stark verlangsamtem Wachstum auf der Nachfrageseite geprägt, sondern gleichzeitig von einer Ausweitung des Angebots, so dass die Preise von zwei Seiten aus unter Druck gerieten. Viele Entwicklungsländer steigerten in einer langfristig kontraproduktiven, aber kurzfristig oft alternativlosen Strategie ihre Rohstoffexporte, gerade um angesichts fallender Preise ihre Deviseneinnahmen zu erhalten. In diesem Kontext spielte auch die gestiegene externe Verschuldung dieser Staaten eine große Rolle. Überdies waren entsprechend dem klassischen Muster des Schweinezyklus in den Zeiten steigender Preise Investitionen in neue Produktionskapazitäten getätigt worden, die zeitverzögert nun ihren Betrieb aufnahmen und damit das Überangebot vergrößerten.[847] Im Fall der für den Tiefseebergbau besonders relevanten Metalle Nickel und Kupfer schwächte sich das Wachstum der weltweiten Produktion nach 1980 hingegen sogar etwas ab, allerdings wuchs auch hier der Ausstoß trotz sinkender Preise (s. Diagramm 5). Bei Kobalt war der Ausstoß stärker volatil; insgesamt jedoch wuchs bei allen drei Metallen die Bergwerksproduktion von 1970 bis 2000 noch deutlich an.[848] Der Anstieg der Nickelproduktion seit den 1960er Jahren stützte sich vor allem auf die Erschließung eines neuen Typs von Lagerstätten, die lateritische Erze enthalten. Nicht Manganknollen, sondern lateritische Erze, die im Unterschied zu den bis dahin dominierenden sulfidischen Erzen meist in tropischen Regionen im Tagebau gewonnen werden, revolutionierten die globale Nickelindustrie.[849]

847 Maizels, Commodities, S. 16.
848 In absoluten Zahlen bewegt sich die Produktion von Kupfer, Nickel und Kobalt in sehr verschiedenen Größenordnungen: Von 1945 bis heute betrug die Kupferproduktion meist in etwa das zehnfache der Nickelproduktion, die wiederum in etwa das 20fache der Kobaltproduktion ausmachte (jeweils in t). Die starken Schwankungen bei Kobalt erklären sich daher auch aus der geringen Größe des Marktes.
849 Clow, Nickel, S. 12f., 18f.

Diagramm 5: Weltweite mengenmäßige Produktion von Nickel, Kupfer und Kobalt, 1945–2018 (1970=100) (Thomas D. Kelly/Grecia R. Matos, Historical Statistics for Mineral and Material Commodities in the United States: U.S. Geological Survey Data Series 140, https://www.usgs.gov/centers/nmic/historical-statistics-mineral-and-material-commodities-united-states (02.01.2024)).

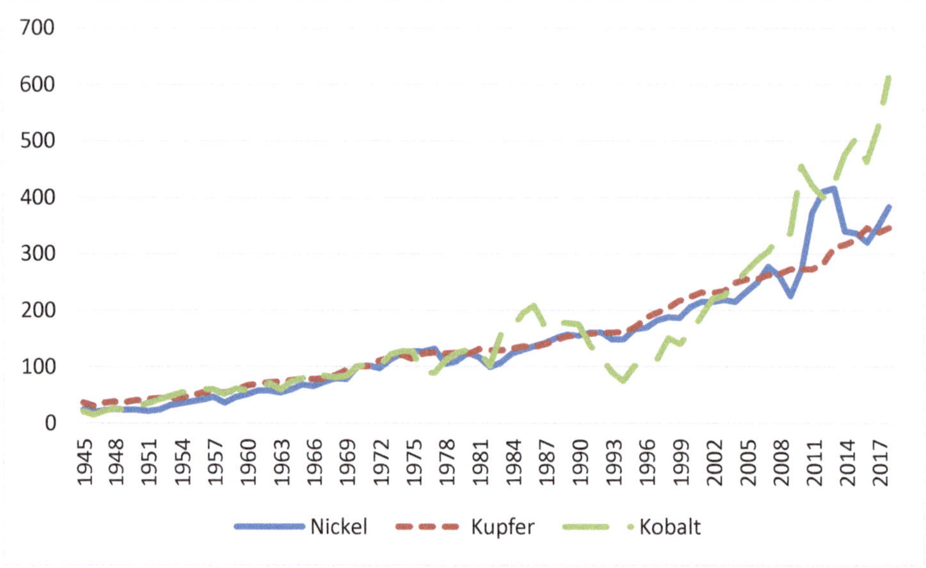

Angesichts steigender Produktionskapazitäten und schwacher Nachfrage war die Bergbauindustrie in den 1980er Jahren allgemein und insbesondere auch bei Nickel, Kupfer und Kobalt bei weitem nicht ausgelastet.[850] Eine Darstellung des internationalen Nickelmarktes von 1992 erwähnte Manganknollen selbst bei der Diskussion zukünftiger Nickelprojekte mit keinem Wort, da die Industrie noch vielfältige Optionen auf den Kontinenten hatte.[851] Selbst wenn die Nachfrage wieder rasch angestiegen wäre, hätten die landgebundenen Produzenten somit noch erhebliche brachliegende Kapazitäten gehabt, um die Produktion hochfahren zu können. Auch ohne die Tiefsee war der Ausstoß der globalen Nickel-, Kupfer- und Kobaltindustrie in den 1980er Jahren von den Grenzen des Wachstums noch weit entfernt.

Die Entwicklung der Rohstoffmärkte stand in einem wechselseitigen Verhältnis zu den rohstoffpolitischen Spannungen zwischen Industrie- und Entwicklungsländern. In dem Maße, indem die Marktmacht der Produzentenstaaten angesichts von fallenden Preisen und Überkapazitäten schwand, ging auch die Bedrohung für die Versorgungssicherheit der Industriestaaten zurück. Gleichzeitig spiegelt der Preisrückgang auch die politische Schwäche der Dritten Welt wider, der es nicht gelungen war, auf politischem Wege ihre

850 Earney, Resources, S. 3. Die Auslastung der weltweiten Bergwerksproduktion betrug 1983 nur 67,5 % im Fall von Nickel, 78,7 % im Fall von Kupfer und 67,4 % im Fall von Kobalt.
851 Clow, Nickel, S. 116f.

Exporterlöse zu steigern oder auch nur zu stabilisieren. Wie einige Beobachter Mitte der 1970er Jahre schon vermutet hatten, gelang es den Rohstoffproduzenten mit Ausnahme der Ölförderstaaten nicht, effektive Kartelle zu bilden, da hierfür ihr Marktanteil zu gering, ihr finanzieller Atem in Form von Devisenreserven zu kurz und der innere Zusammenhalt unzureichend war (s. Kap. 3.3.2). CIPEC, die Organisation der Kupferproduzenten, beschränkte sich zuletzt auf den Informationsaustausch zwischen den Mitgliedern, bevor 1992 das Hauptquartier in Paris aufgelöst wurde und CIPECs verbliebene Funktionen von einer Organisation der chilenischen Kupferindustrie übernommen wurden.[852] Ebenfalls 1992 trat Australien als wichtigster Produzent aus der International Bauxite Association (IBA) aus. Damit verlor die Organisation vollends ihre Relevanz und wurde 1994 formal aufgelöst.[853]

Anders als 1973/74 vom Süden erhofft und vom Norden gefürchtet erwies sich die OPEC am Ende nicht als ein Vorbild, dem andere Rohstoffproduzenten hätten folgen können, und auch nicht als Vorkämpfer für die Interessen der Dritten Welt. Stattdessen waren die Interessen der OPEC und der „NOPEC“,[854] der Entwicklungsländer ohne Ölvorkommen, entgegengesetzt. Der Ölpreisanstieg fügte der Zahlungsbilanz der meisten Entwicklungsländer erheblichen Schaden zu, während die ölreichen Staaten ihren neugewonnen Wohlstand bevorzugt bei Banken in Westeuropa und Nordamerika anlegten. Diese reichten die so recycelten Petrodollars als Kredite an die Entwicklungsländer weiter, die die Gelder nicht zuletzt brauchten, um ihre Ölimporte zu finanzieren. Da diesen Krediten tendenziell sinkende Deviseneinnahmen aus den eigenen Rohstoffexporten gegenüberstanden, führte diese Entwicklung zur Überschuldung vieler Staaten im Globalen Süden.[855] Die Schwäche der meisten Rohstoffproduzenten zeigte sich auch im Scheitern der New International Economic Order (NIEO) (s. Kap. 3.3.2) in den Jahren nach der 6. Sondersitzung der UN-Generalversammlung 1974. Dieser Versuch, den Handel mit Rohstoffen und die gesamte globale Wirtschaftsordnung im Interesse der Mehrheit der Staaten grundlegend umzugestalten, stieß zweifellos auf den entschiedenen Widerstand der westlichen Industriestaaten. Es war aber gerade kennzeichnend für die NIEO, dass die Dritte Welt im falschen Vertrauen auf ihre zahlenmäßige Stärke und ihre Rohstoffmacht die Konfrontation mit

852 Culver, Council, S. 501; o.A., CIPEC-Sitz in Paris wird aufgelöst, in: Handelsblatt (02.04.1992), S. 40.

853 Culver, IBA, S. 502; Barclay/Girvan, Restructuring, S. 242. Barclay/Girvan zufolge scheiterte speziell IBA daran, dass erstens Bauxit kein homogenes Mineral ist, sondern aus den verschiedenen Lagerstätten jeweils verschiedene Qualitäten gewonnen werden, die ausschließlich von bestimmten, für diese Sorte optimierten Anlagen verarbeitet werden können. Einen einheitlichen Preis für Bauxit festzulegen fiel daher schwer. Zweitens ergab sich innerhalb der IBA ein Interessenkonflikt zwischen traditionellen Förderstaaten (v.a. Jamaika und Guyana), die die Einnahmen aus ihrer bestehenden Produktion maximieren wollten, und Newcomern, insbesondere Australien, die ihren Marktanteil durch Produktionssteigerungen ausbauen wollten.

854 Zum Begriff „NOPEC countries“ oder auch „NoPECs“ Dietrich, Oil Revolution, S. 298; Weiss/Carayannis/Emmerij/Jolly, UN Voices, S. 225.

855 Dietrich, Oil Revolution, S. 277, 296–299, 306; Gilman, New International Economic Order, S. 6f.

dem Norden gesucht hatte.[856] Die Entwicklungsländer hatten im Nord-Süd-Konflikt klar ihr Blatt überreizt, woraus im Endergebnis der Bedeutungsverlust der UN-Vollversammlung resultierte, da sich die westlichen Industrieländer unter Führung der USA weitgehend aus diesem Forum zurückzogen.[857] In ähnlicher Weise führte die geschwächte Position der Entwicklungsländer auch zum Bedeutungsverlust von UNCTAD und dem Aufstieg der Weltbank in der globalen Entwicklungspolitik. Während UNCTAD die Ursachen für die Unterentwicklung in den Strukturen der Weltwirtschaft sah und an dieser Stelle mit Veränderungen ansetzen wollte, verlangte die Weltbank wirtschaftliche Strukturanpassungen innerhalb der Staaten. Dennoch wandten sich viele Entwicklungsländer an die Weltbank, da diese die finanziellen Ressourcen besaß, um Hilfe zu leisten. Die Stimmrechte innerhalb der Weltbank richteten sich allerdings nach der Beitragshöhe, so dass die Mehrheit – anders als bei UNCTAD – bei den westlichen Industriestaaten lag.[858]

Anfang der 1980er Jahre wurde immer deutlicher, dass der Tiefseebergbau auf absehbare Zeit weder betriebswirtschaftlich rentabel noch volkswirtschaftlich erforderlich sein würde. Die inflationsbereinigten Preise für Nickel und Kupfer folgten wie die meisten Rohstoffpreise schon seit Anfang der 1970er Jahre einem fallenden Trend. Damit wurde die Rentabilität, die schon früh in Frage gestellt worden war, von der Ertragsseite her zunehmend untergraben. Gleichzeitig wurde angesichts der Schwäche der Rohstoffproduzenten im Globalen Süden auch das volkswirtschaftliche Argument immer brüchiger, demzufolge der Tiefseebergbau erforderlich sei, um die Versorgungssicherheit angesichts von Rohstoffkartellen und rohstoffpolitischen Spannungen zwischen Nord und Süd zu verbessern. Im Rückblick stellte sich heraus, dass die Versorgungskrise bei Metallen mehr imaginiert und antizipiert als real war.

5.2 Wirtschaftlichkeit

> „Die Aufgabe, die sich dem Tiefsee-Bergbau stellt, besteht darin, mit einem Zeppelin, der in 5 km Höhe über den Wolken treibt, in stockdunkler Nacht und bei stürmischem Wetter Kartoffeln mit einem langen Ofenrohrrüssel streng entlang den Furchen von Feldern zu ernten, die größenmäßig und landschaftlich etwa den Raum Hannover-Frankfurt-Leipzig umfassen."[859]

Dieser Vergleich, den der AMR-Mitarbeiter Rainer Fellerer 1980 anstellte, illustriert treffend einige der Herausforderungen, denen man sich beim Abbau von Manganknollen gegenübersah. Diese Schwierigkeiten schlugen sich in Kosten und Risiken nieder, so dass

---

856 Zeitzeugenberichte von Diplomaten und UN-Mitarbeitern bei Weiss et al., UN Voices, S. 227–231, s.a. S. 216.

857 Klaus Dieter Wolf, Die UNO. Geschichte, Aufgaben, Perspektiven, 2. Aufl. München 2010, S. 41–44.

858 Kunkel, Globalisierung, S. 576f.

859 Fellerer, Manganknollen, S. 72. Für einen ähnlichen Vergleich s. Hugh Cameron/Tony Marjoram/Glyn Ford, Ocean mining has been likened to sucking peas up a hosepipe from the top of the Post Office Tower in a high wind, in: The Guardian (15.05.1980), S. 13.

sich die Tiefseebergbauprojekte gleichzeitig mit sinkenden Einnahmen aufgrund der Rohstoffpreisentwicklung und steigenden Kosten konfrontiert sahen. Im Ergebnis blieb daher die Wirtschaftlichkeit des Tiefseebergbaus, die schon früh in Zweifel gezogen worden war, stets unsicher.

Wie im Verlauf der umfangreichen Explorationsarbeiten (s. Kap. 4.2) deutlich geworden war, stellt der Meeresboden in der CCZ nicht, wie anfangs vielfach angenommen, eine flache, eintönige oder allenfalls leicht gewellte Landschaft dar, sondern weist eine differenzierte Morphologie mit Erhebungen, Klüften, Steilhängen und Senken auf.[860] Das Geländeprofil ist daher vor dem Abbau genau zu erfassen und Abbaumethoden müssen daran angepasst sein, d.h. die Kollektoren müssen in der Lage sein, Hindernisse zu umgehen. 1978 ging die Bundesregierung davon aus, dass aufgrund der Topografie nur etwa 10–20 % des ursprünglich als Lagerstätte angesehenen Tiefseebodens für einen Abbau infrage kämen.[861] Im 21. Jahrhundert stehen weiterhin ähnliche Angaben in der Diskussion, beispielsweise dass etwa 20 % der CCZ für den Abbau geeignet seien, oder dass individuelle Abbaufelder 100 km² nicht überschreiten werden.[862] Abgesehen vom Geländeprofil schränken auch die Belegdichte des Meeresbodens mit Knollen und deren Metallgehalte die Flächen ein, auf denen ein Abbau wirtschaftlich möglich erscheint, wie das OMI Joint Venture 1980 feststellen musste:

> „Initial assumptions on abundance of highgrade nodules had to be revised significantly downwards in the progress of prospecting/exploration work. The occurrence of nodules in their natural environment and in particular their inhomogeneous distribution makes the delineation of commercial mine sites and the measuring of ore reserves a complex issue. Technologies to cope with the requirements of the detailed exploration are still in the stage of development.“[863]

Im Ergebnis bedeutete dies, dass die Exploration einer abbauwürdigen Lagerstätte und deren Nutzung mit höheren Kosten als erwartet verbunden sein würde. Zweifel an der Wirtschaftlichkeit des Tiefseebergbaus – auch gestützt auf Berechnungen – waren bereits Anfang der 1970er Jahre geäußert worden (s. Kap. 3.6).[864] Die mit staatlicher Förderung erstellte Durchführbarkeitsstudie der AMR kam 1975 ebenfalls zu dem Schluss, der Tiefseebergbau sei „aus heutiger Beurteilung und nach dem momentanen unzureichenden Kenntnisstand dem terrestrischen Bergbau in wirtschaftlicher Hinsicht unterlegen.“[865] Dieses Ergebnis war freilich noch mit großen Unsicherheiten behaftet. Auf der Sitzung

---

860 Hoffert, Nodules polymétalliques, S. 160; Amann, Technological trends, S. 379.

861 BT-Drs. 8/1981, Antwort der Bundesregierung auf die Große Anfrage: Rohstoffpolitik der Bundesregierung, 07.07.1978, S. 8.

862 Kalvelage, Abbau, S. 57f.; Thiel/Schriever/Foell, Polymetallic nodule mining, S. 212.

863 BGR 0110932, Appraisal Study 1980. Deep Ocean Mining. Prepared by Ocean Management, Inc., S. 8. Ähnlich bereits HWA Abt. 119, Nr. 1702, AMR-Durchführbarkeitsstudie. Projekt Manganknollen. Erste Wirtschaftlichkeitsabschätzung 1972–1974, S. 223.

864 Dorstewitz, Meeresbergbau.

865 HWA Abt. 119, Nr. 1702, AMR-Durchführbarkeitsstudie. Projekt Manganknollen. Erste Wirtschaftlichkeitsabschätzung 1972–1974, S. 217.

des Beirates der AMR im selben Jahr bestand daher einerseits ein Konsens, dass „das Ergebnis der Wirtschaftlichkeitsstudie schlicht als katastrophal bezeichnet werden muß" und man „ein weiteres Engagement betriebswirtschaftlich schlicht in Frage stellen" müsste. Andererseits reagierte man aber auch mit Verweigerung, indem der Beirat die Ergebnisse in Zweifel zog, zumal sie im Widerspruch zu den Untersuchungen amerikanischer Unternehmen stünden.[866]

Allerdings sahen sich auch in den USA zu dieser Zeit die beteiligten Unternehmen veranlasst, ihre Gewinnerwartungen deutlich nach unten zu korrigieren. Tenneco, die Muttergesellschaft von Deepsea Ventures, erwartete Ende der 1960er Jahre angeblich jährliche Gewinne von 100 Mio. USD und hoffte so, ihre Investitionen von 200 Mio. USD nach nur zwei Jahren Betrieb zu amortisieren. Dies erwies sich bald als illusorisch. Akteure, die auf einen schnellen Gewinn aus waren, verließen Mitte der 1970er Jahre die Branche, darunter auch Tenneco. Es blieben vor allem Unternehmen, die ihr Engagement im Tiefseebergbau als sehr langfristige Investition zur Absicherung von Risiken in der Rohstoffversorgung sahen, sowie Ölkonzerne, die über hinreichend Risikokapital verfügten und auf die vage Möglichkeit von Erdölfunden in der Tiefsee spekulierten.[867]

In Deutschland rechnete 1978 der interministerielle Staatssekretär-Ausschuss mit einem Investitionsaufwand von 2–2,5 Mrd. DM für ein kommerzielles Tiefseebergbauprojekt (ohne Finanzierungskosten, Investitionen in Infrastruktur und Kosteneskalation) sowie jährlichen Betriebskosten von 520–630 Mio. DM, denen bei den damaligen Rohstoffpreisen jährliche Metallerlöse von etwa 820 Mio. DM gegenüberständen. Die Erträge wären somit nicht ausreichend, um eine akzeptable Verzinsung der hohen Investition zu gewährleisten. Das gleiche gelte, so der Ausschuss, aber auch für jedes größere konventionelle Bergbauprojekt.[868] Zwei Jahre später, 1980, ging das OMI Joint Venture schon von 2,5 Mrd. USD (damals etwa 4,5 Mrd. DM) Investitionskosten aus. Seit Mitte der 1970er Jahre hätten sich zudem die Investitions- und Betriebskosten verdreifacht, die zu erwartenden Erträge jedoch nur verdoppelt. Das Joint Venture kam daher zu dem Schluss, dass ein Tiefseebergbauprojekt in der damaligen Marktlage nicht sehr profitabel sei: „In conclusion, the project as scoped in this study does not appear to be very profitable unless prices for the metals increase substantially, or significant technological improvements or

866 HK RWE HAP 522/3, Interner Vermerk, Sitzung des Beirates der AMR am 14. Juli 1975 in Hamburg, Köln, den 16.07.1975, S. 1.

867 Deborah Shapley, Changing profile of deep-sea miners, in: Science, Vol. 200, Issue 4345 (02.06.1978), S. 1030.

868 BA B 102/248666, Fünfte Sitzung des interministeriellen Staatssekretärausschusses für Rohstoff-Fragen, 12.05.1978. Anlage 9: Wirtschaftliche Aspekte Tiefseebergbau, S. 8f. Die AMR sprach im gleichen Jahr bereits öffentlich von einer Investitionssumme von „sicherlich weit über 3 Milliarden DM"; Boin, Manganknollen, S. 10.

project scenarios that result in much lower investment and operating costs can be attained."[869] Auch hier folgte der Hinweis, dass dies auf neue landgebundene Nickelprojekte ebenfalls zuträfe.

Einen weiteren Faktor, der die Tiefseebergbauprojekte neben den Investitionskosten wirtschaftlich zunehmend belastete, stellten die Finanzierungskosten dar. Dies legt der Vergleich mit der zeitlich parallelen Entwicklung der Atomkraft nahe.[870] Kernkraftwerke sind verglichen mit konventionellen Kraftwerken durch hohe Investitionskosten und lange Bauzeiten gekennzeichnet, so dass die Finanzierungskosten gegenüber den laufenden Betriebskosten stark ins Gewicht fallen. Dies machte die Kernkraft besonders anfällig gegenüber Änderungen des Realzinses (Zinssatz unter Berücksichtigung der Inflationsrate). Bis Mitte der 1970er Jahre war der Realzins niedrig, so dass die Finanzierung von Kernkraftwerken privaten und staatlichen Energieversorgern leichtfiel. Bis Anfang der 1980er waren die Realzinssätze aber soweit gestiegen, dass die Finanzierungskosten für private Energieversorger nicht mehr akzeptabel waren. Zusammen mit dem verlangsamten Wachstum der Stromnachfrage, gestiegenen Sicherheitsanforderungen – die die Bauzeiten und damit die Finanzierungsdauer zusätzlich verlängerten – und einem rückläufigen Engagement der meisten westlichen Regierungen in der Energieversorgung führten die gestiegenen Finanzierungkosten dazu, dass kaum noch neue Kernkraftwerke in Auftrag gegeben wurden. Abgesehen davon, dass der Tiefseebergbau anders als die Atomenergie nie die Schwelle zum kommerziellen Betrieb überschritt, sind die Parallelen offensichtlich: Auch der Tiefseebergbau erfordert für Entwicklung und Prospektion im Vorfeld hohe Ausgaben. Ebenso blieben in beiden Fällen in den 1980er Jahren staatliche Akteure, die günstigere Finanzierungsmöglichkeiten haben als die Privatwirtschaft, am längsten aktiv – insbesondere im Fall von Frankreich. Zudem kam es umgekehrt angesichts erneut gefallender Realzinssätze bei Atomkraft wie auch beim Tiefseebergbau in den frühen 2000er Jahren zu einer Renaissance.

Wenn die bundesdeutschen Unternehmen 1978/79 gegenüber dem Staat und der Öffentlichkeit „Vermutungen über die traumhaften Renditen des Meeresbergbaues" als „etwas weltfremd"[871] zurückwiesen und erklärten, vor der AMR liege noch „ein finanziell und entwicklungstechnisch risikoreicher und langer Weg",[872] dann taten sie das nicht nur, um

869 BGR 0110932, Appraisal Study 1980. Deep Ocean Mining. Prepared by Ocean Management, Inc., S. 6.

870 Mar Rubio-Varas, The changing economic context influencing nuclear decisions, in: Arne Kaijser/Markko Lehtonen/Mar Rubio-Varas (Hrsg.), Engaging the Atom. The History of Nuclear Energy and Society in Europe from the 1950s to the Present, Morgantown 2021, S. 52–80; dies., Time is money, but sometimes it costs more. An economic history perspective into nuclear projects' pitfalls, in: Journal of Mega Infrastructure & Sustainable Development (2022), https://doi.org/10.1080/24724718.2022.2092993.

871 Boin, Manganknollen, S. 10.

872 BA B 196/40635 Bd. 1, Arbeitsgemeinschaft meerestechnisch gewinnbare Rohstoffe, Das AMR 5-Jahresprogramm – Zusammenfassung, 20.02.1979, S. 2. Vgl. auch Amann, Technological trends, S. 399: „The risks of failure are considerable".

ihr Licht unter den Scheffel zu stellen und ihre Unterstützungsbedürftigkeit zu betonen. Tatsächlich war die Wirtschaftlichkeit schon früh fraglich gewesen und die Situation verbesserte sich bis in die 1980er Jahre nicht. Vielmehr geriet der Tiefseebergbau von der Ertragsseite ebenso wie von der Kostenseite unter Druck: Sinkenden Metallpreisen standen steigende Kosten aufgrund von anfänglich unterschätzten technischen und geologischen Schwierigkeiten gegenüber.

5.3 Manganknollen auf der 3. UN-Seerechtskonferenz

Donald Rumsfeld (1932–2021), US-Verteidigungsminister (1975–1977 und 2001–2006), ist heute insbesondere für seine kontrovers beurteilte Rolle im Krieg gegen den Irak ab 2003 bekannt. Zu seinen zahlreichen anderen, weniger bekannten Funktionen gehörte die als „special Presidential emissary“ für das UN-Seerechtsübereinkommen unter Präsident Ronald Reagan (1911-2004). Das Seerechtsübereinkommen (SRÜ) oder Law of the Sea Convention (LOSC) war 1982 am Ende der 3. UN-Seerechtskonferenz (UNCLOS III) beschlossen worden. Wie jeder internationale Vertrag bedurfte es, um in Kraft treten zu können, anschließend der Zeichnung durch die Regierungen und der anschließenden Ratifikation. Rumsfelds Mission bestand darin, die verbündeten Regierungen in Japan, Großbritannien, der Bundesrepublik, Frankreich, Italien, Belgien und den Niederlanden davon zu überzeugen, insbesondere mit Blick auf die Frage des Tiefseebergbaus das SRÜ nicht zu zeichnen und damit auch nicht zu ratifizieren. Hierfür besuchte Rumsfeld im Herbst 1982 die jeweiligen Hauptstädte und sprach direkt mit den Regierungschefs.[873] In diesem Rahmen traf er sich auch mit Bundeskanzler Helmut Kohl (1930–2017).[874] Den Hintergrund bildeten die erheblichen Vorbehalte, die nicht nur die USA, sondern die meisten westlichen Industrienationen gegen das Seerechtsübereinkommen hegten, und die insbesondere aus dessen Bestimmungen hinsichtlich des Tiefseebergbaus resultierten. Diese Vorbehalte waren nicht erst 1982 aufgetaucht, sondern der dahinterstehende Konflikt prägte UNCLOS III seit dem Beginn der Konferenz 1973.

Obwohl zumindest bis 2022 noch keine einzige Manganknolle kommerziell verhüttet worden ist, hatte der prospektive Tiefseebergbau einen prägenden Einfluss auf die Aushandlung des bis heute geltenden Seerechts während UNCLOS III. Die Rechtsordnung für den größten Teil der Erdoberfläche ist um die Manganknollen herum geschrieben worden. Gleichzeitig verhinderte der Konflikt um genau diese, den Tiefseebergbau betreffenden Bestimmungen zwölf Jahre lang, dass das Seerechtsübereinkommen Gültigkeit erlangen konnte. Erst 1994, unter geänderten Rahmenbedingungen – u.a. hatte das

---

873 Document 176: National Security Decision Directive 58, Washington, September 30, 1982, in: Alexander O. Poster (Hrsg.), Foreign Relations of the United States, 1981–1988, Volume XLI, Global Issues II, Washington 2017, https://history.state.gov/historicaldocments/frus1981-88v41/d176 (02.01.2024).

874 BA B 136/30630, Ronald Reagan an Helmut Kohl, 10.10.1982; BA B 136/30630, Donald Rumsfeld an Helmut Kohl, 16.11.1982.

kommerzielle Interesse an den Manganknollen den Nadir erreicht – fand die Staatengemeinschaft einen Kompromiss, so dass das Seerechtsübereinkommen in Kraft treten konnte. Während UNCLOS III verlief der Konflikt über die rechtliche Regelung des Tiefseebergbaus entlang der Frontlinie der globalen Nord-Süd-Konfrontation und war wesentlich von der zeitgleichen Kontroverse über die New International Economic Order (NIEO) mitbestimmt. Für die am Tiefseebergbau interessierten Unternehmen bedeuteten die Verhandlungen und Auseinandersetzungen um das neue Seerecht eine erhebliche Rechtsunsicherheit, die das Projekt zusätzlich belasteten. Der juristische Aspekt übte daher einen wichtigen – und im Wesentlichen hemmenden – Einfluss auf die Ressourcenwerdung der Manganknollen aus.

Die bereits diskutierte Rede des maltesischen UN-Botschafters Arvid Pardo vor der Generalversammlung im Dezember 1967 markierte den Eintritt des Tiefseebergbaus in die völkerrechtliche Diskussion und führte zu einer Reihe von Resolutionen der Generalversammlung. Mit dem Common-Heritage-Prinzip setzte die Generalversammlung bereits wesentliche Eckpfeiler für die künftige rechtliche Ordnung des Tiefseebodens und berief schließlich mit UNCLOS III eine neue Seerechtskonferenz ein, um ein völkerrechtlich verbindliches Übereinkommen auszuhandeln (s. Kap. 3.4). UNCLOS III bildete den Höhepunkt einer grundlegenden Veränderung des völkerrechtlichen Blicks auf die Ozeane im 20. Jahrhundert: Die Meere veränderten sich von einer zweidimensionalen Fläche, auf der Schiffe verkehren und die in zwei Zonen – Hohe See und Küstenmeer – eingeteilt war, in einen dreidimensionalen Raum, der neben dem Verkehr insbesondere auch der Ressourcennutzung dient. Dessen Untereinteilungen wie die Ausschließliche Wirtschaftszone (AWZ) bzw. Economic Exclusion Zone (EEZ) umfassen z.T. explizit den Luftraum, die Wassersäule, den Meeresboden und dessen Untergrund. Wesentliche Triebfedern dieser Veränderung besonders in der zweiten Hälfte des Jahrhunderts waren erstens die technologische Entwicklung, die neue Nutzungen (und Übernutzungen) von Ressourcen ermöglichte, zweitens zunehmende Konflikte über lebende und mineralische Ressourcen, und drittens die Veränderung der Staatengemeinschaft durch die Dekolonisierung, da nun zahlreiche neue Akteure bestrebt waren, ihre Vorstellungen und Interessen in das Seerecht einzubringen, das im Grundsatz noch von den europäischen Handels- und Seemächten der Frühen Neuzeit geprägt war.[875] Der Umfang der Verhandlungsgegenstände spiegelte sich auch in der Dauer und dem Verlauf der Konferenz wider, wie Uwe Jenisch, Mitglied der bundesdeutschen Delegation, 1982 noch vor ihrem Abschluss feststellte:

875 Ole Sparenberg, Der Ozean selbst, von einer besonderen Seite angesehen. Die völkerrechtliche Wahrnehmung des Meeres seit 1945, in: Jens Ruppenthal/Ruth Schilling/Martin P.M. Weiss (Hrsg.), Von Flaschenpost bis Fischreklame. Die Wahrnehmung des Meeres im 19. und 20. Jahrhundert, Wien/Köln/Weimar 2019, S. 91–109. Zur Rolle von Technologie und zur Dreidimensionalität der Meere Höhler, Weltmeere, S. 441–443; dies., Exterritoriale Ressourcen, S. 58.

> „Die 3. UN-Seerechtskonferenz ist in acht Verhandlungsjahren zur größten internationalen Konferenz geworden. Die Größe der Aufgabe, eine allseits akzeptable einheitliche Rechtsordnung für alle Seegebiete und alle Meeresnutzungen – mithin für 70 Prozent der Erdoberfläche – zu finden, erklärt Dauer und Schwierigkeiten dieser Konferenz, für die es keine Präzedenzfälle gibt."[876]

Erschwerend kam noch hinzu, dass die Diplomaten auf UNCLOS III Regelungen aushandeln mussten, die sich vielfach nicht auf damals gegenwärtige Problemlagen, sondern auf zukünftige, bis dahin weitgehend nur imaginierte Nutzungen bezogen. Solche wissenschaftlichen Imaginationen künftiger Ozeannutzungen evozierten aufgrund ihrer zwangsläufigen Unbestimmtheit unterschiedliche Hoffnungen und Ängste im Globalen Norden und Süden, die schwer zu vereinbaren waren.[877]

UNCLOS III bildete eine monumentale Konferenz, die von 1973 bis 1982 über elf Sitzungsperioden lief, die abgesehen von der ersten inhaltlichen Sitzung in Caracas (Venezuela) und der Schlusssitzung in Montego Bay (Jamaika) abwechselnd in New York und Genf stattfanden.[878] Der Tiefseeboden außerhalb nationaler Hoheitsgewalt („Area") und die dortigen Ressourcen bildeten keineswegs den einzigen Verhandlungsgegenstand der Konferenz. Weitere wichtige Punkte waren die Ausdehnung des Küstenmeeres, also der nationalen Hoheitsgewässer, auf 12 sm Breite, die Schaffung der AWZ von 200 sm Breite, in der dem Uferstaat souveräne Rechte an der Ausbeutung und Bewirtschaftung von lebenden und mineralischen Ressourcen zukommen, andere Staaten aber weiterhin die Freiheit der Schifffahrt genießen, und die Abgrenzung des Festlandsockels. Die AWZ und das 12 sm-Küstenmeer hatten sich allerdings schon vor Abschluss der Konferenz in der Staatenpraxis durchgesetzt und spielten daher in den Verhandlungen bald keine große Rolle mehr.[879] Andere Verhandlungspunkte, die ebenfalls in die 320 Artikel und neun Anhänge des Seerechtsübereinkommens (SRÜ) einflossen, betrafen z.B. Meerengen, Archipelgewässer, Meeresforschung, die Gründung des Internationalen Seegerichtshofs und auch den Schutz der marinen Umwelt. Den zentralen Streitpunkt auf UNCLOS III, von dem die Frage des Inkrafttretens bis zuletzt abhing, bildete jedoch die Rechtsordnung des „Area" und seiner Ressourcen.[880] Rückblickend schrieb der bundesdeutsche Delegierte Jenisch sogar, die Tiefseefragen hätten „die Konferenz in nahezu unerträglicher Weise

876 Uwe Jenisch, Die Seerechtskonferenz vor ihrer 11. Session, in: Außenpolitik. Zeitschrift für internationale Fragen 33 (1982), 1, S. 60–74, hier S. 60.

877 Robinson, Scientific imaginaries, S. 154.

878 Für einen Überblick über die Rahmenbedingungen und das Prozedere der Konferenz Sackel, Meer, S. 84–86, 317.

879 Tanaka, Law, S. 125. Für die Bundesrepublik war die AWZ von Nachteil, da die deutsche Hochseefischerei somit endgültig den freien Zugang zu den meisten Fanggründen verlor. Die Bundesregierung erklärte 1976, dass diesbezüglich die Würfel schon gefallen seien und mit einer Abänderung auf der Konferenz nicht mehr zu rechnen sei; BT-Drs 7/5455, Antwort der Bundesregierung auf die Große Anfrage: Auswirkungen der Seerechtskonferenz der Vereinten Nationen auf die politischen und wirtschaftlichen Interessen der Bundesrepublik Deutschland, 23.06.1976, S. 4.

880 Nandan, Administering the Mineral Resources, S. 76; Graf Vitzthum, Bemühungen, S. 745.

belastet und dominiert."[881] Konkret ging es hierbei um die Rechtsordnung für den Tiefseebergbau nach Manganknollen.

5.3.1 Nord und Süd in der Tiefsee: Interessensgegensätze auf der Seerechtskonferenz

Die Ausgangsbedingungen der Auseinandersetzung über die Rechtsordnung des „Area" stellten sich wie folgt dar: Nach der Resolution 2749 (XXV) von 1970 standen als Eckpunkte fest, dass das „Area" als „common heritage of mankind" mit seinen Ressourcen von keinem Staat oder keiner Privatperson angeeignet werden dürfe, dass eine Art internationales Regime zur Verwaltung dieses Raumes und seiner Ressourcen geschaffen werden solle und dass die Nutzung dieser Ressourcen in irgendeiner Form dem Nutzen der gesamten Menschheit („for the benefit of mankind as a whole") einschließlich der Binnenstaaten und insbesondere der Entwicklungsländer dienen solle. Damit war zum ersten Mal das Konzept des kollektiven Eigentums an konkreten Ressourcen in der Staatengemeinschaft eingeführt worden.[882] Das Prinzip des „common heritage" ließ sich allerdings in verschiedener Weise interpretieren und umsetzen. Die Auseinandersetzung hierüber wurde auf UNCLOS III in erster Linie zwischen Entwicklungsländern und Industriestaaten geführt.

Die Entwicklungsländer besaßen nicht das Kapital und die Technologie, um selbst in den Tiefseebergbau einzusteigen. Zugleich verbrauchten sie selbst nur in geringem Maße Metallrohstoffe, so dass sie von einer Vergrößerung des Angebots kaum profitieren würden. Ihr vorrangiges Interesse lag darin, die globale ökonomische Ungleichheit zwischen den Staaten im Norden und Süden zu reduzieren und die Lücke zwischen arm und reich zu schließen. Dabei konnten sie sich auf die Forderungen aus der Resolution 2749 (XXV) stützen, wonach die Nutzung des „Area" insbesondere den Entwicklungsländern zugutekommen solle, eine Formulierung, die sie selbst in der Resolution durchgesetzt hatten. Zugleich mussten die Entwicklungsländer befürchten, dass die Regierungen und Unternehmen aus dem Globalen Norden sich die Ressourcen des Tiefseebodens einseitig aneignen und zum eigenen Nutzen ausbeuten würden. Mehr noch: Da viele Entwicklungsländer auf den Export von Rohstoffen wirtschaftlich angewiesen waren, besorgte sie die Aussicht, dass der Tiefseebergbau nach Manganknollen (und möglicherweise im Anschluss die Nutzung weiterer mariner Ressourcen) das Angebot vergrößern und somit die Preise auf den Rohstoffmärkten drücken sowie die Deviseneinnahmen vieler Staaten reduzieren könnte. Ihre Vorstellungen von einem internationalen Regime für das „Area" und seine Ressourcen sahen daher eine starke Internationale Meeresbodenbehörde („In-

881 Uwe Jenisch, Seerechtskonvention – Folgen aus deutscher Sicht, in: Außenpolitik. Zeitschrift für internationale Fragen 33 (1982), 3, S. 243–262, hier S. 251.

882 Francisco Orrego Vicuña, The regime for the exploitation of the seabed mineral resources and the quest for a New International Economic Order of the oceans. A Latin-American view, in: Lawyer of the Americas 10 (1978), 3, S. 774–783, hier S. 775.

ternational Seabed Authority“ (ISA)) mit umfassenden Kompetenzen vor, um sicherzustellen, dass die Ressourcen als gemeinsames Erbe dem Nutzen der gesamten Menschheit dienten. Die Behörde sollte idealerweise selbst über ein behördeneigenes Unternehmen (bald einfach als das „Enterprise“ bezeichnet) Tiefseebergbau betreiben, während privatwirtschaftliche oder staatliche Unternehmen allenfalls im Rahmen eines Joint Venture mit dem „Enterprise“ operieren dürften. Diese Unternehmen hätten überdies dem „Enterprise“ im Rahmen eines Technologietransfers das erforderliche Know-how zur Verfügung zu stellen. Die Einnahmen aus dem Bergbaubetrieb des „Enterprise“ und aus Abgaben privater oder staatlicher Unternehmen würden über die Behörde an die Staatengemeinschaft bzw. vorrangig an die bedürftigsten Länder verteilt werden. Um gleichzeitig negative Auswirkungen auf die Rohstoffmärkte und damit auf die Deviseneinnahmen terrestrischer Produzentenstaaten zu verhindern, musste die Behörde auch die Kompetenz besitzen, Produktionsobergrenzen für den Tiefseebergbau festzulegen. Damit die Behörde ihre umfassenden Kompetenzen im Sinne der Mehrheit der Staatengemeinschaft und damit der Entwicklungsländer ausübte, war schließlich entscheidend, dass die Entscheidungsfindung in ihren Gremien nach dem Muster „ein Staat – eine Stimme“ erfolgen würde.[883]

Völlig entgegengesetzt lagen die Interessen und Vorstellungen der westlichen Industriestaaten. Aus ihrer Sicht sollte der Tiefseebergbau gerade dazu dienen, das Angebot an Metallrohstoffen zu erweitern, um so die Versorgungssicherheit zu erhöhen und insbesondere die Abhängigkeit von Produzentenstaaten in der Dritten Welt zu verringern. Insofern konnte ihnen an einer starken, von der Mehrheit der Entwicklungsländer kontrollierten Meeresbodenbehörde, die Produktionsobergrenzen festlegte und Auswirkungen auf die Rohstoffmärkte explizit verhindern sollte, nicht gelegen sein. Mann Borgese fasste die Situation der Industriestaaten 1980 treffend zusammen: „While trying to gain independence from those countries, they found themselves slipping under the control of an International Seabed Authority, dominated by those very same countries they had tried to elude.“[884] Ebenfalls im Kontrast zu den Entwicklungsländern, die beim Tiefseebergbau viel zu verlieren, aber wenig zu gewinnen hatten, verspürten die Industriestaaten eine gewisse Eile: Die Regierungen wollten das Projekt in den 1970er Jahren als Teil ihrer Rohstoffpolitik vorantreiben und die Privatwirtschaft brauchte baldmögliche Rechtssicherheit, um ihre Investitionsentscheidungen zu treffen. Dementsprechend sahen die Vorstellungen eines internationalen Regimes für den Tiefseeboden aus Sicht der Industriestaaten anders aus als die der Entwicklungsländer. Die Industriestaaten präferierten eine schwache Meeresbodenbehörde, deren Kompetenzen im Wesentlichen in der Vergabe und Registrierung von Lizenzen für privatwirtschaftliche oder staatliche Tiefseebergbauunternehmen liegen sollten. Bezüglich der Entscheidungsfindung innerhalb der Behörde

883 Zur Interessenlage der Entwicklungsländer Amerasinghe, Third World, S. 244–246; Leipziger/Mudge, Seabed Mineral Resources, S. 121f., 131; Orrego Vicuña, Regime, S. 775f.; Nandan/Lodge, Development, S. 33.

884 Mann Borgese, International Seabed Authority, S. 61.

strebten sie ein Vetorecht an. Generell sollte der Zugang für Unternehmen möglichst frei sein, um Investitionsanreize zu setzen.[885]

Im Verlauf der Konferenz näherten sich Entwicklungs- und Industrieländer ausgehend von ihren Maximalforderungen – Bergbaumonopol der Behörde versus möglichst freier Zugang für Unternehmen – einander an. Sie entwarfen ein Parallelsystem, in dem unter Aufsicht der Behörde sowohl (private oder staatliche) Unternehmen und das „Enterprise" der Behörde Zugriff auf die Manganknollen haben sollten. Die genaue Ausgestaltung dieses Systems blieb allerdings bis zuletzt ein zentraler Streitpunkt.[886] Auch wenn dieser Gegensatz zwischen Entwicklungsländern und Industriestaaten den prägenden Konflikt auf UNCLOS III bildete, ließen sich nicht alle Staaten einfach dem einen oder anderen Lager zuordnen. Kanada und Australien waren sowohl hochentwickelte industrialisierte Staaten als auch wichtige Nettoexporteure von Metallrohstoffen.[887] Vor diesem Hintergrund die eigene Position zu definieren war nicht einfach, so dass in Kanada selbst die Ministerialverwaltung in dieser Frage zunächst gespalten war. Schließlich setzten sich die Ressorts durch, die dem Schutz des eigenen Nickelbergbaus Priorität gaben, so dass das nordamerikanische Land in diesem Aspekt die Position der Entwicklungsländer teilte.[888] Aus allgemeinen weltwirtschaftlichen Erwägungen heraus waren auch die skandinavischen Länder bereit, dem Globalen Süden weiter entgegenzukommen.[889]

Wie schon beim Nord-Süd-Konflikt im Allgemeinen spielte auf UNCLOS III die Blockkonfrontation zwischen Ost und West kaum eine Rolle. Die UdSSR war allgemein skeptisch gegenüber internationalen Organisationen, in denen sie und ihre Satellitenstaaten nur eine Minderheit der Stimmen stellten.[890] Außerdem ähnelten sich in Seerechtsfragen die Interessen auf beiden Seiten des Eisernen Vorhangs. Die deutsche Bundesregierung ging davon aus, dass alle Industriestaaten im Westen wie im Osten gleichermaßen einen freien Zugang zu den Ressourcen am Tiefseeboden forderten, sich also gegen ein Monopol des Behördenunternehmens „Enterprise" aussprachen.[891] Vor allem jedoch saßen die beiden Supermächte UdSSR und USA im selben Boot, was ihre militärisch-strategischen Interessen betraf: „Auch Meeresindustrialisierung und -forschung unterliegen dem Primat

885 Leipziger/Mudge, Seabed Mineral Resources, S. 130; Alan V. Lowe, The international seabed. A legacy of mistrust, in: Marine Policy 5 (1981), 3, S. 205–216, hier S. 205; Prewo, Neuordnung, S. 191–193; Nandan/Lodge, Development, S. 31.

886 Sackel, Meer, S. 114–122.

887 Nandan/Lodge, Development, S. 32.

888 Elizabeth Riddell-Dixon, Deep seabed mining. A hotbed for governmental politics?, in: International Journal 41 (1985), 1, S. 72–94.

889 BT-Drs. 7/5455, Antwort der Bundesregierung auf die Große Anfrage: Auswirkungen der Seerechtskonferenz der Vereinten Nationen auf die politischen und wirtschaftlichen Interessen der Bundesrepublik Deutschland, 23.06.1976, S. 1.

890 Graf Vitzthum, Bemühungen, S. 767.

891 BT-Drs. 8/1981, Antwort der Bundesregierung auf die Große Anfrage: Rohstoffpolitik der Bundesregierung, 07.07.1978, S. 8.

der Sicherheitspolitik“, wie der Völkerrechtler Graf Vitzthum 1981 betonte.[892] Bereits vor Beginn von UNCLOS III einigten sich beide Supermächte rasch auf ein Verbot der Stationierung von Atomwaffen auf dem Meeresboden und lösten damit einvernehmlich eine Frage, die in Pardos Rede 1967 (s. Kap. 3.4) noch eine wichtige Rolle gespielt hatte.[893] Washington und Moskau besaßen darüber hinaus ein vitales Interesse daran, dass die Bewegungsfreiheit ihrer Marinen über und unter Wasser auch in Küstennähe und in Meeresengen möglichst wenig eingeschränkt wurde. Im Ergebnis kam es auf UNCLOS III somit zu einer selbst in Zeiten der Entspannungspolitik der 1970er Jahre ungewöhnlichen „Allianz der Supermächte USA und UdSSR“.[894]

Die USA waren unter Präsident Jimmy Carter (geb. 1924) bereit, auch ein restriktives Regime für den Tiefseeboden zu akzeptieren, solange die Operationsfreiheit ihrer Marine gesichert blieb.[895] Die Tatsache, dass in den neu geschaffenen AWZ den Uferstaaten die Rechte an z.B. Ölvorkommen und Fischbeständen zukamen, aber die Schifffahrtsfreiheit anderer Staaten nicht eingeschränkt wurde, war ein solcher Kompromiss. Die folgende US-Regierung unter Präsident Reagan gewichtete allerdings die ordnungspolitischen Bedenken gegen das sich abzeichnende Tiefseebodenregime schwerer und ging gleichzeitig davon aus, ihre militärischen Interessen auch ohne einen erfolgreichen Abschluss von UNCLOS III wahren zu können.[896] Die USA lehnten daher ab 1982 unter Reagan die bisherigen Verhandlungsergebnisse ab und haben das Seerechtsübereinkommen bis heute nicht gezeichnet.

Die Bundesrepublik Deutschland war auf UNCLOS III kein herausgehobener Akteur.[897] Da die beiden deutschen Staaten erst 1973 der Weltorganisation beitraten, konnte die Bundesrepublik an den die Konferenz vorbereitenden Verhandlungen im Meeresbodenausschuss der UN sogar nur als geduldeter Zaungast teilnehmen.[898] Mit ihren Interessen fiel sie klar in das Muster eines Industriestaates. Dabei war man sich Anfang der 1970er Jahre in der Bundesrepublik im Klaren darüber, dass der hergebrachte Grundsatz der

892 Wolfgang Graf Vitzthum, Die Gleichschaltung von Land und Meer, in: ders. (Hrsg.), Die Plünderung der Meere. Ein gemeinsames Erbe wird zerstückelt, Frankfurt a.M. 1981, S. 49–76, hier S. 67–69 (Zitat S. 67).

893 Der „Treaty on the Prohibition of the Emplacement of Nuclear Weapons and Other weapons of Mass Destruction on the Sea-Bed and the Ocean Floor and in the Subsoil Thereof“ lag ab Februar 1971 in Washington, Moskau und London zur Zeichnung aus und trat 1972 in Kraft; Robinson, Scientifc imaginaries, S. 156.

894 Sackel, Meer, S. 96.

895 Graf Vitzthum, Gleichschaltung; Malcolm Rutherford, The line-up for the race to suck a fortune from the seabed, in: Financial Times (01.05.1975), S. 18.

896 Graf Vitzthum, Gleichschaltung, S. 69; Nandan/Lodge, Development, S. 51; Buck, Global Commons, S. 89f.; Jenisch, Seerechtskonferenz, S. 67.

897 Graf Vitzthum, Gleichschaltung, S. 68.

898 PA AA B 88(ZA) 193900, Seerechtsdelegation Botschafter z.b.V. Knoke an das Konferenzsekretariat im Hause, betr. Tagung des VN-Meeresbodenausschusses in Genf, 26.06.1973. Da mit Hochseefischerei und Tiefseebergbau deutsche Interessen auf dem Spiel stünden, bat Knoke, um dennoch auf informellem Weg Einfluss nehmen zu können, um „zunächst DM 1.500,– (…) zur Kontaktpflege“, ebd.

Meeresfreiheit keinen geeigneten Rahmen für die Sicherung eigener Tiefseebergbau-Unternehmungen mehr bot; als zu groß galt die Gefahr der Behinderung durch Küstenstaaten, oder dass eine erfolgreich explorierte Lagerstätte die Förderschiffe der Konkurrenz anlocken könnte.[899] Eine Aufzeichnung des Auswärtigen Amtes, die 1976 an alle bundesdeutschen Botschaften verschickt wurde, wies unter den verschiedenen Verhandlungsgegenständen auf UNCLOS III eindeutig dem Tiefseebergbau die höchste Priorität zu:

> „Für uns vordringlich ist die befriedigende Wahrung folgender Interessen:
> a) Freier, geordneter und nicht diskriminierender Zugang zu den Rohstoffen des Meeresbodens;
> b) Freiheit der Schiffahrt;
> c) Erhaltung der Fernfischerei;
> d) Freiheit der Meeresforschung;
> e) Obligatorische Streitregelung."[900]

Sehr ähnlich stellte die Bundesregierung ihre Prioritäten auf der Seerechtskonferenz wenig später auch gegenüber dem Bundestag dar, wobei sie aber den Meeresumweltschutz anstelle der Streitregelung nannte.[901] Das Auswärtige Amt sah die eigenen Interessen in dem zu diesem Zeitpunkt vorliegenden Vertragsentwurf, dem „Informal Single Negotiating Text", nicht hinreichend berücksichtigt. Das bezog sich einerseits auf die AWZ und die Auswirkungen auf die Hochseefischerei, aber auch auf mögliche weitere Einschränkungen für die deutsche Schifffahrt und Meeresforschung, vor allem aber andererseits auf das Meeresbodenregime. Hierzu schrieb das Auswärtige Amt:

> „Der ‚Informal Single Negotiating Text' sieht in dieser Frage ein Nutzungsmonopol der zukünftigen Internationalen Meeresbodenbehörde vor und trägt insofern unseren Interessen nicht Rechnung. Wir fordern statt dessen ein Regime, das, ohne bergbauliche Aktivitäten der Meeresbodenbehörde selbst auszuschließen, Staaten und Unternehmen die Möglichkeit zum Meeresbergbau einschließlich Verhüttung und Vermarktung der geförderten Mineralien gibt. Wir sehen dabei durchaus das Problem der Konkurrenz des Meeresbergbaus zum landgebundenen Bergbau (‚economic implications') und sind bereit, an seiner Lösung mitzuarbeiten."[902]

---

899 Jenisch, Probleme, S. 201.

900 Dok. 93: Aufzeichnung des Botschafters Knoke, 29. März 1976, in: Institut für Zeitgeschichte (Hrsg.), Akten zur Auswärtigen Politik der Bundesrepublik Deutschland 1976. Bd. 1: 1. Januar bis 30. Juni 1976, München 2007, S. 433–436, hier S. 433.

901 BT-Drs. 7/5455, Antwort der Bundesregierung auf die Große Anfrage: Auswirkungen der Seerechtskonferenz der Vereinten Nationen auf die politischen und wirtschaftlichen Interessen der Bundesrepublik Deutschland, 23.06.1976, S. 1.

902 Dok. 93: Aufzeichnung des Botschafters Knoke, 29. März 1976, in: Institut für Zeitgeschichte (Hrsg.), Akten zur Auswärtigen Politik der Bundesrepublik Deutschland 1976. Bd. 1: 1. Januar bis 30. Juni 1976, München 2007, S. 433–436, hier S. 433f.

Im Rückblick ist die Erfolgsbilanz der bundesdeutschen Delegation auf UNCLOS III ernüchternd. Die Entwicklung bei den Rohstoffen verlief gegen die bundesdeutschen Interessen, und die deutsche Hochseefischerei, also die „Fernfischerei", verlor durch die Etablierung der AWZ den Zugang zu ihren traditionellen Fanggründen. Dies führte zum fast völligen Verschwinden dieser Branche in der Bundesrepublik, auch wenn dies schon länger absehbar gewesen war.[903] Die Unionsfraktion warf als Opposition der Regierung bereits während der Konferenz vor, „die deutschen Interessen in ganz unzulänglicher Weise behandelt und verteidigt" zu haben: UNCLOS III sei eine „Meeresaufteilungskonferenz", von der Deutschland mit seiner kurzen Küstenlinie nicht profitieren werde, und auf der der „Reichtum der Weltmeere" einer „politisierten Wirtschaftsbürokratie mit monopolistischen Zuständigkeiten", also der geplanten UN-Meeresbodenbehörde, unterworfen werde.[904] Ähnlich wie bei der Rohstoffpolitik, die hier den Hintergrund bildete, lagen Opposition und Regierung aber letztlich inhaltlich nicht weit auseinander. Es handelte sich bei der Diskussion in der bundesdeutschen Politik mehr um die Frage, welches Ergebnis sich realistischerweise erreichen ließe. Die Bundesregierung erklärte daher gegenüber der Opposition, dass konstruktive Mitwirkung der einzige gangbare Weg und „Anarchie" dagegen die Folge eines Scheiterns der Konferenz wäre.[905]

Um die Gemeinsamkeiten in dieser Frage gegenüber dem Ausland herauszustellen, verabschiedeten alle drei Bundestagsfraktionen 1977 einen Beschluss, der eine Reihe von Grundsätzen formulierte, denen ein internationales Regime für den Tiefseebergbau aus bundesdeutscher Sicht entsprechen sollte. Der einstimmig angenommene Beschluss verwies einleitend „auf die starke Abhängigkeit der Bundesrepublik Deutschland von Rohstoff-Einfuhren und auf die jahrelangen Anstrengungen der deutschen Wissenschaft und Wirtschaft zur Erarbeitung von Technologien des Meeresbergbaus". Gemäß diesen Grundsätzen war insbesondere der dauerhafte, freie Zugang zu den „Meeresbodenschätzen" für alle Nationen zu gewähren. Der rechtliche Rahmen für den Tiefseebergbau dürfe nicht zu „dirigistischer, bürokratischer oder im Ergebnis monopolistischer Ausrichtung des Meeresboden-Regimes" führen und es dürfe keine „unzumutbaren Nachteile für die Verbraucherländer" geben.[906] Für den Fall, dass innerhalb des Rahmens von UNCLOS III keine für die Bundesrepublik zufriedenstellende Lösung erreicht werde, beschloss der Bundestag zu prüfen, ob stattdessen Interims- oder Alternativlösungen auf der Basis bilateraler oder multilateraler Abkommen gefunden werden könnten.[907] Dieser Weg über ein solches Gegenseitigkeitsabkommen oder „mini-treaty-regime", in dem sich die am

903 Sackel, Meer, S. 148–221; Heidbrink, Deutschlands einzige Kolonie, S. 155–168.

904 BT-Drs. 7/5120, Große Anfrage: Auswirkungen der Seerechtskonferenz der Vereinten Nationen auf die politischen und wirtschaftlichen Interessen der Bundesrepublik Deutschland, 05.05.1976, S. 1f.

905 BT-Drs. 7/5455, Antwort der Bundesregierung auf die Große Anfrage: Auswirkungen der Seerechtskonferenz der Vereinten Nationen auf die politischen und wirtschaftlichen Interessen der Bundesrepublik Deutschland, 23.06.1976, S. 3.

906 BT-Drs. 8/661, Antrag der Fraktionen der CDU/CSU, SPD, FDP: Dritte Seerechtskonferenz der Vereinten Nationen, 22.06.1977, S. 1.

907 Ebd., S. 2.

Tiefseebergbau interessierten Industriestaaten außerhalb des UN-Seerechtsübereinkommens gegenseitig ihre Ansprüche auf bestimmte Abbaufelder anerkannten, wurde, wie noch zu zeigen sein wird, wenig später tatsächlich beschritten (s. Kap. 5.3.4).

Die unterschiedlichen Standpunkte von Industrie- und Entwicklungsländern reflektierten auch die vorangehende Entwicklung bei den rechtlich-politischen Rahmenbedingungen des landgebundenen Bergbaus. Aus Sicht der Entwicklungsländer hätte ein Tiefseebodenregime nach den Vorstellungen der Industriestaaten den Bergbaukonzessionen entsprochen, wie sie in (post)kolonialen Zusammenhängen üblich waren. Diese gaben den meist aus dem Globalen Norden stammenden Unternehmen umfassende Verfügungsrechte über die Lagerstätte und die abgebauten Produkte, trugen aber kaum zur Entwicklung und zum Wohlstand des Landes bei, in dem der Abbau stattfand. Nach dem von den Entwicklungsländern favorisierten Modell wäre die Meeresbodenbehörde dagegen als Äquivalent zu einem Staat konzipiert, der die Souveränität über seine Ressourcen erlangt hat und Abbau und Vermarktung entweder selbst durch ein Staatsunternehmen betreibt oder mit Unternehmen Verträge eingeht, die der Regierung Kontrolle und Beteiligung auf jeder Wertschöpfungsstufe garantieren.[908]

An UNCLOS III waren neben allen UN-Mitgliedsstaaten als stimmberechtigten Teilnehmern auch eine große Anzahl an Organisationen als Beobachter vertreten. Hierzu zählten Befreiungsbewegungen wie der ANC und die PLO, UN-Sonderorganisationen wie die UNESCO, die Europäischen Gemeinschaften sowie eine Reihe Nichtregierungsorganisationen.[909] Privatwirtschaftliche Unternehmen mit Interesse am Tiefseebergbau hatten keinen vergleichbaren offiziellen Status, waren jedoch gleichwohl innerhalb der Delegationen ihrer Heimatstaaten als Beobachter und Berater tätig.[910] Bereits auf einem Treffen im Vorfeld der Gründung des OMI Joint Ventures erklärte der Vizepräsident von INCO, die beteiligten Unternehmen sollten eine einheitliche Meinung zu den Seerechtsproblemen entwickeln, die dann von den jeweiligen Heimatstaaten auf UNCLOS III vertreten werden sollte.[911] Generell waren die Unternehmen aus den westlichen Industrieländern an Rechtssicherheit und stabilen Investitionsbedingungen interessiert, um in einem Bereich wie dem Tiefseebergbau gewinnbringend operieren zu können, der ohnehin mit vielfältigen wirtschaftlichen, technischen und geologischen Risiken belastet war. Idealerweise

908 Orrego Vicuña, Regime, S. 777.

909 Eine vollständige Liste der Beobachter in: Final Act of the Third United Nations Conference on the Law of the Sea, S. 187–189, https://www.un.org/Depts/los/convention_agreements/convention_overview_convention.htm (02.01.2024).

910 Das galt zumindest für die AMR und die bundesdeutsche Delegation, HWA Abt. 119, Nr. 1672, Projekt Manganknollen. Beitritt der AMR – Arbeitsgemeinschaft meerestechnisch gewinnbare Rohstoffe in ein internationales Konsortium, Vorstandsvorlage MG-Meerestechnik, Frankfurt/Main Okt. 1974, S. 16f.; Erich Blissenbach/Harald Rieger, III. UNO-Seerechtskonferenz in Caracas, in: mt – Meerestechnik – Marine Technology 6 (1974), 2, S. 181–185, hier S. 181.

911 BA B 196/17801, Metallgesellschaft, Ergebnisprotokoll: Besprechung über die Bildung eines internationalen Konsortiums vom 27.02.–01.03.1974 in New York, S. 3.

hätten die Unternehmen sich daher eine Meeresbodenbehörde gewünscht, die lediglich Schürfrechte vergibt und registriert. Im Laufe von UNCLOS III begannen sie jedoch die Vorstellung einer aktiveren Behörde zu akzeptieren, solange die finanziellen Abgaben in einem realistischen Verhältnis zu den Entwicklungs- und Betriebskosten standen und Planungssicherheit bestand. In der Regel konnten die Unternehmen auf die Rückendeckung ihrer Regierungen zählen, die die Tiefseebergbauprojekte aus rohstoffpolitischen Gründen förderten. Diese Unterstützung war aber nicht garantiert oder uneingeschränkt, denn die meisten Industriestaaten verfolgten gleichzeitig auch andere, potenziell zuwiderlaufende Interessen wie militärische Erwägungen oder politische Bestrebungen, das Verhältnis zu den Entwicklungsländern zu verbessern.[912]

Der AMR war bereits 1974 das „politisch-rechtliche Risiko“, das aus den unterschiedlichen Vorstellungen von Industrie- und Entwicklungsländern auf UNCLOS III herrührte, bewusst. Die geschilderte Präferenz für einen US-amerikanischen Partner im internationalen Joint Venture (s. Kap. 4.1.2) war eine direkte Folge hiervon.[913] In der Durchführbarkeitsstudie von 1975 wurde daher der rechtliche Rahmen ebenfalls diskutiert. Die AMR lehnte hier wenig überraschend ein Monopol des behördeneigenen Unternehmens ab und sah auch ein Mischsystem, bei dem das Unternehmen der Meeresbodenbehörde in Konkurrenz mit der Privatwirtschaft operieren würde, sehr kritisch. In jedem Fall, so die AMR, müsse sichergestellt sein, dass das Behördenunternehmen keine Wettbewerbsvorteile genieße. Daher sprach sich die Studie auch gegen einen Technologietransfer von den privatwirtschaftlichen Unternehmen an die Behörde oder an Entwicklungsländer aus, abgesehen allenfalls von einem Trainingsprogramm für Personal, da eine Pflicht zur Abgabe von Know-how zu Wettbewerbsverzerrungen führen und den Anreiz für technische Entwicklungen verringern würde. Finanzielle Abgaben an die Meeresbodenbehörde lehnte die AMR nicht prinzipiell ab, allerdings sollten diese, abgesehen von Gebühren, die lediglich die Verwaltungskosten der Behörde decken, nur gewinnabhängig erhoben werden.[914]

Gemäß dem deutschen Konsortium würde der Tiefseebergbau überdies keine Gefahr für die terrestrischen Erzproduzenten in den Entwicklungsländern darstellen, weil die Metalle aus den Manganknollen erst ab Mitte der 1980er Jahre und dann in bescheidenen Mengen auf den Markt kämen. Bis dahin sei der Weltbedarf soweit angestiegen, dass keine negativen Auswirkungen auf die Bergbauwirtschaft von Entwicklungsländern zu erwarten seien. Vielmehr würden diese Staaten davon sogar profitieren, da die Vergrößerung der Weltreserven durch die marinen Lagerstätten die terrestrischen Produzenten in die Lage versetze, ihre eigenen Vorkommen weniger intensiv und dafür länger zu nutzen,

912 Heath, Ferromanganese nodules, S. 761.

913 HWA Abt. 119, Nr. 1672, Projekt Manganknollen. Beitritt der AMR – Arbeitsgemeinschaft meerestechnisch gewinnbare Rohstoffe in ein internationales Konsortium, Vorstandsvorlage MG-Meerestechnik, Frankfurt/Main Okt. 1974, S. 16.

914 HWA Abt. 119, Nr. 1702, AMR-Durchführbarkeitsstudie. Projekt Manganknollen. Erste Wirtschaftlichkeitsabschätzung 1972–1974, S. 158–160.

was der langfristen Sicherung ihres Einkommens diene.[915] Dies sahen die Entwicklungsländer anders und erwarteten schwere wirtschaftliche Nachteile.[916] Inwieweit die AMR selbst an diese Argumentation glaubte oder es sich nur um ein rhetorisches Argument handelte, ist fraglich. In jedem Fall lag hier ein Widerspruch zu dem ansonsten vorgebrachten strategischen Argument, wonach der Tiefseebergbau gerade die Marktmacht der Produzenten im Globalen Süden brechen und die Versorgungssicherheit der Industrieländer erhöhen sollte.

5.3.2 Das Seerecht als Präzedenzfall für die Neue Weltwirtschaftsordnung

Der Konflikt zwischen Industriestaaten und Entwicklungsländern über das Tiefseebodenregime, der die Konferenz in die Länge zog und 1982 zunächst scheitern ließ, basierte nicht allein auf diesen Interessengegensätzen, sondern war auch einer Atmosphäre des gegenseitigen Misstrauens zwischen Nord und Süd geschuldet.[917] Zudem beklagten Vertreter der Unternehmen ein erhebliches Wissensgefälle zwischen den beiden Seiten. Dieses habe dazu geführt, dass die Entwicklungsländer die wirtschaftliche Bedeutung der Manganknollen und damit das Ausmaß der Gewinne, die eine Behörde abschöpfen und umverteilen könne, bei weitem überschätzten.[918] Die Episode mit Howard Hughes' Glomar Explorer, die genau in die Anfangsphase der Konferenz fiel, mag hierzu beigetragen haben (s. Kap. 4.1.4). Utopische Erwartungen an den Tiefseebergbau waren freilich seit Mero auch in den Industriestaaten nicht unbekannt.

Vor allem aber trug erheblich zur Schärfe des Konflikts bei, dass beide Seiten die Frage des Tiefseebodenregimes im größeren Kontext der New International Economic Order NIEO sahen. Wie oben dargestellt verabschiedete die 6. Sondersitzung der Generalversammlung am 01.05.1974 die „Declaration on the Establishment of a New International Economic Order“ (s. Kap. 3.3.2). Wenig später begann am 20.06.1974 in Caracas die zweite Sitzung von UNCLOS III. Die Auseinandersetzungen über die NIEO und das Seerecht waren zudem auch inhaltlich eng verbunden, da das Common-Heritage-Prinzip sich nahtlos in die Vorstellungen der NIEO einfügen ließ.[919] Im Süden wie im Norden sah man im Tiefseebodenregime einen Präzedenzfall für eine internationale Bewirtschaftung von Rohstoffen im Sinne der NIEO und entsprechend waren beide Seiten bestrebt, diesen Präzedenzfall zu schaffen bzw. zu vermeiden.[920] Da es bisher keine Nutzungspraxis und keine Rechtsordnung für Tiefseebodenressourcen gab, bot sich hier für die Entwicklungsländer die Gelegenheit, Pflöcke einzuschlagen und mit ihrer Interpretation des Common-

915 Ebd., S. 8, 218.
916 Orrego Vicuña, Regime, S. 779. Einer hier zitierten UN-Studie zufolge betrüge der Anteil des Tiefseebergbaus an der Deckung des globalen Bedarfs im Jahr 2000 93,7 % bei Mangan, 60,6 % bei Nickel, 15 % bei Kobalt und 7 % bei Kupfer.
917 Lowe, International seabed, S. 205.
918 Stalp, Tiefseebergbau, S. 221; Amann, Technological trends, S. 377.
919 Sackel, Meer, S. 122.
920 Ebd., S. 116; Nandan/Lodge, Development, S. 32, Fn.

Heritage-Prinzips zum ersten Mal die Grundsätze der NIEO umzusetzen.[921] Umgekehrt stellte sich der Tiefseebergbau „als die ‚Nasse Flanke‘ der Auseinandersetzung um die neue Weltwirtschaftsordnung dar“, sofern es den Industrienationen gelänge, sich auf diesem Weg von den terrestrischen Erzproduzenten und den Strukturen der NIEO unabhängiger zu machen.[922] 1978 schrieb der chilenische Völkerrechtler Orrego Vicuña mit Bezug auf UNCLOS III:

> „The fundamental issues under negotiation refer to the policies on natural resources and raw materials, thereby appertaining to the broader field of international economic relations and the most complex rearrangements being sought in terms of the New International Economic Order and related developments. Moreover, it can be argued that the Law of the Sea has become the first specific instance in which the new principles, institutions and goals of a renewed economic order could be agreed on, enacted and implemented at the international level. This means that the outcome of the Conference will also influence other negotiations and processes currently under development in a variety of forms.“[923]

Elisabeth Mann Borgese, die als Mitglied der österreichischen Delegation an UNCLOS III teilnahm, bejahte ausdrücklich einen solchen Modellcharakter des Tiefseebodenregimes. Sie war über ihren Einsatz für eine neue gerechte Weltordnung zum Seerecht und den Ozeanen gelangt, die von da an ihr Lebensthema blieben.[924] Für Mann Borgese bildete die Rechtsordnung des Meeresbodens ein noch unbeschriebenes Blatt, das sich daher mit neuen politischen Ideen und Konzepten füllen ließe.[925] Aus ihrer Sicht erforderte die NIEO, die sie entschieden begrüßte, eine internationale Planung und Bewirtschaftung im Rohstoffbereich, um die globale Ungleichheit und internationale Spannungen abzubauen. Ausgehend vom Tiefseeboden dachte Mann Borgese auch an die Antarktis sowie den Mond und andere Himmelskörper als Räume, die nicht allein von den Staaten ausgebeutet werden dürften, die die erforderliche Technologie besaßen. Sie schlug vor, das Modell der Meeresbodenbehörde mit dem „Enterprise“ auf alle Bereiche internationaler Ressourcennutzung zu übertragen, so dass auch UN-Organisationen wie die Food and Agriculture Organisation (FAO) oder die International Atomic Energy Agency (IAEA) einen operativen Arm in Form eines behördeneigenen Unternehmens bekämen. Privatunternehmen sollten dann über Zwang oder Anreize in eine Kooperation mit diesen Behördenunternehmen gebracht werden. Dabei waren offensichtlich starke Widerstände zu erwarten, aber

921 Graf Vitzthum, Raum und Umwelt, S. 422.

922 Norbert Kleinheyer, Konzeption und Kompetenz einer Weltmeeresbehörde. Eine kritische Betrachtung der Diskussion auf der III. UN-Seerechtskonferenz über die Organisation der Weltmeeresbehörde (Diskussionspapiere zur Entwicklungspolitik; 2), Bonn 1978, S. 18. Der Begriff „nasse Flanke“ bezeichnete in der Militärstrategie des Kalten Krieges die Ostsee.

923 Orrego Vicuña, Regime, S. 774.

924 Zu Mann Borgese und dem Seerecht insbesondere Meyer, Mann Borgese, und Sackel, Meer, S. 222–281; weiterhin Holzer, Mann Borgese, S. 171–202; Uwe K. Jenisch, Elisabeth Mann Borgese und das Seerecht, in: Jost Delbrück/Ursula Heinz/Kerstin Odendahl/Nele Matz-Lück/Andreas von Arnauld (Hrsg.), Aus Kiel in die Welt. Festschrift zum 100-jährigen Bestehen des Walter-Schücking-Instituts für Internationales Recht, Berlin 2014, S. 475–489; Radkau, Ära, S. 334.

925 Meyer, Mann Borgese, S. 7.

Mann Borgese war zuversichtlich, dass dieses Ziel in vielen Bereichen erreicht werden könne, wenn es in einem Bereich erreicht würde.[926] Daher rührte aus ihrer Sicht die zentrale Bedeutung des Seerechtsübereinkommens und speziell des Tiefseebodenregimes. Es handelte sich nicht um eine exotische Spezialfrage des Völkerrechts, sondern um ein Modell oder einen Ausgangspunkt für eine Weltverfassung, wie Mann Borgese 1985 in der Rückschau erklärte:

> „... the Convention on the Law of the Sea, probably the most ambitious document ever attempted, was really a ‚Constitution for the Oceans' and potentially a model for, or nucleus of, a Constitution for the World. (...) Here was a prototype of the first public international resource-management institution. Here was a first agreement establishing a structural relationship between multinational companies and a public international institution. Here was a first acceptance of the principle of international taxation. Here was the framework for an international environmental law, for international surveillance and enforcement, for law that was binding on states and persons. Here was a new, dynamic concept of ownership and sovereignty, embodied in the principle of the common heritage: more functional, more in harmony with the environmental and technological conditions of our age than are the static concepts of the past."[927]

Der bundesdeutsche Völkerrechtler Graf Vitzthum stand der Position der Industriestaaten näher und sah ebenfalls präjudizierende Effekte, aber mit deutlichem Unbehagen. Er konnte sich ähnlich wie Mann Borgese vorstellen, dass bald auch Fischbestände auf der Hohen See, Erdölvorkommen im Festlandsockel, Satelliten und ihre Umlaufbahnen oder sogar Öl- und Uranlagerstätten auf den Kontinenten mit dem Argument, sie seien für die Menschheit insgesamt lebenswichtig, einer internationalen Verwaltung unterstellt werden sollten.[928] Das Tiefseebodenregime bilde, so Graf Vitzthum, „das Einfallstor für die Realisierung einer Neuen, langfristig die machtpolitischen Verhältnisse ändernden Weltwirtschaftsordnung."[929] Noch 1984 begründete auch das Bundeskanzleramt die Ablehnung des Seerechtsübereinkommens damit, dass dieses „einen massiven Einbruch in die Freiheit des Wirtschaftens" darstelle: „Es wäre in der Folge kaum noch möglich, ähnlich dirigistischen Regelungen zur Problemlösung etwa in der Antarktis oder im Weltraum zu widerstehen."[930]

Das Meer dient oft als Projektionsfläche für verschiedenste Vorstellungen und in diesem Fall auch für konfligierende Verteilungsmodelle.[931] Es ging somit für die Staaten bei den Verhandlungen über ein neues Seerecht 1973 bis 1982 um weit mehr als nur Manganknollen. Genau diese weiteren Implikationen hatten jedoch auch einen direkten Einfluss auf

926 Mann Borgese, International Seabed Authority.
927 Dies., Mines of Neptune, S. 136.
928 Graf Vitzthum, Bemühungen, S. 747f.
929 Ders., Gleichschaltung, S. 64; ähnlich Jenisch, Seerechtskonvention, S. 250; Prewo, Neuordnung, S. 217.
930 BA B 136/30618, Referat 214, RD Dr. Scholz, Begründung der Haltung der Bundesregierung vom VN-Seerechtsübereinkommen, 28.11.1984, S. 1f.
931 Sackel, Meer, S. 3.

den rechtlichen Rahmen für die entstehende Tiefseebergbauindustrie und damit auf die Ressourcenwerdung der Manganknollen.

5.3.3 Das Seerechtsübereinkommen von 1982

Nach neun Jahren und elf Sitzungsperioden von insgesamt etwa 93 Wochen Dauer stimmten die Delegationen der rund 160 auf der Konferenz vertretenen Staaten schließlich am 30.04.1982 über das Seerechtsübereinkommen (SRÜ) bzw. Law of the Sea Convention (LOSC) ab, dessen Schlussakte im Dezember 1982 in Caracas unterzeichnet wurde. Anschließend lag die Konvention zur Zeichnung durch die Staaten aus.[932] Das SRÜ[933] reflektierte, wie auf der Konferenz vorher lange absehbar, hinsichtlich der Bestimmungen über das Tiefseebodenregime, die Teil XI der Konvention bildeten, weitgehend die Vorstellungen der Entwicklungsländer, die die zahlenmäßige Mehrheit stellten. Den westlichen Industrieländern gelang es in den letzten Jahren der Konferenz nur noch sehr begrenzt, Änderungsvorschläge in ihrem Interesse durchzusetzen.[934] Dies schlug sich auch in dem Abstimmungsergebnis nieder: 130 Staaten stimmten auf der abschließenden Sitzung für den Konventionstext, darunter praktisch alle Entwicklungsländer, aber auch Australien, Österreich, Kanada, Frankreich, Griechenland, Irland, Japan, Portugal, Irland, die Schweiz, Dänemark, Schweden, Norwegen, Finnland und Island. Vier Staaten – die USA, Israel, die Türkei und Venezuela – stimmten dagegen und 18 Staaten enthielten sich, darunter die Bundesrepublik, viele westeuropäische Länder und die Staaten des Ostblocks. Die USA begründeten ihre Ablehnung ausdrücklich mit den Bestimmungen des Tiefseebodenregimes – ebenso wie Belgien, die Bundesrepublik Deutschland und Italien, die sich enthalten hatten. Frankreich und die Schweiz stimmten für das SRÜ, erklärten aber, dass sie erhebliche Vorbehalte hinsichtlich der Regelungen zum Tiefseebergbau hätten.[935] Mit dieser Abstimmung war noch nicht die Unterzeichnung durch die Regierungen und die Ratifikation durch die nationalen Parlamente oder entsprechenden Organe verbunden, die das SRÜ, wie andere völkerrechtliche Verträge auch, für das Inkrafttreten benötigte.[936] Konkret war in Art. 308 vorgesehen, dass das SRÜ ein Jahr nach der 60. Ratifikation in Kraft treten würde. Schließlich wurde jedoch bis 1994, dem Jahr, in dem das „Implementation Agreement" verabschiedet wurde (s. Kap. 5.3.6), diese Zahl an Ratifikationen nicht erreicht. Mit der Ausnahme von Island, das seine fischereiwirtschaftlichen

932 Jenisch, Seerechtskonvention, S. 243f., 247.

933 Der Text der Law of the Sea Convention findet sich unter https://www.un.org/Depts/los/convention_agreements/convention_overview_convention.htm (02.01.2024).

934 Dies betraf das Abstimmungsverfahren im Rat der Meeresbodenbehörde und den Investitionsschutz für „pioneer investors" (s. Kap. 5.3.5); Dok. 270: Aufzeichnung des Ministerialdirektors Fleischhauer, 15. September 1980, in: Institut für Zeitgeschichte (Hrsg.), Akten zur Auswärtigen Politik der Bundesrepublik Deutschland 1980. Bd. 2: 1. Juli bis 31. Dezember 1980, München 2011, S. 1392–1395, hier S. 1392f; Jenisch, Seerechtskonvention, S. 250f.

935 O.A., Law of the Sea, in: Yearbook of the United Nations 36 (1982), S. 178–247, hier S. 183; Tanaka, Law, S. 29.

936 Jenisch, Seerechtskonvention, S. 248.

Interessen voll gewahrt sah, und Malta hatte bis 1994 kein einziger Staat aus Europa oder Nordamerika die Konvention ratifiziert.[937]

Das Regime für den Tiefseeboden und die dortigen Ressourcen, an dem die Industriestaaten Anstoß nahmen, ist in den 39 Artikeln von Teil XI des SRÜ sowie in zwei Anhängen festgelegt. Art. 133 SRÜ definierte die Ressourcen des „Area“ als alle dort befindlichen festen, flüssigen oder gasförmigen mineralischen Ressourcen „including polymetallic nodules“, die somit als einzige Bodenschätze in Teil XI explizit genannt werden. Das SRÜ übernahm aus den vorangegangenen Resolutionen der UN-Generalversammlung die Definition des „Area“ (Art. 1) und dessen Bestimmung als „common heritage of mankind“ (Art. 136), das zusammen mit den dort befindlichen Ressourcen nur zum Wohle der gesamten Menschheit unabhängig von der jeweiligen geografischen Lage genutzt werden dürfe. Gegenüber der Resolution 2749 (XXV), die nur die besondere Berücksichtigung der Entwicklungsländer forderte, wurden jetzt zusätzlich die noch nicht unabhängigen Völker genannt: „… for the benefit of mankind as a whole, irrespective of the geographical location of States, whether coastal or land-locked, and taking into particular consideration the interests and needs of developing States and of peoples who have not attained full independence or other self-governing status…“ (Art. 140). Art. 150 legte die Grundsätze fest, denen alle Aktivitäten im „Area“ zu dienen haben. Dazu zählten wesentlich die Gewinnbeteiligung der Meeresbodenbehörde („Authority“) und der Technologietransfer an das „Enterprise“, die Förderung gerechter und stabiler Rohstoffpreise sowie eines langfristigen Gleichgewichts zwischen Angebot und Nachfrage und der Schutz der Entwicklungsländer vor negativen Effekten auf ihre Volkswirtschaft oder Exporteinnahmen durch die Ressourcengewinnung im „Area“. Im Interesse der Verbraucher nannte Art. 150 immerhin auch das Ziel, das Angebot an Ressourcen – Tiefsee und andere Quellen zusammen betrachtet – gemäß dem Bedarf zu verbessern.

Um diese Ziele zu erreichen, sah das SRÜ u.a. vor, dass die „Authority“ Produktionsobergrenzen für den Tiefseebergbau festlegt (Art. 151). Für eine erste Interimsperiode von 25 Jahren enthielt Art. 151 bereits eine Formel, nach der sich die zulässige Produktionsmenge anhand der Trendlinie des weltweiten Nickelverbrauchs berechnen lassen soll. Die Ressourcengewinnung im „Area“ dürfte sowohl durch das „Enterprise“ durchgeführt werden als auch durch Staaten oder Unternehmen, die einem Mitgliedsstaat des SRÜ angehören und von diesem unterstützt werden („sponsored by such States“) (Art. 153). Insofern besaß das Behördenunternehmen, anders als ursprünglich von den Entwicklungsländern angestrebt, kein Monopol. Unternehmen brauchten jedoch eine Genehmigung der „Authority“ und mussten einen Vertrag mit dieser abschließen, der u.a. den Technologietransfer an das „Enterprise“ „on fair and reasonable commercial terms and conditions“ vorsah. Darüber hinaus waren Unternehmen verpflichtet, in ihrem Antrag an die „Author-

937 Siehe die chronologische Liste der Ratifikationen unter https://www.un.org/Depts/los/convention_agreements/convention_overview_convention.htm (02.01.2024).

ity" zwei detailliert explorierte Gebiete mit Angaben zur Manganknollendichte und anderen Informationen auszuweisen, von denen die „Authority" ein Gebiet für das „Enterprise" oder für Entwicklungsländer in Verbindung mit diesem auswählte und reservierte (SRÜ Annex III, Art. 8). Die Konvention sah zudem eine „Review Conference" 15 Jahre nach dem Beginn des kommerziellen Tiefseebergbaus vor (Art. 155), auf der überprüft werden sollte, inwieweit die genannten Ziele erreicht wurden.

Die „Authority" mit Sitz in Jamaica (Art. 156) sollte aus drei Organen – Versammlung, Rat und Sekretariat – bestehen (Art. 158). Während in der Versammlung alle Mitgliedsstaaten des SRÜ mit einem Sitz und einer Stimme vertreten waren (Art. 159), versuchte die Konvention, bei den 36 Mitgliedern des Rates eine gewichtete Repräsentanz verschiedener Staatengruppen anhand ihrer Interessen und geografischen Herkunft zu erreichen und somit einen gewissen Minderheitenschutz zu gewährleisten. Daher sollte nach Art. 161 der von der Versammlung gewählte Rat der Meeresbodenbehörde folgende Zusammensetzung aufweisen:

- 4 Staaten aus der Gruppe der größten Verbraucher und Importeure der Rohstoffe, die aus dem „Area" gewonnen werden können, darunter zumindest ein Staat aus dem sozialistischen Osteuropa sowie der weltweit größte Verbraucher;
- 4 Staaten aus der Gruppe der acht Staaten, die (bzw. deren Unternehmen) bisher die größten Investitionen im Bereich des Tiefseebergbaus getätigt haben, darunter zumindest ein Staat aus dem sozialistischen Osteuropa;
- 4 Staaten aus der Gruppe der größten Nettoexporteure von Rohstoffen, die aus dem „Area" gewonnen werden können, darunter zumindest zwei Entwicklungsländer, die substantiell auf diese Exporte angewiesen sind;
- 6 Staaten, die als Entwicklungsländer „special interests" repräsentieren. Hierzu zählen sehr bevölkerungsreiche Staaten, Binnenstaaten und die am wenigsten entwickelten Staaten;
- 18 Staaten, die nach dem Kriterium gewählt sind, dass die Zusammensetzung des Rats als Ganzes alle Weltregionen gleichermaßen repräsentiert.

Das Sekretariat der „Authority" bestand aus einem Generalsekretär, der von der Versammlung aus vom Rat benannten Kandidaten gewählt wurde, und weiteren Mitarbeitern (Art. 166, 167). Schließlich war noch das behördeneigene Bergbauunternehmen „Enterprise" vorgesehen (Art. 170). Bezüglich der Finanzierung der „Authority" einschließlich des „Enterprise" sah Art. 171 vor, dass die Mitgliedsstaaten Beiträge analog zur Höhe ihrer Beiträge an die UN leisteten, bis die Behörde eigene Einkünfte aus Gebühren von Unternehmen und Staaten, die im Tiefseebergbau aktiv würden, sowie aus den Gewinnen des „Enterprise" erziele. Zudem konnte die „Authority" Kredite aufnehmen (Art. 171).

5.3.4 Ein rechtlicher Rahmen außerhalb der UN: Nationale Tiefseebergbaugesetze

Für den Fall, dass die Industriestaaten im Rahmen der UN kein für sie befriedigendes Ergebnis würden erzielen können, bestand eine Alternative in einer rechtlichen Regelung lediglich innerhalb der Gruppe der im Tiefseebergbau engagierten Staaten. Über nationale Tiefseebergbaugesetze konnten diese Staaten interessierten Unternehmen Lizenzen für bestimmte Abbaufelder erteilen und diese Lizenzen zusammen mit anderen engagierten Industriestaaten über zwischenstaatliche Abkommen gegenseitig anerkennen. Da bis Ende der 1970er Jahre nur wenige westliche Industriestaaten fortgeschrittene eigene Tiefseebergbauprogramme besaßen, da diese Staaten weitgehend identische Interessen hatten und da die beteiligten Unternehmen überwiegend ohnehin schon in Konsortien miteinander kooperierten, schien dieser Weg durchaus gangbar. Man konnte auf diese Weise mit geringen Transaktionskosten innerhalb einer kleinen und homogenen Gruppe von Staaten Verfügungsrechte abgrenzen und Konflikte vermeiden. Dies würde jedoch bedeuten, den Willen des Großteils der Staatengemeinschaft, insbesondere der Staaten im Globalen Süden, zu ignorieren. Bemerkenswerterweise tauchte diese Idee schon sehr früh auf, unter anderem in Deutschland. So schrieb ein Mitarbeiter der Rheinbraun im Sommer 1971 in einem Vermerk:

> „Die am Meeresbergbau interessierten Firmen sollten versuchen, untereinander Absprachen zu erzielen und hierzu die Zustimmung ihrer Regierungen zu erhalten. Derartige kleine internationale Lösungen dürften der Industrie die notwendige Sicherheit für Investitionen gewähren. Eine solche Lösung scheint von amerikanischen und japanischen Firmen sehr stark gefördert zu werden.“[938]

Schon im Herbst 1971 sandte die Wirtschaftsvereinigung Industrielle Meerestechnik (WIM) dem Auswärtigen Amt einen ausformulierten Entwurf für ein „Gesetz zur vorläufigen Regelung der Aufsuchung und Gewinnung von Bodenschätzen im Bereich der Tiefsee“ zu, der auf eine Anregung des Rohstoffausschusses der Deutschen Kommission für Ozeanographie aus dem Frühjahr zurückging. Das Schreiben enthielt auch den Hinweis, dass die US-amerikanische Industrie ebenfalls dem Kongress einen Entwurf für ein solches Gesetz zukommen ließ.[939] Obwohl 1971 UNCLOS III noch nicht einmal begonnen hatte, sondern die UN-Generalversammlung erst im Jahr zuvor die Einberufung einer solchen Konferenz beschlossen hatte, hieß es in der Begründung der WIM bereits, dass die internationale Diskussion einen toten Punkt erreicht habe, so dass in nächster Zukunft nicht mit einer sicheren Rechtsgrundlage für die Industrie im Rahmen einer allgemeingültigen völkerrechtlichen Regelung zu rechnen sei. Da jedoch andererseits der Tiefseebergbau binnen der nächsten zehn Jahre beginnen werde, böte solch ein nationales Gesetz,

---

938 HK RWE HAP 521/8, Kausch, Vermerk: Pacem in Maribus 2, Malta, 29. Juni bis 5. Juli 1971, Köln, den 13.07.1971, S. 2.

939 PA AA B 88(ZA) 193893, Wirtschaftsvereinigung Industrielle Meerestechnik e.V. an Legationsrätin I. Klasse Dr. S. Vollmar, Auswärtiges Amt, 19.10.1971.

wenn es mit der gegenseitigen Anerkennung vergleichbarer Regelungen anderer Industriestaaten verbunden sei, den Unternehmen Rechtssicherheit und Investitionsschutz. Den bundesdeutschen Behörden ermögliche es, den Tiefseebergbau zu beaufsichtigen und die Meeresverschmutzung ebenso wie Kollisionen mit den Rechten anderer Meeresnutzer zu verhindern.[940]

In den USA wurde ein Entwurf für ein nationales Tiefseebergbaugesetz 1974 in das Repräsentantenhaus eingebracht.[941] Der deutsche Bundestag diskutierte diese Idee 1977.[942] Die frühzeitigen Pläne für nationale Tiefseebergbaugesetze und somit der Versuch, UNCLOS III zu umgehen, stellten nicht nur eine Reaktion auf die Maximalforderungen der anderen Seite dar, sondern trugen selbst dazu bei, den Konflikt zu verschärfen. Die Entwicklungsländer empfanden dieses Vorgehen als Provokation und waren daher umso weniger bereit, Zugeständnisse zu machen.[943] Verabschiedet wurden solche Gesetze allerdings erst, als die Seerechtskonferenz tatsächlich festgefahren war. Den Anfang machten die USA mit dem „Deep Seabed Hard Mineral Resources Act" vom 28.06.1980, gefolgt von dem bundesdeutschen „Gesetz zur vorläufigen Regelung des Tiefseebergbaus" vom 16.08.1980 (BGBl. I 1980, S. 1457, geändert BGBl. I, 1982, S. 136) und weiteren ähnlichen Gesetzen in Großbritannien (1981), Frankreich (1981), Japan (1982) und Italien (1985), aber auch der UdSSR (1982).[944]

Ebenso wie sein US-amerikanisches Gegenstück betonte das bundesdeutsche Gesetz seinen provisorischen Charakter. Es sollte – zumindest der erklärten Absicht nach – ein Übereinkommen auf UN-Ebene nicht ersetzen, sondern nur solange gelten, bis ein solches Übereinkommen auch für die Bundesrepublik in Kraft getreten war. Das Gesetz, das den Bundeswirtschaftsminister ermächtigte, Berechtigungen für die Aufsuchung und Förderung von Manganknollen zu erteilen, machte zugleich deutlich, dass diese Nutzung auf Grundlage der Freiheit der Hohen See geschehe und dass damit keine Hoheitsrechte beansprucht würden (§ 1). Die Bundesregierung berief sich also ausdrücklich auf das bisher geltende Seerecht mit der Freiheit der Hohen See im Zentrum. Als Zeichen der prinzipiellen Zustimmung zu dem Common-Heritage-Prinzip und der Bereitschaft zu einem UN-weiten Übereinkommen sah das Gesetz sogar Abgaben für die Bergbauunternehmen

940 PA AA B 88(ZA) 193893, Erläuterungen zum Entwurf eines Gesetzes zur vorläufigen Regelung der Aufsuchung und Gewinnung von Bodenschätzen im Bereich der Tiefsee, Hannover, 26.08.1971. Die Erläuterungen lagen ebenso wie der Gesetzentwurf dem oben zitierten Schreiben der WIM bei. Die Ortsangabe Hannover lässt vermuten, dass die Erläuterungen bei der Preussag entstanden.

941 Francis M. Auburn, Legal aspects of nodule mining, in: Geoffrey P. Glasby (Hrsg.), Marine Manganese Deposits (Elsevier Oceanography Series; 15), Amsterdam 1977, S. 439–459, hier S. 457.

942 Stalp, Tiefseebergbau, S. 220; BT-Drs. 8/661, Antrag der Fraktionen der CDU/CSU, SPD, FDP: Dritte Seerechtskonferenz der Vereinten Nationen, 22.06.1977, S. 2.

943 S.P. Jagota, Developments in the UN Conference on the Law of the Sea. A Third World Review, in: Third World Quarterly 3 (1981), 2, S. 287–319, hier S. 318; Nandan/Lodge, Development, S. 55.

944 Tanaka, Law, S. 178.

vor (§ 12), die von der Bundesregierung treuhänderisch als Sondervermögen behandelt und später an die Meeresbodenbehörde übertragen werden sollten, nachdem die Bundesrepublik einem Übereinkommen beigetreten sei (§ 13). Andererseits nahm das Gesetz andere Kernforderungen der Entwicklungsländer wie Produktionsobergrenzen oder den Technologietransfer nicht auf. Auf der Grundlage dieses Gesetzes erteilte das Bundeswirtschaftsministerium zwei Erlaubnisse zur Aufsuchung, aber noch nicht zum Abbau, mineralischer Rohstoffe vom Tiefseeboden für ein Gebiet an die AMR selbst und für ein weiteres Gebiet an die AMR treuhänderisch für das OMI Joint Venture.[945]

Zusätzlich sah das „Gesetz zur vorläufigen Regelung des Tiefseebergbaus" die Anerkennung von Berechtigungen oder Lizenzen vor, die andere Staaten erteilt hatten, wenn diese auf ähnlichen Grundsätzen basierten und die Gegenseitigkeit der Anerkennung gewährleistet war. Auf diesem Gegenseitigkeitsprinzip basierte das „reciprocating State regime" oder „mini-treaty-regime", das die USA, die Bundesrepublik Deutschland, Japan, Frankreich, Großbritannien, Italien, die Niederlande und Belgien 1984 mit dem Abschluss des „Provisional Understanding Regarding Deep Seabed Matters" oder Gegenseitigkeitsabkommen begründeten.[946] Im Vorfeld dieses Gegenseitigkeitsabkommens legten die Konsortien ihre jeweiligen nationalen Lizenzflächen offen und mussten feststellen, dass sich ihre Claims in der Clarion-Clipperton-Zone teils fünffach überlappten. Es gelang aber in fast zweijährigen Verhandlungen zwischen den Konsortien, durch Gebietstausch sämtliche Konfliktfälle zu bereinigen.[947]

Eine andere Frage war, inwieweit der Abbau von Manganknollen auf Grundlage nationaler Gesetze und einer solchen zwischenstaatlichen Absprache völkerrechtskonform wäre. Es kann nicht verwundern, dass diese Frage hoch umstritten war. Unter den vagen Regeln des Völkerrechts war sie auch nicht abschließend zu entscheiden. Das SRÜ trat vor 1994 nicht in Kraft, so dass vorher kein Verstoß vorliegen konnte, insbesondere nicht für Staaten, die die Konvention nicht gezeichnet hatten. Die Entwicklungsländer argumentieren jedoch, dass Abbaulizenzen unter nationalem Recht gegen Völkergewohnheitsrecht verstießen, wie es sich aufgrund der Resolutionen der UN-Generalversammlung seit 1969 herausgebildet habe, und welches die Aneignung der Ressourcen des Tiefseebodens durch Staaten oder Unternehmen untersage. Dagegen wandten die Industriestaaten ein, dass die Resolutionen nicht gewohnheitsrechtlich gelten könnten, da sie stets ihre Vorbehalte deutlich gemacht hatten.[948]

945 BT-Drs. 11/7541, Antwort der Bundesregierung auf die Große Anfrage: Seerechtsübereinkommen der Vereinten Nationen, 06.07.1990, S. 5, 14f.

946 Tanaka, Law, S. 178.

947 Fellerer, Tiefseebergbau, S. 52; BA B 196/92887, Dr. Wilkens and Herrn AL 5 und Herrn UAL 52, betr. Besprechung mit Vorstand Preussag AG, Herrn Dr. Stalp und Dr. Amann am 15.07.1985, 12.07.1985. Anlage 5: Preussag-Vermerk: R. Fellerer, Projekt „Tiefseebergbau Manganknollen", 05.03.1985, S. 2.

948 Beide Positionen abwägend Lowe, International seabed, S. 213; für die Rechtmäßigkeit der nationalen Tiefseebergbaugesetze Graf Vitzthum, Raum, S. 424.

Unabhängig davon, ob die Industriestaaten im Recht waren oder nicht, mussten sie sich selbst eingestehen, dass nationale Gesetze in der internationalen Arena einem Tiefseebergbauunternehmen wohl nur unzureichenden Schutz gewähren würden; zumindest im Fall eines Landes wie der Bundesrepublik. Eine interne Studie des OMI Joint Ventures vermisste bei den nationalen Gesetzen ein festes Bekenntnis zum Investorenschutz.[949] Bundesaußenminister Genscher gab 1984 in einem Schreiben an den Bundeskanzler ebenfalls zu bedenken, dass das Gegenseitigkeitsabkommen bundesdeutschen Unternehmen nur unzureichenden Schutz böte:

> „Regelungen außerhalb dieses Systems [des SRÜ], wie sie in einem unter unserer Beteiligung verhandelten gesonderten Übereinkommen zum Tiefseebergbau mit den USA, Großbritannien und fünf anderen Industriestaaten vorgesehen sind, können nur eine begrenzte Absicherung geben; Konflikte, insbesondere mit der Sowjetunion und Staaten der Dritten Welt, und daraus folgende finanzielle Risiken für die tätigen Unternehmen werden dadurch nicht ausgeschlossen. Als Großmacht sind die USA auch insoweit in einer besseren Position als wir."[950]

Für potenzielle Investoren stellte sich die rechtliche Situation nach 1982 als höchst ungünstig dar. Während das SRÜ viele für sie inakzeptable Bestimmungen enthielt, bildeten auch die nationalen Tiefseebergbaugesetze zumindest für die bundesdeutsche Industrie keine zufriedenstellende Alternative, da sie keinen hinreichenden Schutz gewährten.

5.3.5 Die Frage der Zeichnung des UN-Seerechtsübereinkommens durch die Bundesrepublik

Mit dem Ende von UNCLOS III 1982 war das Thema der Seerechtskonvention international wie auch für die Bundesrepublik noch keineswegs abgeschlossen. Der am 10.12.1982 von der Konferenz – wenn auch mit vier Gegenstimmen und den Enthaltungen wichtiger Staaten – angenommene Konventionstext lag nun bis zum 09.12.1984 (Art. 305 SRÜ) zur Zeichnung aus. Auch für Staaten wie die Bundesrepublik, die wesentliche Teile des SRÜ ablehnten, stellte sich die Frage, ob sie die Konvention dennoch zeichnen sollten, wobei sich die Staaten mit einer Zeichnung noch nicht zur anschließenden Ratifikation verpflichteten. In Kraft treten würde das SRÜ erst zwölf Monate, nachdem der 60. Staat das Dokument ratifiziert hatte. Mit der Zeichnung waren für einen Staat jedoch Mitspracherechte und Einflussmöglichkeiten hinsichtlich der weiteren Entwicklung verbunden. Dies betraf die Vorbereitungskommission (Preparatory Commission), die 1983 zu tagen begann und die u.a. die Regeln und Verfahren für den Tiefseebergbau und die

---

949 BGR 0110932, Appraisal Study 1980. Deep Ocean Mining. Prepared by Ocean Management, Inc., S. 8.

950 BA B 136/30616, Der Bundesminister des Auswärtigen an den Bundeskanzler der Bundesrepublik Deutschland Herrn Dr. Helmut Kohl, 27.02.1984, S. 4.

Internationale Meeresbodenbehörde weiter ausarbeiten sollte. Hier waren nur Unterzeichnerstaaten Mitglied, während die übrigen lediglich Beobachterstatus besaßen.[951] Außerdem wurde auf der letzten UNCLOS III-Sitzung als begrenztes Entgegenkommen gegenüber den Industriestaaten mit Resolution II der Schlussakte der Konferenz der Status des „pioneer investors" geschaffen. Dieser Status billigte Unternehmen oder Konsortien, die bereits bestimmte Investitionen in den Tiefseebergbau getätigt hatten, Vorrechte gegenüber späteren Interessenten bei der Lizenzvergabe für Aktivitäten wie Exploration und Testförderungen im „Area" zu. Die AMR und OMI wären für den Status als „pioneer investors" qualifiziert gewesen, allerdings nur, wenn ihre Heimatstaaten das SRÜ zeichneten. Frankreich, Japan, Indien und die UdSSR ergriffen diese Möglichkeit und ließen ihre nationalen Unternehmen als „pioneer investors" anerkennen,[952] obwohl diese Staaten objektiv bis in die frühen 1980er Jahre weniger Investitionen getätigt und Vorarbeiten geleistet hatten als die internationalen Konsortien wie OMI. Ein weiteres Argument für eine Zeichnung war, dass letztlich allen Staaten an einem universell geltenden Seerecht gelegen sein musste und dass man das Inkrafttreten des SRÜ auf Dauer nicht würde aufhalten können. Daher – so die Argumentation der Befürworter einer Zeichnung – sei es besser, in beschränktem Maße Einfluss nehmen zu können, statt abseits zu stehen. Speziell für die Bundesrepublik stand zudem die prestigeträchtige Frage des Sitzes des neugeschaffenen Internationalen Seegerichtshofs (International Tribunal for the Law of the Sea) auf dem Spiel. In der Konvention war Hamburg als Gerichtssitz vorgesehen (Annex VI, Art. 1 SRÜ); wäre allerdings die Konvention ohne die Bundesrepublik in Kraft getreten, wäre die Frage neu auf den Tisch gekommen.[953] Gegen eine Zeichnung sprachen dagegen weiterhin die Interessen am Tiefseebergbau und prinzipielle ordnungspolitische Einwände, aber auch die Einflussnahme der USA, die selbst nicht zeichneten und die ihre Verbündeten darauf drängten, die Konvention ebenfalls nicht zu zeichnen. Die Frage wurde in der Bundesrepublik auch innerhalb der Regierung kontrovers diskutiert und blieb fast bis zuletzt offen. Erst zwei Wochen vor Fristende entschied das Bundeskabinett gegen die Zeichnung.

Am 10.10.1982 und damit nur neun Tage nach dem konstruktiven Misstrauensvotum im Bundestag schrieb US-Präsident Reagan an den neuen Bundeskanzler Kohl. Er erläuterte zunächst noch einmal die neue Position, die die USA unter seiner Präsidentschaft eingenommen hatten, und die darin bestand, das SRÜ nicht zu zeichnen. Die meisten Bestimmungen seien zwar im Interesse der USA und anderer westlicher Staaten, aber, so Reagan, diese Interessen könnten die USA ebenso gut ohne Konvention wahren: „Based

951 Nandan/Lodge, Development, S. 56; Dok. 352: Runderlaß des Vortragenden Legationsrats I. Klasse Steinkühler, 16. Dezember 1983, in: Institut für Zeitgeschichte (Hrsg.), Akten zur Auswärtigen Politik der Bundesrepublik Deutschland 1982. Bd. 2: 1. Juli bis 31. Dezember 1982, München 2013, S. 1810–1812, hier S. 1811.

952 Jenisch, Seerechtskonvention, S. 259–262; Tanaka, Law, S. 178; Nandan/Lodge, Development, S. 69.

953 BA B 136/30618, Referat 214 an Herrn Chef des Bundeskanzleramtes betr. Einrichtung des Internationalen Seegerichtshofes (ISGH) in Hamburg, hier: weiteres Vorgehen der Bundesregierung, 19.06.1985.

on a review of significant interests, such as those with respect to military and commercial navigation, I am confident that they can be fully protected without signing or ratifying the treaty.“[954] Dies war ein radikaler Kurswechsel gegenüber der Präsidentschaft von Carter. 1980 hatte die US-Delegation auf UNCLOS III noch gegenüber den bundesdeutschen Vertretern erklärt, dass Verbesserungen nicht mehr zu erreichen seien, aber die Annahme des vorliegenden Textes einem Zustand ohne Seerechtsübereinkommen bei weitem vorzuziehen sei.[955]

Die Bestimmungen hinsichtlich des Tiefseebergbaus hingegen liefen Reagan zufolge den Interessen der USA und ihrer Verbündeten entgegen, weil die wirtschaftliche Nutzung der Ressourcen des Meeresbodens im Rahmen des SRÜ schwierig, wenn nicht unmöglich wäre. Ferner sah auch Reagan hier einen Präzedenzfall „that would adversely affect the positions of advanced countries in the future development of international institution-building generally.“[956] Der US-Präsident sandte deshalb Donald Rumsfeld als „special emissary“, um die Seerechtsproblematik mit den Verbündeten zu besprechen bzw. diese zu drängen, das SRÜ nicht zu zeichnen. „Don's mission“, so das Schreiben, stände dabei im Kontext der weiteren Beziehungen zwischen den Verbündeten, so dass auch andere Themen mit ihm besprochen werden könnten.[957]

Trotz der Bedenken der Bundesregierung gegen das Tiefseebergbauregime schien es Ende 1982 denkbar, dass Bonn – wie Frankreich und die Niederlande es tatsächlich taten – das SRÜ sofort nach Abschluss der letzten Sitzung von UNCLOS III in Montego Bay (Jamaika) am 10.12.1982 zeichnen würde. Als ein Mitarbeiter der US-Botschaft am Rande einer gesellschaftlichen Veranstaltung am 18.11.1982 vom Leiter der Rechtsabteilung des Auswärtigen Amtes, Carl-August Fleischhauer (1930–2005), informell erfuhr, dass die Bundesrepublik das SRÜ zumindest nicht direkt im Anschluss an die Konferenz zeichnen würde, war dies für die US-Diplomaten so überraschend, dass sie die Information umgehend nach Washington telegrafierten.[958]

Innerhalb der Bundesregierung war das Auswärtige Amt ein entschiedener Fürsprecher einer Zeichnung des SRÜ. Zwar konnte das Auswärtige Amt die amerikanische Position, wonach die Schifffahrts- und Überflugfreiheit bereits geltendes Gewohnheitsrecht seien, nachvollziehen. Allerdings befände sich die Bundesrepublik in einer anderen Lage als die

954 BA B 136/30630, Ronald Reagan an Helmut Kohl, 10.10.1982, S. 1.

955 Dok. 270: Aufzeichnung des Ministerialdirektors Fleischhauer, 15. September 1980, in: Institut für Zeitgeschichte (Hrsg.), Akten zur Auswärtigen Politik der Bundesrepublik Deutschland 1980. Bd. 2: 1. Juli bis 31. Dezember 1980, München 2011, S. 1392–1395, hier S. 1395.

956 BA B 136/30630, Ronald Reagan an Helmut Kohl, 10.10.1982, S. 1.

957 Ebd., S. 2; s.a. BA B 196/30630, Donald Rumsfeld an Helmut Kohl, 16.11.1982.

958 Document 184: Telegram From the Embassy in West Germany to the Department of State, in: Alexander O. Porter (Hrsg.), Foreign Relations of the United States, 1981–1988, Vol. XLI, Global Issues II, Washington 2017, https://history.state.gov/historicaldocuments/frus1981-88v41/d184 (02.01.2024).

Supermacht und verfüge, so das Auswärtige Amt gegenüber Vertretern der US-Regierung, über „begrenztere Möglichkeiten, unsere Handels- und Schiffahrtsinteressen durchzusetzen, weshalb wir stärker als die USA auf klare, berufungsfähige Rechtsgrundlagen angewiesen seien.“[959] Selbst hinsichtlich des Tiefseebergbaus sah das Auswärtige Amt Gefahren: Da die UdSSR einen Antrag auf Anerkennung als Pionierinvestor gestellt habe, könne sie in der Vorbereitungskommission mit einem von der großen Mehrheit der Staaten anerkannten Rechtstitel beim Tiefseebergbau mitreden. Sie sei somit in der Lage, den westlichen Projekten Steine in den Weg zu legen, etwa indem sie Abbaufelder für sich beanspruche, die sich mit den Feldern der Nichtzeichnerstaaten überschnitten. Nur Frankreich und Japan, die die Konvention gezeichnet und sich ebenfalls als Pionierinvestoren hatten registrieren lassen, könnten der UdSSR wirksam entgegentreten, nicht aber die Bundesrepublik. Die USA betrachteten dagegen die Zeichnung durch Frankreich und Japan als nachteilig für die westlichen Interessen und drängten auf den Abschluss des Gegenseitigkeitsabkommens.[960] Befürchtungen, dass die UN Ansprüche der UdSSR auf Abbaufelder anerkenne, die unter dem Gegenseitigkeitsabkommen bereits einem westlichen Konsortium zugesprochen worden waren, wurden auch in der bundesdeutschen Presse geäußert.[961]

Bundesaußenminister Genscher sandte zwischen Februar und Juni 1984 drei Briefe an den Bundeskanzler, in denen er für die Zeichnung warb.[962] Dabei beklagte Genscher die einseitige Fixierung auf das, auch seiner Ansicht nach, problematische Tiefseebodenregime, wodurch jedoch die Gesamtheit der bundesdeutschen Interessen außer Blick gerate. Die Zeichnung würde die Bundesrepublik überdies noch nicht völkerrechtlich binden. Man könnte ähnlich wie Frankreich und Japan Vorbehalte erklären und auf zukünftige Nachbesserungen der Konvention setzen. Als Nichtunterzeichnerstaat dagegen, so Genscher, würde die Bundesrepublik ihren Einfluss auf die weitere Seerechtsentwicklung verlieren:

> „Mit der Zeichnung würden wir auf diese Weise die Tür offenhalten, um weiter an dem ja noch nicht abgeschlossenen Prozeß der Seerechtsentwicklung teilnehmen und unsere Interessen – zu denen neben Verbesserungen des Meeresbodenregimes auch die Erhaltung der Vorteile aus den übrigen Bereichen gehört – aktiv vertreten zu können. Diese Möglichkeit

---

959 PA AA, B 88(ZA) 194175, Vermerk betr.: VN-Seerechtsübereinkommen; hier: Deutsch-amerikanische Konsultationen über Seerechtsfragen am 26.09.1983 in Bonn, 28.09.1983, S. 4.

960 Ebd., S. 5f.; PA AA B 88(ZA) 194175, Vermerk betr.: Seerechtliche Positionen der USA, 03.08.1984, S. 3.

961 Rüdiger Kuhn, Meeresrohstoffe. Nach Aufbruchsstimmung in den Siebzigern heute nur für Experten ein Thema, in: Handelsblatt (11.04.1986), S. 44.

962 BA B 136/30616, Der Bundesminister des Auswärtigen an den Bundeskanzler der Bundesrepublik Deutschland Herrn Dr. Helmut Kohl, 27.02.1984; ebd., Der Bundesminister des Auswärtigen an den Bundeskanzler der Bundesrepublik Deutschland Herrn Dr. Helmut Kohl, 07.05.1984; ebd., Der Bundesminister des Auswärtigen an den Bundeskanzler der Bundesrepublik Deutschland Herrn Dr. Helmut Kohl, 25.06.1984.

durch Nichtzeichnen zu verschließen, wäre nach meiner Meinung ein schwerer Fehler; wir dürfen uns nicht der Illusion hingeben, durch Abseitsstehen etwas bewirken zu können."[963]

Genscher erklärte zudem, dass die Bonner Haltung nicht nur bei Entwicklungsländern, sondern auch in Westeuropa zunehmend auf Befremden stoße. Diese Haltung erschwere es überdies, eine einheitliche Position in der EWG zu vertreten. Die Bedeutung der US-amerikanischen Haltung war selbstverständlich auch dem Außenminister bewusst. Er verwies aber darauf, dass die Vereinigten Staaten als Großmacht andere Möglichkeiten besäßen als die Bundesrepublik, ihre Interessen durchzusetzen und leichter in der Lage seien, ihre Position zu ändern, wie Genscher in Anspielung an den Kurswechsel von Carter zu Reagan anmerkte. Nachdem er kurz auf den Seegerichtshof hinwies, dessen Sitz die Bundesrepublik verlieren könnte, kam Genscher auch auf die Tiefseebergbauindustrie zu sprechen: Auch deren weitere Entwicklung sei gefährdet, wenn die bundesdeutschen Unternehmen anders als ihre Wettbewerber in anderen Staaten von dem Status als „pioneer investors" ausgeschlossen blieben. Das Gegenseitigkeitsabkommen dagegen könne Unternehmen aus der Bundesrepublik nur eine begrenzte Absicherung bieten. Genscher hatte allerdings auch bemerkt, dass die Industrie nun, 1984, ihre Aktivitäten bereits stark zurückgefahren hatte. Abschließend bat der Außenminister den Kanzler um ein persönliches Gespräch in dieser Angelegenheit.[964]

Zu diesem Gespräch scheint es jedoch nicht gekommen zu sein, da Genscher die Bitte in seinem zweiten Schreiben im Mai 1984 wiederholte. Ansonsten betonte er in diesem und dem dritten Schreiben an den Kanzler die Bedeutung von Hamburg als Sitz des Internationalen Seegerichtshofes, da dieser die erste bedeutende UN-Institution wäre, die in der Bundesrepublik ihren Sitz nähme. Falls Hamburg den Sitz verlöre, käme die jugoslawische Stadt Split zum Zug, die in der Abstimmung auf UNCLOS III nur knapp unterlegen war.[965]

Das Auswärtige Amt stand mit seiner Position, das SRÜ trotz des Tiefseebodenregimes zu zeichnen, nicht alleine da. 1984, als das Ende der Zeichnungsfrist näher rückte, sprachen sich der Verband Deutscher Reeder, der in dem neuen Seerecht „einen ausgewogenen Kompromiss zwischen den höchst unterschiedlichen Interessen der einzelnen Staatengruppen" sah, und die Deutsche Gesellschaft für Meeresforschung in Schreiben an die Bundesregierung für die Zeichnung des SRÜ aus.[966] Auch der prominente Tierfilmer und

963 BA B 136/30616, Der Bundesminister des Auswärtigen an den Bundeskanzler der Bundesrepublik Deutschland Herrn Dr. Helmut Kohl, 27.02.1984, S. 1.

964 Ebd., S. 2–4.

965 BA B 136/30616, Der Bundesminister des Auswärtigen an den Bundeskanzler der Bundesrepublik Deutschland Herrn Dr. Helmut Kohl, 07.05.1984; ebd., Der Bundesminister des Auswärtigen an den Bundeskanzler der Bundesrepublik Deutschland Herrn Dr. Helmut Kohl, 25.06.1984.

966 BA B 136/30616, Dr. John Henry de La Trobe, Verband Deutscher Reeder an Herrn Bundeskanzler Dr. Helmut Kohl, 25.06.1984, S. 1; BA B 136/30616, Deutsche Gesellschaft für Meeresforschung (DGM) e.V. an den Bundesminister des Auswärtigen, 24.05.1984.

Autor Bernhard Grzimek (1909–1987) forderte im Namen der Zoologischen Gesellschaft Frankfurt und mit Blick auf die Bestimmungen zum Meeresumweltschutz den Außenminister auf, das SRÜ zu zeichnen.[967] Im Bundestag formulierte schon 1983 die SPD-Fraktion als Opposition dasselbe Anliegen gegenüber der Regierung. Die Sozialdemokraten standen dem Tiefseebodenregime des SRÜ unverändert kritisch gegenüber und sahen hierin den „mit zweifelhaften dirigistischen und protektionistischen Regelungen überfrachtete(n) Teil des Übereinkommens“, erkannten aber auch positive Bestandteile in dem Vertragswerk. Zudem sei es für die Bundesrepublik wichtig, in der Vorbereitungskommission als Unterzeichnerstaat mitarbeiten zu können.[968] Die seit dem Vorjahr erstmals im Bundestag vertretene Fraktion der Grünen verlangte ebenfalls die Zeichnung des SRÜ und wies darauf hin, dass die Bundesregierung zusammen mit den USA und Großbritannien zunehmend isoliert wäre, da inzwischen die Mehrheit der EG-Staaten unterzeichnet hatten. Daneben warfen die Grünen der Bundesregierung vor, dazu beizutragen, dass Konzerne die Rohstoffe des Meeresbodens ungeachtet ökologischer Bedenken und ohne Beteiligung der ärmsten Länder ausbeuten könnten. Allerdings äußerten sie sich auch kritisch zum SRÜ, das jedoch einem vertragslosen Zustand vorzuziehen sei.[969]

In der CDU/CSU-Fraktion hingegen bestand weiterhin „große Skepsis“ gegenüber dem SRÜ.[970] Entschiedener äußerten sich liberale Ökonomen in einer Studie des Kieler Instituts für Weltwirtschaft. Sie empfahlen 1982 klar, das SRÜ nicht zu zeichnen. Der Konferenzverlauf habe gezeigt, dass in diesem Rahmen Verbesserungen nicht zu erreichen seien. Im Unterschied zu den Befürwortern einer Zeichnung wie Genscher kamen die Autoren daher zu dem Schluss: „Deshalb ist die Hoffnung trügerisch, man könnte nach einer Zeichnung oder späteren Ratifikation eine baldige Revision erwirken oder die zu erwartenden negativen Konsequenzen über noch zu vereinbarende Durchführungsbestimmungen abfangen.“[971]

Die Preussag als Gesellschafter der AMR und zu diesem Zeitpunkt noch aktivstes bundesdeutsches Unternehmen in der Meerestechnik nahm dagegen eine konziliantere Position ein. Das Unternehmen wandte sich im Juli 1984 in einem Schreiben an Genscher und trat zunächst Äußerungen entgegen, dass es die Zeichnung des SRÜ durch die Bundesregierung verhindere. Das Unternehmen sah das Übereinkommen zwar weiterhin sehr kritisch, vertrat aber keine Fundamentalopposition und empfahl zweigleisig zu fahren: Die

967 BA B 136/30618, Zoologische Gesellschaft Frankfurt von 1858 e.V. an Herrn Bundesminister Hans-Dietrich Genscher, 16.10.1984. Auf den Brief ist wie bei vielen Schreiben von Grzimek der Satz „Ceterum censeo progeniem hominum esse deminuendam“ gestempelt, der auf die Problematik des globalen Bevölkerungswachstums aufmerksam machen sollte.

968 BT-Drs. 10/197, Antrag der Fraktion der SPD: Seerechtsübereinkommen der Vereinten Nationen, 22.06.1983.

969 BA B 136/30618, Die Grünen im Bundestag, Pressemitteilung Nr. 619/84, Seerechtskonvention zeichnen – Faustrecht auf dem Meer beenden, 20.11.1984.

970 BA B 136/30616, Alfred Dregger (Vorsitzender der CDU/CSU-Fraktion) an Herrn Bundeskanzler Dr. Helmut Kohl, 08.06.1984, S. 2.

971 Prewo, Neuordnung, S. 218f.

Bundesregierung solle das Gegenseitigkeitsabkommen mit den USA und den anderen westlichen Tiefseebergbaustaaten abschließen und gleichzeitig unter Vorbehalt das SRÜ zeichnen.[972] Dies war der Weg, den Frankreich, Japan, die Niederlande, Italien und Belgien wählten, wobei die beiden letzten Staaten auch erst 1984 wenige Tage vor Fristende das SRÜ zeichneten und sich somit Mitte des Jahres noch in der gleichen Situation befanden wie die Bundesrepublik.[973] Ähnlich wie die AMR in der Bundesrepublik hatte sich in den Niederlanden auch Shell als Mitglied des OMCO-Konsortiums 1982 gegenüber der Regierung trotz Vorbehalten für die Zeichnung ausgesprochen.[974]

Im Bundeskabinett sprach sich noch im Mai 1984 nur das Wirtschaftsministerium aus ordnungspolitischen Gründen gegen die Zeichnung aus, während sich alle übrigen Ressorts dem Auswärtigen Amt anschlossen.[975] Abschließend kam die Angelegenheit aber erst auf der Kabinettssitzung am 27.11.1984 zur Entscheidung und damit weniger als zwei Wochen vor Fristende. Der Bundeskanzler war der Meinung, die Bundesrepublik solle selbst nicht zeichnen, aber gleichzeitig durch ihre Stimmenthaltung die Zeichnung durch die Europäischen Gemeinschaften nicht verhindern. Für die Zeichnung sprachen sich nun nur noch Außenminister Genscher und dessen Parteifreund, der Justizminister Hans A. Engelhard (1934–2008), aus, während die übrigen Minister dem Kanzler folgten. Damit war die Entscheidung gegen die Zeichnung des SRÜ durch die Bundesregierung gefallen. Einigkeit bestand dagegen im Kabinett darüber, die Zeichnung durch die EG nicht zu verhindern, aber eine spätere Ratifikation durch die Gemeinschaften „ausdrücklich von Verbesserungen des Tiefseebergbauregimes abhängig zu machen."[976]

Die Bundesregierung begründete abschließend ihre Entscheidung in einem am folgenden Tag aufgesetzten Vermerk, in dem sie zwischen den für sie positiven und den nicht-annehmbaren Elementen des SRÜ unterschied.[977] Sie begrüßte die Regelungen zu den Meereszonen (Küstenmeer, AWZ, u.a.), Meeresforschung, Umweltschutz, Schifffahrtsfreiheit und friedlicher Streitbeilegung. In Anlehnung an die Position von Reagan wurden diese Bestimmungen jedoch als bereits geltendes oder sich entwickelndes Völkergewohn-

---

972 BA B 136/30618, Preussag Aktiengesellschaft. Der Vorstand an den Bundesminister des Äußeren Herrn Hans Dietrich Genscher, betr.: Zeichnung der UNO-Seerechtskonvention bzw. des Gegenseitigkeitsabkommens (RSA), 06.07.1984.

973 Eine Übersicht der Zeichnungen und Ratifikationen des SRÜ mit Datum findet sich unter https://treaties.un.org/Pages/ViewDetailsIII.aspx?src=TREATY&mtdsg_no=XXI-6&chapter=21&Temp=mtdsg3&clang=_en#7 (02.01.2024).

974 Carboex, Deep end, S. 52.

975 BA B 136/30616, Teltschik, Über Herrn Chef des Bundeskanzleramtes Herrn Bundeskanzler, Entscheidung über die Zeichnung des Seerechtsübereinkommens, 30.05.1984, S. 2.

976 64. Kabinettssitzung am 27.11.1984, TOP 3 a) Zeichnung des VN-Seerechtsübereinkommens durch die Bundesrepublik Deutschland, b) Haltung zur Zeichnung durch die EG, Kabinettsprotokolle der Bundesregierung, https://kabinettsprotokolle.bundesarchiv.de/protokoll/e4a34120-5565-4b8c-b8e4-33124fc1701f#K18c-9d3-47d (02.01.2024).

977 BA B 136/30618, Referat 214, RD. Dr. Scholz, Begründung der Haltung der Bundesregierung zum VN-Seerechtsübereinkommen, 28.11.1984.

heitsrecht betrachtet, so dass sich durch das SRÜ hier kein Vorteil ergäbe. Als nicht annehmbar galten hingegen die Regelungen für den Tiefseebergbau und hier besonders die starke Stellung der Meeresbodenbehörde gegenüber den Unternehmen, die Abgabenbelastung, die Verpflichtung zur Finanzierung des behördeneigenen „Enterprise", die Produktionsbeschränkungen zum Schutz des landgebundenen Bergbaus sowie der obligatorische Technologietransfer an die Behörde. Der Tiefseebergbau selbst war zu diesem Zeitpunkt schon in die Zukunft gerückt („voraussichtlich erst im nächsten Jahrhundert"),[978] aber es galt aus Sicht der Regierung vorausschauend zu handeln und einen Präzedenzfall mit Blick auf Antarktis und Weltall zu vermeiden. Der Vermerk sprach sich explizit gegen das u.a. von Genscher vorgebrachte Argument aus, wonach die Zeichnung keine Verpflichtung zur späteren Ratifikation bedeute. Eine solche Haltung sei „mit seriöser Politik nicht in Einklang zu bringen",[979] denn eine Zeichnung bedeute auch, sich anschließend im Parlament für die Ratifikation einzusetzen. Freilich sah dies die Mehrheit der Industrienationen, darunter Frankreich und Japan, offenbar anders, ohne dass der Vermerk darauf einging.

Bis 1994, als mit dem Durchführungsübereinkommen einige Punkte hinsichtlich des Tiefseebodenregimes grundlegend revidiert wurden, hatte keine Industrienation das SRÜ ratifiziert. Die große Mehrheit hatte es allerdings gezeichnet, um an den Verhandlungen in der Vorbereitungskommission beteiligt zu sein und weiterhin Einfluss nehmen zu können. Die USA hatten sich dagegen nach dem Wechsel von Carter zu Reagan „als Ausdruck eines robust unilateralen Ansatzes"[980] zur Nicht-Zeichnung entschieden, da sie ihre Interessen auch außerhalb eines global anerkannten rechtlichen Rahmens wahren zu können glaubten. Im Bereich des Tiefseebergbaus drängten sie daher die anderen engagierten westlichen Industriestaaten auf den Abschluss des Gegenseitigkeitsabkommens („mini-treaty-regime") außerhalb der UN. Allerdings war der Einfluss der USA auf ihre Verbündeten in dieser Frage begrenzt. Rumsfeld selbst hielt im Dezember 1982 nach dem Ende seiner Mission fest, dass Großbritannien der Position Washingtons am nächsten stünde und Frankreich, das allerdings schon vor der Mission die Zeichnung des SRÜ angekündigt hatte, am fernsten. Direkt im Dezember 1982 zeichneten von den Staaten, die Rumsfeld besucht hatte, nur Frankreich und die Niederlande[981] das SRÜ, was er als Erfolg für sich verbuchte.[982] Allerdings setzten Japan, Italien, Belgien (sowie die Europäischen Gemeinschaften) in der Folgezeit vor Ende der Zeichnungsfrist im Dezember 1984 ihre Unterschrift unter das SRÜ.

---

978 Ebd., S. 1f.

979 Ebd., S. 2.

980 Graf Vitzthum, Raum, S. 424.

981 Zur Position der Niederlande: Carboex, Deep End.

982 Document 190: Memorandum From the Special Presidential Envoy on the Law of the Sea Treaty (Rumsfeld) to President Reagan, in: Alexander O. Poster (Hrsg.), Foreign Relations of the United States, 1981–1988, Volume XLI, Global Issues II, Washington 2017, https://history.state.gov/historicaldocuments/frus1981-88v41/d190 (02.01.2024).

Während Frankreich, Japan, Italien, die Niederlande und Belgien somit zweigleisig fuhren, indem sie dem Gegenseitigkeitsabkommen beitraten und dennoch das SRÜ zeichneten, folgten lediglich die Bundesrepublik und Großbritannien dem Beispiel und dem Wunsch der USA. Im Kontrast zur Bundesregierung, die sich erst kurz vor Ablauf der Zeichnungsfrist gegen eine Unterschrift entschied, beschloss die britische Regierung unter Margaret Thatcher (1925–2013) schon im Dezember 1982 und damit früher als Bonn, das SRÜ nicht zu zeichnen, was den Schatten-Außenminister der oppositionellen Labour-Party zu dem Kommentar veranlasste: „This is just one more example of the Government behaving as President Reagan's poodle."[983] Auch ohne solche Polemik liegt es nahe, die engen politischen Beziehungen und Übereinstimmungen zwischen den Regierungen Reagan, Thatcher und Kohl als ausschlaggebend für die britische und bundesdeutsche Haltung zum SRÜ nach 1982 zu sehen. Insgesamt jedoch sprachen in der Seerechtsfrage weder der Westen insgesamt noch die Europäische Gemeinschaft mit einer gemeinsamen Stimme, sondern die Staaten trafen jeweils ihre Entscheidung auf der Grundlage ihrer eigenen Interessen. Letztlich entstanden der Bundesrepublik keine Nachteile aus ihrer Haltung – weder hinsichtlich ihres Tiefseebergbauprogramms noch hinsichtlich des Seegerichtshofs –, da das SRÜ in dieser ursprünglichen Form nie in Kraft trat und die Bundesrepublik daher nie außerhalb eines global anerkannten gültigen Rechtsrahmens stand.

5.3.6 Das Durchführungsübereinkommen von 1994

Der zuständige Arbeitsstab des Auswärtigen Amtes hielt es im Dezember 1984 immerhin noch für möglich, dass die Zahl von 60 Ratifikationen bis etwa 1989/90 erreicht und das SRÜ damit in Kraft treten würde.[984] Die Bundesregierung erklärte dagegen öffentlich etwa ein halbes Jahr später, das Schicksal des neuen Seerechts bleibe ungewiss, solange wichtige Staaten nicht teilnähmen. Überdies wachse auch bei der Konferenzmehrheit, so die Bundesregierung weiter, die Einsicht, dass sich das Tiefseebodenregime einschließlich der Umverteilungsmechanismen ohne die westlichen Industrieländer und deren Unternehmen nicht werde verwirklichen lassen.[985] Die Entwicklungsländer standen auch vor einem finanziellen Problem, da die 43 Staaten, die den Vertrag tatsächlich bis 1990 ratifiziert hatten, weniger als 5 % des Budgets der UN repräsentierten. Die zu schaffende Meeresbodenbehörde würde also aus den Beiträgen dieser Staaten – nahezu ausschließlich Entwicklungsländer – nur ein sehr schmales Budget aufstellen können. Allein daher bestand ein Interesse, die westlichen Industrieländer wieder ins Boot zu bekommen.[986]

983 O.A., UN sea convention „unacceptable", in: Financial Times (03.12.1982), S. 8. Zuvor hatte Malcolm Rifkind, Under Secretary at the Foreign Office, die Entscheidung der Regierung mit den Bestimmungen hinsichtlich des Tiefseebergbaus gerechtfertigt; ebd.

984 BA B 136/30618, Aufzeichnung des Arbeitsstabs Seerechtskonferenz, 12.12.1984, S. 7. Zu diesem Zeitpunkt stand die Zahl der Ratifikationen erst bei 14 (nur aus den Entwicklungsländern), weitere 15 seien 1985 zu erwarten; ebd., S. 6.

985 BT-Drs. 10/3447, Antwort der Bundesregierung auf die Große Anfrage: Tiefseebergbau, 07.06.1985, S. 2.

986 BA B 295/21504, Kiderlen, Auswärtiges Amt, Drahterlass betr. US-Haltung zum VN-Seerechtsübereinkommen von 1982 (SRÜ), 06.08.1990, S. 1.

Hinzu kam, dass inzwischen international marktwirtschaftliche Ansätze das dirigistisch-planwirtschaftliche Denken, das Teil XI des SRÜ geprägt hatte, zurückgedrängt hatten, und die Konfrontation in der UN zwischen Nord und Süd einer kooperativeren Atmosphäre gewichen war. Letztendlich ging diese Änderung nicht zuletzt auf die wirtschaftlich-politische Schwäche der Dritten Welt zurück, die nicht mehr in der Lage war, den Industriestaaten in dem Maße die Stirn zu bieten wie noch in den 1970er Jahren. Gleichzeitig hatte der eigentliche Gegenstand des Streits – der Tiefseebergbau – seine unmittelbare Relevanz schon weitgehend eingebüßt, da kaum noch jemand mit einem kommerziellen Abbau von Manganknollen in näherer Zukunft rechnete. Die technisch-wirtschaftlichen Schwierigkeiten des Tiefseebergbaus waren ebenfalls allen Beteiligten deutlich geworden. Auf der anderen Seite bestand dagegen in der Staatengemeinschaft weiterhin ein Interesse an einem universell anerkannten Seerecht.[987]

Es lag insofern nahe, eine Lösung zu suchen. Satya N. Nandan (1936–2020), Diplomat der Republik Fidschi und ab 1996 erster Generalsekretär der Internationalen Meeresbodenbehörde,[988] zeigte sich 1989 in einer Rede als Sonderbeauftragter des UN-Generalsekretärs für das Seerecht überzeugt, dass sich ein Kompromiss finden ließe. Die zentralen Fragen schienen ihm der Technologietransfer, die Produktionsobergrenzen und die Entscheidungsfindung in der vorgesehenen Meeresbodenbehörde zu sein.[989] 1990 begannen daher Verhandlungen unter Leitung von UN-Generalsekretär Javier Pérez de Cuéllar (1920–2020), die sein Nachfolger, Boutros Boutros-Ghali (1922–2016), fortsetzte. Die Verhandlungen führten zu dem Durchführungsübereinkommen (Agreement on the Implementation of Part XI of the Convention), das am 28.07.1994 von der UN-Generalversammlung mit 121 Stimmen, keiner Gegenstimme und sieben Enthaltungen angenommen wurde (Resolution 48/263).[990] Der offizielle Titel wird der tatsächlichen Bedeutung des Durchführungsübereinkommens insofern nicht gerecht, da es nicht nur die Durchführung des SRÜ betraf, sondern deregulierend und liberalisierend in dessen Substanz eingriff.[991] Wesentliche Änderungen betrafen die Finanzierung des „Enterprise" und den Technologietransfer durch Tiefseebergbauunternehmen, die beide ebenso wegfielen wie die Pro-

987 BA B 295/21504, Kiderlen, Auswärtiges Amt, Drahterlass betr. US-Haltung zum VN-Seerechtsübereinkommen von 1982 (SRÜ), 06.08.1990, Anlage: Introductory Remarks by the Secretary-General for the Informal Consultation on the Law of the Sea, 19 July 1990, S. 3; Nandan, Mineral resources, S. 178.

988 Michael Lodge, Statement on the passing of former ISA Secretary-General Satya N. Nandan, https://dsmobserver.com/2020/03/statement-on-the-passing-of-former-isa-secretary-general-satya-n-nandan/ (02.01.2024).

989 BA B 102/405926, Speech by Satya N. Nandan, Under-Secretary-General, Special Representative of the Secretary-General for the Law of the Sea, Office for Ocean Affairs and the Law of the Sea, United Nations, 23rd Annual Conference – The Law of the Sea Institute and the Netherlands Institute for the Law of the Sea, Nordwijk aan Zee, The Netherlands, 12 June 1989.

990 Text des Durchführungsübereinkommens: https://www.un.org/Depts/los/convention_agreements/convention_overview_part_xi.htm (02.01.2024).

991 Graf Vitzthum, Raum, S. 424; Tanaka, Law, S. 179.

duktionsobergrenzen. Das Durchführungsübereinkommen verschob außerdem die Gewichte bei der Entscheidungsfindung in der Behörde von der Versammlung zum Rat und stärkte den Minderheitenschutz, d.h. die Position der Industriestaaten. Auch wenn Kernelemente des SRÜ wie das Common-Heritage-Prinzip und das Verbot der Aneignung des „Area“ und seiner Ressourcen erhalten blieben, wurde das Tiefseebodenregime grundlegend verändert und somit deutlich investorenfreundlicher.[992] Nach der Resolution 48/263 folgten rasch die Ratifikationen fast aller Staaten, die bisher dem Übereinkommen ferngeblieben waren, darunter Deutschland am 14.10.1994. In Verbindung mit dem Durchführungsübereinkommen trat das SRÜ schließlich am 16.11.1994 in Kraft. Die USA sind hingegen dem SRÜ bis heute (2023) nicht beigetreten.

5.3.7 Rückblick auf das Seerechtsübereinkommen von 1982

Hans Amann von der Preussag verglich 1982 die Bemühungen um ein Tiefseebodenregime auf UNCLOS III mit einer alternativen, modernen Version von La Fontaines Fabel vom Bauern, der seinen Kindern von einem vergrabenen Schatz erzählt:

> „The father would have told his sons not to dig and work for the treasure in the soil and thus make the soil rich and fertile. Rather, the father would have told his sons to first set up an administration for the treasure and to establish rules and regulations for the work. This being a truly difficult task, work has never started…“[993]

Es ist nicht verwunderlich, dass ein Vertreter eines im Tiefseebergbau engagierten Unternehmens eine solche zynische Sicht auf die Seerechts-Verhandlungen vertrat. Allerdings scheint auch im Rückblick fraglich, ob ein kommerzieller Abbau von Manganknollen unter dem Tiefseebodenregime, wie es 1982 im SRÜ festgelegt wurde, möglich gewesen wäre. Ein menschheitseigenes oder UN-eigenes Bergbauunternehmen wie das „Enterprise“ erscheint heute schwer vorstellbar, was vielleicht auch nur zeigt, wie sehr sich der Rahmen des Vorstellbaren seit den 1970er Jahren verschoben hat. Privatwirtschaftlichen Unternehmen wäre ein rentabler Betrieb sicher schwergefallen: Sie hätten in Konkurrenz zum „Enterprise“ operieren müssen, das sie zugleich mit Kapital und Technologie hätten ausstatten sollen. Zugleich hätten sie unter der Aufsicht einer Meeresbodenbehörde gestanden, die ihnen Produktionsobergrenzen sowie Abgaben auferlegt hätte und in der die Interessen landgebundener Wettbewerber ausdrücklich vertreten gewesen wären. Das Tiefseebodenregime von 1982 war somit ein Beispiel für ineffektive Institutionen, also eine Ausgestaltung von Eigentumsrechten, die Investitionen und die Nutzung von Ressourcen behindert. Aus Sicht der Staaten mit starken landgebundenen Bergbauinteressen war dies jedoch ein erwünschtes Ergebnis und stellte somit eine rationale Wahl

992 Nandan/Lodge, Development, S. 2, 64; Tanaka, Law, S. 33, 179–182.
993 Amann, Technological trends, S. 377f.

dar. Mit Kanada, Frankreich (Neukaledonien), der UdSSR und Australien als den weltgrößten Nickelexporteuren zu dieser Zeit profitierten jedoch keineswegs nur oder vorwiegend Entwicklungsländer.[994]

Alle mit der Meeresbodenbehörde verbundenen Hoffnungen und Erwartungen standen und fielen letztlich mit der Investitionsentscheidung der Konsortien aus den Industriestaaten. Ohne aktive Tiefseebergbauunternehmen wäre die Meeresbodenbehörde nicht in der Lage gewesen, Abgaben zu erheben und Gewinne an die ärmsten Staaten umzuverteilen, und sie hätte sich ebenfalls nicht als Prototyp einer internationalen Ressourcenbewirtschaftung nach den Idealen der NIEO etablieren können. Ohne den Transfer von Kapital und Technologie von den Unternehmen wäre die Behörde ferner kaum imstande gewesen, das „Enterprise“ aufzubauen und selbst Manganknollen abzubauen. Die Entwicklungsländer hätten insofern eigentlich ein Interesse daran haben müssen, ihre Forderungen abzuschwächen.

Eine andere Frage ist, wie groß die Beträge gewesen wären, die die Meeresbodenbehörde hätte umverteilen können, und welcher entwicklungspolitische Effekt sich daraus hätte ergeben können. Die Antwort hing offensichtlich stark von den Rohstoffpreisen, dem Steuersatz und dem Marktanteil des Tiefseebergbaus ab, aber grobe Abschätzungen kamen nur auf Beträge von 0,40–0,50 USD pro Kopf, sofern das Geld an die Bevölkerung der ärmsten Länder ausgeschüttet werden würde. Die Meeresbodenbehörde war jedoch unter dem SRÜ relativ frei in der Verwendung und hätte die Mittel wahrscheinlich eher gezielt für bestimmte Entwicklungsprojekte eingesetzt.[995] In jedem Fall hätten Behörde und „Enterprise“ selbst nicht unerhebliche Mittel für ihren Aufbau und Unterhalt erfordert.

Das SRÜ wird aufgrund der Regelung des Tiefseebodenregimes in Teil XI in der neueren Forschung neben dem Antarktis-Vertrag von 1959 und dem Weltraum-Vertrag von 1966 als Beispiel für eine positiv konnotierte globale Allmende diskutiert.[996] Dabei wird jedoch oft übersehen, dass der Tiefseeboden mit dem Common-Heritage-Prinzip nur die eine Seite des SRÜ darstellt. Auf der anderen Seite stand eine beispiellose Ausdehnung nationalstaatlicher Hoheitsrechte durch das auf 12 sm erweiterte Küstenmeer und insbeson-

---

994 Lowe, International seabed, S. 212. Aus Sicht des Staatssekretär-Ausschusses bildeten die Produktionsbeschränkungen ein Zugeständnis der USA zu Beginn der Konferenz, das besonders den Sorgen Kanadas Rechnung tragen sollte. Die Idee sei dann von den Entwicklungsländern aufgegriffen und zu einem umfassenden System ausgebaut worden; BA B 102/248666, Fünfte Sitzung des interministeriellen Staatssekretärausschusses für Rohstoff-Fragen, 12.05.1978. Anlage 10: VN-Regime Meeresbodenbergbau, S. 4.

995 Ebd., S. 212; Frank L. LaQue, Deep-ocean mining. Prospects and anticipated short-term benefits, in: Elisabeth Mann Borgese (Hrsg.), Pacem in Maribus, New York 1972, S. 131–145, hier S. 141f.

996 Rehling/Löhr, Governing the Commons; Höhler, Exterritoriale Ressourcen; Buck, Global Commons.

dere die 200 sm AWZ (Art. 56 SRÜ) sowie den Festlandsockel, der abhängig von geologischen Voraussetzungen noch über die AWZ hinausreichen kann. In dieser Frage bestand, solange die Schifffahrtsfreiheit gewahrt blieb, kaum ein Dissens zwischen Industriestaaten und Entwicklungsländern, sondern nur zwischen geografisch begünstigten Staaten – solchen mit langen Küstenlinien oder ozeanischen Inseln – und benachteiligten Staaten, also Binnen- und Kurzküstenstaaten. Die AWZ geht sogar ursprünglich auf Ideen lateinamerikanischer Staaten zurück, die in den 1970er Jahren von afrikanischen Staaten, insbesondere von Kenia, weiterentwickelt wurden.[997] Ähnlich wie bei den Produktionsobergrenzen für den Tiefseebergbau sind die Hauptbegünstigten, also diejenigen, die die größten Wirtschaftszonen gewannen, nicht wirtschaftlich benachteiligte Staaten des Globalen Südens, sondern Industrie- und Schwellenländer wie die USA, Frankreich, Indonesien, Neuseeland, Australien, Russland und Japan.[998] Nur zehn Staaten erhielten 54 % aller Wirtschaftszonen zugesprochen, rund 90 Staaten erhielten unterschiedlich kleine Seeräume und 55 geographisch benachteiligte Staaten, darunter Binnenländer, aber auch Kurzküstenstaaten wie die Bundesrepublik und die DDR, gingen bei der Aufteilung des Meeres in Wirtschaftszonen weitgehend leer aus.[999] Das SRÜ weicht hier erheblich von Arvid Pardos ursprünglicher Idee (s. Kap. 3.4) ab, der 1967 noch die küstenstaatlichen Ansprüche auf die 200 m Tiefenlinie oder 12 sm Distanz von der Küste begrenzt sehen wollte.[1000] Die Frage besitzt eine immense wirtschaftliche Bedeutung, da heute praktisch die gesamte Offshore-Öl- und Gasförderung sowie der Großteil der kommerziell relevanten Fischbestände in die AWZ und damit unter die Hoheit der Küstenstaaten fallen.[1001] Die zunehmende Ressourcennutzung im Küstenvorfeld und damit dessen wachsende ökonomische Bedeutung mündete so in der Etablierung von Eigentumsrechten. Indem diese Gebiete nationalstaatlicher Hoheit unterstellt wurden, zog diese Entwicklung somit die Angleichung von großen Teilen des Meeres an das Land, in den Worten des bundesdeutschen Völkerrechtlers Graf Vitzthum die „Terranisierung des Meeres",[1002] nach sich. Obwohl das SRÜ oft nur mit dem Common-Heritage-Prinzip und dem Tiefseebodenregime assoziiert wird, markiert es wahrscheinlich den größten Transfer von Ressourcen unter nationale Jurisdiktion in der Geschichte.[1003]

---

997 Tanaka, Law, S. 124f.; Proelß, Ausschließliche Wirtschaftszone, S. 225–227; Hollick, Origins.

998 Tanaka, Law, S. 125.

999 Jenisch, Seerechtskonvention, S. 250.

1000 Arvid Pardo, Examination of the question of the reservation exclusively for peaceful purposes of the seabed and the ocean floor, and the subsoil thereof, underlying the high seas beyond the limits of present national jurisdiction, and the use of their resources in the interests of mankind, in: United Nations General Assembly, 22nd Session. Official Records, 1516th Meeting, 01.11.1967, S. 2, https://undocs.org/A/C.1/PV.1516 (02.01.2024).

1001 Proelß, Ausschließliche Wirtschaftszone, S. 222; Graf Vitzthum, Gleichschaltung, S. 61.

1002 Graf Vitzthum, Gleichschaltung, S. 50. Die vom Autor auch im Titel verwendete Formulierung „Gleichschaltung von Land und Meer" ist weniger geglückt.

1003 Gunnar Kullenberg, The exclusive economic zone. Some perspectives, in: Ocean & Coastal Management 42 (1999), S. 849–855, hier S. 849.

Küstenstaaten in Nord und Süd gleichermaßen brachten in das gemeinsame Erbe der Menschheit letztlich nur die Manganknollen ein, die lediglich einen potenziellen zukünftigen Wert darstellten und zu deren Abbau den meisten Staaten Kapital und Know-how fehlten. Öl, Gas und Fischbestände im Küstenmeer, in der AWZ und auf dem Festlandsockel hingegen, die zu dieser Zeit bereits eine erhebliche und im Fall der Energieressourcen bis heute zunehmende wirtschaftliche Bedeutung für viele Küstenstaaten besaßen und besitzen, sicherten sie für sich selbst. Zugespitzt kann man sagen, dass auch vielen Regierungen im Globalen Süden an dieser Stelle deutlich wurde, dass ihnen, so Graf Vitzthum, „common heritage hin, entwicklungsländerfreundliches Régime her – das nationale (Küstenmeer-)Hemd näher saß als der internationale (Meeresboden-) Rock."[1004] Der kaum zu überbrückende Widerspruch in der Politik der Dritten Welt zwischen der nationalstaatlichen Souveränität über Ressourcen einerseits und der NIEO andererseits, der insbesondere in der Politik der OPEC gegenüber den rohstoffarmen „NOPECs" sichtbar wurde,[1005] prägte somit letztlich auch das SRÜ und drängte das Ideal des gemeinsamen Erbes der Menschheit in den Hintergrund bzw. in die Tiefsee.

Während hinsichtlich AWZ und Küstenmeer bald ein Konsens gefunden wurde, blockierte der Konflikt über das Tiefseebodenregime das Inkrafttreten eines zeitgemäßen, universell anerkannten Seerechts letztlich von 1973 bis 1994. Es gehört zu den erstaunlichsten Tatsachen in der Geschichte der Manganknollen, dass diese damit, obwohl sie bis heute nie kommerziell gefördert, gehandelt und verarbeitet wurden, einen erheblichen Einfluss auf die Rechtsordnung für den größten Teil der Erdoberfläche hatten. Umgekehrt bedeutete dies für alle staatlichen und privatwirtschaftlichen Akteure, die ein Interesse an Manganknollen besaßen, dass erst ab 1994 – und dann auch nur in Grundzügen – ein international akzeptierter rechtlicher Rahmen für den Abbau bereitstand. Die Unsicherheit über die Ausgestaltung der Verfügungsrechte belastete das Tiefseebergbauprojekt von Beginn an, erreichte aber in den frühen 1980er Jahren einen Höhepunkt, als sich zwei konkurrierende Rechtsordnungen – das SRÜ und das „mini-treaty-regime" – gegenüberstanden. Unklare und umstrittene Verfügungsrechte stellten somit einen wesentlichen hemmenden Faktor für die Ressourcenwerdung der Manganknollen dar.

5.4 Nachlassende Aktivitäten von Unternehmen und Staaten

„Still ruht die Knolle in der See", überschrieb das Handelsblatt 1994 einen kurzen Artikel über den damaligen Stand des Tiefseebergbaus, für den es kaum eine Aussicht auf einen kommerziellen Betrieb gab, obwohl er in den 1970er Jahren schon greifbar nahe schien. „So wird noch mancher Tropfen durch Kehlen und ins Meer rinnen," resümierte der Artikel, „bevor die erste ‚kommerzielle Manganknolle' im Schmelzofen landet."[1006]

1004 Graf Vitzthum, Bemühungen, S. 770.
1005 Dietrich, Oil Revolution, S. 268, 306.
1006 nl, Still ruht die Knolle in der See, in: Handelsblatt (23.03.1994), S. 25.

Als Ergebnis der beschriebenen Entwicklungen fuhren die am Tiefseebergbau interessierten Unternehmen seit den späten 1970er Jahren ihre Aktivitäten stark zurück. Ironischerweise hatte sich Tenneco, deren Tochtergesellschaft Deepsea Ventures der weltweite Pionier der Branche war, schon Mitte der 1970er Jahre als erstes zurückgezogen, als sich die anfänglichen Erwartungen auf schnelle Gewinne als unrealistisch erwiesen.[1007] Das Kennecott-Konsortium war schon seit 1976 praktisch inaktiv, die weiteren internationalen Konsortien ließen ihre Forschungsprogramme weitgehend ruhen und beschränkten sich auf die unbedingt nötigen Aktivitäten, um ihre Rechtsansprüche zu wahren. „Vor zehn Jahren noch als Notwendigkeit angesehen," so das Handelsblatt bereits 1986, „ist der Tiefseebergbau heute in Vergessenheit geraten."[1008]

Diese Entwicklung lässt sich auch an der Zahl der Veröffentlichungen, der gewährten Patente und der Ausgaben der Konsortien erkennen. Ab 1982 brach die Zahl der englischsprachigen wissenschaftlichen Aufsatzveröffentlichungen zum Thema Tiefseebergbau ein und verblieb danach bis nach der Jahrtausendwende auf niedrigem Niveau, nachdem sie zwischen 1973 und 1975 stark angestiegen war und nach einem Gipfel 1975 zunächst noch auf einem hohen Plateau verblieben war.[1009] Die geschätzten Ausgaben aller Konsortien (s. Diagramm 6 und 7) gemessen in kaufkraftbereinigten 1982-USD erreichten nach einem steilen Anstieg ab Mitte des Jahrzehnts 1978 – zur Zeit der Abbautests – ihren Höhepunkt und fielen danach rasch ab.[1010] Die Zahl der Patente zeigte einen ähnlichen Verlauf, eilte erwartungsgemäß jedoch den Ausgaben etwas voraus und fiel schon nach 1976/77 ab.[1011]

Rainer Fellerer sah 1986 bei sämtlichen Unternehmen seit 1982 eine Stagnation. Know-how und personelle Kompetenzen seien teilweise noch vorhanden, aber „bröckeln bereits ab."[1012] Das BMFT sprach 1980 von einer „Abwarte-Haltung" aller Konsortien.[1013] Eine Ausnahme bildeten lediglich die Regierungsprogramme mehrerer Staaten vor allem in Asien. Japan gründete erst 1982 die rein nationale „Deep Ocean Resources Development Company" (DORD); ähnliche Programme gab es in Südkorea, China und Indien. Diese Aktivitäten in Asien dienten jedoch in erster Linie dazu, den technologischen Rückstand gegenüber den privatwirtschaftlichen Konsortien aufzuholen. Konkrete Schritte zu einer

---

1007 Shapley, Changing profile.

1008 Rüdiger Kühn, Meeresrohstoffe. Nach Aufbruchstimmung in den Siebzigern heute nur noch für Experten ein Thema, in: Handelsblatt (11.04.1986), S. 44.

1009 Kleiv/Thornhill, Deep-sea mining.

1010 Earney, Resources, S. 63. Die Zahlen stammen von Broadus, der jedoch betont, dass es sich um Schätzungen handelt: „These spending estimates have been reconstructed from a fragmentary published record and spotty clues from industry sources"; Broadus, Seabed materials, S. 857f.

1011 Broadus, Asian Pacific, S. 65, 75f.; ders., Seabed materials, S. 857f.

1012 Rüdiger Kuhn, Meeresrohstoffe. Nach Aufbruchsstimmung in den Siebzigern heute nur noch für Experten ein Thema, in: Handelsblatt (11.04.1986), S. 44.

1013 BA B 196/40635 Bd. 1, Vermerk betr. Zukunft der AMR; hier: Ergebnis Ressortbesprechung mit AMR am 04.09.1980, 04.09.1980, S. 1.

Ressourcennutzung aus der Tiefsee unternahmen sie nicht.[1014] Auch Frankreich gründete 1984 eine neue, rein staatliche Gruppe, GEMONOD, die aber bereits 1988 wieder aufgelöst wurde.[1015]

Diagramm 6: Geschätzte Ausgaben der internationalen Tiefseebergbaukonsortien und ihrer Vorläufer insgesamt, 1965–1984 (in Mio. 1982-USD) (Earney, Resources, S. 63).

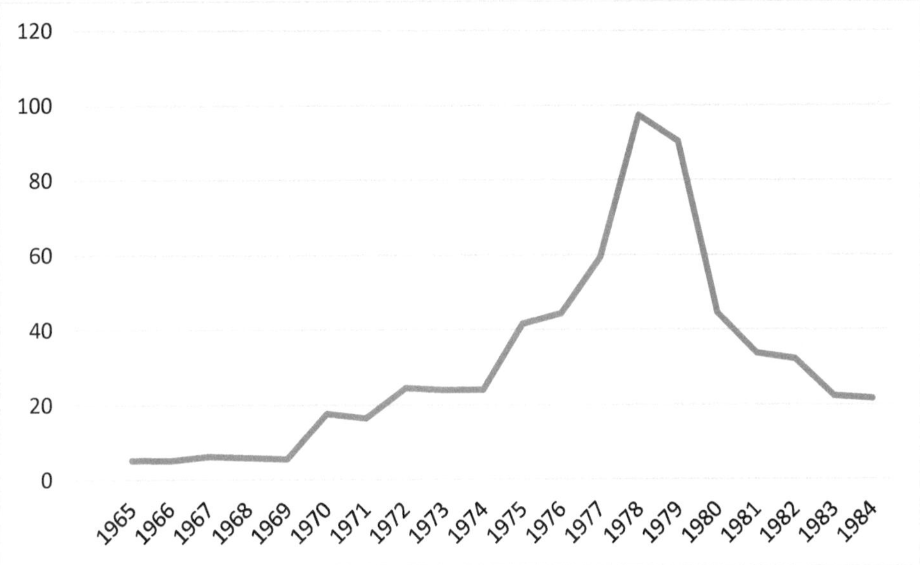

Im Fall des OMI Joint Ventures, das 1978 unter bundesdeutscher Beteiligung als erstes Unternehmen einen erfolgreichen Abbautest durchführte, wurden sofort nach dem Test die Ausgaben stark eingeschränkt (s. Diagramm 7). OMI hatte 1980 die „Initial Phase" der vereinbarten Zusammenarbeit abgeschlossen, aber die Joint Venture Partner, darunter die AMR, sahen sich nicht in der Lage, eine „go or no go"-Entscheidung hinsichtlich eines kommerziellen Tiefseebergbauprojekts zu treffen.[1016] Stattdessen beschlossen die Partner zunächst 1980 eine „Interimsphase" für die nächsten drei Jahre in Form einer lockeren Zusammenarbeit.[1017] Das von der OMI verabschiedete Programm, für die nächsten drei Jahre lediglich aktive Besitzstandswahrung, verbunden mit Verbesserungen der Explorationsergebnisse, zu betreiben, sei der momentan einzig gangbare Weg, erklärte ein Vertreter der Metallgesellschaft diesbezüglich gegenüber dem BMWi.[1018]

1014 Broadus, Asian Pacific, S. 65f.

1015 Hoffert, Nodules polymétalliques, S. 175–177.

1016 BGR 0110932, Appraisal Study 1980. Deep Ocean Mining. Prepared by Ocean Management, Inc., S. 1.

1017 BA B 196/40635 Bd. 1, Arbeitsgemeinschaft meerestechnisch gewinnbare Rohstoffe an Bundesministerium für Forschung und Technologie z.H. Herrn Min.Rat Dr. Wilckens, betr. JV-Programm, Schwerpunkt HSES, 17.11.1980.

1018 BA B 196/40635 Bd. 1, BMWi Referat III B 3, Vermerk betr. Tiefseebergbau auf Manganknollen; hier Neustrukturierung der Arbeitsgemeinschaft meerestechnisch gewinnbare

Diagramm 7: Geschätzte Ausgaben der internationalen Tiefseebergbaukonsortien und ihrer Vorläufer, 1965–1984 (in Mio. 1982 USD) (Earney, Resources, S. 63).

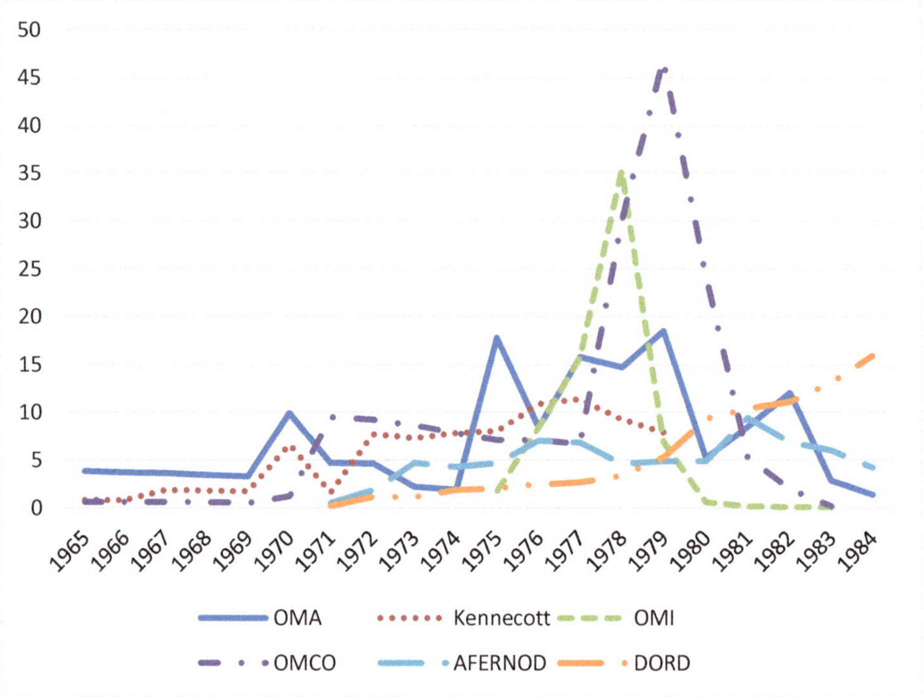

Die Appraisal-Study der OMI fasste die Aussichten für den Tiefseebergbau aus Sicht des Joint Ventures 1980 folgendermaßen zusammen:

a) Die anfänglichen Annahmen hinsichtlich der Verfügbarkeit hochwertiger Manganknollen mussten im Verlauf der Explorationsarbeiten deutlich nach unten korrigiert werden. Zugleich erschwerte die inhomogene Verteilung der Knollen die Identifizierung und Abgrenzung von kommerziell interessanten Lagerstätten;
b) auch wenn der „pilot mining test“ 1978 grundsätzlich die Machbarkeit demonstriert hatte, würde die Hochskalierung auf einen für die kommerzielle Förderung erforderlichen Maßstab noch bedeutende Forschungs- und Entwicklungsarbeiten benötigen;
c) das Tiefseebodenregime, wie es zu dieser Zeit auf UNCLOS III diskutiert wurde, sei „prohibitive for private investors“; die nationalen Tiefseebergbaugesetze hingegen seien nur teilweise befriedigend, da sie ein klares Bekenntnis zum Investitionsschutz vermissen ließen;
d) die ökonomischen Anreize hätten sich deutlich reduziert, insbesondere da sich das Verbrauchswachstum bei Nickel verlangsamt habe;

Rohstoffe (AMR) – Gespräch im BMWi am 04.09.1980 zwischen Vertretern der AMR und Vertretern verschiedener Bundesressorts, 04.09.1980, S. 4.

e) die Kosten für Energie und Personal ebenso wie die gesamte Investitionssumme seien erheblich angestiegen.[1019]

Abgesehen von den rechtlichen Problemen sah die OMI-Studie das größte Hindernis in dem Verhältnis von Investitionskosten und technologischen Risiken.[1020] Kürzer gefasst identifizierte der Preussag-Vorstand Stalp ebenfalls 1980 für die damaligen Aussichten des Tiefseebergbaus und der AMR auf einer Besprechung des AMR-Beirats mit verschiedenen Bundesressorts laut Vermerk des BMWi zwei wesentliche Probleme:

> „a) Die Störung der allgemeinen weltwirtschaftlichen Entwicklung durch die Verteuerung auf dem Energiemarkt, die sich negativ auf das Verbrauchswachstum im Rohstoffbereich auswirken, und
>
> b) das neue Seerecht mit seinen vielfältigen Belastungen für potentielle TSB-Projekte (=*Tiefseebergbau*).
>
> Beide Faktoren hätten zu einer Änderung der Einschätzung der AMR-Aussichten geführt. Zwar sei unbestritten, daß der TSB grundsätzlich eine versorgungspolitisch willkommene Angebotsdiversifizierung darstellen würde und daß die technologische Entwicklung weitergehen müsse, angesichts der gegebenen Marktbedingungen und der Belastung durch die Seerechtskonvention sei jedoch vorerst die Weiterführung des Manganknollenprojekts nur im Rahmen des OMI-Sparprogrammes möglich."[1021]

In ähnlicher Weise wurden auch in Veröffentlichungen der 1980er Jahre die Kombination aus nachlassender Metallnachfrage und damit sinkenden Rohstoffpreisen mit den gestiegenen Kosten sowie dem ungünstigen seerechtlichen Rahmen als Gründe für die nachlassenden Aktivitäten auf dem Gebiet des Tiefseebergbaus genannt.[1022] Mit den nachlassenden unternehmerischen Aktivitäten lief auch die Förderung durch das BMFT nach etwa zehn Jahren aus. Schon 1979 stellte das BMFT „ein Erlahmen der Gesellschafter der AMR" fest, da sie nicht mehr bereit waren, in gleicher Höhe wie bisher zu investieren.[1023] Gleichzeitig baten die Unternehmen, die Förderquote von bisher 66,6 % auf 75 % bzw. sogar 100 % bei gerätetechnischen Entwicklungen zu erhöhen. Wilckens vom Ministerium war jedoch nicht bereit, ein reduziertes Engagement der Firmen noch durch erhöhte

1019 BGR 0110932, Appraisal Study 1980. Deep Ocean Mining. Prepared by Ocean Management, Inc., S. 8.

1020 Ebd., S. 9.

1021 BA B 196/40635 Bd. 1, BMWi Referat III B 3, Vermerk betr. Tiefseebergbau auf Manganknollen; hier Neustrukturierung der Arbeitsgemeinschaft meerestechnisch gewinnbare Rohstoffe (AMR) – Gespräch im BMWi am 04.09.1980 zwischen Vertretern der AMR und Vertretern verschiedener Bundesressorts, 04.09.1980, S. 2. Der Vertreter der Metallgesellschaft sekundierte dem Preussag-Vorstand: „Insgesamt sei es für Privatunternehmen unter den gegebenen Umständen nicht vertretbar, Großinvestitionen im TSB vorzunehmen"; ebd., S. 4.

1022 Fellerer, Tiefseebergbau, S. 57; o.A., Meerestechnik. Nur Knowhow vermarktet, in: Handelsblatt (07.08.1987), S. 1; Harald Steinert, Ein „Tiefseepanzer" mitten in der Lüneburger Heide, in: Frankfurter Allgemeine Zeitung (23.05.1989), S. 10.

1023 BA B 196/40635 Bd. 1, Dr. Wilckens, Vermerk betr. AMR-Anträge, 01.02.1979, S. 3.

Bundeszuschüsse zu honorieren.[1024] Wenig später stellten die Unternehmen keine Anträge in nennenswertem Umfang mehr und grundsätzlich galten dem BMFT die meisten Forschungs- und Entwicklungsaufgaben als erledigt. Selbst wenn Manganknollen wieder auf wirtschaftliches Interesse stießen, so Wilckens vom BMFT, wären die noch ausstehenden Arbeiten nicht mehr durch das BMFT förderungsfähig.[1025] 1986 zitierte das Handelsblatt Wilckens mit den Worten: „Wenn die Wirtschaft selber nur relativ wenig investiert, können wir unseren Betrag nicht erhöhen."[1026]

In der staatlichen Forschungspolitik scheint hinsichtlich der Meeresforschung und -technik Anfang der 1980er Jahre eine gewisse Orientierungslosigkeit geherrscht zu haben. Nach dem Ablauf des dritten Gesamtprogramms für die Meeresforschung und Meerestechnik 1976–1979 wurde zunächst zwar die Förderung weitergeführt, aber die Bundesregierung beschloss erst nach fast achtjähriger Unterbrechung im Dezember 1986 ein neues Programm des BMFT für Meeresforschung und Meerestechnik für die Jahre 1986 bis 1990. Das Programm war wie die Vorgänger breit aufgestellt und umfasste Grundlagenforschung, Umweltschutz sowie Nahrung und Rohstoffe aus dem Meer. Letzteres schloss weiterhin Forschung und Entwicklung mit Blick auf die Exploration und Förderung von Manganknollen mit ein.[1027]

Da sich die AMR nach Einschätzung des BMFT 1981 in „einer (inzwischen) permanenten Krise" befand,[1028] versuchten die bundesdeutschen Unternehmen in den 1980er Jahren zwei Wege zu gehen, um ihre Tätigkeit auf diesem Gebiet weiter aufrechtzuerhalten: Zum einen versuchte man, das vorhandene Know-how in Form von Dienstleistungen für andere Akteure und durch den Verkauf von Geräten zu vermarkten, zum anderen gab es die Idee, die Tiefseebergbauforschung in staatliche Trägerschaft und Finanzierung zu überführen. Ein erster Versuch, die AMR stärker auch auf die Erbringung von Dienstleistungen auszurichten, scheiterte bereits 1979.[1029] Ein Grund scheint darin gelegen zu haben, dass die Preussag ihre entsprechenden Aktivitäten nicht völlig in die AMR einbringen wollte. Denn die Preussag war mit ihrer Abteilung Meerestechnik in den 1980er Jahren

1024 Ebd.

1025 BA B 196/40635 Bd. 1, Vermerk betr. Zukunft der AMR; hier: Ergebnis Ressortbesprechung mit AMR am 04.09.1980, 04.09.1980, S. 3; BA B 196/40635 Bd. 1, Dr. Wilckens, Vermerk betr. Bericht der AMR „Der Tiefseebergbau zu Beginn der achtziger Jahre", 06.08.1981, S. 1.

1026 Rüdiger Kühn, Meeresrohstoffe. Nach Aufbruchstimmung in den Siebzigern heute nur noch für Experten ein Thema, in: Handelsblatt (11.04.1986), S. 44.

1027 O.A., BMFT. Gute Zukunftsaussichten für die deutsche Meeresforschung und Meerestechnik, in: Marine Technology 18 (1987), 1, S. 16–19.

1028 BA B 196/40635 Bd. 1, RD Dr. Renz, betr. Bericht der AMR „Der Tiefseebergbau der achtziger Jahre. Eine kritische Statusanalyse", 30.07.1981, S. 2.

1029 BA B 196/40635 Bd. 1, Arbeitsgemeinschaft meerestechnisch gewinnbare Rohstoffe, Das AMR 5-Jahresprogramm – Zusammenfassung, 20.02.1979; BA B 196/40635 Bd. 1, Metallgesellschaft Aktiengesellschaft an das Bundesministerium für Forschung und Technologie, betr. Neustrukturierung der Arbeitsgemeinschaft meerestechnisch gewinnbare Rohstoffe (AMR), 19.05.1980.

auf dem Markt für Explorationstechnik und entsprechende Dienstleistungen – wenn auch nicht unbedingt auf die Tiefsee gerichtet – durchaus aktiv. Viele Staaten hatten im Rahmen des neuen Seerechts große AWZ gewonnen, ohne dass sie selbst die Fähigkeiten besaßen, diese Meereszonen genau zu vermessen und auf Ressourcen zu untersuchen.[1030] Hier schien die Preussag eine Zeitlang gut im Geschäft zu sein. Das Unternehmen berichtete gegenüber dem BMFT, man habe mit Dienstleistungen und dem Verkauf von Probenentnahmegeräten „eine Reihe von umsatz- und ertragswirksamen Geschäften getätigt."[1031] Laut einem Zeitungsbericht von 1989 seien z.B. 1.000 von der Preussag in Berkhöpen in der Lüneburger Heide, dem Standort der Abteilung Meerestechnik, entwickelte und hergestellte Freifallgreifer (s. Kap. 4.2) in die ganze Welt exportiert worden.[1032] Daneben war die Preussag Meerestechnik auch als Dienstleister für Universitäten sowie die BGR tätig und beteiligte sich 1988 an der Tauchfahrt des französischen Ifremer zu Lagerstätten von Manganknollen.[1033]

Auf längere Sicht gelang es der Preussag jedoch nicht, auf diese Weise Gewinne aus dem langjährigen Engagement in der Meerestechnik zu ziehen. Die Abteilung Meerestechnik scheint daher früh in Schwierigkeiten gewesen zu sein. Richard Neumann, ein leitender Mitarbeiter der Kernforschungsanlage Jülich GmbH, die als Projektträger Vorhaben von Hochschulen und der BGR betreute, für die wiederum die Preussag Abteilung Meerestechnik Dienstleistungen erbrachte, beklagte sich 1985 bei Wilckens (BMFT) über die Zusammenarbeit. Die Preussag habe bei Abrechnungen überhöhte Zeitansätze zugrunde gelegt und die Verhandlungen mit ihr seien auch persönlich schwierig. Neumann erklärte sich diese Probleme mit dem begrenzten Budget der Abteilung Meerestechnik und ihrer starken Angewiesenheit auf Aufträge der Universitäten und der BGR.[1034] Diese Aufträge scheinen ebenso wie der Verkauf von Geräten bald nicht mehr ausgereicht zu haben, um die Meerestechnik über Wasser zu halten, denn Anfang 1987 meldete die Preussag für

1030 BA B 196/40635 Bd. 1, BMWi Referat III B 3, Vermerk betr. Tiefseebergbau auf Manganknollen; hier Neustrukturierung der Arbeitsgemeinschaft meerestechnisch gewinnbare Rohstoffe (AMR) – Gespräch im BMWi am 04.09.1980 zwischen Vertretern der AMR und verschiedenen Bundesressorts, 04.09.1980, S. 5; Broadus, Asian Pacific, S. 64, 83.

1031 BA B 196/92863 Bd. 1, „Ausarbeitung: Mineralische Rohstoffe im Meer (Überblick)" der Fa. Preussag, (1984), S. II.

1032 Harald Steinert, Ein „Tiefseepanzer" in der Lüneburger Heide, in: Frankfurter Allgemeine Zeitung (23.05.1989), S. 10.

1033 Hoffert, Nodules polymétalliques, S. 191; Bernd Greger, Ganz tief unten bei den Manganknollen, in: Handelsblatt (28.06.1989), S. 27.

1034 „Solche Diskussionen mit Antragstellern sind unser täglich Brot; die Diskussionen mit Preussag AG über diesen Punkt waren jedoch stets, wie meine Mitarbeiter mir übereinstimmend versichern, unangenehm, da sie von Dr. Amann sehr häufig ins Persönliche gingen und meinen Mitarbeitern unterstellt wurde, sie wollten der Preussag AG schaden. (...) Preussag Meerestechnik ist für uns ein ganz und gar aus dem Rahmen fallender Antragsteller und Zuwendungsempfänger. Er macht uns unsere Arbeit in vielfältiger Weise außerordentlich schwer." BA B 196/92887, Dr. rer. nat. Richard Neumann, Leiter der Projektleitung Rohstofforschung der Kernforschungsanlage Jülich GmbH an Herrn MinRat Dr. Wilckens, Bundesminister für Forschung und Technologie, betr. Zusammenarbeit mit der Firma Preussag AG im Bereich Marine Mineralische Rohstoffe, 01.10.1985.

diesen Bereich Kurzarbeit an.[1035] 1989 schließlich wurde die Abteilung Meerestechnik mit ihren damals 40 Beschäftigten zum Jahresende aufgelöst.[1036]

Der andere Weg bestand darin, eine staatliche oder halb-staatliche Gruppe zu gründen, die die Tiefseebergbauaktivitäten der Unternehmen übernehmen und fortführen sollte. Die Idee war nicht abwegig, da in Frankreich (GEMONOD) und Japan (DORD), also in durchaus der Bundesrepublik vergleichbaren Staaten, in den 1980er Jahren genau dieser Weg beschritten wurde. Die bundesdeutsche AMR beklagte daher auch 1985, dass sie gegenüber diesen staatlichen Konsortien aus Japan, Frankreich, aber auch Indien im Nachteil sei, da die Privatwirtschaft angesichts der „entrückten Ertragshorizonte beim Manganknollen-Tiefseebergbau“ keine gleichwertigen Budgets bereitstellen könne.[1037] Die Argumentation der AMR, weshalb der Staat in einem Bereich Geld ausgeben sollte, in dem die Privatwirtschaft keine Aussichten mehr sah, folgte dem vertrauten Muster der Rohstoffpolitik: Auch wenn der Tiefseebergbau in absehbarer Zeit nicht betriebswirtschaftlich rentabel sei, so sei es doch volkswirtschaftlich geboten, „im Interesse der langfristigen Rohstoffsicherung und der Unabhängigkeit der Rohstoffversorgung von politischen Einflüssen“ den Zugang zu diesen Ressourcen zu sichern.[1038] Der Tiefseebergbau müsse „im Lichte seiner technologischen, langfristig-strategischen, politischen und juristischen Facetten betrachtet werden,“ und daher handele es sich primär um eine Staatsaufgabe.[1039] Flankierend wurden noch weitere Argumente angeführt, die jedoch eher wie Verlegenheitsantworten wirken, wie das des regionalen Ausgleichs durch die staatliche Förderung von Forschung und Entwicklung in Norddeutschland oder die Schaffung von qualifizierten Arbeitsplätzen.[1040] Schließlich zog der AMR-Mitarbeiter Fellerer in einem Zeitschriftenartikel von 1986 mit einer gewissen Folgerichtigkeit den Vergleich zur Raumfahrt und zur Atomkraft, die sich beide allein auf privatwirtschaftlicher Basis ohne staatliches Engagement kaum entwickelt hätten.[1041]

„Der AMR-Vorschlag einer staatlichen oder halb-staatlichen Tiefseebergbaugruppe in der Bundesrepublik dürfte keine Chance haben, ernsthaft diskutiert zu werden“, war sich

---

1035 Dies betraf neben der Abteilung Meerestechnik auch die ungleich größere Abteilung Erdöl und Erdgas mit 320 Beschäftigten; o.A., Kurzarbeit bei Erdöl und Meerestechnik, in: Handelsblatt (11.12.1987), S. 13.

1036 O.A., Preussag. Rückzug aus der Meerestechnik, in: Handelsblatt (05.07.1989), S. 13.

1037 BA B 196/92887, Dr. Wilckens an Herrn AL 5 und Herrn UAL 52, betr. Besprechung mit Vorstand Preussag AG, Herrn Dr. Stalp und Dr. Amann am 15.07.1985, 12.07.1985. Anlage 5: „Preussag-Vermerk“: R. Fellerer, Projekt Tiefseebergbau Manganknollen, 05.03.1985, S. 3f.

1038 BA B 136/30618, Vorstand der Metallgesellschaft Aktiengesellschaft an den Bundesminister des Auswärtigen Amtes Herrn Dr. h.c. Hans-Dietrich Genscher, betr. Zeichnung der Seerechtskonvention und des „Provisional Understanding Regarding Deep Seabed Matters“ (Gegenseitigkeitsabkommens), 19.07.1984, S. 5.

1039 Fellerer, Tiefseebergbau, S. 58.

1040 BA B 196/92863 Bd. 1, „Ausarbeitung: Mineralische Rohstoffe im Meer (Überblick)“ der Fa. Preussag, (1984), S. V.

1041 Fellerer, Tiefseebergbau, S. 58. Aus heutiger Sicht werden viele Betrachter darin freilich ein Argument gegen staatliche Technologiepolitik sehen.

Friedrich Wilckens dagegen schon 1981 sicher.[1042] Damit sollte er recht behalten, zumindest ist in der Bundesrepublik im Unterschied zu Frankreich oder Japan keine derartige Organisation gegründet worden, die nach dem Rückzug der Privatwirtschaft die Tiefseebergbaupläne weiterverfolgt hätte. Im vorangegangenen Jahrzehnt, als die erste AMR-Wirtschaftlichkeitsabschätzung von 1975 auch bereits die voraussichtlich fehlende Rentabilität aufgezeigt hatte, konnte man die staatliche Förderung des Tiefseebergbaus noch mit den Risiken durch Rohstoffkartelle im Erzsektor, Boykotte und den Nord-Süd-Konflikt rechtfertigen; in den 1980er Jahren hingegen verfing der Hinweis auf Rohstoffsicherung und Versorgungssicherheit angesichts der veränderten wirtschaftlichen und weltpolitischen Lage nicht mehr.

Während der Abbau von Manganknollen an einem toten Punkt angelangt war, rückten in den 1980er Jahren zunehmend andere potenzielle Tiefseebodenressourcen, insbesondere Massivsulfide und Kobaltreiche Krusten (s. Kap. 2.3), international in den Fokus. Im Unterschied zu den Manganknollen befinden sich viele dieser Vorkommen innerhalb der AWZ von Staaten und somit außerhalb der Zuständigkeit der UN-Meeresbodenbehörde, so dass sich die rechtlichen Rahmenbedingungen einfacher gestalteten.[1043] Entsprechend wurden auch in der Bundesrepublik Massivsulfide und Kobaltreiche Krusten als Alternative zu den Manganknollen diskutiert und waren Gegenstand von Forschungsfahrten.[1044] Allerdings kam es hier weder in der Bundesrepublik noch international vor der Jahrtausendwende zu konkreten Schritten hin zu einem Abbau dieser Vorkommen. Die Ressourcenwerdung von Massivsulfiden und Kobaltreichen Krusten erreichte somit im 20. Jahrhundert niemals den Stand, den die Manganknollen schon 1978 erreicht hatten.

Der gesamte Bereich der Meerestechnik verlor in den 1980er Jahren an Bedeutung und Aufmerksamkeit, insbesondere in der Bundesrepublik, die kaum an der Offshore-Öl- und Gasförderung beteiligt war. Die Ausstellung „Interocean“, die zuerst 1970 den Leistungsstand der deutschen Meerestechnik zeigen sollte, fand zuletzt 1981 statt.[1045] Die ebenfalls 1970 auf den Markt gebrachte Zeitschrift „mt – Meerestechnik – Marine Technology“ wurde schließlich 1987 eingestellt. Es war passend, dass in dem vorletzten Jahrgang der zuletzt nur als „Marine Technology“ betitelten Zeitschrift Rainer Fellerer von der AMR unter der Überschrift „Hat der Tiefseebergbau eine Zukunft?“ eine Art Bilanz und Ausblick veröffentlichte. Wie bereits zitiert sah er für den Abbau von Manganknollen als eine „realistische(n) Vision“ durchaus eine Zukunft, allerdings erst für die Kinder- oder Enkelgeneration. In gewisser Weise schloss sich der Kreis, wenn Fellerer abschließend noch einmal auf die Gleichsetzung von Weltraum- und Unterwasserforschung zurückkam, die

1042 BA B 196/40635 Bd. 1, Dr. Wilckens, Vermerk betr. Bericht der AMR „Der Tiefseebergbau zu Beginn der achtziger Jahre“, 06.08.1981, S. 1.

1043 Glasby, Deep Seabed Mining, S. 165f.; Broadus, Asian Pacific, S. 67f.

1044 BA B 196/92863 Bd. 1, „Ausarbeitung: Mineralische Rohstoffe im Meer (Überblick)“ der Fa. Preussag AG; BA B 196/92863 Bd. 1, BGR, Ausarbeitung: Rohstoffbezogene Meeresforschung – ein Ausblick, 21.02.1984; Harald Steinert, Neue Erztypen mit neuen Chancen für den Tiefseebergbau, in: Handelsblatt (19.09.1984), S. 21.

1045 Ruppenthal, Raubbau, S. 209.

in den 1960er Jahren zu Beginn der Meerestechnik so populär gewesen war (s. Kap. 3.1). Er warf die rhetorisch gemeinte Frage auf, „ob wir es uns leisten könnten, bei der beginnenden Erschließung und bei der Nutzbarmachung des ‚Inner Space‘, der Ozeane, im Abseits zu stehen.“[1046]

Tatsächlich stand die Bundesrepublik nicht abseits, sondern folgte den gleichen Entwicklungslinien wie die meisten westlichen Industriestaaten. Der Tiefseebergbau war in den 1980er Jahren und auf absehbare Zeit betriebswirtschaftlich unrentabel und volkswirtschaftlich zur Rohstoffsicherung entbehrlich. Daher wurden die Aktivitäten weitgehend zurückgefahren. Sowohl OMI als auch die AMR – inzwischen nur noch mit Preussag und Metallgesellschaft, seit 1984 ohne Salzgitter AG – bestanden dagegen zumindest 1990 noch, da sie weiterhin Lizenzen für Abbauflächen unter den bundesdeutschen und US-amerikanischen Tiefseebergbaugesetzen hielten. Dies scheint jedoch zu diesem Zeitpunkt die einzige Funktion dieser Gesellschaften gewesen zu sein.[1047]

5.5 Die Kosten der Knollen

Die Wirtschaftsvereinigung Industrielle Meerestechnik schrieb 1974 im Kontext von Subventionen für die AMR an den Bundesminister für Forschung und Technologie, Horst Ehmke, und versicherte dem Minister, es „geht diesen Firmen keineswegs darum, jedes Risiko wirtschaftlicher Neuentwicklungen über die öffentliche Hand rückzuversichern“ – was jemanden im BMFT zu der handschriftlichen Randnotiz veranlasste: „aber den größeren Teil!“[1048]

Für die Entwicklung des Tiefseebergbaus wurden weltweit von den 1960er bis in die 1980er Jahre beträchtliche Summen investiert, denen am Ende kaum ein handfester Ertrag gegenüberstand. Für die beteiligten Unternehmen hielten sich jedoch die Verluste in Grenzen, zum einen weil die Ausgaben für die einzelnen Unternehmen keine kritische Größenordnung erreichten, zum anderen wegen der erheblichen staatlichen Unterstützung der Vorhaben. Weltweit betrugen die (geschätzten) Ausgaben für den Tiefseebergbau nach Manganknollen von den 1960er Jahren bis 1984 insgesamt 635 Mio. USD (1982-USD). Dabei dominierten die längste Zeit die vier internationalen Konsortien Kennecott, OMA, OMI und OMCO, von denen die drei letzten die größten Ausgaben 1978/79 tätigten, als sie ihre Abbautests durchführten (s. Tabelle 8 und Diagramm 6).[1049]

1046 Fellerer, Tiefseebergbau, S. 58.

1047 BT-Drs. 11/7541, Antwort der Bundesregierung auf die Große Anfrage: Seerechtsübereinkommen der Vereinten Nationen, 06.07.1990, S. 5. Die Salzgitter AG beendete ihre Mitgliedschaft 1984; Earney, Resources, S. 61.

1048 BA B 196/17801, Wirtschaftsvereinigung Industrielle Meerestechnik e.V. an den Bundesminister für Forschung und Technologie Herrn Prof. Dr. H. Ehmke, betr. Entwicklung von Methoden der Gewinnung, Förderung und Aufbereitung fester mineralischer Rohstoffe vom Meeresboden, 04.04.1974, S. 1.

1049 Earney, Resources, S. 63.

Tabelle 8: Ausgaben der Konsortien 1962–1984 (Earney, Resources, S. 63).

	OMA	Kennecott	OMI	OMCO	AFERNOD	DORD	Insgesamt
Ausgaben 1962–1984 in Mio. 1982-USD	158,0	87,9	69,2	169,0	70,8	80,1	635,0
%	24,9	13,9	10,9	26,6	11,1	12,6	100

Für die beteiligten Unternehmen waren diese Ausgaben zu verkraften. Sie hatten von Beginn an ein risikoaverses Verhalten gezeigt, indem sie breit aufgestellte Konsortien gebildet hatten, so dass Kosten und Risiken auf viele Schultern verteilt waren. Überdies betrugen Schätzungen zufolge bei fast allen Unternehmen die Ausgaben für den Tiefseebergbau weniger als 7 % (und meistens weniger als 5 %) ihres jährlichen Budgets für Exploration sowie Forschung und Entwicklung.[1050] „If the investment in these uncertain assets was a mistake," so der Ökonom Broadus rückblickend 1987, „it was a relatively small one."[1051] Darüber hinaus bestanden bei vielen Unternehmen direkte oder indirekte Staatsbeteiligungen. OMCO gilt als das einzige rein privatwirtschaftliche Konsortium.[1052] An dem Kennecott Konsortium (Staatsanteil 5,3 %) war dagegen die damals staatliche British Petroleum beteiligt, an OMA (Staatsanteil <25 %) das italienische Staatsunternehmen ENI. Im Fall von OMI (Staatsanteil 21,3 %) und der AMR befand sich die Salzgitter AG vollständig im Bundesbesitz, während die öffentliche Hand bei der Preussag auch nach der Privatisierung 1959 noch einen erheblichen Einfluss besaß. Das französische Tiefseebergbauprogramm (AFERNOD und GEMONOD) war, ebenso wie die japanische DORD, ganz überwiegend staatlich geprägt. Daneben stellte die öffentliche Hand in allen beteiligten Ländern mit dem Motiv der Sicherung der Rohstoffversorgung sowie der Technologiepolitik in der einen oder anderen Form Subventionen bereit. Alles in allem wurde der Anteil der beteiligten Staaten weltweit bis 1987 auf fast ein Drittel der Gesamtausgaben der Konsortien geschätzt.[1053]

Der konkrete Fall des bundesdeutschen Tiefseebergbauprogramms entspricht diesem internationalen Muster. Die Metallgesellschaft hatte laut internen Berechnungen in den Jahren 1969 bis 1974 6,561 Mio. DM für die Manganknollenforschung aufgewendet, allerdings hierfür Bundeszuschüsse von 5,2 Mio. DM erhalten. Es blieb somit lediglich ein Eigenaufwand von ca. 1,3 Mio. DM, den die Metallgesellschaft weiter auf 995.000,- DM drücken konnte, indem sie Manganknollen als Probenmaterial weiterverkaufte und sich Kosten von den anderen AMR-Mitgliedern erstatten ließ. Die Metallgesellschaft hatte somit nach eigener Einschätzung ihre Kompetenzen im Tiefseebergbau bis 1974 „mit einem vergleichsweise geringen Eigenaufwand erreicht."[1054] Für die folgende erste Phase

1050 Broadus, Seabed Materials, S. 858.
1051 Ebd.
1052 Earney, Resources, S. 60.
1053 Broadus, Asian Pacific, S. 81; ders., Seabed materials, S. 858.
1054 HWA Abt. 119, Nr. 1672, Projekt Manganknollen. Beitritt der AMR – Arbeitsgemeinschaft meerestechnisch gewinnbare Rohstoffe in ein internationales Konsortium, Vorstandsvorlage MG-Meerestechnik, Frankfurt/Main Okt. 1974, S. 2, 15.

der Zusammenarbeit im OMI Joint Venture 1974–1978 rechnete die Metallgesellschaft mit Gesamtkosten von ca. 75 Mio. DM (30 Mio. USD), davon würden auf die AMR als einem von vier internationalen Partnern ein Viertel (18,75 Mio. DM) entfallen und davon wiederum ein Viertel auf die Metallgesellschaft (4,7 Mio. DM). Nach Abzug einer Förderung durch den Bund in Höhe von $^{2}/_{3}$ der Kosten blieben als Belastung für das Unternehmen nur noch 1,6 Mio. DM verteilt auf vier Jahre.[1055] Demgegenüber verfügte die Metallgesellschaft, die verglichen mit den angloamerikanischen Rohstoffkonzernen als kleines Unternehmen galt, über ein jährliches Budget für Forschung und Entwicklung von ca. 170 Mio. DM (Stand 1983).[1056] Diese Zahlen zeigen, dass die Manganknollenforschung für die Metallgesellschaft keine große Belastung und damit auch kein ungebührliches unternehmerisches Risiko darstellte. Hierzu trug die breite Lastenverteilung im Rahmen des nationalen (AMR) und des internationalen Konsortiums (OMI) ebenso bei wie die staatliche Unterstützung.

Die Rolle des Staates bei der Gründung der AMR wurde bereits dargestellt (s. Kap. 4.1.1). In einem frühen Vertragsentwurf gingen die Partnerunternehmen davon aus, dass ihre Ausgaben zu mindestens 50 % vom Bund bezuschusst würden.[1057] Tatsächlich trug das BMFT die Kosten des Tiefseebergbauprogramms zunächst zu 50 %, später zu $66^{2}/_{3}$ %.[1058] Ab 1979 wurde die Förderquote auf im Allgemeinen sogar 75 % erhöht.[1059] Die gesamten Kosten, die dem Bund für die Suche nach Manganknollen entstanden, lassen sich nicht mehr ganz widerspruchsfrei ermitteln. Das BMWi gab 1981 an, zwischen 1972 und Ende 1980 insgesamt 5,08 Mio. DM an die AMR gezahlt zu haben, während mit ca. 50 Mio. DM der Löwenanteil der staatlichen Förderung für die AMR im gleichen Zeitraum vom BMFT kam. Die BMWi-Mittel waren als Teil des Explorationsförder-Programms (s. Kap. 3.3.4) im Erfolgsfall, also bei der Aufnahme eines kommerziellen Rohstoffabbaus, zurückzuzahlen, die Mittel vom BMFT dagegen nicht.[1060] Spätere Angaben, die sich auf einen längeren Zeitraum beziehen und nicht nur auf die Förderung der AMR,

---

1055 HWA Abt. 119, Nr. 1522, Vorstandsbesprechung 22. April 1974, S. 4.

1056 HWA Abt. 119, Nr. 735 Metallgesellschaft, Vorstandsausschuß Forschung + Entwicklung (VoFE), Konzernausschuß Forschung + Entwicklung (KoFE), Bericht Nr. 9: Standortbestimmung, Weiterentwicklung und Zukunftschancen der Technologie des MG-Konzerns, Frankfurt am Main, Oktober 1983, S. 26.

1057 NWA 2 Nr. 7263, 3. Entwurf: 07.10.1971. Vertrag über die Arbeitsgemeinschaft meerestechnisch gewinnbare Rohstoffe, S. 7.

1058 BA B 196/27487, Der Bundesminister für Forschung und Technologie an die Arbeitsgemeinschaft meerestechnisch gewinnbare Rohstoffe, betr. Internationales Manganknollen Joint Venture, 04.09.1974; BA B 102/248771, Referat V C 3, Betr. Seerechtskonferenz; hier: AMR-Förderung, 02.09.1981.

1059 BA B 196/40635 Bd. 1, Dr. Wilckens an Herrn Minister, betr. Förderquote für Vorhaben der Arbeitsgemeinschaft meerestechnisch gewinnbare Rohstoffe (AMR), 23.02.1979, S. 1.

1060 BA B 102/248771, Referat V C 3, Betr. Seerechtskonferenz; hier: AMR-Förderung, 02.09.1981. Damit vereinbare Zahlen gehen aus der Antwort der Bundesregierung gegenüber dem Bundestag 1978 hervor, wonach 1972–1977 aus dem Explorationsprogramm 4,2 Mio. DM und 1970–1977 aus Forschungsmitteln 43,9 Mio. DM bereitgestellt wurden; BT-Drs. 8/1981, Antwort der Bundesregierung auf die Große Anfrage: Rohstoffpolitik der Bundesregierung, 07.07.1978, S. 9.

kommen auf deutlich höhere staatliche Ausgaben für das Tiefseebergbauprojekt. 1985 sprach die Preussag von Aufwendungen von „bundesdeutscher Seite", also offenbar einschließlich der Privatwirtschaft, von ca. 210 Mio. DM seit 1969, wovon ca. 65 % vom BMFT getragen worden seien, was 136,5 Mio. DM entspräche.[1061] Ähnliche Zahlen gab die Bundesregierung 2012 an, als sie in der Antwort auf eine parlamentarische Anfrage erklärte, zwischen 1970 und 1985 seien überschlägig 70 Mio. Euro (ca. 140 Mio. DM) an staatlichen Fördermitteln, im Wesentlichen vom BMFT, für die Erkundung von Manganknollenvorkommen bereitgestellt worden.[1062]

Setzt man sie mit den gesamten staatlichen Forschungs- und Entwicklungsausgaben in Relation, waren dies für den Bund keine hohen Summen (s. Tabelle 9). Der Bereich Meeresforschung und Meerestechnik gehörte nicht zu den Schwergewichten im FuE-Budget des Bundes und umfasste zudem neben dem Tiefseebergbau auch die Offshore-Öl- und Gastechnik, die Zuschüsse an verschiedene wissenschaftliche Einrichtungen, die Meeres- sowie Fischereibiologie, die Erforschung mariner Nahrungsquellen, die Überwachung der Meeresverschmutzung, die Schiffstechnik und den Küstenschutz. Weltraum-, Wehr- und vor allem Energieforschung, darunter auch im Rückblick wenig zukunftsträchtige Projekte wie die Kohlevergasung oder Hochtemperatur- und Brutreaktoren, schlugen dagegen mit deutlich höheren Beträgen zu Buche.[1063]

In der Bundesrepublik scheint es keine öffentlichen Stimmen gegeben zu haben, die das Tiefseebergbauprojekt angesichts seiner Kosten und der fehlenden verwertbaren Ergebnisse grundsätzlich kritisiert hätten. In Frankreich dagegen übte der bekannte Tauchpionier Jacques-Yves Cousteau 1981 harsche Kritik an der französischen Manganknollenforschung und deren im internationalen Vergleich hohen Kosten. Cousteau zufolge diente das Programm am Ende nur noch zur Selbstalimentierung einer Forschungsbürokratie.[1064]

Zweifellos trug der französische Staat aufgrund seines nationalen Alleingangs tatsächlich höhere Kosten als andere Staaten, so dass die Entscheidung von Industrie und Staat in der Bundesrepublik und anderen Ländern, über internationale Konsortien die Lasten auf mehrere Schultern zu verteilen, sich im Nachhinein als richtig erwies. Letztlich wurden von den späten 1960er bis in die frühen 1980er Jahre Millionenbeträge auf der Suche nach Manganknollen im Pazifik versenkt, es handelte sich jedoch um Summen, die Unternehmen und Staaten verkraften konnten.

1061 BA B 196/92887, Dr. Wilckens an Herrn AL 5 und Herrn UAL 52, betr. Besprechung mit Vorstand Preussag AG, Herrn Dr. Stalp und Dr. Amann am 15.07.1985, Anlage 5: „Preussag-Vermerk": R. Fellerer, Projekt „Tiefseebergbau Manganknollen", 05.03.1985, S. 3.

1062 BT-Drs. 17/8753, Antwort der Bundesregierung auf die Kleine Anfrage: Auswirkungen des Tiefseebergbaus auf die maritime Umwelt und Biodiversität, S. 3.

1063 BT-Drs. 9/1581, Unterrichtung durch die Bundesregierung: Faktenbericht 1981 zum Bundesbericht Forschung, 20.04.1982.

1064 Hoffert, Nodules polymétalliques, S. 171f.

Tabelle 9: Forschungs- und Entwicklungsbudget des Bundes 1974–1981 in Mio. DM (ausgewählte Bereiche) (BT-Drs. 9/1581, Unterrichtung durch die Bundesregierung: Faktenbericht 1981 zum Bundesbericht Forschung, 20.04.1982, S. 61, 65).

	Forschungs- und Entwicklungsbudget des Bundes 1974–1981 in Mio. DM (ausgewählte Bereiche)							
	1974	1975	1976	1977	1978	1979	1980	1981 (Soll)
Meeresforschung und Meerestechnik	84,7	92,0	96,5	83,1	111,8	119,8	126,4	144,4
Weltraumforschung und Weltraumtechnik	502,6	517,9	570,4	542,3	593,7	644,4	667,0	707,1
Wehrforschung und -technik	1.410,5	1.455,3	1.621,9	1.614,4	1.737,6	1.845,7	1.694,9	1.562,5
Energieforschung und Energietechnologie	1.192,8	1.456,6	1.314,6	1.456,4	1.644,4	2.021,1	2.113,6	2.248,3
FuE-Ausgaben des Bundes insgesamt	7.042,2	7.672,1	7.635,3	7.818,5	8.634,4	10.116,5	10.526,4	10.896,8

5.6 Der Tiefseeboden als Umwelt um 1990

Am 08.03.1989 stach das bundesdeutsche Forschungsschiff Sonne, die Nachfolgerin der Valdivia, vom peruanischen Hafen Callao aus in See und erreichte am 10.03.1989 ihr Einsatzgebiet im Perubecken, etwa 600 km südlich der Galapagosinseln. Hier, in der Nähe eines Manganknollen-Lizenzgebietes der AMR, ließen die Wissenschaftler der Sonne am folgenden Tag ein Gerät auf den Meeresboden herab, welches weder der Exploration noch der Förderung diente. Stattdessen handelte es sich um eine Art 8 Meter breite Egge, die mit einer Anzahl von kleinen Pflugscharen versehen war. Ziel war es, die Manganknollen unterzupflügen, Sediment aufzuwirbeln und somit eine Störung am Tiefseeboden zu erzeugen, um in den folgenden Jahren die Regeneration der Fauna und die Wiederbesiedlung des Testgebietes zu beobachten. Es handelte sich um das vom BMFT finanzierte Experiment DISCOL, das bis heute einen wichtigen Referenzpunkt in der Diskussion über die Folgen einer Manganknollenförderung für die Tiefseefauna bildet.[1065]

Forschungen zum Tiefseebergbau nach Manganknollen brachen auch in den 1980er und 1990er Jahren nie völlig ab. Da jedoch die Industrie ihre Aktivitäten weitgehend eingestellt hatte, fand nun vorwiegend langfristig orientierte Grundlagenforschung statt. Zudem rückten Fragen nach den ökologischen Auswirkungen ins Zentrum. Das 1986 vom

1065 Hjalmar Thiel/Gerd Schriever, Cruise Report DISCOL 1, Sonne-Cruise 61. Balboa/Panama–Callao/Peru 02.02.–05.03.1989. Callao/Peru–Callao/Peru 07.03.–03.04.1989 (Berichte aus dem Zentrum für Meeres- und Klimaforschung der Universität Hamburg; 3), Hamburg 1989.

BMFT beschlossene Programm Meeresforschung und Meerestechnik für die Jahre bis 1990 räumte dem Schutz der Meeresumwelt „höchste Priorität" ein, wie die Branchenzeitschrift „Marine Technology" festhielt.[1066] Bezüglich des Tiefseebergbaus sah das Programm weiterhin die Forschung und Entwicklung zu Exploration und Abbau von Manganknollen vor, daneben aber auch Untersuchungen zur Umweltverträglichkeit des Tiefseebergbaus.[1067]

Vor diesem Hintergrund begann 1989 das bundesdeutsche DISCOL Experiment. Wie erwähnt waren schon die Abbautests der 1970er Jahre von ersten Umweltverträglichkeitsstudien begleitet worden (s. Kap. 4.4). Der verstärkte Fokus auf die ökologischen Folgen des Tiefseebergbaus seit Ende der 1980er Jahre spiegelt auch das allgemeine zeitliche Umfeld und das zunehmende Gewicht ökologischer Fragen wider. Ähnlich wie um 1970 sind um 1990 eine Reihe von Ereignissen und Reaktionen festzustellen, die einen neuen Schub im Umweltbewusstsein markierten. Dazu zählen auf internationaler Ebene beispielsweise die Reaktorkatastrophe von Tschernobyl (26.04.1986), der Brundtland-Report der UNO mit dem zentralen Ziel des „sustainable development" und das Montrealer Protokoll zum Schutz der Ozonschicht (beide 1987), die Gründung des Intergovernmental Panel on Climate Change (1988), die Havarie des Öltankers Exxon Valdez vor Alaska (1989) und die United Nations Conference on Environment and Development in Rio de Janeiro (1992). In der Bundesrepublik schlug sich diese Entwicklung u.a. in der Gründung des Bundeministeriums für Umwelt, Naturschutz und Reaktorsicherheit (BMU) (1986), dem Verbot von verbleitem Benzin (1988) und der Einführung des „Grünen Punkts" für das Abfallrecycling (1990) nieder.[1068]

Schon aus diesem Grund ist es nicht erstaunlich, dass die Frage der Umweltverträglichkeit des Tiefseebergbaus in den 1980er Jahren an Bedeutung gewann. Als im Februar 1982 Friedrich Wilckens (BMFT) den Präsidenten der BGR, Friedrich Bender, den Preussag-Vorstand Hans-Günther Stalp und den Direktor des Forschungsinstituts Senckenberg, Willi Ziegler, zu einem „Gespräch über Strategien zur Fortführung der rohstoffbezogenen Meeresforschung" einlud, lagen der Einladung Ausarbeitungen der BGR und der Preussag bei, in denen die Umweltthematik bereits relativ prominent auftauchte. Die Ausarbeitung der Preussag nannte als „konkrete Aufgaben für die mittelfristige Zukunft (bis ca. 1990)" die Weiterentwicklung der Explorationstechnik und die Exploration zur Rechtesicherung, Meeresumweltuntersuchungen sowie die Weiterentwicklung der Abbau- und Aufbereitungstechnik einschließlich längerer Pilotoperationen.[1069] Auch wenn sich die Hoffnung auf einen weiteren, gegenüber dem Test von 1978 großformatigeren und länger

1066 O.A., BMFT. Gute Zukunftsaussichten für die deutsche Meeresforschung und Meerestechnik, in: Marine Technology 18 (1987), 1, S. 16–19, hier S. 16.

1067 Ebd., S. 19.

1068 Radkau, Ära, S. 488–498.

1069 BA B 196/92863 Bd. 1, Dr. Wilckens an Prof. Dr. Bender (BGR), Dr. H.-G. Stalp (Preussag), Prof. Dr. W. Ziegler (Forschungsinstitut Senckenberg), betr. Rohstoff-bezogene Meeresforschung, 27.02.1984, Anhang: Ausarbeitung: Mineralische Rohstoffe im Meer (Überblick) der Fa. Preussag AG, S. IV.

ausgedehnten Abbauversuch zerschlug und weitere Explorationsarbeiten nur noch in geringerem Umfang stattfanden, hatte die Preussag die Bedeutung der Umweltthematik erfasst. Die Ausarbeitung der BGR legte nicht den Schwerpunkt auf diesen Bereich, erkannte aber dessen Bedeutung, gerade aus der Perspektive der Industrie: Zwar seien im bundesdeutschen Recht Umweltauflagen erst für die Gewinnungsphase vorgesehen, so die BGR, diese Regelung beinhalte aber das Risiko, dass möglicherweise die Fördertechnologie im Nachhinein kostenträchtig und zeitaufwändig geändert werden müsse, falls neue Erkenntnisse über Umweltbelastungen gewonnen würden. „Im Interesse der Industrie wird daher empfohlen, bereits die Explorationskampagnen für Umweltuntersuchungen zu nutzen."[1070] Das gelte insbesondere auch, da damit zu rechnen sei, dass schon zukünftige Fördertests nur mit Auflagen für eine ökologische Begleitstudie genehmigt würden. Die BGR empfahl daher, Umweltstudien von Beginn an in alle Phasen eines Tiefseebergbauprojekts – Prospektion, Exploration, Fördertests, Pilot-Abbau und kommerzieller Abbau – zu integrieren.[1071]

Seit 1988 bestand in der Bundesrepublik die Arbeitsgruppe Tiefsee-Umweltschutz (TUSCH), in der staatliche Forschungsinstitute, Universitäten, mehrere Bundesministerien sowie die Preussag und die Metallgesellschaft vertreten waren. Auf einer Sitzung dieser Arbeitsgruppe am 09.01.1989 brachte Amann von der Preussag das starke Interesse der Industrie an Umweltschutzuntersuchungen zum Ausdruck, auch wenn die Firmen sich gegenwärtig nicht in der Lage sähen, finanziell dazu beizutragen. Laut Protokoll erklärte Amann durchaus weitsichtig, dass das Thema eine kritische Bedeutung gewinnen könnte, wenn in Zukunft der Tiefseebergbau wieder konkreter werde:

> „Als Leitziel für einen Abbau gehe man von 10–20 Jahren aus, man sähe die Nutzungsmöglichkeiten der Manganknollen jedoch unter Umständen durch Umweltrisiken in Frage gestellt. Entsprechende Voruntersuchungen seien für die Industrie folglich von großer Bedeutung für das wirtschaftliche Tätigwerden."[1072]

Umweltverträglichkeitsuntersuchungen galten so als Beitrag zur Realisierung eines kommerziellen Tiefseebergbaus, nicht zu dessen Verhinderung. Daneben scheint das staatliche Interesse an solchen Forschungen in der Bundesrepublik noch von einem weiteren Motiv getrieben worden zu sein. Eine aktive und international beachtete Rolle in der Meeresforschung bildete einen Weg, um weiter ein Mitspracherecht bezüglich des Tiefseebodens beanspruchen zu können, gerade für die Bundesrepublik, die das SRÜ nicht gezeichnet hatte und deren Unternehmen nicht als Pionierinvestoren anerkannt waren. Da die

1070 BA B 196/92863 Bd. 1, Dr. Wilckens an Prof. Dr. Bender (BGR), Dr. H.-G. Stalp (Preussag), Prof. Dr. W. Ziegler (Forschungsinstitut Senckenberg), betr. Rohstoff-bezogene Meeresforschung, 27.02.1984, Anhang: BGR, Ausarbeitung: Rohstoffbezogene Meeresforschung – ein Ausblick, 21.02.1984, S. 5.

1071 Ebd., S. 6, Tabelle 1.

1072 BA B 295/21501, Protokoll der zweiten erweiterten Sitzung der Arbeitsgruppe Tiefsee-Umweltschutz TUSCH im Institut für Hydrobiologie und Fischereiwissenschaft der Universität Hamburg, 09.01.1989, S. 3.

Industrie in den 1980er Jahren nur noch wenig Forschung und Entwicklung im Bereich Tiefseebergbau betrieb und der Staat insofern kaum Projekte der Privatwirtschaft fördern konnte (s. Kap. 5.4), bot sich stattdessen das Thema Umweltverträglichkeit als Schwerpunkt für die staatliche Forschung an. Für ein solches Motiv spricht das Interesse des Auswärtigen Amtes am Tiefsee-Umweltschutz. In der Sitzung des TUSCH-Arbeitskreises im Januar 1989 bekräftigte dessen Vertreter, Hans-Joachim Kiderlen, laut Protokoll „den Wunsch der Bundesregierung auf diesem Gebiet eine Führungsposition einzunehmen."[1073] Hjalmar Thiel vom Hamburger Institut für Hydrobiologie und Fischereiwissenschaft erwiderte darauf, dass dies bereits der Fall sei.[1074] Diese selbstbewusste Einschätzung wurde anschließend durch das DISCOL-Experiment und dessen internationale Beachtung durchaus bestätigt. Thiel hatte schon 1972 als Biologe eine Manganknollen-Reise auf der Valdivia begleitet, allerdings waren deutsche Wissenschaftler an den DOMES-Berichten der NOAA, die im Zusammenhang mit den Abbautests 1978/79 entstanden, nicht beteiligt gewesen. Hingegen hatte Thiel in leitender Position 1977–1981 die Umweltverträglichkeitsstudie für den von der Preussag im Auftrag der saudischen und sudanesischen Regierung geplanten Abbau von Erzschlämmen im Roten Meer (MESEDA) (s. Kap. 4.4) durchgeführt.

Der erste Anstoß für DISCOL (DIS-turbance and re-COLonization experiment in the South Pacific) ging auf ein Symposium in Hamburg zurück, auf dem ein US-amerikanischer Referent über die ökologischen Auswirkungen eines Kollektor-Tests vortrug. Im Anschluss an den Vortrag zeigte sich Wilckens (BMFT) wenig beindruckt, woraufhin Thiel mit der Idee eines eigenen Experiments an ihn herantrat. Zunächst war daran gedacht, eine Umweltstudie im Rahmen eines geplanten (aber letztlich nie realisierten) deutsch-französischen Kollektortests durchzuführen. Allerdings stellte sich bald heraus, dass dieser Test, ähnlich wie 1978/79, nur einen Kollektor im kleinen Maßstab vorsah, der in einer geraden Linie über den Meeresboden fahren sollte. Für die technische Erprobung des Gerätes wäre dies ausreichend gewesen, nicht aber für die Fragestellung der Biologen. Diese wollten herausfinden, wie die Fauna auf eine großformatige, flächige Störung durch einen kommerziellen Manganknollenabbau reagieren würde, insbesondere, inwiefern und wann eine Rekolonisierung des gestörten Areals stattfindet. Statt einer oder ggf. mehrerer isolierten Kollektorspuren von wenigen Metern Breite, die selbst wenig mobile Lebewesen leicht von den Rändern her wieder besiedeln könnten, war somit eine größere Untersuchungsfläche erforderlich. Die Ingenieure und Industrievertreter sahen sich außerstande, diese Anforderung in ihren Test zu integrieren und empfahlen den Biologen ironisch, dann eben ihr eigenes Experiment zu entwickeln.[1075]

Die Biologen taten dies, und auf diese Weise entstand DISCOL, das ab 1989 für zunächst fünf Jahre vom BMFT finanziert wurde, und dessen Umsetzung mit der Reise der Sonne im Frühjahr 1989 begann. Das Experiment stand in enger Beziehung zu den weiterhin

---

1073 Ebd., S. 4.
1074 Ebd.
1075 Thiel/Schriever, Fifty years, S. 89f.; dies., Cruise Report DISCOL 1, S. 25.

bestehenden bundesdeutschen Tiefseebergbauplänen, weshalb ein Untersuchungsgebiet in räumlicher Nähe zu einem Lizenzgebiet der AMR im Perubecken, südlich der Galapagosinseln (07° 04,4‘ S und 88°, 27,6‘ W) und in etwas über 4 km Tiefe gewählt wurde. Der Abschlussbericht für die erste Reise erklärte ebenfalls, dass die Ergebnisse des Experiments als Umweltverträglichkeitsstudie für die spätere Beantragung einer Abbaulizenz – ob unter nationalem Recht oder dem UN-Regime – durch die Industrie nützlich sein würden. Erst in zweiter Linie wurde auf das allgemeine wissenschaftliche Interesse angesichts eines allgemeinen Mangels an Tiefseestudien in tropischen Meeren verwiesen. Um die gewünschte großflächige Störung am Meeresboden zu verursachen, entwickelten die Wissenschaftler um Thiel ein bewusst einfach gehaltenes Gerät. Es diente nur diesem Zweck und war somit weder einem kommerziellen Kollektor nachempfunden, noch sammelte es tatsächlich Manganknollen auf. Stattdessen kam die erwähnte, sogenannte „Pflug-Egge“ („plow-harrow“) zum Einsatz, die aus einem 8 m breiten Rahmen mit mehreren kleinen Pflugscharen bestand und aus verfügbaren Bauteilen land- und fischereiwirtschaftlicher Geräte konstruiert worden war. Da man nicht vorhersehen konnte, mit welcher Seite das Gerät auf dem Meeresboden zu liegen kommen würde, trug die „Pflug-Egge“ auf beiden Seiten Pflugscharen. Dieses Gerät wurde von der Sonne in 79 Durchgängen sternförmig durch das kreisrunde Untersuchungsgebiet mit einem Durchmesser von 2 sm (ca. 3,7 km) und ca. 10,8 km² Fläche geschleppt. Die Wissenschaftler wählten dieses Vorgehen, weil es auch mit präziser Navigation sehr schwierig gewesen wäre, ein größeres Gebiet gleichmäßig mit parallelen Furchen abzudecken. Das kreisförmige Untersuchungsgebiet, in dem sich idealerweise alle Furchen im Zentrum schneiden, sollte dagegen sicherstellen, dass man einen hohen Grad der Störung im Mittelpunkt mit einer nach außen hin abnehmenden Intensität erreichte.[1076]

Ein solcher gezielter, destruktiver Eingriff in das Ökosystem schien den beteiligten Wissenschaftlern gerechtfertigt, da das Testareal für ein ökologisches Experiment zwar relativ groß, verglichen mit dem von einem kommerziellen Tiefseebergbau betroffenen Gebiet jedoch sehr klein war, und da zentrale Fragen zu den Umweltauswirkungen nur auf diese Weise annäherungsweise beantwortet werden konnten.[1077] Die Initiatoren des Experiments betonen dabei bis heute, dass DISCOL keine Simulation eines Manganknollenabbaus darstellte, weil dies nicht möglich sei, solange die für einen kommerziellen Tiefseebergbau vorgesehene Technologie nicht im Detail feststeht. Stattdessen sollte im Rahmen der Möglichkeiten eine großflächige mechanische Störung erzeugt werden.[1078] Dennoch war von Beginn an intendiert, von diesem Experiment aus annäherungsweise auf die Auswirkungen eines industriellen Abbaus zu schließen.[1079]

1076 Thiel/Schriever, Cruise Report DISCOL 1.
1077 Thiel/Schriever, Fifty years, S. 95.
1078 Hjalmar Thiel/Gerd Schriever, Testing the impacts of sea-bed mining, in: Nature 572 (29.08.2019), S. 586; Thiel/Schriever, Fifty years, S. 90, 94.
1079 Thiel/Schriever, Cruise Report DISCOL 1, S. 4.

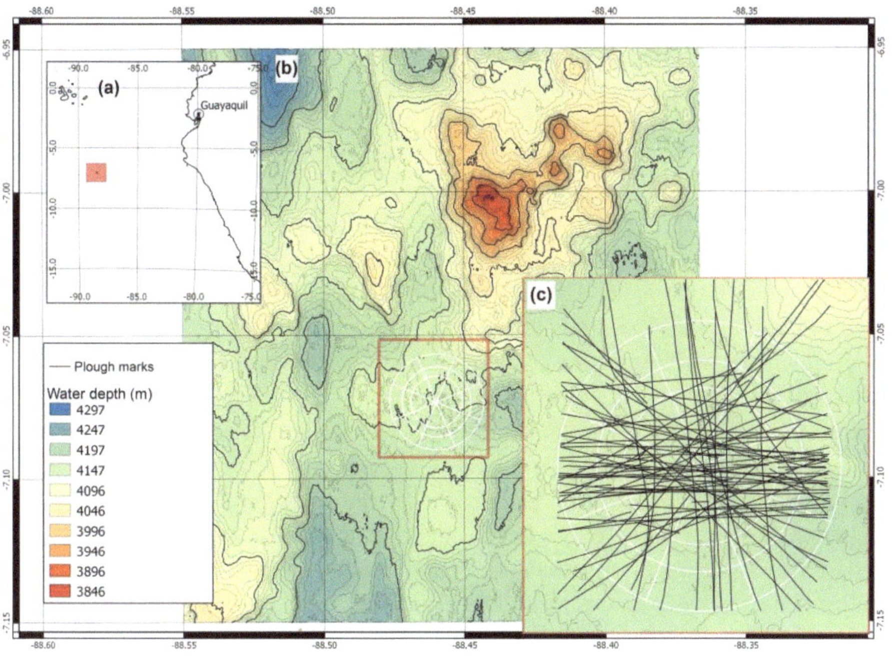

Abbildung 10: Das Areal des DISCOL-Experiments im Pazifik, Überblicksdarstellung (a) und detaillierte Karte des Gebiets (b) sowie Darstellung der Spuren der „Pflug-Egge", wie sie 2015 festgestellt werden konnten (c). Man beachte auch das Relief des Tiefseebodens mit teilweise beträchtlichen Höhenunterschieden. (Tanja Stratmann et al., Abyssal plain faunal carbon flows remain depressed 26 years after a simulated deep-sea mining disturbance, in: Biogeosciences 15 (2018), S. 4131–4145, hier S. 4133).

Um die Auswirkungen einer großmaßstäblichen Störung auf die Lebensgemeinschaften am Tiefseeboden zu untersuchen, ging dem Eingriff zunächst eine Baseline-Studie voran, bei der Informationen über das ungestörte Ökosystem gewonnen wurden. Nach der Störung mit der „Pflug-Egge" waren Folgeuntersuchungen über mehrere Jahre vorgesehen, um zu ermitteln, ob und in welchem Maße das Testareal wiederbesiedelt wurde und sich die ursprüngliche Lebensgemeinschaft wieder eingestellte. Für diese Art Experiment war eine lange Laufzeit entscheidend, weshalb das BMFT DISCOL mit 2,2 Mio. DM zunächst von 1988 bis 1993 förderte.[1080] Schließlich fanden auch nach Abschluss der ursprünglichen Förderperiode bis ins 21. Jahrhundert weitere Untersuchungen des Testareals statt. Das betroffene Areal wurde direkt nach dem Eingriff sowie nach sechs

1080 BT-Drs. 17/8753, Antwort der Bundesregierung auf die Kleine Anfrage: Auswirkungen des Tiefseebergbaus auf die maritime Umwelt und Biodiversität, 28.02.2012, S. 4.

Monaten (September 1989), nach drei Jahren (Januar 1992), nach sieben Jahren (Februar 1996) und nach 26 Jahren (September 2015) erneut untersucht.[1081]

DISCOL stellte das erste, aber nicht das einzige Experiment zur Umweltverträglichkeit des Tiefseebergbaus dar, bei dem ein Eingriff nur zu diesem Zweck und nicht wie bei DOMES und den vorangegangenen Studien im Zuge eines Abbautests erfolgte (s. Kap. 4.4).[1082] Zwischen 1991 und 1994 führte die US-amerikanische NOAA in Kooperation mit russischen Wissenschaftlern und dem Forschungsschiff Yuzhmorgeologiya das „Benthic Impact Experiment“ (BIE) durch. Das Ziel von BIE bestand wie bei DISCOL darin, vor Beginn eines kommerziellen Manganknollenabbaus dessen Auswirkungen auf den Tiefseeboden abschätzen zu können. Damit sollten die Ergebnisse von BIE in die Bedingungen für die Vergabe von Abbaulizenzen einfließen. Wie bei dem deutschen Experiment wurden keine Knollen entfernt, sondern nur Sediment resuspendiert. Verglichen mit der deutschen „Pflug-Egge“ wählten die amerikanischen und russischen Wissenschaftler jedoch eine komplexere Technik und konstruierten das „Deep Sea Sediment Resuspension System“ (DSSRS), das in einem Schlitten über den Meeresboden geschleppt wurde, dabei mit Pumpen Sediment einsaugte und 15 m über dem Boden wieder ausstieß, um eine Sedimentwolke zu erzeugen. Das Gerät sollte über ein 400 m x 2.200 m großes Polygon geschleppt werden, so dass die mit der Strömung verdrifteten Sedimente ein Gebiet von ca. 2 km² einschließlich der dortigen Fauna abdecken sollten. Der gegenüber DISCOL technisch aufwändigere Ansatz scheint in der Praxis vor allem störanfälliger gewesen zu sein. Bei der ersten BIE-Fahrt 1991 gelang nur ein Schleppzug, was allerdings auf Probleme mit der Winde des russischen Schiffes zurückgeführt wurde. Erst im folgenden Jahr konnte die Störung wie geplant erzeugt werden, auch wenn die Sedimentabdeckung nicht so dick und gleichmäßig wie erhofft gelang.[1083]

Auf BIE folgten das „Japanese Deep-Sea Impact Experiment“ (JET) der Metal Mining Agency of Japan (MMAJ) 1994, das „IOM BIE“ des osteuropäischen Konsortiums Interocean Metal 1995 und das „Indian Deep-Sea Environment Experiment“ (INDEX) 1997. Diese drei Experimente, die jeweils dasselbe Gerät nutzten, das schon beim BIE zum Einsatz kam, fanden mit Ausnahme des indischen Versuchs, der Teil der Forschungsarbeiten zu den Manganknollenvorkommen im Indischen Ozean war, in der CCZ statt. Ebenfalls 1997 führte schließlich die japanische MMAJ einen kleinformatigen Abbautest in vergleichsweise geringer Tiefe von 2.200 m durch, der ebenfalls mit einer Um-

1081 Tanja Stratmann et al., Abyssal plain faunal carbon flows remain depressed 26 years after a simulated deep-sea mining disturbance, in: Biogeosciences 15 (2018), S. 4131–4145, hier S. 4132; Thiel/Schriever, Fifty years, S. 91, 93.

1082 Für eine Übersicht der folgenden Experimente s.: Sharma, Deep-sea mining, S. 16.

1083 Craig Smith/Dwight D. Trueblood, US Cruise Report for BIE I, July 17–August 23, 1991, R/V Yuzhmorgeologiya (NOAA Technical Memorandum NOS OCRM 2), Washington, DC 1992; Dwight D. Trueblood, US Cruise Report for BIE II, April 10–May 29, 1992, R/V Yuzhmorgeologiya (NOAA Technical Memorandum NOS OCRM 3), Washington, DC 1992; Jones et al., Biological responses, S. 6/26.

weltverträglichkeitsstudie einschließlich von Nachuntersuchungen des Testareals verbunden war.[1084] Aufgrund der Größe des Testareals und des langen Zeitraums, über den anschließend Daten erhoben wurden, gilt jedoch DISCOL heute weiterhin als das aussagekräftigste Experiment im Hinblick auf die ökologischen Auswirkungen des Tiefseebergbaus.[1085]

Die Ergebnisse von DISCOL in Verbindung mit den anderen Experimenten lassen erkennen, dass der großmaßstäbliche Abbau von Manganknollen schwerwiegende und langfristige Auswirkungen auf das Ökosystem des Tiefseebodens haben würde. Unmittelbar nach dem Eingriff fanden die Wissenschaftler, abgesehen von einigen toten Exemplaren, nur wenige größere Lebewesen in den deutlichen erkennbaren Furchen am Meeresboden. Auch nach sechs Monaten wirkten die Furchen immer noch wie neu.[1086] Eine Wiederbesiedlung des gestörten Areals fand in gewissem Maße jedoch durchaus statt. Als die deutschen Wissenschaftler sieben Jahre nach dem Eingriff das Testareal untersuchten, hatten sich bei einigen Tierklassen fast wieder die ursprünglichen Verhältnisse eingestellt, bei anderen blieb jedoch die Populationsdichte verringert. Sesshafte Lebewesen, die auf einen harten Untergrund zur Besiedlung angewiesen waren, kamen nicht zurück, da die Manganknollen, auf denen sie bisher gelebt hatten, weiterhin im Sediment untergepflügt blieben.[1087]

Selbst im 21. Jahrhundert sind die Spuren des DISCOL-Experiments wie auch die der früheren Abbautests auf dem Tiefseeboden weiterhin deutlich sichtbar.[1088] Abgesehen von diesem rein optischen Eindruck waren 26 Jahre nach dem Eingriff auch die biologischen Aktivitäten gemessen am Kohlenstoffumsatz in den von der „Pflug-Egge“ gezogenen Furchen noch deutlich verringert, so dass das Ökosystem sich selbst nach einem Vierteljahrhundert nicht vollständig regeneriert hat.[1089] Eine Metastudie von 2017, die die Ergebnisse aller dieser Experimente zusammenführt, stellte fest, dass einige Tierklassen die gestörten Flächen schon innerhalb von Monaten oder Jahren und damit schneller als vielfach erwartet wieder besiedelt hatten. Allerdings hatte die Fauna in den meisten Fällen noch nicht wieder die ursprüngliche Dichte und Diversität erreicht. Lebewesen, die auf Manganknollen als Hartsubstrat angewiesen sind, werden sich jedoch nicht einmal in Jahrtausenden regenerieren, so die Studie, da neue Knollen nur mit einer Geschwindigkeit

1084 Jones et al., Biological responses, S. 7/26.
1085 Heffernan, Deep-sea dilemma, S. 465, 467.
1086 Thiel/Schriever, Deep-sea mining, S. 249.
1087 Thiel/Schriever/Foell, Polymetallic nodule mining, S. 210.
1088 Daniel Ackerman, Deep-sea mining. How to balance need for metals with ecological impacts, in: Scientific American (31.08.2020), https://www.scientificamerican.com/article/deep-sea-mining-how-to-balance-need-for-metals-with-ecological-impacts1/ (02.01.2024); Heffernan, Deep-sea dilemma, S. 466.
1089 Stratmann et al., Abyssal plain faunal carbon flows.

von wenigen Millimetern pro Millionen Jahren wachsen. Die Autoren kommen daher zu dem Schluss: „The effects of polymetallic nodule mining are likely to be long term.“[1090]

Während die Aussichten auf einen kommerziellen Tiefseebergbau immer mehr außer Sicht gerieten und die Unternehmen ihre Aktivitäten „praktisch auf ‚Sparflamme‘ gesetzt“ hatten,[1091] rückten Umweltverträglichkeitsstudien basierend auf Eingriffs-Experimenten am Tiefseeboden in den 1980er und 1990er Jahren in den Mittelpunkt des Interesses. Diese Experimente und Studien basierten nicht auf einer grundlegenden Opposition zu dem Abbauvorhaben, sondern waren mit Blick auf Genehmigungsverfahren und rechtliche Vorschriften hin ausgelegt, denen sich ein späteres Tiefseebergbau-Unternehmen würde stellen müssen. Durch Umweltverträglichkeitsstudien sollte also eine Voraussetzung für den späteren Abbau geschaffen werden, wenn die wirtschaftliche und rechtliche Lage hierfür wieder günstiger wäre. Daneben spielte zumindest in der Bundesrepublik das Bestreben eine Rolle, auch nach der weitgehenden Einstellung industrieller Aktivitäten weiter Forschungsaktivitäten vorweisen zu können, um ein Mitspracherecht begründen zu können. Vor den Vereinigten Staaten, Japan und anderen Staaten führte die Bundesrepublik mit DISCOL ab 1989 das erste derartige Eingriffs-Experiment durch, das aufgrund des großen Testareals und der langjährigen Folgeuntersuchungen bis heute als maßgeblich gilt. Da in den 1980/90er Jahren der Abbau von Manganknollen ohnehin nicht für die nächste Zukunft zur Diskussion stand, hatten die Umweltverträglichkeitsstudien keine direkten Auswirkungen. Allerdings bilden die Untersuchungen, insbesondere DISCOL, einen wichtigen Referenzpunkt für die Diskussionen über die ökologische Vertretbarkeit im 21. Jahrhundert.

1090 Jones et al., Biological responses, S. 1/26; s.a. Tobias Vonnahme et al., Effects of a deep-sea mining experiment on seafloor microbial communities and functions after 26 years, in: Science Advances, 6 (2020), 18, https://www.science.org/doi/10.1126/sciadv.aaz5922.

1091 O.A., Rückzug von den Manganknollen, in: Frankfurter Allgemeine Zeitung, Beilage: Blick durch die Wirtschaft (22.02.1983), S. 5.

6. Wiedergeburt und Durchbruch im 21. Jahrhundert?

> „Until now, the energy industry has been able to tap into giant, easily exploited oil and gas reservoirs in relatively accessible locations, providing the world with cheap and abundant power. This vast profusion of affordable energy drove the great worldwide industrial expansion of the post-World War II era and allowed new economic dynamos to emerge in the developing world. But the era of readily accessible oil and gas has come to an end: from now on, vital energy supplies will have to be drawn from remote and forbidding locations, at a cost far exceeding anything experienced in the past. The world is now entering an era of pervasive unprecedented resource scarcity. (…) With many existing sources of key minerals facing exhaustion, giant mining firms such as BHP Billiton, Rio Tinto, and Freeport-McMoRan are obliged to search for new deposits in the same sort of distant, hazardous frontiers as their energy brethren. (…) Whether on land or at sea, the outlook is the same: with existing sources of critical materials facing exhaustion, more and more of our essential supplies will have to come from places that are risky for reasons of geography, geology, politics, or some combination of all three.“[1092]

Diese Sätze aus dem Buch „The Race For What's Left. The Global Scramble for the World's Last Resources“ des amerikanischen Politikwissenschaftlers Michael T. Klare könnten ohne Weiteres aus den frühen 1970er Jahren stammen, der Zeit von „commodity power“, Rohstoffkartellen und Ressourcenerschöpfung. Tatsächlich erschien das Buch jedoch 2012. Es stand zu dieser Zeit nicht alleine, sondern schwamm auf einer Welle rohstoffpolitischer Krisenwahrnehmung, in der viele der Erscheinungen, Diagnosen und Vorschläge aus der Zeit vier Jahrzehnte zuvor wiederkehrten; allerdings zumeist, ohne dass sich die Autoren dessen bewusst waren. Vor diesem Hintergrund erlebte auch das Projekt des Tiefseebergbaus eine Renaissance, die bis in das zweite Jahrzehnt des 21. Jahrhunderts andauert. Erneut schufen Sorgen über die Importabhängigkeit und Versorgungssicherheit sowie das Bestreben, die Ressourcenbasis auszuweiten und zu diversifizieren, einen Anreiz dafür, dass Manganknollen, aber auch verstärkt Massivsulfide, wieder in den Blick von Wissenschaft, Unternehmen, Politik und Öffentlichkeit gerieten. Ebenfalls wie in den 1960er Jahren steht dieses Interesse gegenwärtig in einem zeitlichen Umfeld, in dem menschliche Nutzungsansprüche an die Ozeane in qualitativer und quantitativer Hinsicht zunehmen. War in den 1960er Jahren von „Frontier“ und „industrialisation of the oceans“ die Rede (s. Kap. 3.1), spricht ein Artikel von 2020 von der „blue acceleration“, um die aktuell wachsende Bedeutung von Offshore-Öl- und Gasförderung, von Fischerei und Aquakultur, von Seeverkehr und von Seekabeln sowie weiteren Nutzungsweisen zu beschreiben.[1093] Dieser an die „Great Acceleration“ – die zweite Phase des Anthropozäns ab der Mitte des 20. Jahrhunderts[1094] – angelehnte Begriff betont jedoch zugleich die ökologischen Risiken und Folgen dieser Entwicklung.

1092 Michael T. Klare, The Race for What's Left. The Global Scramble for the World's Last Resources, New York 2012, S. 8–11.

1093 Jouffray et al., Blue acceleration.

1094 Will Steffen/Paul J. Crutzen/John R. McNeill, The Anthropocene. Are humans now overwhelming the great forces of nature?, in: Ambio 36 (2007), 8, S. 614–621.

Hinsichtlich der Förderung von Manganknollen scheint die völkerrechtliche Lage im 21. Jahrhundert, im Kontrast zu den 1970/80er Jahren, weitgehend unstrittig und aus Investorensicht zumindest nicht prohibitiv zu sein. Dagegen steht nun die ökologische Vertretbarkeit im Zentrum der Debatte um den Tiefseebergbau. Im Herbst 2022 wurde erneut ein Abbautest von Manganknollen in der CCZ durchgeführt, durch den das Projekt des Tiefseebergbaus erstmals wieder den Stand von 1978/79 erreichte.

6.1 Rohstoffmärkte und Rohstoffpolitik im beginnenden 21. Jahrhundert

Noch 2002 schrieb der Geochemiker Glasby, der selbst lange zu marinen Rohstoffen gearbeitet hatte: „World metal prices have resumed depressed for the last decade or so, so that there can be no hope of deep-sea mining being profitable without considerable government subsidy of the exploration and development phase of the project plus a sharp rise in world metal prices."[1095] Glasby konnte sich daher einen kommerziellen Tiefseebergbau allenfalls in 20 bis 50 Jahren vorstellen.[1096] Damit könnte er aus heutiger Sicht richtig liegen. Bald nach 2002 schien es allerdings, dass das Projekt des Tiefseebergbaus ein viel schnelleres Comeback erleben könne. Nach dem ersten Rohstoffboom der Nachkriegszeit 1950–51, als Manganknollen 1952 erstmals als Ressource vorgeschlagen wurden, und dem Boom 1973–74, der die Hochphase des Tiefseebergbaus anstieß, kam es nun seit etwa 2003/04 zu einem erneuten, sehr ausgeprägten und langanhaltenden Anstieg der Rohstoff- und insbesondere der Metallpreise, der bis etwa 2011 anhielt. Ausgelöst wurde dieser erste Rohstoffpreis-Boom des 21. Jahrhunderts durch einen Nachfrageschock, der insbesondere von der raschen wirtschaftlichen Entwicklung in China ausging. Chinas Anteil am globalen Wachstum der Nachfrage betrug zwischen 2000 und 2005 28 % bei Erdöl, 50 % bei Aluminium, 84 % bei Stahl und 95 % bei Kupfer. Hinzu kamen Spekulationen im Rahmen neuer finanzwirtschaftlicher Instrumente wie Hedge-Fonds.[1097]

Ihren Höhepunkt erreichte die rohstoffpolitische Krisenwahrnehmung um 2009/2010 hinsichtlich der Seltenerdmetalle oder Seltenen Erden, eine bis dahin nur Experten bekannte Gruppe von 17 Elementen, über die man nun in praktisch jeder Tageszeitung als knappe und kritische Rohstoffe lesen konnte.[1098] Metalle wie Yttrium, Dysprosium, Neodym und andere aus dieser Gruppe waren zu wichtigen Rohstoffen für Hochtechnologieprodukte geworden, darunter auch für Elektromotoren und Batterien, die im Kontext der Energie-

1095 Glasby, Deep seabed mining, S. 168.
1096 Ebd., S. 169.
1097 Radetzki, Handbook, S. 70f.; ders., Anatomy, S. 60–62; Stormy-Annika Mildner/Florian Wassenberg, Immer knapper, immer teurer? Die Importabhängigkeit bei metallischen Rohstoffen schafft Verwundbarkeiten, in: Internationale Politik 64 (2009), Nov./Dez., S. 52–58, hier S. 53.
1098 Siehe zu Seltenen Erden insgesamt Luitgard Marschall/Heike Holdinghausen, Seltene Erden. Umkämpfte Rohstoffe des Hightech-Zeitalters (Stoffgeschichte; 10), München 2018.

wende zusätzlich an Bedeutung gewannen. „These elements are already essential constituents of everything from iPods to Patriot missiles", wie „Science" 2009 schrieb.[1099] Nachdem China in den 1990er Jahren aufgrund niedriger Produktionskosten die Weltmarktpreise für Seltene Erden stark gesenkt und die meisten Wettbewerber vom Markt gedrängt hatte, kam die Volksrepublik in den frühen 2000er Jahren auf einen globalen Marktanteil von etwa 95 % und genoss damit praktisch ein Monopol. Ab 2005 begannen die Preise wieder zu steigen, als China die Produktion begrenzte, Exportzölle auf einige Elemente einführte und verstärkt Anstrengungen unternahm, die Verarbeitung im eigenen Land vorzunehmen. 2008 spielte die chinesische Regierung öffentlich mit dem Gedanken, die Ausfuhr bestimmter Seltenerdmetalle zu untersagen, was die Exportkunden in Japan, den USA und Europa deutlich beunruhigte. Trotz beschwichtigender Signale aus Beijing kam die Befürchtung auf, diese Rohstoffe könnten zu einer politischen Waffe in der Hand eines Monopolisten werden.[1100]

Diese Befürchtungen schienen sich zu bestätigen, als China im Sommer 2010 zunächst Exportzölle erhöhte sowie die Ausfuhrmenge beschränkte und schließlich im September nach einem Grenzstreit die Lieferungen an Japan zeitweise ganz einstellte.[1101] Spätestens jetzt galten die Seltenen Erden weltweit als neuer Inbegriff von Rohstoffmacht. Die Weltmarktpreise erlebten einen dramatischen Anstieg. Die OPEC und der Ölpreisschock boten sich in dieser Situation als historischer Vergleich an, während sich kaum jemand an den Metallpreisanstieg – wie auch den anschließenden Preisverfall – von 1973/74 erinnerte. Berichte im Westen zitierten in diesem Zusammenhang den chinesischen Parteiführer Deng Xiaoping (1904–1997), der bereits 1992 gesagt haben soll: „Der Nahe Osten besitzt Erdöl, China besitzt Seltene Erden."[1102] Aus Sicht des Westens vereinigte China in dieser Situation die vorherrschenden Bedrohungsszenarien von vor und nach 1973: China war als Industrienation der Konkurrent, der sich den Zugriff auf wichtige Rohstoffe sicherte, wie früher in der bundesdeutschen Wahrnehmung Japan, und zugleich monopolistischer Rohstoffexporteur, der wie die Länder der OPEC seine Rohstoffvorkommen in politische Macht ausmünzte. Wie so oft in solchen Fällen folgte bei den Preisen für Seltene Erden auf den Boom bald der Zusammenbruch: Die Spekulationsblase platzte, Substitution

---

1099 Richard Stone, As China's rare earth r&d becomes ever more rarefied, others tremble, in: Science, Vol. 325, Issue 5946 (11.09.2009), S. 1336f.

1100 Ebd.

1101 Robert F. Service, Chinese policies could pinch U.S. efforts to make electric vehicles, in: Science, Vol. 329, Issue 5990 (23.07.2010), S. 377; Dennis Normile, Haunted by „spectre of unavailability," experts huddle over critical materials, in: Science, Vol. 330, Issue 6011 (17.12.2010), S. 1598; Klare, Race, S. 152f.

1102 Alexander Jung/Wieland Wagner, Die Rohstofflücke, in: Der Spiegel 45/2009 (02.11.2009), S. 85f., hier S. 86; Stormy-Annika Mildner/Gitta Lauster, Machtressource Metalle. Achillesferse der alten Wirtschaftsnationen?, in: Internationale Politik 66 (2011), Mai/Juni, S. 53–59, hier S. 54; Stone, China, S. 1336.

senkte die Nachfrage und Verbraucher rechneten mit der baldigen Schaffung neuer Kapazitäten außerhalb Chinas für die geologisch gesehen gar nicht so seltenen Erden.[1103] Die Preise für Seltene Erden brachen ab August 2011 so schnell zusammen wie sie zuvor gestiegen waren.[1104]

Diagramm 8: Preisentwicklung von Nicht-Energierohstoffen, Energieträgern und Metallen in nominalen Preisen, 1960–2022 (2010=100) (World Bank Commodity Price Data (The Pink Sheet), Annual Price Indices, 2010=100, 1960 to the Present, Real US Dollars, https://www.worldbank.org/en/research/commodity-markets#1 (02.01.2024)).

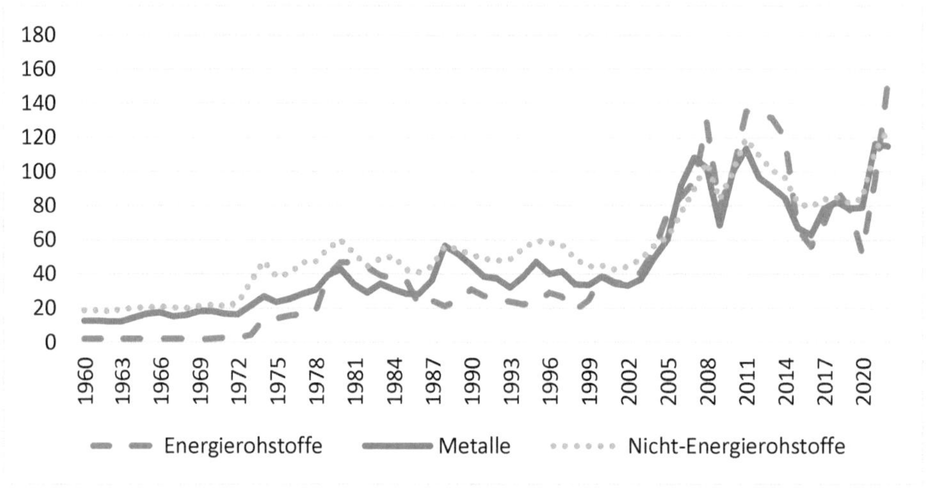

Der Preisanstieg für Seltene Erden bildete nur ein extremes Beispiel für eine Entwicklung, die sich auf praktisch allen Rohstoffmärkten nach der Jahrtausendwende beobachten ließ. Nach dem Jahr 2000 begannen die Rohstoffpreise anzusteigen und erreichten nach einem vorübergehenden Rückschlag infolge der globalen Finanzkrise 2007/08 einen Höhepunkt 2011/12. Danach brachen die Preise ein, stabilisierten sich aber auf relativ hohem Niveau. Das Auslaufen der gegen die Covid-19-Epidemie gerichteten Maßnahmen und der Angriff Russlands auf die Ukraine ab dem Februar 2022 führten – am stärksten ausgeprägt bei Energieträgern – zu einem erneuten Preisanstieg. Auch in realen, inflationsbereinigten Preisen übertrafen Energie und Metalle Anfang des 21. Jahrhunderts das Niveau der 1970er Jahre (s. Diagramm 8 und 9).

1103 jul., Seltene Erden günstig wie lange nicht, in: Frankfurter Allgemeine Zeitung (24.08.2013), S. 24; Alexander Jung, Seltene Blasen, in: Der Spiegel 17/2014 (19.04.2014), S. 65. Der Spiegel-Autor erwähnt hier nicht, dass er selbst zuvor einen Artikel mitverantwortet hatte, in dem die Situation noch als bleibende „Rohstofflücke" statt als vorrübergehender Blase interpretiert wurde; vgl. Jung/Wagner, Rohstofflücke.

1104 Marschall/Holdinghausen, Seltene Erden, S. 81f. Hier auch eine Grafik zur Preisentwicklung 2007–2014.

Diagramm 9: Preisentwicklung von Nicht-Energierohstoffen, Energieträgern und Metallen in realen Preisen, 1960–2022 (2010=100) (World Bank Commodity Price Data (The Pink Sheet), Annual Price Indices, 2010=100, 1960 to the Present, Real US Dollars, https://www.worldbank.org/en/research/commodity-markets#1 (02.01.2024)).

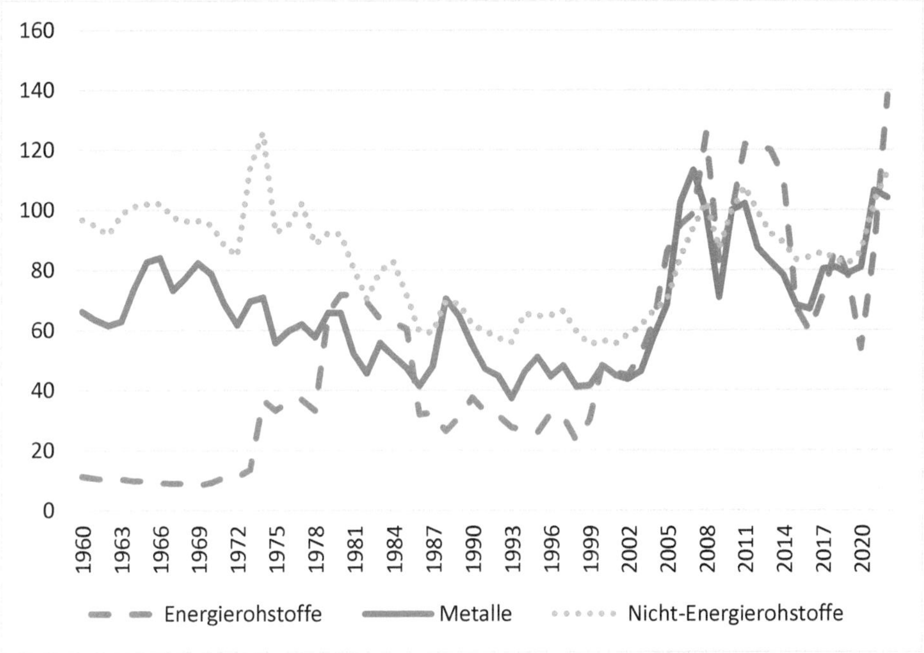

Im Gefolge dieses Preisanstiegs und des dramatischen Beispiels der Seltenen Erden kam es in den hochindustrialisierten westlichen Staaten zu Krisenwahrnehmungen und Reaktionen, die denen der 1970er Jahre glichen. Die Kommission der Europäischen Gemeinschaften, die freilich 40 Jahre zuvor auf diesem Gebiet noch keine prominente Rolle gespielt hatte,[1105] veröffentlichte Ende 2008 eine „Rohstoffinitiative",[1106] die viele Parallelen zu den Berichten des bundesdeutschen Staatssekretär-Ausschusses für Rohstoff-Fragen ca. 30 Jahre zuvor aufweist. Eingangs bedauerte die Kommission in diesem Dokument, das auf eine deutsche Initiative zurückging,[1107] dass Nichtenergierohstoffe

1105 Für die Einordnung der Rohstoffinitiative in den historischen Kontext der europäischen Politik siehe Frøland/Ingulstad, Europe, S. 319.

1106 Kommission der Europäischen Gemeinschaften, Mitteilung der Kommission an das Europäische Parlament und den Rat. Die Rohstoffinitiative – Sicherung der Versorgung Europas mit den für Wachstum und Beschäftigung notwendigen Gütern, 04.11.2008, KOM(2008) 699 endgültig.

1107 Der Anstoß für die Rohstoffinitiative ging von der europäischen Industrie aus, innerhalb derer wiederum zuerst die deutsche Metallindustrie das Thema aufgebracht hatte. Während der deutschen EU-Ratspräsidentschaft 2007 trieb die Bundesregierung das Vorhaben voran; Money/Frøland/Gwatiwa, Africa-EU relations, S. 593.

und damit auch Metalle nicht die gleiche Aufmerksamkeit erhielten wie die Energieträger, obwohl der Zugang zu diesen Rohstoffen eine wichtige Voraussetzung für Wettbewerbsfähigkeit, Wachstum und Beschäftigung in Europa bildete. Ebenso wie in den 1970er Jahren erwartete die Rohstoffinitiative keine Verknappung aus geologischen Gründen, sondern sah die Bedrohung für Europa in dem hohen Preisniveau aufgrund des Nachfrageüberhangs, der als ein dauerhaftes Phänomen gesehen wurde. Zudem ging die Kommission von Wettbewerbsverzerrungen durch die Politik von Staaten wie China, Russland, Ukraine, Argentinien und Südafrika aus, da diese über Exportabgaben oder -quoten, Subventionen, Preisfestsetzungen u.Ä. die Rohstoffbasis für ihre eigene Industrie zulasten der europäischen Verbraucher sicherten.

Ferner zeigte sich die Kommission besorgt über die Konzentration der Rohstoffgewinnung auf wenige Staaten und Unternehmen sowie über die Strategie von beispielsweise China und Indien, sich über Investitionen in Afrika einen privilegierten Zugang zu den dortigen Rohstoffvorkommen zu sichern. Aus Sicht der Europäischen Kommission bestand die Antwort auf diese Herausforderungen in einer Strategie, die drei Ziele verfolgte: Erstens einen diskriminierungsfreien Zugang zu Rohstoffen auf dem Weltmarkt, zweitens die dauerhafte Versorgung aus europäischen Quellen und drittens die Senkung des Primärrohstoffverbrauchs in der EU, indem langfristig Rohstoffverbrauch und Wirtschaftswachstum entkoppelt werden sollten.[1108] In Deutschland richtete die Bundesregierung bereits 2007, wie in den 1970er Jahren, einen „Interministeriellen Ausschuss Rohstoffe“ ein, veröffentlichte 2010 eine „Rohstoffstrategie“ und richtete bei der BGR eine „Deutsche Rohstoffagentur“ ein, die Politik und Industrie bei der Rohstoffsicherung berät.[1109]

6.2 Erneute Schritte zum Tiefseebergbau

Vor dem Hintergrund des Preisanstiegs und der Krisenwahrnehmung bei vielen Rohstoffen erhielten auch die Manganknollen wieder Auftrieb. Ab etwa 2009 begann die Zahl der englischsprachigen wissenschaftlichen Aufsatzveröffentlichungen zum Thema Tiefseebergbau, die zwangsläufig dem Beginn der zugrundeliegenden Forschungsprojekte hinterherhinken, wieder zu steigen. Dieser Trend hielt zumindest bis 2021 an.[1110] Die Rohstoffinitiative der Europäischen Kommission erwähnte 2008 die Verhandlungen über den Tiefseebergbau in der Internationalen Meeresbodenbehörde im Kontext des diskriminierungsfreien Zugangs zu Rohstoffen und die Förderung von Explorationsarbeiten in der Tiefsee als Teil der Anstrengungen zur Versorgung aus europäischen Quellen.[1111] In

1108 Ebd., S. 6, 10, 11.

1109 BT-Drs. 17/3399, Unterrichtung durch die Bundesregierung: Rohstoffstrategie der Bundesregierung – Sicherung einer nachhaltigen Rohstoffversorgung Deutschlands mit nicht-energetischen mineralischen Rohstoffen, 21.10.2010, S. 10f., Mildner/Lauster, Machtressource, S. 55.

1110 Kleiv/Thornhill, Deep-sea mining.

1111 Kommission der Europäischen Gemeinschaften, Mitteilung der Kommission an das Europäische Parlament und den Rat. Die Rohstoffinitiative – Sicherung der Versorgung Europas mit

ihrer Rohstoffstrategie von 2010 führte die Bundesregierung Untersuchungen zu Vorkommen von Manganknollen unter den „Maßnahmen zu Diversifizierung von Rohstoffbezugsquellen“ auf, da die Knollen, „mittel- bis langfristig eine Bezugsquelle für wichtige Industrierohstoffe werden können, sofern es gelingt, umweltverträgliche Gewinnungsmethoden zu entwickeln“.[1112] Den in der G7 zusammengeschlossenen Industriestaaten war das Thema Tiefseebergbau 2015 immerhin eine Viertelseite in der 27seitigen Abschlusserklärung wert, die sie nach dem G7-Gipfel auf Schloss Elmau veröffentlichten und in der sie praktisch alle aktuellen Themen der Weltpolitik ansprachen. Die Staats- und Regierungschefs betonten hier hinsichtlich des Tiefseebergbaus sowohl die Notwendigkeit von Investitionssicherheit als auch den effektiven Schutz der Meeresumwelt, erwähnten aber auch die Interessen der Entwicklungsländer.[1113] Innerhalb Deutschlands nahmen CDU/CSU und SPD das Thema 2018 in den Koalitionsvertrag auf. Unter dem Unterpunkt „Rohstoffpolitik“ im Wirtschaftskapitel des Vertrags erklärten die Koalitionäre: „Vor dem Hintergrund des wachsenden Bedarfs an Hochtechnologie-Rohstoffen wollen wir Projekte im Tiefseebergbau vorantreiben und unterstützen die Durchführung von Pilot-Mining-Tests.“[1114]

Die rechtliche Situation stellte sich verglichen mit den 1970/80er Jahren eindeutiger und günstiger dar. Seit 1994 galt das Durchführungsübereinkommen, mit dem das SRÜ entscheidend investorenfreundlicher gestaltet worden war und das praktisch alle Industriestaaten (mit Ausnahme der USA) zeitnah ratifizierten. Faktisch war die Position der International Seabed Authority (ISA) noch weiter geschwächt worden, da inzwischen bekannt war, dass es auch Vorkommen innerhalb der AWZ von Küstenstaaten gibt, so dass die ISA kein Regelungsmonopol mehr besitzt. Insbesondere die Massivsulfide, die seit den 1980er Jahren verstärkt wirtschaftliches Interesse erregten, finden sich auch in Gebieten unter nationaler Jurisdiktion.[1115] Im Jahr 2000 hatte die ISA ein Regelwerk für die Exploration von Manganknollen beschlossen und vergab auf dieser Grundlage seit 2001 Explorationslizenzen für je 75.000 km² auf 15 Jahre an Unternehmen, die einen „sponsoring state“ vorweisen konnten.[1116] Diese Lizenzen berechtigen und verpflichten

---

den für Wachstum und Beschäftigung notwendigen Gütern, 04.11.2008, KOM(2008) 699 endgültig, S. 7, 11. Inwieweit der Abbau von Ressourcen durch europäische Unternehmen im Pazifik als „Versorgung mit Rohstoffen aus europäischen Quellen“ gelten kann, wird hier nicht thematisiert.

1112 BT-Drs. 17/3399, Unterrichtung durch die Bundesregierung: Rohstoffstrategie der Bundesregierung – Sicherung einer nachhaltigen Rohstoffversorgung Deutschlands mit nicht-energetischen mineralischen Rohstoffen, 21.10.2010, S. 5.

1113 G7, Abschlusserklärung G7-Gipfel, 7.–8. Juni 2015, S. 21, https://www.bundesregierung.de/breg-de/service/datenschutzhinweis/g7-abschlusserklaerung-und-weitere-dokumente-387344 (02.01.2024).

1114 O.A., Ein neuer Aufbruch für Europa. Eine neue Dynamik für Deutschland. Ein neuer Zusammenhalt für unser Land. Koalitionsvertrag zwischen CDU, CSU und SPD. 19. Legislaturperiode, 12.03.2018, S. 60, https://www.bundestag.de/dokumente/textarchiv/2018/kw11-koalitionsvertrag-546976 (02.01.2024).

1115 Petersen et al., News, S. 185.

1116 Tanaka, Law, S. 183.

zugleich den Inhaber, Explorationsarbeiten, allerdings keinen Abbau, auf der Grundlage eines genehmigten Arbeitsplans durchzuführen.[1117]

Die erste Explorationslizenz an ein Unternehmen in dieser neuen Phase des Tiefseebergbaus wurde allerdings bereits 1997 von einem Staat, Papua-Neuguinea, an Nautilus Minerals aus Kanada vergeben. Sie betraf eine Lagerstätte von gold-, kupfer-, zink- und silberhaltigen Massivsulfiden an hydrothermalen Quellen („black smoker“) in der AWZ des Inselstaates.[1118] Nachdem Nautilus Minerals 2011 auch eine Abbaulizenz erhalten hatte, schien der Abbau dieser Lagerstätte Solwara-1 in 1.500 m Wassertiefe unmittelbar bevorzustehen. Kritiker verwiesen jedoch auf die ökologischen Auswirkungen, die Nautilus mit seinem 300 Tonnen schweren Raupenfahrzeug beim Abbau der Massivsulfide hervorrufen würde. Zwar hatte das Unternehmen im Vorfeld eine Umweltverträglichkeitsstudie in Auftrag gegeben, aber Wissenschaftler betonten, dass die Kenntnisse weiterhin nur lückenhaft seien. Ebenso bezweifelten Kritiker des Projekts die Fähigkeit oder den Willen der Regierung von Papua-Neuguinea, die überdies zu 15 % an Nautilus beteiligt war, den Bergbaubetrieb adäquat zu überwachen.[1119] Beobachter erwarteten den Start des Abbaus von Solwara-1 und damit den Beginn des kommerziellen Tiefseebergbaus nach Massivsulfiden bereits für 2009,[1120] 2012,[1121] 2018[1122] oder 2019,[1123] dann geriet Nautilus Minerals jedoch in finanzielle Schwierigkeiten und musste 2019 Insolvenz anmelden.[1124] Damit ist der Tiefseebergbau vor Papua-Neuguinea wieder in die Ferne gerückt, wenn er auch nicht für die Zukunft ausgeschlossen werden kann.

Hinsichtlich der Manganknollen vergab die ISA 2001/2002 die sieben ersten Explorationslizenzen (s. Tabelle 10). Die Empfänger waren Regierungsstellen bzw. Unternehmen und Konsortien aus Russland, Osteuropa, Südkorea, Japan, Frankreich und Indien, also aus Staaten, die bereits während der 1980er und 1990er Jahre auf diesem Gebiet vergleichsweise aktiv gewesen waren.[1125] Die nächste Explorationslizenz, die die ISA erst 2006 vergab, markierte schon das neue Interesse am Tiefseebergbau. Empfänger war die

1117 International Seabed Authority, Exploration Contracts, https://www.isa.org.jm/index.php/exploration-contracts (02.01.2024).

1118 Glasby, Deep seabed mining, S. 170.

1119 Carolyn Gramling, Seafloor mining plan advances, worrying critics, in: Science, Vol. 344, Issue 6183 (02.05.2014), S. 463.

1120 Jochen Halfar/Rodney M. Fujita, Danger of deep-sea mining, in: Science, Vol. 316, Issue 5827 (18.05.2007), S. 987.

1121 Sarah Zierul, Der Kampf um die Tiefsee. Wettlauf um die Rohstoffe der Erde, Hamburg 2010, S. 305.

1122 Petersen et al., News, S. 11.

1123 Childs, Extraction, S. 189.

1124 Andrew Thaler, The last days of Nautilus Minerals, 22.05.2020, https://dsmobserver.com/2020/05/the-last-days-of-nautilus-minerals/ (02.01.2024); Heffernan, Deep-sea dilemma, S. 466.

1125 Eine aktuelle Übersicht zu den Explorationsverträgen (auch für Massivsulfide und Kobaltreiche Krusten) findet sich unter International Seabed Authority, Exploration Contracts, https://www.isa.org.jm/index.php/exploration-contracts (02.01.2024).

BGR, also eine deutsche Bundesbehörde, die schon seit den späten 1960er Jahren mit dem Thema befasst war. Aufgrund der steigenden Rohstoffpreise beauftragte das BMWi die BGR 2005, einen Antrag bei der ISA zu stellen, was diese noch im Juni des Jahres tat.[1126] Die BGR konnte sich dabei für die von der ISA verlangten Voruntersuchungen des Areals auf die alten Datensätze der AMR stützen. Die BGR hatte diese Daten erst 2002 von der Preussag übernommen, als sich diese endgültig aus der Rohstoffbranche zurückzog und sich unter dem neuen Namen TUI in einen Touristikkonzern umwandelte. 2002 dachte die BGR bereits an einen möglichen Lizenzantrag bei der ISA, für den die Daten erforderlich waren.[1127] Das BMWiT, das zwischenzeitlich um den Bereich Technologie erweiterte BMWi, schien damals jedoch noch keine konkreten Pläne zu verfolgen. In einem Schreiben an die Preussag sprach das Ministerium im September 2002 lediglich davon, dass die Archivierung der Daten bei der BGR sinnvoll sei „besonders mit Blick auf sehr langfristig angelegte Optionen einer kommerziellen Rohstoffgewinnung am Meeresboden, die möglicherweise in fernerer Zukunft einen Beitrag zur Versorgung der deutschen Wirtschaft mit Rohstoffen leisten kann."[1128] Die Lizenz, die die Bundesrepublik nach der Vertragsunterzeichnung durch die ISA und die BGR am 19.07.2006 erteilt bekam, bezog sich, wie alle von der ISA bis 2021 erteilten Lizenzen, noch nicht auf den Abbau, sondern nur auf exklusive Explorationsrechte für 15 Jahre in zwei Gebieten in der CCZ von insgesamt 75.000 km². Der manchmal eher scherzhaft verwendete Begriff „Deutschlands 17. Bundesland" ist insofern unzutreffend, als das Lizenzgebiet weiterhin als Teil des „Area" unter der Jurisdiktion der ISA steht.[1129] Mit der Lizenz, für die die ISA eine einmalige Gebühr von 250.000 USD erhebt, ist die Verpflichtung zur Durchführung eines Forschungsprogramms verbunden, so dass die tatsächlichen Kosten deutlich höher liegen. Die Bundesregierung rechnete 2012 für die gesamte Laufzeit der Lizenz (2006–2021) mit Kosten von 30 Mio. Euro.[1130] Da die Explorationslizenz nach 15 Jahren ausläuft, beantragte die BGR eine Verlängerung um fünf Jahre ab Sommer 2021.[1131]

1126 Carsten Rühlemann/Michael Wiedicke, Status of exploration for polymetallic nodules in the German licence area, in: International Seabed Authority (Hrsg.), Polymetallic Nodule Mining Technology: Current Trends and Challenges Ahead, Kingston 2017, S. 170–178, hier S. 171; o.A., Manganknollen – eine Rohstoffquelle der Zukunft, in: BGR, Tätigkeitsbericht der Bundesanstalt für Geowissenschaften und Rohstoffe 2005/2006, Hannover 2007, S. 59f.

1127 BGR 0100359 Band 2, Michael Kosinowski, BGR, an Herrn Lier, BMWi, betr.: Preussag Energie. Archivdaten der Arbeitsgemeinschaft meerestechnisch gewinnbare Rohstoffe (AMR), 13.08.2002.

1128 BGR 0100359 Band 2, Prof. Mager, BMWiT, an Wulf Hagemann und Georg von Hantelmann, Preussag Energie, 11.09.2002.

1129 Vgl. Zierul, Kampf, S. 218 (s.a. die Kapitelüberschrift); Maximilian Weingartner, Schatz im Meer, in: Frankfurter Allgemeine Zeitung (22.03.2014), S. 19.

1130 BT-Drs. 17/8753, Antwort der Bundesregierung auf die Kleine Anfrage: Auswirkungen des Tiefseebergbaus auf die maritime Umwelt und Biodiversität, 28.02.2012, S. 6.

1131 BT-Drs. 19/30759, Antwort der Bundesregierung auf die Kleine Anfrage: Aktuelle Entwicklungen in der Forschung zu Risiken und Nutzen von Tiefseebergbau, 16.06.2021, S. 2.

Tabelle 10: Explorationslizenzen für Manganknollen 2001–2021 (https://www.isa.org.jm/exploration-contracts (02.01.2024)).

Jahr	Lizenznehmer	Sponsoring State	Gebiet
2001–2021 (15 Jahre + 5 Verlängerung)	Interoceanmetal Joint Organization	Bulgarien, Kuba, Tschechische Republik, Polen, Russische Föderation, Slowakei	CCZ
2001–2021 (15 Jahre + 5 Verlängerung)	JSC Yuzhmorgeologiya	Russische Föderation	CCZ
2001–2021 (15 Jahre + 5 Verlängerung)	Government of the Republic of Korea	Südkorea	CCZ
2001–2021 (15 Jahre + 5 Verlängerung)	China Ocean Mineral Resources Research and Development Association	Volksrepublik China	CCZ
2001–2021 (15 Jahre + 5 Verlängerung)	Deep Ocean Resources Development Co. Ltd.	Japan	CCZ
2001–2021 (15 Jahre + 5 Verlängerung)	Ifremer	Frankreich	CCZ
2002–2022 (15 Jahre + 5 Verlängerung	Government of India	Indien	Indischer Ozean
2006–2021	BGR	Bundesrepublik Deutschland	CCZ
2011–2026	Nauru Ocean Resources Inc (NORI).	Nauru	CCZ
2012–2027	Tonga Offshore Mining Limited	Tonga	CCZ
2013–2028	Global Sea Mineral Resources NV	Belgien	CCZ
2013–2028	UK Seabed Resources Ltd.	Großbritannien	CCZ
2015–2030	Marawa Research and Exploration Ltd.	Kiribati	CCZ
2015–2030	Ocean Mineral Singapore Pte. Ltd.	Singapur	CCZ
2016–2031	UK Seabed Resources Ltd.	Großbritannien	CCZ
2016–2031	Cook Islands Investment Corporation	Cookinseln	CCZ
2017–2032	China Minmetals Corporation	Volksrepublik China	CCZ
2019–2034	Beijing Pioneer Hi-Tech Development Corporation	Volksrepublik China	Westlicher Pazifik
2021–2036	Blue Minerals Jamaica Ltd.	Jamaika	CCZ

Seit der Explorationslizenz für die BGR 2006 war die Bundesrepublik wieder im größeren Stil und mit einer rohstoffpolitischen Motivation in die Manganknollenforschung eingestiegen. Im Unterschied zu den 1960er bis frühen 1980er Jahren liefen die Aktivitäten jedoch über die BGR, also eine Bundesbehörde, während deutsche Unternehmen nicht mehr in dem Maße engagiert waren, wie es die AMR gewesen war. Auch international war die Manganknollenforschung vor allem staatlich geprägt, bis ab 2010 wieder verstärkt Privatunternehmen in diesem Bereich aktiv wurden.[1132] Dies spiegelte sich auch in den von der ISA vergebenen Lizenzen wider: Nach der deutschen Lizenz 2006 folgten zunächst keine weiteren Vergaben für Manganknollen,[1133] bis zwischen 2011 und 2021 insgesamt elf weitere Lizenzen erteilt wurden (s. Tabelle 10). Diese ab 2011 vergebenen Lizenzen gingen alle an privatwirtschaftliche Unternehmen, die allerdings gemäß den Regeln der ISA jeweils einen „sponsoring state" benötigen. In fünf Fällen handelt es sich hierbei um Inselstaaten aus dem Globalen Süden, nämlich Nauru, Tonga, Kiribati, die Cookinseln und Jamaika. Eine solch prominente Rolle von z.T. sehr kleinen Staaten – Nauru hat weniger als 12.000 Einwohner – mit entsprechend geringen wissenschaftlichen und industriellen Kapazitäten mag überraschen. Tatsächlich ist das kanadische Unternehmen DeepGreen Metals Inc., später Teil von The Metals Company (TMC), an Nauru Ocean Resources (NORI), Tonga Offshore Mining und Marawa Research and Exploration (Kiribati) zumindest beteiligt oder kontrolliert diese ganz. Nauru Ocean Resources und Tonga Offshore Mining waren überdies als Tochterunternehmen von Nautilus gegründet worden. Zwischen DeepGreen bzw. TMC und der insolventen Nautilus gibt es personelle Überlappungen bei Unternehmensleitung und Investoren, wenn auch keinerlei formelle Verbindung. Das Unternehmen von den Cookinseln kooperiert dagegen mit der belgischen Gesellschaft Global Sea Mineral Resources (GSR), einer Tochter des Wasserbau- und Offshore-Konzerns DEME, die ebenfalls unter eigenem Namen und mit Belgien als „sponsoring state" eine Lizenz der ISA hält. Im Fall von Blue Minerals aus Jamaika gibt es ebenfalls im Hintergrund einen, allerdings unbekannten multinationalen Partner mit Erfahrung im Offshore-Bereich. Indem sie Lizenzen über Tochtergesellschaften in z.B. Nauru oder Kiribati beantragen, können Unternehmen aus Industriestaaten von Privilegien für Entwicklungsländer aus dem SRÜ profitieren.[1134]

1132 Hein/Koschinsky/Kuhn, Deep-ocean polymetallic nodules, S. 159.

1133 Die ISA vergab ab 2011 auch Explorationslizenzen für Massivsulfide und ab 2014 für Kobaltreiche Krusten. Die BGR hält seit 2015 eine Explorationslizenz für Massivsulfide im Indischen Ozean; International Seabed Authority, Exploration Contracts, https://www.isa.org.jm/index.php/exploration-contracts (02.01.2024).

1134 Greenpeace International, Deep Trouble. The Murky World of the Deep Sea Mining Industry, o.O. 2020, https://www.greenpeace.org/static/planet4-international-stateless/c86ff110-pto-deep-trouble-report-final-1.pdf (02.01.2024); Isabel Feichtner, Sharing the riches of the sea. The redistributive and fiscal dimension of deep seabed exploitation, in: European Journal of International Law 30 (2019), 2, S. 601–633, hier S. 630. S.a. den Internet-Auftritt von The Metals Company unter https://metals.co/sponsoring-states/ (02.01.2024).

Es spricht somit viel dafür, dass es sich hier analog zu der seit vielen Jahrzehnten gängigen Praxis der Ausflaggung von Handelsschiffen unter die Flaggen von Liberia oder Panama in erster Linie um eine nur formale Annahme einer bestimmten Nationalität durch nordamerikanische und westeuropäische Unternehmen aus rechtlichen und wirtschaftlichen Gründen handelt. Kritiker wie Greenpeace folgerten daher, dass der Tiefseebergbau viel stärker als es den Anschein hat, von wenigen Unternehmen aus dem Globalen Norden dominiert wird und dass die als „sponsoring state" beteiligten Entwicklungsländer wahrscheinlich kaum ökonomische Vorteile aus dieser Beziehung ziehen werden. Auf der anderen Seiten gehen diese Staaten, die zudem untereinander um die Verträge mit der Industrie konkurrieren müssen, aber eventuell beträchtliche Haftungsrisiken ein.[1135] Kritische Stimmen sprechen daher angesichts des Verhältnisses von Investoren zu den pazifischen Inselstaaten im Kontext Tiefseebergbau auch von „seabed grabbing".[1136] Einen weiteren Fall von Ausflaggung – diesmal jedoch zwischen Industrienationen – bilden die beiden britischen Lizenzen, die Tochtergesellschaften des US-amerikanischen Rüstungs- und Technologiekonzerns Lockheed Martin gehören. Da die USA das SRÜ nicht gezeichnet und ratifiziert haben, wählte der Konzern Großbritannien als „sponsoring state".[1137]

Einen Teil der verstärkten Aktivitäten im Bereich des Tiefseebergbaus im zweiten Jahrzehnt des 21. Jahrhunderts bildete auch das europäische Blue Mining Projekt. Diese Kooperation von Unternehmen und Universitäten, die konkrete technische Fragen des Abbaus untersuchten, wurde 2014–2018 von der EU gefördert.[1138] Parallel zu dem neuerwachten kommerziellen Interesse wurden auch die Forschungen zu den ökologischen Fragen wieder hochgefahren. Im Rahmen der europäischen Joint Programming Initiative Healthy and Productive Oceans (JPI Oceans) unternahm das deutsche Forschungsschiff Sonne 2015 zwei Fahrten, bei denen das DISCOL-Testareal 26 Jahre nach dem Beginn des Experiments (s. Kap. 5.6) erneut untersucht wurde.[1139]

Was konkrete Schritte hin zu einem Abbau der Manganknollen betrifft, waren bis Ende 2022 GSR aus Belgien und TMC aus Kanada bzw. deren in Nauru registrierte Tochter NORI am weitesten vorangeschritten. Während GSR 2021 nur einen Kollektor am Meeresboden in der CCZ erprobte, baute TMC im Herbst 2022 testweise in einem kontinuierlichen Verfahren Manganknollen ab und förderte sie zur Oberfläche. Damit wurde erstmals wieder der Stand von 1978/79 (s. Kap. 4.3) erreicht. Der von GSR entwickelte Kollektor Patania II kam als selbstfahrendes Raupenfahrzeug mit einer Größe von ca. 4 m

---

1135 Greenpeace International, Deep Trouble, S. 2; Feichtner, Sharing the riches, S. 631.

1136 Marc-Andrej Felix Mallin, From sea-level rise to seabed grabbing. The political economy of climate change in Kiribati, in: Marine Policy 97 (2018), S. 244–252.

1137 Greenpeace International, Deep Trouble, S. 13.

1138 Blue Mining, Public Report. Breakthrough Solutions for Mineral Extraction and Processing in Extreme Environments. 2014–2018, o.O. 2018, www.bluemining.eu einsehbar unter: https://www.bluemining.eu via: https://web.archive.org/web/20231212172949/https://bluemining.eu/ (02.01.2024)

1139 Stratmann et al., Abyssal plain faunal carbon flows, S. 4143.

Breite und 8 m Länge sowie einem Gewicht von 25 t einem Gerät für den kommerziellen Betrieb schon recht nahe. Im Unterschied zu den Tests der 1970er Jahre erprobte GSR jedoch 2021 nur diesen Kollektor und lagerte die eingesammelten Manganknollen anschließend am Rande des Testareals wieder ab, ohne dass das Material über einen Rohrstrang oder anderweitig zum Schiff transportiert wurde. Erst für die folgenden Jahre war ein Test eines vollständigen Tiefseebergbausystems mit Kollektor und vertikalem Rohrstrang für Abbau und Förderung geplant. GSR ging insofern schrittweise und vorsichtiger vor als die Unternehmen in den 1970er Jahren. Da in den 2020er Jahren Fragen der Umweltverträglichkeit eine deutlich höhere Bedeutung zukam, konnten die Unternehmen bei der Abbautechnik nicht umstandslos an den Stand von 1978 anknüpfen. Stattdessen war die Konstruktion des Kollektors Patania II darauf ausgelegt, das Aufwirbeln einer Sedimentwolke am Meeresboden zu minimieren. Daher wurden die Tests von Wissenschaftlern an Bord des deutschen Forschungsschiffs Sonne unter Beteiligung der BGR mit dem Projekt MiningImpact im Rahmen von JPI Oceans begleitet. Diese Untersuchungen gingen als Umweltverträglichkeitsstudie insofern erstmals über DISCOL (s. Kap. 5.6) hinaus, da der Patania II-Kollektor der Technologie eines kommerziellen Tiefseebergbaus näherkam als die 1989 bei DISCOL verwendete Pflug-Egge, so dass der Versuch realitätsnäher war.[1140]

Obwohl die Konstruktion auf die Eingriffsminimierung ausgelegt ist, entsprach der Entwurf von Patania II grundsätzlich den Kollektoren, die vor 40 Jahren entworfen und erprobt wurden. Generell folgte die Auslegung von Abbau- und Fördersystemen für Manganknollen nach der Jahrtausendwende noch den gleichen technischen Prinzipien wie 1978.[1141] Eine weitere Konstante lässt sich darin erkennen, dass das Arbeiten auf Hoher See in einer Wassertiefe von 4.000 m oder mehr unverändert eine große Herausforderung darstellte. Daher war der Patania II-Test von GSR, ähnlich wie die Abbauversuche der späten 1970er Jahre, von technischen Störfällen gekennzeichnet. Der erste Einsatz, der für April 2019 im deutschen und im belgischen Lizenzgebiet in der CCZ vorgesehen war, musste kurzfristig abgesagt werden, als bei einem Funktionstest das Verbindungskabel zwischen Schiff und Kollektor riss. Nachdem der nächste, für den Oktober 2020 geplante Versuch aufgrund der COVID-19 Pandemie verschoben worden war, konnte der Kollektor schließlich am 18.04.2021 erfolgreich in 4.500 m Tiefe erprobt werden. Aber auch diesmal ereignete sich ein Störfall, als beim letzten Tauchgang am 25.04.2021 der Kollektor erneut vom Verbindungskabel getrennt wurde. Es gelang jedoch vier Tage später mit Hilfe eines unbemannten Tauchfahrzeugs, die Verbindung wieder herzustellen und

1140 O.A., The seas are lovely, dark and deep, in: The Economist (10.11.2018), S. 75–77, hier S. 77; Heffernan, Deep-sea dilemma, S. 466; BGR (Hrsg.), Marine Rohstoffe Newsletter 2019, Hannover 2019, S. 10f.; GSR, Harnessing Ocean Minerals, https://deme-gsr.com/ (02.01.2024).

1141 Hein/Koschinsky/Kuhn, Deep-ocean polymetallic nodules, S. 163; Jones et al., Biological responses, S. 163f.

den Kollektor zu bergen. Ungeachtet des technologischen Fortschritts der vorangegangenen 40 Jahre waren Arbeiten in der Tiefsee auch 2021 noch keine Routineaufgaben.[1142]

Die kanadische TMC tastete sich sukzessive in größere Tiefen vor, indem sie zunächst Tests im Hafen, in der Nordsee und im Atlantik durchführte, bevor sie im Herbst 2022 Abbau und Förderung im Lizenzgebiet ihres Tochterunternehmens NORI in der CCZ erprobte. Für die Durchführung des Tests war als Auftragnehmer das schweizerische (ursprünglich niederländische) Unternehmen Allseas zuständig, ein international führender Offshore-Dienstleister, der u.a. im Pipelinebau tätig ist. Allseas hatte auch den Kollektor sowie das Fördersystem gebaut und stellte das Spezialschiff, die Hidden Gem. Wie TMC in einer Presseerklärung vom 14.11.2022 erklärte, gelang es, über 3.000 t Manganknollen aus 4,3 km Wassertiefe an die Oberfläche zu fördern. Dabei legte der Kollektor eine Strecke von über 80 km auf dem Meeresboden zurück und erreichte eine Produktionsrate von 86,4 t/Stunde. Zwar lag diese Produktionsrate immer noch weit unterhalb des Maßstabs einer kommerziellen Förderung, aber es wurden mehr Manganknollen gefördert als bei den Abbautests 1978/79 (s. Kap. 4.3). Das Ziel von TMCs Test, für den eine Genehmigung der ISA vorlag, war es, Daten für einen Antrag auf eine Produktionslizenz zu sammeln. Einen Teil des Versuchs bildete daher auch ein Monitoring der Umweltauswirkungen.[1143]

Mit dem Test von TMC im Herbst 2022 hatte sich somit gewissermaßen der Kreis geschlossen und das Projekt des Tiefseebergbaus nach Manganknollen befand sich hinsichtlich der technischen Umsetzung wieder auf dem Stand, den es schon 44 Jahre zuvor erreicht hatte. Allerdings waren die Kontroversen, die sich im neuen Jahrtausend um die Frage des Tiefseebergbaus entwickelten, deutlich anders gelagert als in den 1970er Jahren.

1142 BGR (Hrsg.), Marine Rohstoffe Newsletter 2019, S. 10f.; Harnessing Ocean Minerals, https://deme-gsr.com/ (02.01.2024).

1143 The Metals Company, NORI and Allseas Lift Over 3,000 Tonnes of Polymetallic Nodules to Surface from Planet's Largest Deposit of Battery Metals, as Leading Scientists and Marine Experts Continue Gathering Environmental Data, 14.11.2022, https://mailchi.mp/825a5e377ee2/nori-allseas-lift-over-3k-tonnes-nodules-to-surface-from-planets-largest-deposit-battery-metals?e=36be9e8720 (02.01.2024); Andrew Thaler, The Metals Company completes a world-first test of deep-sea mining system, 21.12.2022, https://dsmobserver.com/2022/12/the-metals-company-completes-a-world-first-test-of-deep-sea-mining-system/ (02.01.2024).

6.3 Tiefseebergbau in der Diskussion im frühen 21. Jahrhundert

„Immer hat unter den Menschen größte Meinungsverschiedenheit über die Bergwerke bestanden: Die einen rühmen ihre hohe Bedeutung, die anderen tadeln sie schwer."[1144]

Georgius Agricola (1494–1555)

„Mining and the consumption of nonrenewable mineral resources date back to the Bronze Age, indeed even the Stone Age. So for millennia, they have made the lives of people nicer, easier, and more secure."[1145]

John E. Tilton

Unter den Argumenten, die Georgius Agricola (1494–1555) in „De re metallica", einer frühen Gesamtdarstellung des Berg- und Hüttenwesens, gegen die Metallgewinnung anführt und die er in einer Apologie des Bergbaus zurückzuweisen bemüht ist, finden sich neben ökonomischen, moralischen und gesundheitlichen Aspekten auch solche, die man heute als ökologisch bezeichnen würde. Heute gilt Agricolas Feststellung in besonderem Maße und trifft auch auf den Tiefseebergbau zu. Der Blick auf die Rohstoffwirtschaft hat sich derart verschoben, dass das obige Zitat des Ökonomen Tilton aus dem Jahr 2003 auf viele Leser provokant wirken dürfte. Tiefseebergbau ist in der neuen Phase im 21. Jahrhundert daher kontroverser als in den 1970er Jahren. Während früher die Zugangsrechte und die Verteilung der Gewinne im Kontext des Nord-Süd-Konflikts strittig waren, aber das Vorhaben an sich kaum jemals infrage gestellt wurde, steht nach der Jahrtausendwende die Frage der Umweltverträglichkeit im Zentrum. Viele Stimmen aus Wissenschaft und Gesellschaft lehnen daher, zumindest in Westeuropa und Nordamerika, mit dem Hinweis auf ökologische Auswirkungen und Risiken Tiefseebergbau ab. Im Kontrast zu der ersten Hochphase der Manganknollengewinnung vor mehr als 40 Jahren ist der Umweltaspekt heute in der Diskussion derart zentral, dass auch Befürworter und interessierte Unternehmen aus diesem Blickwinkel heraus argumentieren. Sie betonen den Beitrag der Metalle aus dem Meer für die Energiewende und stellen den Tiefseebergbau als umweltfreundlichere Alternative zum konventionellen Bergbau dar.

6.3.1 Argumente pro Tiefseebergbau

Einige Argumente der 1960/70er Jahre für den Tiefseebergbau (s. Kap. 3.6) werden auch in der Gegenwart weiter vorgebracht. Hierzu zählt der Verweis auf das globale Bevölkerungswachstum, das insbesondere in Verbindung mit einem steigenden Lebensstandard

1144 Georgius Agricola, De re metallica libri XII (Georgius Agricola – Ausgewählte Werke; 7), Berlin 1974, S. 54; Pohl, Economic Geology, S. 2.

1145 Tilton, Borrowed Time, S. 1.

in den Entwicklungsländern ein vergrößertes Rohstoffangebot erfordere.[1146] Das gleiche gilt für das schon von Mero angeführte Argument, dass die Lagerstätten am Meeresboden leicht zugänglich seien, da kein Abraum anfalle oder Deckgebirge durchdrungen werden müsse.[1147] Vor allem aber taucht das strategische Argument der Versorgungssicherheit wieder auf. Angesichts der erneuten Krisenwahrnehmung hinsichtlich möglicher Lieferunterbrechungen und der Rohstoffmacht der Produzentenstaaten, die sich an den Preissteigerungen und Chinas annähernder Monopolstellung bei den Seltenen Erden festmachen, steigt das Interesse an den Manganknollen wieder.[1148] Der Abschlussbericht des von der EU geförderten Blue Mining-Projekts stellt Manganknollen (und Massivsulfide) direkt in den Kontext von strategischen Metallen und Versorgungssicherheit:

> „As the global demand grows, especially for strategic metals, commodity prices rapidly rise and there is an identifiable risk of an increasing supply shortage of some metals, including those identified as critical to Europe's high technology sector. Hence a major element in any economy's long-term strategy must be to respond to the increasing pressure on natural resources to ensure security of supply for these strategic metals. In today's rapidly changing global economic landscape, mining in the deep sea, specifically at hydrothermal vents and the vast areas covered by polymetallic nodules, has gone from a distant possibility to a likely reality within just a decade."[1149]

Weitere Argumente, die gegenwärtig vorgebracht werden, basieren auf dem Vergleich zwischen dem Tiefseebergbau und der gegenwärtigen konventionellen Erzgewinnung insbesondere in Entwicklungsländern. Hier wird oft auf die Kobaltproduktion in der Demokratischen Republik Kongo (DRC) verwiesen. 2018 entfielen über 60% der globalen Kobaltproduktion auf die DRC und hiervon wiederum ein beträchtlicher Anteil auf den artisanalen Bergbau oder Kleinbergbau, der im besonderen Maße durch Kinderarbeit und sklavereiähnliche Arbeitsbedingungen gekennzeichnet ist.[1150] Tiefseebergbau kann vor diesem Hintergrund zumindest als das geringere Übel erscheinen. Befürworter verweisen daher darauf, dass die Ressourcengewinnung aus dem Ozean nicht in den Siedlungsraum indigener Völker eingreife, eine höhere Arbeitssicherheit für die Beschäftigten biete und nicht mit Kinderarbeit verbunden sei.[1151] Die Kehrseite dieses Arguments ist freilich, dass

---

1146 Petersen et al., News, S. 175; Hein et al., Deep-ocean mineral deposits, S. 8; BDI, Positionspapier. Die Chancen des Tiefseebergbaus für Deutschlands Rolle im Wettbewerb um Rohstoffe (BDI-Dokumenten-Nr. D-0643), Berlin 2014, S. 4.

1147 Hein/Koschinsky/Kuhn, Deep-ocean polymetallic nodules, S. 161; Hein et al., Deep-ocean mineral deposits, S. 9.

1148 Hein/Koschinsky/Kuhn, Deep-ocean polymetallic nodules, S. 161; Petersen et al., News, S. 175. Mit Bezug auf Mangan Kalvelage, Abbau, S. 54. Der BDI spricht ebenfalls von einem „wichtigen Beitrag zur langfristigen Versorgungssicherheit" und nennt Rohstoffe aus der Tiefsee „eine interessante Option für die Diversifizierung des Rohstoffbezugs"; BDI, Positionspapier, S. 7.

1149 Blue Mining, Public Report, S. 6.

1150 Benjamin K. Sovacool, When subterranean slavery supports sustainability transitions? Power, patriarchy, and child labor in artisanal Congolese cobalt mining, in: The Extractive Industries and Society 8 (2021), 1, S. 271–293.

1151 Ackerman, Deep-sea mining; Hein et al., Deep-ocean mineral deposits, S. 12.

der Tiefbergbau generell wenig Beschäftigung oder Wertschöpfung in unterentwickelten Ländern schaffen würde. Ein weiteres Argument geht davon aus, dass der Tiefseebergbau Flächenverbrauch und Umweltbelastungen auf den Kontinenten verringern könne. Bereits Mero zählte 1965 „pressures to preserve wilderness areas for recreational purposes“ zu den Gründen, die Erzgewinnung ins Meer zu verlagern.[1152] Später nannte er die „visual pollution“ durch die Bergwerke und die Schwefeldioxidemissionen bei der Verarbeitung der an Land gewonnenen sulfidischen Erze als flankierendes Argument für die Nutzung von Manganknollen.[1153] Im 21. Jahrhundert gewinnt dieses Argument deutlich an Bedeutung. Im Vergleich zum landgebundenen Erzabbau, so die Befürworter, sprächen ökologische Vorteile für den Tiefseebergbau, da der Flächenverbrauch, die Entwaldung, die Senkung des Grundwasserspiegels sowie die Belastung von Böden und Fließgewässern wegfielen.[1154]

In der Tat ist die Erzgewinnung sowie der Bergbau allgemein auf den Kontinenten mit erheblichen Umweltauswirkungen verbunden, die auch mindestens seit der Frühen Neuzeit diskutiert wurden. Im Zuge der Industrialisierung und dann noch einmal durch die Großtagebaue seit Anfang des 20. Jahrhunderts verstärkten sich diese Eingriffe massiv.[1155] Pioniere in der US-amerikanischen Kupferindustrie wie Daniel Jackling (1869–1956) verwandelten bis dahin als unwirtschaftlich betrachtete niedriggradige Vorkommen in wichtige Ressourcen. Dies gelang ihnen, indem sie mit Technik, die der Umwelthistoriker Timothy J. LeCain als „mass destruction“ kennzeichnete, und durch hohen Einsatz fossiler Energie die Geschwindigkeit des Abbaus, den Gesamtdurchsatz an Material und damit auch den Eingriff in die Landschaft deutlich steigerten.[1156] Diese Entwicklung und ihre ökologischen Folgen zeigt sich auch gerade an dem für den Tiefseebergbau wichtigen Metall Nickel, das auf Neukaledonien seit dem späten 19. Jahrhundert und in verstärktem Maße seit den 1950er Jahren in großen Tagebauen gefördert wird.[1157] Tiefseebergbau würde den terrestrischen Bergbau auf absehbare Zeit nicht völlig ersetzen, könnte aber zumindest die Anlage neuer Großtagebaue verhindern. Die Meeresbiologin Antje Boetius und der Geochemiker Matthias Haeckel halten diesem Argument jedoch entgegen, dass die Verschiebung der Umweltbelastung von den Kontinenten in die

---

1152 Mero, Resources, S. 277.

1153 Mero, Economic aspects, S. 354. In diesem Kontext empfahl Mero auch, Manganknollen aufgrund ihrer großen Oberfläche als Rauchgasfilter in Kraftwerken und Fabriken einzusetzen. Diese Idee scheint nie weiterverfolgt worden zu sein.

1154 Ackerman, Deep-sea mining; Hein/Koschinsky/Kuhn, Deep-ocean polymetallic nodules, S. 162f., 166; Michael W. Lodge/Philomene A. Verlaan, Deep-sea mining. International regulatory challenges and responses, in: Elements. An International Journal of Mineralogy, Geochemistry, and Petrology 14 (2018), 5, S. 331–336, hier S. 332.

1155 Reinhold Reith, Umweltgeschichte der Frühen Neuzeit (Enzyklopädie deutscher Geschichte; 89), München 2011, S. 52–54; Frank Uekötter, Bergbau und Umwelt im 19. und 20. Jahrhundert, in: Dieter Ziegler (Hrsg.), Rohstoffgewinnung im Strukturwandel. Der deutsche Bergbau im 20. Jahrhundert (Geschichte des deutschen Bergbaus; 4), Münster 2013, S. 539–570.

1156 LeCain, Mass Destruction.

1157 McNeill, Blue Planet, S. 46–49.

Tiefsee auf einen „not-in-my-backyard"-Ansatz und einen Verstoß gegen das Vorsorgeprinzip hinauslaufe.[1158] Ferner lässt sich einwenden, dass der globale Flächenverbrauch des Bergbaus mit etwa 0,3 % der eisfreien Erdoberfläche relativ gering ist, so dass die wirklich relevanten Landnutzungskonflikte andere Bereiche betreffen.[1159]

Ein weiteres Argument verbindet den Tiefseebergbau mit der Energiewende und dem Klimaschutz. Die Dekarbonisierung der globalen Wirtschaft zieht einen gesteigerten Bedarf nach Metallen wie Nickel, Kupfer, Kobalt, Lithium und den Seltenen Erden nach sich, die in Batterien, Elektromotoren und Generatoren vermehrt Verwendung finden. Eine Studie der Weltbank von 2020 erwartet, dass die Produktion von Kobalt und Lithium bis 2050 gegenüber 2018 um mehr als 450 % ansteigen müsse, um die Energiespeicher bereitzustellen, die erforderlich sind, um das 1,5 °C-Ziel des Pariser Klimaabkommens zu erfüllen.[1160] Konventionelle, landgestützte Erzbergbauunternehmen haben schon seit den 1990er Jahren begonnen, die Energiewende als Chance für den Absatz von Metallen wie Platin, Vanadium, Seltene Erden, Kobalt und Lithium zu sehen.[1161] Da Manganknollen, wie auch Massivsulfide, ebenfalls einige dieser Elemente enthalten, werden sie gegenwärtig auch in diesen Kontext gestellt.[1162] Gleichzeitig wird der Tiefseebergbau über die früher kaum beachteten Spurenanteile von Seltenen Erden in den Manganknollen[1163] in die erwähnte Diskussion über die Quasi-Monopolstellung Chinas eingebracht. Die gegenwärtig am Tiefseebergbau interessierten Unternehmen nutzen den Hinweis auf die Energiewende an prominenter Stelle in ihrer Selbstdarstellung. GSR, ein Tochterunternehmen der belgischen DEME, bezieht sich auf ihrer Homepage ausdrücklich auf die Dekarbonisierung des Energie- und Transportsektors sowie das Klimaschutzziel, die ein zusätzliches Angebot an Metallen erforderten.[1164] TMC, das kanadische Unternehmen, das hinter den Explorationslizenzen von Nauru, Tonga und Kiribati steht, verfolgt die gleiche Kommunikationsstrategie und erklärt:

1158 Boetius/Haeckel, Seafloor, S. 35.

1159 Roger LeB. Hooke/José F. Martín-Duque/Javier Pedraza, Land transformation by humans. A review, in: GSA Today 22 (2012), 12, S. 4–10, hier S. 6. Pohl zufolge beanspruchen der Anbau von Energiepflanzen, Solar- und Windenergieanlagen größere Flächen; Pohl, Economic Geology, S. 3.

1160 Kirsten Hund et al., Minerals for Climate Action. The Mineral Intensity of the Clean Energy Transition, Washington, DC 2020, S. 11; https://pubdocs.worldbank.org/en/961711588875536384/Minerals-for-Climate-Action-The-Mineral-Intensity-of-the-Clean-Energy-Transition (02.01.2024).

1161 Hanna Vikström, Risk or opportunity? The extractive industries' response to critical metals in renewable energy technologies, 1980–2014, in: The Extractive Industries and Society 7 (2020), 1, S. 20–28.

1162 Michael W. Lodge, How to mine the ocean sustainably, in: Scientific American (11.08.2020), https://www.scientificamerican.com/article/how-to-mine-the-oceans-sustainably/ (02.01.2024); Hein/Koschinsky/Kuhn, Deep-ocean polymetallic nodules, S. 161; Kalvelage, Abbau, S. 53; Petersen et al., News, S. 175.

1163 Als mögliche Nebenprodukte sprach bereits Mero Elemente der Seltenen Erden an, aber diese spielten bis ins 21. Jahrhundert keine Rolle bei dem Projekt des Tiefseebergbaus; Mero, Resources, S. 277.

1164 GSR, Harnessing Ocean Minerals, https://deme-gsr.com/ (02.01.2024).

„A battery in a rock. Polymetallic nodules are the cleanest path toward electric vehicles. (…) Society has an urgent, growing need for battery metals to enable a full transition to clean energy and electric vehicles. We believe that polymetallic nodules are the cleanest source of these metals, with by far the lightest planetary touch.“[1165]

Das Vorläuferunternehmen von TMC, DeepGreen, das den Anspruch auf Ökologie und Nachhaltigkeit schon im Namen trug, beschwor in seinem Internetauftritt ebenfalls Energiewende, Elektromobilität und die erforderlichen Speicherkapazitäten für Wind- und Solarstrom. Aus Manganknollen, so das Unternehmen, ließen sich die erforderlichen Metalle mit minimalen ökologischen und sozialen Kosten gewinnen: „Best of all, these will be metals we can all feel good about.“[1166] Deutlich nüchterner wirkt demgegenüber die Eigendarstellung von UK Seabed Resources, der Tochtergesellschaft des Rüstungs- und Technologiekonzerns Lockheed Martin. Zwar spricht das Unternehmen von „seabed harvesting“, also Ernte statt Bergbau, und verspricht, dass dies eine „ecologically sound method“ sei, aber alternative Energien werden erst an dritter Stelle nach Bauwesen und Luftfahrt als Verwendungsgebiete der Metalle aus Manganknollen genannt.[1167]

Allerdings ist zweifelhaft, ob der Zusammenhang zwischen dem Tiefseebergbau und den Erneuerbaren Energien tatsächlich so eng ist, wie es Befürworter und interessierte Unternehmen darstellen.[1168] Im März 2021 schlossen sich BMW, Volvo, Google und Samsung, vier bedeutende Hochtechnologieunternehmen mit Interessen an Batterien, der Forderung des World Wide Fund For Nature (WWF) nach einem Moratorium für alle Tiefseebergbauprojekte an. Die Unternehmen begründeten ihren Schritt mit den ökologischen Risiken des Tiefseebergbaus. Eine weitere Erklärung könnte allerdings darin liegen, dass die Hersteller von Batterien die Metalle vom Meeresboden nicht wirklich benötigen, da es einerseits ausreichende alternative Bezugsquellen, andererseits auch leistungsfähige Batterietypen ohne Nickel und Kobalt gibt.[1169] Auf einer grundsätzlichen Ebene kritisiert der Geograph Philippe Le Billon den Abbau von weiteren Metallrohstoffen als Mittel zur Energiewende und zum Klimaschutz als „climate extractivism“: Auf diesem Weg ließen

1165 The Metals Company, A Battery in a Rock, https://metals.co/nodules/ (02.01.2024).

1166 DeepGreen, Mission, https://deep.green/mission/ (16.08.2019). Die Seite ist nicht mehr online, aber weiterhin einsehbar unter https://web.archive.org/web/20190718184247/https://deep.green/mission/ (02.01.2024).

1167 UK Seabed Resources, UK Seabed Resources, https://lockheedmartin.com/en-gb/products/uk-seabed-resources.html (15.10.2021). Die Seite ist ebenfalls nur noch einsehbar unter https://web.archive.org/web/20230202150538/https://lockheedmartin.com/en-gb/products/uk-seabed-resources.html (02.01.2024).

1168 Greenpeace International, In Deep Water. The Emerging Threat of Deep Sea Mining, o.O. 2019, S. 17 https://www.greenpeace.org/international/publication/22578/deep-sea-mining-in-deep-water/ (02.01.2024).

1169 David Shukman, Companies back moratorium on deep sea mining, 03.04.2021, https://www.bbc.com/news/science-environment-56607700 (02.01.2024); Andrew Thaler, Major brands say no to deep-sea mining, for the moment, 15.04.2021, https://dsmobserver.com/2021/04/major-brands-say-no-to-deep-sea-mining-for-the-moment/ (02.01.2024).

sich zwar unter Umständen CO_2-Emissionen einsparen, aber gleichzeitig würden ökologisch nicht-nachhaltige Muster der Ressourcenextraktion weiter reproduziert.[1170]

Überdies existiert für die kommerzielle Gewinnung von Seltenen Erden und Lithium, also den in besonderem Maße mit „grünen" Technologien assoziierten Elementen, aus Manganknollen bislang noch kein erprobtes metallurgisches Verfahren.[1171] Inwieweit sich Lithium und Seltene Erden großindustriell rentabel aus Manganknollen extrahieren lassen, ist insofern noch unklar. Eine Rentabilitätsstudie von 2019 ergab zudem, dass ein Tiefseebergbauunternehmen den Großteil seiner Erlöse aus Nickel (27 %) und überraschenderweise Mangan (53 %) erzielen würde. Kupfer (7 %) und Kobalt (13 %) würden nur in geringem Maße zu den Einnahmen beitragen. Da Kobalt von der EU als kritischer Rohstoff eingestuft wird, läge die Bedeutung dieses Elements aus Sicht der Unternehmen vor allem darin, über die Kobaltproduktion an Subventionen zu gelangen.[1172] Da der Großteil des Nickels heute immer noch in die Edelstahlproduktion geht und Mangan in erster Linie als Legierungszusatz und Desoxidationsmittel in der Stahlgewinnung dient, sind Manganknollen gegenwärtig stärker mit der traditionellen Schwerindustrie des 20. Jahrhunderts verbunden als mit der „grünen" Hochtechnologie des 21. Jahrhunderts. Edelstahl wird vermutlich auch zukünftig weiter stark nachgefragt werden, aber das vielfach öffentlich kommunizierte Bild, das den Tiefseebergbau ausschließlich in den Kontext von Elektromobilität und Energiewende als Schlüsseltechnologien für eine nachhaltigen Zukunft stellt, täuscht.

6.3.2 Argumente contra Tiefseebergbau

Dass gegenwärtig die Befürworter den Tiefseebergbau als Beitrag zu einer nachhaltigen Wirtschaftsweise darstellen, spiegelt die seit den 1980er Jahren, zumindest in Westeuropa und Nordamerika, nochmals gestiegene Bedeutung ökologischer Argumente im öffentlichen Diskurs. Dies zeigt sich noch stärker in der Argumentation gegen den Abbau von Manganknollen. Die Kritik von Meeresbiologen an den Plänen zum Tiefseebergbau wird gegenwärtig auch von Nichtregierungsorganisationen, populärwissenschaftlichen Auto-

1170 Philippe Le Billon, Climate extractivism. Avoiding the pitfalls of extraction-based decarbonization, in: Poplar and Ivy, Winter Issue 2021, https://www.shackletontrust.org/climate-extractivism (02.01.2024).

1171 Hein/Koschinsky/Kuhn, Deep-ocean polymetallic nodules, S. 165; BGR (Hrsg.), Marine Rohstoffe Newsletter 2019, S. 12; Sebastian Ernst Volkmann/Felix Lehnen/Peter A. Kukla, Estimating the economics of a mining project on seafloor manganese nodules, in: Mineral Economics 32 (2019), S. 287–306, hier S. 300. The Metals Company führt dementsprechend auch nur Nickel, Kupfer, Mangan und Kobalt als (zukünftige) Produkte des Unternehmens auf, erweckt allerdings den irreführenden Eindruck, dass diese Rohstoffe in erster Linie oder ausschließlich für Batterien verwendet werden; The Metals Company, https://metals.co/products/ (02.01.2024).

1172 Volkmann/Lehnen/Kukla, Estimating the economics.

ren, Medien und politischen Akteuren aufgenommen. Diese Ebenen sind zu einer zentralen Herausforderung für das Projekt des Tiefseebergbaus geworden, da die öffentliche Akzeptanz auch die Aussicht auf staatliche Unterstützung erheblich mitbestimmt.[1173]

Ein grundsätzliches Argument gegen den Tiefseebergbau verweist auf bestehende Wissenslücken und geht davon aus, dass der Forschungsstand zum Ökosystem der Tiefsee noch unzureichend sei. Obwohl der Meeresboden 70 % der Erdoberfläche bedeckt, sind bisher deutlich weniger als ein Tausendstel dieses Areals wissenschaftlich untersucht, da Forschung dort einen hohen technischen Aufwand erfordert. Biologen betonen daher, dass vieles über die Funktionsweise der Lebensgemeinschaften am Meeresboden noch unbekannt ist. Dies betrifft Fragen danach, wie das Ökosystem auf Störungen reagiert, aber auch bereits die Ausgangsbedingungen.[1174] Wissenschaftler stoßen bei Untersuchungen in der CCZ nicht nur auf eine sehr hohe Biodiversität, etwa 90 % der Arten, die sie dort auffinden, sind überdies zuvor noch nie wissenschaftlich beschrieben worden.[1175] Auch wenn die angewandte biologische Tiefseeforschung bereits auf eine etwa 50-jährige Geschichte zurückblicken kann,[1176] und obwohl bereits die ersten Abbauversuche in den 1970er Jahren von biologischen Studien begleitet wurden (s. Kap. 4.4), ist das Ökosystem, in das der Tiefseebergbau eingreifen würde, gegenwärtig noch immer nur teilweise bekannt. Ironischerweise hat die Forschung zu den Umweltbedingungen am Tiefseeboden und speziell in der CCZ von der potenziellen Bedrohung dieser Umwelt durch den Tiefseebergbau profitiert, da ungleich mehr Forschungsfahrten finanziert wurden, als dies sonst der Fall gewesen wäre.[1177]

Bezüglich der direkten Auswirkungen des Tiefseebergbaus auf Manganknollen – bei Massivsulfiden und Kobaltreichen Krusten liegen die Verhältnisse anders[1178] – werden im 21. Jahrhundert im Wesentlichen noch die gleichen Effekte diskutiert wie früher (s. Kap. 4.4): Erstens wird der Kollektor die meisten Lebewesen auf und zwischen den aufgenommenen Manganknollen vernichten; zweitens wird durch den Kollektor je nach verwendeter Technologie mehr oder weniger ausgeprägt Sediment aufgewirbelt, das mit der Strömung auch außerhalb des Abbaugebiets verdriftet wird und beim Niedersinken Lebewesen und ihre Nahrungsgrundlage bedecken kann; drittens wird das Förderschiff Tiefseewasser, Sediment und Partikel von Manganknollen, die unweigerlich über den

---

1173 Kung et al., Governing deep sea mining, S. 8; Hein/Koschinsky/Kuhn, Deep-ocean polymetallic nodules, S. 165, 167.

1174 Boetius/Haeckel, Seafloor, S. 34; Miller et al., Overview, S. 18.

1175 Heffernan, Deep-sea dilemma, S. 466.

1176 Thiel/Schriever, Fifty years.

1177 Lodge, How to mine; Miller et al., Overview, S. 11f.

1178 Beim Abbau von Massivsulfiden und Kobaltreichen Krusten wären deutlich geringere Flächen betroffen. Die Lagerstätten der Massivsulfide bei hydrothermalen Quellen sind zudem seismisch aktiv und insofern ohnehin durch instabile Umweltbedingungen geprägt, so dass die Lebensgemeinschaften vermutlich an Störungen angepasst sind; Halfar/Fujita, Danger, S. 987; Petersen et al., News, S. 185; Miller et al., Overview, S. 16 (grafische Darstellung für alle drei Lagerstättentypen: S. 13); Childs, Extraction, S. 15f.

Rohrstrang mit hochgepumpt werden, wieder in den Ozean einleiten, so dass eine, je nach Tiefe der Einleitung, oberflächennahe Sedimentwolke entsteht, die planktonfilternde Lebewesen belasten kann. Wie bereits im Kontext des DISCOL-Experiments angesprochen (s. Kap. 5.6) deuten die bisherigen Untersuchungen – soweit deren Ergebnisse sich auf den Maßstab eines kommerziellen Abbaus hochskalieren lassen – darauf hin, dass sich das Ökosystem nur langsam und unvollständig regenerieren würde. Insbesondere die sessile Fauna wie Korallen und Schwämme, die auf die Manganknollen als harten Untergrund angewiesen sind, würde nach deren Abbau nicht oder zumindest nicht innerhalb menschlicher Zeitvorstellungen in die Abbaugebiete zurückkehren.[1179] Daneben werden gegenwärtig auch die Lärmbelastung, Lichtemissionen und Auswirkungen auf die Wassertemperatur als Umweltauswirkungen des Tiefseebergbaus diskutiert.[1180] Insbesondere die Bedeutung von Lärm wurde 2022 noch einmal hervorgehoben, da die Schallemissionen einer einzigen Tiefseebergbau-Operation über hunderte Kilometer die normalen Hintergrundgeräusche übertreffen würden, und da eine Vielzahl von Meereslebewesen – von Walen bis zu Plankton – auf Schall zur Orientierung und Kommunikation angewiesen ist.[1181]

Eine sich anschließende Frage ist, wie groß das vom Abbau betroffene Gebiet am Tiefseeboden in der CCZ wäre und ob es sich um eine durchgehende Fläche handeln würde. Hiervon hängt ab, ob eine Wiederbesiedelung des gestörten Areals von den Rändern her möglich wäre und ob bestimmte Arten ausgerottet werden könnten, weil ihr gesamtes Verbreitungsgebiet vom Abbau erfasst würde. Da sich weite Strecken des Meeresbodens aufgrund von Hangneigung, topografischer Hindernisse oder geringer Belegdichte mit Manganknollen bei gegenwärtigem Stand der Technik nicht für einen Abbau eignen, scheint dies eher unwahrscheinlich. Thiel und Koautoren schätzten 2005, dass sich die Auswirkungen auf isolierte Blöcke von jeweils maximal 200 km² beschränken würden, was keine Arten ausrotten würde, da selbst seltene Spezies deutlich größere Verbreitungsgebiete haben.[1182] Allerdings könnte ein einziges Unternehmen über zehn bis dreißig Betriebsjahre Flächen von insgesamt bis zu 10.000 km² abbauen.[1183]

Um die Schutzwürdigkeit einer Landschaft, eines Ökosystems oder einer Spezies zu begründen, lassen sich grundsätzlich im ökologischen Denken zwei Richtungen – Umweltschutz und Naturschutz – unterscheiden. Während der Umweltschutz die menschlichen Lebensgrundlagen und die menschliche Gesundheit in den Mittelpunkt stellt, bildet beim Naturschutz die Biodiversität an sich das Schutzgut. In diesem Zusammenhang lässt sich in der Diskussion über die ökologischen Aspekte des Tiefseebergbaus eine Verschiebung

---

1179 Miller et al., Overview, S. 16; Jones et al., Biological responses, S. 18/26; Heffernan, Dilemma, S. 468.

1180 Miller et al., Overview, S. 15f.

1181 Rob Williams et al., Noise from deep-sea mining may span vast ocean areas, in: Science Vol. 377, Issue 6602 (08.07.2022), S. 157–158.

1182 Thiel/Schriever/Foell, Polymetallic nodule mining. S.a. Kalvelage, Abbau, S. 58.

1183 Mulsow, Update, S. 10.

feststellen. In den 1970er Jahren lag das Hauptaugenmerk noch auf den möglichen Effekten auf die oberflächennahen Wasserschichten, deren Zustand z.B. über die Fischerei direkt menschliche Lebensgrundlagen berührt. Im 21. Jahrhundert dagegen rückt der Schutz des Ökosystems der Tiefsee als Wert an sich in den Mittelpunkt. Eher am Rande der Diskussion stehen dagegen Argumente, die sich im Sinne des Umweltschutzes auf die menschlichen Lebensbedingungen oder Ökosystemdienstleistungen beziehen. Diskutiert wird dabei, dass Tiefseebergbau im Sediment gespeichertes CO_2 freisetzen und damit den Klimawandel beschleunigen könnte[1184] sowie eine mögliche Beeinträchtigung der Fischerei.[1185] Ein weiteres gelegentlich vorgebrachtes Argument bezieht sich auf den Erhalt genetischer Ressourcen: Tiefseelebewesen tragen in ihrem Erbgut Informationen, die langfristig möglicherweise für Medizin und Biotechnologie von Wert sind, die aber bei einem Aussterben dieser Organismen verlorengingen.[1186] Diese negativen Auswirkungen sind jedoch alle relativ fernliegend und unbestimmt. Dagegen steht gemäß dem Naturschutzkonzept hinter der aktuellen Kritik des Tiefseebergbaus überwiegend der Gedanke, die marine Biodiversität zu schützen.[1187] Dies schließt nicht aus, dass man sich gemäß dem Vorsorgeprinzip damit zugleich gegen noch nicht bekannte und absehbare Beeinträchtigungen der menschlichen Lebensbedingungen absichern will. Jedoch zeigt sich hier vor allem eine neue Anerkennung der marinen Biodiversität als Wert an sich.

Eine Voraussetzung für diese Wertschätzung auch außerhalb enger fachwissenschaftlicher Grenzen ist neben dem allgemein gestiegenen gesellschaftlichen Stellenwert der Ökologie eine neue visuelle Wahrnehmbarkeit. Der Ozean hat seine bisherige Undurchsichtigkeit durch neue Technologien verloren, die in einer neuen Qualität und Quantität farbige, hochauflösende Bilder auch des Tiefseebodens für jedermann zugänglich machen, so dass marine Lebensformen in ihrem Lebensraum erfahrbar werden.[1188] Als die Manganknollen im 19. Jahrhundert entdeckt wurden, konnten sich Menschen keinerlei Bild der Tiefsee machen, sondern sie konnten nur die Dredschkörbe und Schleppnetze an Deck ausleeren und betrachten, was dort mehr oder weniger deformiert und außerhalb seines natürlichen Kontextes zu sehen war. Zur Zeit von Mero in den 1960er Jahren besaß man schon einige wenige grobkörnige Schwarzweißfotos. Sie waren umständlich und zeitaufwändig mit Kameras, die an Loten herabgelassen wurden, aufgenommen worden und zeigten den Meeresboden mit Manganknollen und gelegentlichen Fraß- und Kriechspuren, die auf die Präsenz von Lebewesen hindeuteten. Damit evozierten die Fotos nicht den Eindruck eines schutzwürdigen Ökosystems (s. Abb. 11). Im 21. Jahrhundert dagegen steht durch den verbreiteten Einsatz vor allem unbemannter Tauchfahrzeuge, die mit

1184 Greenpeace International, In Deep Water, S. 13. Angesichts der sehr geringen Sedimentationsrate in der CCZ erscheint dieser Effekt jedoch zweifelhaft.

1185 Miller et al., Overview, S. 17.

1186 Ebd.; Boetius/Haeckel, Seafloor, S. 35.

1187 Siehe beispielsweise BT-Drs. 17/8645, Kleine Anfrage: Auswirkungen des Tiefseebergbaus auf die maritime Umwelt und Biodiversität, 10.02.2012.

1188 Rozwadowski, Vast Expanses, S. 221f.

modernen Videokameras ausgestattet sind, ein ungleich reicheres Bildmaterial zur Verfügung. Gegenwärtig sind die meisten wissenschaftlichen und journalistischen Veröffentlichungen mit hochqualitativen, farbigen Fotos illustriert, die eine vielfältige, überraschend bunte und oft auch ästhetisch faszinierende Tierwelt zeigen (s. Abb. 12 und 13).[1189]

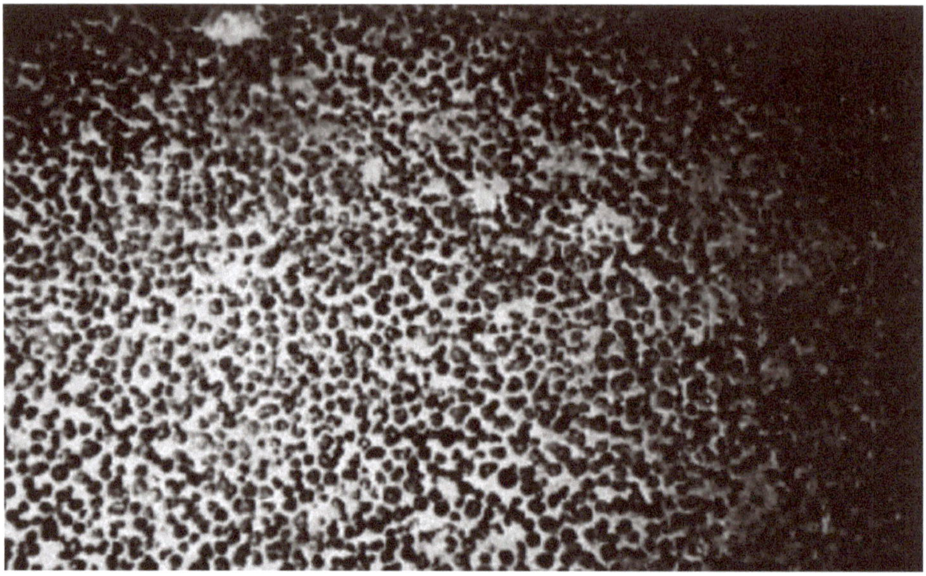

1189 Vgl. Heffernan, Dilemma, S. 465; Boetius/Haeckel, Seafloor, S. 35; Miller et al., Overview, S. 4, 14; Vanreusel et al., Threatened by mining, S. 3f.; Ramirez-Llodra et al., Deep, S. 2866, 2870.

Abbildung 11, 12 und 13: Gegenüberstellung eines Fotos vom Tiefseeboden mit Manganknollen von 1965 mit Aufnahmen aus dem 21. Jahrhundert. Abb. 12 zeigt den Greifarm des Tauchroboters ROV Kiel 6000 mit einer Manganknolle, auf der ein Schwamm wächst. Auf Abb. 13 ist eine Seegurke zwischen Manganknollen zu sehen (Abb. 11: Mero, Resources, S. 160; Abb. 12: GEOMAR (CC BY 4.0); Abb. 13: Ifremer (CC BY 4.0)).

Dieses Bildmaterial argumentiert gewissermaßen visuell sehr effektiv für die Schutzwürdigkeit der Tiefseefauna. Das gleiche gilt im besonderen Maße für bewegte Bilder von den Lebewesen im Umfeld der Manganknollen, wie sie beispielsweise die Journalistin Sarah Zierul in zwei Fernsehdokumentationen 2008 und 2009 einsetzte.[1190] Ein weiteres neues Phänomen ist, dass gegenwärtig einzelne Spezies aus der Tiefsee emotional oder symbolisch besetzt werden. Dabei handelt es sich um eine im Naturschutz vertraute Erscheinung: Einzelne, meist große Tierarten werden als „charismatic megafauna" von der Öffentlichkeit mit Empathie wahrgenommen, so dass diese oft verstärkten Schutz genießen oder auch von Naturschützern genutzt werden können, um für die Erhaltung ihres

1190 Sarah Zierul, „Schatzsuche in der Tiefsee" (WDR 2008) und „Wem gehört das Meer? Wettlauf um die letzten Rohstoffe" (WDR/Arte 2009); zur Beschreibung solcher Videos der Tiefseefauna und der Reaktionen der Betrachter dies., Kampf, S. 9, 254–260.

Lebensraums und damit eines Ökosystems als Ganzes zu werben.[1191] Auf den Kontinenten fallen beispielsweise Großkatzen, Elefanten oder Pandabären in diese Kategorie, in den Meeren bisher vor allem Wale und Delphine (s. Kap. 3.5). Die am Tiefseeboden verbreiteten, vorwiegend wirbellosen Arten passen erst einmal nicht in dieses Muster. Dennoch finden sich in der Wissenschaft und Wissenschaftskommunikation in jüngster Zeit Versuche, einzelne Arten in der Öffentlichkeit hervorzuheben und damit dem durch den Tiefseebergbau bedrohten Ökosystem quasi ein Gesicht zu geben. So berichteten Journalisten über einen etwa 20 cm langen Oktopus, der sich mit zwei großen, Ohr-ähnlichen Flossen über den Meeresboden in der CCZ bewegt. Er erinnerte Betrachter an den Zeichentrick-Elefanten „Dumbo“ und wird daher auch so bezeichnet.[1192] Eine weitere Oktopusart, die Assoziationen an Zeichentrickfiguren weckt, wurde in einem wissenschaftlichen Artikel aufgrund ihrer transluzenten weißen Färbung nach dem gleichnamigen kleinen Gespenst als „Casper“ benannt. „Casper“ befestigt seine Eier an Schwämmen, die auf Manganknollen wachsen, so dass diese nun charismatisch aufgeladene Art direkt durch den Tiefseebergbau bedroht ist.[1193] 2019 setzte die International Union for Conservation of Nature (IUCN) eine Schneckenart (Chrysomallon squamiferum) als erste vom Tiefseebergbau bedrohte Spezies auf die Rote Liste gefährdeter Arten. Diese Art weist nicht nur – ungewöhnlich für eine Schnecke – einen mit metallhaltigen Schuppen gepanzerten Fuß auf, sondern wurde an lediglich drei hydrothermalen Quellen im Indischen Ozean nachgewiesen, so dass der Abbau von Massivsulfiden dort zu ihrer Ausrottung führen könnte. Biologen erwarteten, dass die Eintragung dieser „scaly-foot snail“ auf der Roten Liste die Aufmerksamkeit von Politik und Öffentlichkeit auf die ökologischen Probleme des Tiefseebergbaus lenken würde.[1194] 2020 schließlich vergab Torben Riehl, Zoologe am Senckenberg Forschungsinstitut und Naturmuseum Frankfurt am Main, den wissenschaftlichen Namen Macrostylis metallicola für eine erstmals beschriebene, wenige Millimeter große Assel aus der CCZ und erklärte zu dieser Namenswahl:

> „The name ‚metallicola‘ is dedicated to the U.S. thrash metal pioneers Metallica whose works accompanied and inspired the first author since teenage years. As a composite word from the Latin word for ‚metal‘ and the New Latin suffix ‚-cola‘, meaning ‚inhabiting‘ or ‚living in‘, the name simultaneously refers to the species’ habitat that is rich in polymetallic nodules (manganese nodules). It is meant to raise attention to the habitat of this new species which, sad but true, may be partially lost or damaged due to nodule mining in the near future potentially putting the new species under threat.“[1195]

1191 Zu dem Konzept Emma Marris, Charismatic mammals can help guide conservation, in: nature.com (24.12.2013), https://doi.org/10.1038/nature.2013.14396.

1192 Zierul, Kampf, S. 259f.; o.A., The Seas are lovely, dark and deep, in: The Economist (10.11.2018), S. 75f.

1193 Autun Purser et al., Association of deep-sea incirrate octopods with manganese crusts and nodule fields in the Pacific Ocean, in: Current Biology 26 (19.12.2019), R1268-R1269.

1194 Jouffray et al., Blue acceleration, S. 47f.; Jonathan Lambert, Snail is the first ocean creature endangered by mining, in: Nature 571 (25.07.2019), S. 455f.

1195 Torben Riehl/Bart De Smet, Macrostylis metallicola spec. nov.—an isopod with geographically clustered genetic variability from a polymetallic-nodule area in the Clarion-Clipperton

Abbildung 14: Macrostylis metallicola. Illustration aus der Pressemitteilung des Senckenberg Instituts in Anlehnung an die Plattencover einer bekannten amerikanischen Rock-Band. (Anna Frenkel/Senckenberg).

Tatsächlich gelang es mit dieser Namenswahl, zu der die Pressestelle des Senckenberg Instituts eine passende Illustration im Stil eines Plattencovers veröffentlichte (s. Abb. 14),[1196] wie auch bei den anderen genannten Fällen, der Tiefseefauna ein gewisses Charisma zu verleihen. Damit wurde zudem mediale Aufmerksamkeit auf die neu entdeckte Tierart sowie auf das übergreifende Thema der Bedrohung seines Lebensraums durch den Tiefseebergbau gelenkt.

Fracture Zone, in: PeerJ (27.02.2020), https://doi.org/10.7717/peerj.8621. Man beachte die Anspielung auf den Titel eines Metallica-Songs in diesem Zitat.

1196 Senckenberg Gesellschaft für Naturforschung, Tiefseekrebs nach Metallica benannt (27.02.2020), https://www.senckenberg.de/de/pressemeldungen/tiefseekrebs-nach-metallica-benannt/ (02.01.2024).

Die narrative Strategie der an den Manganknollen interessierten Unternehmen lässt sich als „‚emptying out' of the ocean's vitality“ beschreiben,[1197] also als ein Vorgehen, bei dem der Tiefseeboden als ein leerer Raum dargestellt wird, wo praktisch kaum ökologische Schäden auftreten können. Die Kritiker des Tiefseebergbaus reagieren darauf wie dargestellt mit einer Strategie der Belebung des Bildes vom Tiefseeboden, insbesondere indem sie einzelne Lebensformen mit Bildern, Namen und Geschichten versehen, so dass sie der Öffentlichkeit besser als schutzwürdig zu vermitteln sind.

Gegenwärtig empfehlen viele Wissenschaftler eine strikte Regulierung des Tiefseebergbaus. Bevor der kommerzielle Abbau beginnt, sollten Langzeitstudien weitere Informationen über die Ausgangslage und mögliche Folgen eines Eingriffs sammeln.

Zudem sollten Schutzgebiete, die ökologisch den Abbaufeldern entsprechen, ausgewiesen werden.[1198] Allerdings werden in der Diskussion auch Zweifel geäußert, inwieweit eine effektive Regulierung des Tiefseebergbaus überhaupt möglich sei. Die Probleme beginnen bereits damit, dass im Unterschied zum landgebundenen Bergbau die Abbautechnologie und somit auch ihre Auswirkungen noch nicht bekannt sind.[1199] Die Tatsache, dass bis in die Gegenwart die Durchsetzung von Umweltschutzstandards z.B. bei der Ölförderung und der Fischerei selbst in küstennahen Gewässern unter nationaler Jurisdiktion oft nicht gelungen ist, lässt überdies fraglich erscheinen, ob dies in der Tiefsee gelingen kann.[1200] Umweltschutz ist in dem SRÜ durchaus vorgesehen und zählt explizit zu den Aufgaben der ISA (Art. 145 SRÜ). Anders als traditionelle Nutzungen der Hohen See wie die Fischerei unterliegt der Tiefseebergbau im „Area“ einem Erlaubnisvorbehalt, so dass der Abbau von Manganknollen oder von anderen Ressourcen nur auf Grundlage und unter den Bedingungen einer Lizenz der ISA erlaubt wäre. Der Generalsekretär der ISA, Michael W. Lodge, konnte daher mit einer gewissen Berechtigung schreiben: „In fact, this is probably the best-regulated industry that has not happened yet!“[1201] Bereits 2012 wies die ISA in der CCZ neun „Areas of Particular Environmental Interest“ (APEI) als Schutzgebiete mit einer Fläche von je 160.000 km² aus. Zu den Auswahlkriterien für diese Flächen zählte jedoch neben ökologischen Gesichtspunkten auch das Bestreben, Gebiete von kommerziellem Interesse auszusparen. Daher wich die ISA bei der Ausweisung dieser Schutzgebiete erheblich von den Empfehlungen der beteiligten Wissenschaftler ab.[1202] Auf der Karte (s. Abb. 15) ist entsprechend klar zu erkennen, wie die APEIs

1197 John Childs, Geographies of deep sea mining. A critical review, in: The Extractive Industries and Society 9 (2022), Article 101044, https://doi.org/10.1016/j.exis.2022.101044.

1198 O.A., Depth charge, in: Nature 559 (12.07.2018), S. 152; Boetius/Haeckel, Seafloor, S. 35.

1199 Anthony Kung et al., Governing deep sea mining in the face of uncertainty, in: Journal of Environmental Management 279 (01.02.2001), S. 7, https://doi.org/10.1016/j.jenvman.2020.111593.

1200 Boetius/Haeckel, Seafloor, S. 34; o.A., The Seas are lovely, dark and deep, in: The Economist (10.11.2018), S. 77.

1201 Lodge/Verlaan, Deep-sea mining, S. 335; Heffernan, Dilemma, S. 468.

1202 Lisa M. Wedding et al., Managing mining of the deep seabed, in: Science, Vol. 349, Issue 6244 (10.07.2015), S. 144f.

die Lizenzgebiete einrahmen, insofern aber auch die kommerziellen Interessen nicht berühren. Ob die Schutzgebiete dazu beitragen, gerade die für die Manganknollenvorkommen charakteristische Fauna zu schützen, ist daher fraglich.

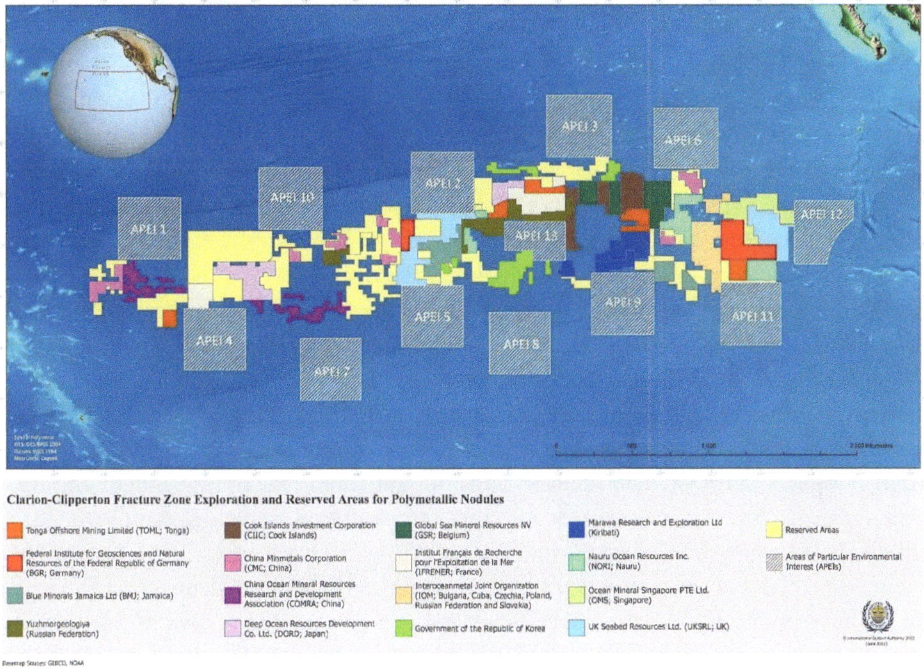

Abbildung 15: Von der ISA veröffentlichte Karte der CCZ mit den Lizenzgebieten und den Areas of Particular Environmental Interest (APEI). Die zwei tiefroten Felder sind die Lizenzgebiete der deutschen BGR. (International Seabed Authority).

Einige Beobachter sehen die Rolle der ISA grundsätzlich kritisch, da die Behörde gleichermaßen für die Förderung des Tiefseebergbaus und den Schutz der Umwelt zuständig ist. Die Behörde befände sich somit in einem permanenten Interessenskonflikt. Kritiker befürchten, die ISA bevorzuge den Abbau, sie sei „entrenched in the mindset of a developer rather than a custodian of the common heritage of mankind“.[1203] Oder in den Worten von Greenpeace: sie sei „designed to mine“, zumal auch Bedeutung und Einnahmesituation der Behörde vom Beginn des Tiefseebergbaus profitieren würden.[1204] Der Generalsekretär der ISA, Michael W. Lodge, trug nicht dazu bei, diesen Eindruck zu entkräften. In einem Artikel von 2018 erklärte er, eine Diskussion darüber, ob der Tiefseebergbau stattfinden solle, sei müßig und kontraproduktiv, da die Staatengemeinschaft mit dem SRÜ diese Entscheidung bereits vor Jahren getroffen habe.[1205] 2022 verstärkte Lodge den

1203 Rakhyun E. Kim, Should deep seabed mining be allowed?, in: Marine Policy 82 (2017), S. 134–137, hier S. 135.
1204 Greenpeace International, In Deep Water, S. 22f.
1205 Lodge/Verlaan, Deep-sea mining, S. 335.

Eindruck der einseitigen Festlegung noch, indem er Umweltschutzgruppen eine Polarisierung des Diskurses auf Basis einer „extreme environmentalist ideology“ vorwarf und zugleich erneut dem Tiefseebergbau eine unverzichtbare Rolle bei der Dekarbonisierung der Weltwirtschaft zusprach.[1206]

Aufgrund der historischen Genese ist es sicherlich zutreffend, dass die ISA und das gesamte Tiefseebodenregime des SRÜ auf den Abbau von Manganknollen hin ausgerichtet sind. Art. 150 SRÜ nennt unter den Grundsätzen, nach denen alle Aktivitäten im „Area“ ausgerichtet werden sollen, an erster Stelle „the development of the resources of the Area“. Während der Verhandlungen der 3. UN-Seerechtskonferenz waren der Zugang zu den Lagerstätten und die Verteilung der Gewinne strittig (s. Kap. 5.3.1), aber dass man die Manganknollen nutzen dürfe war Konsens. Umweltschutz ging bereits in das SRÜ ein, allerdings nur als Rahmenbedingung, die nach Möglichkeit zu beachten sei. Insofern ist die aktuelle politisch-rechtliche Ordnung des Tiefseebodens immer noch ein Kind der 1970er Jahre, das mehr die Problemstellungen des Nord-Süd-Konflikts als die des Anthropozäns widerspiegelt. Allerdings stellt das SRÜ für die in der ISA vertretene Staatengemeinschaft kein prinzipielles Hindernis dar, die Vergabe von Abbaulizenzen in Zukunft verstärkt an Umweltschutzstandards auszurichten, auch an solche, die für Unternehmen prohibitiv wären. Der Sozialwissenschaftler Rakhyun E. Kim griff 2017 auf das älteste und grundlegende Prinzip des neuen Seerechts zurück, das Common-Heritage-Prinzip, das zuerst von Arvid Pardo 1967 vorgeschlagen worden war und demzufolge alle Aktivitäten am Meeresboden außerhalb nationaler Hoheit dem Wohle der gesamten Menschheit dienen müssten. Dies sei jedoch beim Tiefseebergbau, so Kim, wahrscheinlich nicht gegeben, da von der erhöhten Rohstoffverfügbarkeit in erster Linie die hochentwickelten Verbraucherstaaten profitieren würden, während demgegenüber das Volumen der über die ISA umverteilten Gewinne gering und die ökologischen Risiken beträchtlich sein würden. Insofern sei es sehr fraglich, ob die Menschheit als Ganzes vom Tiefseebergbau profitieren werde. Gemäß Kim entspräche es daher dem Prinzip des Gemeinsamen Erbes, die Projekte zumindest vorläufig auf Eis zu legen.[1207]

Der Tiefseebergbau wird im frühen 21. Jahrhundert auch außerhalb der Wissenschaft auf der Ebene von NGOs, Medien und Öffentlichkeit kritisiert. Der Worldwide Fund for Nature (WWF) und die International Union for Conservation of Nature (IUCN) forderten 2020 bzw. 2021 ein Moratorium für den Tiefseebergbau, solange weitreichende Forderungen nicht erfüllt seien. Zu diesen Forderungen zählen umfangreichere Risikostudien, die Einführung des Vorsorgeprinzips und der Verursacherhaftung für ökologische Schä-

1206 Michael W. Lodge, Foreword, in: Rahul Sharma (Hrsg.), Perspectives on Deep-Sea Mining. Sustainability, Technology, Environmental Policy and Management, Cham 2022, S. V.

1207 Kim, Deep seabed mining.

den, transparentere Entscheidungsprozesse in der ISA sowie eine verstärkte Kreislaufwirtschaft bei Metallen.[1208] Selbst wirtschaftsnahe Publikationen wie „The Economist" oder die „Frankfurter Allgemeine Zeitung" räumen in Berichten über den Tiefseebergbau den ökologischen Kritikpunkten breiten Raum ein.[1209]

Aufgrund der breiten Kritik am Tiefseebergbau ist dieser gegenwärtig auch politisch umstritten. Das Parlament der Europäischen Union forderte im Januar 2018 unter Bezug auf die ökologischen Auswirkungen die Kommission und die Mitgliedsstaaten auf, ein Moratorium für den Tiefseebergbau zu unterstützen.[1210] In der Bundesrepublik hatten die unionsgeführten Bundesregierungen dagegen den Tiefseebergbau grundsätzlich befürwortet und auch die FDP betonte die Chancen.[1211] Hingegen standen Bündnis 90/Die Grünen und Die Linke dem Vorhaben schon länger kritisch gegenüber.[1212] Im Unterschied zum Koalitionsvertrag zwischen CDU/CSU und SPD von 2018, der den Tiefseebergbau noch im Kontext von Rohstoffpolitik und Hochtechnologieressourcen ansprach (s. Kap. 6.2) und somit das ökonomische Potenzial in den Mittelpunkt stellte, erschien das Thema 2021 im Vertrag zwischen SPD, Grünen und FDP im Unterkapitel „Meeresschutz". Dabei schrieben die Ampel-Koalitionäre ihren Einsatz für „strenge Umweltstandards und die verbindliche Überprüfung der Umweltverträglichkeit im Tiefseebergbau" fest.[1213] Im Herbst 2022 schließlich erklärte die rot-grün-gelbe Bundesregierung im Rahmen von Verhandlungen des Rats der ISA, dass sie bis auf Weiteres keine Anträge auf kommerziellen Abbau von Rohstoffen in der Tiefsee unterstützen werde. Damit sprach sich die Bundesregierung für eine „precautionary pause" aus, bis das Ökosystem der Tiefsee und mögliche Risiken des Tiefseebergbaus ausreichend erforscht seien.[1214] Während Deutsch-

1208 International Union for Conservation of Nature, Motion 069: Protection of deep-ocean ecosystems and biodiversity through a moratorium on seabed mining, IUCN World Conservation Congress, Marseille, 03.–11.09.2021, https://www.iucncongress2020.org/motion/069 (02.01.2024); World Wide Fund For Nature, Policy Position. Deep Seabed Mining (WWF Position Paper 2020), https://wwfint.awsassets.panda.org/downloads/wwf_policy_position_deep_seabed_mining_2020_final.pdf (02.01.2024).

1209 O.A., The Seas are lovely, dark and deep, in: The Economist (10.11.2018), S. 75–77; Maximilian Weingartner, Schatz im Meer, in: Frankfurter Allgemeine Zeitung (22.03.2014), S. 19.

1210 European Parliament, International ocean governance: an agenda for the future of our oceans in the context of the 2030 Sustainable Development Goals (P8_TA(2018)0004), 16.01.2018.

1211 Siehe die Anfrage der FDP: BT-Drs. 19/30249, Kleine Anfrage: Aktuelle Entwicklungen in der Forschung zu Risiken und Nutzen von Tiefseebergbau, 02.06.2021.

1212 Siehe die Anfragen der Linkspartei und von Bündnis 90/Die Grünen: BT-Drs. 18/1260, Kleine Anfrage: Ökologische Auswirkungen des Tiefseebergbaus, 24.04.2014; BT-Drs. 19/14999, Kleine Anfrage: Tiefseebergbauinteressen der Bundesregierung, 11.11.2019.

1213 O.A., Mehr Fortschritt wagen. Bündnis für Freiheit, Gerechtigkeit und Nachhaltigkeit. Koalitionsvertrag zwischen SPD, Bündnis 90/Die Grünen und FDP, 24.11.2021, S. 40, https://www.spd.de/koalitionsvertrag2021/ (02.01.2024).

1214 Bundesministerium für Wirtschaft und Klimaschutz/Bundesministerium für Umwelt, Naturschutz, nukleare Sicherheit und Verbraucherschutz, Gemeinsame Pressemitteilung (01.11.2022): Schutz der Meere. Deutschland unterstützt bis auf Weiteres keinen Tiefseebergbau, https://www.bmwk.de/Redaktion/DE/Pressemitteilungen/2022/11/20221101-schutz-der-meere-deutschland-unterstutzt-bis-auf-weiteres-keinen-tiefseebergbau.html (02.01.2024).

land, aber auch Spanien, Neuseeland, Chile, Costa Rica und andere Länder somit ein Moratorium unterstützten, ging Frankreichs Staatspräsident Emmanuel Macron (geb. 1977) wenig später noch einen Schritt weiter und forderte ein völliges Verbot des Tiefseebergbaus.[1215]

Der öffentliche und politische Gegenwind bezüglich des Abbaus von Manganknollen hat somit in Deutschland, Europa und darüber hinaus noch zugenommen. Seitdem die Manganknollen nach der Jahrtausendwende wieder am Horizont von Politik und Wirtschaft aufgetaucht waren, ist die Frage der Umweltverträglichkeit – im deutlichen Kontrast zu den 1970/80er Jahren – in den Mittelpunkt der öffentlichen Diskussion gerückt und besitzt daher eine hohe Bedeutung für die endgültige Ressourcenwerdung der Manganknollen.

6.4 Aussichten für den Tiefseebergbau

Angesichts der langen Geschichte nicht eingetretener Erwartungen bezüglich des Tiefseebergbaus wird man an dieser Stelle keine exakten Vorhersagen erwarten dürfen. Bis 2023 hat die ISA noch keine Abbaulizenz vergeben und es wurden auch noch keine Anträge gestellt. Dies liegt auch daran, dass das Regelwerk („mining code"), auf dessen Grundlage über Lizenzanträge entschieden würde, noch nicht vorliegt. Die Behörde arbeitet seit 2014 an dem „mining code", ein erster Entwurf wurde 2019 zur Beratung vorgelegt. Hier wird es in absehbarer Zeit zu einer Entscheidung kommen müssen, da die Regierung von Nauru im Juni 2021 den Rat der ISA formell in Kenntnis setzte, dass das von ihr unterstützte Unternehmen NORI (eine Tochter der kanadischen TMC, s. Kap. 6.2) in zwei Jahren einen Antrag für eine Abbaulizenz vorlegen werde. Damit löste Nauru bzw. TMC den Mechanismus nach Anhang Abschnitt 1, §15 des Durchführungsübereinkommens von 1994 aus, auch als „the Trigger" oder „Two-Year Countdown" bekannt, wonach die ISA nun binnen zwei Jahren den „mining code" verabschieden oder den Antrag auf Grundlage der bestehenden Regeln bewerten muss. Dies bedeutet nicht, dass der Tiefseebergbau nach Manganknollen umgehend beginnen wird, aber die ISA steht unter Druck, den „mining code" bis dahin abzuschließen, auch wenn Wissenschaftler beklagen, dass ein solches Vorgehen übereilt wäre und viele wichtige Fragen noch offen seien.[1216]

1215 Martine Valo, Emmanuel Macron veut interdire l'exploitation des fonds marins, in: Le Monde (07.11.2022), https://www.lemonde.fr/planete/article/2022/11/07/emmanuel-macron-veut-interdire-l-exploitation-des-fonds-marins_6148877_3244.html (02.01.2024).

1216 International Seabed Authority, Press Release, 29.06.2021, Nauru requests the President of ISA Council to complete the adoption of rules, regulations and procedures necessary to facilitate the approval of plans of work for exploration in the Area, https://www.isa.org.jm/news/nauru-requests-president-isa-council-complete-adoption-rules-regulations-and-procedures (02.01.2024); Andrew Thaler, A pivotal moment in the history of deep-sea mining, 30.06.2021, in: https://dsmobserver.com/2021/06/a-pivotal-moment-in-the-history-of-deep-sea-mining/ (02.01.2024).

Für die Ressourcenwerdung der Manganknollen würde dies bedeuten, dass die rechtlichen Rahmenbedingungen für einen Tiefseebergbau im „Area“ relativ detailliert festgeschrieben wären und Investoren insofern, zumindest was den juristischen Aspekt angeht, Planungssicherheit hätten. Die Preise für die in den Knollen enthaltenen Metalle sind dagegen wie in der Vergangenheit weiterhin schwer vorherzusagen. Ihre kurzfristige Entwicklung bleibt überdies anfällig für externe Schocks. Die COVID-19 Pandemie sorgte von Januar bis April 2020 für einen deutlichen Einbruch der Preise – bei Metallen weniger ausgeprägt als bei Erdöl –, der aber dann in eine rasche Erholung überging und ab Ende 2020 sogar das Niveau von 2019 deutlich übertraf.[1217] 2021 waren steigende Rohstoffpreise wieder in den Schlagzeilen. Eine Studie der Weltbank erwartete im April 2023 jedoch für dieses und das folgende Jahr einen Rückgang der Metallpreise angesichts einer schwachen Nachfrage und einem wachsenden Angebot aus der Bergwerksproduktion. Dies betraf auch Nickel und Kupfer. Mittel- bis langfristig sah die Weltbank dagegen durch den Ausbau der Erneuerbaren Energien und der Elektromobilität einen wachsenden Bedarf und steigende Preise für diese beiden Metalle ebenso wie für Kobalt, Lithium und Seltene Erden. Allerdings wies die Studie auch auf die Entwicklung von neuen Batterietypen hin, die kein Nickel bzw. weniger Kobalt benötigen. Diese Innovationen ebenso wie die allgemeine wirtschaftliche Entwicklung – insbesondere in China – galten als Unsicherheitsfaktoren, die einem langfristigen Verbrauchswachstum entgegenstehen könnten.[1218]

Letztlich handelte es sich bei dieser Studie der Weltbank nur um eine Prognose mit begrenzter Aussagekraft. Überdies legt eine historische Betrachtungsweise nahe, dass ein wachsender Bedarf durch neue technische Möglichkeiten nicht zwangsläufig in Knappheit und steigenden Preisen resultieren muss. So zeigte der reale, inflationsbereinigte Erdölpreis von den 1860er Jahren bis zum ersten Ölpreisschock 1973 eine sinkende Tendenz.[1219] In dem Maße, in dem Erdöl mit dem Siegeszug des Verbrennungsmotors zur Zentralressource industrieller Gesellschaften wurde und der Verbrauch zunahm, sank langfristig der Preis, da die steigende Nachfrage verstärkte Explorationstätigkeiten und Investitionen in neue Produktionskapazitäten nach sich zog. Auch die Produktion von Kupfer, Nickel und Kobalt konnte in der zweiten Hälfte des 20. Jahrhunderts und darüber hinaus beträchtlich gesteigert werden (s. Diagramm 5 in Kap. 5.2). In den Jahren 2000 bis 2018, in denen sich schon der Aufstieg von Erneuerbaren Energien und Elektromobi-

1217 Als Beispiel für die Schwierigkeiten, externe Schocks und längerfristige Trends zu differenzieren bzw. die langfristigen Auswirkungen solcher Schocks vorherzusagen vgl. die Ausführungen von Sparenberg in: Maria Bolevich, The deep-sea mining community adapts to the new normal under coronavirus restrictions, 16.04.2020, https://dsmobserver.com/2020/04/the-deep-sea-mining-community-adapts-to-the-new-normal-under-coronavirus-restrictions/ (02.01.2024).

1218 World Bank, Commodity Markets Outlook. April 2023, Washington, DC 2023, S. 26–30, https://www.worldbank.org/en/research/commodity-markets#1 (02.01.2024).

1219 BP, Statistical Review of World Energy. Workbook (June 2022) (http://www.bp.com/statisticalreview) (02.01.2024).

lität auswirkte, wuchs die weltweite Produktion aus Bergwerken, also abgesehen von Recycling, noch einmal um das 1,8fache bei Nickel, das 1,5fache bei Kupfer und das 3,8fache bei Kobalt.[1220] Es gibt also zumindest keinen Grund anzunehmen, dass für die Zukunft steigende Preise oder gar „a worldwide age of scarcity“[1221] (Paul R. und Anne H. Ehrlich, 1972) bzw. „an era of pervasive unprecedented resource scarcity“[1222] (Michael T. Klare, 2012) das einzige mögliche Szenario sei. Ebenso wenig scheint die Ausdehnung des Bergbaus in die Tiefsee unumgänglich zu sein.

In den Jahren 2017 und 2019 veröffentlichte Wirtschaftlichkeitsstudien waren zumindest vorsichtig optimistisch, was die ökonomischen Aussichten einer Förderung von Manganknollen betraf. Der indische Ozeanograf Rahul Sharma rechnete 2017 mit ca. 11,9 Milliarden USD Investitions- und Betriebskosten für ein Tiefseebergbauprojekt über 20 Jahre, was ihn angesichts erwarteter Erträge von 18,73 Milliarden USD aus der Gewinnung von Mangan, Nickel, Kupfer und Kobalt hinsichtlich der Rentabilität vorsichtig optimistisch stimmte („... may seem promising“).[1223] Allerdings lagen dieser Berechnung die durchschnittlichen Metallpreise von 2010/11 zugrunde, also einer Phase mit einem außergewöhnlich hohen Preisniveau. Eine Wirtschaftlichkeitsstudie von 2019, die aus dem Blue Mining-Projekt der EU hervorgegangen ist, kam zu dem Ergebnis, dass der Abbau von Manganknollen – immerhin oder lediglich – an der Grenze zur Wirtschaftlichkeit stände: „At this time and for the foreseeable future, SMnN (=seafloor manganese nodules) mining projects would be launched at the verge of financial profitability.“[1224] Gemäß der Studie könnten jedoch Entwicklungen im Bereich des landgestützten Bergbaus und der Recyclingwirtschaft den Tiefseebergbau entbehrlich und unwirtschaftlich machen. Überdies seien, angesichts von Investitionen im Bereich von Milliarden USD, Subventionen und fiskalische Anreize erforderlich, um derartige Projekte zu realisieren. Schließlich sah die Studie auch erhebliche finanzielle Risiken für den Tiefseebergbau, die aus dessen Umweltauswirkungen resultierten.[1225] Während der Begriff „complex orebodies“ üblicherweise auf die geologischen Verhältnisse abzielt, die bei zunehmender Komplexität einen Abbau wirtschaftlich riskanter und irgendwann unrentabel machen, bezeichnet ein Artikel von 2021 Manganknollen als „a novel type of complex orebody“, um zusätzlich auf die wachsende Bedeutung sozialer und ökologischer Rahmenbedingungen hinzuweisen, deren Nichtbeachtung erhebliche wirtschaftliche Risiken nach sich ziehen würde. Dies gilt ebenso für viele Landlagerstätten, aber die Autoren betonen die inhärente Komplexität und die damit verbundenen Risiken des Tiefseebergbaus, denen sie einen erheblichen Einfluss auf die weitere Entwicklung zuschreiben.[1226]

1220 Kelly/Matos, Historical Statistics.
1221 Ehrlich/Ehrlich, End, S. 21.
1222 Klare, Race, S. 8.
1223 Sharma, Deep-sea mining, S. 10.
1224 Volkmann/Lehnen/Kukla, Estimating the economics, S. 300.
1225 Ebd., S. 301.
1226 Kung et al., Governing, S. 2, 9f.

Die Geschichte des Tiefseebergbaus ist somit immer noch offener, als es Befürworter und Kritiker oft darstellen, wenn sie gleichermaßen davon auszugehen scheinen, dass schon in wenigen Jahren eine Reihe von Bergbauschiffen im Pazifik arbeiten werden. Dass die Geschichte des Tiefseebergbaus sich wiederholt und die Manganknollen erneut nicht die Schwelle zu einer kommerziell genutzten Ressource überschreiten können, ist eine reale Möglichkeit.

7. Zusammenfassung und Ausblick

„Außerdem kann man auf diesen Manganknollen noch lange kauen, habe ich so die Befürchtung."[1227]

Otto Graf Lambsdorff, 1978 im Deutschen Bundestag

Bundeswirtschaftsminister Graf Lambsdorff ahnte zu diesem Zeitpunkt vermutlich nicht, dass man über 44 Jahre später immer noch bzw. erneut über Manganknollen diskutieren würde, ohne dass bis dahin eine einzige Tonne Metall aus der Tiefsee die Rohstoffmärkte erreicht hätte. In jedem Fall behielt er mit diesem Satz gewissermaßen recht.

Die Entdeckung der Manganknollen durch die Seeleute und Wissenschaftler an Bord der HMS Challenger geschah 1873 zufällig, aber nicht voraussetzungslos, da sie ein staatlich unterstütztes wissenschaftliches Interesse an der Tiefsee voraussetzte. Eine wirtschaftliche Nutzung dieser mineralogischen Kuriositäten war jedoch für die folgenden fast 80 Jahre kein Thema, weil eine Förderung technisch nicht umsetzbar schien und hinreichende Erzlagerstätten zu Lande vorhanden waren. Erst ab 1952 ist vor dem Hintergrund der angespannten Versorgungslage während des Koreakrieges in den USA die Idee dokumentiert, die Knollen vom Meeresboden als Erz zu nutzen. In dem Maße, in dem in den Nachkriegsjahrzehnten parallel zur Erschließung des Weltraums neue Nutzungen des Meeres und der Unterwasserwelt – dem „inner space" – vorstellbar und auch tatsächlich möglich wurden, entwickelten sich Meeresforschung und Meerestechnik in den meisten Industrienationen einschließlich der Bundesrepublik während der 1960er Jahre zu expandierenden und zukunftsverheißenden Feldern. Damit gewann auch die Idee des Abbaus von Manganknollen zunehmend konkretere Züge. John L. Meros optimistische Publikationen, insbesondere seine Monografie von 1965, lenkten vor diesem Hintergrund die weltweite Aufmerksamkeit auf die Manganknollen.

1227 Deutscher Bundestag, Plenarprotokoll 8/117 (16.11.1978), S. 9094. Zum Kontext: Wirtschaftsminister Lambsdorff (FDP) erklärte in der Debatte über die Rohstoffpolitik der Bundesregierung, dass er in der Frage der UN-Seerechtskonferenz keine tiefgreifende Meinungsverschiedenheit zwischen Regierung und Opposition erkennen könne. In einem Zwischenruf fragte der Abgeordnete Wolfgang von Geldern (CDU) daraufhin in Anspielung auf Spannungen zwischen den Regierungsparteien SPD und FDP, ob dies auch für die beiden Koalitionspartner gelte. Lambsdorff bejahte dies, worauf Herbert Wehner (SPD) einwarf: „Geben Sie ihm doch wenigstens einen Trost! Der Mann braucht doch etwas zum Kauen!" Vielleicht weil er dem CDU-Abgeordneten insgeheim Recht gab, fand Lambsdorff diese Häme unpassend und erwiderte: „Herr Wehner, ich habe heute selbst schon Trost gesammelt. Ich bin gar nicht bereit, heute Trost zu versprühen. Also lassen wir das heute einmal. Außerdem kann man auf diesen Manganknollen noch lange kauen, habe ich so die Befürchtung."

Allerdings musste für Schritte hin zur tatsächlichen Umsetzung entsprechender Projekte noch ein verstärkter Bedarf nach den in den Manganknollen enthaltenen Metallen hinzutreten. Seit den späten 1960er Jahren riefen der zunehmende Verbrauch, Preissteigerungen und Lieferunterbrechungen – bzw. deren Erwartung – bei NE-Metallen einen solchen Bedarf nach einer Vergrößerung und Diversifizierung des Angebots hervor. Die Nickelkrise ca. 1966–1970 wirkte hier zunächst als ein Warnschuss, der in der Bundesrepublik dazu beitrug, das Thema Rohstoffversorgung und Importabhängigkeit auf die politische Agenda zu setzen. Nach dem ersten Ölpreisschock 1973 nahm die Aufmerksamkeit weiter zu, da nun die westlichen Industrienationen parallele Entwicklungen mit effektiven Kartellen, Boykotten und einem generellen Machtzuwachs der Produzentenstaaten in der Dritten Welt auch bei Metallen erwarteten. Zumindest in der öffentlichen Wahrnehmung traten neomalthusianische Befürchtungen über eine bevorstehende Erschöpfung der terrestrischen Rohstofflagerstätten noch hinzu. Es entstand somit ein Anreiz, auch unkonventionelle Vorkommen wie die Manganknollen auf dem Tiefseeboden verstärkt ins Auge zu fassen. Der Tiefseebergbau stellte daher eine von mehreren Optionen für die Rohstoffpolitik von Staaten wie der Bundesrepublik dar, um ihre Versorgungssicherheit mit kritischen Metallen wie Nickel, Kupfer und Kobalt zu verbessern.

Manganknollen boten sich in dieser Situation an: Zunächst schien die schiere Menge der Metalle am Meeresboden – Mero verhieß sogar deren Unerschöpflichkeit – attraktiv in einer Welt, in der die Industriestaaten fürchteten, an die politischen und geologischen Grenzen ihres Rohstoffverbrauchs gelangt zu sein. Zudem galten Exploration und Förderung zunächst als vergleichsweise einfach, da die Knollen den Meeresboden über weite Strecken bedecken. Vor allem aber gewann das Argument der Versorgungssicherheit, das schon bei Mero anklang, in den 1970er Jahren an Bedeutung. Tiefseebergbauprojekte boten die Möglichkeit, den Rohstoffbezug auszuweiten und zu diversifizieren und somit die Abhängigkeit von als politisch unzuverlässig geltenden Staaten im Globalen Süden zu reduzieren.

Mit dem wirtschaftlichen Interesse an einem Gegenstand stellt sich regelmäßig auch die Frage nach den Verfügungs- oder Eigentumsrechten. Die Tiefseebergbaupläne schufen zum ersten Mal einen Anlass, Eigentumsrechte am Meeresboden jenseits des Festlandsockels zu beanspruchen und somit von der traditionellen Freiheit der Meere abzuweichen. Die Rede des maltesischen Botschafters Arvid Pardo vor der UN-Generalversammlung 1967, in der er das Common-Heritage-Prinzip vorschlug, stieß eine Rechtsentwicklung an, die zur 3. UN-Seerechtskonferenz (1973–1982) führte. Da die genaue Ausgestaltung des neuen Seerechts mit dem Meeresboden und seinen Ressourcen als gemeinsames Erbe der Menschheit international sehr kontrovers diskutiert wurde und sich das Ergebnis lange nicht absehen ließ, war der Tiefseebergbau von Beginn an mit einer erheblichen Rechtsunsicherheit belastet. Hinsichtlich der öffentlichen Wahrnehmung der Ozeane als Umwelt zeichnete sich ebenfalls bereits vor 1970 ein Wandel ab, der sich vor allem an Themen wie dem Walfang, Tankerunglücken sowie der Versenkung von radioaktiven Abfällen und Chemiewaffen festmachte. Obwohl schon seit dem 19. Jahrhundert bekannt war, dass auch der Tiefseeboden ein belebter Ort ist, wurden mögliche ökologische Folgen des Abbaus von Manganknollen in den 1960er Jahren allerdings noch kaum thematisiert.

Ausgehend von den USA begannen verschiedene Unternehmen aus westlichen Industriestaaten sich seit Ende der 1960er Jahre für den Tiefseebergbau nach Manganknollen zu interessieren. Aus mehreren interessierten Unternehmen bildete sich in der Bundesrepublik zunächst eine nationale Arbeitsgemeinschaft, die AMR, die sich anschließend mit Partnern aus Kanada, Japan und den USA zu einem internationalem Joint Venture, der OMI, zusammenschloss. Diese arbeitete als eines von mehreren internationalen Gemeinschaftsunternehmen in den 1970er Jahren an der Exploration und Förderung von Manganknollen. Diese Arbeiten, die zahlreiche technische Neuentwicklungen erforderten, mündeten 1978 in dem ersten erfolgreichen Abbautest im Pazifik. Dieser sowie zwei weitere Abbautests anderer Konsortien 1978/79 demonstrierten die prinzipielle technische Machbarkeit des Abbaus und der Förderung von Manganknollen aus über 4 km Wassertiefe, waren jedoch vom Maßstab einer kommerziellen Operation noch weit entfernt. Die bundesdeutsche Industrie, die wie in anderen Ländern auch erhebliche Staatshilfen erhielt, war auf diesem Gebiet nicht allein oder führend tätig, stellte aber einen international bedeutenden Akteur dar. Die Auswirkungen auf die marine Umwelt waren in den 1970er Jahren schon insoweit ein Thema, als die konkreten Arbeiten am Tiefseebergbau von Umweltverträglichkeitsstudien begleitet wurden.

Die Abbautests von 1978/79 bildeten den Höhepunkt des Tiefseebergbaus in der Hinsicht, dass anschließend die meisten Projekte stark zurückgefahren wurden. Der Erwartungshorizont aller Akteure hinsichtlich des Beginns einer kommerziellen Förderung verschob sich zusehends auf unbestimmte Zeit in die Zukunft, nachdem man in den 1960er und 1970er Jahren noch mit einem Start in wenigen Jahren gerechnet hatte. Damit fielen auch die Manganknollen vom Status einer vielversprechenden und umstrittenen Ressource bis ins neue Jahrtausend fast wieder auf den Stand einer mineralogischen Kuriosität zurück. Die Ursachen lagen in einer Veränderung der Rahmenbedingungen, die den Tiefseebergbau seit den 1960er Jahren zunächst hatten attraktiv erscheinen lassen, die sich aber bis in die 1980er Jahre entgegen den ursprünglichen Erwartungen entwickelten. Rückläufige (reale) Rohstoffpreise, nachlassende Spannungen zwischen Rohstoffproduzenten im Globalen Süden und -konsumenten im Norden, die aus Investorensicht ungünstigen Entwicklungen im internationalen Seerecht sowie gestiegene Kosten und technische Schwierigkeiten machten den Tiefseebergbau in den 1980er Jahren unrentabel und politisch entbehrlich. In den bisher führenden Staaten einschließlich der Bundesrepublik nahmen die Unternehmen zuerst eine abwartende Haltung ein, bevor sie ihre Aktivitäten weitgehend einstellten. Lediglich in der Sowjetunion, Japan, Südkorea und Frankreich wurden die staatlichen Programme noch ausgebaut, um den Rückstand auf die führenden Staaten aufzuholen, aber ohne konkrete Schritte hin zum Abbau einzuleiten. In der Bundesrepublik verlagerte sich der Schwerpunkt der staatlichen Forschung auf die Umweltfolgen. In diesem Rahmen entstand in der zweiten Hälfte der 1980er Jahre das bis heute relevante

DISCOL-Experiment als Langzeitstudie über die ökologischen Auswirkungen der Manganknollenförderung.

Nach der Jahrtausendwende erlebte das Projekt des Tiefseebergbaus eine Renaissance, die zumindest bis 2023 andauert. Erneut schufen Sorgen über die Importabhängigkeit und Versorgungssicherheit einen Anreiz, dass Manganknollen, wie auch Massivsulfide, wieder in den Blick von Wissenschaft, Unternehmen, Politik und der Öffentlichkeit gerieten. Im Kontrast zu den 1970/80er Jahren scheint die völkerrechtliche Lage im 21. Jahrhundert weitgehend unstrittig und aus Investorensicht nicht ungünstig zu sein, wenn auch detaillierte Regelungen für den Abbau („mining code") noch ausstehen. Dagegen steht nun die ökologische Vertretbarkeit im Zentrum der Debatte um den Tiefseebergbau. Während von Seiten von Wissenschaftlern, Nichtregierungsorganisationen, aber auch in Teilen der Politik der Tiefseebergbau aus diesem Grund abgelehnt oder zumindest ein Moratorium gefordert wird, greifen gegenwärtig auch Befürworter und interessierte Unternehmen ökologische Argumente auf. Sie betonen den potenziellen Beitrag des Tiefseebergbaus zur Energiewende, also die Versorgung mit Nickel, Lithium und Seltenen Erden, und argumentieren, dass die Erzgewinnung aus der Tiefsee verglichen mit dem terrestrischen Bergbau mit einer geringeren Umweltbelastung einhergehe. Im Herbst 2022 wurde erstmals wieder ein Test eines integrierten Abbau- und Förderverfahrens für Manganknollen durchgeführt, so dass das Projekt des Tiefseebergbaus nach 44 Jahren erneut an der Schwelle zum kommerziellen Betrieb steht. Gleichzeitig scheinen allerdings bei näherer Betrachtung sowohl Prognosen zur Wirtschaftlichkeit als auch der Konnex zur Energiewende fraglich.

Wie hier deutlich wird, folgt die Geschichte des Tiefseebergbauprojekts eng den Zyklen der Metallmärkte. Seit der Mitte des 20. Jahrhunderts lassen sich drei große Rohstoff-Booms erkennen, die phasenweise zu stark steigenden Preisen führten:[1228] 1950/51 anlässlich des Koreakrieges, 1973/74 im Umfeld des Ölpreisschocks, dem schon ein deutlicher Anstieg der Metallpreise seit Mitte der 1960er Jahre vorausging, und schließlich 2004–2011 der erste Boom im 21. Jahrhundert. Während des Koreakrieges wurde erstmals vorgeschlagen, Manganknollen zu nutzen, in dem Zeitraum 1969–1974 nahmen die Tiefseebergbauprojekte konkrete Formen an und nach 2004 erlebte das Thema eine Renaissance mit erneut starken staatlichen und privatwirtschaftlichen Aktivitäten. Da allerdings solch komplexe Projekte stets eine gewisse Vorlaufzeit von der Initiierung bis zur Umsetzung brauchen, war zumindest im 20. Jahrhundert die eigentliche Krisensituation, die den Anstoß für das Projekt gab, schon vorbei, bevor die Forschungs- und Entwicklungsarbeiten abgeschlossen waren. Dementsprechend ging das Interesse an dem Vorhaben als einer Lösung für ein nicht mehr aktuelles Problem wieder verloren. Solche Probleme des Timings sind als wichtiger Faktor für das Scheitern technischer Innovationen identifiziert worden.[1229]

1228 Radetzki, Anatomy.
1229 Bauer, Gescheiterte Innovationen, S. 308–310.

Allerdings musste der Tiefseebergbau nicht jeweils bei Null wieder anfangen. Meros Interesse an den Manganknollen hatte während des Koreakrieges begonnen, aber seine Monografie von 1965 lag rechtzeitig vor dem nächsten Metallpreisanstieg vor. Ebenso konnte die BGR ihren Lizenzantrag bei der ISA 2005 auf Daten der AMR aus den 1970er Jahren stützen, wie auch generell die technischen Prinzipien der heutigen Projekte aus der ersten Hochphase des Tiefseebergbaus übernommen wurden. Insofern muss man die Geschichte des Tiefseebergbaus nicht zwangsläufig als eine Reihe von Boom-and-Bust-Cycles sehen. Ebenso ließe sich die Entwicklung als stufenförmiger Aufstieg interpretieren, bei dem sich das Projekt, unterbrochen von Rückschlägen, sukzessive dem Durchbruch nähert, der, wenn nicht jetzt, dann beim nächsten oder übernächsten Rohstoffpreisanstieg erreicht sein wird. Freilich ändern sich auch Rahmenbedingungen, so dass man nicht einfach dort anfangen kann, wo die Vorgänger einige Jahrzehnte zuvor aufgehört haben: An die Umweltverträglichkeit werden heute andere Anforderungen gestellt als vor 40 Jahren, was Auswirkungen auf die Technik der Kollektoren hat. In ähnlicher Weise stehen metallurgisch-technische Verfahren gegenwärtig vor der neuen Aufgabe, möglichst auch Lithium und Seltene Erden aus den Manganknollen zu extrahieren. Prognosen über die zukünftige Preisentwicklung und Versorgungslage sind ein schwieriges Geschäft, aber möglicherweise stehen die aktuellen Tiefseebergbauprojekte bald wieder vor dem Problem des Timings, d.h. dass die Problemlage bereits überwunden sein könnte, bevor die Lösung bereitsteht.

Eine weitere Konstante in der Geschichte des Tiefseebergbaus ist der aus Investorensicht problematische rechtlich-institutionelle Rahmen und damit eine unzureichende Rechtssicherheit, die das Projekt durchgehend belastet haben. Spätestens seit Arvid Pardos Rede vor der UN-Generalversammlung 1967 war absehbar, dass der Tiefseebergbau nicht im Rahmen der traditionellen Freiheit der Meere durchführbar sein würde, sondern dass es irgendeine Art UN-Regime über den Tiefseeboden außerhalb nationaler Hoheitsgebiete geben würde. Die Akteure in der Bundesrepublik erwarteten bereits früh, dass dieser Rahmen angesichts der gegenläufigen Vorstellungen von Entwicklungsländern und Industriestaaten kontrovers sein und nicht den Interessen letzterer entsprechen würde. Daher wurde bereits spätestens ab 1971 in den Industriestaaten über nationale Tiefseebergbaugesetze und deren gegenseitige Anerkennung, also ein „mini-treaty-regime", nachgedacht. Das starke Interesse an einem U.S.-amerikanischen Konsortiumspartner in der bundesdeutschen Industrie – in Italien, Belgien, den Niederlanden und Großbritannien scheint es ähnliche Präferenzen gegeben zu haben[1230] – erklärt sich ebenfalls aus der Erwartung von Konflikten und dem Streben nach politischer und ggf. auch militärischer Rückendeckung. Letztlich konnte sich die Staatengemeinschaft, mit Ausnahme der USA, erst 1994 mit dem Durchführungsübereinkommen auf ein neues Seerecht und damit Grundregeln für eine Bewirtschaftung des Tiefseebodens einigen. Zu diesem Zeitpunkt

1230 Vgl. die Liste der Konsortien in Kap. 4.1.3. Mit Ausnahme des französischen Projekts und der späteren asiatischen „Nachhol"-Programme der 1980er Jahre schlossen alle Konsortien einen Partner aus den USA ein.

hatte allerdings das ökonomische Interesse an den Manganknollen einen Tiefpunkt erreicht und der zentrale Streitpunkt hatte somit seine Relevanz verloren. Stand 2023 stehen die detaillierten Regeln für den Abbau, der „mining code", immer noch aus. Dabei sind gegenwärtig weniger der Zugang zu den Lagerstätten und die Verteilung der Gewinne strittig, sondern die Frage, welche Eingriffe in das Ökosystem tolerabel sind und welche Vorsorgemaßnahmen die Unternehmen zu treffen haben.

Ebenso stand die Wirtschaftlichkeit des Tiefseebergbaus trotz Meros optimistischer Annahmen früh und fortgesetzt infrage. In der Bundesrepublik scheinen zumindest seit 1971 die meisten Wirtschaftlichkeitsberechnungen zu dem Ergebnis gekommen zu sein, dass sich der Abbau kaum rechnen würde. Allerdings waren alle diese Berechnungen mit großen Unsicherheiten behaftet. Das Verhalten der Unternehmen in der Bundesrepublik und weltweit deutet ebenfalls darauf hin, dass man nicht an rasche und hohe Gewinne glaubte und sich der Risiken sehr bewusst war. Daher zogen es alle beteiligten Unternehmen vor, im Rahmen großer Konsortien zu handeln, um die Kosten und Risiken breit auf mehrere Schultern zu verteilen, auch wenn dies selbstverständlich bedeutete, etwaige spätere Gewinne ebenfalls teilen zu müssen. Daneben gelang es den bundesdeutschen Unternehmen wie auch ihren internationalen Partnern und Wettbewerbern, einen Großteil der Kosten auf staatliche Institutionen abzuwälzen. Oder andersherum ausgedrückt: Den Regierungen gelang es, über Fördermaßnahmen die Privatwirtschaft zu Aktivitäten in einem Bereich zu bewegen, der rohstoffpolitisch zur Erhöhung der Versorgungssicherheit und zur Diversifizierung des Rohstoffbezugs von großem Interesse war, auch wenn die rein betriebswirtschaftlichen Aussichten allein ein Engagement nicht gerechtfertigt hätten. Ohne eine aktive Rolle staatlicher Akteure – darin ähnelt der Tiefseebergbau der zeitlich parallelen Entwicklung der Atomkraft – hätte es die Manganknollenprojekte der 1960er bis 1980er Jahre in dieser Form nicht gegeben. Entsprechend ihrem risikoaversen Verhalten konnten die Unternehmen ihre Kosten auf niedrigem Niveau begrenzen. Für die Bundesrepublik bildete der Tiefseebergbau allerdings nur einen kleinen Posten in ihren Ausgaben für Forschung und Entwicklung – verglichen mit den Beträgen für Energieforschung, vor allem Atomkraft und Kohle, Wehr- und Weltraumforschung. Wenn die Investitionen in den Tiefseebergbau rückblickend betrachtet ein Fehler waren, dann war es ein Fehler, den sich Staat und Privatwirtschaft leisten konnten.

Die sich zwischen 1873 und 2023 mehrfach ändernde Wahrnehmung und Bewertung von Manganknollen durch westliche Industrienationen bestätigt die Feststellung des Geografen Gavin Bridge: „the fact that something – whales, tar sands, genetic diversity – is regarded as a resource (or not) tells us rather more about a society than it does about the substance itself."[1231] Da der Wandel der Nutzung wie auch der Nichtnutzung von Rohstoffen daher stets an materiellen und sozialen Wandel gekoppelt ist, müssen beide Seiten gemeinsam untersucht werden, wie Sebastian Haumann betont.[1232] Nur so lässt sich auch

1231 Bridge, Material worlds, S. 1220.
1232 Haumann, Kalkstein, S. 323.

die Geschichte des Tiefseebergbaus angemessen darstellen. Bei unveränderten ozeanografischen und mineralogischen Eigenschaften der Manganknollen änderten sich in den letzten etwa 150 Jahren teilweise mehrfach der Wissensstand, die Marktbedingungen, die politischen Konflikte, die rechtliche Ordnung, der Stand der Technik und die ökologische Bewertung. Damit änderten sich auch die Fähigkeiten, Bedürfnisse und Präferenzen der Gesellschaft und somit das, was sie als Ressource betrachtete. Die Geschichte des Tiefseebergbaus spiegelt daher wichtige Themen der Zeit: den ökonomischen Boom der Nachkriegsjahrzehnte und die Veränderung der globalen Staatengemeinschaft durch die Dekolonisierung in den 1960er und 1970er Jahren ebenso wie die wachsende Bedeutung ökologischer Zusammenhänge, die Debatte um den Klimawandel und den Aufstieg Chinas im frühen 21. Jahrhundert. Bridge wies ebenfalls auf die politische Komponente von Ressourcen hin, die darin besteht, dass verschiedene gesellschaftliche Gruppen verschiedene Fähigkeiten, Bedürfnisse und Präferenzen besitzen und daher auch unterschiedliche Dinge als Ressource betrachten.[1233] Manganknollen bildeten in den 1970er Jahren für die importabhängigen Industriestaaten eine potenzielle Ressource, nicht aber für die Entwicklungsländer, die weder das Know-how für den Tiefseebergbau noch einen nennenswerten Bedarf an zusätzlichen Metallen besaßen, sondern u.U. sogar Einnahmeverluste zu befürchten hatten. Im 21. Jahrhundert stehen sich auch innerhalb westlicher Gesellschaften zwei Gruppen gegenüber: Die eine betrachtet Manganknollen als Ressource für die Rohstoffversorgung, die andere will dagegen ein möglichst intaktes Ökosystem in der Tiefsee erhalten, da sie darin einen Wert für die Menschheit und somit ebenfalls eine Ressource, wenn auch völlig anderer Art, erkennt.

Ob und ab wann Manganknollen tatsächlich Ressourcen geworden sind, hängt auch von der Definition ab. In jedem Fall stellt sich die Ressourcenwerdung als dynamischer, offener und reversibler Prozess dar. Im Sinne von Erich W. Zimmermann (s. Kap. 1.1) kann man sicher davon sprechen, dass die Ressourcenwerdung der Manganknollen in den 1950er Jahren begann, dass sie etwa Ende der 1970er Jahre an der Schwelle zur Ressource standen, dann aber wieder auf den Status eines – in den Worten Zimmermanns – „neutral stuff" zurückfielen und im 21. Jahrhundert erneut vor dieser Schwelle stehen. Gemäß der McKelvey-Box und der neueren Definition des USGS dagegen gelten bereits solche Vorkommen als Ressourcen, aus denen die wirtschaftliche Gewinnung eines Gutes gegenwärtig oder potentiell möglich ist.[1234] Dies dürfte – je nach Auslegung des Begriffs „potentiell" – seit den 1970er Jahren der Fall sein, so dass Manganknollen insofern seitdem als Ressource gelten können. Die Frage, ob die Manganknollen weiterhin nur eine „scientific curiosity" oder eine Ressource darstellen, warf bereits 1968 der Ökonom David B. Brooks auf. Ähnlich wie der USGS definierte er Ressourcen als Materialien, „that may someday be exploited given moderate changes in economic condition and/or reasonably

1233 Bridge, Material worlds, S. 1220f.

1234 „A concentration of naturally occurring solid, liquid, or gaseous material in or on the Earth's crust in such a form and amount that economic extraction of a commodity from the concentration is currently or potentially feasible", U.S. Geological Survey, Mineral Commodity Summaries 2021, S. 195; McKelvey, Mineral resource estimates, S. 35.

expectable technologic advances." Für die spezielle Frage nach der Ressourceneigenschaft der Manganknollen schlug er dagegen eine trennschärfere Definition vor: „... a resource is a material that may or may not be exploitable with today's technology and at today's prices, but that is sufficiently close to exploitability that it exerts some influence on price." [1235] Dies sah er bei Manganknollen angesichts des Interesses von Seiten der Industrie und der intensiven Diskussionen über den Tiefseebergbau schon 1968 als gegeben an. Manganknollen seien daher Ressourcen, auch wenn sie noch nicht abbauwürdig waren, da sie den Preis von Rohstoffen beeinflussten. Das Preisniveau, ab dem der Tiefseebergbau rentabel wäre, bildeten eine Obergrenze, die die Preise für Metalle aus terrestrischer Produktion nicht überschreiten könnten:

> „... it does mean that research on the possible exploitation of deep sea nodules has gone far enough to make them the lowest cost alternative manganese resource of any size, and hence far enough to put a firm ceiling on the long-run price of manganese – and perhaps of cobalt and nickel as well. The price cannot rise higher than the cost of production of the nodules. Indeed, future prices could be well lower than today's prices if deep sea mining becomes a reality."[1236]

Rückblickend kann man sagen, dass hierin wahrscheinlich bis heute die wichtigste Funktion und damit auch ein Motiv für Tiefseebergbauprojekte gelegen hat: Sie haben eine moderierende Wirkung auf die Märkte. Manganknollen deckeln gewissermaßen die langfristige Preisentwicklung, da die terrestrischen Produzenten kein Interesse daran haben können, den Preis über das Niveau steigen zu lassen, welches den Tiefseebergbau profitabel machen würde, da in dessen Folge die Märkte für einzelne Metalle durch das zusätzliche Angebot geflutet werden könnten. Auf dem Ölmarkt haben in jüngster Zeit die OPEC-Staaten in ähnlicher Weise die Produktion erhöht, um unkonventionelles, aus Ölsand und Ölschiefer gewonnenes Öl zurückzudrängen und ihren eigenen Marktanteil zu bewahren, auch wenn sie dafür ein niedrigeres Preisniveau in Kauf nehmen mussten.[1237] Vereinzelt wurde dieser Gedanke eines indirekten Effekts alternativer Ressourcen in der Diskussion über Manganknollen auch in den historischen Quellen geäußert. Der AMR-Mitarbeiter Fellerer schrieb 1987 in diesem Sinne, aber mit Betonung auf den Aspekt der Versorgungssicherheit:

> „Es wäre durchaus denkbar, daß allein die Existenz einer alternativen Rohstoffquelle, und dazu die Tatsache, daß man aus ihr jederzeit schöpfen kann, wenn es notwendig werden sollte, Tendenzen gar nicht erst aufkommen lassen könnte, Rohstoffvorräte etwa als politische Waffe benutzen zu wollen."[1238]

1235 Brooks, Deep sea manganese nodules, S. 402f.
1236 Ebd., S. 422.
1237 Gavin Bridge/Philippe Le Billon, Oil, 2. Aufl. Cambridge/Malden 2017, S. 18.
1238 Fellerer, Tiefseebergbau, S. 56.

Sicherlich musste Fellerer auch daran gelegen sein, eine irgendwie geartete positive Bilanz der ansonsten ergebnislosen, jahrelangen Anstrengungen auf diesem Gebiet zu ziehen. Es spricht jedoch bis heute viel dafür, Manganknollen und andere Tiefseemineralien in Anlehnung an den marinestrategischen Begriff „fleet in being“[1239] als „resource in being“ zu betrachten, also eine Ressource, die durch ihre reine Existenz eine Wirkung auf die Metallmärkte, das Verhalten der Produzenten und die Versorgungssituation der Verbraucher ausübt. Hierfür müssen Forschungs- und Entwicklungsarbeiten sowie die Aushandlung des politisch-rechtlichen Rahmens so weit vorangetrieben werden, dass Tiefseebergbau als Option glaubhaft ist, ohne dass ein tatsächlicher Abbau stattzufinden braucht.

Hinsichtlich der Frage der Reichweite der weltweiten Vorräte an Metallen, die für die technisch-industrielle Zivilisation unentbehrlich scheinen, gibt das Wissen um die gewaltigen, in den Manganknollen enthaltenen Mengen Anlass zu Zuversicht,[1240] auch wenn die anfänglichen optimistischen Behauptungen von John L. Mero deutlich nach unten korrigiert werden mussten. Manganknollen sind sicherlich innerhalb menschlicher Zeitvorstellungen keine erneuerbare Ressource. In jedem Fall macht eine historische Betrachtung deutlich, dass der Begriff Ressourcen generell keine endliche, statische und klar abgegrenzte Menge bezeichnet, so dass – abgesehen von Boykotten, Blockaden oder Unterbrechung von Verkehrswegen – die Vorstellung einer plötzlichen und endgültigen Rohstoffverknappung oder -erschöpfung abwegig ist. Oder wie John E. Tilton es bildlich ausdrückte:

> „We know now, for example, that the world is not likely to wake up one day to find the cupboard bare or the well dry. We will not run out of mineral commodities the way a car runs out of gasoline: one minute speeding along the highway, the next completely stranded on the berm.“[1241]

Die drängenden Probleme liegen heute nicht in der Verfügbarkeit von mineralischen Ressourcen, sondern darin, welche ökologischen Folgen eine Gesellschaft oder die Menschheit als Ganzes bei Abbau und Nutzung in Kauf zu nehmen bereit ist. Technische Innovationen verbunden mit dem Marktmechanismus werden immer die benötigten Ressourcen oder Substitute auf den Kontinenten, in der Tiefsee oder anderswo finden, die Frage ist nur, zu welchem Preis, nicht nur in finanzieller Hinsicht. Mit Blick auf fossile Brennstoffe schrieb Dieter Helm:

1239 Die genaue Bedeutung dieses einflussreichen Begriffs ist umstritten, aber er wird in der Regel im Sinne des Abschreckungseffekts einer Flotte, ohne dass diese tatsächlich eine Schlacht schlägt, verwendet; John B. Hattendorf, The idea of a „fleet in being“ in historical perspective, in: Naval War College Review 67 (2014), 1, Article 6, https://digital-commons.usnwc.edu/nwc-review/vol67/iss1/6 (02.01.2024).

1240 So schon 1987: „An optimistic outlook for long-run materials supply is reinforced by the presence of and increasing knowledge of seabed materials“; Broadus, Seabed materials, S. 859.

1241 Tilton, Borrowed Time, S. 101.

„The uncomfortable fact is that the earth's crust is riddled with fossil fuels, enough to fry the planet many times over. As prices rise, so too do the incentives for technical innovations. If the resources are there, economic incentives usually work in finding new ways in extracting them. And they have spectacularly."[1242]

Die Auswirkungen des Klimawandels werden somit lange vor der Knappheit der Ressourcen zum limitierenden Faktor für die Menschheit.[1243] Statt der lange erwarteten Rohstoffknappheit richten sich die Befürchtungen gegenwärtig auf die Knappheit von Ökosystemdienstleistungen angesichts von Klimawandel und Biodiversitätsverlust, so dass man von „ecological scarcity" sprechen kann.[1244] Unabhängig von der offenen Frage, ob die Preisentwicklung der kommenden Jahre wirklich hinreichende Anreize für den Tiefseebergbau setzen wird, prägt auch dieser Umschwung die Diskussion über den Tiefseebergbau. Die umstrittene Frage ist heute weniger, ob dieser technisch und wirtschaftlich möglich ist oder wer ihn aufnehmen darf, sondern ob man überhaupt in die Tiefsee eingreifen sollte. Damit verändert sich auch die Interpretation der seit den 1960er Jahren für die Rechtsordnung des Tiefseebodens zentralen Begriffe „common heritage of mankind" und „benefit of mankind". Kritiker des Tiefseebergbaus sehen nun in der Erhaltung der vergleichsweise ungestörten Umwelt am Grund des Ozeans einen Faktor für das Wohl der gesamten Menschheit einschließlich künftiger Generationen – und nicht in der Ausweitung des Metallangebots.[1245]

Die Wahrnehmung der Ozeane im Kontext des Tiefseebergbaus über die letzten ca. 60 Jahre ist somit auch Teil eines größeren Wandels in der Wahrnehmung der Meere von einer unerschöpflichen Nahrungs- und Rohstoffquelle sowie einer unbegrenzten Senke für Abfälle zu einer fragilen Umwelt. Die von Mero ausgehende Vorstellung der Manganknollen als unbegrenzte, sich erneuernde Ressource bildete wahrscheinlich das letzte Aufbäumen des alten Topos von der Unerschöpflichkeit der Meere,[1246] bevor das ökologische Zeitalter etwas zeitverzögert auch die Wahrnehmung der Umwelt jenseits der Kontinente erreichte. Seitdem setzte sich zunehmend die Einsicht durch, dass auch die Ozeane kein zeitloser, unveränderlicher Raum sind, sondern eine Geschichte haben, die über vielfältige Wechselbeziehungen mit der menschlichen Geschichte verknüpft ist.[1247] Die Meeresbiologen Jane Lubchenco und Steven D. Gaines forderten in diesem Zusammenhang anstelle der alten Vorstellung des unerschöpflichen Ozeans oder einer angesichts der vielfachen heutigen ökologischen Probleme naheliegenden fatalistischen Sichtweise ein neues Narrativ. Dieses solle die Bedeutung der Ozeane für die Menschheit in den Mittelpunkt stellen und zugleich zu wissenschaftsbasierten Lösungsansätzen inspirieren: „The

1242 Dieter Helm, Burn Out. The Endgame for Fossil Fuels, New Haven/London 2018, S. 6.
1243 Smil, Energy and Civilization, S. 440.
1244 Barbier, Scarcity and Frontiers, S. 634.
1245 Kim, Deep seabed mining.
1246 Zu diesem Topos Ruppenthal, Raubbau, S. 73–90, 171f.; Höhler, Weltmeere, S. 440; Sparenberg, Segen, S. 69–89.
1247 Rozwadowski, Vast Expanses, S. 8, 227.

ocean is not too big to fail, nor is it too big to fix. It is too big to ignore."[1248] Aus dieser Perspektive betrachtet verdient auch die Tiefsee mit ihren Manganknollenvorkommen verstärkte Aufmerksamkeit unabhängig davon, ob man letztlich in den Metallen aus Manganknollen den Schlüssel zu Elektromobilität und Energiewende findet oder ob man sich bewusst entscheidet, diesen Raum angesichts seines ökologischen Werts vor weiteren anthropogenen Eingriffen zu schützen, wobei Mittelwege durchaus denkbar sind.

Eine historische Betrachtung kann, wie eingangs in der Einleitung in Anlehnung an Johan Schot dargestellt, in dreifacher Hinsicht zum Verständnis und zur Bewältigung gegenwärtiger Herausforderungen beitragen (s. Kap. 1).[1249] Angewendet auf die Geschichte des Tiefseebergbaus bedeutet dies erstens, dass der heutige rechtlich-politische Rahmen mit dem Seerechtsübereinkommen und der Internationalen Meeresbodenbehörde aus seiner historischen Genese während der 1970er Jahre heraus verstanden werden muss. Der gegenwärtig von Kritikern geäußerte Vorwurf, die ISA sei „designed to mine",[1250] würde also schon von ihrer Auslegung her die Ressourcennutzung gegenüber dem Umweltschutz bevorzugen, lässt sich zunächst vor dem Hintergrund ihrer Entstehung oder Aushandlung auf UNCLOS III bestätigen und erklären. Auf der Konferenz stand der Gegensatz zwischen Industrie- und Entwicklungsländern im Mittelpunkt, so dass die zentralen Fragen die Zugangsrechte zu den Ressourcen und die Verteilung der Gewinne waren. Die Umweltthematik wurde demgegenüber zwar im SRÜ berücksichtigt, besaß jedoch bei weitem nicht die Bedeutung, die ihr heute zukommt. Umgekehrt lässt der historische Blick erkennen, wie sehr das Thema Internationale Entwicklung bis heute in der Diskussion über den Tiefseebergbau wie auch in vielen anderen Bereichen an Stellenwert eingebüßt hat, obwohl das zugrundeliegende Problem – die globale ökonomische Ungleichheit – keineswegs gelöst ist. Die historische Betrachtung macht hier also in beide Richtungen blinde Flecken erkennbar.

Des Weiteren kann zweitens die Beschäftigung mit der Geschichte auf alternative Szenarien aufmerksam machen, die in der heutigen Diskussion sonst wenig Berücksichtigung finden. So scheinen sich gegenwärtig beteiligte Unternehmen und ökologische Kritiker darin einig, dass der Tiefseebergbau in ökonomischer Hinsicht erfolgsversprechend ist und dass in naher Zukunft mehrere Unternehmungen im kommerziellen Maßstab Manganknollen abbauen werden. Nur die Bewertung fällt je nach Standpunkt unterschiedlich aus. Wenn man die Parallelen zwischen der gegenwärtigen Situation und der Entwicklung in den 1970er/80er Jahren betrachtet, scheint aber auch ein erneutes Scheitern der Pro-

1248 Jane Lubchenco/Steven D. Gaines, A new narrative for the ocean, in: Science, Vol. 364, Issue 6444 (07.06.2019), S. 911.

1249 Schot, Second deep transition.

1250 Greenpeace International, In Deep Water, S. 22. S.a. „ISA is both poacher and gamekeeper", Heffernan, Deep-sea dilemma, S. 467; oder „the ISA has been entrenched in the mindset of a developer rather than a custodian of the common heritage of humankind", Kim, Deep seabed mining, S. 135.

jekte angesichts fehlender Rentabilität und rohstoffpolitischer Notwendigkeit nicht unwahrscheinlich. In jedem Fall öffnet das Wissen um die Geschichte den Blick für die Offenheit der Entwicklung und die Fragilität solcher Projekte.

Schließlich und drittens ermöglicht die historische Untersuchung, populäre Geschichtsbilder infrage zu stellen, die oft bewusst oder unbewusst handlungsleitend sind. Im Fall der Rohstoffversorgung wird häufig die Geschichte der OPEC und des Ölpreisschock erinnert und zur Orientierung herangezogen; so beispielsweise um 2010, als die Seltenen Erden im Fokus standen. Andere, weniger erfolgreiche Rohstoffkartelle wie CIPEC, die allgemeine Entwicklung der Metallmärkte Anfang der 1970er Jahre und das Scheitern des Tiefseebergbaus nach 1978 sind dagegen kaum im öffentlichen Gedächtnis präsent. Ein Blick auf diese Geschichte kann jedoch dazu beitragen, gängige und zunächst naheliegende Vorstellungen kritisch zu überprüfen.

8. Anhang

8.1 Archive

Archiv der Bundesanstalt für Geowissenschaften und Rohstoffe, Hannover (BGR)

Bundesarchiv, Koblenz (BA)
B 102 Bundesministerium für Wirtschaft
B 136 Bundeskanzleramt
B 138 Bundesministerium für Bildung und Wissenschaft
B 196 Bundesministerium für Forschung und Technologie
B 295 Bundesministerium für Umwelt, Naturschutz und Reaktorsicherheit

Hessisches Wirtschaftsarchiv Darmstadt (HWA)
Abteilung 119 Metallgesellschaft AG

Historisches Konzernarchiv RWE, Essen (HK RWE)
Hauptabteilung Power

Niedersächsisches Wirtschaftsarchiv Braunschweig, Wolfenbüttel (NWA)
NWA 2 Salzgitter-Konzern

Politisches Archiv des Auswärtigen Amtes, Berlin (PA)
B 1 Ministerbüro
B 30 Vereinte Nationen
B 88 Seerecht, Antarktis, besondere Völkerrechtsgebiete

8.2 Tageszeitungen

Financial Times
Frankfurter Allgemeine Zeitung
Handelsblatt
Neue Zürcher Zeitung
The Guardian
The New York Times
The Observer

8.3 Literatur und veröffentlichte Quellen

Abelshauser, Werner: Deutsche Wirtschaftsgeschichte. Von 1945 bis zur Gegenwart, 2. Aufl. München 2011.

Ackerman, Daniel: Deep-sea mining. How to balance need for metals with ecological impacts, in: Scientific American (31.08.2020), https://www.scientificamerican.com/article/deep-sea-mining-how-to-balance-need-for-metals-with-ecological-impacts1/ (02.01.2024).

Adler, Antony: Neptune's Laboratory. Fantasy, Fear, and Science at Sea, Cambridge, Mass./London 2019. https://doi.org/10.4159/9780674241893.

Agassiz, Alexander: Cruise of the Albatross, in: Science, Vol. 10, Issue 258 (08.12.1899), S. 833–841. https://doi.org/10.1126/science.10.258.833.

Agricola, Georgius: De re metallica libri XII (Georgius Agricola – Ausgewählte Werke; 7), Berlin 1974.

Amann, Hans: Marine Rohstoffexploration mit der „Valdivia", in: mt – Meerestechnik – Marine Technology 3 (1972), 3, S. 102–106.

Amann, Hans: Meeresbergbau auf Kobalt, Kupfer, Mangan und Nickel, in: mt – Meerestechnik – Marine Technology 4 (1973), 5, S. 178.

Amann, Hans: Technological trends in ocean mining, in: Philosophical Transactions of the Royal Society of London. Series A, Mathematical and Physical Sciences, Vol. 307, No. 1499 (20.10.1982), S. 377–403. https://doi.org/10.1098/rsta.1982.0118.

Amerasinghe, Hamilton S.: The Third World and the seabed, in: Elisabeth Mann Borgese (Hrsg.), Pacem in Maribus, New York 1972, S. 237–248.

Amos, Anthony F./Garside, Christopher/Haines, Kenneth C./Roels, Oswald A.: Effects of surface-discharged deep sea mining effluent, in: Marine Technology Society Journal 6 (1972), 4, S. 40–46.

Amos, Anthony F./Roels, Oswald A.: Environmental aspects of manganese nodule mining, in: Marine Policy 1 (1977), 2, S. 156–163. https://doi.org/10.1016/0308-597X(77)90050-1.

Arbeitsgemeinschaft meerestechnisch gewinnbare Rohstoffe (Hrsg.): Aktuelle Mitteilungen zum Thema Meeresbergbau auf Manganknollen, Frankfurt a.M. 1978.

Arndt, Melanie: Umweltgeschichte, in: Docupedia-Zeitgeschichte (10.11.2015), http://docupedia.de/zg/Arndt_umweltgeschichte_v3_de_2015 (02.01.2024).

Arnsperger, Irmela et al.: Geschichten aus der Geschichte, Stuttgart/Zürich/Wien 2006.

Atmanand, M. A./Ramadass, G. A.: Concepts of deep-sea mining technologies, in: Rahul Sharma (Hrsg.), Deep-Sea Mining. Resource Potential, Technical and Environmental Considerations, Cham 2017, S. 305–343. https://doi.org/10.1007/978-3-319-52557-0_10.

Auburn, Francis M.: Legal aspects of nodule mining, in: Geoffrey P. Glasby (Hrsg.), Marine Manganese Deposits (Elsevier Oceanography Series; 15), Amsterdam 1977, S. 439–459. https://doi.org/10.1016/S0422-9894(08)71028-6.

Bäcker, Harald: Erzschlämme, in: Geologisches Jahrbuch. Reihe D, H. 38 (1980), S. 77–108.

Barbier, Edward B.: Scarcity and Frontiers. How Economies Have Developed Through Natural Resource Exploitation, Cambridge 2011. https://doi.org/10.1017/CBO9780511781131.

Barclay, Lou Anne/Girvan, Norman: Transnational restructuring and the Jamaican bauxite industry. The swinging pendulum of bargaining power, in: Robin S. Gendron/Mats Ingulstad/Espen Storli (Hrsg.), Aluminum Ore. The Political Economy of the Global Bauxite Industry, Vancouver 2013, S. 238–267. https://doi.org/10.59962/9780774825344-013.
Basberg, Bjørn L.: Regulating the natural resources in the Antarctic region. A historical review, in: Andreas R. D. Sanders/Pål Thonstad Sandvik/Espen Storli (Hrsg.), The Political Economy of Resource Regulation. An International and Comparative History, 1850–2015, Vancouver 2019, S. 259–276. https://doi.org/10.59962/9780774860628-012.
Bauer, Reinhold: Gescheiterte Innovationen. Fehlschläge und technologischer Wandel, Frankfurt a.M./New York 2006.
BDI: Jahresbericht des Bundesverbandes der Deutschen Industrie 1968/69, Köln 1969.
BDI: Jahresbericht des Bundesverbandes der Deutschen Industrie 1969/70, Köln 1970.
BDI: Jahresbericht des Bundesverbandes der Deutschen Industrie 1972/73, Köln 1973.
BDI: Jahresbericht des Bundesverbandes der Deutschen Industrie 1973/74, Köln 1974.
BDI: Jahresbericht des Bundesverbandes der Deutschen Industrie 1974/75, Köln 1975.
BDI: Jahresbericht des Bundesverbandes der Deutschen Industrie 1975/76, Köln 1976.
BDI: Positionspapier: Die Chancen des Tiefseebergbaus für Deutschlands Rolle im Wettbewerb um Rohstoffe (BDI-Dokumenten-Nr. D-0643), Berlin 2014.
Belkin, Igor M./Andersson, Per S./Langhof, Jörgen: On the discovery of ferromanganese nodules in the World Ocean, in: Deep-Sea Research Part I: Oceanographic Research Papers, Vol. 175 (September 2021), 103589. https://doi.org/10.1016/j.dsr.2021.103589.
Bender, Friedrich: Vorwort, in: Geologisches Jahrbuch. Reihe D, H. 78 (1986), S. 4.
Berber, Friedrich: Lehrbuch des Völkerrechts. I. Band: Allgemeines Friedensrecht, München/Berlin 1960.
Berg, Georg/Friedensburg, Ferdinand: Mangan (Die Metallischen Rohstoffe, ihre Lagerungsverhältnisse und ihre wirtschaftliche Bedeutung; 5), Stuttgart 1942.
Berg, Georg/Friedensburg, Ferdinand: Nickel und Kobalt (Die Metallischen Rohstoffe, ihre Lagerungsverhältnisse und ihre wirtschaftliche Bedeutung; 6), Stuttgart 1944. https://doi.org/10.1080/11035894509446434.
Bergsten, C. Fred: A new OPEC in bauxite. The success of the International Bauxite Association shows that oil is not unique, in: Challenge 19 (1976), 3, S. 12–20. https://doi.org/10.1080/05775132.1976.11470216.
Bergsten, C. Fred: The Threat from the Third World, in: Foreign Policy 11 (1973), S. 102–124. https://doi.org/10.2307/1148041.
BGR (Bundesanstalt für Geowissenschaften und Rohstoffe) (Hrsg.): Marine Rohstoffe Newsletter 2019, Hannover 2019.
Black, Megan: The Global Interior. Mineral Frontier and American Power, Cambridge/London 2018. https://doi.org/10.4159/9780674989580.
Blissenbach, Erich/Rieger, Harald: III. UNO-Seerechtskonferenz in Caracas, in: mt – Meerestechnik – Marine Technology 6 (1974), 2, S. 181–185.
Blue Mining: Public Report. Breakthrough Solutions for Mineral Extraction and Processing in Extreme Environments. 2014–2018, o.O. 2018, https://www.bluemining.eu via: https://web.archive.org/web/20231212172949/https://bluemining.eu/ (02.01.2024).
Boetius, Antje/Haeckel, Matthias: Mind the seafloor, in: Science, Vol. 359, Issue 6371 (05.01.2018), S. 34–36. https://doi.org/10.1126/science.aap7301.

Böhm, Enrico: Die Sicherheit des Westens. Entstehung und Funktion der G7-Gipfel (1975–1981) (Studien zur internationalen Geschichte; 34), München 2014. https://doi.org/10.1524/9783486771435.

Böhnecke, Günther/Meyl, Arwed H.: Denkschrift zur Lage der Meeresforschung, Wiesbaden 1962.

Boin, Udo: Manganknollen aus der Tiefsee sichern die Zukunft, in: Arbeitsgemeinschaft meerestechnisch gewinnbare Rohstoffe (Hrsg.), Aktuelle Mitteilungen zum Thema Meeresbergbau auf Manganknollen, Frankfurt a.M. 1978, o.S.

Bolevich, Maria: The deep-sea mining community adapts to the new normal under coronavirus restrictions, 16.04.2020, https://dsmobserver.com/2020/04/the-deep-sea-mining-community-adapts-to-the-new-normal-under-coronavirus-restrictions/ (02.01.2024).

Bolster, W. Jeffrey: Opportunities in marine environmental history, in: Environmental History 11 (2006), 3, S. 567–597. https://doi.org/10.1093/envhis/11.3.567.

Bolster, W. Jeffrey: The Mortal Sea. Fishing the Atlantic in the Age of Sail, Cambridge, Mass./London 2012. https://doi.org/10.4159/harvard.9780674067219.

Borchert, Hermann: Über die Entstehung und Bedeutung von Erzlagerstätten auf dem Mond, in: Erzmetall 22 (1969), 12, S. 569–575.

Böschen, Stefan/Reller, Armin/Soentgen, Jens: Stoffgeschichten – eine neue Perspektive für transdisziplinäre Umweltforschung, in: Gaia 13 (2004), 1, S. 19–25. https://doi.org/10.14512/gaia.13.1.5.

Bradley, Robert L.: Resourceship: An Austrian theory of mineral resources, in: The Review of Austrian Economics 20 (2007), 1, S. 63–90. https://doi.org/10.1007/s11138-006-0008-7.

Brehm, Alfred Edmund: Illustrirtes Thierleben. Eine allgemeine Kunde des Thierreichs, 2. Bd., Hildburghausen 1865 (Faksimile-Ausgabe Stuttgart 1979).

Bridge, Gavin: Material worlds. Natural resources, resource geography and the material economy, in: Geography Compass 3 (2009), 3, S. 1217–1244. https://doi.org/10.1111/j.1749-8198.2009.00233.x.

Bridge, Gavin/Le Billon, Philippe: Oil, 2. Aufl. Cambridge/Malden 2017.

Broadus, James M.: Asian Pacific marine minerals and industry structure, in: Marine Resource Economics 3 (1986), 1, S. 63–88. https://doi.org/10.1086/mre.3.1.42628918.

Broadus, James M.: Seabed Materials, in: Science, Vol. 235, Issue 4791 (20.02.1987), S. 853–860. https://doi.org/10.1126/science.235.4791.853.

Brooks, David B.: Deep sea manganese. From scientific phenomenon to world resource, in: Natural Resources Journal 8 (1968), 3, S. 401–423.

Bruey, Alison J.: „Chileanization“ of foreign properties, in: Thomas M. Leonard (Hrsg.), Encyclopedia of U.S.-Latin American Relations. Bd. 1, Los Angeles 2012, S. 180–181.

Brüggemeier, Franz-Josef: Grubengold. Das Zeitalter der Kohle von 1750 bis heute, München 2018. https://doi.org/10.17104/9783406719851.

Bruisch, Katja: Nature mistaken. Resource-making, emotions and the transformation of peatlands in the Russian Empire and the Soviet Union, in: Environmental History 26 (2020), 3, S. 359–382. https://doi.org/10.3197/096734018X15254461646567.

Buck, Susan J.: The Global Commons. An Introduction, Washington, DC 1998.

Bülow, Ralf: Das neue Universum des Klaus Bürgle, in: Uwe Fraunholz/Anke Woschech (Hrsg.), Technology Fiction. Technische Visionen in der Hochmoderne, Bielefeld 2012, S. 289-299. https://doi.org/10.1515/transcript.9783839420720.289.

Bundesarchiv (Hrsg.): Online Edition: Die Kabinettsprotokolle der Bundesregierung, https://kabinettsprotokolle.bundesarchiv.de/ (02.01.2024).

Bundesminister für wissenschaftliche Forschung: Bestandsaufnahme und Gesamtprogramm für die Meeresforschung in der Bundesrepublik Deutschland 1969–1973, Bonn 1969.

Bundesministerium für Wirtschaft und Klimaschutz/Bundesministerium für Umwelt, Naturschutz, nukleare Sicherheit und Verbraucherschutz: Gemeinsame Pressemitteilung (01.11.2022): Schutz der Meere. Deutschland unterstützt bis auf Weiteres keinen Tiefseebergbau, https://www.bmwk.de/Redaktion/DE/Pressemitteilungen/2022/11/20221101-schutz-der-meere-deutschland-unterstutzt-bis-auf-weiteres-keinen-tiefseebergbau.html (02.01.2024).

Burleson, Clyde W.: The Jennifer Project, Englewood Cliffs 1977.

Carboex, Yoram: To the deep end or out of their depth? The Netherlands, deep-sea mining and the United Nations Convention on the Law of the Sea (1967-1982), in: BMGN – Low Countries Historical Review 138 (2023), 4, S. 28-54. https://doi.org/10.51769/bmgn-lchr.17447.

Central Intelligence Agency: The Exposing of Project AZORIAN (17.03.2020), https://www.cia.gov/stories/story/the-exposing-of-project-azorian/ (02.01.2024).

Chandrasekhar, Sandhya: Cartel in a can. The financial collapse of the International Tin Council, in: Northwestern Journal of International Law and Business 10 (1989/90), 2, S. 309–332.

Chase, Judy: NOAA and oceanic research. „Wet NASA“ idea dries up, in: Science, Vol. 173, Issue 3993 (16.07.1971), S. 216f, 220f. https://doi.org/10.1126/science.173.3993.216.

Chiba, Sanae et al.: Human footprint in the abyss: 30 year records of deep-sea plastic debris, in: Marine Policy 96 (2018), S. 204–212. https://doi.org/10.1016/j.marpol.2018.03.022.

Childs, John: Extraction in four dimensions. Time, space and the emerging geo(-)politics of deep-sea mining, in: Geopolitics 25 (2020), 1, S. 189–213. https://doi.org/10.1080/14650045.2018.1465041.

Childs, John: Geographies of deep sea mining. A critical review, in: The Extractive Industries and Society 9 (2022), Article 101044. https://doi.org/10.1016/j.exis.2022.101044.

Christol, Carl Q.: In memoriam Arvid Pardo, in: PS: Political Science and Politics 32 (1999), 4, S. 777f. https://doi.org/10.1017/S1049096500056729.

Chun, Carl: Aus den Tiefen des Weltmeeres. Schilderungen von der deutschen Tiefsee-Expedition, Jena 1900.

Clark, Colin W.: The economics of overexploitation, in: Science, Issue 181, No. 4100 (17.08.1973), S. 630–634. https://doi.org/10.1126/science.181.4100.630.

Clow, Simon: The International Nickel Trade, Cambridge 1992. https://doi.org/10.1016/B978-1-85573-049-6.50011-3.

Collis, Christy/Dodds, Klaus: Assault on the unknown. The historical and political geographies of the International Geophysical Year (1957–8), in: Journal of Historical Geography 34 (2008), S. 555–573. https://doi.org/10.1016/j.jhg.2008.05.016.

Connelly, William: Oceanography. A „Wet NASA,“ will Nixon take the plunge?, in: Science, Vol 168, Issue 3927 (03.04.1970), S. 98–101. https://doi.org/10.1126/science.168.3927.98.

Corbin, Alain: Meereslust. Das Abendland und die Entdeckung der Küste 1750–1840, Berlin 1990.

Cronan, David S.: Deep-sea mining. Historical perspectives, in: Rahul Sharma (Hrsg.), Perspectives on Deep-Sea Mining. Sustainability, Technology, Environmental Policy and Management, Cham 2022, S. 3–11. https://doi.org/10.1007/978-3-030-87982-2_1.

Crosby, Alfred W.: Children of the Sun. A History of Humanity's Unappeasable Appetite for Energy, New York/London 2006.

Cruickshank, Michael J.: In memoriam, in: Marine Georesources and Geotechnology 20 (2002), 1, S. 85f. https://doi.org/10.1080/10641190275355 6870.

Culver, William W.: Intergovernmental Council of Copper Exporting Countries, in: Thomas M. Leonard (Hrsg.), Encyclopedia of U.S.-Latin American Relations. Vol. 2, Los Angeles u.a. 2012, S. 500f.

Culver, William W.: International Bauxite Association (IBA), in: Thomas M. Leonard (Hrsg.), Encyclopedia of U.S.-Latin American Relations. Vol. 2, Los Angeles u.a. 2012, S. 501f.

Culver, William W.: Iron Exporting Countries, Association of (APEF), in: Thomas M. Leonard (Hrsg.), Encyclopedia of U.S.-Latin American Relations. Vol. 2, Los Angeles u.a. 2012, S. 510f.

Dahm, Georg: Völkerrecht. Band I, Stuttgart 1958.

De Gregori, Thomas R.: Resources are not; they become. An institutional theory, in: Journal of Economic Issues 21 (1987), 3, S. 1241–1263. https://doi.org/10.1080/00213624.1987.11504702.

DeepGreen: Mission, https://deep.green/mission/ via: https://web.archive.org/web/20190718184247/https://deep.green/mission/ (02.01.2024).

Demsetz, Harold: Toward a theory of property rights, in: American Economic Review 57 (1967), 2, S. 347–359.

Deutscher Bundestag: Drucksache IV/2963, Bundesbericht Forschung I, 18.01.1965.

Deutscher Bundestag: Drucksache V/2054, Bundesbericht Forschung II, 28.07.1967.

Deutscher Bundestag: Drucksache V/4335, Bundesbericht Forschung III, 12.06.1969.

Deutscher Bundestag: Drucksache VI/3251, Bundesbericht Forschung IV, 13.03.1972.

Deutscher Bundestag: Drucksache 6/281, Unterrichtung durch die Bundesregierung: Jahreswirtschaftsbericht 1970 der Bundesregierung, 27.01.1970.

Deutscher Bundestag: Drucksache 6/3078, Unterrichtung durch die Bundesregierung: Jahreswirtschaftsbericht 1972 der Bundesregierung, 28.01.1972.

Deutscher Bundestag: Drucksache 7/225, Unterrichtung durch die Bundesregierung: Jahreswirtschaftsbericht 1973 der Bundesregierung, 21.02.1973.

Deutscher Bundestag: Drucksache 7/1057, Die Energiepolitik der Bundesregierung, 03.10.1973.

Deutscher Bundestag: Drucksache 7/3197, Unterrichtung durch die Bundesregierung: Jahreswirtschaftsbericht 1975 der Bundesregierung, 30.01.1975.

Deutscher Bundestag: Drucksache 7/4366, Kleine Anfrage: Rohstoffsicherung, 28.11.1975.

Deutscher Bundestag: Drucksache 7/5120, Große Anfrage: Auswirkungen der Seerechtskonferenz der Vereinten Nationen auf die politischen und wirtschaftlichen Interessen der Bundesrepublik Deutschland, 05.05.1976.

Deutscher Bundestag: Drucksache 7/5455, Antwort der Bundesregierung auf die Große Anfrage: Auswirkungen der Seerechtskonferenz der Vereinten Nationen auf die politischen und wirtschaftlichen Interessen der Bundesrepublik Deutschland, 23.06.1976.

Deutscher Bundestag: Drucksache 8/661, Antrag der Fraktionen der CDU/CSU, SPD, FDP: Dritte Seerechtskonferenz der Vereinten Nationen, 22.06.1977.

Deutscher Bundestag: Drucksache 8/1681, Große Anfrage: Rohstoffpolitik der Bundesregierung, 04.04.1978.
Deutscher Bundestag: Drucksache 8/3024, Bundesbericht Forschung VI, 28.06.1979.
Deutscher Bundestag: Drucksache 8/3628, Unterrichtung durch die Bundesregierung: Jahreswirtschaftsbericht 1980 der Bundesregierung, 30.01.1980.
Deutscher Bundestag: Drucksache 9/1581, Unterrichtung durch die Bundesregierung: Faktenbericht 1981 zum Bundesbericht Forschung, 20.04.1982.
Deutscher Bundestag: Drucksache 10/197, Antrag der Fraktion der SPD: Seerechtsübereinkommen der Vereinten Nationen, 22.06.1983.
Deutscher Bundestag: Drucksache 10/3447, Antwort der Bundesregierung auf die Große Anfrage: Tiefseebergbau, 07.06.1985.
Deutscher Bundestag: Drucksache 11/7541, Antwort der Bundesregierung auf die Große Anfrage: Seerechtsübereinkommen der Vereinten Nationen, 06.07.1990.
Deutscher Bundestag: Drucksache 12/342, Antwort der Bundesregierung auf die Kleine Anfrage: Rohstoffsicherung der Bundesrepublik Deutschland, 09.04.1991.
Deutscher Bundestag: Drucksache 17/3399, Unterrichtung durch die Bundesregierung: Rohstoffstrategie der Bundesregierung – Sicherung einer nachhaltigen Rohstoffversorgung Deutschlands mit nicht-energetischen mineralischen Rohstoffen, 21.10.2010.
Deutscher Bundestag: Drucksache 17/8753, Antwort der Bundesregierung auf die Kleine Anfrage: Auswirkungen des Tiefseebergbaus auf die maritime Umwelt und Biodiversität, 28.02.2012.
Deutscher Bundestag: Drucksache 18/1260, Kleine Anfrage: Ökologische Auswirkungen des Tiefseebergbaus, 24.04.2014.
Deutscher Bundestag: Drucksache 19/14999, Kleine Anfrage: Tiefseebergbauinteressen der Bundesregierung, 11.11.2019.
Deutscher Bundestag: Drucksache 19/30249, Kleine Anfrage: Aktuelle Entwicklungen in der Forschung zu Risiken und Nutzen von Tiefseebergbau, 02.06.2021.
Deutscher Bundestag: Drucksache 19/30759, Antwort der Bundesregierung auf die Kleine Anfrage: Aktuelle Entwicklungen in der Forschung zu Risiken und Nutzen von Tiefseebergbau, 16.06.2021.
Deutscher Bundestag: Plenarprotokolle, verschiedene Jahrgänge.
Diekhof, Rolf: Anschlag auf ein Monopol. Das Preisdiktat für Nickel soll gebrochen werden, in: Die Zeit, Nr. 32 (07.08.1970), S. 21.
Dietrich, Christopher R. W.: Oil Revolution. Anticolonial Elites, Sovereign Rights, and the Economic Culture of Decolonization, Cambridge 2017. https://doi.org/10.1017/9781316717493.
Doering-Manteuffel, Anselm/Raphael, Lutz: Nach dem Boom. Perspektiven auf die Zeitgeschichte seit 1970, 3. erg. Aufl. Göttingen 2012. https://doi.org/10.13109/9783666300134.
Dornier GmbH, Dornier. Die Chronik des ältesten deutschen Flugzeugwerks, Gräfelfing 1985.
Dorstewitz, Günter: Meeresbergbau auf Kobalt, Kupfer, Mangan und Nickel. Bedarfsdeckung, Betriebskosten, Wirtschaftlichkeit (Bergbau, Rohstoffe, Energie; 6), Essen 1971.
Earney, Fillmore C.F.: Marine Mineral Resources, London/New York 1990.
Edelmann, H.: Elektronische Positionsbestimmung auf der „Valdivia", in: mt – Meerestechnik – Marine Technology 4 (1973), 4, S. 130.
Edgerton, David: The Shock of the Old. Technology and Global History Since 1900, 2. erg. Aufl. London 2019.
Ehrlich, Paul R.: The Population Bomb, New York 1968.

Ehrlich Paul R./Ehrlich, Anne H.: The End of Affluence. A Blueprint for Your Future, New York 1974.

FAO: The State of World Fisheries and Aquaculture 2020. Sustainability in Action, Rom 2020.

Farrenkopf, Michael: Wiederaufstieg und Niedergang des Bergbaus in der Bundesrepublik, in: Dieter Ziegler (Hrsg.), Geschichte des deutschen Bergbaus. Bd. 4: Rohstoffgewinnung im Strukturwandel, Münster 2013, S. 183–302.

Fedorov, Evgeni K.: Man and Nature. The Ecological Crisis and Social Progress, Moscow 1980.

Feichtner, Isabel: Sharing the riches of the sea. The redistributive and fiscal dimension of deep seabed exploitation, in: European Journal of International Law 30 (2019), 2, S. 601–633. https://doi.org/10.1093/ejil/chz022.

Fellerer, Rainer: Bibliographie der Manganknollen-Literatur 1878–1975 (Bundesministerium für Forschung und Technologie. Forschungsbericht M 75-03 Meeresforschung), Hannover 1975.

Fellerer, Rainer: Hat der Tiefseebergbau eine Zukunft?, in: Marine Technology 17 (1986), 2, S. 51–58.

Fellerer, Rainer: Manganknollen, in: Geologisches Jahrbuch. Reihe D, H. 38 (1980), S. 35–76.

Fleming, Roscoe/Fleming, W.N.: Can we vacuum-clean the sea floor for valuable ore?, in: Popular Science, Vol. 175, No. 1 (July 1959), S. 102–104.

Freytag, Nils: „Eine Bombe im Taschenbuchformat“? Die „Grenzen des Wachstums“ und die öffentliche Resonanz, in: Zeithistorische Forschungen/Studies in Contemporary History 3 (2006), 3, S. 465–469.

Fried, Edward R.: International trade in raw materials. Myths and realities, in: Science, Vol. 191, Issue 4228, (20.02.1976), S. 641–646. https://doi.org/10.1126/science.191.4228.641.

Friedensburg, Ferdinand: Die Versorgung der Bundesrepublik Deutschland mit mineralischen Rohstoffen und Energieträgern, in: Vierteljahreshefte zur Wirtschaftsforschung 41 (1972), 1/2, S. 38–47.

Frøland, Hans-Otto/Ingulstad, Mats: „Europe cannot engage in autarchical policies“. European raw materials strategy from 1945 to the present, in: Andreas R.D. Sanders/Pål Thonstad Sandvik/Espen Storli (Hrsg.), The Political Economy of Resource Regulation. An International and Comparative History, 1850–2015, Vancouver 2019, S. 302–326. https://doi.org/10.59962/9780774860628-014.

G7: Abschlusserklärung G7-Gipfel, 07.–08. Juni 2015, https://www.bundesregierung.de/breg-de/service/datenschutzhinweis/g7-abschlusserklaerung-und-weitere-dokumente-387344 (02.01.2024).

Garavini, Giuliano: After Empires. European Integration, Decolonization, and the Challenge From the Global South 1957–1986, Oxford 2012.

Garavini, Giuliano: Completing decolonization. The 1973 „Oil Shock“ and the struggle for economic rights, in: The International History Review 33 (2011), 3, S. 473–487. https://doi.org/10.1080/07075332.2011.595593.

Gendron, Robin S.: Canada and the nationalization of Alcan’s bauxite operations in Guinea and Guyana, in: Robin S. Gendron/Mats Ingulstad/Espen Storli (Hrsg.), Aluminum Ore. The Political Economy of the Global Bauxite Industry, Vancouver 2013, S. 211–237. https://doi.org/10.59962/9780774825344-012.

GEOMAR: Geschichte der Meeresforschung in Kiel, www.geomar.de/zentrum/ueber-uns/geschichte (21.08.2020).

Gerlach, Christian: Famine response in the world food crisis 1972–5 and the World Food Conference of 1974, in: European Review of History 22 (2015), 6, S. 929–939. https://doi.org/10.1080/13507486.2015.1048191.

Gesellschaft Deutscher Metallhütten- und Bergleute e.V.: Symposium über Nickel anläßlich der Hauptversammlung in Wiesbaden 24.–28. September 1970. Vortragsauszüge: H. Gruß (Gewerkschaft Exploration), Düsseldorf: Die Nickelversorgung der Bundesrepublik Deutschland, in: Erzmetall 23 (1970), 9, S. 459f.

Gilman, Nils: The New International Economic Order. A reintroduction, in: Humanity 6 (2015), 1, S. 1–16. https://doi.org/10.1353/hum.2015.0008.

Glasby, Geoffrey P.: Deep seabed mining. Past failures and future prospects, in: Marine Georesources and Geotechnology 20 (2002), S. 161–176. https://doi.org/10.1080/03608860290051859.

Glasby, Geoffrey P.: Historical introduction, in: ders. (Hrsg.), Marine Manganese Deposits (Elsevier Oceanography Series; 15), Amsterdam 1977, S. 1–9. https://doi.org/10.1016/S0422-9894(08)71015-8.

Glasby, Geoffrey P.: Lessons learned from deep-sea mining, in: Science, Vol. 289, Issue 5479 (28.07.2000), S. 551–553. https://doi.org/10.1126/science.289.5479.551.

Graf, Rüdiger: Between National and human security. Energy security in the United States and Western Europe in the 1970s, in: Historical and Social Research 35 (2010), 4, S. 329–348.

Graf Vitzthum, Wolfgang: Die Bemühungen um ein Régime des Tiefseebodens. Das Schicksal einer Idee, in: Zeitschrift für ausländisches öffentliches Recht und Völkerrecht 38 (1978), S. 745–800.

Graf Vitzthum, Wolfgang: Die Gleichschaltung von Land und Meer, in: ders. (Hrsg.), Die Plünderung der Meere. Ein gemeinsames Erbe wird zerstückelt, Frankfurt a.M. 1981, S. 49–76.

Graf Vitzthum, Wolfgang: Raum und Umwelt im Völkerrecht, in: ders. (Hrsg.), Völkerrecht, 2. Aufl. Berlin/New York 2001, S. 379–467.

Gramling, Carolyn: Seafloor mining plan advances, worrying critics, in: Science, Vol. 344, Issue 6183 (02.05.2014), S. 463. https://doi.org/10.1126/science.344.6183.463.

Greenpeace International: Deep Trouble. The Murky World of the Deep Sea Mining Industry, o.O. 2020, https://www.greenpeace.org/static/planet4-international-stateless/c86ff110-pto-deep-trouble-report-final-1.pdf (02.01.2024).

Greenpeace International: In Deep Water. The Emerging Threat of Deep Sea Mining, o.O. 2019, S. 17 https://www.greenpeace.org/international/publication/22578/deep-sea-mining-in-deep-water/ (02.01.2024).

GSR: Harnessing Ocean Minerals, https://deme-gsr.com/ (02.01.2024).

Gümbel, Wilhelm: Ueber die im Stillen Ocean auf dem Meeresgrunde vorkommenden Manganknollen, in: Sitzungsberichte der mathematisch-physikalischen Classe der K.B. Akademie der Wissenschaften zu München 8 (1878), S. 189–209.

Haaf, Günter: Stiefkind der Zukunft. Wer finanziert die Entwicklung der ozeanischen Rohstoffgewinnung?, in: Die Zeit, Nr. 10 (02.03.1973), S. 62.

Haddrell, D./Volk, D.: Interocean ’70 – Forum für Meeresforschung und Meerestechnik, in: mt – Meerestechnik – Marine Technology 2 (1971), 1, S. 9–19.

Hahn, Ralf: Gold aus dem Meer. Die Forschungen des Nobelpreisträgers Fritz Haber in den Jahren 1922–1927, Berlin 1999.

Halfar, Jochen/Fujita, Rodney M.: Danger of deep-sea mining, in: Science, Vol. 316, Issue 5827 (18.05.2007), S. 987. https://doi.org/10.1126/science.1138289.

Hamblin, Jacob Darwin: Environmental diplomacy in the Cold War. The disposal of radioactive waste at sea during the 1960s, in: The International History Review 24 (2002), 2, S. 348–375. https://doi.org/10.1080/07075332.2002.9640967.

Hamblin, Jacob Darwin: Oceanographers and the Cold War. Disciples of Marine Science, Seattle/London 2005.

Hammond, Allen L.: Manganese nodules (II): Prospects for deep sea mining, in: Science, Vol. 183, Issue 4125 (15.02.1974), S. 644–646. https://doi.org/10.1126/science.183.4125.644.

Hannigan, John: The Geopolitics of the Oceans, Cambridge/Malden 2016.

Hass, Hans: Erinnerungen & Abenteuer, Wien 2004.

Hattendorf, John B.: The idea of a „fleet in being" in historical perspective, in: Naval War College Review 67 (2014), 1, Article 6 https://digital-commons.usnwc.edu/nwc-review/vol67/iss1/6 (02.01.2024).

Haumann, Sebastian: Critical and scarce. The remarkable career of limestone 1850–1914, in: European Review of History/Revue européenne d'histoire 27 (2020), 3, S. 273–293. https://doi.org/10.1080/13507486.2020.1737651.

Haumann, Sebastian: Kalkstein als „kritischer" Rohstoff. Eine Stoffgeschichte der Industrialisierung, 1840–1930, Bielefeld 2020. https://doi.org/10.1515/9783839452400.

Haumann, Sebastian: Towards a historical understanding of critical raw materials. Suggestions from a History of Technology perspective, in: Gaia 27 (2018), 4, S. 373–378. https://doi.org/10.14512/gaia.27.4.9.

Haux, Ernst H.: Meeresforschung rückt in den Vordergrund, in: mt – Meerestechnik – Marine Technology 1 (1970), 0, S. 6–8.

Heath, G. Ross: Ferromanganese nodules of the deep sea, in: Economic Geology. 75th Anniversary Volume, 1981, S. 736–765. https://doi.org/10.5382/AV75.19.

Heffernan, Olive: Deep-sea dilemma, in: Nature 571 (25.07.2019), S. 465–468. https://doi.org/10.1038/d41586-019-02242-y.

Heidbrink, Ingo: „Deutschlands einzige Kolonie ist das Meer". Die deutsche Hochseefischerei und die Fischereikonflikte des 20. Jahrhunderts (Schriften des Deutschen Schiffahrtsmuseums; 63), Hamburg 2004.

Heidbrink, Ingo: Whaling, fisheries and marine environmental history in the International Journal of Maritime History, in: International Journal of Maritime History 26 (2014), 1, S. 117–122. https://doi.org/10.1177/0843871413517198.

Hein, James R./Koschinsky, Andrea/Kuhn, Thomas: Deep-ocean polymetallic nodules as a resource for critical materials, in: Nature Reviews Earth & Environment 1 (2020), 3, S. 158–169. https://doi.org/10.1038/s43017-020-0027-0.

Hein, James R./Mizell, Kira/Koschinsky, Andrea/Conrad, Tracy A.: Deep-ocean mineral deposits as a source of critical metals for high- and green-technology applications. Comparison with land-based resources, in: Ore Geology Reviews 51 (2013), S. 1–14. https://doi.org/10.1016/j.oregeorev.2012.12.001.

Heine, Eike-Christian/Zumbrägel, Christian: Technikgeschichte, in: Docupedia-Zeitgeschichte (20.12.2018), https://docupedia.de/zg/Heine_zumbraegel_technikgeschichte_v1_de_2018 (02.01.2024).

Helm, Dieter: Burn Out. The Endgame for Fossil Fuels, New Haven/London 2018. https://doi.org/10.12987/9780300227994.

Hering, Norbert: Erkenntnisse bei der Prospektion und Exploration von Erzknollenvorkommen, in: mt – Meerestechnik – Marine Technology 4 (1973), 1, S. 1–10.
Hering, Norbert: Erze in großen Meerestiefen. 1. Teil: Geräte und Verfahren zum Aufsuchen und Erkunden von Manganknollenlagerstätten zwischen gestern und heute, in: mt – Meerestechnik – Marine Technology 2 (1971), 4, S. 155–162.
Hering, Norbert: Erze in großen Meerestiefen. 2. Teil: Die Phasen zukünftiger Lagerstättenprospektion und -exploration, in: mt – Meerestechnik – Marine Technology 2 (1971), 5, S. 205–212.
Herlt, Rudolf: Das Tribunal der Zornigen, in: Die Zeit (19.04.1974), S. 1.
Heßler, Martina: Kulturgeschichte der Technik (Historische Einführungen; 13), Frankfurt a.M./New York 2012.
Hilger, Josef: Raumpatrouille. Die phantastischen Abenteuer des Raumschiffes Orion, erw. Neuaufl. Berlin 2005.
Hoffert, Michel: Les nodules polymétalliques dans les grands fonds océaniques. Une extraordinaire aventure minière et scientifique sous-marine, Paris 2008.
Högselius, Per: Red Gas. Russia and the Origins of the European Energy Dependence, New York 2013. https://doi.org/10.1057/9781137286154.
Höhler, Sabine: Die Weltmeere. Science und Fiction des Unerschöpflichen in Zeiten neuer Wachstumsgrenzen, in: Geschichte und Gesellschaft 40 (2014), 3, S. 437–451. https://doi.org/10.13109/gege.2014.40.3.437.
Höhler, Sabine: Die Wissenschaft von der „Überbevölkerung“. Paul Ehrlichs „Bevölkerungsbombe“ als Fanal für die 1970er-Jahre, in: Zeithistorische Forschungen/Studies in Contemporary History 3 (2006), 3, S. 460–464.
Höhler, Sabine: Exterritoriale Ressourcen. Die Diskussion um die Tiefsee, die Pole und das Weltall um 1970, in: Isabella Löhr/Andrea Rehling (Hrsg.), Global Commons im 20. Jahrhundert. Entwürfe für eine globale Welt (Jahrbuch für europäische Geschichte/European History Yearbook; 15), München 2014, S. 53–82. https://doi.org/10.1515/9783110278149.53.
Hollick, Ann L.: The origins of 200-mile offshore zones, in: The American Journal of International Law 71 (1977), 3, S. 494–500. https://doi.org/10.1017/S0002930000106499.
Holzer, Kerstin: Elisabeth Mann Borgese. Ein Lebensportrait, Berlin 2001.
Hong, Sungmin et al.: Greenland ice evidence of hemispheric lead pollution two millennia ago by Greek and Roman civilizations, in: Science, Vol. 265, Issue 5180 (23.09.1994), S. 1841–1843. https://doi.org/10.1126/science.265.5180.1841.
Hooke, Roger LeB./Martín-Duque, José F./Pedraza, Javier: Land transformation by humans. A review, in: GSA Today 22 (2012), 12, S. 4–10. https://doi.org/10.1130/GSAT151A.1.
Huebner, Stefan: Tackling climate change, air pollution, and ecosystem destruction. How US-Japanese ocean industrialization and the Metabolist Movement’s global legacy shaped environmental thought (circa 1950s-present), in: Environmental History 25 (2020), 1, S. 35–61. https://doi.org/10.1093/envhis/emz080.
Hund, Kirsten/La Porta, Daniele/Fabregas, Thao P./Laing, Tim/Drexhage, John: Minerals for Climate Action. The Mineral Intensity of the Clean Energy Transition, Washington, DC 2020, S. 11. https://doi.org/10.1596/40002.
Illing, Falk: Energiepolitik in Deutschland. Die energiepolitischen Maßnahmen der Bundesregierung 1949–2015, 2. Aufl. Baden-Baden 2016.
Institut für Zeitgeschichte (Hrsg.): Akten zur Auswärtigen Politik der Bundesrepublik Deutschland 1974. Bd. 1: Januar bis 30. Juni 1974, München 2005.

Institut für Zeitgeschichte (Hrsg.): Akten zur Auswärtigen Politik der Bundesrepublik Deutschland 1974. Bd. 2: 1. Juli bis 31. Dezember 1974, München 2005.

Institut für Zeitgeschichte (Hrsg.): Akten zur Auswärtigen Politik der Bundesrepublik Deutschland 1976. Bd. 1: 1. Januar bis 30. Juni 1976, München 2007.

Institut für Zeitgeschichte (Hrsg.): Akten zur Auswärtigen Politik der Bundesrepublik Deutschland 1980. Bd. 2: 1. Juli bis 31. Dezember 1980, München 2011.

Institut für Zeitgeschichte (Hrsg.): Akten zur Auswärtigen Politik der Bundesrepublik Deutschland 1982. Bd. 2: 1. Juli bis 31. Dezember 1982, München 2013.

International Seabed Authority: Exploration Contracts, https://www.isa.org.jm/index.php/exploration-contracts (02.01.2024).

International Seabed Authority: Polymetallic Nodules (ISA Brochures), o.J., https://www.isa.org.jm/publications (02.01.2024).

International Seabed Authority: Press Release, 29.06.2021, Nauru requests the President of ISA Council to complete the adoption of rules, regulations and procedures necessary to facilitate the approval of plans of work for exploration in the Area, https://www.isa.org.jm/news/nauru-requests-president-isa-council-complete-adoption-rules-regulations-and-procedures (02.01.2024).

International Union for Conservation of Nature: Motion 069: Protection of deep-ocean ecosystems and biodiversity through a moratorium on seabed mining, IUCN World Conservation Congress, Marseille, 03.–11.09.2021, https://www.iucncongress2020.org/motion/069 (02.01.2024).

Jagota, S.P.: Developments in the UN Conference on the Law of the Sea. A Third World Review, in: Third World Quarterly 3 (1981), 2, S. 287–319. https://doi.org/10.1080/01436598108419561.

Jenisch, Uwe: Die Seerechtskonferenz vor ihrer 11. Session, in: Außenpolitik. Zeitschrift für internationale Fragen 33 (1982), 1, S. 60–74.

Jenisch, Uwe: Probleme der 3. UN-Seerechtskonferenz, in: Außenpolitik. Zeitschrift für internationale Fragen 25 (1974), 2, S. 193–201.

Jenisch, Uwe: Seerechtskonvention – Folgen aus deutscher Sicht, in: Außenpolitik. Zeitschrift für internationale Fragen 33 (1982), 3, S. 243–262.

Jenisch, Uwe K.: Elisabeth Mann Borgese und das Seerecht, in: Jost Delbrück/Ursula Heinz/Kerstin Odendahl/Nele Matz-Lück/Andreas von Arnauld (Hrsg.), Aus Kiel in die Welt. Festschrift zum 100-jährigen Bestehen des Walter-Schücking-Instituts für Internationales Recht, Berlin 2014, S. 475–489.

Johnson, Lyndon B.: Remarks at the commissioning of the research ship Oceanographer. July 13, 1966, in: Public Papers of the Presidents of the United States. Lyndon B. Johnson. Containing the Public Messages, Speeches, and Statements of the President, 1966 (II), Washington, DC 1967, S. 722–724.

Jones, Daniel O.B. et al.: Biological responses to disturbance from simulated deep-sea polymetallic nodule mining, in: PLOS One (08.02.2017), https://doi.org/10.1371/journal.pone.0171750.

Jouffray, Jean-Baptiste/Blasiak, Robert/Norström, Albert V./Österblom, Henrik/Nyström, Magnus: The blue acceleration. The trajectory of human expansion into the ocean, in: One Earth 2 (2020), 1, S. 43–54. https://doi.org/10.1016/j.oneear.2019.12.016.

Jung, Alexander/Wagner, Wieland: Die Rohstofflücke, in: Der Spiegel 45/2009 (02.11.2009), S. 85f.

Jung, Alexander: Seltene Blasen, in: Der Spiegel 17/2014 (19.04.2014), S. 65.

K., Meerestiefen, in: Die Gartenlaube (1898), H. 27, S. 836.

Kalvelage, Tim: „Der Abbau von Manganknollen rückt in greifbare Nähe". Interview mit Carsten Rühlemann und Ulrich Schwarz-Schampera, in: Spektrum der Wissenschaften (2019), 12, S. 52–58.

Kander, Astrid: The Second and Third Industrial Revolutions, in: Astrid Kander/Paolo Malanima/Paul Warde, Power to the People. Energy in Europe over the Last Five Centuries, Princeton/Oxford 2013, S. 249–414. https://doi.org/10.1515/9781400848881.

Karlsch, Rainer/Stokes, Raymond G.: „Faktor Öl". Die Mineralölwirtschaft in Deutschland 1859–1974, München 2003.

Kausch, Peter: Rohstoffgewinnung aus dem Meer aus völkerrechtlicher Sicht, in: Erzmetall 23 (1970), 1, S. 39–43.

Kehrt, Christian: Gondwana's promises. German geologists in Antarctica between basic science and resource exploration in the late 1970s, in: Historical Social Research 40 (2015), 2, S. 202–221.

Kennedy, Paul M.: The Parliament of Man. The United Nations and the Quest for World Government, London 2006.

Kerl, Johann F.: Eigenschaften, Vorkommen und Entstehung von nickel-, kupfer- und kobalthaltigen Manganknollen des Meeresbodens, in: Erzmetall 23 (1970), 1, S. 1–10.

Kikkawa, Takeo: Mitigating import dependency. Japan's energy and mining policies, in: Andreas R.D. Sanders/Pål Thonstad Sandvik/Espen Storli (Hrsg.), The Political Economy of Resource Regulation. An International and Comparative History, 1850–2015, Vancouver 2019, S. 327–341. https://doi.org/10.59962/9780774860628-015.

Kim, Rakhyun E.: Should deep seabed mining be allowed?, in: Marine Policy 82 (2017), S. 134–137. https://doi.org/10.1016/j.marpol.2017.05.010.

Klare, Michael T.: The Race for What's Left. The Global Scramble for the World's Last Resources, New York 2012.

Kleinheyer, Norbert: Konzeption und Kompetenz einer Weltmeeresbehörde. Eine kritische Betrachtung der Diskussion auf der III. UN-Seerechtskonferenz über die Organisation der Weltmeeresbehörde (Diskussionspapiere zur Entwicklungspolitik; 2), Bonn 1978.

Kleinschmidt, Christian/Ziegler, Dieter: Deutsche Wirtschaftsinteressen zwischen Entwicklungshilfe und Dekolonisierung: eine Einleitung, in: dies. (Hrsg.), Dekolonisierungsgewinner. Deutsche Außenpolitik und Außenwirtschaftsbeziehungen im Zeitalter des Kalten Krieges, Berlin/Boston 2018, S. 1–17. https://doi.org/10.1515/9783110541120-001.

Kleiv, Rolf Arne/Thornhill, Maria: Deep-sea mining – A bibliometric analysis of research focus, publishing structure, international and inter-institutional cooperation, in: Minerals 12 (2022), 11, Article 1383. https://doi.org/10.3390/min12111383.

Koselleck, Reinhart: Historia Magistra Vitae. Über die Auflösung des Topos im Horizont neuzeitlich bewegter Geschichte, in: ders., Vergangene Zukunft. Zur Semantik geschichtlicher Zeiten, Frankfurt a.M. 1979, S. 38–66.

Kommission der Europäischen Gemeinschaften: Mitteilung der Kommission an das Europäische Parlament und den Rat: Die Rohstoffinitiative – Sicherung der Versorgung Europas mit den für Wachstum und Beschäftigung notwendigen Gütern, 04.11.2008, KOM(2008) 699 endgültig.

Köttgen, Dieter: Meerestechnik ohne Meerestechniker?, in: mt – Meerestechnik – Marine Technology 1 (1970), 1, S. 24.

Krasner, Stephen D.: Oil is the exception, in: Foreign Policy, No. 14 (1974), S. 68–84. https://doi.org/10.2307/1147947.

Kröger, Klaus: An Bord eines Manganknollen-Förderschiffes im Pazifik, in: Revier und Werk, Nr. 112 (Mai 1973), S. 8–11.

Kröger, Klaus: Schätze in der Tiefsee. Manganknollen Lagerstätten am Meeresboden als Rohstoffquellen, in: Revier und Werk, Nr. 112 (Mai 1973), S. 6–11.

Kudrass Hermann/Wood, Ray/Falconer, Robin: Submarine phosphorites. The deposits of the Chatham Rise, New Zealand, off Namibia and Baja California, Mexico – origin, exploration, mining, and environmental issues, in: Rahul Sharma (Hrsg.), Deep-Sea Mining. Resource Potential, Technical and Environmental Considerations, Cham 2017, S. 165–187. https://doi.org/10.1007/978-3-319-52557-0_5.

Kudrass, Hermann-Rudolf/von Rad, Ulrich: Phosphoritexploration auf dem Chatham Rise/Neuseeland, in: Geologisches Jahrbuch. Reihe D 93, H. 93 (1991), S. 23–40.

Kullenberg, Gunnar: The exclusive economic zone. Some perspectives, in: Ocean & Coastal Management 42 (1999), S. 849–855. https://doi.org/10.1016/S0964-5691(99)00044-7.

Kung, Anthony/Svobodova, Kamila/Lèbre, Elénore/Valenta, Rick/Kemp, Deanna/Owen, John R.: Governing deep sea mining in the face of uncertainty, in: Journal of Environmental Management 279 (01.02.2001). https://doi.org/10.1016/j.jenvman.2020.111593.

Kunkel, Sönke: Zwischen Globalisierung, internationalen Organisationen und „global governance“. Eine kurze Geschichte des Nord-Süd-Konflikts in den 1960er und 1970er Jahren, in: Vierteljahrshefte für Zeitgeschichte 60 (2012), 4, S. 555–577. https://doi.org/10.1524/vfzg.2012.0027.

Kupper, Patrick: „Weltuntergangsvision aus dem Computer“. Zur Geschichte der Studie „Die Grenzen des Wachstums“ von 1972, in: Frank Uekötter/Jens Hohensee (Hrsg.), Wird Kassandra heiser? Die Geschichte falscher Ökoalarme (Historische Mitteilungen. Beihefte; 57), Stuttgart 2004, S. 98–111.

Lambert, Jonathan: Snail is the first ocean creature endangered by mining, in: Nature 571 (25.07.2019), S. 455f. https://doi.org/10.1038/d41586-019-02231-1.

Langston, Nancy: Editor’s note, in: Environmental History 18 (2013), 1, S. 1f. https://doi.org/10.1093/envhis/ems148.

Lantzke, Ulf: Sicherung der Rohstoffversorgung in der Bundesrepublik Deutschland. Referat anläßlich eines internationalen Fachkongresses der Friedrich-Ebert-Stiftung am 23. November in Leverkusen (BMWi Texte; 118), Bonn 1970.

LaQue, Frank L.: Deep-ocean mining. Prospects and anticipated short-term benefits, in: Elisabeth Mann Borgese (Hrsg.), Pacem in Maribus, New York 1972, S. 131–145.

Le Billon, Philippe: Climate extractivism. Avoiding the pitfalls of extraction-based decarbonization, in: Poplar and Ivy, Winter Issue 2021, https://www.shackletontrust.org/climate-extractivism (02.01.2024).

LeCain, Timothy J.: Mass Destruction. The Men and Giant Mines That Wired America and Scarred the Planet, New Brunswick/London 2009. https://doi.org/10.2307/j.ctt5hj633.

Leibbrandt, Alexander: Die Corporación Nacional de Cobre de Chile (CODELCO) und ihre Bergwerks- und Hüttenbetriebe, in: Der Anschnitt 58 (2006), 1/2, S. 51–59.

Leipziger, Danny M./Mudge, James L.: Seabed Mineral Resources and the Economic Interests of Developing Countries, Cambridge, Mass. 1976.

Lifset, Robert D.: A new understanding of the American energy crisis of the 1970s, in: Historical Social Research 39 (2014), 4, S. 22–42.

Litvak, Isaiah A./Maule, Christopher J.: The International Bauxite Agreement. A commodity cartel in action, in: International Affairs 56 (1980), 2, S. 296–314. https://doi.org/10.2307/2615410.

Lodge, Michael W.: Foreword, in: Rahul Sharma (Hrsg.), Perspectives on Deep-Sea Mining. Sustainability, Technology, Environmental Policy and Management, Cham 2022, S. V.

Lodge, Michael W.: How to mine the ocean sustainably, in: Scientific American (11.08.2020), www.scientificamerican.com/article/how-to-mine-the-oceans-sustainably/ (27.07.2021).

Lodge, Michael W.: Statement on the passing of former ISA Secretary-General Satya N. Nandan, https://dsmobserver.com/2020/03/statement-on-the-passing-of-former-isa-secretary-general-satya-n-nandan/ (02.01.2024).

Lodge, Michael W./Verlaan, Philomene A.: Deep-sea mining. International regulatory challenges and responses, in: Elements. An International Journal of Mineralogy, Geochemistry, and Petrology 14 (2018), 5, S. 331–336. https://doi.org/10.2138/gselements.14.5.331.

Loftas, Tony: Letztes Neuland – die Ozeane, Frankfurt a.M. 1970.

Loganathan, Paripurnanda/Naidu, Gayathri/Vigneswaran, Saravanamuthu: Mining valuable minerals from seawater. A critical review, in: Environmental Science: Water Research & Technology 3 (2017), S. 37–53. https://doi.org/10.1039/C6EW00268D.

Lowe, Alan V.: The international seabed. A legacy of mistrust, in: Marine Policy 5 (1981), 3, S. 205–216. https://doi.org/10.1016/0308-597X(81)90048-8.

Lubchenco, Jane/Gaines, Steven D.: A new narrative for the ocean, in: Science, Vol. 364, Issue 6444 (07.06.2019), S. 911. https://doi.org/10.1126/science.aay2241.

Lüttge, Felix: Auf den Spuren des Wals. Geographien des Lebens im 19. Jahrhundert, Göttingen 2020. https://doi.org/10.5771/9783835344945.

Lutz, Richard A./Falkowski, Paul G.: A dive to Challenger Deep, in: Science, Vol. 336, Issue 6079 (20.04.2012), S. 301f. https://doi.org/10.1126/science.1222641.

Luxbacher, Günther: Ersatzstoffe und Neue Werkstoffe. Metalle, Technik und Forschungspolitik in Deutschland im 20. Jahrhundert (Studien zur Geschichte der Deutschen Forschungsgemeinschaft; 11), Stuttgart 2020. https://doi.org/10.25162/9783515127349.

Luxbacher, Günther: „Für bestimmte Anwendungen best geeignete Werkstoffe … finden." Zur Praxis der Forschung an Ersatzstoffen für Metalle in den deutschen Autarkie-Phasen des 20. Jahrhunderts, in: NTM. Zeitschrift für Geschichte der Wissenschaften, Technik und Medizin 19 (2011), 1, S. 41–68. https://doi.org/10.1007/s00048-010-0044-z.

Mace, Georgina M. Mace/Balmford, Andrew: Charismatic megafauna as ‚flagship species', in: Abigail Entwistle/Nigel Dunstone (Hrsg.), Priorities for the Conservation of Mammalian Diversity. Has the Panda had its Day? (Conservation Biology; 3) Cambridge 2000, S. 53–81.

Maizels, Alfred: Commodities in Crisis. The Commodity Crisis of the 1980s and the Political Economy of International Commodity Policies, Oxford u.a. 1992.

Mallin, Marc-Andrej Felix: From sea-level rise to seabed grabbing. The political economy of climate change in Kiribati, in: Marine Policy 97 (2018), S. 244–252. https://doi.org/10.1016/j.marpol.2018.04.021.

Manheim, Frank T.: Book review. Marine Manganese deposits, edited by G.P. Glasby, in: Geochimica et Cosmochimica Acta 42 (1978), S. 541–542. https://doi.org/10.1016/0016-7037(78)90204-1.

Mann Borgese, Elisabeth: Das Drama der Meere, Frankfurt a.M. 1977.

Mann Borgese, Elisabeth: Introduction, in: dies. (Hrsg.), Pacem in Maribus, New York 1972, S. xi-xxxiv.

Mann Borgese, Elisabeth: The International Seabed Authority as prototype for future international resource management institutions, in: Réne-Jean Dupuy (Hrsg.), Le nouvel ordre

économique international: colloque, La Haye, 23–25 oct. 1980, Den Haag 1981, S. 59–73. https://doi.org/10.1163/ej.9789024726028.12-382.9.
Mann Borgese, Elisabeth: The Mines of Neptune. Minerals and Metals From the Sea, New York 1985.
Marfeld, Alexander F.: Zukunft im Meer. Bericht – Dokumentation – Interpretation zur gesamten Ozeanologie und Meerestechnik, Berlin 1972.
Marris, Emma: Charismatic mammals can help guide conservation, in: nature.com (24.12.2013). https://doi.org/10.1038/nature.2013.14396.
Marschall, Luitgard/Holdinghausen, Heike: Seltene Erden. Umkämpfte Rohstoffe des Hightech-Zeitalters (Stoffgeschichte; 10), München 2018. https://doi.org/10.14512/978396006 1922.
Marx, Karl: Der 18. Brumaire des Louis Bonaparte (1852), in: MEGA I. Abtlg., Bd. 11, Berlin 1985, S. 96–189.
Marx, Wesley: Bis das Meer zum Himmel stinkt! Wasser in Gefahr, Rüschlikon-Zürich 1969.
Marx, Wesley: The Frail Ocean, New York 1967.
Matter, Günter: Elektron. Geschichte und Renaissance eines außergewöhnlichen Metalls (Bochumer Studien zur Technik- und Umweltgeschichte; 9), Essen 2019.
Mazower, Mark: Die Welt regieren. Eine Idee und ihre Geschichte von 1815 bis heute, München 2013.
McKelvey, Vincent Ellis: Mineral resource estimates and public policy, in: American Scientist 60 (1972), 1, S. 32–40.
McNeill, John R.: Blue Planet. Die Geschichte der Umwelt im 20. Jahrhundert, Frankfurt u.a. 2003.
McNeill, John R.: Observations on the nature and culture of environmental history, in: History & Theory 42 (2003), 3, S. 5–43. https://doi.org/10.1046/j.1468-2303.2003.00255.x.
McVay, Scott: The last of the great whales, in: Scientific American, Vol. 215, No. 2 (August 1966), S. 13–21. https://doi.org/10.1038/scientificamerican0866-13.
Meadows, Dennis/Meadows, Donella/Zahn, Erich/Milling, Peter: Die Grenzen des Wachstums. Bericht des Club of Rome zur Lage der Menschheit, Reinbek bei Hamburg 1973.
Melville, Herman: Moby-Dick, hrsg. v. Hershel Parker u. Harrison Hayford, 2. Aufl. New York 2002.
Menard, Henry W./Shipek, Carl J.: Surface concentrations of manganese nodules, in: Nature 182 (25.10.1958), S. 1156–1158. https://doi.org/10.1038/1821156b0.
Mero, John: Manganese, in: North Dakota Engineer 27 (March 1952), 3, S. 28f, 46.
Mero, John L.: Economic aspects of nodule mining, in: Geoffrey P. Glasby (Hrsg.), Marine Manganese Deposits (Elsevier Oceanography Series; 15), Amsterdam 1977, S. 327–355. https://doi.org/10.1016/S0422-9894(08)71025-0.
Mero, John L.: Mineral resources on the ocean floor, in: Mining Congress Journal 46 (1960), S. 48–53.
Mero, John L.: Minerals on the ocean floor, in: Scientific American, Vol. 203, No. 6 (Dez. 1960), S. 64–72. https://doi.org/10.1038/scientificamerican1260-64.
Mero, John L.: Ocean-floor manganese nodules, in: Economic Geology 57 (1962), 5, S. 747–767. https://doi.org/10.2113/gsecongeo.57.5.747.
Mero, John L.: Oceanic mineral resources, in: Futures 1 (1968), 2, S. 125–141. https://doi.org/10.1016/S0016-3287(68)80005-9.
Mero, John L.: The Mineral Resources of the Sea (Elsevier Oceanography Series; 1), Amsterdam/London/New York 1965.

Mesinovic, Sven Asim: Globale Güter und territoriale Ansprüche. Meerespolitik in der Bundesrepublik und den USA in den 1960er Jahren, in: Geschichte und Gesellschaft 40 (2014), 3, S. 382–402. https://doi.org/10.13109/gege.2014.40.3.382.

Metallgesellschaft: Geschäftsbericht 1972/73, Frankfurt a.M. 1973.

Meyer, Tirza: Elisabeth Mann Borgese and the Law of the Sea (Legal History Library; 59), Leiden/Boston 2022. https://doi.org/10.1163/9789004511446.

Michelet, Jules: Das Meer, Leipzig 1861.

Migani, Guia: The EEC and the challenge of the ACP states' industrialization, 1972–1975, in: Christian Grabas/Alexander Nützenadel (Hrsg.), Industrial Policy in Europe after 1945. Wealth, Power and Economic Development in the Cold War, Basingstoke u.a. 2014, S. 256–276. https://doi.org/10.1057/9781137329905_12.

Mildner, Stormy-Annika/Wassenberg, Florian: Immer knapper, immer teurer? Die Importabhängigkeit bei metallischen Rohstoffen schafft Verwundbarkeiten, in: Internationale Politik 64 (2009), Nov./Dez., S. 52–58.

Mildner, Stormy-Annika/Lauster, Gitta: Machtressource Metalle. Achillesferse der alten Wirtschaftsnationen?, in: Internationale Politik 66 (2011), Mai/Juni, S. 53–59.

Miller, Kathryn A./Thompson, Kirsten F./Johnston, Paul/Santillo, David: An overview of seabed mining including the current state of development, environmental impacts, and knowledge gaps, in: Frontiers in Marine Science 4, Article 418 (Januar 2018). https://doi.org/10.3389/fmars.2017.00418.

Mingst, Karen A.: Cooperation or illusion. An examination of the Intergouvernmental Council of Copper Exporting Countries, in: International Organization 30 (1976), 2, S. 263–287. https://doi.org/10.1017/S0020818300018270.

Mish, Carsten: „Führer der Universität". Die Kieler Rektoren in der NS-Zeit, in: Christoph Cornelissen/Carsten Mish (Hrsg.), Wissenschaft an der Grenze. Die Universität Kiel im Nationalsozialismus (Mitteilungen der Gesellschaft für Kieler Stadtgeschichte, 86), 2. Aufl. Essen 2010, S. 33–55.

Moline, Edwin G.: Das Problem der „technologischen Lücke" zwischen den Vereinigten Staaten und Europa. Ausmaß, Ursachen und Lösungsmöglichkeiten, in: Europa-Archiv 22 (1967), 12, S. 427–434.

Money, Duncan/Frøland, Hans Otto/Gwatiwa, Tshepo: Africa-EU relations and natural resource governance. Understanding African agency in historical and contemporary perspective, on: Review of African Political Economy 47 (2020), No. 166, S. 585–603. https://doi.org/10.1080/03056244.2020.1839876.

Möser, Kurt: Tiefenerfahrung. Zur Geschichte der Tauchtechnik, in: Technikgeschichte 59 (1992), 3, S. 193–216.

Müller, Simone M.: „Cut holes and sink 'em": Chemical weapons disposal and Cold War history as a history of risk, in: Historical Social Research 41 (2016), 1, S. 263–284.

Mulsow, Sandor: Update on the status of deep sea mining beyond national jurisdictions, in: The Journal of Ocean Technology 10 (2015), 1, S. 2–12.

Murray, John/Renard, Alphonse-François: Report on Deep-Sea Deposits Based on the Specimens Collected During the Voyage of H.M.S. Challenger in the Years 1872 to 1876, London/Edinburgh/Dublin 1891.

Nandan, Satya N.: Administering the Mineral Resources of the Deep Seabed, in: David Freestone/Richard Barnes/David M. Ong (Hrsg.), The Law of the Sea. Progress and Prospects, Oxford u.a. 2006, S. 75–92. https://doi.org/10.1093/acprof:oso/9780199299614.003.0005.

Nandan, Satya N./Lodge, Michael W.: The Development of the Regime for Deep Seabed Mining, Kingston 2002, https://www.isa.org.jm/publications/the-development-of-the-regime-for-deep-seabed-mining/ (02.01.2024).

Neumann, Hajo: Vom Forschungsreaktor zum „Atomschiff" Otto Hahn. Die Entwicklung von Kernenergieantrieben für die Handelsmarine in Deutschland (Deutsche Maritime Studien; 7), Bremen 2009.

Normile, Dennis: Haunted by „spectre of unavailability," experts huddle over critical materials, in: Science, Vol. 330, Issue 6011 (17.12.2010), S. 1598. https://doi.org/10.1126/science.
330.6011.1598.

North, Douglass C.: Institutionen, institutioneller Wandel und Wirtschaftsleistung (Die Einheit der Gesellschaftswissenschaften; 76), Tübingen 1992.

Nyerere, Julius: Third World Negotiating Strategy, in: Third World Quarterly 1 (1979), 2, S. 20–23. https://doi.org/10.1080/01436597908419420.

O.A.: 1973 Interocean in Düsseldorf, in: mt – Meerestechnik – Marine Technology 2 (1971), 5, S. 204.

O.A.: 3. Aufbauseminar Meerestechnik, in: mt – Meerestechnik – Marine Technology 2 (1971), 3, S. 127.

O.A.: Appetit geweckt, in: Der Spiegel 8/1978 (20.02.1978), S. 36–38.

O.A.: Arbeitsgemeinschaft meerestechnisch gewinnbare Rohstoffe (AMR), in: mt – Meerestechnik – Marine Technology 4 (1973), 4, S. 141.

O.A.: Auf Importe angewiesen. Die Abhängigkeit Westeuropas von Rohstoff-Einfuhren, in: Der Spiegel 52/1973 (24.12.1973), S. 54.

O.A.: Aus der Mottenkiste, in: Der Spiegel 19/1973 (07.05.1973), S. 101.

O.A.: Bauxit-Kartell, in: Der Spiegel 11/1974 (11.03.1974), S. 82.

O.A.: Beitritt von Rheinbraun zur AMR, in: mt – Meerestechnik – Marine Technology 4 (1973), 5, S. 177.

O.A.: BMFT: Gute Zukunftsaussichten für die deutsche Meeresforschung und Meerestechnik, in: Marine Technology 18 (1987), 1, S. 16–19.

O.A.: Clauss o. Professor für Meerestechnik, in: mt – Meerestechnik – Marine Technology 5 (1974), 3, S. 103.

O.A.: Das Neue Universum. Forschung-Wissen-Unterhaltung (Bd. 81), Stuttgart 1964.

O.A.: Deep-water exploration drilling unit, in: mt – Meerestechnik – Marine Technology 3 (1972), 2, S. 78.

O.A.: Depth charge, in: Nature 559 (12.07.2018), S. 152. https://doi.org/10.1038/d41586-018-05681-1.

O.A.: Ein neuer Aufbruch für Europa. Eine neue Dynamik für Deutschland. Ein neuer Zusammenhalt für unser Land. Koalitionsvertrag zwischen CDU, CSU und SPD. 19. Legislaturperiode, 12.03.2018, S. 60, https://www.bundestag.de/dokumente/textarchiv/2018/kw11-koalitionsvertrag-546976 (02.01.2024).

O.A.: Forget those cartels, in: The Economist (15.02.1975), S. 85.

O.A.: Führer durch das Museum für Meereskunde in Berlin, Berlin 1918 (Reprint in: Aufgetaucht. Das Institut und Museum für Meereskunde im Museum Verkehr und Technik Berlin, Berlin 1996, S. 103–124).

O.A.: Glomar Explorer. Went fishing, in: The Economist (29.03.1975), S. 81f.

O.A.: INDAS. Unser integriertes Navigationssystem mit Datenerfassung und automatischer Schiffssteuerung für FS Valdivia, in: PRAKLA-SEISMOS Report 4/1972, S. 4–6.

O.A.: Japans Beitrag zur Erforschung der Meere, in: mt – Meerestechnik – Marine Technology 2 (1971), 3, S. 129.
O.A.: Key Indicators. World Commodity Prices, in: The Economist (17.11.1973), S. 128.
O.A.: Knappes Zeitungspapier, in: Der Spiegel 43/1973 (22.10.1973), S. 111.
O.A.: Kopf aus dem Wasser, in: Der Spiegel 13/1984 (26.03.1984), S. 97f.
O.A.: Kupfer-Verstaatlichung, in: Der Spiegel 30/1971 (19.07.1971), S. 61.
O.A.: Law of the Sea, in: Yearbook of the United Nations 36 (1982), S. 178–247.
O.A.: Manganknollen – eine Rohstoffquelle der Zukunft, in: BGR, Tätigkeitsbericht der Bundesanstalt für Geowissenschaften und Rohstoffe 2005/2006, Hannover 2007, S. 59f.
O.A.: Mehr als Braunkohle, in: Dieter Schweer/Wolf Thieme (Hrsg.), „Der gläserne Riese". RWE – ein Konzern wird transparent, Wiesbaden 1998, S. 304f.
O.A.: Mehr Fortschritt wagen. Bündnis für Freiheit, Gerechtigkeit und Nachhaltigkeit. Koalitionsvertrag zwischen SPD, Bündnis 90/Die Grünen und FDP, 24.11.2021, https://www.spd.de/koalitionsvertrag2021/ (02.01.2024).
O.A.: „Mit knappen Vorräten sorglos geaast", in: Der Spiegel 47/1973 (19.11.1973), S. 25–30.
O.A.: Nickelkrise. Absolut hilflos, in: Der Spiegel 47/1969 (17.11.1969), S. 173.
O. A.: Öl: Amerikas Krise schlägt auf Europa durch, in: Der Spiegel 26/1973 (25.6.1973), S. 52-64.
O.A.: Ölpest. Zweite Schlacht, in: Der Spiegel 15/1967 (03.04.1967), S. 155.
O.A.: Questions concerning establishment of a New International Order, in: Yearbook of the United Nations 28 (1974), S. 305–357.
O.A.: Rationalisiertes Sammeln von Manganknollen, in: mt – Meerestechnik – Marine Technology 1 (1970), 0, S. 29.
O.A.: Rohstoff-Preise. Handel mit Dynamit, in: Der Spiegel 31/1973 (30.07.1973), S. 70f.
O.A.: Rohstoff-Versorgung. Ärmste der Welt, in: Der Spiegel 5/1969 (27.01.1969), S. 38–40.
O.A.: Running short, in: The Economist (29.09.1973), S. 84.
O.A.: Salzgitter AG. Null im Sinn, in: Der Spiegel 48/1967 (20.11.1967), S. 36, 38.
O.A.: The Economist Commodity Indicator updated, in: The Economist (05.01.1974), S. 60f.
O.A.: The Economist World Commodity Price Index 1949–1973, in: The Economist (07.07.1973), S. 70f.
O.A.: The new commodity rich, in: The Economist (11.05.1974), S. 76f.
O.A.: The seas are lovely, dark and deep, in: The Economist (10.11.2018), S. 75–77.
O.A.: Untersuchungen des am Meeresboden gestörten Sediments, in: mt – Meerestechnik – Marine Technology 4 (1973), 1, S. 33.
O.A.: What is short and why, in: The Economist (08.12.1973), S. 108.
O.A.: „Wir erzwingen die neue Ordnung." SPIEGEL-Report über den Konflikt zwischen Rohstoffländern und Industrienationen, in: Der Spiegel 36/1975 (01.09.1975), S. 96–106.
-of: Nickelmarkt: Wenn Kanadier streiken, in: Die Zeit, Nr. 43 (24.10.1969), S. 39.
O'Dell, Cary: „Songs of the Humpback Whale" (1970), https://www.loc.gov/static/programs/national-recording-preservation-board/documents/humpback%20whales.pdf (02.01.2024).
Orrego Vicuña, Francisco: The regime for the exploitation of the seabed mineral resources and the quest for a New International Economic Order of the oceans. A Latin-American view, in: Lawyer of the Americas 10 (1978), 3, S. 774–783.
Ottow, Jochem C.G.: Tagebau unter Wasser, in: Die Umschau 82 (1982), 10, S. 319–324.

Ozturgut E./Anderson, G.C./Burns, R.E./Lavelle, J.W./Swift, S.A.: Deep Ocean Mining of Manganese Nodules in the North Pacific: Pre-Mining Environmental Conditions and Anticipated Mining Effects (NOAA Technical Memorandum ERL MESA-33), Boulder, Colo. 1978.

Ozturgut, E./Lavelle, J.W./Burns, R.E.: Impacts of manganese nodule mining on the environment. Results from pilot-scale mining tests in the North Equatorial Pacific, in: Richard A. Geyer (Hrsg.), Marine Environmental Pollution. 2: Dumping and Mining (Elsevier Oceanography Series; 27b), Amsterdam 1981, S. 437–474. https://doi.org/10.1016/S0422-9894(08)71420-X.

Pardo, Arvid: Examination of the question of the reservation exclusively for peaceful purposes of the seabed and the ocean floor, and the subsoil thereof, underlying the high seas beyond the limits of present national jurisdiction, and the use of their resources in the interests of mankind, in: United Nations General Assembly, 22nd Session. Official Records, 1.11.1967, http://undocs.org/A/C.1/PV.1515, https://undocs.org/A/C.1/PV.1516 (02.01.2024).

Pardo, Arvid: Third World Lecture 1984. Ocean space and mankind, in: Third World Quarterly 6 (1984), 3, S. 559–575. https://doi.org/10.1080/01436598408419785.

Pardo, Arvid: Who will control the seabed?, in: Foreign Affairs, Vol. 47, No. 1 (Oktober 1968), S. 123–137. https://doi.org/10.2307/20039359.

Pasdach, Uwe Jens/Sames, Carl-Wolfgang: Die langfristige Vorausschau von Angebot und Nachfrage bei mineralischen Rohstoffen, dargestellt am Beispiel Nickel, in: Erzmetall 22 (1969), 4, S. 165–174.

Paz, Lourenço S.: International Organization of Banana Exporters (UPEB), in: Thomas M. Leonard (Hrsg.), Encyclopedia of U.S.-Latin American Relations. Vol. 2, Los Angeles u.a. 2012, S. 507.

Petersen, Shannon: Congress and charismatic megafauna. A legislative history of the Endangered Species Act, in: Environmental Law 29 (1999), 2, S. 463–491.

Petersen, Sven/Krätschell, Anna/Augustin, Nico/Jamieson, John/Hein, James R./Hannington, Mark D.: News from the seabed – geological characteristics and resource potential of deep-sea mineral resources, in: Marine Policy 70 (August 2016), S. 175–187. https://doi.org/10.1016/j.marpol.2016.03.012.

Pfaffenzeller, Stephan/Rayner, Anthony: A short note on updating the Grilli and Yang Commodity Price Index, in: The World Bank Economic Review 21 (2007), 1, S. 151–163. https://doi.org/10.1093/wber/lhl013.

Pohl, Walter L.: Economic Geology. Principles and Practice, 2. Aufl. Stuttgart 2020.

Poster, Alexander O. (Hrsg.): Foreign Relations of the United States, 1981–1988, Volume XLI, Global Issues II, Washington 2017, https://history.state.gov/historicaldocuments/frus1981-88v41/d176 (02.01.2024).

Prewo, Wilfried u.a.: Die Neuordnung der Meere. Eine ökonomische Kritik des neuen Seerechts (Kieler Studien; 173), Tübingen 1982.

Proclamation 2667—Policy of the United States With Respect to the Natural Resources of the Subsoil and Sea Bed of the Continental Shelf, 28.09.1945, www.presidency.ucsb.edu/documents/proclamation-2667-policy-the-united-states-with-respect-the-natural-resources-the-subsoil (16.01.2021).

Proclamation 2668—Policy of the United States with Respect to Coastal Fisheries in Certain Areas of the High Seas, www.presidency.ucsb.edu/documents/proclamation-2668-policy-the-united-states-with-respect-coastal-fisheries-certain-areas (16.01.2021).

Proelß, Alexander: Ausschließliche Wirtschaftszone (AWZ), in: Wolfgang Graf Vitzthum (Hrsg.), Handbuch des Seerechts, München 2006, S. 222–264.

Purser, Autun/Marcon, Yann/Hoving, Hank-Jan T./Vecchione, Michael/Piatkowski, Uwe/Eason, Deborah/Bluhm, Hartmut/Boetius, Antje: Association of deep-sea incirrate octopods with manganese crusts and nodule fields in the Pacific Ocean, in: Current Biology 26 (19.12.2019), R1268-R1269. https://doi.org/10.1016/j.cub.2016.10.052.

Radetzki, Marian: A Handbook of Primary Commodities in the Global Economy, Cambridge 2008. https://doi.org/10.1017/CBO9780511493584.

Radetzki, Marian: Peak Oil and other threatening peaks – chimeras without substance, in Energy Policy 38 (2010), 11, S. 6566–6569. https://doi.org/10.1016/j.enpol.2010.07.049.

Radetzki, Marian: The anatomy of three commodity booms, in: Resources Policy 31 (2006), 1, S. 56–64. https://doi.org/10.1016/j.resourpol.2006.06.003.

Radkau, Joachim: Aufstieg und Krise der deutschen Atomwirtschaft 1945–1975. Verdrängte Alternativen in der Kerntechnik und der Ursprung der nuklearen Kontroverse, Reinbek bei Hamburg 1983.

Radkau, Joachim: Das RWE zwischen Braunkohle und Atomeuphorie 1945–1968, in: Dieter Schweer/Wolf Thieme (Hrsg.), „Der gläserne Riese". RWE – ein Konzern wird transparent, Wiesbaden 1998, S. 173–196. https://doi.org/10.1007/978-3-322-82227-7_14.

Radkau, Joachim: Das RWE zwischen Kernenergie und Diversifizierung 1968–1988, in: Dieter Schweer/Wolf Thieme (Hrsg.), „Der gläserne Riese". RWE – ein Konzern wird transparent, Wiesbaden 1998, S. 221–244. https://doi.org/10.1007/978-3-322-82227-7_17.

Radkau, Joachim: Die Ära der Ökologie. Eine Weltgeschichte, München 2011. https://doi.org/10.17104/9783406619021.

Radmann, Wolf: CIPEC – The copper exporting countries, in: INTERECONOMICS 1973, 8, S. 245–249. https://doi.org/10.1007/BF02927699.

Ramirez-Llodra, Eva et al.: Deep, diverse and definitely different. Unique attributes of the world's largest ecosystem, in: Biogeosciences 7 (2010), 9, S. 2851–2899. https://doi.org/10.5194/bg-7-2851-2010.

Rehling, Andrea/Löhr, Isabella: „Governing the Commons": Die global commons und das Erbe der Menschheit im 20. Jahrhundert, in: Isabella Löhr/Andrea Rehling (Hrsg.), Global Commons im 20. Jahrhundert. Entwürfe für eine globale Welt (Jahrbuch für Europäische Geschichte/European History Yearbook; 15), München 2014, S. 3–31. https://doi.org/10.1515/9783110278149.3.

Reichel, Clemens: Vom Verbund zum Konzern. Die Metallgesellschaft AG 1945–1975 (Schriften zur hessischen Wirtschafts- und Unternehmensgeschichte; 8), Darmstadt 2008.

Reith, Reinhold: Umweltgeschichte der Frühen Neuzeit (Enzyklopädie deutscher Geschichte; 89), München 2011. https://doi.org/10.1524/9783486713367.

Reufsteck, Michael/Niggemeier, Stefan: Das Fernsehlexikon, München 2005.

Rheinische Braunkohlenwerke (Hrsg.): Rheinbraun kurz gefaßt, 6. Aufl. Köln 1977.

Richardson, Tanya/Weszkalnys, Gisa: Resource materialities, in: Anthropological Quarterly 87 (2014), 1, S. 5–30. https://doi.org/10.1353/anq.2014.0007.

Richter, Helmut: Explorationstechnische Entwicklungen, in: Geologisches Jahrbuch. Reihe D 38 (1980), S. 157–182.

Richter, Rudolf: Neue Institutionenökonomik. Ideen und Möglichkeiten, in: Gerold Krause-Junk (Hrsg.), Steuersysteme der Zukunft (Schriften des Vereins für Socialpolitik, N.F.; 256), Berlin 1998, S. 323–355.

Riddell-Dixon, Elizabeth: Deep seabed mining. A hotbed for governmental politics?, in: International Journal 41 (1985), 1, S. 72–94. https://doi.org/10.1177/002070208604100104.

Riehl, Torben/De Smet, Bart: Macrostylis metallicola spec. nov.—an isopod with geographically clustered genetic variability from a polymetallic-nodule area in the Clarion-Clipperton Fracture Zone, in: PeerJ (27.02.2020). https://doi.org/10.7717/peerj.8621.

Ritter, Gerhard A.: Großforschung und Staat in Deutschland. Ein historischer Überblick, München 1992.

Roberts, Callum: The Unnatural History of the Seas, Washington, DC u.a. 2007.

Robinson, Sam: Scientific imaginaries and science diplomacy: The case of ocean exploitation, in: Centaurus 63 (2021), 1, S. 150-170. https://doi.org/10.1111/1600-0498.12342.

Roels, Oswald A./Amos, Anthony F./Anderson, O.R./Garside, C./Haines, K.C./Malone, T.C./Paul, A.Z./Rice, G.E.: The Environmental Impact of Deep-Sea Mining, Progress Report (NOAA Technical Report ERL 290-OD 11), Boulder, Colo. 1973.

Rozwadowski, Helen M.: Arthur C. Clarke and the limitations of the ocean as a frontier, in: Environmental History 17 (2012), 3, S. 578–602. https://doi.org/10.1093/envhis/ems046.

Rozwadowski, Helen M.: Engineering, imagination and industry. Scripps Island and dreams for ocean science in the 1960s, in: dies./David K. van Keuren, The Machine in Neptune's Garden. Historical Perspectives on Technology and the Marine Environment, Sagamore Beach 2004, S. 315–354.

Rozwadowski, Helen M.: Fathoming the Ocean. The Discovery and Exploration of the Deep Sea, Cambridge/London 2005. https://doi.org/10.4159/9780674042940.

Rozwadowski, Helen M.: Vast Expanses. A History of the Oceans, London 2018.

Rubio-Varas, Mar: The changing economic context influencing nuclear decisions, in: Arne Kaijser/Markko Lehtonen/Mar Rubio-Varas (Hrsg.), Engaging the Atom. The History of Nuclear Energy and Society in Europa From the 1950s to the Present, Morgantown 2021, S. 52–80.

Rubio-Varas, Mar: Time is money, but sometimes it costs more. An economic history perspective into nuclear projects' pitfalls, in: Journal of Mega Infrastructure & Sustainable Development (2022). https://doi.org/10.1080/24724718.2022.2092993.

Ruff, Howard J.: Famine and Survival in America, Salt Lake City 1974.

Rühlemann, Carsten/Wiedicke, Michael: Status of exploration for polymetallic nodules in the German licence area, in: International Seabed Authority (Hrsg.), Polymetallic Nodule Mining Technology: Current Trends and Challenges Ahead, Kingston 2017, S. 170–178.

Ruppenthal, Jens: Raubbau und Meerestechnik. Die Rede von der Unerschöpflichkeit der Meere (Historische Mitteilungen. Beihefte; 100), Stuttgart 2018. https://doi.org/10.25162/9783515122122.

Sabin, Paul: The Bet. Paul Ehrlich, Julian Simon, and Our Gamble Over Earth's Future, New Haven/London 2013. https://doi.org/10.2307/j.ctt5vm14z.

Sackel, Johanna: Food justice, common heritage and the oceans. Resource narratives in the context of the Third United Nations Conference on the Law of the Sea, in: International Journal of Maritime History 29 (2017), 3, S. 645–659. https://doi.org/10.1177/0843871417713682.

Sackel, Johanna: Wem gehört das Meer? Globale Ressourcen und die dritte UN-Seerechtskonferenz (1968–1994) (Studien zur internationalen Geschichte; 52), Berlin/Boston 2022. https://doi.org/10.1515/9783110748826.

Salzgitter AG: Konzerngeschäftsbericht 1970/71 und Geschäftsbericht 1970/71 der Salzgitter AG, Salzgitter 1972.

Salzgitter AG: Konzerngeschäftsbericht 1971/72 und Geschäftsbericht 1971/72 der Salzgitter AG, Salzgitter 1973.

Sanders, Andreas R.D./Sandvik, Pål Thonstad/Storli, Espen: Introduction. Natural resource regulations and the global economy, in: dies. (Hrsg.), The Political Economy of Resource Regulation. An International and Comparative History, 1850–2015, Vancouver 2019, S. 3–19. https://doi.org/10.59962/9780774860628-001.

Saßmannshausen, Günther: Bergbau und Rohstoffe. Schlüssel zum Fortschritt. Perspektiven der Rohstoffversorgung der Bundesrepublik Deutschland nach der Energiekrise 1973/74, in: Jahrbuch für Bergbau, Energie, Mineralöl und Chemie 83 (1975), S. 1–43.

Scherner, Jonas: Lernen und Lernversagen. Die „Metallmobilisierung" im Deutschen Reich 1939 bis 1945, in: Vierteljahrshefte für Zeitgeschichte 66 (2018), 2, S. 233–266. https://doi.org/10.1515/vfzg-2018-0013.

Schmidt, Christian/Krauth, Tobias/Wagner, Stephan: Export of plastic debris by rivers into the sea, in: Environmental Science & Technology 51 (2017), 21, S. 12246–12253. https://doi.org/10.1021/acs.est.7b02368.

Schmidt, Helmut: Der Politiker als Ökonom, in: ders., Kontinuität und Konzentration, 2. Aufl. Bonn-Bad Godesberg 1976, S. 36–52.

Schmidt-Mende, Peter: Möglichkeiten der Urangewinnung aus dem Seewasser der Nordsee, in: mt – Meerestechnik – Marine Technology 5 (1974), 2, S. 61–63.

Schmitt, Carl: Land und Meer. Eine weltgeschichtliche Betrachtung, 8. Aufl. Stuttgart 2016.

Schneider, Jürgen: Manganknollen in der Tiefsee – Bildung, Vorkommen und ökologische Folgen des Abbaus, in: Natur und Museum 111 (1981), S. 114–124.

Schot, Johan: Confronting the second deep transition through the historical imagination, in: Technology and Culture 57 (2016), 2, S. 445–456. https://doi.org/10.1353/tech.2016.0044.

Schott, Wolfgang: Programm und Ergebnis der „Valdivia"-Fahrten. Ein Überblick, in: Geologisches Jahrbuch. Reihe D, H. 38 (1980), S. 9–22.

Schulz, Klaus J./DeYoung, John H./Bradley, Dwight C./Seal, Robert R.: Critical mineral resources of the United States – An introduction, in: Klaus J. Schulz/John H. DeYoung/Robert R. Seal/Dwight C. Bradley. (Hrsg.), Critical Mineral Resources of the United States: Economic and Environmental Geology and Prospects for Future Supply (U.S. Geological Survey Professional Paper; 1802), Reston 2017, S. A1-A14. https://doi.org/10.3133/pp1802.

Seibold, Eugen/Berger, Wolfgang H.: The Seafloor. An Introduction to Marine Geology, 3. Aufl. Berlin/Heidelberg 1996.

Senckenberg Gesellschaft für Naturforschung: Tiefseekrebs nach Metallica benannt (27.02.2020), https://www.senckenberg.de/de/pressemeldungen/tiefseekrebs-nach-metallica-benannt/ (02.01.2024).

Service, Robert F.: Chinese policies could pinch U.S. efforts to make electric vehicles, in: Science, Vol. 329, Issue 5990 (23.07.2010), S. 377. https://doi.org/10.1126/science.329.5990.377-a.

Shapley, Deborah: Changing profile of deep-sea miners, in: Science, Vol. 200, Issue 4345 (02.06.1978), S. 1030. https://doi.org/10.1126/science.200.4345.1030.a.

Sharma, Rahul: Deep-sea mining. Current status and future considerations, in: ders. (Hrsg.), Deep-Sea Mining. Resource Potential, Technical and Environmental Considerations, Cham 2017, S. 3–21. https://doi.org/10.1007/978-3-319-52557-0_1.

Sharp, David H.: The CIA's Greatest Cover Operation. Inside the Daring Mission to Recover a Nuclear-Armed Soviet Sub, Lawrence 2012. https://doi.org/10.1353/book46022.

Shaw, John L.: Nodule mining – three miles deep!, in: Marine Georesources and Geotechnology 11 (1993), 2, S. 181–197. https://doi.org/10.1080/10641199309379915.

Shukman, David: Companies back moratorium on deep sea mining, 03.04.2021, www.bbc.com/news/science-environment-56607700 (09.05.2023).

Siapno, William D.: Nodule exploration. Accomplishments, needs and problems, in: Paul G. Teleki/M.R. Dobson/J.R. Moore/U. von Stackelberg (Hrsg.), Marine Minerals. Advances in Research and Resource Assessment (NATO ASI Series. Series C: Mathematical and Physical Sciences; 194), Dordrecht u.a. 1987, S. 247–257. https://doi.org/10.1007/978-94-009-3803-8_18.

Sieferle, Rolf Peter: Energie, in: Franz-Josef Brüggemeier/Thomas Rommelspacher (Hrsg.), Besiegte Natur. Geschichte der Umwelt im 19. und 20. Jahrhundert, München 1987, S. 20–41.

Simon, Julian L.: Resources, population, environment. An oversupply of false bad news, in: Science, Vol. 208, Issue 4451 (27.06.1980), S. 1431–1437. https://doi.org/10.1126/science.7384784.

Simon, Julian L.: The Ultimate Resource, Princeton 1981. https://doi.org/10.1515/9780691261201.

Sluga, Glenda: The transformation of international institutions. Global shock as cultural shock, in: Niall Ferguson/Erez Manela/Daniel J. Sargent (Hrsg.), The Shock of the Global. The 1970s in Perspective, Cambridge, Mass./London 2010, S. 223–236. https://doi.org/10.2307/j.ctvrs8zfp.17.

Smil, Vaclav: Energy and Civilization. A History, Cambridge, Mass. 2017. https://doi.org/10.7551/mitpress/9780262035774.001.0001.

Smith, Craig/Trueblood, Dwight D.: US Cruise Report for BIE I, July 17–August 23, 1991, R/V Yuzhmorgeologiya (NOAA Technical Memorandum NOS OCRM 2), Washington, DC 1992

Soentgen, Jens: Konfliktstoffe. Über Kohlendioxid, Heroin und andere strittige Substanzen (Stoffgeschichte; 11), München 2019. https://doi.org/10.14512/9783960060994.

Sovacool, Benjamin K.: When subterranean slavery supports sustainability transitions? Power, patriarchy, and child labor in artisanal Congolese cobalt mining, in: The Extractive Industries and Society 8 (2021), 1, S. 271–293. https://doi.org/10.1016/j.exis.2020.11.018.

Sparenberg, Ole: A historical perspective on deep-sea mining for manganese nodules, 1965–2019, in: The Extractive Industries and Society 6 (2019), 3, S. 842–854. https://doi.org/10.1016/j.exis.2019.04.001.

Sparenberg, Ole: Der Ozean selbst, von einer besonderen Seite angesehen. Die völkerrechtliche Wahrnehmung des Meeres seit 1945, in: Jens Ruppenthal/Ruth Schilling/Martin P.M. Weiss (Hrsg.), Von Flaschenpost bis Fischreklame. Die Wahrnehmung des Meeres im 19. und 20. Jahrhundert, Wien/Köln/Weimar 2019, S. 91–109. https://doi.org/10.7788/9783412510145.91.

Sparenberg, Ole: Meeresbergbau nach Manganknollen (1965–2014). Aufstieg, Fall und Wiedergeburt?, in: Der Anschnitt 67 (2015), 4–5, S. 128–145.

Sparenberg, Ole: Metalle aus dem Meer. Eine kurze Geschichte des Tiefseebergbaus, in: Jürgen Elvert/Martina Elvert (Hrsg.), Agenten, Akteure, Abenteuer. Beiträge zur Ausstellung „Europa und das Meer" am Deutschen Historischen Museum Berlin, Berlin 2018, S. 449–457.

Sparenberg, Ole: Mining for Manganese Nodules. The Deep Sea as a Contested Space, in: Marta Grzechnik/Heta Hurskainen (Hrsg.), Beyond the Sea. Reviewing the Manifold Dimensions of Water as Barrier and Bridge, Köln/Weimar/Wien 2015, S. 149–164. https://doi.org/10.7788/boehlau.9783412217358.149.

Sparenberg, Ole: Security of supply. West Germany and the global markets for base metals, 1965–1980, in: Mark Jakob/Nina Kleinöder/Christian Kleinschmidt (Hrsg.), Security and Insecurity in Business History. Case Studies in the Perception and Negotiations of Threats (Wirtschafts- und Sozialgeschichte des modernen Europa/Economic and Social History of Modern Europe; 8), Baden-Baden 2021, S. 191–227. https://doi.org/10.5771/9783748924579-191.

Sparenberg, Ole: „Segen des Meeres". Hochseefischerei und Walfang im Rahmen der nationalsozialistischen Autarkiepolitik (Schriften zur Wirtschafts- und Sozialgeschichte; 86), Berlin 2012. https://doi.org/10.3790/978-3-428-53663-4.

Sparenberg, Ole: The commodity crisis of the 1970s. Scarcity, vulnerability and the West German metal supply, in: European Review of History 27 (2020), 3, S. 342–369. https://doi.org/10.1080/13507486.2020.1737652.

Spilhaus, Athelstan F.: Man in the sea, in: Science, Volume 145, Issue 3636 (04.09.1964), S. 993. https://doi.org/10.1126/science.145.3636.993.

Stalp, Hans-Günther: Tiefseebergbau zwischen nationaler Rohstoffvorsorge und internationaler Wirtschaftsordnungspolitik, in: Wolfgang Graf Vitzthum (Hrsg.), Die Plünderung der Meere. Ein gemeinsames Erbe wird zerstückelt, Frankfurt a.M. 1981, S. 215–230.

Standke, Klaus-Heinrich: Die „technologische Lücke" zwischen den Vereinigten Staaten und Europa. Zur Definition des Problems, in: Europa-Archiv 22 (1967), 16, S. 593–600.

Starkey, David J./Heidbrink, Ingo (Hrsg.): A History of the North Atlantic Fisheries. Vol. 2: From the 1850s to the Early Twenty-First Century (Deutsche Maritime Studien; 19), Bremen 2012.

Starkey, David J./Thór, Jón Th./Heidbrink, Ingo (Hrsg.): A History of the North Atlantic Fisheries. Vol. 1: From Early Times to the Mid-Nineteenth Century (Deutsche Maritime Studien; 6), Bremen 2009.

Steffen, Will/Crutzen, Paul J./McNeill, John R.: The Anthropocene. Are humans now overwhelming the great forces of nature?, in: Ambio 36 (2007), 8, S. 614–621. https://doi.org/10.1579/0044-7447(2007)36[614:TAAHNO]2.0.CO;2.

Steinberg, Philip E.: The Social Construction of the Ocean (Cambridge Studies in International Relations; 78), Cambridge u.a. 2001.

Steinert, Harald: Metalle aus dem Meer, in: Das Neue Universum 90 (1973), S. 44–54.

Stier, Bernhard: Zwischen Wiederaufbau, Strukturveränderung und strategischer Neuausrichtung. Die Preussag von 1945 bis zum Beginn der 1980er Jahre, in: ders./Johannes Laufer, Von der Preussag zur TUI. Wege und Wandlungen eines Unternehmens 1923–2003, S. 387–561.

Stoltenberg, Gerhard: Erinnerungen und Entwicklungen. Deutsche Zeitgeschichte 1945–1999, Flensburg 1999.

Stone, Richard: As China's rare earth r&d becomes ever more rarefied, others tremble, in: Science, Vol. 325, Issue 5946 (11.09.2009), S. 1336f. https://doi.org/10.1126/science.325_1336.

Stratmann, Tanja et al.: Abyssal plain faunal carbon flows remain depressed 26 years after a simulated deep-sea mining disturbance, in: Biogeosciences 15 (2018), S. 4131–4145. https://doi.org/10.5194/bg-15-4131-2018.

Summerer, Olga: Die riesigen Erzvorräte der Tiefsee werden jetzt angegriffen, in: Bild der Wissenschaft 15 (1978), 8, S. 48–59.

Swansbrough, Robert H.: The mineral crisis and U.S. interests in Latin America, in: The Journal of Politics 38 (1976), 1, S. 2–24. https://doi.org/10.2307/2128959.

Tanaka, Yoshifumi: The International Law of the Sea, Cambridge u.a. 2012. https://doi.org/10.1017/CBO9780511844478.

Thaler, Andrew: A pivotal moment in the history of deep-sea mining, 30.06.2021, https://dsmobserver.com/2021/06/a-pivotal-moment-in-the-history-of-deep-sea-mining/ (02.01.2024).

Thaler, Andrew: Major brands say no to deep-sea mining, for the moment, 15.04.2021, https://dsmobserver.com/2021/04/major-brands-say-no-to-deep-sea-mining-for-the-moment/ (02.01.2024).

Thaler, Andrew: The last days of Nautilus Minerals, 22.05.2020, https://dsmobserver.com/2020/05/the-last-days-of-nautilus-minerals/ (02.01.2024).

Thaler, Andrew: The Metals Company completes a world-first test of deep-sea mining system, 21.12.2022, https://dsmobserver.com/2022/12/the-metals-company-completes-a-world-first-test-of-deep-sea-mining-system/ (02.01.2024).

The Metals Company: A Battery in a Rock, https://metals.co/nodules/ (02.01.2024).

The President's Materials Policy Commission. Resources for Freedom. Vol. I: Foundations for Growth and Security, Washington, DC 1952.

The President's Materials Policy Commission. Resources for Freedom. Vol. IV: The Promise of Technology, Washington, DC 1952.

Thiel, Hjalmar: Verschmutzung und Vergiftung der Meere, in: Wolfgang Graf Vitzthum (Hrsg.), Die Plünderung der Meere. Ein gemeinsames Erbe wird zerstückelt, Frankfurt a.M. 1981, S. 131–160.

Thiel, Hjalmar/Schriever, Gerd: Cruise Report DISCOL 1, Sonne-Cruise 61. Balboa/Panama – Callao/Peru 02.02. – 05.03.1989. Callao/Peru - Callao/Peru 07.03. – 03.04.1989 (Berichte aus dem Zentrum für Meeres- und Klimaforschung der Universität Hamburg; 3), Hamburg 1989.

Thiel, Hjalmar/Schriever, Gerd: Deep-sea mining, environmental impact and the DISCOL project, in: Ambio 19 (1990), 5, S. 245–250.

Thiel, Hjalmar/Schriever, Gerd: Fifty years of applied biological deep-sea research in Germany, in: Historisch-meereskundliches Jahrbuch 21 (2016), S. 79–104.

Thiel, Hjalmar/Schriever, Gerd: Testing the impacts of sea-bed mining, in: Nature 572 (29.08.2019), S. 586. https://doi.org/10.1038/d41586-019-02550-3.

Thiel, Hjalmar/Schriever, Gerd/Foell, Eric J.: Polymetallic nodule mining, waste disposal and species extinction at the abyssal seafloor, in: Marine Georesources and Geotechnology 23 (2005), 3, S. 209–220. https://doi.org/10.1080/10641190500192292.

Thiel, Hjalmar/Weikert, Horst/Korbe, Ludwig: Risk assessment for mining metalliferous muds in the deep Red Sea, in: Ambio 15 (1986), 1, S. 34–41.

Thomson, Charles Wyville: Notes from the Challenger II, in: Nature 8 (15.05.1873), S. 51–53. https://doi.org/10.1038/008051a0.

Tilton, John E.: On Borrowed Time? Assessing the Threat of Mineral Depletion, Washington, DC 2003.

Tomlinson, Brian Roger: What was the Third World?, in: Journal of Contemporary History 38 (2003), 2, S. 307–321. https://doi.org/10.1177/0022009403038002135.

Tooze, Adam: Ökonomie der Zerstörung. Die Geschichte der Wirtschaft im Nationalsozialismus, München 2007.

Toye, John/Toye, Richard: The origins and interpretation of the Prebisch-Singer thesis, in: History of Political Economy 35 (2003), 3, S. 437–467. https://doi.org/10.1215/00182702-35-3-437.

Trischler, Helmuth: Das Rückstandssyndrom. Ressourcenkonstellation und epistemologische Orientierungen in Natur- und Technikwissenschaften, in: Karin Orth/Willi Oberkrome (Hrsg.), Die Deutsche Forschungsgemeinschaft 1920–1970. Forschungsförderung im Spannungsfeld von Wissenschaft und Politik (Beiträge zur Geschichte der Deutschen Forschungsgemeinschaft; 4), Stuttgart 2010, S. 111–125.

Troebst, Cord-Christian: Der Griff nach dem Meer. Amerika und Rußland im Kampf um die Ozeane der Welt, Düsseldorf 1960.

Trueblood, Dwight D.: US Cruise Report for BIE II, April 10–May 29, 1992, R/V Yuzhmorgeologiya (NOAA Technical Memorandum NOS OCRM 3), Washington, DC 1992.

Truman, Harry S.: Proclamation 2667—Policy of the United States With Respect to the Natural Resources of the Subsoil and Sea Bed of the Continental Shelf, 28.09.1945, www.presidency.ucsb.edu/node/231308 (15.05.2023).

Truman, Harry S.: Proclamation 2668—Policy of the United States with Respect to Coastal Fisheries in Certain Areas of the High Seas, www.presidency.ucsb.edu/node/230904 (15.05.2023).

tts: Interocean '73, in: mt – Meerestechnik – Marine Technology 5 (1974), 1, S. 5–8.

Tucker Jones, Ryan/Wanhalla, Angela (Hrsg.): New Histories of Pacific Whaling, rev. ed. (RCC Perspectives 2019/6), München 2019.

Turnbull, Thomas: Toward histories of saving energy. Erich Walter Zimmermann and the struggle against „one-sided materialistic determinism", in: Journal of Energy History/ Revue d'Histoire de l'Énergie 4 (25.05.2020), https://www.energyhistory.eu/en/node/191 (02.01.2024).

UC San Diego, Special Collections & Archives: Preliminary report on Expedition Downwind, University of California, Scripps Institution of Oceanography, IGY cruise to the southeast Pacific, 1958, https://library.ucsd.edu/scilib/hist/caljsiol_gc5_d637.pdf (02.01.2024).

Uekötter, Frank: Bergbau und Umwelt im 19. und 20. Jahrhundert, in: Dieter Ziegler (Hrsg.), Rohstoffgewinnung im Strukturwandel. Der deutsche Bergbau im 20. Jahrhundert (Geschichte des deutschen Bergbaus; 4), Münster 2013, S. 539–570.

Uekötter, Frank: Umweltgeschichte im 19. und 20. Jahrhundert (Enzyklopädie deutscher Geschichte; 81), München 2007. https://doi.org/10.1524/9783486701432.

UK Seabed Resources: UK Seabed Resources, https://lockheedmartin.com/en-gb/products/uk-sea bed-resources.html via: https://web.archive.org/web/20230202150538/https://lockheedmar tin.com/en-gb/products/uk-seabed-resources.html (02.01.2024).

U.S. Geological Survey: Mineral Commodity Summaries 2021, Reston 2021.

Valo, Martine: Emmanuel Macron veut interdire l'exploitation des fonds marins, in: Le Monde (07.11.2022), https://www.lemonde.fr/planete/article/2022/11/07/emmanuel-macron-veut-interdire-l-exploitation-des-fonds-marins_6148877_3244.html (02.01.2024).

Vanreusel, Ann/Hilario, Ana/Ribeiro, Pedro A./Menot, Lenaick/Arbizu, Pedro Martinez: Threatened by mining, polymetallic nodules are required to preserve abyssal epifauna, in: Scientific Reports 6, 26808 (01.06.2016). https://doi.org/10.1038/srep26808.

Venn, Fiona: The Oil Crisis, London u.a. 2002.

Veraart, Frank: Land or lakes. Gravel excavation in Dutch spatial and resources policies through the lens of sustainability developments, 1950–2015, in: Land Use Policy 82 (2019), S. 367–374. https://doi.org/10.1016/j.landusepol.2018.12.023.

Verdross, Alfred: Völkerrecht, 3. Aufl. Wien 1955.
Verein Deutscher Ingenieure: Zu dieser Zeitschrift, in: mt – Meerestechnik – Marine Technology 1 (1970), 0, S. 1.
Verne, Jules: Zwanzigtausend Meilen unter Meer. Erster Teil, Zürich 1966 (zuerst 1869).
Vikström, Hanna: A scarce resource? The debate on metals in Sweden 1870–1918, in: The Extractive Industries and Society 3 (2016), 3, S. 772–781. https://doi.org/10.1016/j.exis.2016.03.009.
Vikström, Hanna: Risk or opportunity? The extractive industries' response to critical metals in renewable energy technologies, 1980–2014, in: The Extractive Industries and Society 7 (2020), 1, S. 20–28. https://doi.org/10.1016/j.exis.2020.01.004.
Voigt, Stefan: Institutionenökonomik, 2. Aufl. Paderborn 2009. https://doi.org/10.36198/9783838523392.
Volkmann, Sebastian Ernst/Lehnen, Felix/Kukla, Peter A.: Estimating the economics of a mining project on seafloor manganese nodules, in: Mineral Economics 32 (2019), S. 287–306. https://doi.org/10.1007/s13563-019-00169-4.
von Stackelberg, Ulrich: Schwermineralseifen, in: Geologisches Jahrbuch. Reihe D 38 (1980), S. 109–127.
Vonnahme, Tobias et al.: Effects of a deep-sea mining experiment on seafloor microbial communities and functions after 26 years, in: Science Advances, 6 (2020), 18 https://doi.org/10.1126/sciadv.aaz5922.
Wade, Nicholas: Raw materials. U.S. grows more vulnerable to Third World cartels, in: Science, Vol. 183, Issue 4121 (18.01.1974), S. 185f. https://doi.org/10.1126/science.183.4121.185.
Warde, Paul: The first Industrial Revolution, in: Astrid Kander/Paolo Malanima/Paul Warde, Power to the People. Energy in Europe over the Last Five Centuries, Princeton/Oxford 2013, S. 129–247.
Wedding, Lisa M./Reiter, Sarah M./Smith, Craig R./Gjerde, Kristina M./Kittinger, John N./Friedlander, Alan M./Gaines, Steven D./Clark, Malcolm R./Thurnherr, Andreas M./Hardy, Sarah M./Crowder, Larry B.: Managing mining of the deep seabed, in: Science, Vol. 349, Issue 6244 (10.07.2015), S. 144f. https://doi.org/10.1126/science.aac6647.
Weiss, Thomas G./Carayannis, Tatiana/Emmerij, Louis J./Jolly, Richard: UN Voices. The Struggle for Development and Social Justice, Bloomington 2005.
Wengenroth, Ulrich: Eiffelturm und Coladose. Über den Zusammenhang von Wirtschaftswachstum und Metallverbrauch, in: Kultur & Technik 19 (1995), 3, S. 11–15.
Westermann, Andrea: Inventuren der Erde. Vorratsschätzungen für mineralische Rohstoffe und die Etablierung der Ressourcenökonomie, in: Berichte zur Wissenschaftsgeschichte 37 (2014), 1, S. 20–40. https://doi.org/10.1002/bewi.201401665.
Wiedicke, Michael/Kuhn, Thomas/Rühlemann, Carsten/Schwarz-Schampera, Ulrich/Vink, Annemiek: Marine mineralische Rohstoffe der Tiefsee – Chance und Herausforderung (BGR Commodity Top News; 40), Hannover 2012, www.bgr.bund.de/DE/Gemeinsames/Produkte/Downloads/Commodity_Top_News/Rohstoffwirtschaft/40_marine-mineralische-rohstoffe-tiefsee.html;jsessionid=4D33D3AF7662564EFAA92D051D28ACB6.1_cid331?nn=1544716 (15.06.2020).
Williams, Rob/Erbe, Christine/Duncan, Alec/Nielsen, Kimberley/Washburn, Travis/Smith, Craig: Noise from deep-sea mining may span vast ocean areas, in: Science Vol. 377, Issue 6602 (08.07.2022), S. 157–158. https://doi.org/10.1126/science.abo2804.

Wöbse, Anna-Katharina: Ölpest und Pechvogel. Zur Frühgeschichte eines internationalen Umweltkonflikts, in: Geschichte in Wissenschaft und Unterricht 54 (2003), 11, S. 671–681.

Wolf, Klaus Dieter: Die UNO. Geschichte, Aufgaben, Perspektiven, 2. Aufl. München 2010. https://doi.org/10.17104/9783406623851.

World Bank: Commodity Markets Outlook. April 2023, Washington, DC 2023 (https://www.worldbank.org/en/research/commodity-markets#1) (02.01.2024).

World Wide Fund for Nature: Policy Position. Deep Seabed Mining (WWF Position Paper 2020), https://wwfint.awsassets.panda.org/downloads/wwf_policy_position_deep_seabed_mining_2020_final.pdf (25.09.2021).

Wrigley, Edward A.: Energy and the English Industrial Revolution, Cambridge u.a. 2010. https://doi.org/10.1017/CBO9780511779619.

Zelko, Frank: Greenpeace. Von der Hippiebewegung zum Ökokonzern (Umwelt und Gesellschaft; 7), Göttingen 2014. https://doi.org/10.13109/9783666317125.

Ziegler, Dieter: Deutschland und der Weltmarkt, in: Christian Kleinschmidt/Dieter Ziegler (Hrsg.), Dekolonisierungsgewinner. Deutsche Außenpolitik und Außenwirtschaftsbeziehungen im Zeitalter des Kalten Krieges, Berlin/Boston 2018, S. 19–55. https://doi.org/10.1515/9783110541120-002.

Zierul, Sarah: Der Kampf um die Tiefsee. Wettlauf um die Rohstoffe der Erde, Hamburg 2010.

Zimmermann, Erich W.: World Resources and Industries. A Functional Appraisal of the Availability of Agricultural and Industrial Resources, New York/London 1933.

Zimmermann, Erich W.: World Resources and Industries. A Functional Appraisal of the Availability of Agricultural and Industrial Resources, 2. Aufl. New York 1951.

8.4 Audiovisuelle Medien

„Sea Hunt“ (TV-Serie), Folge: „The Manganese Story“ (1958), https://www.youtube.com/watch?v=TGTbnlJGgZU (02.01.2024).

WDR 2, Der Stichtag: 8. März 1968 – Sowjetisches U-Boot K-129 vermisst, https://www1.wdr.de/stichtag/stichtag-u-boot-k-129-azorian-projekt-100.html (02.01.2024).

8.5 Preis- und Produktionsdaten

BP, Statistical Review of World Energy. Workbook (June 2022) (http://www.bp.com/statisticalreview) (02.01.2024).

Kelly, Thomas D./Matos, Grecia R.: Historical Statistics for Mineral and Material Commodities in the United States (2016 version): U.S. Geological Survey Data Series 140, https://www.usgs.gov/centers/nmic/historical-statistics-mineral-and-material-commodities-united-states (02.01.2024).

United Nations Conference on Trade and Development: UNCTADStat, Data Center: https://unctadstat.unctad.org/wds/ReportFolders/reportFolders.aspx?IF_ActivePath=P,8&sCS_ChosenLang=en (02.01.2024).

World Bank: Commodity Price Data (The Pink Sheet), https://www.worldbank.org/en/research/commodity-markets#1 (02.01.2024).

8.6 Abkürzungsverzeichnis

AFERNOD	Association française pour l'étude et la recherche des nodules
AMR	Arbeitsgemeinschaft meerestechnisch gewinnbare Rohstoffe
ANC	African National Congress
APEI	Area of Particular Environmental Interest
AWZ	Ausschließliche Wirtschaftszone
BGR	Bundesanstalt für Geowissenschaften und Rohstoffe
BIE	Benthic Impact Experiment
BMFT	Bundesministerium für Forschung und Technologie
BML	Bundesministerium für Landwirtschaft
BMV	Bundesministerium für Verkehr
BMVtdg	Bundesministerium der Verteidigung
BMwF	Bundesministerium für wissenschaftliche Forschung
BMWi	Bundesministerium für Wirtschaft
BT-Drs.	Deutscher Bundestag Drucksache
CCZ	Clarion-Clipperton-Zone
CIPEC	Conseil Intergouvernemental de Pays Exportateurs de Cuivre
DISCOL	DIS-turbance and re-COLonization experiment in the South Pacific
DFG	Deutsche Forschungsgemeinschaft
DM	Deutsche Mark
DOMES	Deep Ocean Environmental Study
DRC	Demokratische Republik Kongo
DVI	Deepsea Ventures Inc.
EEZ	Exclusive Economic Zone
EG	Europäische Gemeinschaft
EU	Europäische Union
ft	foot (entspricht ca. 0,3 m)
FuE	Forschung und Entwicklung
GSR	Global Sea Mineral Resources
IBA	International Bauxite Association
Ifremer	Institut français de recherche pour l'exploitation de la mer
ISA	International Seabed Authority
IUCN	International Union for Conservation of Nature
LOSC	Law of the Sea Convention
NASA	National Aeronautics and Space Administration
NE-Metalle	Nichteisenmetalle
NIEO	New International Economic Order
NOAA	National Oceanic and Atmospheric Administration
NWA	Niedersächsisches Wirtschaftsarchiv Braunschweig
OMA	Ocean Mining Associates
OMCO	Ocean Minerals Company
OMI	Ocean Management Inc.
OPEC	Organization of the Petroleum Exporting Countries
PLO	Palestine Liberation Organization
ppm	parts per million

SEDCO	Southeastern Drilling Company
sm	Seemeile (entspricht ca. 1.852 m)
SRÜ	Seerechtsübereinkommen
TMC	The Metals Company
UN	United Nations
UNCLOS	United Nations Conference on the Law of the Sea
UNCTAD	United Nations Conference on Trade and Development
UNESCO	United Nations Educational, Scientific and Cultural Organization
USD	US-Dollar
USGS	United States Geological Survey
WIM	Wirtschaftsvereinigung industrielle Meerestechnik
WWF	World Wide Fund for Nature

8.7 Abbildungsverzeichnis

8.8 Tabellen- und Diagrammverzeichnis